# Technische Messungen

## bei Maschinenuntersuchungen
## und im Betriebe.

Zum Gebrauch in Maschinenlaboratorien
und in der Praxis.

Von

**Prof. Dr.-Ing. A. Gramberg,**
Dozent an der Technischen Hochschule Danzig.

Zweite, umgearbeitete Auflage.

Mit 223 Figuren im Text.

Springer-Verlag Berlin Heidelberg GmbH
1910.

ISBN 978-3-662-39302-4                    ISBN 978-3-662-40341-9 (eBook)
DOI 10.1007/978-3-662-40341-9

Softcover reprint of the hardcover 2nd edition 1910

# Vorwort.

Die erste Auflage dieses Werkes ist schon über ein Jahr vergriffen; doch war die Fertigstellung der neuen erst jetzt möglich, weil ich mit anderen Arbeiten beschäftigt war und weil die seit 1905 eingetretenen Vervollkommnungen eine fast völlige Umarbeitung des Stoffes wünschenswert machten. Denn wenn ich in der Vorrede zur ersten Auflage sagen konnte, es gebe nicht viel Brauchbares in der Literatur über das maschinentechnische Meßwesen, so hat sich das sehr erfreulich geändert; über die wichtigsten der speziell technischen Meßmethoden sind inzwischen wertvolle Untersuchungen gemacht, die teils in der Literatur zerstreut sind, zum Teil aber auch in Form zusammenhängender Monographien insbesondere in den Mitteilungen über Forschungsarbeiten erschienen sind.

Ich habe mich bemüht, das was an diesen Arbeiten dauernd wertvoll erschien, in das Buch aufzunehmen; ferner erschien eine gründliche Durcharbeitung des vorhandenen Inhaltes nach der theoretischen Seite hin unerläßlich, wobei auch manches Neue hinzukam; die zur Betriebskontrolle dienenden Apparate wurden mit berücksichtigt. Endlich wurde eine größere Anzahl von Beispielen für die Auswertung von Versuchen neu aufgenommen, was hoffentlich die Brauchbarkeit des Buches als Lehrbuch erhöht; eine Zusammenstellung derselben findet sich im Register. — Um durch alles dieses den Umfang nicht zu sehr wachsen zu lassen, nahm ich auf Zusammendrängen Bedacht durch zweckmäßigere Anordnung des Stoffes und Fortlassen von Kleinigkeiten in den meisten Kapiteln; die Messung der Luftfeuchtigkeit wurde, als in physikalischen Lehrbüchern genügend besprochen, ganz fortgelassen. Immerhin ist, obwohl auch noch ein engerer Satz gewählt wurde, der Umfang auf fast das anderthalbfache des früheren gewachsen.

Ich war in der Neubearbeitung bestrebt, unter Wahrung theoretischer Korrektheit die Darstellung doch möglichst einfach zu halten, ferner die Aufzählung zahlreicher mehr oder weniger zufälliger Einzelheiten zu vermeiden und mich auf die Hervorhebung des Grundsätzlichen unter Anführung nur einiger Beispiele zu beschränken. Die Anführung von nur interessanten, aber praktisch unwichtigen Bauarten wurde tunlichst vermieden. Vollständigkeit in der Aufzählung alles Vorhandenen zu erreichen war nicht das Ziel, und so soll denn dadurch, daß diese oder jene Konstruktion ungenannt blieb, nicht gesagt sein, sie sei den aufgeführten gegenüber minderwertig.

Das Meßwesen gibt Anlaß zu mancher Besprechung physikalischer und chemischer Verhältnisse; nach dieser Richtung habe ich mir weniger Beschränkung auferlegt, weil ich weiß, daß hier der Anfänger — und wohl auch der in der Praxis stehende Ingenieur — manche Schwierigkeit findet. Für die Auswahl waren meine langjährigen Erfahrungen im Unterricht am Maschinenlaboratorium maßgebend.

Die Umarbeitung, die auch durch eine gänzliche Veränderung der Paragraphennummern kenntlich ist, erstreckt sich auf alle Kapitel mit Ausnahme von Kap. I, IV, V; auch etwa die Hälfte aller Figuren wurde durch bessere ersetzt. Dieselben sind fast alle von mir, vielfach nach Unterlagen, die von den betreffenden Firmen freundlichst zur Verfügung gestellt wurden, gezeichnet; die folgenden sind anderweit entnommen:

Fig. 102 u. 103 aus Bendemann, Z. d. V. d. Ing. 1909, S. 19 u. 147;
Fig. 197 u. 198 aus Borth, Forschungsarbeiten, Heft 55;
Fig. 202 aus Maercks, Z. d. V. d. Ing. 1909, S. 121;
Fig. 217 u. 223 aus Hahn, Z. d. V. d. Ing. 1906, S. 212.

Fig. 4 u. 5 sind nach Unterlagen angefertigt, die mir Herr Dr.-Ing. P. Hoffmann aus seiner noch unveröffentlichten Dissertation freundlichst überließ.

Trotzdem ich große Sorgfalt geübt zu haben glaubte, fanden sich in der ersten Auflage mehrere Versehen, auf die ich durch Zuschriften aufmerksam wurde. Soweit es sich um Rechenfehler handelte, die als solche für den aufmerksamen Leser kenntlich waren, ist der Schaden nicht sehr groß; ein Versehen indessen war bedauerlich und mag deshalb hier erwähnt werden: Bei der Fadenkorrektion von Thermometern, S. 166 der ersten Auflage, war der Ausdehnungskoeffizient von Quecksilber gegen Glas zu $1/3600$ angegeben, statt des richtigen Wertes $1/6300$; auch die anschließende Rechnung war mit dem falschen Wert durchgeführt. Ich habe mich bemüht, solche Fehler diesmal zu vermeiden. Die Zahlenangaben sind teils nach der Hütte, 20. Auflage, teils nach den Tabellen von Landolt & Börnstein gemacht.

Wenn der schnelle Absatz, sowie die Tatsache, daß die erste Auflage auch ins Russische übersetzt wurde, dafür sprechen, daß das Buch einem vorhandenen Bedarf entgegenkam, so hoffe ich, daß die vorliegende Neubearbeitung demselben in erhöhtem Maße gerecht wird.

Beim Lesen der Korrekturen wurde ich von Herrn cand. techn. G. Petran unterstützt.

Der Verlagsbuchhandlung habe ich für die Bereitwilligkeit, mit der sie allen meinen Wünschen entgegenkam, zu danken.

Danzig-Langfuhr, im November 1909.

**A. Gramberg.**

# Inhaltsverzeichnis.

## I. Einheiten und Dimensionen.



## II. Eigenschaften der Instrumente.



## III. Beobachtung und Auswertung.



*

# IV. Längenmessung.



# V. Flächenmessung.



# VI. Messung der Zeit und der Geschwindigkeit.



# VII. Messung der Stoffmenge.

## VIII. Messung der Spannung.

## XI. Messung der Temperatur.



## XII. Messung der Wärmemenge.

# I. Einheiten und Dimensionen.

**1. Messen nach Einheiten.** Jede Messung hat den Zweck, die zu messende Größe unter Benutzung irgendeiner *Einheit* zahlenmäßig festzulegen, mit anderen Worten, festzustellen, wie oft die betreffende Einheit in der gemessenen Größe enthalten ist. Haben wir die Länge eines Stabes zu 3,5 m festgestellt, so ist das Meter die Einheit, nach der wir messen — natürlich auch eine Länge. Die Zahl 3,5 gibt uns an, daß ein Meter dreimal vollständig in der gemessenen Länge enthalten ist, außerdem bleibt noch 0,5 m übrig.

Als Ergebnis der Messung erhalten wir hier wie meist eine benannte Zahl. Die Benennung ist die Einheit, mit der wir gemessen haben.

Nicht immer ist diese Benennung so einfach wie eben. Für Geschwindigkeiten z. B. — wir dürfen das als bekannt voraussetzen — geben wir das Meßergebnis in Metern pro Sekunde ab. Man stellt etwa fest, daß ein Eisenbahnzug den Weg von 250 m in der Zeit von 25 Sekunden durchläuft. Man hat beide Zahlen zu dividieren, um die Geschwindigkeit zu erhalten: sie ist $\dfrac{250 \text{ m}}{25 \text{ sek}} = 10 \dfrac{\text{m}}{\text{sek}}$.

Man nennt die Einheit: Meter pro Sekunde eine abgeleitete Einheit. Sie ist nämlich abgeleitet aus den beiden Grundeinheiten, dem Meter für die Länge und der Sekunde für die Zeit. Die Schreibweise $\dfrac{\text{m}}{\text{sek}}$ für diese abgeleitete Einheit hat außer dem Vorzug der Kürze noch den weiteren, daß man aus ihr ersieht, man habe die Zahl der Meter durch die Zahl der Sekunden zu teilen, um die Geschwindigkeit zu erhalten.

Für Messung der Arbeit pflegt das Meterkilogramm als Einheit zu dienen. Hebt man das Gewicht von 3 kg um 5 m in die Höhe, so leistet man $5 \text{ m} \cdot 3 \text{ kg} = 15 \text{ m} \cdot \text{kg}$ Arbeit. Die Schreibweise m·kg gibt wieder an, wie die Arbeitseinheit aus den Grundeinheiten entstanden ist, nämlich durch Multiplizieren.

Wirkt ein Gewicht von 18 kg an einem Hebelarm von 4 m, so übt es ein Moment — Dreh-, Biegungsmoment oder dergleichen — aus von $4 \text{ m} \cdot 18 \text{ kg} = 72 \text{ m} \cdot \text{kg}$. Wir sehen also, daß zwei verschiedenartige Größen eine gleichlautende Benennung haben können. Trotz dieser formalen Übereinstimmung bleiben sie natürlich verschiedenartige

Größen. Im allgemeinen aber ist die Benennung für die Art der zu messenden Größe charakteristisch: eine Angabe mit der Benennung m·kg kann keine Geschwindigkeit sein.

**2. Dimension.** Wir haben eben neue Einheiten aus den Grundeinheiten: Meter für die Länge, Kilogramm für die Kraft (das Gewicht) und Sekunde für die Zeit abgeleitet. Wir werden finden, daß wir jede zu messende Größe in ähnlicher Weise aus diesen drei Grundeinheiten ableiten können; nur sie bezeichnet man daher als *Grundeinheiten*.

Schreiben wir die Benennung in der an einigen Beispielen angedeuteten Art so, daß man erkennt, wie die betreffende Einheit aus den Grundeinheiten abgeleitet ist, so haben wir die *Dimension* der zu messenden Größe. $\left[\dfrac{\mathrm{m}}{\mathrm{sek}}\right]$ ist die Dimension der Geschwindigkeit, $[\mathrm{m}\cdot\mathrm{kg}]$ ist die der Arbeit oder des statischen Moments.

Das Beachten der Dimensionen bewahrt oft vor Fehlern in der Rechnung und kürzt manche Rechnung ab. Es ist daher gerade bei der Auswertung von Versuchsergebnissen oft nützlich, wie einige Beispiele zeigen mögen.

Jede Gleichung, welcher Art auch immer, muß *homogen* sein, das heißt die Dimension der beiden Seiten muß die gleiche sein. Andernfalls liegt ein Fehler im Ansetzen der Gleichung vor. Prüfen wir daraufhin einen bekannten Satz der Mechanik, nämlich den von der kinetischen Energie: $P \cdot s = \frac{1}{2} M \cdot w^2$. $P$ ist die Kraft, die während des Weges $s$ auf die Masse $M$ wirkt und ihr dadurch die Geschwindigkeit $w$ erteilt. $P$ als Kraft hat die Dimension $[\mathrm{kg}]$; $s$ als Weg hat die Dimension $[\mathrm{m}]$; $w$ als Geschwindigkeit hat die Dimension $\left[\dfrac{\mathrm{m}}{\mathrm{sek}}\right]$, die quadratisch, also als $\left[\dfrac{\mathrm{m}}{\mathrm{sek}}\right]^2 = \left[\dfrac{\mathrm{m}^2}{\mathrm{sek}^2}\right]$ einzuführen ist. Die Masse wird durch die Formel

$$M = \frac{G}{g} = \frac{\text{Gewicht}}{\text{Beschleunigung der Schwere}}$$

definiert; die Beschleunigung ihrerseits ist die Geschwindigkeitszunahme pro Sekunde, hat also die Dimension $\left[\dfrac{\mathrm{m/sek}}{\mathrm{sek}}\right] = \left[\dfrac{\mathrm{m}}{\mathrm{sek}^2}\right]$; daraus folgt die Dimension der Masse $\left[\dfrac{\mathrm{kg}}{\mathrm{m/sek}^2}\right] = \left[\dfrac{\mathrm{kg}\cdot\mathrm{sek}^2}{\mathrm{m}}\right]$. Wenn wir nun alle diese Dimensionswerte in die Formel $P \cdot s = \frac{1}{2} M w^2$ einsetzen, so kommt $[\mathrm{kg}]\cdot[\mathrm{m}] = \left[\dfrac{\mathrm{kg}\cdot\mathrm{sek}^2}{\mathrm{m}}\right]\cdot\left[\dfrac{\mathrm{m}^2}{\mathrm{sek}^2}\right]$. Die Zahl $\frac{1}{2}$ ist auf die Dimensionsbestimmung ohne Einfluß. Wir heben nun rechts sek² gegen sek² und m gegen m. Dann haben wir $[\mathrm{kg}\cdot\mathrm{m}] = [\mathrm{kg}\cdot\mathrm{m}]$. Die Gleichung ist also homogen. Solche Prüfung fördert oft Fehler zutage.

Man kann eine Geschwindigkeit statt in $\dfrac{\mathrm{m}}{\mathrm{sek}}$ auch in $\dfrac{\mathrm{km}}{\mathrm{st}}$ angeben, wie dies bei der Eisenbahn üblich ist. Die Gleichung $100\,\dfrac{\mathrm{km}}{\mathrm{st}} = 27{,}8\,\dfrac{\mathrm{m}}{\mathrm{sek}}$ ist offenbar homogen; es kommt also nicht auf die Einheiten beiderseits an, sondern nur auf die Tatsache, daß beiderseits Länge durch Zeit geteilt wird. Es ist $100 \dfrac{\text{km}}{\text{st}} = 100 \cdot \dfrac{1000 \text{ m}}{3600 \text{ sek}} = \dfrac{100\,000}{3600} \dfrac{\text{m}}{\text{sek}} = 27{,}8 \dfrac{\text{m}}{\text{sek}}.$

Daß jede Gleichung homogen sein muß, folgt daraus, daß sonst nicht die Wahl der Einheit ohne Einfluß auf das Ergebnis der Rechnung bliebe. Hat die linke Seite einer Gleichung die Dimension $\dfrac{\text{m}}{\text{sek}}$, und man will auf die Einheit $\dfrac{\text{cm}}{\text{sek}}$ übergehen, so wird offenbar der davorstehende Koeffizient hundertmal so groß; nur wenn auch auf der rechten Seite der Gleichung eine Länge im Zähler des Dimensionsbruches steht, wird auch dort der Koeffizient verhundertfacht, und die Gleichung bleibt dieselbe.

Weiterhin gewährt die Beachtung der Dimension Vorteile bei *Berechnung des Maßstabes von Schaubildern:*
In einem Koordinatennetz (Fig. 1) stellen wir Kräfte $P$ als Ordinaten dar, bezogen auf die Wege $s$ des Angriffspunktes als Abszissen. Die Fläche $F$ unter der Kurve stellt dann die geleistete Arbeit $P \cdot s$ dar, aber in welchem Maßstab? Das findet man am einfachsten so: Wir hatten $P$ aufgetragen im Maßstab 1 cm = 100 kg, und $s$ im Maßstab 1 cm = 0,5 m Weg des Angriffspunktes; dann folgt durch Ausmultiplizieren der beiden linken und der beiden rechten Seiten: 1 cm · 1 cm = 100 kg · 0,5 m; 1 qcm = 100 · 0,5 = 50 m·kg als Maßstab der Arbeiten.

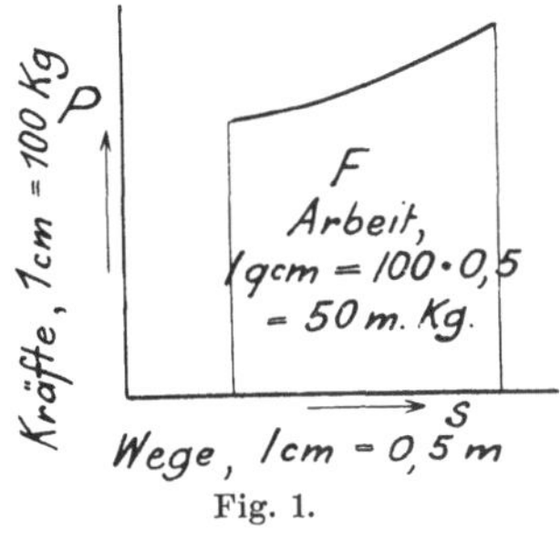

Fig. 1.

Ein ähnliches Beispiel: Die Volumina eines Gases oder des Dampfes im Dampfzylinder sind als Abszissen aufgetragen, Maßstab: 5 cm = 1 cbm = 1 m³. Die zugehörigen Spannungen sind als Ordinaten verzeichnet, Maßstab: 2 cm = 1 at = $10\,000 \dfrac{\text{kg}}{\text{qm}} = 10\,000 \dfrac{\text{kg}}{\text{m}^2}$. Die Fläche unter der Kurve gibt bekanntlich die Arbeit, der Maßstab folgt aus 5 cm · 2 cm = 1 m³ · $10\,000 \dfrac{\text{kg}}{\text{m}^2}$; 10 qcm = $10\,000 \dfrac{\text{m}^3 \cdot \text{kg}}{\text{m}^2}$; 1 qcm = 1000 m · kg.

**3. Praktische Einheiten.** Endlich sei noch bemerkt, daß in technischen Rechnungen nicht alle Einheiten auf die Grundmaße zurückgeführt sind; es sind eine Reihe von anderen Einheiten in Gebrauch. So gibt eine Dampfmaschine, die eine Stunde lang eine Pferdestärke entwickelt, eine Arbeit her, die man wohl als Pferdekraftstunde bezeichnet und als Arbeitseinheit annimmt. Man kann für sie die Dimension [PS·st] einführen und mit dieser Dimension verfahren, wie mit denen, die aus Grundeinheiten unmittelbar zusammengesetzt sind. Als Beispiel für die Bequemlichkeit und Sicherheit, die auch hier das Rechnen mit Dimensionen gewährt, diene die Umrechnung dieser Einheit in die frühere Arbeitseinheit, das Meterkilogramm, und weiterhin in Wärmeeinheiten.

1*

Es ist

$$1\ \mathrm{PS} = 75\,\frac{\mathrm{m}\cdot\mathrm{kg}}{\mathrm{sek}}\,;$$

$$1\ \mathrm{PS}\cdot\mathrm{st} = 75\,\frac{\mathrm{m}\cdot\mathrm{kg}}{\mathrm{sek}}\cdot\mathrm{st} = 75\,\frac{\mathrm{m}\cdot\mathrm{kg}}{\mathrm{sek}}\cdot 3600\ \mathrm{sek}$$

$$= 75\cdot 3600\,\frac{\mathrm{m}\cdot\mathrm{kg}}{\mathrm{sek}}\cdot\mathrm{sek}\,;$$

$1\ \mathrm{PS}\cdot\mathrm{st} = 270\,000\ \mathrm{m}\cdot\mathrm{kg}$. Wir wissen weiter, daß $1\ \mathrm{m}\cdot\mathrm{kg} = \frac{1}{427}\ \mathrm{WE}$ (S. 251); durch Einsetzen haben wir $1\ \mathrm{PS}\cdot\mathrm{st} = 270\,000\cdot\frac{1}{427}\ \mathrm{WE} = 632{,}5\ \mathrm{WE}$.

Übrigens können wir noch in der Formel $1\ \mathrm{PS}\cdot\mathrm{st} = 632{,}5\ \mathrm{WE}$ beiderseits mit st dividieren und haben auch $1\ \mathrm{PS} = 632{,}5\,\dfrac{\mathrm{WE}}{\mathrm{st}}$.

**4. Technische und physikalische Grundeinheiten.** Als Grundeinheiten sind in der Technik, wie erwähnt, das Meter, das Kilogrammgewicht und die Sekunde üblich. Die Physik verwendet statt dessen meist das Zentimeter, die Gramm-Masse und die Sekunde (c·g·s-System). Auf die Umrechnung von Angaben eines Maßsystems ins andere gehen wir nicht ein, heben nur hervor, daß im technischen System das Kilogramm die Einheit des Gewichtes ist; die Masseneinheit folgt aus der Formel Masse = Gewicht : Schwerebeschleunigung = $1\ \mathrm{kg} : 9{,}81\,\dfrac{\mathrm{m}}{\mathrm{sek}^2}$; die Masseneinheit ist also $\dfrac{1}{9{,}81}\left[\dfrac{\mathrm{kg}\cdot\mathrm{sek}^2}{\mathrm{m}}\right]$. Im c·g·s-System aber ist das Gramm die Masseneinheit. Wegen der Formel Kraft = Masse · Beschleunigung = $1\ \mathrm{gr}\cdot 981\,\dfrac{\mathrm{cm}}{\mathrm{sek}^2}$ ist also die Krafteinheit $981\left[\dfrac{\mathrm{gr}\cdot\mathrm{cm}}{\mathrm{sek}^2}\right]$, bisweilen Dyn genannt.

Man sieht, daß im technischen Maßsystem die Masseneinheit keine glatte Zahl und ihre Dimension ein zusammengesetzter Ausdruck ist; im physikalischen System ist dasselbe für die Krafteinheit der Fall. Das darf man bei Umrechnungen nicht übersehen.

---

## II. Eigenschaften der Instrumente.

**5. Anforderungen.** Im allgemeinen stellt man an technische Meßinstrumente und Meßmethoden andere Anforderungen als an physikalische. Bei letzteren ist fast immer die Erreichung der größtmöglichen Genauigkeit das maßgebende Ziel. Bei technischen Messungen muß dieser Gesichtspunkt zurücktreten. Das Haupterfordernis ist hier meist, die Ablesungen schnell zu machen. Das ist wünschenswert wegen der großen Anzahl von Ablesungen und deswegen, weil größere Maschinen nicht leicht, insbesondere nicht ohne große Kosten, längere Zeit zu Versuchszwecken betrieben werden können; es ist auch wohl nötig, weil es sich fast immer um Feststellung schwankender Größen handelt.

**6. Statisches Verhalten.** Wir wollen die wichtigsten Eigenschaften
der Meßinstrumente am Beispiel des Plattenfedermanometers erläutern,
wie wir es von jedem Kessel her als aus der Anschauung bekannt voraussetzen dürfen; wir verweisen wegen seiner Wirkungsweise auf S. 137.

Wir prüfen das Manometer auf die Richtigkeit seiner Angabe,
indem wir es an einen Raum anschließen, worin wir verschiedene bekannte — etwa mit Hilfe eines besonders zuverlässigen Instrumentes
festgestellte — Spannungen erzeugen können, und indem wir die Angabe
des Zeigers ablesen.

Bei einem vollkommenen Manometer würde die Skala so viel anzeigen, wie die Spannung beträgt. Wenn wir in Fig. 2 die Angabe
des Zeigers als Abszissen und
den richtigen Wert der Spannung als Ordinaten, beide in
gleichem Maßstabe, auftragen, so werden wir eine unter
45° geneigte Gerade erhalten.

Im allgemeinen aber
wird nach einigem Gebrauch
die Teilung der Skala falsch
zeigen: Wenn wir etwa 10 at
(Atmosphären, S. 132) Spannung an das Instrument
bringen, so zeigt das Manometer 10,2 at. Tragen wir
diesen Wert und die ent-
sprechenden bei anderen
Spannungen in ein Achsen-
kreuz ein, so erhalten wir

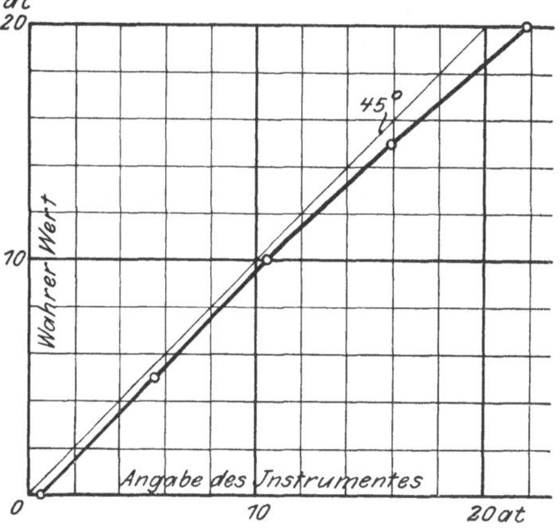


Fig. 2. Charakteristik eines Manometers.

ein Bild wie Fig. 2: Die Kurve, die wir als *Charakteristik* des Instruments bezeichnen können, weicht von der 45°-Linie ab; letztere ist zum
Vergleich eingetragen. Die Charakteristik liegt unter der 45°-Linie,
wenn das Instrument zu viel anzeigt, und umgekehrt.

Wenn ein Instrument in dieser Weise falsch zeigt, so ist das kein
Schaden. Man braucht nur seine Charakteristik zu kennen, um aus den
abgelesenen Werten die richtigen zu ermitteln. Man muß also die
Charakteristik durch einen Vorversuch feststellen, den man als Eichung
des Instruments bezeichnet. Die Eichergebnisse berücksichtigt man
durch Anbringen einer Korrektion an den abgelesenen Werten (S. 18).

Das Falschzeigen eines Instrumentes macht dasselbe nicht im min-
desten unbrauchbar. Anders ist es mit der Eigenschaft, die wir als
*Ungenauigkeit* oder *Unempfindlichkeit* bezeichnen. Mit diesen Namen
belegt man die Eigenschaft des Instrumentes, beim Aufgang anders
zu zeigen als beim Abwärtsgang. Belastet man das Manometer mit
10 at, so möge es 10,2 at an der Skala angezeigt haben. Bringt man aber
die Spannung erst auf 11 at und läßt sie vorsichtig auf 10 at zurück-
gehen, so möge der Zeiger auf 10,6 stehen bleiben, höher als das erstemal.
Der Unterschied von 0,4 zwischen beiden Ablesungen rührt von der

Reibung her: ohne Reibung würde sich der Zeiger stets auf 10,4 einstellen. Durch Erschütterung des Instrumentes beseitigt man die Reibung ganz oder teilweise.

Die Reibung hat zur Folge, daß wir die Spannung um 0,4 at ändern können, ohne daß der Zeiger eine Änderung anzeigt: daher der Name Unempfindlichkeit für diese Eigenschaft des Instruments; oder aber: die Reibung hat zur Folge, daß wir bei einer gewissen Angabe des Zeigers über den Wert der Spannung innerhalb eines Spielraumes von 0,4 at unsicher sind: daher der Name Ungenauigkeit für die gleiche Eigenschaft.

Nun kann aber noch ein anderer Fall eintreten, die Angabe des Instruments kann von seinem vorhergehenden Zustand abhängig sein. Wenn wir das eben als Beispiel benutzte Manometer nicht nur bis 11 at belasten, sondern 20 at einen Augenblick wirken lassen und dann vorsichtig wieder auf 10 at herabgehen, so bleibt der Zeiger diesmal auf 10,8 stehen; vorhin zeigte er ebenfalls im Abwärtsgang 10,6. Hatten wir die Spannung von 20 at längere Zeit stehen lassen und gehen dann vorsichtig auf 10 at zurück, so bleibt der Zeiger sogar auf 11,1 stehen. Bei solchem Instrument würde also sowohl die Größe der vorher wirkenden Spannung als auch die Zeitdauer ihrer Wirksamkeit Einfluß auf die Angabe haben.

Diese Unregelmäßigkeiten rühren davon her, daß die Feder, der wirksame Teil des Manometers, über die Elastizitätsgrenze hinaus beansprucht war. Es sind *elastische Nachwirkungen*. Sie halten sich bei guten Instrumenten in engen Grenzen, sind durch Erschütterung nicht oder doch nicht ganz zu beseitigen.

**7. Dynamisches Verhalten der Instrumente.** Die bisherigen Darlegungen bezogen sich auf die Frage, auf welchen Stand der Zeiger eines Instrumentes zum Einspielen kommt. Es fragt sich nun, wie ein Instrument sich verhält, wenn die zu messende Größe sich ändert. Die zu messende Größe ändere sich von einem Wert, den sie konstant einhielt, sprungweise auf einen anderen Wert, den sie fortan konstant einhält; dann wünscht man, daß das Instrument sich möglichst prompt auf den neuen Wert einstellt und sein Zeiger in der neuen Stellung verharrt.

So möge in Fig. 3 der starke Strich $XABY$ den Verlauf der Spannung abhängig von der Zeit aufgetragen zeigen. Von $A$ bis $B$ ist die Spannung sehr schnell, das heißt in unmeßbar kurzer Zeit, angestiegen. Kann das Instrument diesen Verlauf genau angeben? — Kein Instrument kann das tun, wie folgende Überlegung zeigen wird, bei der auch wieder das Plattenfedermanometer als Beispiel dienen möge.

Jede Ruhestellung des Zeigerwerkes kommt dadurch zustande, daß die von unten auf die Plattenfeder wirkende, von der zu messenden Spannung hervorgerufene Gesamtkraft gerade der elastischen Kraft das Gleichgewicht hält, die im Innern der Plattenfeder durch deren Deformation wachgerufen wird. Eine Veränderung der Spannung nach Fig. 3, $XABY$, zieht eine Störung des Gleichgewichtes nach sich und hat eben dadurch eine Verstellung des Zeigerwerkes zur Folge. Zur Verstellung des Zeigerwerkes, das jedenfalls eine gewisse, wenn auch vielleicht geringe Masse besitzt, ist es nötig, dieser Masse eine Geschwindigkeit —

wenn auch vielleicht nur eine kleine — zu erteilen, und dazu ist das
Vorhandensein einer beschleunigenden Kraft die unerläßliche Voraussetzung. Diese Kraft nun wird durch jene Störung des Gleichgewichts-
zustandes ausgelöst, indem zu gewissen Zeiten die zu messenden Spannungen und die Angaben des Instrumentes einander nicht entsprechen.
Nachdem die Spannung bei $A$ plötzlich ihren Wert geändert hat, wird
sich das Getriebe gleichwohl nur allmählich in Bewegung setzen, Kurve
$AC$, nämlich nur nach Maßgabe der Beschleunigungen, die dem jeweiligen Unterschiede zwischen der von der Spannung hervorgerufenen
Kraft, gegeben durch $ABC$, und der durch die Zeigerstellung festgelegten
Kraft der Plattenfeder, gegeben durch $\widehat{AC}$, entspricht. Die senkrechten
Abstände von $BC$ bis $\widehat{AC}$ sind ein Maß der *verstellenden Kräfte P*,
wagerecht sind die Zeiten $t$ aufgetragen, also ist die schraffierte Fläche
$ABC = \int P \cdot dt$ nach dem Satz vom Antrieb ein Maß für die Geschwin-

digkeit, die das Getriebe
bis zum Punkte $C$ ange-
nommen hat, wenn die
ganze durch das Nach-
eilen des Instrumentes
freigewordene Energie in
kinetische Energie ver-
wandelt und nicht etwa
durch Widerstände auf-
gezehrt ist. Im Punkt $C$
enthält das Getriebe
dann kinetische Energie,
die den Zeiger über sein

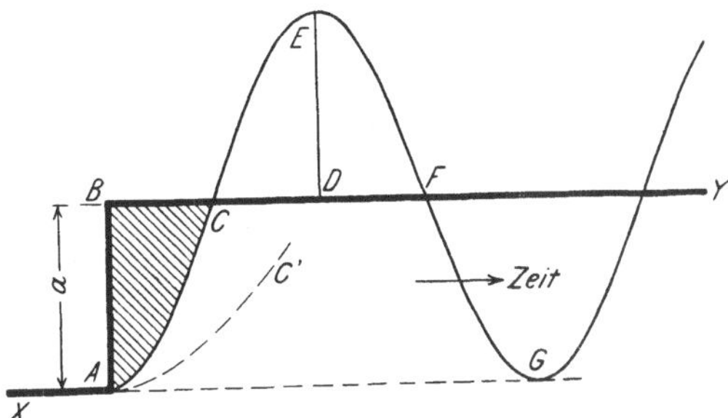

Fig. 3.

Ziel hinausschießen läßt. Da nun aber Kräfte im umgekehrten Sinne
wachgerufen werden, entsprechend dem jeweiligen Unterschied zwischen
den Spannungen $CDF$ und der Plattenfederkraft $CEF$, so wird die
kinetische Energie bis $E$ hin, wo das Zeigerwerk zur Ruhe kommt, aufgezehrt sein, wenn die Fläche $CDE$ gleich der Fläche $ABC$ ist; bei $F$
würde die gleiche Geschwindigkeit, jedoch im umgekehrten Sinne wie
bei $C$, wieder vorhanden sein, und nun würde der Zeiger wieder bis $G$
über die Gleichgewichtslage hinausschießen — ein Spiel, das nie zu
Ende kommt, wenn das Getriebe widerstandslos wäre, wie wir es annahmen.

Stellen wir uns nun zwei Instrumente vor, mit gleicher Größe
und Stärke der Plattenfeder, so daß also die verstellende Kraft
unter gleichen Umständen gleich stark ausfällt, so bleibt dasjenige
Instrument mehr zurück, dessen Triebwerkteile schwerer gehalten sind
und größere Bewegungen auszuführen haben — dasjenige also, dessen
Trägheit größer ist. Andererseits können wir uns zwei Instrumente
denken, die im Triebwerk durchaus identisch sind; das setzt bei
gleicher Skalenteilung voraus, daß die Plattenfedern für gleiche
Spannungsänderungen gleiche Durchbiegungen erfahren; dem aber
können wir gerecht werden, indem wir bei einem der Instrumente
eine kleinere und zugleich schwächere, bei dem anderen eine größere

und entsprechend stärkere Plattenfeder verwenden. Das erstere Instrument würde nun eine kleinere verstellende Kraft ergeben für einen bestimmten Unterschied zwischen der tatsächlich unter der Plattenfeder vorhandenen und der vom Zeiger gerade angezeigten Spannung. Das Instrument mit geringerer Verstellkraft würde etwa — gleiche Trägheit vorausgesetzt — den Weg $AC'$ einschlagen, wenn das Zeigerwerk des anderen nach $AC$ sich zu bewegen gezwungen wird. Beide Einflüsse zusammengenommen kann man sagen: die Schwingungen werden um so kürzer sein, je kleiner die Trägheit des Instrumentes im Verhältnis zur verstellenden Kraft ist. Diese beiden zusammen bestimmen den Verlauf der Kurve $AC$ bei dem widerstandslos gedachten Getriebe, und bestimmen damit die Anzahl der in einer Sekunde ausgeführten Schwingungen des Zeigerwerkes, seine *Eigenschwingungszahl*. Bezeichnen wir mit $m$ die Masse der bewegten Teile, wobei die verschiedene Geschwindigkeit der verschiedenen Teile durch Reduktion der Massen auf einen bestimmten Teil, etwa auf den Angriffspunkt der Meßfeder am Getriebe, zu berücksichtigen ist — und bezeichnen wir mit $c$ die Federkonstante der Feder, das heißt die Kraft, die an jenem Angriffspunkt angreifen muß, um ihn um die Einheit des Weges aus seiner Ruhelage zu verschieben, entgegen der wach werdenden Federspannung, so ist die Eigenschwingungszeit durch den Ausdruck

$$t_s = 2\,\pi\sqrt{\frac{m}{c}} \qquad \ldots \ldots \ldots \quad (1)$$

gegeben. Die Eigenschwingungszahl $1 : t_s$ nimmt zu mit Verminderung der Trägheit oder der Masse der bewegten Teile und mit Vermehrung der verstellenden Kraft[1]).

Nun hat jedes Instrument *Widerstände*; unvermeidlich sind jedenfalls die Reibung in irgendwelchen Lagerungen und der Widerstand der Luft, in der das Triebwerk seine Bewegungen ausführen muß. Die Widerstände im Triebwerk dämpfen die Schwingungen und lassen die Werte des Ausschlags allmählich abklingen; nur bei sehr starker Dämpfung wird jedoch die Anzahl der in der Sekunde stattfindenden Schwingungen gegenüber der Eigenschwingungszahl des widerstandslos gedachten Instrumentes wesentlich verändert. Es entstehen Bewegungen des Zeigerwerkes, die durch die Fig. 4 gegeben sind, in der die Kurve *1* wieder die ungedämpfte Schwingung der Fig. 3 darstellt.

Widerstände jeder Art bringen die Schwingungen zum Verschwinden, indem sie die Geschwindigkeitsfläche $ABC$ der Fig. 3 aufzehren. Aber für die Brauchbarkeit des Instrumentes macht es einen wesentlichen Unterschied aus, ob die Widerstände mit Abnahme der Geschwindigkeit selbst abnehmen, etwa proportional der Geschwindigkeit oder proportional ihrem Quadrate oder einer anderen Potenz sind, wenn nur der Geschwindigkeit Null, dem Stillstand des Zeigerwerkes, ein Widerstand Null ent-

---

[1]) Genauere Begründung der Gesetze der Eigenschwingungen etwa in: Lorenz, Technische Physik, Band I, S. 63, 203.

spricht; oder aber ob die Widerstände nicht zugleich mit der Geschwindigkeit der Triebwerkbewegung gegen Null konvergieren, so daß sie also auch im Stillstand einen endlichen Wert haben. Letzteres ist bekanntlich die Eigenschaft der Reibung fester Körper aneinander, deren Betrag mehr oder weniger unabhängig von der Geschwindigkeit ist und der man sogar nachsagt, die Reibung der Ruhe sei größer als die der Bewegung. Die Widerstände hingegen, die von Flüssigkeiten oder von Gasen, namentlich von Luft, herrühren, werden zugleich mit der Geschwindigkeit zu Null, sie setzen daher nur der schnellen Bewegung wesentlichen Widerstand entgegen, die langsame Bewegung des Triebwerkes lassen sie ungestört zu; diese Art Widerstände bezeichnet man im Gegensatz zur Reibung im Triebwerk als dessen Dämpfung (im engeren Sinne). — Es ist übrigens auch üblich, unter dem Namen Dämpfung (im weiteren Sinne) die Reibung und die eigentliche Dämpfung zusammenzufassen; man spricht dann von mechanischer und von molekularer Dämpfung und nennt ein Instrument, das beide Arten aufweist — was praktisch immer der Fall sein wird — doppelt gedämpft.

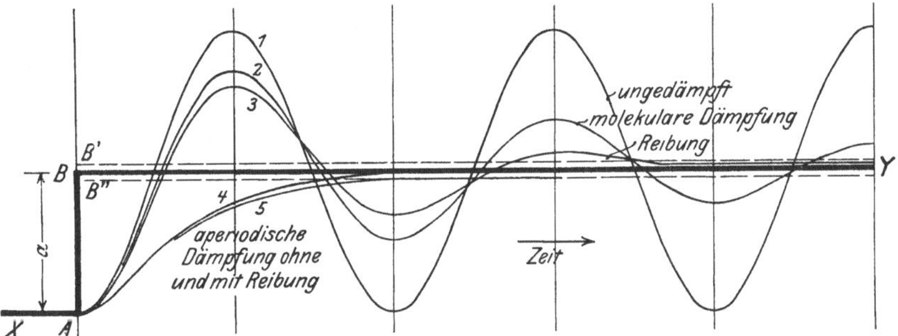


Fig. 4. Schwingungen des Instrumentes bei plötzlichen Änderungen.

Wir wiederholen: für die Brauchbarkeit des Instrumentes ist es wesentlich, ob die Schwingungen durch rein molekulare Dämpfung oder ob sie durch Reibung, allein oder in Verbindung mit ersterer, vernichtet werden. Im ersteren Fall kann der Verlauf nach Kurve 2, im letzteren nach Kurve 3 vor sich gehen. Reibung bedingt Unempfindlichkeit des Instrumentes (S. 5); sie bewirkt, daß der Zeiger nicht nur in der Soll-Lage BY in Ruhe verharren kann, sondern auch um so viel darüber oder darunter, wie dem Werte der Reibung entspricht. B' und B'' mögen die Angaben sein, die das Instrument macht, wenn man den Druck vorsichtig, von unten oder von oben her kommend, auf den Wert BY bringt. Unsere Schwingungen werden dann irgendwo zwischen B' und B'' zur Ruhe kommen, sobald die ausgelöste Geschwindigkeitsenergie aufgezehrt ist. — Die Reibung bewirkt also, daß wir innerhalb der durch B' und B'' gezogenen Grenzen über den wahren Wert der zu messenden Größe im unklaren bleiben. Wollte man im Interesse schneller Ablesung die Reibung verstärken, so würde man wohl ein schnelles Aufhören der Schwingungen erreichen, zugleich aber den Abstand $B'B''$ verbreitern und also die Ablesung ungenauer machen. Die Reibung ist also, wie auch hieraus wieder hervorgeht, schädlich.

Das Verhalten eines reibungsfreien, jedoch (molekular) gedämpften Instrumentes kann durch Kurve *2* zur Darstellung gebracht werden. Die Flächen über und unter der Soll-Lage $BY$ werden kleiner und kleiner; doch werden die Flächen nie verschwinden, eben weil ja der ausgeübte Widerstand zusammen mit der Geschwindigkeit gegen Null konvergiert. Die Schwingungen werden also bei einem rein gedämpften Instrument nie ganz verschwinden; doch werden die Ausschläge um so schneller unmerklich, je stärker die Dämpfung ist, ohne daß selbst bei noch so starker Dämpfung die Endstellung des Zeigers von der Soll-Stellung abwiche. Nicht die Reibung, sondern die molekulare Dämpfung ist also das Mittel, durch das man im Interesse schnellen Ablesens die Schwingungen zum Verschwinden bringen kann.

Das Abklingen rein gedämpfter Schwingungen geschieht in der Weise, daß die aufeinanderfolgenden Amplituden zwei ober- und unterhalb der $BY$-Achse liegende Exponentialkurven berühren, deren Abstände $z$ von der Linie $BY$ durch den Ausdruck $z = a \cdot e^{-\frac{\varepsilon}{2m} \cdot t}$ dargestellt werden; $\varepsilon$ bedeutet den Dämpfungsfaktor und gibt den Widerstand an, der im Angriffspunkt der Meßfeder — auf den auch $m$ bezogen war — zu überwinden ist, wenn man den Angriffspunkt entgegen den Widerständen des Triebwerkes mit der Einheit der Geschwindigkeit bewegen will.

Man kann schreiben: $t = -2 \cdot \frac{m}{\varepsilon} \cdot \ln \frac{z}{a}$. Die Zeitdauer, die vergeht, bis die Ausschläge auf einen gewissen Bruchteil $\frac{z}{a}$ des Sprunges $a$ herabgegangen sind, ist also abhängig von dem Verhältnis $\frac{m}{\varepsilon}$; sie läßt sich herabdrücken durch Vergrößern der Dämpfung oder durch Verringerung der Trägheit; die Federkonstante aber hat keinen Einfluß darauf, wie lange man mit der Ablesung warten muß, und so hat auch eine hohe Eigenschwingungszahl des Instrumentes in diesem Fall keinen unbedingten Vorteil.

Durch Verstärken der Dämpfung kommt es dahin, daß die gesamte durch das Nacheilen des Instrumentes frei gewordene Energie schon in der ersten Teilschwingung aufgezehrt wird; das Instrument ist *aperiodisch*. Sein Verhalten wird dann durch Kurve *4* veranschaulicht: das Zeigerwerk geht ohne Schwingungen sanft in seine neue Stellung über. Man wird erkennen, daß ein ganz oder annähernd aperiodisches Verhalten des Zeigerwerkes eine sehr erwünschte Eigenschaft des Instrumentes ist. Neben dem Gesichtspunkt schneller Ablesbarkeit ist auch noch die Tatsache anzuführen, daß die Schwingungen das Zeigerwerk abnutzen. — Man könnte die Dämpfung noch über das Eintreten aperiodischen Verhaltens hinaus steigern; die Folge davon wäre aber, daß das Instrument erst später in seine neue Ruhestellung kommt, also würde die Ablesung unnütz verzögert.

Hat das aperiodisch gedämpfte Instrument noch Reibung, so macht es eine Bewegung nach Kurve 5, es bleibt um den Betrag der Reibung von der Soll-Stellung entfernt.

Nun ist noch folgendes zu erwägen. Ein Verlauf der zu messenden Funktion nach dem Zuge $XABY$, Fig. 4, mit einem senkrechten Sprung von $A$ nach $B$, ist praktisch unmöglich. Annähernd liegen solche Verhältnisse vor bei elektrischen Meßinstrumenten; zwar kann auch eine Änderung der Stromstärke nicht ganz plötzlich erfolgen wegen der Ladungserscheinungen und der Selbstinduktion; aber die Zeit, bis nach Herausreißen eines Schalters ein neuer Zustand eintritt, ist sehr klein im Verhältnis zur Eigenschwingungszahl des besten Instrumentes; wir können also Fig. 4 als für elektrische Instrumente unter Umständen gültig ansehen. Wo aber bei Messung mechanischer Größen auch die Wirkungen mechanischer Trägheit ins Spiel kommen, da kann ein neuer Zustand sich erst nach Verlauf einer gewissen Zeit einstellen — auch dieser Übergang findet in Form eines Schwingungsvorganges statt, der periodisch oder aperiodisch gedämpft ist. Wenn man die Spannung in einem Behälter steigert, so ist dazu Eintreten des füllenden Mittels nötig; das erfordert Zeit, und da das zu bewegende Medium Masse hat, so treten wohl einige Schwingungen auf, nur bei starker Drosselung findet das Auffüllen aperiodisch statt, indem der Druck im Behälter sich asymptotisch seinem neuen Sollwert nähert. Wenn man an einem Nebenschluß-Elektromotor die Umlaufzahl nachregelt, so nähert sich, wie ein angebrachtes Tachometer erkennen läßt, die Umlaufzahl asymptotisch dem neuen Wert.

In Fig. 5 ist das Verhalten von Instrumenten dargestellt, wenn in dieser Art eine allmählich verlaufende Änderung der zu messenden Größe vorliegt; als Gesetz der Änderung ist eine Exponentialkurve $XY$ angenommen, über die sich nun die Eigenschwingungen des Instrumentes lagern. Eingezeichnet sind die Bewegungen eines ungedämpften, eines periodisch und eines aperiodisch gedämpften Instrumentes, doch ist nur an reibungsfreie Instrumente gedacht. Der Verlauf der Kurven ist durchaus der zu erwartende. Zur Beurteilung der Instrumente wäre zu bedenken, daß es keinen Zweck hat, das Instrument allzu stark zu dämpfen; denn bevor die zu messende Größe nicht ihren neuen Wert annähernd erreicht hat, kann man das Instrument doch nicht ablesen. Außerdem hat jetzt die Eigenschwingungszahl des Instrumentes eine viel größere Bedeutung als früher. Bei Fig. 3 und 4 konnte eine noch so große Eigenschwingungszahl nichts daran ändern, daß die Amplituden dauernd die Größe des Sprunges $a$ beibehielten, wenn man nicht durch Dämpfung für ihre Verminderung sorgte. In Fig. 5 aber fallen die Amplituden selbst beim ganz ungedämpften Instrument viel kleiner aus als der Sprung; und zwar fallen sie um so kleiner aus, je größer die Eigenschwingungszahl ist im Verhältnis zum Verlauf der erregenden Exponentialkurve. Man kann jetzt also durch einfache Erhöhung der Eigenschwingungszahl Eigenschaften der Instrumente erzielen, die denen von gut gedämpften Instrumenten gleich oder überlegen sind, ohne daß die Instrumente überhaupt eine Dämpfung zu haben brauchen. Praktisch wird ja dann immer eine gewisse, wenn auch geringe Dämpfung zu Hilfe kommen.

Erwähnt sei noch, daß es sich bei den Fig. 3 bis 5 um keinen bestimmten Maßstab, sondern überall nur um Verhältniswerte handelt — insbesondere auch für die Zeiten —; davon haben wir ja mehrfach Gebrauch gemacht.

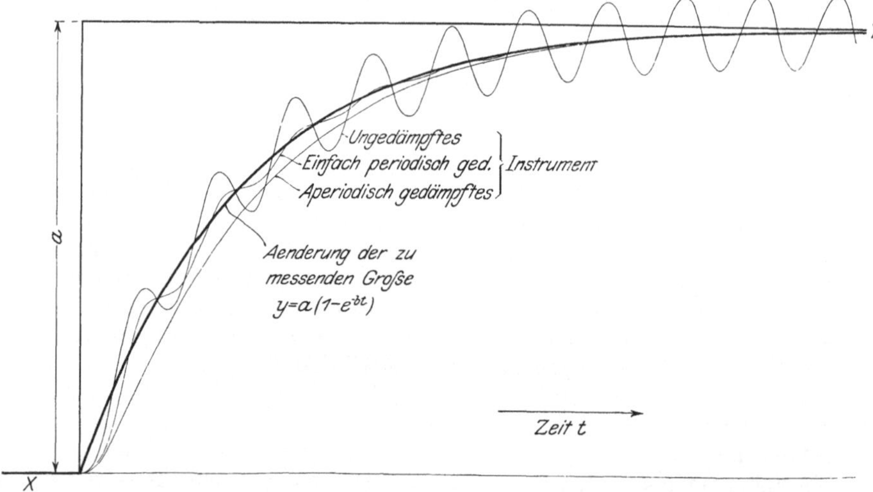


Fig. 5. Verhalten des Instrumentes bei allmählicher Änderung.

**8. Konstruktionsregeln.** Das Ergebnis unserer Betrachtungen können wir in folgende *Regeln für die Konstruktion von Meßinstrumenten* zusammenfassen, an welche die Forderung schnellen und genauen Anzeigens gestellt werden: Die Eigenschwingungszahl des Instrumentes ist durch Verringerung seiner Trägheit und durch Vergrößerung der verstellenden Kraft möglichst zu vergrößern; die Widerstände durch Reibung sind möglichst zu vermindern, die Dämpfung ist bis in die Nähe aperiodischen Verhaltens zu steigern.

Konstruktiv kann man die Trägheit vermindern durch passende Anordnung der Teile, sowie indem man sie möglichst leicht ausführt, etwa unter Verwendung von Aluminium. Die Vergrößerung der verstellenden Kraft ist bei den verschiedenen Instrumenten in verschiedenster Weise zu erreichen, meist durch Vergrößerung der wirksamen Teile unter gleichzeitiger Verstärkung der messenden Feder — wenn solche vorhanden ist; beim Plattenfedermanometer wäre, wie schon erwähnt, die Vergrößerung der freien Fläche der Feder unter gleichzeitiger Verstärkung das anzuwendende Mittel, beim Indikator die Vergrößerung des Kolbens, bei elektrischen Instrumenten die Vergrößerung der Windungszahl oder dergleichen; freilich haben solche Maßnahmen meist auch eine Vergrößerung der Masse im Gefolge, und das hebt die erstrebte Wirkung zum Teil wieder auf. Die Anwendung von Gewichten an Stelle von Meßfedern bürgt zwar in gewissem Grade für Unveränderlichkeit

der Angabe, führt aber zu einer Vergrößerung der Masse, zumal da
man mit Vergrößerung der verstellenden Kraft auch die Gewichte vergrößern muß. — Die Verringerung der Reibung ist durch sorgsame
Arbeit, durch Anwendung von Steinlagern oder Spitzenlagerungen,
oft auch durch bessere konstruktive Anordnung zu erreichen, die eine
Verminderung der Lagerdrucke etwa durch Auswuchten der Teile
oder die eine Verminderung der Reibungswege bezwecken kann. Was
endlich die Dämpfung anlangt, so sind die anzuwendenden Mittel
zu ihrer Vergrößerung: Einbau von Öl- oder Luftbremsen; bei Luftbremsen — in Luft umlaufenden Windflügeln — muß man meist durch
Zwischenschaltung von Zahnrädern oder Hebelwerken für Vergrößerung
des von den Flügeln gemachten Weges sorgen, da es ja auf Abtötung
eines bestimmten Arbeitsbetrages ankommt. Auch Metallscheiben, vor
permanenten Magneten spielend, ergeben eine Dämpfung durch Erzeugung von Wirbelströmen; die Scheiben können aus Aluminium bestehen. Bei Manometern vergrößert man die Dämpfung beliebig durch
Abdrosseln des freien Querschnittes im Manometerhahn. —

Häufig werden freilich die Schwingungs- und Dämpfungsverhält-
nisse viel mehr durch die Art der Verwendung des Instrumentes als
durch dieses selbst bestimmt; dann kann unter Umständen eine Änderung des Instrumentes wenig Vorteil bringen. Um immer dasselbe Beispiel zu nennen: ändert sich die Spannung einer Flüssigkeit plötzlich,
so geht es nie ohne Auftreten von Schwingungen ab; wenn aber die
Plattenfeder eines Manometers Schwingungen ausführen will, so muß
Flüssigkeit in das Manometer ein- und austreten: die Flüssigkeit im
Manometerrohr muß die Schwingungen mitmachen. Je nach Länge und
Weite des Manometeranschlusses können Schwingungszeiten und Dämp-
fungsverhältnisse eines und desselben Manometers dann ganz verschiedene sein.

9. Messung periodisch schwankender Größen. In zahlreichen Fällen
sind Größen zu messen, deren Wert regelmäßigen Schwankungen unter-
liegt. Insbesondere bei Maschinen mit hin und her gehender Bewegung
schwanken eine Reihe von Größen im Takte des Maschinenganges.

Die Aufgabe bei der Messung kann in solchen Fällen eine zwiefach
verschiedene sein. Entweder man will den Mittelwert kennen, oder man
will die Schwankungen selbst verfolgen, etwa das Gesetz ergründen, dem
sie gehorchen. Im ersten Fall muß das Instrument die Schwankungen
nach Möglichkeit nicht mitmachen, im letzteren Fall soll es sie mitmachen und dann meist graphisch aufschreiben.

Für die *Messung des Mittelwertes* muß das Instrument eine genügend starke Dämpfung besitzen. Es ist bekannt, wie man an den
Manometern einer Dampfmaschine die Manometerhähne abdrosselt, bis
die Bewegungen der Zeiger klein genug sind, um die Ablesung zu gestatten.

Die Ablesung wird oft erst dann befriedigend werden, wenn man die
Schwankungen fast ganz abgedrosselt hat; denn man pflegt bei einem
stärker schwankenden Instrument das arithmetische Mittel der äußersten Zeigerstellungen abzulesen; dieses ist aber durchaus nicht immer

der zeitliche Mittelwert der beobachteten Größe; so hat beim Admissionsmanometer einer Dampfmaschine der Druck während des größten Teils der Zeit seinen Höchstwert und zuckt nur während der kurzen Admissionszeit abwärts. — Übrigens würde man ein Stillstehen des Instrumentes gegenüber periodischen Schwankungen außer durch Vergrößerung der Dämpfung auch durch Verminderung der Eigenschwingungszahl (Vergrößerung der Trägheit und Verkleinerung der verstellenden Kraft) erreichen, die nach § 7 eine Nacheilung des Instrumentes im Gefolge hat. Doch ist dieses Mittel weniger gut, weil es das Instrument gegenüber Einzelimpulsen weniger brauchbar macht (§ 6). Immerhin braucht man bei Instrumenten zur Messung des Mittelwertes nicht auf allzu hohe Eigenschwingungszahl bedacht zu sein.

Auch das Thermometer folgt schnellen Temperaturschwankungen nicht. Hier rührt die Eigenschaft davon her, daß die Wärme Zeit braucht, um sich dem Quecksilber mitzuteilen.

Wenn es sich nicht um Messung des Mittelwertes, sondern um *Untersuchung der Schwankungen* handelt, so ist zu bedenken, daß hier so wenig wie in den in Fig. 3 bis 5 dargestellten Fällen das Instrument die zu messende Größe genau aufzeichnen kann. Abweichungen der jeweiligen Triebwerkstellung von dem Sollwert sind es ja erst, die eine verstellende Kraft frei werden lassen und dadurch die Beschleunigung der Massen des Instrumentes ermöglichen. Die freigewordene Arbeit setzt sich auch hier in Schwingungen um, die durch Dämpfung zu beseitigen wären. Nun darf man aber im jetzigen Fall die Dämpfung nicht allzu weit treiben, will man nicht neben den Eigenschwingungen des Instrumentes auch die Triebwerkbewegung abfangen, die uns die zu messende Größe selbst zeigen soll; auch vermehrt ja die Dämpfung die Nacheilung des Instrumentes. Wenn also eine Abdämpfung der Schwingungen, die sich über die Darstellung des zu untersuchenden Vorganges lagern, nicht tunlich ist, so müssen wir dafür sorgen, daß die Ursache der Schwingungen möglichst beseitigt wird. Als solche erkannten wir in den Darlegungen zu Fig. 3 das Auftreten der Energiefläche $ABC$. Wir müssen also das Instrument zu schnellerem Nachfolgen zwingen durch Verminderung seiner Masse und Vergrößerung der verstellenden Kraft — kurz gesagt, wir verkleinern die in Schwingungen umgesetzte Energie durch Erhöhung der Eigenschwingungszahl des Instrumentes. Die Eigenschwingungszahl des Instrumentes sollte jedenfalls erheblich größer sein als die wesentliche Periode der zu messenden Änderungen.

Die wichtigsten Fälle, wo periodisch schwankende Größen zu verfolgen sind, sind die Spannungsschwankungen im Zylinder einer Kolbenmaschine und die Geschwindigkeitsschwankungen im Gange von Maschinen. Erstere werden mit dem Indikator, letztere mit dem Tachographen untersucht. Wir kommen daher insbesondere bei Besprechung des Indikators auf die auftretenden Schwingungen und ihre Berücksichtigung zurück (S. 220 und 227).

**10. Gleichmäßigkeit der Skala.** Es liegt in der Wirkungsweise mancher Meßinstrumente, läßt sich auch wohl durch konstruktive Bemessung des Zeigerwerks erreichen, daß ihre Skala eine *gleichmäßige* ist; so pflegt bei Manometern die Länge einer Atmosphäre über das ganze Instrument hin dieselbe zu sein. Man kann dann in allen Teilen der Skala mit gleicher absoluter Genauigkeit ablesen, etwa überall auf 0,1 at; die relative Genauigkeit der Ablesung, ausgedrückt in Prozenten des abgelesenen Druckes, nimmt dann mit steigendem Druck zu.

Eigentlich ist es richtiger, relativ gleiche Genauigkeit zu erstreben; dann muß die Skala, gleich der des Rechenschiebers, eine *verjüngte Teilung* haben; die Abstände der Teilstriche werden allmählich kleiner. Solche Anordnung ist immerhin selten; an Tachometern kommt sie vor.

Im Gegensatze dazu haben andere Instrumente eine *erweiterte Skala*; die Teilstriche stehen bei Null dicht aufeinander, später vergrößern sich die Abstände. Solche Anordnung kann praktisch sein, weil man dann den Meßbereich, in dem das Instrument meist benutzt werden soll, deutlich machen kann auf Kosten des übrigen. Ablesungen in der Nähe des Nullpunktes werden aber dann naturgemäß ganz unbrauchbar. Das Instrument büßt also zugunsten des Sonderzweckes seine Vielseitigkeit ein.

Zwischen beiden Extremen hält die gleichmäßige Teilung die gute Mitte.

Das Gesagte bezieht sich nicht nur auf Meßinstrumente, sondern auch auf *Meßmethoden*. Bei Mengenmessungen mit Durchflußöffnungen liest man den Druckverlust ab (§ 51). Dieser ist proportional dem Quadrat der Menge, er wird also bei kleinen Mengen besonders gering. Die Meßart ist also günstig hinsichtlich der Empfindlichkeit bei genügend großer Menge; bei kleiner Menge wird die Messung ungenau, der Meßbereich ist also gering. — Ist bei Wehrmessungen (§ 52) der Zusammenhang zwischen abgelesener und gesuchter Größe der umgekehrte, so ist hier die Messung überall gleichmäßig befriedigend, aber nirgends besonders gut.

Man führt wohl gleichmäßige Skalen *mit unterdrücktem Nullpunkt* aus: die Skala beginnt erst mit einem höheren Wert als Null. Auch hier kann der meistbenutzte Meßbereich besser hervorgehoben werden; doch ist es ein schwerwiegender Fehler, daß man nicht mehr sehen kann, ob der Zeiger in der Ruhe auf Null einspielt: die Nullpunktskontrolle ist aber die bequemste Art, wie man sich jederzeit von der Unversehrtheit des Instrumentes überzeugen kann. — Besonders zu verwerfen ist es, wenn bei Manometern ein kleines Stück der Teilung unterdrückt wird und ein Anschlagstift den Zeiger zwingt, auf einem Nullpunkt zu stehen, der nicht der Nullpunkt der Skala ist; hier liegt die bewußte Absicht vor, das Instrument unversehrt scheinen zu lassen. Der Anschlagstift gehört etwas jenseits des Nullpunktes.

**11. Skalen- und Ausgleichinstrumente.** Die Angaben der letzten Paragraphen bezogen sich auf Skaleninstrumente, das sind solche, die den Momentanwert irgendeiner Größe an einer Skala abzulesen gestatten, oder ihn auf einem Skalenblatt selbsttätig aufschreiben. Unter den technischen Instrumenten nimmt diese Gattung den größten Raum ein, weil sie am bequemsten ist.

Die gewöhnliche Wage, die Dezimalwage, und manche andere Instrumente kann man als Ausgleichinstrumente bezeichnen: das zu messende Gewicht wird durch Gewichtsstücke auf der anderen Schale oder durch Verschieben des Laufgewichtes ausgeglichen; die Ablesung erfolgt, nachdem man durch Probieren die Zunge zum Einspielen gebracht hat.

Die Ausgleichinstrumente eignen sich nicht zum Aufzeichnen des Verlaufes schwankender Größen. Von einer Eichung im Sinne wie bei Skaleninstrumenten kann man bei ihnen nicht sprechen: eine Wage hat das vorgeschriebene Hebelverhältnis genau, oder in gewissem Betrage falsch. Der Fehler ist aber der im wesentlichen gleiche für alle Belastungen, wenn nicht unzulässig starke Deformationen auftreten. Dagegen kann man von Empfindlichkeit genau so sprechen wie bei Skaleninstrumenten. Auch eine Eigenschwingungszahl, abhängig von der Trägheit und der durch Abweichungen aus der Gleichgewichtslage hervorgerufenen verstellenden Kraft, sowie eine Dämpfung sind diesen Instrumenten eigen, wenngleich diese Eigenschaften von geringerer Wichtigkeit für die Handhabung sind.

**12. Totalisierende Instrumente.** Eine weitere Gattung von Instrumenten können wir unter dem Namen „integrierende oder totalisierende Instrumente" zusammenfassen. Gas- und Wassermesser, Umlaufzähler geben nicht den augenblicklichen Wert irgendeiner Größe, etwa die augenblickliche Wasserlieferung, die augenblickliche minutliche Umlaufzahl an, sondern sie zeigen, wieviel Wasser i m g a n z e n durch den Messer gegangen ist, wieviel Umläufe die Maschine i m g a n z e n gemacht hat. — Über die Ablesung totalisierender Instrumente im Vergleich zu Momentanwerten vergleiche man S. 203.

Bei dieser Art von Instrumenten schadet eine falsche Angabe ebensowenig wie bei Skaleninstrumenten. Nur hat eine Eichung festzustellen, wieviel das Instrument zu viel oder zu wenig anzeigt. Für Maschinenuntersuchungen im Beharrungszustande kann man die Eichung bei der Geschwindigkeit vornehmen, mit der das Instrument gebraucht wird. Wo aber ein integrierendes Instrument im langsamen und schnellen Gang gebraucht wird, da ist zu fordern, daß die Angabe bei allen Gangarten um gleich viel, und zwar prozentual, nicht absolut, von der richtigen Angabe abweiche, daß also der anzuwendende Korrektionsfehler für alle Gangarten der gleiche sei.

**13. Kritik der Eigenschaften.** In statischer Hinsicht ist unrichtige Teilung der Skala kein Schaden, sondern kann durch Eichung des Instrumentes und Anbringen der ermittelten Korrektion an der Ablesung unschädlich gemacht werden. Reibung und die Eigenschaften der Materialien bewirken bei den meisten Instrumenten einen Unterschied zwischen der Angabe bei Aufwärtsgang und der bei Abwärtsgang. Sind diese Unterschiede gering, oder durch Erschüttern des Instrumentes zu verringern, so beeinträchtigen sie nur die Genauigkeit; sind die Unterschiede groß, so machen sie das Instrument unbrauchbar.

Bei Änderungen der zu messenden Größen kommt es auf das dynamische Verhalten des Instrumentes an. Bei einmaliger Änderung sonst konstanter Größen ist hohe Eigenschwingungszahl des Instrumentes und Dämpfung bis zu etwa aperiodischem Verhalten erwünscht. Will man bei periodischen Änderungen den Mittelwert messen, so ist für große Dämpfung oder soweit diese nicht erreichbar ist, für nicht zu hohe Eigenschwingungszahl Sorge zu tragen. Will man den Verlauf periodischer oder anderer Änderungen verfolgen, so ist möglichst weitgehende Erhöhung der Eigenschwingungszahl und möglichst geringe Dämpfung zu erstreben.

Reibung ist in jedem Fall dynamisch so nachteilig wie statisch.

Man mache es sich zur Regel, nur mit guten Instrumenten zu arbeiten. Keine Korrektion kann die Fehler eines schlechten Instrumentes unschädlich machen. Insbesondere versuche man nie, die Reibung durch Korrektion unschädlich zu machen. Ihr Betrag ist schwankend, und man weiß selten sicher, ob das Instrument aufwärts- oder abwärtsgehend in seine Lage gelangt ist. Es ist aber eine gute Regel, Korrektionen nur dann anzubringen, wenn sie sicher eine Verbesserung bedeuten.

**14. Ausführung von Eichungen, Darstellung der Ergebnisse.** Die Eichung eines Skaleninstrumentes besteht nach dem früher Gesagten darin, daß man die Richtigkeit seiner Angabe prüft oder feststellt, wieviel seine Angabe vom wahren Wert abweicht. Große Abweichungen zwischen Aufwärtsgang und Abwärtsgang sind unzulässig. Bei kleinen Abweichungen nimmt man das Mittel aus beiden. Das Ergebnis der Eichung kann man in Form eines Linienzuges graphisch darstellen, den wir als *Charakteristik* bezeichneten. Wir tragen dazu die Angaben des zu prüfenden Instrumentes als

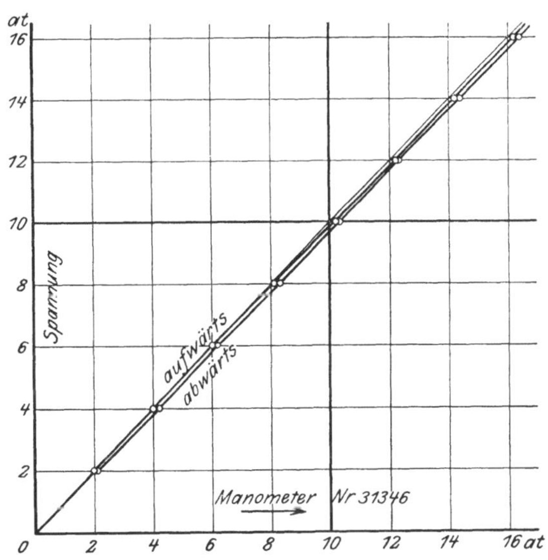


Fig. 6.  Darstellung der Eichergebnisse.

Abszissen, die wahren Werte, also etwa die Angaben eines Normalinstrumentes, als Ordinaten auf. Der entstehende Linienzug ist eine Gerade unter 45°, wenn das Instrument richtig zeigt, sonst weicht er von dieser Geraden ab (Fig. 6). Hat man mit dem so geeichten Instrument eine Ablesung gemacht, so braucht man nur in der Charakteristik diesen abgelesenen Wert als Abszisse aufzusuchen, die zugehörige Ordinate ist der wahre Wert, mit dem man statt des abgelesenen zu rechnen hat.

Bequemer ist die Darstellung der Eichergebnisse in einer anderen Form, wenn man nämlich als Ordinaten nicht die wahren Werte, sondern die anzuwendenden Korrektionen aufträgt. Die *Korrektion* ist der Betrag, den man zum abgelesenen Wert zuzählen muß, um den wahren zu erhalten; die Korrektion ist die negativ genommene Abweichung der Instrumentenangabe vom wahren Wert. Da die Korrektionen kleine Werte sind, so kann man sie in größerem Maßstab auftragen als die Ablesungswerte, etwa im zehnfachen Maßstab; dadurch eben wird die Benutzung dieser Darstellungsart bequem. Fig. 7 gibt die Resultate der Fig. 6 in solcher Form.

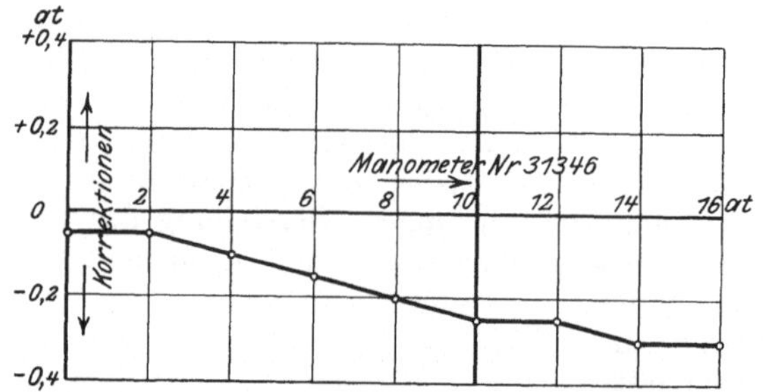


Fig. 7. Andere Darstellung der Eichergebnisse.

Als Zahlenbeispiel geben wir die Eichung eines Manometers wieder:

| Wahrer Wert d. Spannung: | 0 | 2 | 4 | 6 | 8 | 10 | 12 | 14 | 16 | at |
|---|---|---|---|---|---|---|---|---|---|---|
| Angabe des ⎰ aufwärts: | 0 | 2 | 4 | 6,1 | 8,1 | 10,2 | 12,2 | 14,2 | 16,2 | „ |
| Instrumentes: ⎱ abwärts: | 0,1 | 2,1 | 4,2 | 6,2 | 8,3 | 10,3 | 12,3 | 14,4 | 16,4 | „ |
| Mittel: | 0,05 | 2,05 | 4,1 | 6,15 | 8,2 | 10,25 | 12,25 | 14,3 | 16,3 | „ |
| Abweichg. v. wahren Wert: | 0,05 | 0,05 | 0,1 | 0,15 | 0,2 | 0,25 | 0,25 | 0,3 | 0,3 | „ |
| Korrektion: | -0,05 | -0,05 | -0,1 | -0,15 | -0,2 | -0,25 | -0,25 | -0,3 | -0,3 | „ |

Die Darstellung dieses Ergebnisses in Fig. 7 sieht sonderbar sprunghaft aus. Das kommt davon, daß die Korrektionen vergrößert sind. Große Unregelmäßigkeiten im Gang der Instrumente deuten sonst an, daß etwas nicht in Ordnung ist.

Man soll alle Instrumente eichen, welche einer Eichung fähig sind, und zwar vor und nach Anstellung der Versuche. Stimmen beide Eichungen genügend überein, so hat das Instrument sicher beim Transport oder bei den Versuchen keinen Schaden erlitten, der seine Gangart geändert haben könnte. Die Eichung vor den Versuchen sichert außerdem davor, daß eine Versuchsreihe ganz vergebens gemacht ist, wenn ein wichtiges Instrument während der Versuche zerbricht, so daß man es nicht mehr eichen kann.

# III. Beobachtung und Auswertung.

**15. Ablesung.** Jede Messung besteht in einer Beobachtung irgendwelcher Instrumente; an diese schließt sich die Auswertung an, wenn nicht etwa das Instrument die gesuchte Größe unmittelbar und auch gleich richtig anzeigt — was selten der Fall ist.

Selbst die einfachste Ablesung erfordert einige Aufmerksamkeit, wenn man als erstrebenswertes Ziel im Auge hat, mit möglichst wenig Zeitaufwand Ergebnisse von möglichst großer oder doch dem Zweck entsprechender Genauigkeit zu erzielen.

Bei vielen Instrumenten, so bei dicken Maßstäben oder Manometern, wird die Ablesung falsch, wenn man beim Beobachten nicht senkrecht auf die betreffende Stelle der Skala schaut. Diesen allbekannten *parallaktischen Fehler* zu vermeiden, ist der Zweck eines Spiegels, den man, parallel zur Skala, namentlich bei elektrischen Instrumenten findet. Verdeckt der Zeiger sein Spiegelbild, so sieht man senkrecht auf die Skala. Gelegentlich ist auch die Skala selbst auf der Glasseite eines Spiegels angebracht: man sieht senkrecht auf die Skala, wenn die Striche der Skala sich mit ihrem Spiegelbild decken.

Außerdem hat man beim Ablesen von Skaleninstrumenten, soweit solche der Reibung in ihrem Getriebe unterworfen sind (Manometer, Barometer, Hygrometer), das Instrument durch *Anklopfen* zu erschüttern, um die Reibung zu beseitigen oder doch zu mindern.

Als Beispiele dafür, durch wie *einfache Maßnahmen* man oft die Genauigkeit der Ablesung vergrößern kann, womöglich unter gleichzeitiger Zeitersparnis, mögen die folgenden aufgeführt sein.

Die minutliche Umlaufzahl einer Maschine soll gemessen werden. Es steht eine Stechuhr (S. 49), eventuell noch ein an der Maschine angebrachtes Zählwerk zur Verfügung; sonst müßte man die Umläufe durch Zählen selbst feststellen. Nun wird oft so verfahren, daß man eine Minute lang beobachtet und den Unterschied des Zählerstandes oder die abgezählte Umlaufzahl notiert. Die Genauigkeit ist indessen unbefriedigend, außer wenn die Maschine sehr schnell läuft. Hat man etwa 51 Umläufe gezählt, so ist selbst bei sorgsamster Beobachtung auf Fehler bis zu 1% zu rechnen; denn da man nur volle Umläufe beobachten kann, so wird man 51 zählen, immer wenn die Maschine zwischen 50,5 und 51,5 Umläufe in der Minute macht. Wollte man, um Zeit zu sparen, nur eine halbe Minute beobachten, so würde man voraussichtlich 25 Umläufe beobachten und hätte auf Fehler bis zu 2% zu rechnen. Und doch kann man in dieser Zeit befriedigende Ergebnisse haben, wenn man das Verfahren umkehrt. Man beobachtet die für 25 volle Umläufe nötige Zeit durch Drücken auf die Stechuhr; sie sei 29,2 sek, eine Ablesung, die auf weniger als $^1/_2$% Fehler rechnen darf, da die Stechuhr in $^1/_5 = 0,2$ sek geteilt ist, so daß die Ablesung voraussichtlich um nicht mehr als 0,1 sek über oder unter dem wahren Wert liegt, das sind etwa 0,35% von 29,2. Die Umlaufzahl errechnet sich nun leicht zu 51,4 Uml/min, mit einem höchsten Fehler von auch 0,35%.

In beiden Fällen wäre gleichmäßig die Möglichkeit ungenauen Beobachtens vorhanden, die den höchsten Fehler etwas größer werden läßt. — Man erkennt, warum die zweitgenannte Art der Beobachtung genauere Ergebnisse liefert: man kann nur volle Umläufe, aber $^1/_5$ sek ablesen; letzteres ist die relativ kleinere Einheit. Bei hohen Umlaufzahlen würde die Beobachtung der Zeit für eine bestimmte Zahl von Umläufen das Genauere sein — dann nämlich, wenn mehr als ein voller Umlauf auf $^1/_5$ sek kommt, also bei mehr als 300 Uml/min.

Ein anderes Beispiel: Bei dem Eichdiagramm einer Indikatorfeder, Fig. 172, S. 206, sollen die Abstände der Linien voneinander, die je 1 at Drucksteigerung entsprechen, ausgemessen werden. In gewissem Sinne das nächstliegende ist es, einen Maßstab zunächst so anzulegen, daß man den Abstand von 0 bis 1 at ablesen kann, dann ihn bei 1 at neu anzulegen und den Abstand 1 bis 2 at abzulesen, und so fortzufahren. Wollte man aber die Ablesungen zusammenzählen, so würde sich voraussichtlich nicht der richtige Wert für den Abstand von 0 bis 12 at ergeben, weil sich die jedesmaligen Fehler beim Anlegen leicht zueinander addieren. Besser legt man daher den Anfang des Maßstabes nur einmal bei 0 at an und liest gleich die Lage jeder der Linien auf $^1/_{10}$ mm genau ab; bildet man Differenzen, so hat man den Abstand der einzelnen Linien voneinander. Man vermeidet so die Fehler beim Anlegen, die insbesondere dann unvermeidlich sind, wenn die Strichstärke nicht sehr gering ist.

Die beiden Beispiele sollen, wie erwähnt, als Beleg dafür dienen, daß selbst die allereinfachsten und elementaren Messungen nicht ohne Überlegung ausgeführt werden dürfen, wenn man auf genaues Messen Anspruch macht.

**16. Übliche Fehler bei der Auswertung.** An die einfachen Darlegungen über die Beobachtung mögen zunächst einige ebenso einfache über die Auswertung angeschlossen werden.

Bei Angaben in *Prozenten* kommen oft Fehler in die Rechnung. Man hat gut darauf zu achten, in Prozenten von welcher Größe die Angabe gemacht ist. Wenn wir in einem Aufsatz lesen: der Betrieb mit Spiritus kostet 12 Pf. für die Pferdekraft-Stunde, der Benzinbetrieb nur 8 Pf./PS·st, „letzterer sei also 50% billiger“, so ist das falsch. Jeder, der hört, Spiritusbetrieb koste 12 Pf. und Benzinbetrieb sei 50% billiger, rechnet 6 Pf. für den Benzinbetrieb heraus. Richtig sind die Folgerungen: Benzinbetrieb ist $33^1/_3$% billiger, oder aber: Spiritusbetrieb ist 50% teurer als der andere; diese beiden Folgerungen sagen, trotz der verschiedenen Zahlen, das gleiche aus. Einmal bezieht man die Prozentrechnung auf 12 Pf., einmal auf 8 Pf. als 100%.

Braucht man 100 Pferdestärken, und hat die zu verwendende Maschine einen Wirkungsgrad von 60%, gehen also 40% in ihr verloren, so hat man der Maschine nicht $100 + 40 = 140$ PS zuzuführen, sondern $\frac{100}{0,6} = 166,7$ PS. Wirkungsgrad und Verlust gibt man nämlich in Prozenten der eingeführten Energiemenge an, nicht der herausgehenden.

Braucht eine Dampfmaschine 200 kg Dampf in der Stunde, und schätzt man den Verlust durch Kondensation in der Rohrleitung auf 10%, so muß der Kessel nicht 220 kg, sondern 200:0,9 = 222 kg Dampf erzeugen. Die Angabe der Kondensationsverluste pflegt nämlich in Prozenten der erzeugten Dampfmenge zu geschehen, nicht der ankommenden.

Fehler, meist freilich von geringerer Tragweite, laufen beim *Bilden von Mittelwerten* unter. Um den Inhalt eines zylindrischen Gefäßes zu bestimmen, würden wir seine Höhe messen, außerdem den lichten Durchmesser. Da nun das Gefäß ungenau hergestellt ist, so wird der Durchmesser nicht überall genau derselbe sein; wir messen also eine Reihe von Durchmessern, etwa von 20 zu 20 cm Höhe, berechnen den mittleren Durchmesser und dann den Inhalt $V = \dfrac{d_m^2 \pi}{4} \cdot h$. Dieses Verfahren ist mathematisch falsch, und als praktische Näherungsmethode nur dann brauchbar, wenn die einzelnen gemessenen Durchmesser nicht sehr voneinander abweichen. Das richtige, aber umständlichere Verfahren ist es, aus jedem gemessenen Durchmesser $d$ die Fläche $f = \dfrac{d^2 \pi}{4}$ zu bilden, das Mittel $f_m$ aus diesen Flächen zu berechnen und nun das Volumen $V = f_m \cdot h$ zu finden. Ein anderes, bisweilen bequemeres Verfahren ist es, den *quadratischen Mittelwert* der Durchmesser zu bilden — dieser Ausdruck ist aus der Wechselstromtechnik übernommen — und zur Berechnung der mittleren Fläche zu verwenden. Der quadratische Mittelwert ist die Wurzel aus dem Mittel der Quadratwerte. Ein Beispiel wird ihn erläutern und zugleich zeigen, wie groß der bei der üblichen Näherungsrechnung gemachte Fehler wird.

Ein Gefäß habe 140 cm Höhe und sei auf 100 cm Durchmesser gearbeitet; die Messung in 6 Höhenabständen von je 20 cm habe aber die Durchmesser 100, 101, 103, 102, 99, 97 cm ergeben.

Übliches Verfahren: Mittel der Durchmesser 100,33; also mittlere Fläche 7905,8 qcm. Der Inhalt des Gefäßes bei 140 cm Höhe ist 1106,81 l.

Genaues Verfahren: Die Kreisinhalte zu den gemessenen Durchmessern sind 7854,0; 8011,8; 8332,3; 8171,3; 7697,7; 7389,8 qcm; Mittel aus diesen: 7909,5 qcm. Der Inhalt des Gefäßes bei 140 cm Höhe ist 1107,33 l.

Verfahren mit quadratischem Mittelwert, ebenfalls genau: Die Quadratzahlen der gemessenen Durchmesserwerte sind 10 000, 10 201, 10 609, 10 404, 9801, 9409; deren Mittelwert ist 10 070,7. Der quadratische Mittelwert der Durchmesser ist $\sqrt{10\,070{,}7} = 100{,}35$ cm. Hiermit findet man die mittlere Fläche zu 7909,5 qcm, den Inhalt des Gefäßes zu 1107,33 l, wie beim vorigen Verfahren.

Von den beiden genauen Verfahren ist das erste bequemer, wenn man eine Tabelle der Kreisinhalte zur Hand hat, sonst aber das zweite. Beide haben also ihre Berechtigung. Übrigens sieht man aber, daß das übliche Näherungsverfahren einen um nur 5,2 l = 0,045% zu kleinen

Wert liefert, trotzdem die einzelnen gemessenen Durchmesser bis zu 3% nach oben und unten von ihrem Mittelwert abwichen. Das Näherungsverfahren ist viel bequemer und meist genügend genau, solange die gemessenen Abweichungen klein sind. Bei größeren Abweichungen muß man die genauen Verfahren anwenden.

Den Grund dafür, daß das eben besprochene Näherungsverfahren nur angenähert ist, erkennen wir in der Tatsache, daß die gemessene Größe — der Durchmesser — und die zu berechnende — der Kreisinhalt oder der Inhalt des Gefäßes — nicht linear voneinander abhängig sind. Der Gefäßinhalt ist vom Quadrat des Durchmessers abhängig: die Beziehung zwischen beiden wird durch eine Parabel, nicht durch eine Gerade dargestellt. Nur innerhalb enger Grenzen können wir die Parabel durch eine Gerade ersetzen.

Wo nichtlineare Beziehungen vorkommen, darf man nur dann mit einfachen Mittelwerten rechnen, wenn die Abweichungen der gemessenen Größen voneinander nicht allzu groß werden. Bei der Messung von Wassermengen durch Ausflußöffnungen (§ 51) und in anderen Fällen werden wir hierauf achten müssen. Da bei dieser Messung die gesuchte Wassermenge proportional der Wurzel aus der abgelesenen Standhöhe ist, so könnte man mit einem *Wurzelmittelwert*, einem Analogon zum quadratischen, rechnen. Auch sind *kubische, logarithmische usw. Mittelwerte* denkbar.

Zu beachten ist auch, daß da, wo eine Größe linear von einer anderen abhängt, der *reziproke Wert* nicht linear, sondern nach einer hyperbolischen Funktion von ihr abhängt. Man habe den Gasverbrauch eines Gasmotors gemessen

bei 15,2 PS zu 9,1 cbm/st, entsprechend 9,1 : 15,2 = 0,599 cbm/PS·st,

bei 24,8 PS zu 12,1 cbm/st, entsprechend 12,1 : 24,8 = 0,488 cbm/PS·st.

Der Gasverbrauch selbst hängt nun erfahrungsgemäß leidlich linear von der Leistung ab, also kann man interpolieren:

zu 20 PS gehört 10,6 cbm/st und 10,6 : 20 = 0,530 cbm/PS·st.

Die direkte Interpolation des spezifischen Gasverbrauches hätte 0,544 cbm/PS·st ergeben — erheblich falsch, weil der spezifische Gasverbrauch durchaus nicht linear von der Leistung abhängt.

Wo eine Größe $a$ als Produkt zweier andern gefunden wird: $a = b \cdot c$, bildet man ebenfalls oft den Mittelwert aller $b$, den wir mit $M(b)$ bezeichnen wollen; man bildet ebenso $M(c)$ und glaubt durch Multiplizieren beider den Mittelwert von $a$ zu finden: $M(a) = M(b) \cdot M(c)$. So verfährt man, wenn man die mittlere elektrische Leistung während längerer Zeit aus den Ablesungen von Spannung und Stromstärke findet (S. 183); um Dividieren handelt es sich beim Auswerten von Indikatordiagrammen (S. 197). Mathematisch ist der *Mittelwert der Produkte* nicht gleich dem Produkt der Mittelwerte, es ist $M(b \cdot c) \geqq M(b) \cdot M(c)$. Auch hier ist das übliche Verfahren ein brauchbares Näherungsverfahren nur so lange, wie die abgelesenen Einzelwerte nicht zu sehr voneinander abweichen; 10% Abweichung der Ablesungswerte voneinander, d. h.

$\pm\,5\%$ vom Mittelwert ist auch hier oft die zulässige Grenze, die mindestens von einem der beiden Faktoren $b$ oder $c$ innegehalten werden muß.

Man erkennt den Fehler, den man durch die einfachere Rechnungsweise begeht, aus Fig. 8. Der Inhalt der beiden schraffierten Rechtecke ist $a_1 \cdot b_1$ und $a_2 \cdot b_2$. Das Mittel aus beiden finden wir, indem wir die starken Geraden mitten zwischen die anderen legen; der Inhalt des stark umfahrenen Rechtecks ist aber nicht genau der Mittelwert aus den beiden anderen: wir haben die kleine Fläche $x$ vernachlässigt.

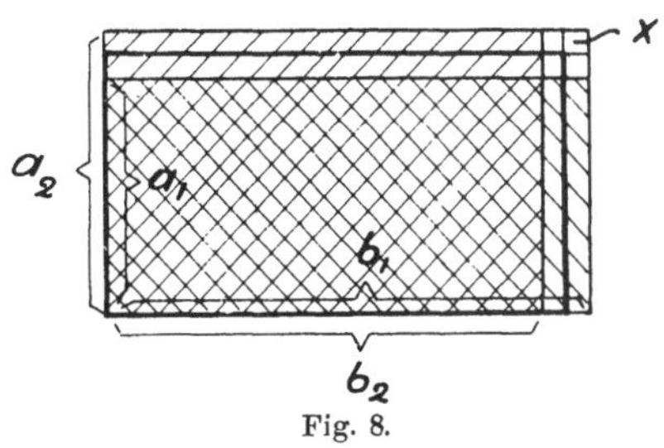

Fig. 8.

**17. Verallgemeinerung: Beharrungszustand der Maschinen.** Was wir für einzelne Ablesungen als richtig erkennen, gilt ebenso für ganze Versuchsreihen. Man liest an einer Maschine während längerer Zeit die verschiedensten Größen ab, bildet die Mittelwerte und nimmt an, daß man auf diese Weise zueinander passende Angaben erhält. Richtig ist diese Annahme nur, wenn alle gemessenen Größen in linearer Beziehung zueinander stehen; genügend genaue Resultate erhält man, wenn jede der gemessenen Größen nur wenig geschwankt hat, so daß man in diesen engen Grenzen linearen Verlauf annehmen kann.

Bei Dauerversuchen muß also die Maschine annähernd im Beharrungszustande sein. Ist das nicht zu erreichen (Abkühlungsversuche bei Kälteanlagen, S. 252), so kann man unter Umständen durch Abkürzen der Versuchsdauer die Ergebnisse verbessern, weil man den Beharrungszustand besser annähert; oder man muß feststellen, wie die sich ändernde Größe von den übrigen abhängt, und innerhalb welcher Grenzen man diese Abhängigkeit als linear ansehen kann.

**18. Genauigkeit der Zahlenangaben.** Die Genauigkeit einer Zahlenangabe ist nach der Anzahl der gültigen Ziffern zu bewerten, nicht nach der Stellung der Stellen zum Komma. Gibt man die Länge einer Brücke zu 1832 m an, beschränkt also die Angabe auf volle Meter, während man den Durchmesser einer Stange zu 18,3 mm, also auf Bruchteile von Millimetern gemessen hat, so ist nicht die letztere, sondern die erstere Angabe die genauere; denn sie gibt vier Stellen an, der Stangendurchmesser ist nur auf drei Stellen gegeben. Wenn man einen Zylinderdurchmesser zu 183 mm angibt, so ist diese Angabe ebenso genau wie jener Stangendurchmesser von 18,3 mm.

Wo eine Zahlenangabe bis zu einer gewissen Stelle hin gemacht ist, darf man annehmen, daß die letzte angegebene Stelle noch einige Zuverlässigkeit besitzt. Die Angabe der Brückenlänge zu 1832 m wird man nur machen, wenn man so genau maß, daß man den richtigen Wert zwischen 1831,5 und 1832,5 zu vermuten Anlaß hat. Wo man die Brückenlänge nur durch Abschreiten ermittelte, wird man höchstens 1830 schreiben dürfen — das heißt dann, man vermutet den wahren Wert zwischen 1825 und 1835 —, trotzdem man vielleicht 1832 Schritte von je 1 m Länge machte und dann noch 0,1 m übrig behielt, so daß das eigentliche Meßergebnis 1832,1 m wäre; man soll aber an der Genauigkeit der Meßmethoden Kritik üben, in diesem Fall sagen, daß man den Meterschritt bei noch so großer Übung nicht mit größerer Genauigkeit als 1% innehalten kann. Eine bloße Schätzung der Brückenlänge mit dem Auge wird man als solche kennzeichnen, indem man nur 1800 m hinschreibt. Man sagt damit ohne weiteres aus, daß man für den richtigen Wert einen Spielraum von 1750 bis 1850 m offen lassen will, daß man sich also wohl um etwa 50 m aufwärts oder abwärts könne verschätzt haben. — Ähnlich gibt man den Durchmesser einer Stange zu 18 mm an, wenn man mit dem Taster flüchtig oder unter erschwerenden Umständen gemessen hat; man schreibt 18,3 mm bei Messung mit einer Schublehre, und man darf 18,32 mm schreiben, wenn man eine Schraublehre verwendete — und wenn die Stange gut kreisrund ist.

Diese Bewertung der Genauigkeit des Ergebnisses ist konsequent auch da durchzuführen, wo die letzten Stellen Nullen sind: ein Stab hat 18,00 mm Durchmesser bei Benutzung einer Schraublehre, bei Benutzung einer Schublehre muß man 18,0 mm schreiben, und 18 mm deutet eine rohe Messung an, wo der wahre Wert zwischen den Grenzen 17,5 und 18,5 mm liegen mag.

Schwierig ist die Beantwortung der Frage, wie genau Ablesungen zu machen sind, welche *Stellenzahl bei den Ablesungen und Rechnungen* zu verwenden ist, und wie weit man Korrektionen ausführen solle. Bei den umfangreichen Zahlenrechnungen, die bei technischen Versuchen vorkommen, vermeidet man gerne unnützen Ballast, während es andererseits unrecht wäre, eine Genauigkeit nicht zu erreichen, die leicht erreichbar ist, wie bei der Umlaufmessung des § 15.

Man muß zunächst über die erreichbare oder erforderliche *Genauigkeit des Gesamtergebnisses* klar sein. Bei vielen Versuchen haben Zufälligkeiten wie Schmierung der Lager und der Zustand der Stopfbüchsen erheblichen Einfluß auf das Endergebnis; in anderen Fällen handelt es sich um Feststellung von Größen, die gar nicht in beliebig großer Genauigkeit feststellbar sind, weil sie gar nicht so genau in der Natur vorhanden sind; so geht es mit den Durchmessern runder geschmiedeter Behälter oder selbst gedrehter Zylinder, die merkliche Abweichungen von der Kreisform haben, und andererseits an verschiedenen Stellen der Länge verschiedene Werte haben und mit der Art der Aufstellung sich ändern, so daß es ganz unmöglich ist, „den Durchmesser" auf Bruchteile von Millimetern zu messen. Ähnliches gilt bei der Untersuchung der Eigenschaften von Materialien, die von Stelle zu Stelle Verschiedenheiten aufzuweisen pflegen. Es hat offenbar keinen Zweck, die Genauigkeit der Ergebnisse weit über die Grenze hinaus zu treiben, wo diese Zufälligkeiten sich bemerkbar machen.

Im allgemeinen wird man es bei technischen Untersuchungen als sehr befriedigend ansehen, wenn die Genauigkeit der Ergebnisse — für die wir in § 19 ein Merkmal kennen lernen werden — etwa $\pm 1\%$ beträgt, das heißt, wenn die Ergebnisse im allgemeinen um nicht mehr als 1% vom wahren Wert der betreffenden Größe abweichen. Bei den meisten

Untersuchungen, insbesondere wenn sie nicht im Laboratorium, sondern im praktischen Betriebe gewonnen sind, bleibt die Genauigkeit weit hinter diesem Wert zurück, und eine Genauigkeit von $\pm\,5\%$ wird oft genügen müssen. Dieser Genauigkeitsgrad von $\pm\,5\%$ ist insofern als zu erstreben und als ausreichend festgelegt, als der Verein Deutscher Ingenieure in den Normen für Abnahmeversuche, die er für verschiedene Maschinenarten festgesetzt hat, durchweg bestimmt, eine Garantie solle noch als erfüllt gelten, wenn die durch den Versuch ermittelte Zahl um nicht mehr als $5\%$ ungünstiger ist als die zugesicherte Zahl. Wo also ein Wirkungsgrad von $70\%$ garantiert ist, da muß der Versuch mindestens $0,95 \cdot 70 = 66,5\%$ Wirkungsgrad haben errechnen lassen. Dieser Bestimmung liegt der Gedanke zugrunde, daß bei $66,5\%$ errechneter Zahl der Fehlbetrag sehr wohl in der Ungenauigkeit der Versuche und nicht in der Maschine seine Ursache haben könne.

Dies bezog sich auf die Genauigkeit des Endergebnisses einer Untersuchung, das sich oft auf zahlreiche Einzelablesungen aufbaut. Offenbar wäre es falsch, alle Ablesungen bei einem Verdampfungsversuch am Dampfkessel nur bis auf $5\%$ genau, also nur zweistellig zu machen, weil man weiß, daß das Endergebnis doch um $5\%$ unsicher bleiben wird. Um vielmehr diese Genauigkeit im Endergebnis zu erzielen, muß man die ersten Ablesungen viel genauer machen. Sonst kommt ein Prozent zum andern, wie man zu sagen pflegt.

Man wird deshalb im allgemeinen die einzelnen Ablesungen so genau machen, wie es sich eben machen läßt, ohne allzu großen Zeitaufwand. Es wird aber gut sein, zu überlegen, wie groß der Einfluß ist, den der zu erwartende Fehler jeder einzelnen der Ablesungen auf das Gesamtresultat ausübt. Man wird dann die größte Sorgfalt auf die Ablesung derjenigen Größen legen müssen, die das Gesamtresultat am meisten beeinflussen. Man wird es als erstrebenswert ansehen, die verschiedenen Einzelgrößen mit je solcher Genauigkeit abzulesen, daß die verschiedenen zu erwartenden Fehler das Gesamtresultat etwa gleich stark beeinflussen. Das ist natürlich nicht so gemeint, daß man jede der Einzelablesungen nur nach Maßgabe der ungenauesten unter ihnen vornehmen solle, sondern umgekehrt, daß man die ungenaueste verbessern und auf das Niveau der anderen heraufschrauben solle. Es wäre falsch, beim Dampfverbrauchsversuch an einer Dampfmaschine für die Wassermessungen ebenso große Ungenauigkeiten zuzulassen, wie man beim Indizieren, wegen der Mangelhaftigkeit des Indikators, leider zulassen muß; aber man soll den Indikator in besten Zustand setzen.

Das Beispiel des vorigen Paragraphen von der Messung der Umlaufzahl erläuterte schon die Tatsache, daß beim Ziehen von Ergebnissen, die mehrere Beobachtungen erfordern, die Genauigkeit des Ergebnisses durch die Genauigkeit der mindestgenauen Ablesung beschränkt ist. Diese zu verbessern, muß daher die Aufgabe sein, wenn man ein genaueres Endergebnis haben will.

Nicht immer liegen die Verhältnisse so einfach wie in jenem Fall der Umlaufmessung, wo beide Größen einen Quotienten miteinander bilden. Überall, wo eine relativ kleine Größe zu einer viel größeren arithmetisch hinzutritt, das heißt zu addieren oder zu subtrahieren ist, da kann man sich bei der kleineren mit viel geringerer Genauigkeit begnügen. Es genügt dann nämlich, beide bis zur gleichen Stellenzahl vom Komma an gerechnet zu haben. Insbesondere *Korrektionen* braucht man daher nur in mäßiger Genauigkeit zu ermitteln. Zeigt ein Quecksilbermanometer bei 18° C den Stand von 467 mm (höchstens auf volle Millimeter ablesbar wegen der Schwankungen des Maschinenganges) und wollte man diese Ablesung auf 0° C Normaltemperatur des Fadens reduzieren (S. 139), so kann man leicht mit Hilfe des Ausdehnungskoeffizienten 0,000 180 des Quecksilbers eine Korrektion von minus $18 \cdot 0{,}000180 \cdot 467 = -1{,}512$ mm errechnen; es wäre aber falsch, das Ergebnis nun $467 - 1{,}512 = 465{,}488$ mm zu schreiben; die Genauigkeit ist, wegen der Ablesung, auf volle Millimeter beschränkt und das Ergebnis ist 465 mm zu schreiben.

Wo man den Elastizitätsmodul $E$ des Materiales aus der Längenänderung $\lambda$ eines Stabes von der Länge $l$ und dem Querschnitt $\frac{1}{4} D^2 \pi$ bei einer Last $P$ ermitteln will mittels der bekannten Formel

$$E = \frac{P \cdot l}{\frac{1}{4} D^2 \pi \cdot \lambda} \, ,$$

da wird man besonderen Wert legen müssen auf die Messung von $D$, weil diese Größe im Quadrat ins Endergebnis eingeht, ein Fehler in $D$ also das Endergebnis doppelt so stark beeinflußt wie eine gleich große Ungenauigkeit in einer der übrigen Größen. Außerdem wird man $\lambda$ besonders sorgfältig ermitteln müssen, weil es eine sehr kleine Größe ist, die entsprechend schwierig zu messen ist.

Wenn man bei der Ermittlung des Wirkungsgrades eines Dampfkessels auch Druck und Temperatur des erzeugten Dampfes mißt, so darf man ruhig diese Messungen mit geringerer Sorgfalt ausführen als die Messung der Kohle- und der Wassermenge. Weiß man doch, daß der Wärmeinhalt des Dampfes nur verhältnismäßig wenig mit steigender Temperatur zunimmt und daß der Dampfdruck fast gar keinen Einfluß auf ihn hat. Eine Messung der Temperatur in vollen Graden, wo nicht gar mit einem in je 5° geteilten Thermometer, und eine Messung des Druckes auf Zehntel oder halbe Atmosphären werden also oft ausreichend sein.

Besondere Genauigkeit muß man anstreben, wo die gesuchte Größe als Differenz zweier wenig voneinander verschiedener Zahlen gefunden werden soll, also bei *Differenzmethoden*. So ermittelt man etwa die Reibungsverluste einer Dampfmaschine als Differenz aus indizierter Leistung $N_i$ und gebremster $N_e$. Ist $N_i = 100$ PS und $N_e = 90$ PS, so ist der Reibungsverlust 10 PS. Hat man $N_i$ und $N_e$ auf etwa 1% genau ermittelt, sind aber zufällig die Fehler nach entgegengesetzter Richtung gefallen, so werden wir $N_i = 101$ PS und $N_e = 89$ PS statt der wahren Werte gefunden haben. Daraus entnehmen wir den Reibungsverlust $101 - 89 = 12$ PS, also um 20% falsch. Aus den kleinen Fehlern ist ein verhältnismäßig viel größerer geworden.

Gegen das Mitschleppen zu vieler Stellen sprechen noch *Unsicherheiten in den physikalischen Grundlagen*: Die Angaben für das mechanische Wärmeäquivalent schwanken zwischen 424 und 430 m·kg für die Wärmeeinheit, also um $1^1/_4\%$. Obgleich 427 heute als wahrscheinlicher Wert gilt, rechnet man noch vielfach mit 424, einem älteren Wert, für den die Tabellen einmal aufgestellt sind. Die Ergebnisse werden um 1% falsch. — Die spezifische Wärme überhitzten Wasserdampfes ist von der Temperatur und vom Druck stark abhängig; man rechnet aber noch oft mit konstanten Werten, meist mit $c_p = 0,48$ oder $c_p = 0,5$. Nachdem nun bessere Werte bekannt sind, sollte man sich ihrer bedienen, sonst darf man jedenfalls die Ergebnisse der Untersuchung nicht auf sehr viele Stellen angeben. — Die spezifische Wärme der Gase nimmt man oft als konstant an, doch ist sie zweifellos von der Temperatur stark abhängig. Die Frage nach der Veränderlichkeit der spezifischen Wärme der Gase bei höheren Temperaturen und höheren Drucken ist aber quantitativ noch nicht sicher beantwortet. — Endlich ist auf die Unsicherheit hinzuweisen, in der man sich über die spezifische Wärme des Wassers befindet und damit über die Größe der Wärmeeinheit. Wir verweisen deshalb auf § 93.

Wie man sieht, liegen die Unsicherheiten der Rechnung hauptsächlich in den Wärmewerten. Bei rein mechanischen Vorgängen pflegen die mangelhaften Meßmethoden — namentlich Wasser- und Luftmessung, Bremsung, Indizierung — Ungenauigkeiten von ähnlichen Beträgen in die Rechnung zu bringen.

**19. Darstellung der Ergebnisse; Fehlermaßstab.** Das Ziel irgendwelcher Messungen kann ein zweifach verschiedenes sein.

Im ersten Fall will man das Verhalten des untersuchten Gegenstandes, sagen wir einer Maschine, bei einem bestimmten Zustande feststellen. Das ist der Fall, wenn man den Dampfverbrauch einer Dampfmaschine bei einer bestimmten vorgeschriebenen Belastung nachprüft, etwa ob er den Garantiebedingungen entspricht. Ein Einzelversuch führt hier nur zu unsicherem Resultat: man macht deshalb mehrere Versuche, ohne etwas an den äußeren Bedingungen zu ändern, und nimmt den *Mittelwert*. Daran, wie weit die Einzelversuche vom Mittel abweichen, hat man einen Maßstab für die Genauigkeit des Resultats. Die Mathematik weist bei der Lehre von der Methode der kleinsten Quadrate nach, daß man nicht die Abweichungen der Einzelergebnisse vom wahren Wert, sondern die Quadrate dieser Abweichungen als Maß des Fehlers heranziehen müsse, um nicht auf innere Widersprüche zu kommen; daraus folgt dann, einerseits daß man als wahrscheinlichsten Wert einer mehrfach gemessenen Größe denjenigen anzusehen habe, für den die Summe der Quadrate der Abweichungen möglichst klein ist — daher der Name der Rechnungsart — und daß der einfache Mittelwert genügt; andererseits folgt daraus, daß man als *mittleren Fehler*[1]) den quadratischen Mittelwert (S. 21) aus den Ab-

---

[1]) Der mittlere Fehler ist nicht dasselbe wie der wahrscheinliche. Der wahrscheinliche Fehler ist das 0,674fache des mittleren.

weichungen anzusehen habe, das heißt also die Größe $f_m = \sqrt{\dfrac{\Sigma f^2}{m}}$;
hierin soll $f$ die Größe der einzelnen Abweichungen vom Mittelwert (genauer gesagt vom wahren Wert, zu dem der Mittelwert nur eine Annäherung ist) sein, und $m$ die Anzahl der Ablesungen. Haben wir etwa für den stündlichen Dampfverbrauch einer Maschine bei einer bestimmten Belastung von 200 KW nacheinander folgende Werte gemessen:

$$1831; \quad 1842; \quad 1828; \quad 1810; \quad 1840 \text{ kg},$$

so können wir folgende Rechnung machen: Der Mittelwert ist 1830,2 kg; die Abweichungen vom Mittelwert sind

$$f = +0{,}8; \quad +11{,}8; \quad -2{,}2; \quad -20{,}2; \quad +9{,}8$$

und deren Quadrate sind

$$f^2 = 0{,}64; \quad 139{,}24; \quad 4{,}84; \quad 408{,}04; \quad 96{,}04.$$

Also wird $\Sigma f^2 = 648{,}80$, und man kann sich leicht davon überzeugen, daß dieser Wert größer wird, wenn man statt des arithmetischen Mittels 1830,2 kg einen größeren oder einen kleineren Wert als wahrscheinlichsten Wert des Dampfverbrauches hätte einführen wollen. Der mittlere Fehler unserer Versuchsreihe ist also $f_m = \sqrt{\dfrac{648{,}80}{5}} = \pm 11{,}4$ kg. Man gibt den Fehler gern in Prozenten oder Bruchteilen des Absolutwertes; er ist dann $f_m = \pm \dfrac{11{,}4 \cdot 100}{1830{,}2} = \pm 0{,}62\%$. — Solche wenig zeitraubende Rechnung zu machen ist jedenfalls besser, als wenn man einfach den Unterschied zwischen Höchst- und Mindestablesung als Maßstab für die Meßgenauigkeit ansieht; ist es doch immer mehr oder weniger Zufall, wenn ein Wert (in unserem Fall 1810) besonders weit vom Mittelwert entfernt. Solchen abweichenden Wert aber nur wegen seiner größeren Abweichung unbeachtet zu lassen, ist grundsätzlich falsch; sein Einfluß wird ja schon genügend beschränkt, weil ein Einzelwert nur schwach auf den Mittelwert einwirkt. *Stark abweichende Werte* dürfen nur aus sachlichen Gründen fortgelassen werden, zum Beispiel wenn sich nachträglich zeigte, daß die Wage in Unordnung gekommen war, oder daß eine unbeabsichtigte Stromentnahme ungemessen erfolgt war.

Die Fehlerausgleichung und der Fehlermaßstab berücksichtigt nur *zufällige Beobachtungsfehler;* die *systematischen,* in der Versuchsanordnung begründeten bleiben bestehen.

Im anderen Fall ist die Aufgabe die, das Verhalten der untersuchten Maschine bei Änderung einer der Versuchsbedingungen zu ermitteln. Dann läßt sich das Versuchsergebnis nicht durch eine Einzelzahl ausdrücken, sondern durch eine Tabelle oder besser durch eine *graphische Darstellung,* ein *Schaubild.* Im Schaubild trägt man als Abszissen wagerecht diejenige Größe ein, die man künstlich geändert hatte, als Ordinate die gesuchte, und erhält als Ergebnis jedes Einzelversuches einen Punkt (Fig. 9a und b Tabelle). Indem man durch diese

Punkte einen glatten Kurvenzug hindurchlegt, erhält man als Resultat der ganzen Versuchsreihe eben diese Kurve. Dabei werden oft die Punkte unregelmäßig liegen, so daß man eine glatte Kurve nicht durch sie hindurchlegen kann, das würde sonst eine Schlangenlinie geben. Man legt die Kurve so, daß die Punkte möglichst gleichmäßig zu ihren beiden Seiten verteilt sind.

### Bremsung eines Elektromotors.

| | Elektr. Leistung $N_{el}$ | $N_b$ | $\eta = \dfrac{N_b}{N_{el}}$ | $N_{el} - N_b$ |
|---|---|---|---|---|
| | KW | KW | — | KW |
| $a$ | 1,1 | Leerlauf | 0 | 1,1 |
| $b$ | 3,0 | 1,9 | 0,63 | 1,1 |
| $c$ | 6,0 | 4,7 | 0,78 | 1,3 |
| $d$ | 9,0 | 7,4 | 0,82 | 1,6 |
| $e$ | 12,0 | 9,8 | 0,81 | 2,2 |

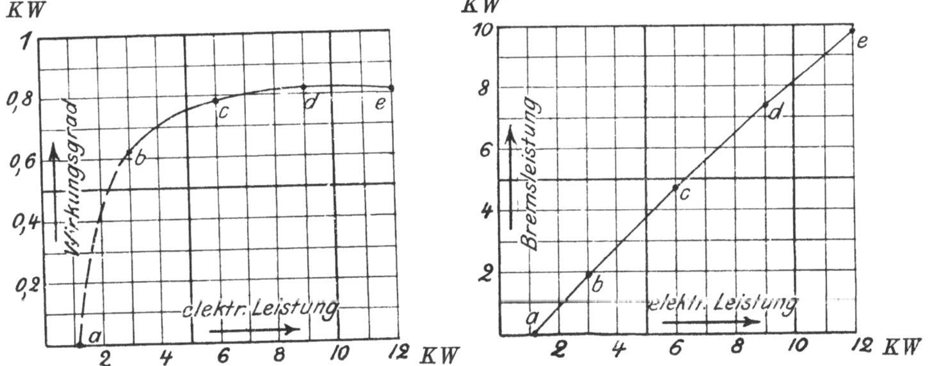


Fig. 9a und 9b.  Bremsung eines Elektromotors.

Dieses Verfahren, die Kurve glatt durch die Punkte hindurchzulegen, ist nicht etwa als ein unerlaubtes Mittel zur Verschönerung des Ergebnisses anzusehen. Die unregelmäßige Lage der Punkte rührt meist von den Messungsungenauigkeiten her und hat nicht im Verhalten der Maschine seine Begründung. Zieht man die Kurve glatt hindurch, so merzt man die zufälligen Fehler aus und erhält die nach den Versuchen wahrscheinlichste Darstellung des Ergebnisses: man bildet gewissermaßen den Mittelwert.

Wie aber bei Bildung des Mittelwertes aus mehreren Versuchen die Abweichungen der Einzelzahlen vom Mittelwert einen Maßstab für die Genauigkeit liefern, mit der die Versuche ausgeführt wurden, so auch im jetzigen Fall: die glatt hindurchgelegte Kurve ist das wahrscheinlichste Ergebnis der Versuche; je weiter die einzelnen Punkte zu beiden Seiten von der Kurve abliegen, desto geringere Genauigkeit wird man dem einzelnen Versuche und der ganzen Reihe zuschreiben dürfen.

Wenn das Ziehen der Kurve ein Analogon zur Bildung des Mittelwertes ist, so kann man auch als Maßstab der Genauigkeit den mittleren Fehler übernehmen. Wo man zunächst, nach Eintragen der Punkte in ein Netz, im Zweifel ist, ob die eine oder die andere von zwei Kurven den Versuchen besser entspricht — und man ist oft im Zweifel zwischen Kurven verschiedenen Charakters — da kann man für jede der Kurven die Abweichungen der einzelnen Punkte ausmessen und die Quadratsumme der Abweichungen bilden; diejenige Kurve ist die bessere, bei der die Quadratsumme kleiner ausfällt. Und weiterhin kann man den mittleren Fehler der Versuche aus dieser Quadratsumme finden, ganz wie beim mehrfach ausgeführten Einzelversuch. — Was die Größe der Abweichungen anlangt, die man auf dem Papier ausmessen muß, so kann man sie entweder ihrer absoluten Größe nach benutzen oder ins Verhältnis zur Länge ihrer Ordinate setzen; man kann das Summenquadrat der Absolutwerte oder der Relativwerte als maßgebend ansehen; was man tut, hängt davon ab, ob man den Einzelversuchen selbst an allen Stellen gleiche absolute oder gleiche relative Genauigkeit zutraut. Auch sonst bleibt manches der Willkür überlassen, so kann man die Abweichungen von der Kurve in Richtung der Ordinate oder aber normal zur Kurve messen; letzteres würde dem Umstande gerecht werden, daß man selten Grund hat, die Ordinate vor der Abszisse zu bevorzugen. Das vorgeschlagene Verfahren ist — wie auch die ganze Methode der kleinsten Quadrate — kein streng mathematisches; es läßt dem Ermessen des Rechnenden den Raum, der zur Berücksichtigung der besonderen Versuchsbedingungen wünschenswert ist.

Es ist Sache des geschulten Taktgefühls, die Kurve geschickt durch die Punkte hindurchzulegen. Die Versuchsergebnisse werden dadurch wesentlich beeinflußt, wenn man sich bei den kostspieligen technischen Messungen mit einer geringen Zahl von Punkten begnügen muß. Oft kann man die Unsicherheit in dieser Hinsicht vermindern durch Änderung der dargestellten Größen.

Beim Aufstellen der Wirkungsgradkurve eines Elektromotors, Fig. 9a, ist man namentlich unsicher über den Verlauf des unteren punktierten Astes. Stellt man aber in Fig. 9b die abgebremste Leistung als Funktion der elektrisch eingeführten dar, so herrscht diese Unsicherheit nicht, weil diese Kurve fast geradlinig verläuft. Und nun kann man aus Fig. 9b noch einige Punkte für den unteren Ast der Wirkungsgradkurve berechnen, die durch Versuch nicht gut festzustellen sind, und hat auch den unteren Ast sicher.

Noch besser kommt man zum Ziel, wenn man die Unterschiede $N_{el} - N_b$ bildet, das sind die Verluste im Motor; in der letzten Spalte der Tabelle ist das geschehen. Die annähernde Konstanz der Verluste gestattet es auch wieder, zwischen $a$ und $b$ noch einen weiteren Hilfspunkt einzulegen. —

Im allgemeinen wird man bei einer Versuchsreihe wie der eben besprochenen immer nur eine Größe, diesmal die Bremsleistung, willkürlich ändern. Die anderen Bedingungen, Erregung, Spannung, müssen konstant gehalten werden. Wollte man bei einer zweiten Versuchsreihe den Einfluß verschiedener Erregung studieren, so hätte man diesmal die Bremsleistung konstant zu halten und das Resultat in einem anderen Schaubild darzustellen.

Wo *zwei Größen willkürlich verändert* worden sind, kann man die Resultate der Versuche nicht mehr in einer Kurve darstellen, sondern muß das in Form von einer oder mehreren *Kurvenscharen* tun. Ein Beispiel für diese Form der Darstellung ist Fig. 10, die das Verhalten eines Zentrifugalventilators veranschaulicht. In dieser Figur sind als Abszissen die geförderten Luftmengen und als Ordinaten die Drucke

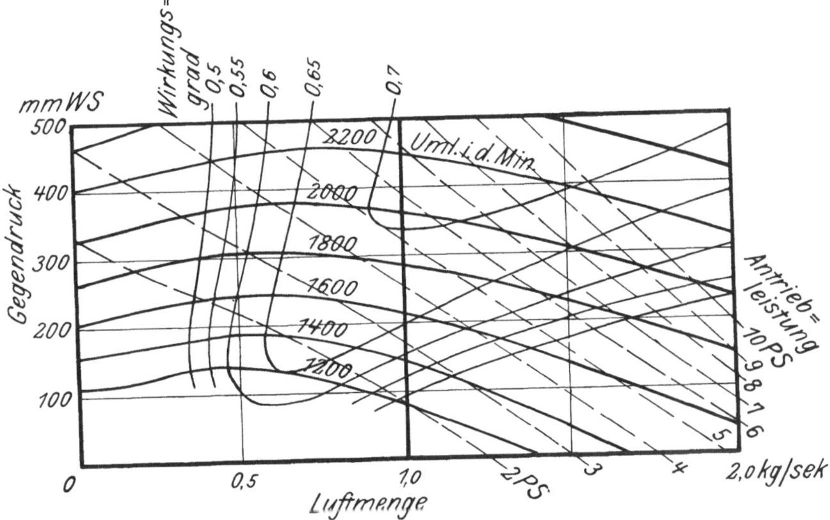


Fig. 10. Darstellung der Betriebsverhältnisse eines Zentrifugal-Ventilators.

aufgetragen, gegen die die Luft zu fördern ist. Eingetragen in das Schaubild sind drei Kurvenscharen, deren eine Kurven gleicher Umlaufzahl, deren andere Kurven gleichen Arbeitsbedarfes veranschaulicht, während die dritte Kurven gleichen Wirkungsgrades darstellt. Aus dem Schaubild können wir beispielsweise folgendes entnehmen: Soll der betreffende Ventilator in der Sekunde 1 kg Luft (von dem Druck und der Temperatur, wie sie bei den Versuchen herrschten) gegen 400 mm WS Druck fördern, so muß man ihn mit fast 2100 Umläufen in der Minute betreiben — hiernach bestimmt sich die Größe der antreibenden Riemenscheibe; zum Betrieb sind etwas über 6 PS aufzuwenden — hiernach bestimmt sich die Größe des Antriebsmotors oder die Breite des antreibenden Riemens. Zugleich sehen wir, wie der Ventilator unter diesen Verhältnissen einen besonders guten Wirkungsgrad von über 70% hat, so daß er für die geforderten Betriebsverhältnisse ganz besonders geeignet ist. Wären nur 0,4 kg/sek gegen die gleichen 400 mm WS zu fördern, so könnte der gleiche Ventilator zwar benutzt werden, er müßte wieder 2100 Uml/min machen und brauchte zum Antrieb 3,5 PS; doch wäre der Wirkungsgrad diesmal unter 50%, wie das auch schon daran liegt, daß der Förderdruck auf $^2/_5$ des früheren, die Antriebsleistung jedoch nur im Verhältnis 3,5 zu 6 gesunken ist. Die im zweiten Fall verlangten Verhältnisse sind also für diesen Ventilator nicht günstige, und man wird besser zu einem anderen — kleineren — Modell greifen.

Noch manches andere kann man aus solchem Schaubild ablesen. So kann der Ventilator, dem man einen Motor mit 6 PS Leistung gegeben hat, und der gegen 400 mm WS 1 kg/sek normal zu fördern hat, zunächst die betreffende Luftkammer mit Druck auffüllen müssen, und das soll in vorgeschriebener Zeit geschehen. Statt eines besonderen Versuches können wir unser Schaubild zu Hilfe nehmen, um die Aufgabe zu lösen. Wir sehen leicht, daß wir anfangs bei noch geringem Gegendruck auf sehr große Leistungen kommen, wenn wir schon den Motor mit 2100 Uml/min wollten laufen lassen; die Kurve 2100 schneidet, nach rechts verfolgt, Kurven immer größerer Leistung; die Sicherung würde durchbrennen. Soll der Motor nicht überlastet werden, so müssen wir uns auf einer Kurve gleicher Leistung bewegen, das heißt also, die Kurve der 6 PS ist nach rechts zu verfolgen. Man hätte daher die Auffüllung mit 1600 Uml/min zu beginnen, es werden dabei 2,1 kg/sek gefördert; mit steigendem Druck darf man die Umlaufzahl erhöhen, die sekundliche Fördermenge fällt; durch Integrieren der Luftmengen — am einfachsten graphisch — erhielte man die Zeitdauer bis zur Erreichung des vollen Druckes, wenn natürlich die Kammergröße bekannt ist. Man sieht zugleich, bis zu welcher Umlaufzahl der Motor muß herabgeregelt werden können. Ob übrigens ein Elektromotor bei der ermäßigten Umlaufzahl die 6 PS hergeben kann, bedürfte besonderer Erörterung.

Wir würden uns weit vom Thema „Messungen" verlieren, wollten wir dieses Beispiel oder manches andere genauer ausführen. Es soll nur gezeigt werden, wie mannigfache Ergebnisse aus einer verhältnismäßig beschränkten Zahl von Beobachtungen (hierüber sogleich Näheres) mit ausreichender Sicherheit, wenn auch mit mäßiger Genauigkeit, gezogen werden können, wenn sie gründlich verarbeitet sind.

Man wird dabei erkannt haben, daß ein in dieser Form gegebenes Versuchsergebnis das Verhalten einer Maschine in der übersichtlichsten Weise veranschaulicht. Die Frage wäre nur, wie man das Schaubild Fig. 10 erhalten kann. Die Kurvenscharen sind ohne weiteres Kurve für Kurve durch Beobachtung zueinander gehöriger Werte von Druck und Luftmenge aufzunehmen, sofern es gelingt, diejenigen Größen, die im Verlauf einer Kurve konstant sein sollen, auch wirklich konstant zu halten. Man müßte also eine Versuchsreihe ausführen, bei der man der Reihe nach die Umlaufzahl auf 2600, auf 2400, auf 2200 hält und so fort, jede der Kurven durch mehrere Versuche belegend. Dann müßte man eine zweite Versuchsreihe machen, bei der man der Reihe nach die Antriebsleistung auf 10 PS, auf 9 PS hält und so fort, wieder jede Kurve durch eine genügende Zahl von Ablesungen belegend; und das gleiche wäre nun noch für den Wirkungsgrad zu machen.

Solch Verfahren wäre sehr zeitraubend, denn es wäre eine große Anzahl von Versuchen nötig, deren jeder nur zur Feststellung einer Größe ausgenutzt würde; dabei würde noch das Einregeln der Maschine Schwierigkeiten machen: höchstens die Einstellung auf eine bestimmte Umlaufzahl ist manchmal bequem zu machen, die Einstellung auf eine bestimmte Leistung und die Einstellung auf einen bestimmten Wirkungsgrad fast gar nicht, da man ja beide Größen immer erst aus zahlreichen Einzelablesungen berechnet.

Man kann daher wie folgt vorgehen: Man führt die Einzelversuche vollständig beliebig, und nur insofern etwas planmäßig aus, als man dafür sorgt, daß beim Eintragen der verschiedenen Versuche in ein Koordinatennetz die Punkte etwa gleichmäßig verteilt werden; dabei

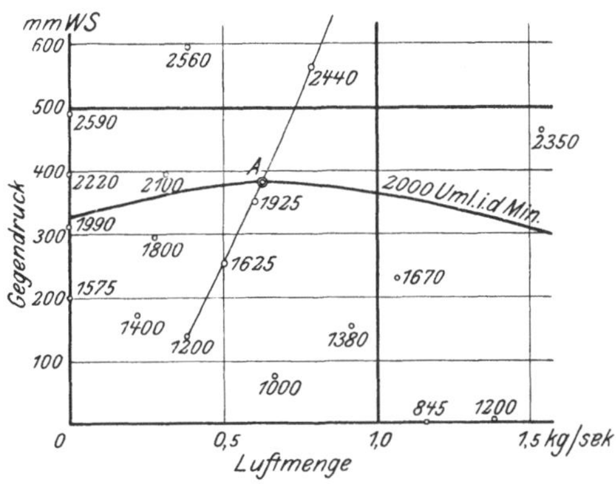


Fig. 11.

mögen vielleicht wieder Luftmenge und Druck als die meist interessierenden Größen den beiden Achsenrichtungen entsprechen (Fig. 11). Nun sollen die Kurven gleicher Umlaufzahl eingetragen werden. Dazu schreiben wir an jeden Punkt die zugehörige Umlaufzahl und legen nun die Kurven so hindurch, wie wir nach den angeschriebenen Zahlen ihren Verlauf erwarten müssen: wir interpolieren die Kurven gleicher Umlaufzahl. Man wird bemerken, daß das Verfahren der Art und Weise entspricht, wie die Kurven gleichen Barometerstandes gefunden werden, die wir täglich in den Wetterkarten eingezeichnet finden, und die auf Grund der Angaben beliebiger Beobachtungsorte interpoliert werden.

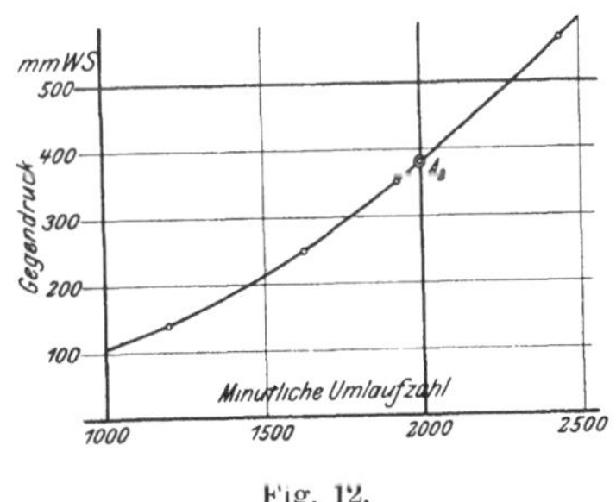


Fig. 12.

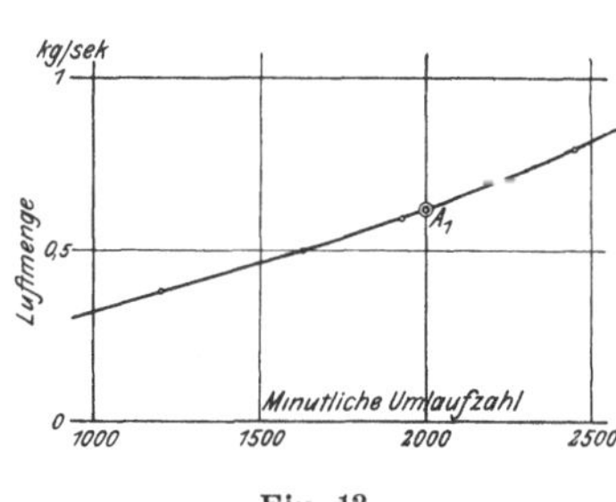


Fig. 13.

Ziemliche Unsicherheiten werden bei nicht sehr zahlreichen Versuchen leicht bestehen bleiben. Etwas sicherer führt dann folgendes Verfahren zum Ziel. Es war nämlich bei Ausführung der in Fig. 10 dargestellten Versuche, die an einem elektrisch angetriebenen Ventilator angestellt wurden, darauf geachtet worden, daß die Versuche immer reihenweise bei gleicher Einstellung des Widerstandhebels für die Tourenregelung gemacht wurden, bei gleicher Kontaktstellung wollen wir sagen. So liegen die Punkte immer auf Kurven gleicher Kontaktstellung, deren eine in Fig. 11 auch gezeichnet ist. Infolge dieses planmäßigen Vorgehens ist es möglich, zunächst in zwei Hilfsfiguren sowohl den Druck (Fig. 12) als auch die Fördermenge (Fig. 13) je abhängig von der Umlaufzahl für eine bestimmte Kontaktstellung aufzutragen, und in diesen Figuren die Werte für die gewünschte Umlaufzahl als Zwischenwert zu entnehmen; aus den Punkten $A_1$ und $A_2$ hat sich der Punkt $A$ der Fig. 11 für die Umlaufzahl 2000 ergeben. Und später trägt man Druck sowohl wie Fördermenge in zwei Bildern je abhängig von der Leistung auf — Kontaktstellung konstant — um Zwischenwerte der Leistung entnehmen zu können. So erhält man wesentlich sicherer für das Hauptschaubild Punkte, die gleicher Leistung entsprechen.

Bei dem als Beispiel aufgeführten Ventilator waren, wie schon erwähnt, zwei Größen willkürlich verändert worden — im allgemeinen wohl Umlaufzahl und Druck; die anderen sind damit nach den Eigenschaften des Ventilators festgelegt. Wo mehr als zwei Größen von außen her geändert werden sollen, kann man nicht mehr alles in einem Bild darstellen. So kann man an einer Gasmaschine die Umlaufzahl, die Leistung, den Zündungszeitpunkt und das Mischungsverhältnis unabhängig voneinander ändern, und brauchte daher zur Festlegung des Verhaltens in allen möglichen Zusammenstellungen eine ganze Anzahl von Schaubildern, deren jedes zwei berücksichtigt.

---

# IV. Längenmessung.

**20. Einheiten; Druck und Temperatur.** Die Länge wird im technischen Maßsystem in Metern gemessen; das Meter ist eine der drei Grundeinheiten dieses Systems. Nach Bedarf verwendet man in der Technik auch Millimeter, Zentimeter und Kilometer als Einheiten, in einigen Sonderfällen wird nach englischen Zollen gerechnet, $1''$ engl. $= 25{,}40$ mm. Das alles bedarf keiner weiteren Erläuterung.

Das Volumen jedes Körpers ist abhängig von Druck und Temperatur; von diesen beiden Größen hängt also auch die Länge eines festen Körpers ab. Bei Längenmessungen wird man Druck und Temperatur berücksichtigen müssen, wenn es sich um feinere Messungen handelt. Folgende Angaben gewähren einen Anhalt für die Größe ihres Einflusses: Ein Temperaturunterschied von $100°$ C ändert die Länge von Eisen um $0{,}11\%$; er ändert also die wirksame Kolbenfläche einer Dampfmaschine um etwa das Doppelte, $0{,}22\%$. Der gleiche Temperaturunterschied ändert die Länge von Messing und Bronze um $0{,}18$ bis $0{,}19\%$. Das sind Werte, die man meist nicht vernachlässigen darf. Dagegen ändert sich die Länge bei einer Belastung von $100$ kg/qcm erst um $\frac{1}{200}\%$ bei Schmiedeeisen, um $\frac{1}{100}\%$ bei Gußeisen. Das ist wenig.

Der Einfluß der Temperatur ist also der bedeutendere. Die Temperatur beeinflußt den zu messenden Gegenstand, aber auch den messenden, der etwa ein einfacher Maßstab sei. Bestehen beide Teile — gemessener und messender — aus demselben Material und haben beide die gleiche Temperatur, so wird jede Messung das gleiche Ergebnis haben, bei welcher Temperatur sie auch ausgeführt sei. Wollte man die Abmessungen des warmen Dampfzylinders mit einem warmen Maßstab messen, so wäre dies falsch, die Ablesung wäre der Durchmesser des kalten Zylinders, vorausgesetzt, daß der Maßstab bei 15° C richtig geteilt war wie üblich. Will man den Durchmesser des warmen Zylinders messen, so muß man dafür sorgen, daß der Maßstab seine Normaltemperatur hat.

Mit anderen Worten: Das Meter ist definiert als Länge des in Paris aufbewahrten Platiniridiumstabes bei 0° C. Diese Einheit ist unabhängig von der Temperatur, und das Meter ist bei 100° C ebenso lang wie bei 0°. Aber die Maßstäbe, mit deren Hilfe wir Messungen ausführen, ändern ihre Länge mit der Temperatur, sie können daher nur bei einer Temperatur richtig sein. Und die gemessenen Gegenstände ändern ihre Dimensionen ebenfalls mit der Temperatur, wir können also ihre Dimensionen nur für eine Temperatur richtig angeben. Für technische Zwecke ist 15° C die übliche Normaltemperatur; ein technischer Meterstab ist also bei 15° C so lang, wie der Pariser bei 0°. Vergliche man beide Stäbe direkt miteinander bei gleicher Temperatur, so wären sie verschieden lang.

Bei den zu messenden Gegenständen hat man darauf zu achten, ob man ihre Abmessungen bei 15° C oder bei einer anderen Temperatur haben will. Will man ihre Abmessungen bei 15° C haben, so müßte man die Messung bei 15° ausführen. Führt man sie bei einer anderen Temperatur $t$ aus, so müssen Maßstab und Gegenstand diese Temperatur $t$ haben, und man hat eine Korrektion für den Temperaturunterschied $t - 15°$ auszuführen, welche der Verschiedenheit der beiden Ausdehnungskoeffizienten Rechnung trägt. Bestehen Maßstab und Gegenstand aus Stoffen mit gleichem Ausdehnungskoeffizienten, so ist keine Korrektion nötig, sobald beide bei der Messung gleiche Temperatur haben. — Will man dagegen die Abmessungen des zu messenden Gegenstandes bei einer anderen Temperatur $t_1$ haben, etwa die des Dampfzylinders in warmem Zustande, so muß der Gegenstand die betreffende Temperatur $t_1$ haben und der Maßstab seine Normaltemperatur 15°. Unter allen anderen Umständen wären Korrektionen einzuführen, die man durch die Messung im warmen Zustande ja gerade umgehen will. — Daß es für technische Zwecke fast immer ausreichend ist, statt 15° einfach Zimmertemperatur zu sagen, ist klar.

Wenn wir sahen, daß wir den Einfluß verschiedener Pressung meist vernachlässigen können, so haben wir diese Bemerkung dahin richtigzustellen, daß jedoch die Pressung eine Rolle spielen kann, mit welcher der messende und der gemessene Körper einander berühren. Von der ersten leisen Berührung beider bis zum vollen Anliegen der Berührungsflächen ist ein gewisser Spielraum gelassen, der bei großer zu messender

Länge keine Rolle spielt, bei kurzen Längen aber von Bedeutung sein kann.

**21. Längenmeßinstrumente.** An Instrumenten zum Messen von Längen sind zu nennen: für rohe Messungen der einfache Maßstab, nötigenfalls unter Zuhilfenahme von Taster und Stichmaßen, und die Schublehre, für feinere die Schraublehre oder Mikrometerschraube und für die feinsten technischen Messungen die Meßmaschine. Von dieser letzteren unterscheiden sich die in der Physik üblichen Instrumente, Komparator und Kathetometer, durch umständlichere Handhabung, die sie für die Benutzung durch weniger geübte Personen ungeeignet macht.

Der einfache *Maßstab* und die *Schublehre* bedürfen keiner Beschreibung. Doch sei darauf aufmerksam gemacht, daß gerade bei den einfachsten Messungen, nämlich außer beim Ausmessen von Längen auch noch beim Wägen, viel gesündigt wird, indem man die käuflichen fabrikmäßig hergestellten Maßstäbe und Gewichte benutzt, ohne sich von ihrer Richtigkeit irgendwie zu überzeugen. Die üblichen Klappmaße sind in den Gelenken oft recht ungenau. Die richtige Ausmessung der Maschinendimensionen ist ebenso wichtig, wie die Feststellung des richtigen Federmaßstabes der Indikatoren oder wie die Eichung der Thermometer.

Man verwende also zuverlässige Maßstäbe, am besten stählerne nicht zusammenklappbare. Diese brauchen nur in volle Millimeter geteilt zu sein, man kann dann Zehntel schätzen. Engere Teilung, etwa in halbe Millimeter, erschwert die Ablesung, ohne sie genauer zu machen. Wo man sich nicht auf Schätzung verlassen will, da verwende man nicht einen enger geteilten Maßstab, sondern bediene sich des Nonius. An Schublehren und vielen anderen Instrumenten pflegt ein solcher vorhanden zu sein.

Der *Nonius* ist eine kurze Skala, die vor der Hauptskala, dem Limbus, dahingleitet (Fig. 14). Der Nullstrich des Nonius ist derjenige,

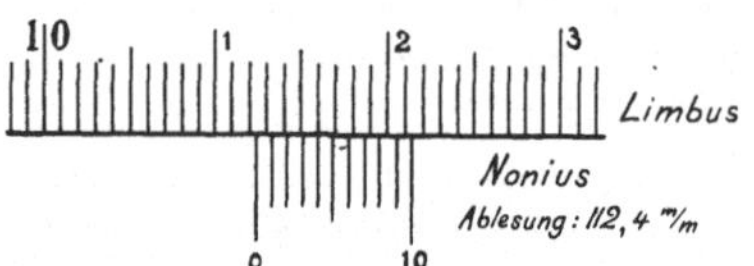



Fig. 14. Ablesung mit Nonius.

dessen Stellung auf dem Limbus man ermitteln will: wir lesen ohne weiteres ab 112 mm und könnten noch Zehntel schätzen. Statt dessen lesen wir die Zehntel Millimeter am Nonius ab: dieser hat eine Länge von 9 mm, die aber in 10 Teile geteilt sind, so daß jeder Teil $^9/_{10}$ mm lang ist. Wir sehen zu, welcher Teilstrich des Nonius mit einem Teilstrich des Limbus zusammenfällt, und finden, daß der Teilstrich 4 des Nonius mit einem (gleichgültig welchem) Striche des Limbus sich deckt. Also ist $^4/_{10}$ der Bruchteil des Millimeters, den wir noch zu den abgelesenen 112 mm hinzuzuzählen haben: der Nullpunkt des Nonius steht bei 112,4 der Hauptskala, und das ist dann bei einer Schublehre auch der Abstand der Maulhälften. — Der Beweis ist eine einfache Rechenaufgabe.

Dieser Nonius war darauf eingerichtet, daß man Zehntel der Hauptteilung ablesen konnte. Will man Zwanzigstel ablesen, so ist der Nonius

19 mm lang (Fig. 15), dieser Abstand ist in 20 Teile geteilt, jeder Teil ist $^{19}/_{20}$ mm lang. Diesmal finden wir, daß der Strich 8 des Nonius sich mit einem (beliebigen) Strich des Limbus deckt, also sind $^8/_{20}$ mm zu der ursprünglichen Ablesung hinzu-zufügen, die auch hier wieder 112 war. Daher lesen wir $112\frac{8}{20}$, also wieder 112,4 an der Schublehre ab.

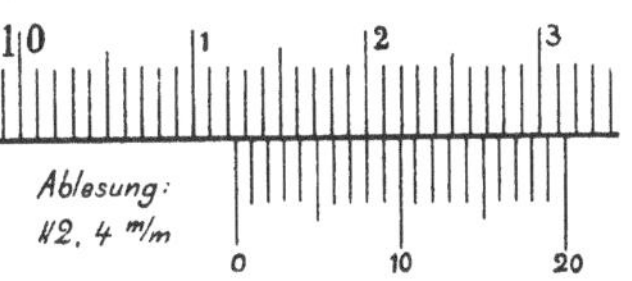



Fig. 15. Nonius.

Wir lasen mit dem ersten Nonius auf Zehntel, mit dem zweiten auf Zwanzigstel Millimeter genau ab. Wollten wir den Nonius noch weiter verlängern, um etwa auf Hundertstel Millimeter abzulesen, so wäre das zwecklos: die Teilung einer gewöhnlichen Schublehre ist nicht auf Hundertstel Millimeter genau ausgeführt, also darf man auch die Ablesung nicht so weit treiben. Die Teilstriche sind überdies so dick, daß man schon bei dem Nonius für $^1/_{20}$ mm im Zweifel ist, wo Deckung zweier Striche am besten stattfindet.

Für jeden Nonius aber, auch wenn er bei Zollmessungen für Zwölftel oder bei Winkelmessungen für Dreißigstel oder Sechzigstel eingeteilt ist, gilt folgendes: Will man $n$-tel der Hauptteilung ablesen, so ist der Nonius $n - 1$ Teile der Hauptteilung lang und diese Länge ist in $n$ Teile geteilt. Deckt sich nun der $m$-te Teilstrich des Nonius mit einem Strich des Limbus, so steht der Nullstrich des Nonius um $\dfrac{m}{n}$ Teile vom vorher-gehenden Strich der Hauptskala ab.

Man unterscheidet *End-* und *Strichmaße.* Ein Endmaß hat die Länge, nach der es heißt, zwischen seinen beiden Stirnenden, ein Strich-maß gibt die betreffende Länge als Abstand zweier Striche, die auf seiner Breitseite aufgerissen sind. Die Klappmaßstäbe geben die Länge 1 m als Endmaß, für jeden anderen Abstand sind sie einerseits End-, andererseits Strichmaß. Endmessungen sind sehr bequem, aber Strichmessungen oft genauer, teils weil Strichmaße nicht wie Endmaße durch Abnutzung sich ändern, teils weil bei ihnen der Maßstab nach beiden Seiten hin ein symmetrisches Bild bietet, was genaues und schnelles Anlegen erleichtert. Deshalb soll-ten auch die Teilungen reiner Strichmaße, wie der Zeichenmaßstäbe oder Rechen-schieber, über den Nullpunkt hinaus um einige Teile fortgesetzt sein, nach Fig. 16, damit sich dem Auge wieder ein symme-

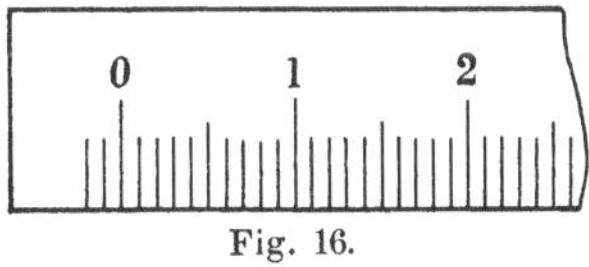



Fig. 16.

trisches Bild bietet. In der Tat benutzt man oft beim Zeichnen den 1 cm-Strich als Anfang, weil man so schneller und genauer arbeitet.

Für feinere Messungen dient die *Schraublehre* oder das *Schrauben-mikrometer* (Fig. 17 und 18). Das zu messende Stück wird zwischen die Endflächen zweier Schrauben, $a$ und $b$, genommen, die durch einen Bügel verbunden sind. Die Schraube $a$ ist eine Nachstellvor-richtung. Die Schraube $b$ hat genau 1 oder $^1/_2$ mm Ganghöhe und ist der eigentlich messende Teil: jeder Bruchteil einer Umdrehung dieser Schraube ändert den Abstand der Meßflächen um den gleichen

Bruchteil eines oder eines halben Millimeters. Man kann also Bruchteile von Millimetern bei $c$ am Umfang des Griffes ablesen, mit dessen Hilfe man die Schraube dreht, die vollen Millimeter gibt eine Skala $d$ am festen Bügel.

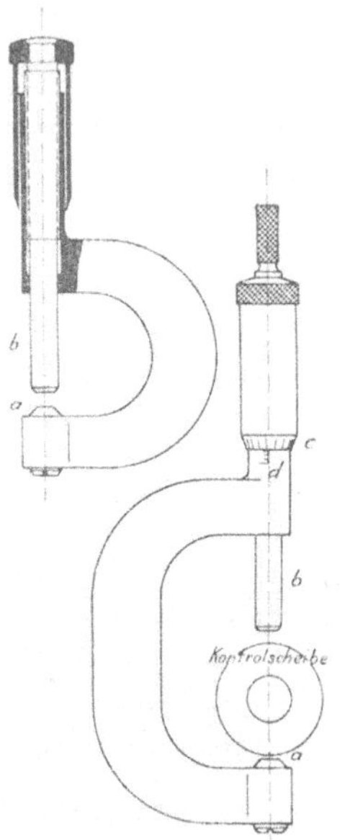

Vor Benutzung hat man sich davon zu überzeugen, daß die Ablesung richtig 0,0 (bei Fig. 17) wird, wenn man die Schrauben $a$ und $b$ ganz gegeneinander schraubt, sonst ist Schraube $a$ nachzustellen. Bei der Messung selbst muß dann die Meßschraube ebenso stark angezogen werden, wie bei dieser Justierung. Das wird bei manchen Schraublehren durch besondere Vorrichtungen (Friktionsstellung, Fig. 18 oben) erreicht, die bei jeder Messung denselben Druck erreichen läßt.

Da lange Schrauben nicht gleichmäßig herzustellen sind, so hat man nicht eine Schraublehre für alle Abmessungen, sondern mehrere für jedesmal kleinere Meßbereiche, etwa je eine von 0 bis 25, von 25 bis 50, von 50 bis 75 mm. Die letzteren lassen sich zum Justieren nicht ganz zusammenschrauben, sondern man hat dazu eine Kontrollscheibe (Fig. 18) von genau 25 oder genau 50 mm Durchmesser nötig, nach der man die Einstellung der Nachstellschraube berichtigt.

Fig. 17 und 18.
Schraublehren.

**22. Meßmaschine.** Meßmaschinen dienen für genaueste Messungen. In Deutschland werden sie unseres Wissens nur von J. E. Reinecker in Chemnitz hergestellt. Dessen Maschinen sind gewissermaßen große Schraublehren. So wie man bei den Schraublehren für größere Längen als etwa 25 mm erst die Justierung durch Ausmessen einer Kontrollscheibe vornimmt, und durch Ablesen der Schraubendrehungen den zu messenden Körper mit der Kontrollscheibe vergleicht, so vergleicht man bei der Reineckerschen Meßmaschine den zu messenden Stab mit einem Normalstab. Da man aber die Genauigkeit der Messung auf $\frac{1}{10000}$ mm treiben will, so kommt man in den Bereich, wo die sorgfältigst hergestellte Meßschraube über größere Längen hin unzuverlässig ist, und wo die Pressung der Fühlflächen gegeneinander nicht dem Gefühl des Messenden überlassen bleiben darf.

Die Meßmaschine von Reinecker ist in Fig. 19 dargestellt und wird wie folgt gehandhabt: Man bringt den Normalstab zwischen die Fühlflächen $f$ und $f'$. Dazu bringt man erst durch Drehen der Transportschraube (Handrad $H$) den ganzen linken Teil in eine ungefähr passende Stellung auf Bett $B$, und nähert ihm nun durch Drehen des großen Meßrades $M$ und durch Vermittlung der Mikrometer-Meßschraube $m$ die Fühlfläche $f$, bis sie anliegt und bis durch den entstehenden Druck die Flüssigkeit im Glasrohre $G$ steigt. Dieser Druck wird nämlich von der Fühlfläche $f$ aufgenommen und durch die biegsame Blechwand auf die Flüssigkeit in $E$ übertragen, die nun ins beiderseits offene Glasrohr $G$ tritt. Man liest die Stellung des Meßrades $M$ am Nonius $N$ ab und fixiert die Größe der ausgeübten Pressung durch Einstellen der Marke $y$ in Höhe des Flüssigkeitsstandes. Man ersetzt nun den Normalstab durch den zu messenden, der möglichst wenig kleiner oder größer sein soll und stellt das Meßrad $M$ so ein, daß die Flüssigkeit wieder bis zur Marke $y$ steht, also der Druck der gleiche ist wie vorher. Diese Einstellung kann man erst roh annähern, dann durch die Schnecke $S$ nach Anziehen der

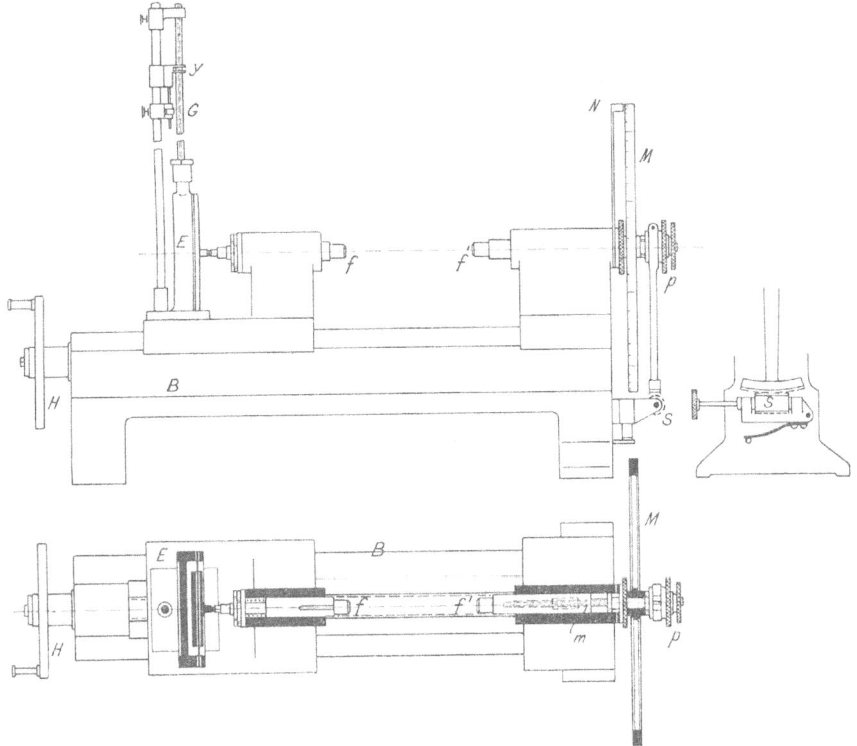

Fig. 19. Meßmaschine von J. E. Reinecker.

Mutter $p$ vollenden. Man liest wieder am Meßrad $M$ ab und hat, da eine Umdrehung einem Millimeter entspricht, den Unterschied in der Länge beider Stäbe; die des Normalstabes kennt man aber. — Das Meßrad ist am Umfang in $\frac{1}{1000}$ geteilt, $\frac{1}{10000}$ läßt der Nonius bei $N$ ablesen. Diese feine Ablesung hat nur Zweck, wenn man die Schraube über so kurze Längen benutzt, daß man ihren Fehler vernachlässigen kann. Man soll daher Normalstäbe in Abstufungen von 5 mm haben, wenn allerfeinste Messung verlangt wird, mindestens aber für je 25 mm. Man entnimmt Normalstab und zu messenden Körper aus dem gleichen Wasserbade, beide haben dann bei schnell ausgeführter Messung gleiche Temperatur. Die Temperatur der Meßmaschine ist von geringem Einfluß.

Man findet auch bei uns gelegentlich Meßmaschinen amerikanischen Ursprungs, von Pratt & Whitney in Hartford Conn. Diese sind etwas anders eingerichtet: eine Teilung in Zoll oder Zentimeter ist auf dem Bett der Maschine sehr fein eingraviert. Man stellt ein Mikroskop mit Fadenkreuz auf diese Teilung ein, statt der Einstellung nach Normalstäben bei Reinecker, und liest die Bruchteile von Zollen oder Zentimetern an einer Mikrometerschraube mit Meßrad ab. Die Teilung auf dem Bett ersetzt also die Normalstäbe. Statt den Druck durch eine Flüssigkeitssäule zu messen, beobachtet man einen kleinen eingeklemmten Körper, der herabfällt, wenn der Druck auf den zu messenden Stab eine gewisse Größe erreicht. Daß diese Maschine direkt mißt — die von Reinecker vergleicht nur mit einem Normalstab — ist ein rein theoretischer Vorteil. Eine Meßmaschine wird stets so sorgfältig behandelt, daß sich die Normalstäbe nicht schnell abnutzen; einer Änderung beim Transport sind Normalstäbe weniger ausgesetzt als das Bett der amerikanischen Maschine. Die Messung wird bei jener Maschine falsch, wenn nicht Maschine und zu messender Gegenstand gleiche Temperatur haben, und das ist schwer erreichbar.

**23. Werkstattmaße. Stichmaße; Grenzlehren.** In der Werkstatt führt man Messungen gerne mit Hilfe von Instrumenten aus, welche die herzustellende Länge direkt darstellen, mit *Stichmaßen* etwa. Die Maßstäbe, Schraublehren usw. enthalten außer der zu messenden noch jede andere Länge, das Stichmaß hingegen enthält nur sie allein; das Messen mit Stichmaßen geht daher schneller vonstatten und setzt weniger Übung voraus. Die Stichmaße werden mit einem der bisher beschriebenen Instrumente, insbesondere mit der Meßmaschine, geprüft.

Stichmaße im engeren Sinne sind allbekannt. Zur Kontrolle von Bohrungen und Zapfen bis zu 110 mm Weite hat man *Kaliberbolzen* und *Kaliberringe*, Fig. 20, die aus gehärtetem Stahl mit einem garan-

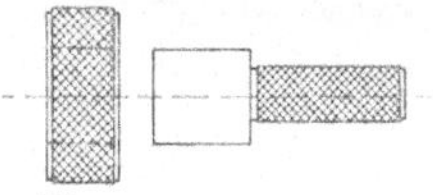

Fig. 20.   Kalibermaße.

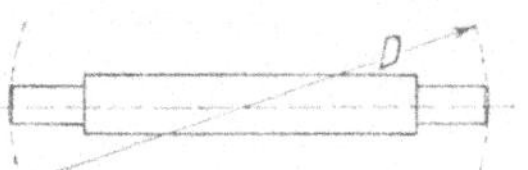

Fig. 21.   Kugelendmaß
(Ludwig Loewe & Co.).

tierten Genauigkeitsgrad von $\pm\,^1/_{500}$ mm käuflich sind. Für weitere Bohrungen werden die Bolzen zu schwer; man ersetzt sie wohl durch Kugelendmaße, Fig. 21, deren Endflächen Teile einer Kugel von dem betreffenden Durchmesser bilden, so daß schräges Einführen keinen Fehler verursacht, wie das bei einfachen Stichmaßen der Fall ist.

Man kann die Genauigkeit der Stichmaße mit Hilfe der Meßmaschine sehr weit treiben, und auch die Herstellung von Maschinenteilen ist so genau möglich, daß ein Fehler nicht mehr nachweisbar ist, beinahe absolut genau. Aber solche absolute Genauigkeit zu erreichen, ist teuer, und überflüssig selbst dann, wenn man in modern eingerichteten Werkstätten Austauschbarkeit der entsprechenden Teile mehrerer Maschinen anstrebt, im sogenannten Austauschbau. Es genügt hierfür, daß der fertige Maschinenteil vom Sollmaß um nicht mehr als einen gewissen Betrag, sagen wir $^1/_{100}$ mm nach oben oder unten abweiche. Ein Zapfen von 70 mm Durchmesser darf dann zwischen 69,99 und 70,01 mm angefertigt werden. Das zugehörige Lager muß so viel weiter sein, daß Öl sich halten kann, sagen wir 0,2 mm weiter, es sollte also 70,2 mm Durchmesser haben, darf aber von 70,19˙ bis 70,21 mm angefertigt werden, denn es ist gleichgültig, ob der Spielraum für das Öl in den äußerst möglichen Fällen nur 0,18 oder aber auch 0,22 mm ist statt 0,2. Um in dieser Weise die Genauigkeit der Arbeit in bestimmten Grenzen zu halten, bedient man sich der *Grenzlehren*, wie solche in Fig. 22 zum Prüfen von Löchern und in Fig. 23 zum Prüfen von Bolzen

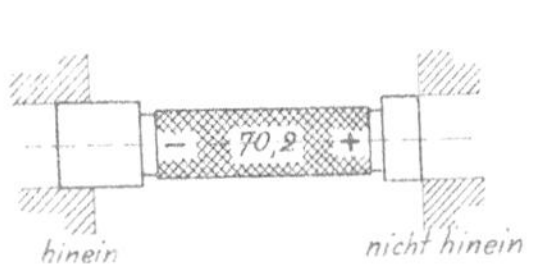


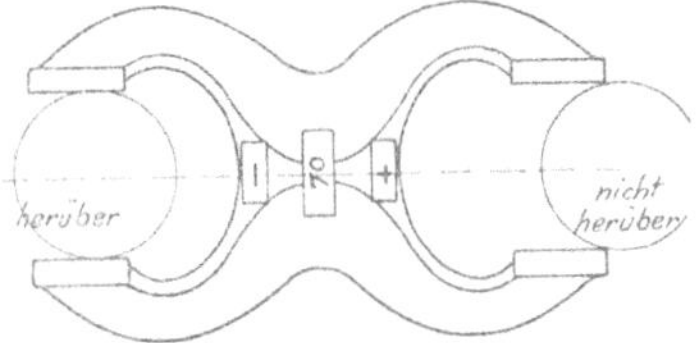


Fig. 22.  Grenzlehre für Löcher.          Fig. 23.  Grenzlehre für Bolzen.

dargestellt sind. Der Lehrbolzen fürs Lager trägt den Aufdruck 70,2; das eine, mit + bezeichnete Ende hat 70,21 mm Durchmesser, stellt die obere Grenze dar und darf nicht in das Loch hineingehen; das andere Ende, mit − bezeichnet, hat 70,19 mm Durchmesser, muß hineingehen, und zwar ohne Gewalt. Die Rachenlehre für den Bolzen trägt den Aufdruck 70; die Schnäbel sind 69,99 und 70,01 mm weit, nur der letztere darf über den Bolzen gehen.

Der zulässige Fehler, hier $^1/_{100}$ mm, heißt Toleranz, die Grenzlehre daher auch wohl Toleranzlehre. Die Größe der Toleranz richtet sich nach der Art der Arbeit. Auch die Größe des Spielraums, hier 0,2 mm, hängt von den Verhältnissen ab, für warmes Aufziehen wird er negativ. Das zu besprechen gehört in eine Konstruktionslehre, nicht zum Meßwesen.

# V. Flächenmessung.

**24. Planimeter.** Der Inhalt einer Fläche — der ja bekanntlich in Quadratzentimeter, Quadratmeter, auch in Quadratfuß oder -zoll angegeben wird — kann aus den linearen Abmessungen durch einfaches Ausmultiplizieren oder mit Hilfe der Simpsonschen Regel oder anderer mathematischer Formeln gefunden werden. Im folgenden sollen indessen Planimeter besprochen werden, das sind Meßinstrumente, die die Größe der Fläche durch mechanisches Umfahren ihrer Umrisse zu ermitteln gestatten.

Das von Amsler angegebene *Polarplanimeter* ist in Fig. 24 schematisch dargestellt. Zwei Stäbe $MF$ und $PG$ sind im Gelenk $G$ miteinander verbunden. Der Pol $P$ ist eine Spitze, die man fest ins Papier setzt und durch ein Gewicht beschwert; mit dem Fahrstift $F$, ebenfalls einer Spitze, umfährt man die auszumessende Figur von einem beliebigen Punkt des Umfangs bis zu genau demselben Punkt, den man zweckmäßig vorher durch Einstechen markiert; dann läuft das Meßrädchen $M$ auf dem Papier, auf dem es ebenfalls aufliegt, und zwar ist die abgewickelte Länge, wie die Theorie zeigen wird, proportional der Fläche, die wir umfahren hatten. Wir können also den Umfang des Meßrädchens direkt in Quadratzentimeter Fläche einteilen. Das Meßrad und sein Nonius ist in Fig. 25 dargestellt. — Wenn wir beim Umfahren das Meßrädchen beobachten, so sehen wir es wiederholt in der einen und anderen Richtung umlaufen; die Endstellung gibt uns die umfahrene Fläche. Wollten wir aber ablesen, bevor wir wieder zum Ausgangspunkt der Umfahrung zurückgekehrt sind, so würden wir nicht eine zu kleine, sondern eine ganz willkürliche Ablesung erhalten, die ein sehr Vielfaches der richtigen sein kann.

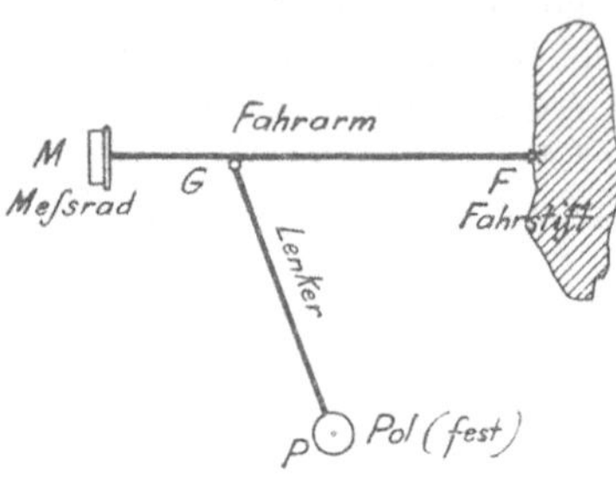


Fig. 24. Polarplanimeter.

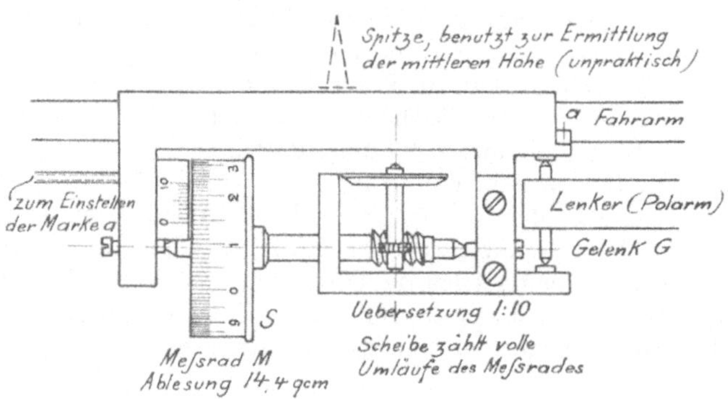


Fig. 25. Meßwerk des Amslerschen Polarplanimeters.

Die einfachste *Theorie des Planimeters* ist die von Kirsch, die wir im folgenden, wiedergeben.

Der wirksame Teil des Planimeters ist das Meßrädchen, dessen Drehung wir ablesen. Wenn wir ein solches Meßrädchen, Fig. 26, in Richtung des Pfeils *1*, also in Richtung der Achse, bewegen, so wird es sich offenbar gar nicht drehen, es gleitet; wenn wir es — immer natürlich mit seinem Umfang auf der Papierebene aufliegend — in Richtung des Pfeils *2*, senkrecht zur Achse bewegen, so wird einfach Rollen stattfinden und die zurückgelegte Strecke vollständig durch Ablesen des Rades festzustellen sein.

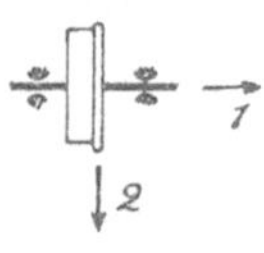


Fig. 26.

Von jeder anderen Bewegung wird die Komponente in Richtung des Pfeils *2* vom Meßrad registriert. — Wenn wir nun an einem Lineal eine

Reihe von Meßrädchen in einer Ebene liegend, also mit einander parallelen Achsen, so anbringen, daß alle das Papier berühren (Fig. 27), so drehen sich alle diese Rädchen übereinstimmend um denselben Winkel, ganz gleichgültig, wie man das Lineal bewegt. Die Bewegung des Lineals aus der Lage $AB$ (Fig. 28) in die Lage $A'B'$ kann man nämlich betrachten als zusammengesetzt aus einer Drehung um $C$ als Mittelpunkt nach $A''B''$ — diese Drehung beeinflußt die Rädchen gar nicht — und aus einer Verschiebung des Lineals auf $C$ zu —, diese Verschiebung beeinflußt alle Rädchen gleichmäßig. Jede irgendwie gestaltete

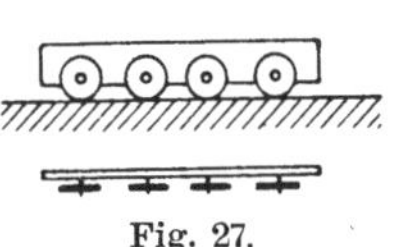

Fig. 27.

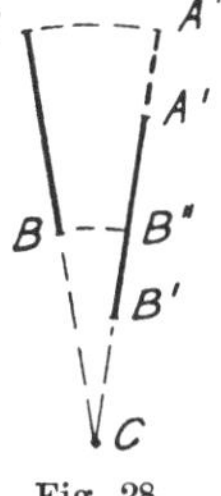

Fig. 28.

Bewegung des Lineals kann man aber als Aufeinanderfolge von unendlich kleinen Drehungen und Verschiebungen auffassen.

Wenn wir in Fig. 29 ein Planimeter haben, und dessen Fahrstift $F$ im Kreise um den Pol $P$ herumführen, so wird sich das Meßrädchen $M$ ebensoviel abwickeln, wie ein bei $M'$ gedachtes es täte, dessen Lagerung mit $MF$ starr verbunden wäre.

Daraus folgt zunächst, daß das Meßrädchen sich überhaupt nicht abwickelt, wenn wir $F$ auf einem Kreise von solcher Größe herumführen, wie Fig. 30 es andeutet. Hier geht nämlich die Ebene des Meßrädchens $M$ durch den

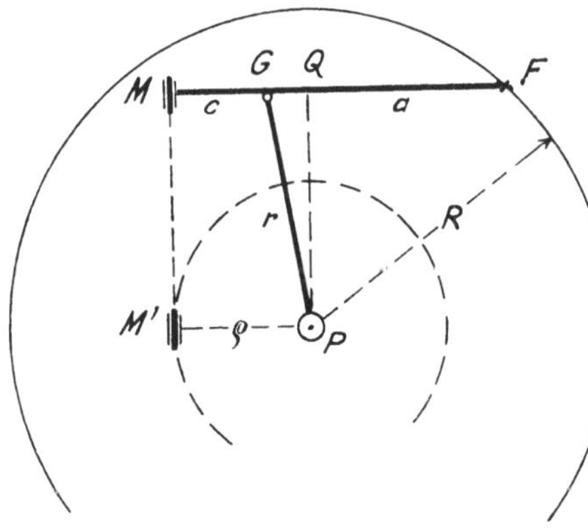

Fig. 29.

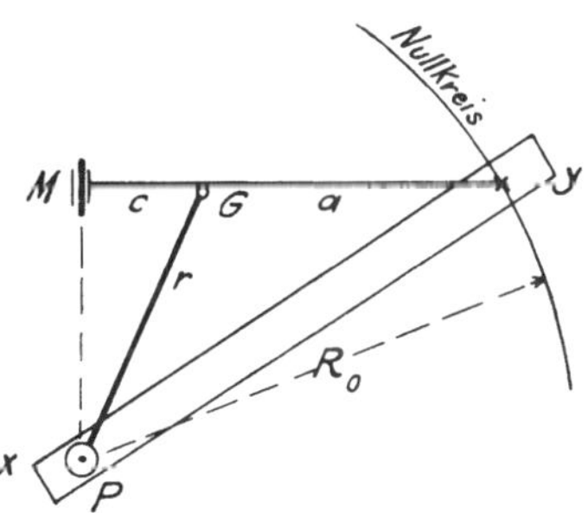

Fig. 30.

Pol $P$. Den als *Nullkreis* bezeichneten Kreis vom Radius $R_0$ kann man also mit dem Fahrstift umfahren, ohne daß das Meßrädchen sich abwickelt. Der Radius des Nullkreises ist offenbar, nach dem Pythagoras,

$$R_0 = \sqrt{(a+c)^2 + MP^2} = \sqrt{(a+c)^2 + r^2 - c^2} = \sqrt{a^2 + 2ac + r^2}.$$

Seine Fläche ist $F_0 = \pi(a^2 + 2ac + r^2)$. Sicherer als durch Rechnung können wir $R_0$ bestimmen, indem wir den Papierstreifen $xy$ mit dem Pol $P$ festspießen und die Lage des Fahrstiftes ausprobieren, wo das Meßrädchen sich beim Bewegen des Streifens um $P$ herum nicht abwickelt.

Wir kehren nun zur Fig. 29 zurück. $M$ wickelt sich ebenso ab, wie $M'$ es tun würde, bei einer vollen Umfahrung wickelt sich also eine Bogenlänge $s = 2\,\varrho\,\pi$ ab. $\varrho$ läßt sich nun durch die anderen bekannten Größen ersetzen. Es ist $R^2 - (a + c - \varrho)^2 = r^2 - (\varrho - c)^2$, nämlich beides nach dem Pythagoras gleich $\overline{PQ}^2$, also ist $R^2 - a^2 + 2a(\varrho - c) = r^2$ und $\varrho = \dfrac{a^2 + 2\,a\,c + r^2}{2\,a} - \dfrac{R^2}{2\,a}$ oder auch $\varrho = \dfrac{R_0^2 - R^2}{2\,a}$, wo $R_0$ der Radius des Nullkreises ist. Der abgewickelte Bogen des Meßrädchens ist also $s = \dfrac{\pi}{a} \cdot (R_0^2 - R^2)$.

Umfahren wir einen zweiten Kreis vom Radius $R'$ statt $R$ mit dem Fahrstift, so wird diesmal ein Bogen $s' = \dfrac{\pi}{a} \cdot (R_0^2 - R'^2)$ abgewickelt werden.

Nun sehen wir leicht, was wir erhalten, wenn wir eine Fläche, wie die in Fig. 31 schraffierte, umfahren, die einen Kreisring mit dem Pol $P$ des Instruments als Mittelpunkt bildet, der an einer Stelle ganz schmal aufgeschlitzt ist. Wir führen den Fahrstift überall in der Pfeilrichtung, daher passieren wir die radiale Strecke an der Aufschlitzung einmal nach innen gehend, einmal nach außen gehend, dabei wickelt sich das Meßrad einmal vorwärts, einmal rückwärts um gleichviel ab: die radialen Strecken heben sich also in ihrer Wirkung heraus. Die beiden den Ring begrenzenden Kreise werden auch in einander

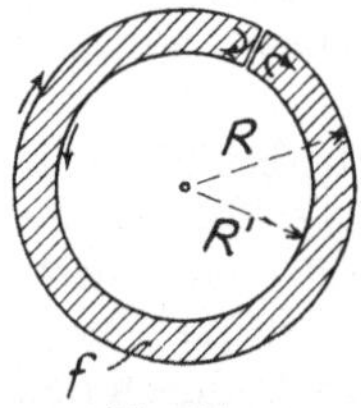
Fig. 31.

entgegengesetztem Sinne durchlaufen, das Meßrädchen läuft also einmal um die eben abgeleitete Größe $s$ vorwärts, einmal um $s'$ rückwärts und wird zum Schluß um $b = s - s'$ sich abgewickelt haben. Diese gesamte Abwicklung ist also $b = \dfrac{\pi}{a} \cdot (R^2 - R'^2)$. Schreiben wir dafür $R^2 \pi - R'^2 \pi = a \cdot b$, so haben wir links den Inhalt $f$ der umfahrenen Ringfläche. Es ist also die umfahrene Fläche

$$f = a \cdot b, \qquad\qquad\qquad (2)$$

gleich dem Produkte aus der (konstanten) Länge $a$ des Fahrarms und dem am Meßrädchen abgewickelten Bogen $b$.

Nun sehen wir weiter, daß die Beziehung $f = a \cdot b$ auch für den in Fig. 32 schraffierten Teil eines konzentrischen Ringes gilt. Die radialen Strecken $2\,3$ und $4\,1$ werden in entgegengesetztem Sinne durchlaufen, heben sich also heraus. Beim Durchfahren der Kreisbögen $1\,2$ und $3\,4$ wickelt sich weniger am Meßrädchen ab als früher beim Umfahren der ganzen Kreise, aber gerade in dem Verhältnis weniger, in dem die jetzige Fläche zum ganzen Ring steht. Ab-

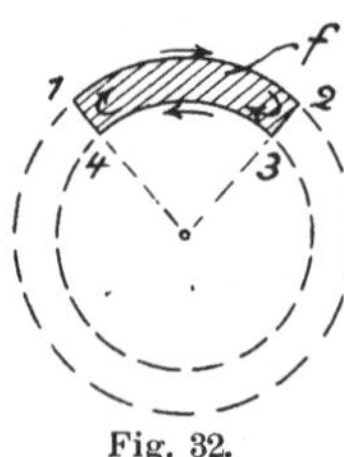
Fig. 32.

gewickelter Bogen und umfahrene Fläche sind also einander proportional vermindert.

Eine unregelmäßige Fläche endlich können wir, wie Fig. 33 andeutet, aus einer Anzahl — nötigenfalls unendlich vielen — Ringstücken zusammengesetzt denken. Die inneren Kreisbögen würden je einmal hin und zurück durchlaufen werden, wir können sie also auslassen, und wenn wir nur die äußeren Umrisse umfahren, so gilt auch hier: $f = a \cdot b$

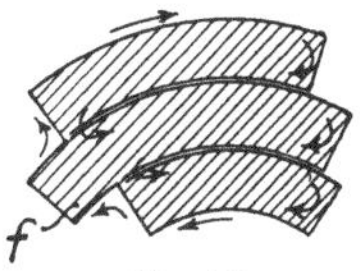

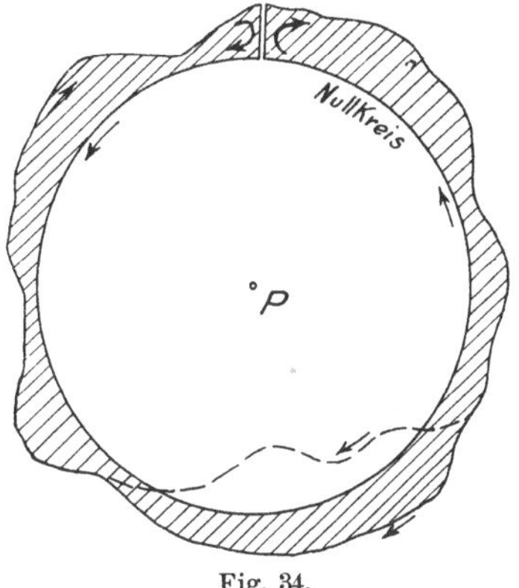

Fig. 33.

Ist die zu umfahrende Fläche so ausgedehnt, daß man nicht alle Punkte des Umfangs erreichen kann, wenn der Pol $P$ der Aufstellung außerhalb der Fläche liegt, so kann man die Fläche entweder in Teile zerlegen — oder aber man wählt einen *Pol im Innern der Figur*.

Diesen Fall führen wir mit Hilfe des Nullkreises auf den früheren zurück. In Fig. 34 soll der Inhalt der ganzen unregelmäßigen Figur bestimmt werden. Offenbar ist die schraffierte Figur um den Inhalt des Nullkreises kleiner als die gesuchte, für die schraffierte Figur aber gilt unsere Theorie ohne weiteres. Die gesuchte Figur hat also den Flächeninhalt: Planimeterablesung plus Inhalt des Nullkreises. Da nun beim Durchfahren des Nullkreises das Meßrädchen stillsteht, da sich ferner die zum Nullkreis führenden Strecken in ihrer Wirkung aufheben, so können wir uns deren Umfahrung ersparen und haben einfach die Regel: Liegt der Pol im Innern der Figur, so ist die Ablesung am Meßrädchen um den Inhalt $F_0$ des Nullkreises zu vermehren. Dessen Radius $R_0$ bestimmt man durch Versuch, wie bei Fig. 30 angegeben.



Fig. 34.

Wir ziehen einige *Folgerungen aus der Theorie*. Es war $f = a \cdot b$; Fläche = Fahrarm $\times$ abgewickelter Bogen. Die übrigen Abmessungen des Planimeters sind auf seine Wirksamkeit ohne Einfluß. Man darf also die Länge des Fahrarms nicht durch Verbiegen des Fahrstiftes ändern, sonst ändert sich der Wert der Skala am Meßrad. Dagegen ist gleichgültig der Ort, wo das Meßrädchen angebracht ist: man findet die in Fig. 35 und 36 dargestellten Anordnungen. Fig. 36, bei der man den Fahrarm nicht ändern kann, ist empfehlenswerter für einfache Zwecke. Stellt man die Schräubchen nach, in denen die Achse des Meßrädchens läuft, so ist das ohne Einfluß. Bei Fig. 36 und 25 ist der Polarm nicht fest mit dem Fahrarm verbunden, sondern an eine Hülse angelenkt, die auf dem Fahrarm verstellbar ist. Man kann so die wirksame Länge $GF = a$ des Fahrarmes ändern; je kürzer man ihn einstellt, ein desto größerer Bogen $b$ wickelt sich ab beim Umfahren einer bestimmten Fläche, desto genauer kann man also die Ablesung der umfahrenen Fläche bewirken; daß darum die Messung genauer wird, ist nicht gesagt, denn die Genauigkeit der Messung ist unter Umständen durch andere Einflüsse begrenzt, so durch die Schwierigkeit, den Umrissen der Figur sauber zu folgen, oder durch die Genauigkeit der Figur selbst. Es hätte aber keinen Zweck, die Ablesung weiter zu treiben, als diese Grenzen angeben (S. 24). Auch kann man nach Verkürzung des Fahrarmes nur noch kleinere Figuren umfahren.

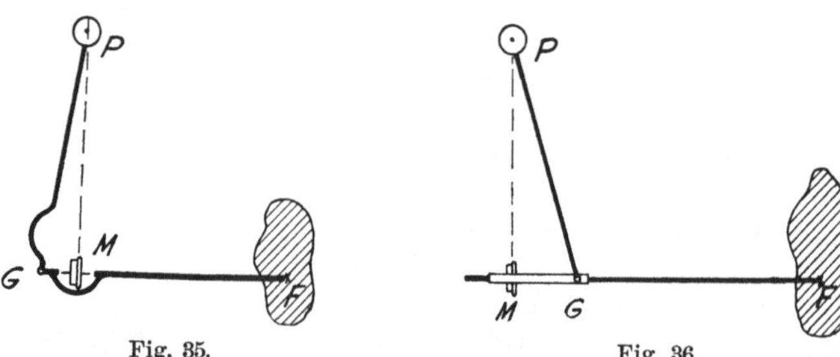

Fig. 35.  Fig. 36.

Die Länge des Lenkers $PG$ ist auf den abgewickelten Bogen ohne Einfluß. Man kann den Lenker also auch unendlich lang machen, d. h.

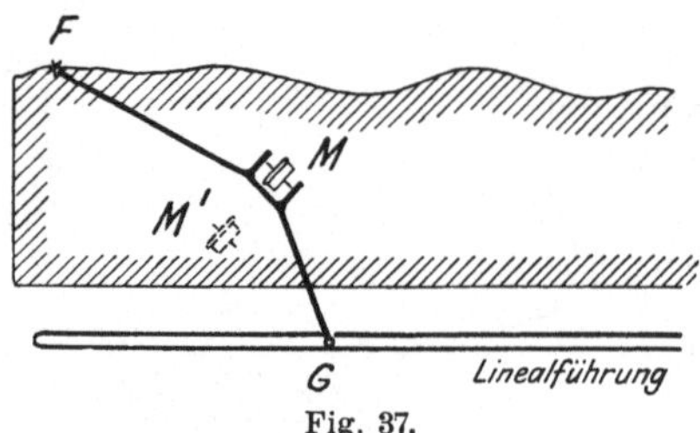


Fig. 37.

den Punkt $G$ geradlinig führen. Dadurch entsteht aus dem Polar- ein *Linearplanimeter*, wie solches in Fig. 37 dargestellt ist. Das Meßrädchen $M$ bewegt sich genau so, wie ein bei $M'$ befindliches. Das Linearplanimeter ist bequemer als das Polarinstrument, wenn man sehr langgestreckte Figuren, etwa die Schaubilder selbstschreibender Meßinstrumente, ausmitteln will. Mit dem Polarplanimeter kann man das nur stückweise.

Die *Genauigkeit des Planimeters* ist beim Ausmessen länglicher Figuren geringer als beim Ausmessen rundlicher, weil bei ersteren das Verhältnis Umfang zu Fläche größer wird und Ungenauigkeiten des Umfahrens mehr Einfluß erlangen.

Beim Gebrauch erhält man die genauesten Resultate, wenn man dafür sorgt, daß das Meßrad möglichst rollt, möglichst wenig gleitet. Außerdem wird man dafür sorgen müssen, daß das Meßrad nicht unnütz weit in einer Richtung sich abwickelt und dann wieder zurückrollt, so daß man das Endresultat gewissermaßen als Differenz zweier Abwicklungen abliest, sondern das Meßrad soll möglichst immer in einem Sinne vorwärts rollend in seine Stellung gelangen. Letztere Bedingung zu erfüllen lege man die Mitte der Figur auf den Nullkreis, die erste erfüllt man, indem man noch die Längenrichtung der Figur radial zum Nullkreis legt.

Bei Beachtung dieser Regeln ermittelt das einfache Polarplanimeter Flächen auf $^1/_5\%$ genau, anderenfalls aber kommen Fehler von $1\%$ leicht vor.

Wesentlich ist, daß die Achse des Meßrades parallel zur Fahrarmachse steht. Steht sie schief, so macht das Planimeter für dieselbe Fläche verschiedene Angaben, je nach der Lage des Planimeterpols. Zur Prüfung des Planimeters umfahre man einen Kreis zweimal, und zwar einmal bei solcher Lage des Pols, daß der Winkel $PMF$ möglichst spitz, das zweitemal so, daß jener Winkel möglichst stumpf ist. Sind beide Angaben gleich, so ist das Instrument brauchbar; findet man bei spitzem $PMF$ die größere Ablesung, so muß man den Fahrstift so nachrichten, daß seine Spitze zum Fahrarm hin gebogen wird.

Eine andere vorzügliche Form des Planimeters ist das in Fig. 38 abgebildete *Scheibenplanimeter*. Hier ist der Pol nicht ein Nadelpol, sondern besteht aus einem schweren Metallstück $P$, um dessen als Kugelgelenk ausgebildete Mitte die übrigen Teile schwingen. Diese bestehen auch aus einem Polarm und einem Fahrarm, die bei $G$ durch eine senkrechte Achse gelenkig miteinander verbunden sind; der Fahr-

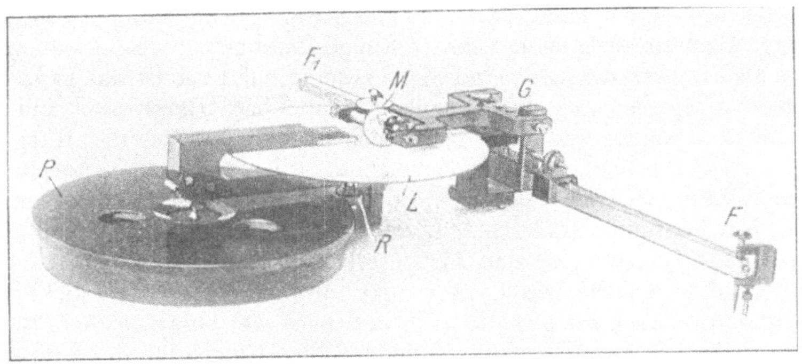

Fig. 38. Scheibenplanimeter von Coradi.

arm $FF_1$ trägt den Fahrstift $F$, mit dem man die auszumessende Figur umfährt. Nun ist in dem Polarm eine mit Papier beklebte Laufscheibe $L$ mit senkrechter Achse gelagert; das auf derselben Achse sitzende Rädchen $R$ greift mittels sehr feiner Zähnung in eine entsprechende Zähnung am Umfange der Polscheibe ein, daher läuft die Scheibe ziemlich schnell um ihre Achse, wenn der Polarm um die Polscheibe schwingt. Auf der Laufscheibe läuft das Meßrad $M$, das mit dem Fahrarm verbunden ist, so daß es dessen Bewegungen im Gelenk $G$ mitmacht und daher in der Mittelstellung nahe der Mitte, in den Endstellungen aber nahe dem Rande der Laufscheibe läuft. Der Arm $MG$ ist übrigens am eigentlichen Fahrarm mit einer wagerecht parallel zur Fahrarmlänge liegenden Achse angelenkt, so daß das Meßrad $M$ stets auf die Laufscheibe $L$ herabfallen kann. — Das Meßrad wickelt nun, auf der Laufscheibe laufend, Bögen ab, deren Länge einerseits von der Geschwindigkeit der Scheibenumdrehung, andererseits von der Lage des Berührungspunktes auf der Scheibe abhängt. Diese Einflüsse wirken so zusammen, daß die abgewickelten Bögen der umfahrenen Fläche proportional ist.

Die Genauigkeit des Scheibenplanimeters ist viel größer als die des einfachen Polarplanimeters. Daß das Laufrad stets auf der Scheibe läuft, fällt freilich mehr für Landmesser beim Ausmessen krauser Pläne ins Gewicht. Aber das Zusammenarbeiten der Teile ist so, daß das Laufrad sehr große Abwicklungen macht und daß diese bei nicht sehr unregelmäßigen Figuren fast nur vorwärts erfolgen. Außerdem ist das Scheibenplanimeter wenig empfindlich dafür, ob man genau auf den Ausgangspunkt zurückkehrt, wenn man diesen so wählt, daß das Meßrad nahe der Scheibenmitte steht; in dieser Gegend führt nämlich das Meßrädchen gar keine Bewegungen aus: eine Drehung im Gelenk $G$ hat keinen Einfluß, weil die Scheibe nicht umläuft; eine Drehung um den Pol hat trotz der Scheibenbewegung keinen Einfluß, weil die Meßradebene radial zur Scheibe steht. — Die Verkürzung des Fahrarms hat ähnliche Wirkungen wie beim einfachen Polarplanimeter; doch bleiben die zu umfahrenden Flächen auch bei kurzem Arm noch recht ansehnlich.

Dem Namen nach sei das *Rollplanimeter* als zum Ausmessen langer Figuren geeignet erwähnt. Einige Planimeter, welche einfacher sind als die besprochenen, sind nicht zu empfehlen: so ist das Pryzsche *Stangenplanimeter* mehr interessant als brauchbar. *Integraphen* sind Instrumente, welche zu einer gegebenen Kurve $y = f(x)$ die Integralkurve $y' = \int f(x)\,dx$ graphisch verzeichnen; die von ihnen verzeichnete Endordinate stellt also ebenfalls die Fläche unter der gegebenen Kurve dar. Nur kann man noch die Aufaddierung Schritt für Schritt verfolgen. Auch diese Instrumente sind für unsere Zwecke unwesentlich.

**25. Simpsonsche Regel.** Wo man ein Polarplanimeter nicht zur Hand hat, berechnet man die Flächen nach der *Simpsonschen Regel*.

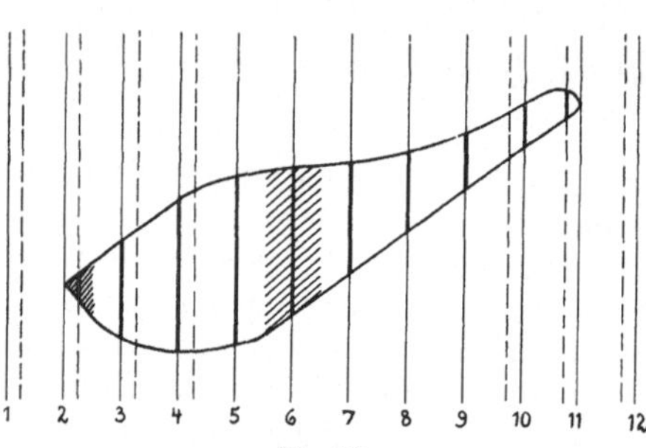


Fig. 39.

Ausmessen des Flächeninhaltes (Harfenplanimeter).

Eine Umgehung der Simpsonschen Regel ist das folgende Verfahren von Wagener: Man hält sich ein für allemal, etwa auf Pauspapier oder Zelluloid gezeichnet, ein Gitter wie Fig. 39, bestehend aus einer Anzahl Parallelen in gleichem Abstand; die punktierten Linien markieren ein Viertel des Abstandes der benachbarten Parallelen. Dieses Gitter legt man auf die zu messende Figur, so daß sie auf zwei der Parallelen endet. Man hat die starken Strecken zu addieren, dabei indessen die erste und letzte, die auf punktierten Linien liegen, nur halb zu nehmen — und hat die erhaltene Summe mit dem bekannten Abstand der Parallelen zu multiplizieren, dann ist das Ergebnis der Inhalt der Fläche. Die Begründung ist einfach: die starke Strecke auf der Parallelen *6* ist die mittlere Breite des schraffierten Trapezes, dessen Höhe gleich dem Parallelenabstand ist. Durch Aufaddieren der starken Strecken erhält man die Summe solcher

Trapeze. An den beiden Enden des Diagramms bleiben Flächen von halber Breite, deshalb muß man die auf punktierten Linien liegenden Strecken nur halb nehmen. Das Aufaddieren der Strecken macht man mit einem Zirkel oder durch Aneinandertragen auf einem Streifen Papier.

## VI. Messung der Zeit und der Geschwindigkeit.

**26. Stechuhr.** Die Zeit wird nach Stunden, Minuten, Sekunden gemessen. Die Sekunde ist eine der Grundeinheiten des technischen Maßsystems. Zum Messen der Zeit dient die *Uhr*. In der einfachen Taschenuhr haben wir ein Meßinstrument von einer Genauigkeit, die kein anderes technisch verwendetes Meßinstrument erreicht. Denn wenn eine Uhr täglich eine Minute gewinnt oder verliert, so ist das viel mehr, als man im gewöhnlichen Leben duldet, und doch ist erst ein Fehler von $\frac{1}{1440} \sim \frac{1}{10}\%$ vorhanden.

Ungenauigkeiten kommen weniger durch die Uhr selbst in die Messung, als dadurch, daß das Ablesen des Anfangs- und Endstandes der Uhr ungenau erfolgt. Dieser Fehler aber wird relativ um so kleiner, je größer der Zeitraum ist, während dessen man beobachtet — absolut bleibt ja seine Größe konstant.

Genauer als mit der gewöhnlichen Uhr kann man mit einer *Stechuhr* messen, bei der ein besonderer großer Sekundenzeiger das ganze Zifferblatt bestreicht, dessen Umfang eine Minute darstellt und in Fünftelsekunden geteilt ist. Dieser Zeiger läuft nicht dauernd mit, sondern wird durch einen Druck auf den sonst zum Aufziehen bestimmten Knopf zum Mitlaufen, durch einen zweiten Druck zum Stehen gebracht: nun kann man die Zeit zwischen den beiden Drücken auf Fünftel- oder Zehntelsekunden genau ablesen. Nochmaliger Druck auf den Knopf bringt den großen Sekundenzeiger auf Null. Eine kleine Skala läßt erkennen, wieviel volle Umläufe — Minuten — der große Sekundenzeiger durchlaufen hatte.

**27. Einheiten der Geschwindigkeit.** Unter der *fortschreitenden Geschwindigkeit* eines bewegten Körpers versteht man die von seinem Schwerpunkt in der Zeiteinheit zurückgelegte Strecke Weges. Wir können sie finden, indem wir den in einer bestimmten Zeit zurückgelegten Weg oder indem wir die zum Durchlaufen eines bestimmten Weges gebrauchte Zeit beobachten; beide Weisen sind nicht immer gleichwertig, S. 19. Es ist dann der Quotient aus dem zurückgelegten Weg und der dafür erforderlichen Zeit zu bilden. Nehmen wir dabei den Weg in Metern und die Zeit in Sekunden an, so erhalten wir die Geschwindigkeit in m/sek.

Dieses ist die für die Geschwindigkeit der fortschreitenden Bewegung meist angewendete Einheit. Bei Eisenbahnen findet man die Geschwindigkeit in km/st, bei Schiffen in Seemeilen pro Stunde angegeben. Es ist $1 \frac{\mathrm{km}}{\mathrm{st}} = \frac{1000 \mathrm{\,m}}{3600 \mathrm{\,sek}} = 0{,}278 \frac{\mathrm{m}}{\mathrm{sek}}$ und $1 \frac{\mathrm{SM}}{\mathrm{st}} = \frac{1853 \mathrm{\,m}}{3600 \mathrm{\,sek}} = 0{,}515 \frac{\mathrm{m}}{\mathrm{sek}}$.

Wo es sich um Drehung eines Körpers um eine Drehachse handelt — der im Maschinenbau häufigere Fall — da haben nur die in gleichem Abstand von der Achse liegenden Punkte gleiche Geschwindigkeit, verschieden weit von der Achse entfernte Punkte haben verschiedene Geschwindigkeiten, proportional ihrem Abstand von der Achse. Man kann also nicht schlechtweg von der Geschwindigkeit des Körpers sprechen. Da aber das Verhältnis der Geschwindigkeit $w$ eines Punktes zu seinem Abstand $r$ von der Achse für alle Punkte das gleiche ist, so kann man dieses als Charakteristikum der Bewegung ansehen. Dies Verhältnis $\omega = \dfrac{w}{r}$ heißt die *Winkelgeschwindigkeit* des Körpers. Da $w$ die Benennung m/sek, $r$ die Benennung m hat, so ist die Bennung oder Dimension der Winkelgeschwindigkeit $\dfrac{1}{\text{sek}}$. Sie ist ja der durchlaufene Winkel pro Zeiteinheit, der Winkel aber ist, mathematisch, eine unbenannte Zahl: 180° mathematisch $= \pi = 3{,}1416$.

Die Einheit der Winkelgeschwindigkeit ist im technischen Maßsystem diejenige, bei der der Winkel Eins $= \dfrac{180°}{\pi} = 57° \, 17\tfrac{3}{4}'$ in einer Sekunde durchstrichen wird, oder was dasselbe ist, bei der die Punkte im Abstand 1 m von der Achse die Geschwindigkeit 1 m/sek haben.

Diese Einheit ist für Messungen gar nicht gebräuchlich, in einigen Fällen aber muß man auf sie zurückgreifen, wenn man nämlich die Winkelgeschwindigkeit mit anderen Einheiten in Beziehung setzen will, so bei Ermittlung des erforderlichen Gewichtes von Schwungrädern oder bei Messung von Anlaufvorgängen (S. 180).

Die allgemein übliche Angabe der Winkelgeschwindigkeit ist die in minutlichen Umläufen (Touren pro Minute). Es ist offenbar 1 Uml/sek $= 2\,\pi$ technischen Einheiten $= 60$ Uml/min, also ist

$$1 \text{ technische Einheit} = \frac{60}{2\,\pi} = 9{,}55 \text{ Uml/min} \quad . \quad . \quad . \quad (3)$$

oder

$$100 \text{ Uml/min} = 10{,}47 \text{ technische Einheiten.} \quad . \quad . \quad (3a)$$

**28. Übersicht der Meßmethoden; Beziehungen zwischen fortschreitender und Winkelgeschwindigkeit.** Die Messung der fortschreitenden Geschwindigkeit ist bei Gasen und Flüssigkeiten ausführbar mit Hilfe besonderer Instrumente, von denen der Woltmannsche hydrometrische Flügel und das Anemometer sowie die Pitotsche Röhre im folgenden besprochen werden sollen. Das Schiffslog dient zum Messen der Geschwindigkeit eines Schiffes, indem es, eingerichtet wie der Woltmannsche Flügel, die relative Geschwindigkeit des Wassers gegen den Schiffskörper mißt. Man hat aber kein Instrument, welches direkt die fortschreitende Geschwindigkeit fester Körper angibt. Will man bei festen Körpern nicht Zeit und Weg einzeln messen, so muß man die Messung auf die bequem zu ermittelnde Rotationsgeschwindigkeit zurückführen. Die Umlaufgeschwindigkeit von festen Körpern, Achsen und dergleichen kann man nämlich mit Hilfe von Umlaufzählern oder von Tachometern ermitteln, die beide im folgenden zu besprechen sind.

Die erwähnte Zurückführung der Messung fortschreitender Geschwindigkeit auf Winkelgeschwindigkeit ist so auszuführen, wie zwei Beispiele zeigen werden: Bei Lokomotiven und Automobilen mißt man die Fahrgeschwindigkeit, indem man die Drehgeschwindigkeit eines seiner Räder ermittelt. Sei diese $n$ Uml/min, und sei $D$ m der Raddurchmesser, so ist $\pi D$ der Radumfang, der $\dfrac{n}{60}$ mal in der Sekunde abgewickelt wird: also ist $\dfrac{\pi D n}{60}$ die Umfangsgeschwindigkeit des Rades, und zugleich die Fahrgeschwindigkeit des Zuges in m/sek, weil das Rad auf den Schienen nicht gleiten soll. Man kann natürlich das Tachometer, welches die Umlaufzahl des Rades feststellt, gleich für Kilometer pro Stunde eichen. Seine Angabe wird dann ungenau, wenn das Rad sich abnutzt oder nachgedreht wird. — Wir messen eine Riemengeschwindigkeit, indem wir an den Riemen ein Rädchen von bekanntem Durchmesser $D$ halten, dessen Umlaufzahl wir dann feststellen. Wir haben uns davon zu überzeugen, ob das Rädchen nicht auf dem Riemen gleitet. Aus der Umlaufzahl der Riemenscheibe kann man die Riemengeschwindigkeit nicht genau finden, weil der Riemen auf der Scheibe gleitet, sobald Arbeit übertragen wird. Übrigens ist ja auch, wegen der Dehnung, die Geschwindigkeit beider Trums nicht unerheblich voneinander verschieden.

**29. Zählwerk.** Die Umlaufzahl von Wellen ermittelt man mit dem Zählwerk oder mit dem Tachometer.

Der *Umlaufzähler* oder das *Zählwerk* besteht in seinem wirksamen Teil aus einer Anzahl von zehnzähnigen Zahnrädern. Eines derselben, das Einerrad, wird direkt von der Maschine angetrieben, so zwar, daß es bei jedem Umlauf der Maschine um einen Zahn vorrückt. Da nun an seinem Umfang, den Zähnen entsprechend, die zehn Ziffern von 0 bis 9 angebracht sind, so tritt eine, und bei jeder Umdrehung der Maschine die folgende, Ziffer vor ein Schauglas, wo man sie abliest. Jedesmal nun, wenn das Einerrad von 9 wieder auf 0 geht, schiebt es durch einen Mitnehmer das folgende, sogenannte Zehnerrad um einen Zahn weiter und bringt dort, nach je zehn Umdrehungen, die folgende Ziffer vor das Schauglas. Daher liest man nach der Ablesung ⓪⑨ nicht wieder ⓪⓪ ab, sondern ①⓪, 10 folgt auf 9, wie es sein muß. Ganz entsprechend wird nach 10 Umdrehungen des Zehnerrades das Hunderterrad um Eins vorwärtsgeschaltet, so daß auf 099 folgt 100, und so fort meist bis 100000.

Die Vorwärtsschaltung des Einerrades kann durch eine der beiden Vorrichtungen Fig. 40 und 41 bewirkt werden. Die *Sperrkegelschaltung* ist die einfachste, Sperrkegel $a$ schaltet vorwärts, $b$ soll Rückwärtsgehen des Rades hindern. Der Anker, Fig. 41, ist von der Pendeluhr her bekannt. Bewegt man von der gezeichneten Stellung aus den Anker $A$

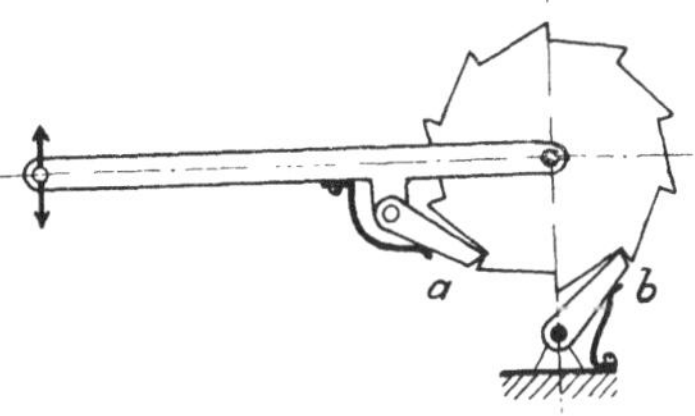

Fig. 40. Sperrkegelschaltung.

abwärts (er dreht sich um $M$), so wird Zahn *1* durch Nase $a$ vorwärts geschoben; geht der Anker nun wieder hinauf, so tritt Nase $b$ hinter den Zahn *6* und schiebt das Einerrad wieder vorwärts. Die hin und her gehende Bewegung des Ankers kann nun bewirkt werden, entweder indem man die kleine Welle $x$ mittels Hebel $y$ von einem hin und her gehenden Teil der Maschine aus antreibt, oder indem man die Welle $x$ von einem rotierenden Teil umdrehen läßt. In beiden Fällen bewirkt die Kurbel $xz$, um $x$ sich drehend, eine hin und her gehende Bewegung des Ankers.

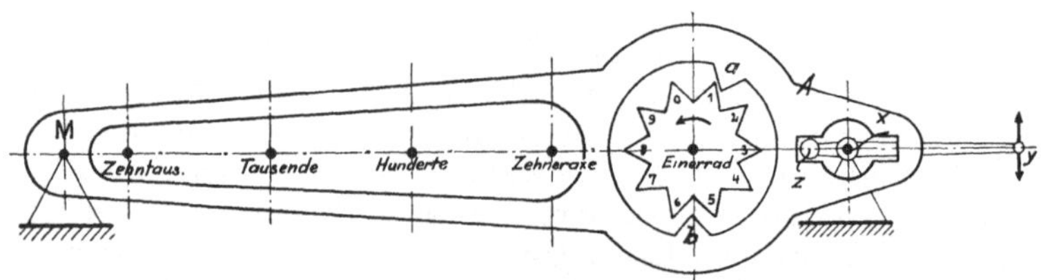


Fig. 41. Ankerschaltung.

Ankerzähler schalten nach jeder halben Umdrehung um eine halbe Zahl vorwärts, Sperrkegelzähler nach jeder vollen Umdrehung direkt auf die nächste Zahl; die letzteren lassen sich daher bequemer ablesen, machen aber Geräusch.

Hat das Einerrad sich einmal ganz gedreht, so muß es das Zehnerrad um eine Zahl vorwärts schalten, dieses nach jeder Umdrehung das Hunderterrad, und so fort. Die *Zehnerschaltung* wird durch ein Getriebe bewirkt, das in Fig. 42 dargestellt ist: wenn das Einerrad von 9 auf 0 geht, wird das Zehnerrad durch den Stift $s$ vorwärts geschaltet. Das ist möglich, weil die Kerbe $k$ zur gleichen Zeit das Zehnerrad freigibt, während das Zehnerrad sonst immer durch die Scheibe $t$ an Drehung verhindert wird. Es mag noch nützlich sein zu bemerken, daß das Zehnerrad zwanzig Zähne hat, von denen jeder zweite breiter ist als die übrigen.

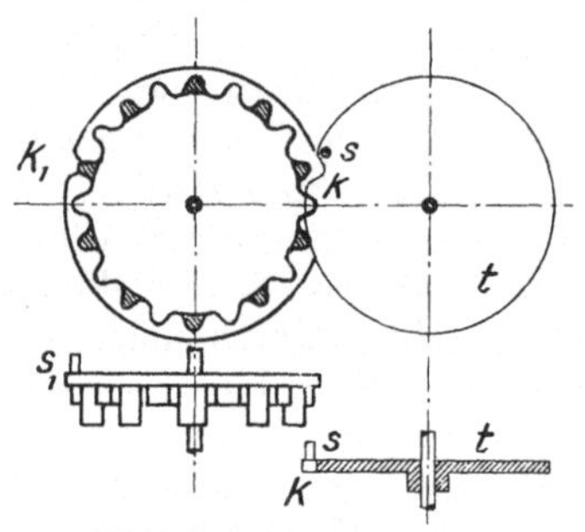


Fig. 42. Zehnerschaltung.

Stift $s$ schaltet immer um zwei Zähne vorwärts, d. h. um $^1/_{10}$ Umdrehung. Stift $s_1$ und Kerbe $k_1$ dienen dazu, in gleicher Weise das Hunderterrad anzutreiben.

Sperrkegel- und Ankergetriebe arbeiten nur bis zu mäßigen Geschwindigkeiten sicher. Zählwerke, die mit ihnen ausgerüstet sind, kann man je nach der Sonderkonstruktion bis zu 200 oder 400 minutlichen Umläufen benutzen. Für *größere Umlaufzahlen* vermeidet man die genannten Getriebe und treibt schon das Einerrad durch ein Getriebe wie in Fig. 42 an. Die Scheibe $t$ wird dann von der umlaufenden Welle unmittelbar gedreht; Zahlen trägt sie nicht; sie schaltet bei jeder Umdrehung der Maschine das linke Rad um $^1/_{10}$ Umlauf weiter, dieses dient daher als Einerrad, betätigt seinerseits ein Zehnerrad, und so fort. Man vermeidet so alle hin und her gehenden Teile, erhält ein ganz zwangläufiges Getriebe und kommt daher auf wesentlich höhere Umlaufzahlen, wenn auch bei mehr als 1000 Uml/min die Ablesung der Einer im Gang unmöglich und die Abnutzung der stoßweise bewegten Teile groß wird. Man kann diese Zähler nicht mehr von hin und her gehenden Maschinenteilen aus antreiben. — Für die größten Geschwindigkeiten, etwa für Dampfturbinen, hat man Zählwerke mit nur gleichförmig umlaufenden Teilen; die Ablesung geschieht an einer Reihe von Zeigern, deren Achsen durch Zahnradübersetzung im Verhältnis 1 : 10 miteinander verbunden sind und die sich vor kreisförmigen Skalen vorbeibewegen, die Einer, Zehner, Hunderter abzulesen gestatten.

Um die Umlaufzahl einer Maschine festzustellen, liest man den Stand des Zählers am Anfang und wieder am Ende einer Zeitperiode ab, die so lang wie möglich sei; denn man kann nur volle Umläufe ablesen, und das Fehlen der Bruchteile sowie eine Ungenauigkeit im Zeitpunkte der Ablesungen verliert an Einfluß bei längerer Zeitdauer. Um die mittlere minutliche Umlaufzahl für eine Stunde zu finden, zähle man also nicht alle zehn Minuten je eine Minute lang, sondern man notiere alle zehn Minuten den Stand des Zählers: die Differenz von End- und Anfangsangabe, geteilt durch 60, gibt die mittlere Umlaufzahl: die Zwischenablesungen nach 10, 20 . . . Minuten kontrollieren die Gleichmäßigkeit des Maschinenganges. Daß man bei kurzen Ablesungszeiten etwas größere Genauigkeit erreicht, unter Verwendung einer Stechuhr, mit deren Hilfe man die Zeit für 10 oder 20 Umläufe feststellt, wissen wir von S. 19.

**30. Tachometer.** Tachometer geben die augenblickliche Geschwindigkeit der Maschine, ihre jeweilige minutliche Umlaufzahl, durch Ablesung eines Zeigers. Durch das Umlaufen der Instrumentenwelle werden Kräfte wachgerufen, die die Zeigerverstellung bewirken, meist entgegen einer Feder, die den messenden Teil bildet. Die verstellende Kraft ist meist die Fliehkraft umlaufender Massen, aber auch Wirbelströme in einem magnetischen Feld können die Verstellkraft liefern (Fliehkraft- oder Zentrifugaltachometer, Wirbelstromtachometer). Eine Reihe von Instrumenten beruht auch auf ganz anderer Grundlage.

Getriebe von *Fliehpendeltachometern* sind in den Fig. 43 und 44 wiedergegeben: In Fig. 43 bilden die Schwungmassen $S_1$ und $S_3$, andererseits $S_2$ und $S_4$ je ein Gußstück. Die Spiralfeder ist mit dem äußeren Ende an $S_2$, mit dem inneren an $S_1$ befestigt und wird gespannt, wollen die Gewichte sich von der Drehachse entfernen. Fliegen die Gewichte der Federkraft entgegen auseinander, so wird, wie ersichtlich, der Zeiger bewegt. Ein Universalgelenk bei $G$ läßt es zu, daß das Zeigergetriebe nicht mit umzulaufen braucht. Eine Windflügeldämpfung verhindert Zuckungen des Zeigers durch die Ungleichförmigkeit von Kolbenmaschinen. — In Fig. 44 stellt sich infolge der Rotation der Körper $S$, eine flache runde Scheibe, mehr oder weniger senkrecht zur Rotationsachse und spannt dabei die Schraubenfeder, die einerseits an ihm, andererseits an der Rotationsachse fest ist. Die Bewegung wird wieder auf einen Zeiger übertragen, $G$ ist ein Kugelgelenk.

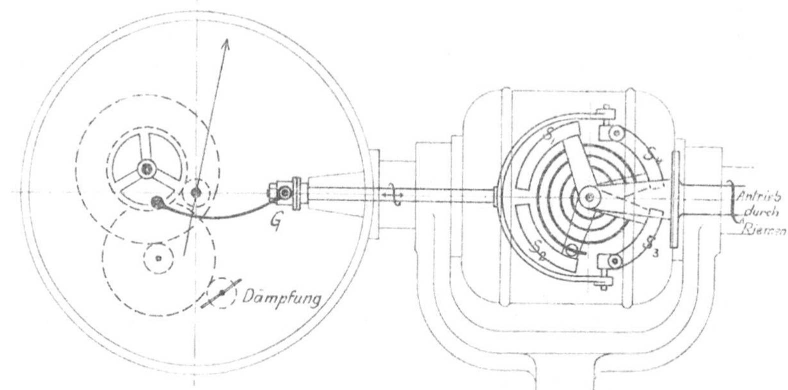



Fig. 43.  Fliehpendeltachometer von Schaeffer & Budenberg.

Die Theorie des Tachometers ist die der Zentrifugalregler mit Feder-belastung. Jeder Umlaufzahl der Welle soll eine ganz bestimmte Stellung des Zeigers, also ein bestimmter Ausschlag der Schwungmassen

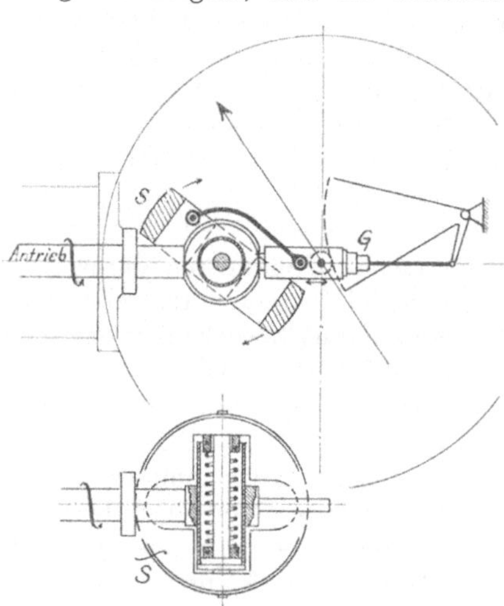



Fig. 44.  Fliehpendeltachometer
von Schaeffer & Budenberg.

entsprechen. Beginnt die Welle sich zu drehen, so lösen sich die Schwungmassen von ihrem inneren Widerlager, sobald bei einer Tourenzahl $n_0$ die Fliehkraft die Vorspannung der Feder überwindet. Beim Auseinander-fliegen der Schwungmassen nimmt nun sowohl die Fliehkraft als auch die ihr entgegenstehende Feder-kraft zu, und es ist nicht gesagt, daß sich bei einer Umlaufzahl $n > n_0$ ein Gleichgewichtszustand überhaupt findet. Hatte näm-lich beim Auseinanderfliegen die Fliehkraft schneller zugenommen als die Federkraft, so gewinnt sie mehr und mehr die Oberhand über letztere und die Schwung-massen gehen gleich in die äußerste Stellung, bis ans äußere Widerlager. Die Federkraft muß also schneller zunehmen als die Fliehkraft, und zwar muß das in jeder Pendellage der Fall sein (statisches Verhalten, im Gegensatz zu astati-schem).

Ein *Wirbelstromtachometer* ist in Fig. 45 dargestellt. Die Welle trägt einen mitumlaufenden gebogenen Stahlmagneten, dessen Kraft-linien durch einen zwischen die Pole gelegten auch mitumlaufenden

Eisenanker geschlossen werden. Zwischen den Polen und dem Anker
bleibt ein Ringraum, in dem eine Glocke aus Aluminium auf einer
leichten Achse drehbar ge-
lagert ist; eine Spiralfeder
zieht den auf der gleichen
Achse sitzenden Zeiger in
seine Nullstellung. Beim Umlaufen des Magnetsystems
werden in der Aluminium-
glocke Wirbelströme ent-
stehen, Glocke und Zeiger
werden also um so weiter
mitgenommen, je schneller
die Rotation ist. Diese Anordnung ist stets ohne weiteres statisch. Da die Wirksamkeit dieser Instrumente
nicht auf Massenwirkungen
beruht, auch keine empfindlichen Gelenke vorhanden
sind, so ist es gegen Erschütterungen weniger empfind-
lich als die Fliehpendelin-

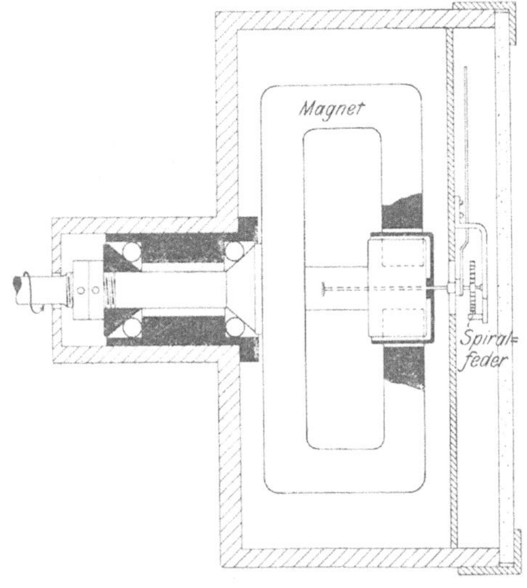


Fig. 45. Wirbelstromtachometer der Deutschen
Tachometerwerke.

strumente. Dagegen bereitet bei schwankenden Geschwindigkeiten die
Tatsache Schwierigkeiten, daß eine Dämpfung des Zeigers, wie wir sie
in Fig. 43 sahen, nicht gut anzuordnen ist. Ein grundsätzlicher Unterschied der Wirbelstrominstrumente gegenüber fast allen anderen Formen
ist es, daß sie auf die beiden Drehrichtungen mit Ausschlägen nach verschiedener Richtung ansprechen. Das ist nur selten nötig, gelegentlich
aber lästig; man kann Instrumente, die für beide Drehrichtungen dienen
sollen, nicht mit unterdrücktem Nullpunkt herstellen.

*Flüssigkeitstachometer* nutzen die Fliehkraft einer in ein Gefäß
eingeschlossenen Flüssigkeit aus; als messender Teil dient die Flüssigkeitssäule selbst, etwa wie folgt.

In einem um seine senkrechte Achse rotierenden zylindrischen
Gefäß stellt sich die Oberfläche der Flüssigkeit in die Gestalt eines Rota-
tionsparaboloids ein. Aus der Höhenlage des Scheitels kann man auf
die Umlaufzahl schließen: Das Glas selbst ist mit einer Skala versehen,
oder eine solche steht daneben still. Ältere Instrumente dieser Art sind
die Gyrometer von Braun. In den *Bifluid-Tachometern* ist die Konstruktion vervollkommnet. Ein Glaskörper der Gestalt Fig. 46 rotiert
um seine Achse. Im unteren Teil befindet sich etwas Quecksilber,
darüber gefärbter Alkohol. Beim Rotieren tritt das Quecksilber in die
seitlichen senkrechten Teile und treibt den Alkohol in dem mittleren
engen Rohr hoch; seine Höhe gibt die Umlaufzahl an. Diese Tachometer sind für die verschiedensten Zwecke herstellbar. Die Breite des
unteren Teils und die Menge des Quecksilbers, sowie die Weite des senkrechten Mittelrohrs bestimmen die mittlere Umlaufzahl und den Meß-

bereich des Instrumentes, die Einschnürungen bei $a$ bestimmen seine Dämpfung. Die Instrumente sind für stationären Betrieb vortrefflich, die Reibung ist bei Flüssigkeiten vermieden, und da das Glas ganz zugeschmolzen ist, so ist Unveränderlichkeit der Angaben besser gesichert als bei Pendeltachometern.

Einige für *Sonderzwecke* verwendete Anordnungen seien noch erwähnt. Auf Lokomotiven hat man, wegen der Unempfindlichkeit gegen Stöße, eine Öl- oder Glyzerinpumpe aus einem Behälter saugen lassen, in den das Öl durch eine feine Düse hindurch wieder zurückläuft. In einem Windkessel zwischen Pumpe und Düse entsteht um so höherer Druck, je schneller die Pumpe umläuft, man kann also ein Manometer am Windkessel anbringen und direkt für Umläufe pro Minute einteilen. Die Schwierigkeit ist, daß bei wechselnden Temperaturen die umlaufende Flüssigkeit verschieden zähe ist, auch mit der Zeit sich ändert.

Eine kleine magnetelektrische Maschine ohne Eisen im Anker erzeugt eine Spannung wachsend mit der Umlaufzahl: man kann ein Voltmeter anschließen und für Umläufe eichen. Solche Anordnung ist dann besonders gut für *Fernablesung* geeignet, da das Voltmeter beliebig entfernt sein kann.

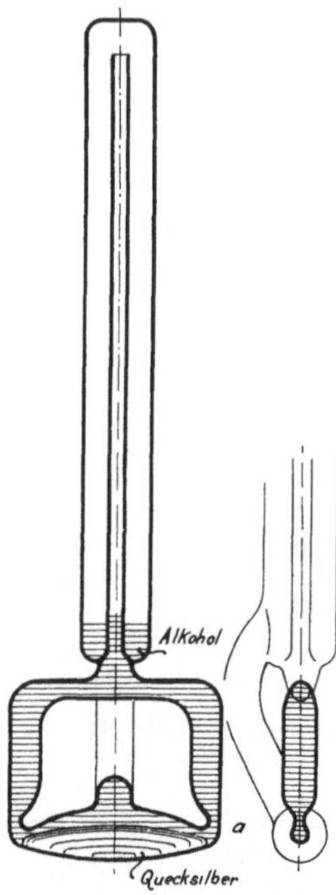


Fig. 46. Bifluid-Tachometer der Rheinischen Tachometerwerke.

Für letzteren Zweck sind auch die von Frahm angegebenen *Resonanztachometer* (Fig. 47) sehr geeignet. Auf einem Balken sind eine Reihe von stählernen Blattfedern befestigt, die an ihrem freien Ende zu einem Kopf kurz um-

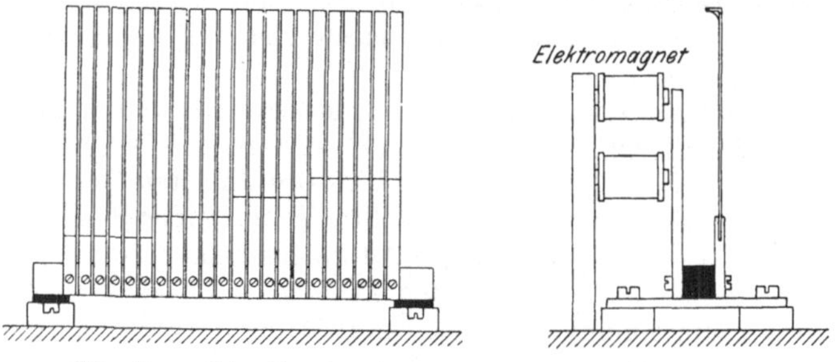


Fig. 47 a und b. Resonanztachometer (Frahmscher Kamm).

gebogen sind; dessen Gewicht wird nun durch Hinzufügen oder Entfernen von Zinn so abgepaßt, daß die Eigenschwingungszahl jeder der Federn einen bestimmten Wert annimmt.

Die Federn eines solchen Kammes werden untereinander so abgestimmt, daß jede folgende 5 oder 10 oder 20 ... Schwingungen mehr ausführt als die vorhergehende. Wird nun der die Federn tragende Balken einem periodischen Impuls von bestimmter Schwingungszahl ausgesetzt, so geraten hauptsächlich diejenigen Federn in Bewegung, deren Eigenschwingungszahl mit der Schwingungszahl der Erregung ganz oder annähernd übereinstimmt; die größten Ausschläge treten bei voller Übereinstimmung (bei Resonanz) auf. Man kann also die Schwingungszahl der Erregung messen, indem man beobachtet, welche Feder am weitesten ausschlägt, vorausgesetzt daß die Eigenschwingungszahl neben jeder Feder vermerkt ist. — Man braucht solch Instrument mit Federn passender Frequenz nur auf eine Maschine zu stellen, um das Instrument ablesen zu können; die Erzitterungen des Maschinenrahmens pflegen zur Erregung zu genügen und geschehen stets im Takte des Maschinenganges. Freilich pflegt nicht nur die Feder erregt zu werden, die in der Frequenz mit der Maschinenumlaufzahl übereinstimmt, sondern auch die, die doppelt oder dreimal so oft schwingt; doch sind diese Oberschwingungen schwach, auch pflegt man nicht in so weiten Grenzen über die Umlaufzahl unsicher zu sein, daß Täuschungen zu befürchten wären.

Eine besondere Erregung ist trotzdem sicherer; sie wird nötig, wenn man bei kleiner Umlaufzahl der Maschine nicht Federn ebenso kleiner Frequenz verwenden kann, oder auch wenn es sich um Fernablesung handelt, wo man also den Apparat nicht auf die Maschine setzen kann. Die Erregung geschieht dann meist elektrisch, indem man den in Fig. 47 b sichtbaren Elektromagneten von der zu prüfenden Maschine aus periodisch erregen läßt; er bringt den Balken in Schwingungen. Der Elektromagnet aber ist hinter die Wicklung eines permanenten Magneten geschaltet, der seinerseits einer grobgezahnten mit der Maschine umlaufenden Eisenscheibe gegenübersteht. Jeder der Zähne ergibt im Vorbeigehen eine Störung im Feld des permanenten Magneten und dadurch einen Induktionsstrom in dem ganzen Stromkreis; der vom „Geber" ausgehende Impuls erregt nun den „Empfänger" — so benennt man nämlich bei Fernübertragung die beiden Teile. — Für kurze Entfernungen kann eine mechanische Erregung verwendet werden, bei der eine unrunde Scheibe durch einen Draht den Balken des Frequenzmessers erregt. — Man erkennt aber, wie man durch diese Anordnungen mehrere Impulse während eines Maschinenumganges geben lassen kann; es können also auch langsamlaufende Maschinen auf Kämme höherer Schwingungszahl einwirken.

Der *Antrieb der Tachometer* geschieht meist durch eine Riemenübertragung von der Welle aus, deren Umlaufzahl man messen will. Man wählt die Riemenscheibe des Tachometers so, daß das Tachometer passend schnell rotiert. Deshalb fertigt jede Tachometerfabrik nur wenige Tachometertypen, die sich untereinander durch den *Meßbereich*, das heißt das Verhältnis der niedrigsten zur höchsten Umlaufzahl, unterscheiden, und paßt sie mittels verschiedener Riemenscheiben den zu messenden Umlaufzahlen an. Das Zifferblatt ist dann nicht nach der Umlaufzahl des Tachometers, sondern der zu messenden Welle geteilt, und muß die Angabe der Riemenübersetzung enthalten; der

Meßbereich der Tachometer pflegt zwizchen 1:2 und 1:6 zu liegen; ein weiter Meßbereich erhöht die Verwendbarkeit des Instrumentes auf Kosten der Genauigkeit (S. 15). Die Wirbelstromtachometer pflegen wie erwähnt von Null zu zählen. — Der Antriebriemen sei gleichmäßig, die Naht soll keine Verdickung bilden; anderenfalls stößt der Zeiger des Instrumentes. Ein Gummiriemen mit Hanfeinlage oder ein Hanfgurt sind brauchbar; ein Lederriemen muß dünn und geleimt, nicht genäht sein.

**31. Handinstrumente.** Zählwerk und Tachometer werden außer für ständigen Antrieb durch eine Maschine auch als Handinstrumente ausgeführt. Die Achse des Instrumentes endet dann in eine Dreikantspitze oder in einen Gummipfropfen, die in einen Körner am Ende der rotierenden Welle eingesetzt werden.

*Handzählwerke* bestehen meist aus einer Zusammenstellung von Stechuhr und eigentlichem Zählwerk. Beide beginnen gleichzeitig zu laufen, wenn man den Dreikant so kräftig in den Körner der Welle preßt, daß die kleine Hülse *h* (Fig. 48) einer Federkraft entgegen eingedrückt wird. Beim Zurücknehmen des Dreikants von der Welle hören Zählwerk und Uhr gleichzeitig zu laufen auf und man liest beide ab, um die Anzahl der Umdrehungen durch die Zeit, auf $^1/_5$ sek genau ablesbar, teilen zu können. Die Ablesung des Zählwerkes erfolgt auf der Seite, die in der Figur nicht sichtbar ist. Schnepper *i* stellt die Uhr auf Null.

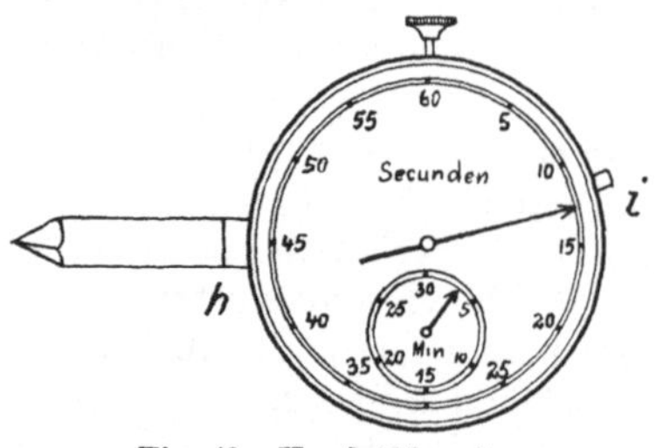



Fig. 48. Handzählwerk.

*Handtachometer* sollen für möglichst alle Maschinen brauchbar sein, von der Dampfturbine mit einigen tausend bis herab zur Pumpe mit nur vielleicht 40 Umläufen minutlich. Solch weiter Meßbereich würde enge Skalenteilung und ungenaue Ablesung bedingen. Man kann ein Tachometer, dessen Werk für die Umlaufzahlen von vielleicht 125 bis 500 gebaut ist, verwenden und durch Zahnräder für andere Umlaufzahlen brauchbar machen. Solch Tachometer hat etwa die Meßbereiche 40 bis 160; 125 bis 500; 400 bis 1600; 1250 bis 5000 und ist, je nachdem man die eine oder andere Zahnradübersetzung durch einfaches Verschieben eines Knopfes einschaltet, im ganzen von 40 bis 5000 Umläufen brauchbar. In all diesen Fällen macht die eigentliche Tachometerachse Umlaufzahlen von 125 bis 500 in der Minute. Das Zifferblatt hat mehrere Numerierungen, deren eine oder andere man abliest.

Ein Wellenkörner nimmt die Dreikantspitze nur dann sicher mit, wenn er selbst dreikantig ausgearbeitet ist. Sonst tritt leicht Schlüpfung ein, ebenso wenn statt des Dreikants ein Gummipolster als Mitnehmer gebraucht wird. Sehr zuverlässig wird die Kupplung des Meßinstrumentes mit der Welle durch einen Draht von $^3/_4$ bis 1 mm Durchmesser erreicht, den man an beiden gut befestigt. Er tordiert sich erst stark, nimmt aber dann sicher mit, auch bei großer Länge und auch wenn er beliebig gebogen wird. Nur werden Ungleichmäßigkeiten des Ganges nicht sofort übertragen, er wirkt als Dämpfung. Solch Draht erspart das ermüdende Andrücken der Instrumente.

**32. Vergleich.** Zählwerk und Tachometer sind nicht gleichwertig. Sie ergänzen einander und man hat oft bei Versuchen beide Instrumente an der Maschine. In § 12 machten wir schon auf den Unterschied zwischen dem Tachometer, einem Skaleninstrumente, das die augenblickliche Geschwindigkeit und ihre Schwankungen anzeigt, und dem Zählwerk aufmerksam, welches die augenblicklichen Geschwindigkeiten aufaddiert und dann die mittlere Geschwindigkeit während einer Minute, einer Stunde, ausrechnen läßt. Für den Betrieb oder für die Einstellung einer Maschine ist das Tachometer bequemer; bei Dampfverbrauchsversuchen aber will man die mittlere Umlaufzahl kennen, die das Zählwerk ohne weiteres sehr genau gibt, das Tachometer viel ungenauer, wenn es nicht gut geeicht ist und wenn man es nicht sehr oft abliest.

**33. Nicht gleichförmige Geschwindigkeiten.** Wo es sich nicht um die Messung einer konstant bleibenden Umlaufzahl handelt, sondern wo die Ungleichmäßigkeiten einer Bewegung gemessen werden sollen, muß man sich mechanischer Hilfsmittel bedienen, da das Auge nicht imstande zu sein pflegt, die Ablesungen genügend schnell und genau zu machen.

Die Unregelmäßigkeiten des Maschinenganges sind von zweierlei Art. Bei einer Belastungsänderung ändert sich die Umlaufzahl jeder Maschine, und zwar nimmt sie zu bei einer Entlastung, sie nimmt ab bei einer Mehrbelastung. Diesem natürlichen Vorgang wirkt der Regler entgegen, der die Aufgabe hat, die Maschine auf etwa der gleichen Umlaufzahl bei allen Belastungen zu halten, ihr diese aufzuzwingen. Bis das dem Regler gelingt, dauert einige Zeit. Die Umlaufzahl der Maschine schwankt daher bei einer Belastungsänderung auf und ab, um so weniger, je besser die Regelung wirkt.

Außerdem weisen diejenigen Kraftmaschinen, die mit Kolben arbeiten, Unregelmäßigkeiten innerhalb der einzelnen Umdrehung auf, die man als ihre Ungleichförmigkeit bezeichnet. Sie rühren daher, daß die treibende Kraft periodisch wirkt, in den Totpunkten oft Null wird, während der Widerstand konstant oder doch nach anderem Gesetz veränderlich ist. Diese Ungleichförmigkeit in mäßigen Grenzen zu halten, ist wesentlich die Aufgabe des Schwungrades.

Schwierigkeiten für die Messung bietet insbesondere die letztgenannte Art von Geschwindigkeitsänderungen, sowohl deshalb, weil die Schwingungen sehr schnell verlaufen — es handelt sich um das, was innerhalb eines Maschinenumganges vor sich geht —, als auch deshalb, weil die Schwankungen bei den meisten Maschinen von kleiner Amplitude sind: bei Dampfdynamos pflegt man nur Schwankungen von etwa $1/200$ der mittleren Umlaufzahl zuzulassen, und es ist dann wohl festzustellen, ob diese Grenze nicht überschritten ist.

Wenn wir uns zunächst auf weniger schnell vor sich gehende Schwankungen beschränken, so ist das beliebteste Mittel zu ihrer Beobachtung der *Hornsche Tachograph*. Er ist in Fig. 49 im Bilde dargestellt. Man erkennt auf einem umlaufenden Rahmen $B$ zwei Schwunggewichte $G_1$ und $G_2$, die durch Federn $F$ zueinander gezogen werden und deren Fliehkraft die Federkraft überwindet. Die Verstellung der Schwunggewichte verstellt mittels eines durch die hohle Welle hindurchgehenden Gestänges einen mit Tinte gefüllten Schreiber $S$, der auf einem Papierstreifen schreibt. Die Federn sind so bemessen, daß der Schreibstift bei 500

Fig. 49. Hornscher Tachograph.

Umläufen der Tachographenwelle auf die Mitte des Papierstreifens einspielt; man richtet die antreibenden Gurtscheiben $A$ so ein, daß der Tachograph gerade 500 Umläufe macht bei der normalen Umlaufzahl der Maschine. Von dieser normalen Umlaufzahl sind Abweichungen von plus oder minus 12% nötig, um die Schreibfeder in die beiden äußersten Lagen zu bringen; dementsprechend ist der vor dem Schreibgefäß ablaufende Papierstreifen mit einer Teilung versehen, wie Fig. 50 es erkennen läßt. Die Federn des Tachographen sind auswechselbar gegen solche, die nur für $+6\%$ oder bis $+3\%$ Geschwindigkeitsänderung reichen; man verwendet dann entsprechend beziffterte Papierstreifen. Von der Tachographenwelle aus wird auch der Papierstreifen vorwärtsbewegt, durch ein Reibrollengetriebe das bei $T$ eine Einstellung des Papiervorschubes und auch ein Abstellen gestattet. Das Papier wird einer Rolle $R_1$ entnommen und gegebenenfalls auf eine andere Rolle $R_2$ aufgewickelt.

Nach Ingangsetzen hat man nun eine einfache Eichung der Übersetzung vorzunehmen, etwa indem man in einem beliebigen Beharrungszustand der Maschine die Stellung des Schreibgefäßes zu $+2,4\%$ und gleichzeitig durch ein Zählwerk die Umlaufzahl der Maschine zu 121,2 Uml/min festlegt. Dann ist $102,4\% = 121,2$ Uml/min also $100\% = 118,2$ Uml/min, als mittlere Umlaufzahl anzusehen; eine Stellung des Schreibgefäßes auf $-6\%$ würde also eine Umlaufzahl der Maschine von $118,2 \cdot 0,94 = 111,1$ Uml/min anzeigen. Natürlich kann man durch mehrfaches Vergleichen dieser Angaben mit der wahren Umlaufzahl der Maschine die Genauigkeit der Papierteilung prüfen.

Nach Vornahme solcher Prüfung ist der Tachograph zur Aufnahme von Tachogrammen bereit, und man hat nur die gewünschten Änderungen insbesondere der Belastung an der Maschine vorzunehmen, um ihre Geschwindigkeitsänderungen aufgezeichnet zu erhalten; so ist auf dem Papierband Fig. 49 die Kurve gezeichnet, wie man sie bei einer Entlastung zu erhalten pflegt.

Zu bemerken wäre, daß die Geschwindigkeit nicht genau als Funktion der Zeit aufgetragen wird, weil ja die Papiergeschwindigkeit mit der Maschinengeschwindigkeit schwankt. Meist läßt man aber die Schwankungen der Papiergeschwindigkeit unbeachtet; ihre Berücksichtigung erforderte sonst ein umständliches Umzeichnen des Tachogrammes; für genauere Versuche ist es daher vorzuziehen, den Papierstreifen durch einen Elektromotor getrennt anzutreiben.

Die Massen der umlaufenden Teile und des Stellzeuges des Tachographen sind durch Verwendung von Aluminium und Stahl möglichst klein gemacht. Trotzdem wird der Schreibstift den Vorgängen in der Maschine etwas nachhinken. Erstens teilt sich die Geschwindigkeitsänderung durch den Gurttrieb hindurch nicht augenblicklich dem Instrument mit, auch wenn man große und dabei leichte Riemenscheiben verwendet; zweitens ändert der Schreibstift seine Stellung erst etwas später, als die Tachographenwelle ihre Geschwindigkeit ändert (S. 7). Daher eignet sich der Tachograph zur Darstellung der Schwankungen bei Belastungsänderungen, weil sich diese über mehrere Umläufe der Maschine erstrecken. Den Schwankungen innerhalb des einzelnen Umlaufs kann er nicht so folgen, daß man wirklich Rückschlüsse auf den Verlauf der Geschwindigkeit daraus ziehen könnte, namentlich auch deshalb nicht, weil der antreibende Riemen oder Gurt ungleichmäßig ist und dadurch schon Schwankungen erzeugt werden. Die Kurven, Fig. 50, sind an der gleichen Maschine, eine mit Gurtantrieb, eine mit Riemen aufgenommen. — Das Tachogramm einer Gasmaschine stellt Fig. 51 dar. Wenn auch die Schwankungen innerhalb eines Umlaufs deutlich erkennbar sind, so werden sie doch, der Größe nach, nicht genau wiedergegeben sein.

Trotz dieser Einwendungen ist der Tachograph für genügend langsam verlaufende Schwankungen ein sehr wertvolles Instrument. Er genügt indessen nicht an Stellen, wo sein Meßbereich von höchstens $\pm 12\%$ zu klein ist, oder wo es sich um schnell verlaufende Schwankungen handelt.

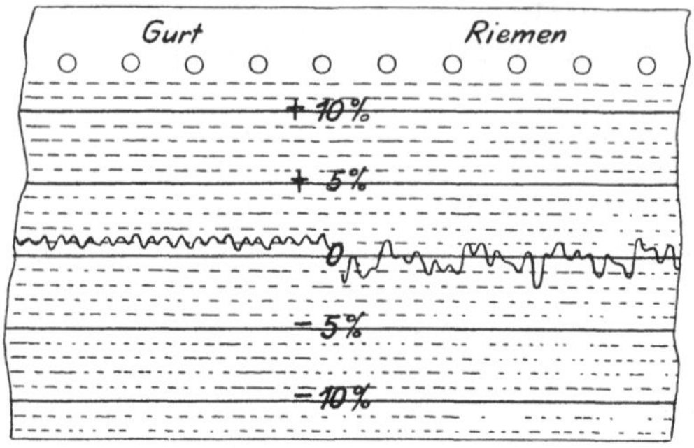

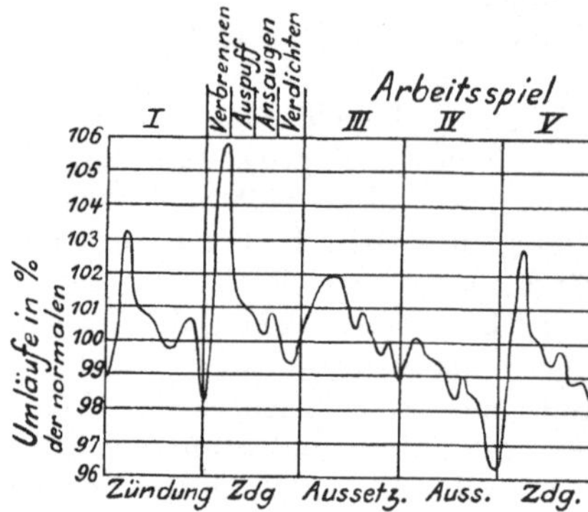



Fig. 50. Einfluß des Antriebes auf das Tachogramm.

Der kleine Meßbereich ist beispielsweise störend bei Auslauf- oder Anlaufversuchen mit Maschinen, bei denen man beobachten will, wie schnell eine Maschine nach Abstellen der Triebkraft noch läuft, oder wie schnell sie in Gang zu bringen ist. Bei Schiffsmaschinen sind solche Untersuchungen über die Manövrierfähigkeit wichtig. Bei Pumpmaschinen kommen beim Regeln viel größere Ungleichförmigkeiten vor, als der Tachograph aufzeichnen kann; durch Verwendung anderer Federn aber würde er leicht zu wenig empfindlich werden. Für solche Fälle kann man folgendes Verfahren anwenden, das überhaupt dem Tachographen an Genauigkeit weit überlegen, nur für häufige Benutzung in der Auswertung zu umständlich ist.



Fig. 51. Tachogramm einer Gasmaschine.
(Nach Güldner.)

Man kann nämlich auf einen ablaufenden schmalen Papierstreifen Marken schreiben lassen, deren Abstand je einem oder bei höheren Umlaufzahlen je fünf oder zehn Umläufen der Maschine entspricht; dazu läßt man durch die Maschine bei jedem oder bei jedem fünften oder zehnten Hub — in den letzteren Fällen unter Zuhilfenahme einer Zahnradübersetzung — einen elektrischen Kontakt kurze Zeit schließen und betätigt durch den Strom ein elektromagnetisches Markenschreibzeug, wie wir es bei Besprechung der Zeitdiagramme noch auf S. 212 kennen lernen werden. Da man nicht auf genaue Konstanz der Papiergeschwindigkeit rechnen kann, so verwendet man besser zwei Markenschreibzeuge, deren zweites dann durch ein Pendel oder dergleichen alle Sekunden, oder nach Bedarf auch alle halbe oder jede zweite Sekunde erregt wird. Man erhält ein Bild nach Fig. 52 und kann für die eingetragenen Abmessungen folgende Auswertung vornehmen: Es ist im

Wegdiagramm 7 Umläufe $=$ 52,3 mm; es ist im Zeitdiagramm 2 sek $=$ 57,7 mm; also wird 7 Uml. $= \dfrac{52,3}{57,7} \cdot 2$ sek $= 1{,}811$ sek; die Maschine machte $1{,}811 \cdot 60 = 108{,}6$ Uml/min. — Man kann sich auch des schwingenden Markenschreibzeuges bedienen, das ebenfalls im Anschluß an den Indikator (S. 213, Fig. 179) besprochen werden wird und das Zeit und Geschwindigkeit zugleich aufschreibt, so daß man nur ein Schreibzeug nötig hat.

Bei veränderlicher Geschwindigkeit mißt man die einzelnen Umläufe aus. Treibt man den Papierstreifen von der Maschine aus an, so werden die Abstände der Umlaufmarken konstant bleiben, die der Zeitmarken mit zunehmender Geschwindigkeit kleiner werden. Treibt man den Papierstreifen

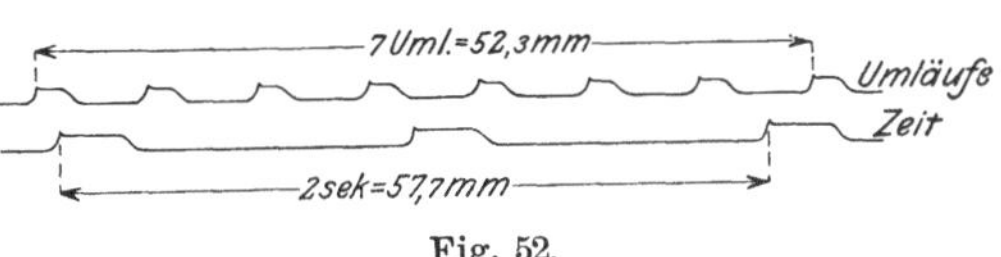


Fig. 52.

von einem besonderen Motor aus an, so werden die Zeitmarken den Abstand beibehalten, die Umlaufmarken werden mit zunehmender Geschwindigkeit näher aufeinander rücken.

Das Verfahren dient nicht nur zum Aufzeichnen umlaufender, sondern auch *fortschreitender* Geschwindigkeit. So kann man bei Messung der Wassermenge mittels Schirmes (S. 102) mit Hilfe von Kontakten, die der Schirmwagen in vorher ausgemessenen Abständen schließt, die Bewegung des Schirmes registrieren lassen; auch hier pflegt man Zeitmarken zugleich aufzuschreiben.

Man kann mit Hilfe der beschriebenen mechanischen Schreibzeuge nicht wohl mehr als zwei bis drei Marken sekundlich schreiben lassen, sollen die Marken noch sauber meßbar bleiben. Doch kann man das vielfach abänderbare Verfahren auch für viel schneller verlaufende Änderungen der Geschwindigkeit verwenden, wenn man die mechanische Aufzeichnung durch eine elektrische ersetzt. Bedarf nach solchen Methoden liegt auch in der Technik vor, so zur Untersuchung der Geschoßbewegung im Geschützlauf, sowie zur Untersuchung der Ungleichförmigkeit des Maschinenganges innerhalb eines einzelnen Umlaufes; für letzteren Zweck liefert, wie wir sahen, der Tachograph nur qualitativ brauchbare Ergebnisse, und auch diese nur bei besonderer Vorsicht. Wir wollen nur andeuten, welche Wege man mit wechselndem Erfolg zur Lösung der schwierigen Aufgabe eingeschlagen hat.

Frahm[1]) untersuchte die Ungleichförmigkeit von Schiffswellen, indem er auf einem um einen Wellenbund gelegten oxydierten Zinkstreifen durch einen Schreibstift schreiben ließ; der Stift schrieb durch elektrolytische Wirkung weiße Striche, wenn Strom durch ihn ging; der Strom wurde durch einen Elektromotor sekundlich eine bekannte Anzahl von Malen unterbrochen. Die weißen Striche haben also bei konstanter Umlaufgeschwindigkeit der Welle überall den gleichen Abstand

---

[1]) Z. d. V. d. Ing. 1902, S. 797.

voneinander; Ungleichheiten im Abstand deuten auf Ungleichförmigkeit hin und lassen sie messen. — Klönne[1]) schlug den umgekehrten Weg ein: er spannte ein durchlochtes Stahlband auf den Umfang des Schwungrades; jedes der Löcher unterbrach einen Strom, wenn ein Kontaktstift über das Stahlband hinwegglitt. Der Strom wurde von einem Induktorium geliefert und gab Funken auf einer schnell umlaufenden, polierten und berußten Trommel; die Abstände der Funkenmarken wurden ausgemessen. — Mader[2]) sucht mittels eines besonderen Apparates, des Undographen, die Amplitude der einzelnen Glieder einer Fourierschen Reihe zu messen, durch die man die Ungleichförmigkeit wiedergegeben denken kann; er benutzt dazu die Tatsache, daß eine auf der ungleichförmig rotierenden Scheibe schleifende Bremsbacke eine Kraftwirkung erfährt, die mit der Geschwindigkeit wechselt; die einzelnen Wellen der Fourierschen Reihe werden nacheinander durch Resonanz hervorgehoben.

**34. Hydrometrischer Flügel.** Das vornehmste Instrument zur Messung von Wassergeschwindigkeiten in Flußläufen, Turbinengerinnen und dergleichen ist der Woltmannsche hydrometrische Flügel (Fig. 53 und 54). Der arbeitende Teil ist das Flügelrad $A$, von 5 bis 25 cm Durchmesser, das wie ein Schiffspropeller geformt ist: die Schaufeln sind Teile von Schraubenflächen. Wenn nun das Wasser in der Pfeilrichtung fließt, so dreht es das Rad herum, um so schneller, je schneller es fließt. Aus der minutlichen Umlaufzahl des Flügelrades kann man also auf die Wassergeschwindigkeit schließen. Um die Umlaufzahl des Rades zu zählen, ist in Fig. 53 ein Umlaufzähler $Z$ angeschlossen: die Schnecke greift in zwei Zahnräder mit 100 und 101 Zähnen, deren Gangdifferenz daher die vollen Hunderte von Umläufen angibt. Ist der Flügel unter Wasser gebracht, so kann man die Arretierung $D$ durch Heben von $B$ lösen und nach gewisser Zeit durch Drücken auf $C$ wieder einfallen lassen. Man nimmt den Flügel nun heraus und liest die Zahl der Umläufe ab. Bequemer ist die Umlaufzählung bei Fig. 54; das Schneckenrad schließt nach je 50 oder je 100 Umläufen des Meßrades einen elektrischen Kontakt, und man bestimmt mittels Arretieruhr die Zeit zwischen zwei dadurch über Wasser bewirkten Glockensignalen. Diese Meßart ist genauer als die erstgenannte, weil der Flügel beim Beginn der Messung schon in Gang ist, und weil die Zeitbestimmung mittels Arretieruhr sehr sicher ist; sie ist auch bequemer, weil man den Flügel zwischen mehreren Messungen nicht aus dem Wasser zu nehmen braucht.

Das Instrument steckt man mit der Hülse über einen Stab $E$, der auf der Gerinnesohle aufsteht, und an dem man es auf und ab schieben und in passender Höhe befestigen kann.

Hätte ein hydrometrischer Flügel gar keine Lagerreibung, und wären die Flügel genaue Schrauben von sehr geringer Wanddicke, so würde sich, sobald das Wasser fließt, der Flügel durch das Wasser hin-

---

[1]) Elektrot. Z. 1902, S. 715.
[2]) Dinglers Polyt. J. 1909, Bd. 324, S. 567.

durchwinden, ohne die Wasserbewegung im geringsten zu stören. Er selbst würde so schnell umlaufen, daß er sich durch das Wasser hindurchschraubt, er müßte also einen Umlauf machen in derselben Zeit, in der das Wasser um die Ganghöhe der Schraube vorgerückt ist, wie ja eine Mutter auf einer Schraube um eine Ganghöhe bei jeder Umdrehung vorrückt. Das wäre ein idealer hydrometrischer Flügel. Er machte offenbar bei doppelter Wassergeschwindigkeit $w$ die doppelte Umlaufzahl $n$ in der Minute, es wäre also $w = a \cdot n$, wo $a$ eine von der Ganghöhe abhängige Konstante des Instruments ist.

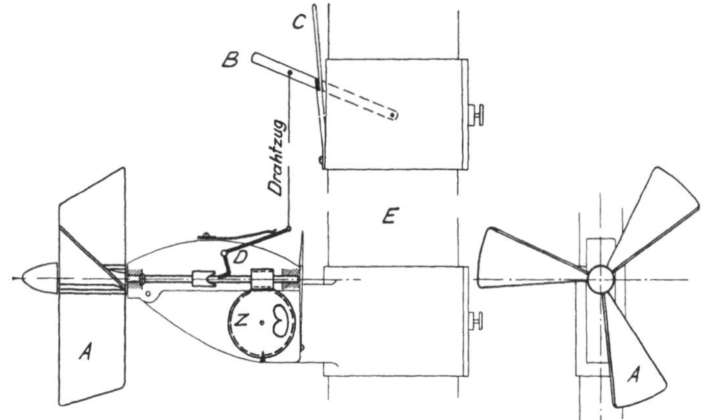


Fig. 53. Hydrometrischer Flügel von Ertel, mit mechanischer Zählung.

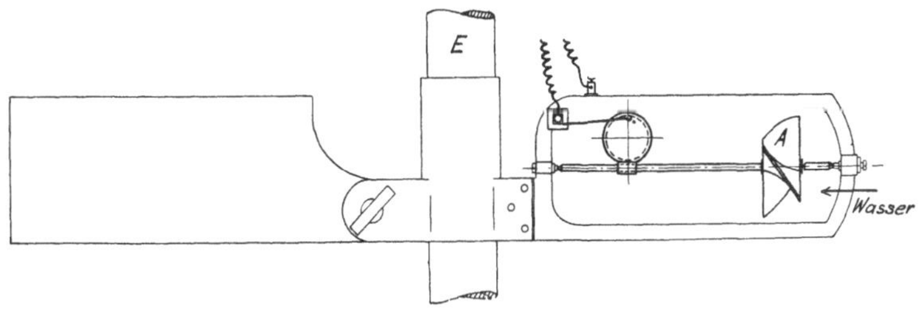


Fig. 54. Hydrometrischer Flügel von Ott, für elektrische Zählung.

In Wirklichkeit hat ein Flügel Reibung in seinen Lagern und in der Übersetzung zum Zählwerk. Diese bewirkt, daß der Flügel bei sehr langsamer Wasserbewegung überhaupt nicht umläuft und weiterhin um einen gewissen Betrag hinter der theoretischen Umlaufzahl zurückbleibt, um so viel nämlich, daß die dadurch entstehende Schlüpfung und der entstehende Wasserstoß zum Überwinden der Reibung ausreicht. Die Wassergeschwindigkeit ist um einen gewissen Betrag größer, als man nach der Formel $w = a \cdot n$ erhalten würde: es ist $w = an + b$; dies ist die sogenannte *Flügelgleichung*. Dabei wird $b$ etwa konstant sein, da die Reibung annähernd konstant ist. $b$ ist, wie man sieht, die kleinste Wassergeschwindigkeit, welche nötig ist, um den Flügel überhaupt in Gang zu bringen: die Anlaufgeschwindigkeit.

Die Formel $w = an + b$ ist es, die meist den Messungen mit dem Woltmannschen Flügel zugrunde gelegt wird. Umständlichere Gleichungen gibt es, die noch Nebeneinflüsse, insbesondere die Störungen berücksichtigen wollen, die durch die Befestigungsweise der Flügel an der Achse hervorgerufen werden. Wir verweisen dieserhalb auf Z. d. V. d. Ing. 1895, S. 917. Für ganz kleine Wassergeschwindigkeiten, 0,1 bis 0,3 $\frac{m}{sek}$, wo der Flügel verhältnismäßig langsamer läuft, muß man auf die umständlicheren Gleichungen zurückgreifen, sonst genügt die einfache. In den Grenzen, in denen man die einfache lineare Flügelgleichung als richtig ansehen kann, kann man die Angabe des Woltmannschen Flügels auch bei wechselnder Wassergeschwindigkeit als die mittlere Geschwindigkeit ansehen.

Beobachtet man bei elektrischer Zählung die Zeit $t$ für eine gewisse Anzahl $x$ von Umdrehungen, so gibt man der Flügelgleichung zweckmäßig eine andere Form. Schreibt man unsere Flügelgleichung $w = a \cdot \dfrac{x}{t} + b$, so ist $ax$ für ein Instrument konstant und wir können schreiben $w = \dfrac{c}{t} + b$; hierin sind nun $b$ und $c$ die Flügelkonstanten.

Welche Flügelgleichung man aber auch annehmen möge, stets wird man die Koeffizienten, also $a$ und $b$ oder $b$ und $c$, durch eine *Eichung* bestimmen. Man schleppt dazu den Flügel mit bekannter, meßbarer Geschwindigkeit durch ruhendes Wasser; die Relativbewegung ist dann annähernd dieselbe, wie wenn der Flügel an Ort bleibt und das Wasser fließt. Die Ausführung zweier solcher Versuche bei verschiedenen Geschwindigkeiten genügt, um die zwei Koeffizienten zu berechnen, man wird aber mehr Versuche machen, um genauere Werte derselben zu erhalten. Zur rechnerischen Bestimmung wäre dann die Kenntnis der Methode der kleinsten Quadrate erforderlich. Für unsere Zwecke wird indessen meist die graphische Bestimmung der Koeffizienten aus den Eichresultaten genügen: man trägt die sekundliche oder minutliche Umlaufzahl des Flügels bei verschiedenen Wassergeschwindigkeiten auf und erhält die Punkte etwa wie in Fig. 55. Man kann die Gerade $AC$ hindurchlegen und dann $a$ und $b$, wie in der Figur angegeben, entnehmen. Oder man kann der Koeffizienten und überhaupt jeder Flügelgleichung entraten und einfach ein Bild, wie Fig. 55, als rein empirische Darstellung der Wirkungsweise des Flügels ansehen.

Bassins zum Eichen der Flügel durch Schleppversuche sind an verschiedenen Hochschulen, so in München, Berlin, Dresden, Hannover, vorhanden. Bei Bedarf wird man besser tun, einen Flügel dort prüfen zu lassen, als ihn mit primitiven Mitteln selbst zu eichen. Von den Fabrikanten wird der einzelne Flügel nicht immer durch Schleppen geeicht, sondern nur durch Vergleichen mit einem Normalflügel. Das ist einfacher und dabei zuverlässiger als ein primitiv angeordneter Schleppversuch; man beachte aber, daß wirklich beide Flügel die gleiche Wassergeschwindigkeit erhalten.

Meist dienen die Flügelmessungen zur Bestimmung der durch einen Querschnitt gehenden Wassermenge, vgl. §. 49.

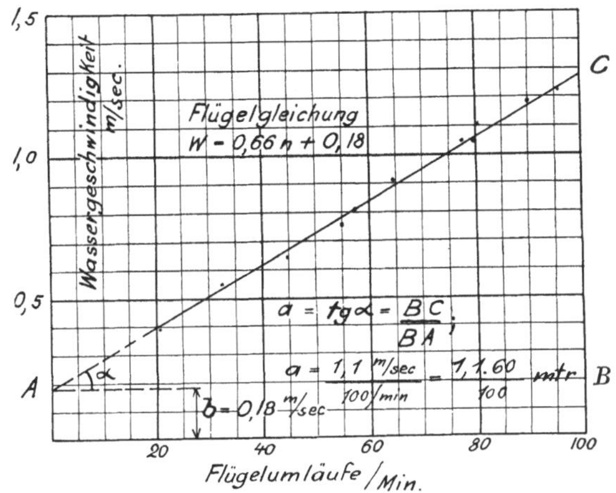


Fig. 55. Graphische Ermittlung der Flügelkonstanten.

**35. Anemometer.** Was die Woltmannschen Flügel für Wasser, das leisten für Luft die Anemometer. Die *Flügelradanomometer* unterscheiden sich von den Woltmannschen Flügeln wesentlich nur dadurch, daß das Flügelrad leichter und kleiner ist, wie ja auch die Masse des zu messenden

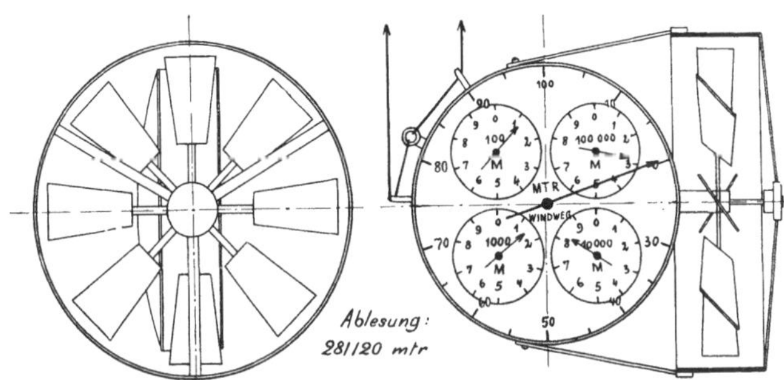


Fig. 56. Flügelradanemometer von Fueß.

Mediums geringer ist (Fig. 56). Das Flügelrad läuft dauernd, der Zeiger wird durch Ziehen an den Schnüren an- und abgekuppelt, er gibt Meter Windweg an; zur Messung der Geschwindigkeit liest man die Uhr gleichzeitig ab, beim Ein- und beim Ausrücken. An Stelle des Flügelrades verwendet man oft das *Schalenkreuz*, Fig. 57, als treibenden Teil; es läuft um, weil die Luft an der konvexen Fläche der Schalen abgleitet, in der konkaven sich fängt, auf letztere also stärker drückt. Das Schalenkreuz bleibt bei Windgeschwindigkeiten bis zu 70 m/sek brauchbar, während das Flügelrad solche Geschwindigkeit nicht aushält; es bleibt nur bis zu etwa 30 m/sek anwendbar, leichte Räder noch weniger weit; dagegen hat das Schalenkreuz eine weniger gut lineare

Flügelgleichung — die es bei Anemometern ähnlich wie bei hydrometrischen Flügeln gibt — und ist daher zur Messung des Mittelwertes wechselnder Geschwindigkeiten weniger geeignet als das Flügelrad.

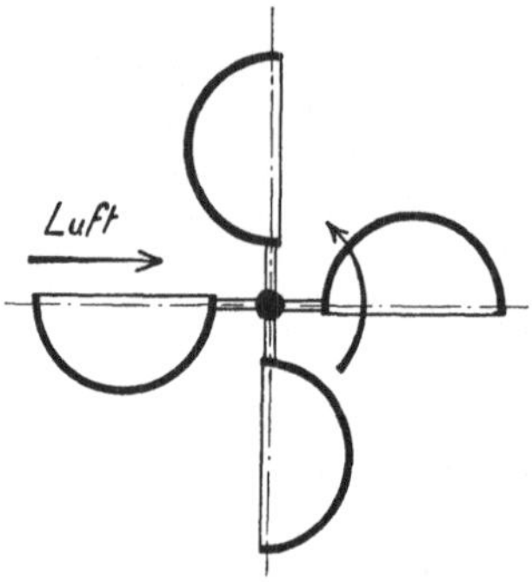

Zur *Eichung* der Anemometer kann man nicht Schleppversuche machen, weil es sich um zu große Geschwindigkeiten handelt. Man setzt das Instrument im sogenannten Rundlaufapparat auf das Ende eines wagerechten Armes, den man in ruhender Luft um eine senkrechte Achse rotieren läßt. Aus der Länge des Armes und der Umlaufzahl der Rotation findet man die Geschwindigkeit, die man dem Anemometer erteilt hatte.

Fig. 57. Schalenkreuzanemometer.



Daß die Bewegung des Anemometers krummlinig ist, hat bei nicht zu geringer Länge der Arme und passender Anordnung des Instrumentes (Achse eines Schalenkreuzes parallel zur Längsrichtung des Armes) wenig Einfluß. — Eine andere Art, Anemometer zu eichen, ist die folgende. Man setzt, speziell bei Flügelradanemometern, den das Flügelrad umschließenden Kranz auf das Ende eines Rohres vom selben Durchmesser, und läßt aus diesem Rohr Luft ausblasen, deren Menge man auf irgendeine Weise mißt (Kap. VIII). Ist dann $V$ die sekundliche Luftmenge in Kubikmetern und $F$ der Querschnitt der Rohrmündung und des Anemometerkranzes in Quadratmetern, so läßt sich die Luftgeschwindigkeit (in m/sek) aus der bekannten Formel $w = \dfrac{V}{F}$ finden.

Nun gibt die Eichung am Rundlaufapparat (*Freilaufeichung*)[1]) und die nach der Luftmenge (*Zwanglaufeichung*) nicht übereinstimmende Ergebnisse; vielmehr zeigt für eine gewisse tatsächliche Luftgeschwindigkeit das Anemometer mehr an, wenn die Luft bei der Zwanglaufeichung durch den Anemometerkranz hindurch muß, als wenn es ihr bei der Freilaufeichung freisteht, den bequemen Weg um das Instrument herum zu nehmen; in der Tat wird sich bei der Freilaufeichung im Kranzquerschnitt eine geringere relative Luftgeschwindigkeit einstellen als außerhalb des Kranzes.

Man erhält also zwei Eichergebnisse. Welches ist zu verwenden? Offenbar ist, der Eichung selbst entsprechend, die Freilaufeichung maßgebend, wenn man das Anemometer im Freien benutzt, etwa zur Messung der Geschwindigkeit des Windes. Hier wird, wie bei der Eichung, im Kranz eine geringere Geschwindigkeit auftreten als außerhalb. Wo man aber die Luftgeschwindigkeit an einem Rohr vom Durchmesser des Anemometerkranzes mißt, wäre das Ergebnis der Zwanglaufeichung maßgebend. In Fällen endlich, wo der Querschnitt, in dem man die Luftgeschwindigkeit feststellen will, nicht so groß ist, daß man ihn als unendlich gegenüber den Abmessungen des Anemometers ansehen

_______

[1]) Dietz, Ventilations- und Heizungs-Anlagen, München 1909, S. 93.

kann, wären Zwischenwerte zwischen dem Ergebnis des Freilauf- und der Zwanglaufeichung anzusetzen. Da der Unterschied zwischen beiden nicht unerheblich ist — 20% und noch mehr — so liegt in den geschilderten Verhältnissen eine erhebliche Unsicherheit bei Verwendung der Anemometer zu Messungen der Luftmenge — denn diese Messung ist fast stets der Endzweck; wir kommen auch noch auf S. 102 auf diese Frage zurück.

Zu erwähnen sind noch die *statischen Anemometer*. Sie enthalten ein Flügelrad oder ein Schalenkreuz wie die beschriebenen, doch läuft dasselbe nicht, sondern macht unter dem Einfluß der Luftgeschwindigkeit nur eine Drehung um einen gewissen Winkel entgegen der Kraft einer Feder — um so weiter, je größer die Geschwindigkeit ist; deren Wert kann man an einer Skala unmittelbar ablesen und bedarf keiner Uhr. Das Instrument ist also eines für Momentanablesung, während der gewöhnliche Anemometer die Geschwindigkeiten integriert. Die Genauigkeit der vorhandenen statischen Instrumente ist aber unseres Wissens nur mäßig; man baut sie wohl als zeigende, nicht messende Instrumente in Luftwege ein zur Kontrolle des Betriebes.

**36. Pitot-Rohr.** Die Pitotsche Röhre beruht auf folgendem *Prinzip:* Tritt aus einer Öffnung in der Wand eines Gefäßes Flüssigkeit unter dem Einfluß der Schwerkraft aus, so geschieht das bekanntlich mit einer Geschwindigkeit $w = \sqrt{2\,g\,h}$, worin $g = 9{,}81\,\dfrac{\mathrm{m}}{\mathrm{sek}^2}$ die Schwerebeschleunigung und $h$ die Höhe der Flüssigkeitssäule über der Lochmitte ist. Die Geschwindigkeit $w = \sqrt{2\,g\,h}$ und die Druckhöhe $h$ sind einander äquivalent; man nennt deshalb wohl auch die Druckhöhe $h = \dfrac{w^2}{2\,g}$ die zu der Geschwindigkeit $w$ gehörige Druckhöhe oder kurz die Geschwindigkeitshöhe. — $h$ ist in m zu messen, wenn man $w$ in m/sek angeben will.

Wenn man umgekehrt einem Flüssigkeitsstrom eine Fläche entgegensetzt, so daß derselbe aufgehalten wird, so wird dadurch die Geschwindigkeit $w$ in eine Druckhöhe umgesetzt, die sich aus der gleichen Formel berechnen läßt.

Während daher in einem unten gerade abgeschnittenen Rohre, das man in Wasser taucht, das Wasser sich kommunizierend in die Höhe

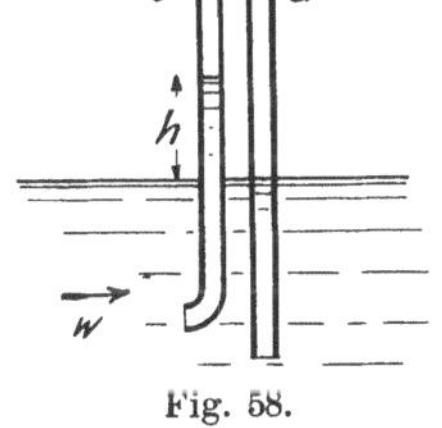


Fig. 58.

des äußeren Spiegels einstellt, $a$ in Fig. 58, so wird sich in einem dem Strom entgegen gekrümmten Rohre $b$ der Wasserstrom fangen und die Einstellung auf ein höheres Niveau veranlassen. Der Unterschied beider Niveaus ist die Geschwindigkeitshöhe, $h = \dfrac{w^2}{2\,g}$. Dieser Unterschied wird auch unabhängig sein von etwa auftretender Kapillarität in nicht genügend weiten Rohren, vorausgesetzt, daß beide Rohre gleich weit und aus gleichem Material sind.

Um die Ablesung in bequemer Höhe über dem Wasser zu haben, kann man die Rohre vereinigen (Fig. 59), und durch einen Gummischlauch mit Mundstück kann man, durch einen Hahn $H_1$ hindurch, das Wasser in beiden Röhren emporsaugen. Dann schließt man den Hahn, und die Wasserstände in den Rohren geben unmittelbar die Druckdifferenz. Hähne $H_2$ und $H_3$ hindern das Wasser am Auslaufen, wenn man die Röhre aus dem Wasser nimmt.

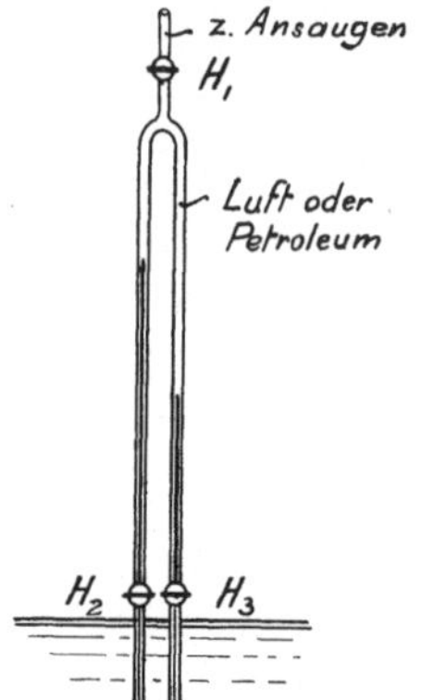


Fig. 59. Pitotrohr für Flüssigkeiten.

Wird für kleine zu messende Geschwindigkeiten die Wassersäule zu klein zum Ablesen, so vergrößert man den Ausschlag, indem man in Fig. 59 den Raum über den Wassersäulen nicht voll Luft läßt, sondern mit einer Flüssigkeit anfüllt, die leichter als Wasser ist. Je weniger ihr spezifisches Gewicht sich von dem des Wassers unterscheidet, desto mehr wird der Ausschlag der Wassersäulen vergrößert — wie im Kapitel über Spannungsmessung näher ausgeführt ist.

Der obere Teil der ganzen Vorrichtung ist nämlich ein Differentialmanometer, wie solche auf S. 142 in verschiedener Form beschrieben werden. Das Differentialmanometer mißt den dynamischen Druckunterschied, der von der eigentlichen Pitotschen Vorrichtung, dem unteren Teil, erzeugt wird. Man kann also auch beide Teile voneinander trennen und das eigentliche Pitotrohr durch zwei Gummischläuche mit einem Differentialmanometer — bei großen Geschwindigkeiten auch mit einem gewöhnlichen Quecksilbermanometer oder ähnlichem — verbinden.

Beim Arbeiten mit Pitotschen Röhren zeigt es sich, daß die vom Manometer angezeigte Druckhöhe nicht die Geschwindigkeitshöhe ist; es ist nicht $w = \sqrt{2gh}$, vielmehr ist $w = \zeta \sqrt{2gh}$, wo der Koeffizient $\zeta$ für ein und dasselbe Instrument bei allen Geschwindigkeiten ziemlich konstant zu sein pflegt, für verschiedene Instrumente aber Werte zwischen 0,6 bis 1, ja auch Werte über 1 haben kann. Das ist das Ergebnis von Schleppversuchen, die man mit der Pitotschen Röhre ebenso ausführen kann, wie dies beim Woltmannschen Flügel angegeben wurde. Solche Schleppversuche muß man daher für jedes Instrument ausführen, um die Größe von $\zeta$ zu ermitteln; am besten eicht man das Instrument auch noch bei verschiedenen Geschwindigkeiten, um die Konstanz von $\zeta$ zu prüfen.

Der Theorie nach sollte $\zeta = 1$ sein. Die Abweichungen rühren oft von der mangelhaften Messung des statischen Druckes $p$ her. Die dem Wasser entgegenstehende Öffnung empfängt richtig den Druck $p + \dfrac{w^2}{2g}$, wie die Theorie fordert. An den seitlichen Öffnungen aber findet je nach ihrer Lage auch noch ein Drücken oder Saugen statt, wohl durch Wirbelbildungen im Wasser; man kann ja oft beobachten, wenn man ein Glasrohr senkrecht in einen Wasserstrom hält, daß der Wasserstrom saugt (Fig. 60). Man muß also besondere Sorgfalt auf Messung des statischen Druckes verwenden.

Man verwendet daher Pitotrohre etwa in den Formen Fig. 61 a und b.
Man erkennt außer einer dem Strom entgegenzukehrenden Öffnung, die
übrigens in einer Schneide oder Spitze liegt, um den Wasserstrom möglichst wenig zu stören, die Öffnungen für Entnahme des
statischen Druckes; es sind mehrere vorhanden, die an
verschiedenen Seiten und in glatter Wand liegen; dadurch
soll Wirbelbildung möglichst vermindert werden, und bei
unvorsichtiger Schiefstellung der Schneide
sollen die Einflüsse entgegengesetzter Seiten
sich aufheben. Bei Fig. 61 a kann man auch
noch die von beiden stati-
schen Öffnungen kommen-
den Rohre getrennt zu einem
Differentialmanometer führen — das dann im ganzen
drei Schenkel erhält — die beiden statischen müssen gleiche
Höhe haben, dann sind die
ebenen Wände in Richtung
der Wasserströmung.

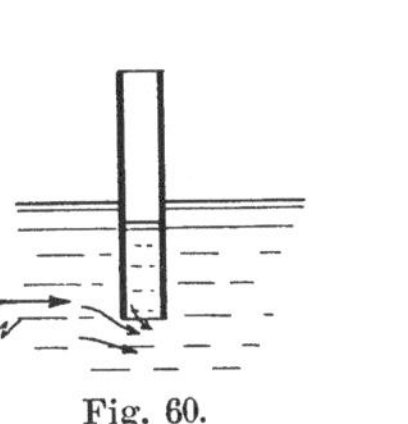

Fig. 60.

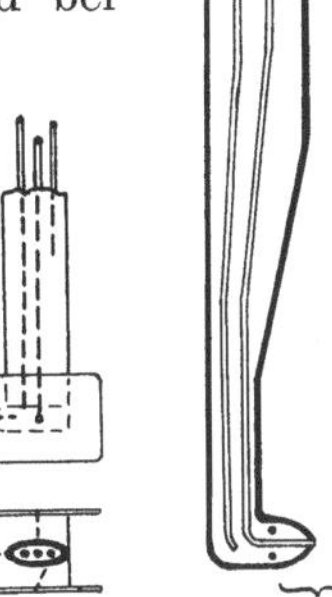

Fig. 61 a und b.
Formen von Pitotrohren.

Bei solchen Vorsichtsmaßregeln in Messung des statischen Druckes
mag man, einfach nach der Formel $w = \sqrt{2gh}$, Resultate erhalten, die
nicht allzuweit vom wahren Wert abweichen. Im allgemeinen aber
fassen wir unsere Bemerkungen dahin zusammen, daß das Pitotrohr
ein brauchbares Meßinstrument nur ist, wenn man es, durch Schleppversuche oder durch Vergleich mit einem anderen geeichten Rohr oder
Woltmannschen Flügel, empirisch eicht. Dann hat es vor dem Woltmannschen Flügel den Vorzug, nur eine einfache Ablesung zu erfordern
und die Geschwindigkeit an einem einzelnen Punkt, auch etwa im
Innern von Rohren messen zu lassen. Wo man ihn aber anwenden kann,
ist der Woltmannsche Flügel vorzuziehen.

Man kann auch Pitotsche Röhren für Messung der *Luftgeschwindig-*
*keit* verwenden. Nur kann man die Geschwindigkeitshöhe nicht in
Metern Luftsäule messen, wie die Formel $w = \sqrt{2gh}$ voraussetzt, die
unter $h$ eine Säule des Stoffes versteht, dessen
Geschwindigkeit gemessen werden soll. Wenn
man aber mittels einer Anordnung, wie in Fig. 62
dargestellt, die dynamische Druckhöhe mittels
eines Wassermanometers in Millimetern Wassersäule mißt, oder, was dasselbe ist (S. 133), in
Kilogramm pro Quadratmeter, so hat man zu beachten, daß nach S. 133 $h$ m LS $= h \cdot \gamma$ kg/qm ist,
wo $\gamma$ das spezifische Gewicht der Luftsäule, deren

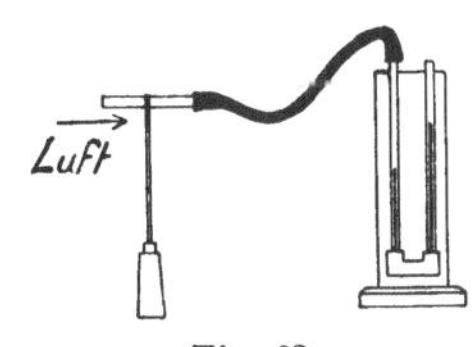


Fig. 62.
Pitotrohr für Gase.

Geschwindigkeit zu messen ist, in kg/cbm bedeutet. Wir haben also
die Luftgeschwindigkeit nach der Formel zu berechnen:

$$w^{\text{m/sek}} = \sqrt{2g \cdot \frac{h^{\text{kg/qm oder mm WS}}}{\gamma^{\text{kg/cbm}}}} \qquad \ldots \ldots \ldots \quad (4)$$

Ein *Beispiel* möge diese etwas umständlichere Messung erläutern. Es sei die Geschwindigkeit von Luft zu messen; man hat die Temperatur mit 20°, den Barometerstand mit 750 mm QuS in der Nähe des Pitotrohres gemessen; daraus errechnet sich, wie auf S. 77 näher angegeben ist, ein spezifisches Gewicht der Luft von 1,184 kg/cbm unter der Annahme, die Luft sei mittelfeucht. Weiter ist nun die Geschwindigkeitshöhe zu 21,6 mm WS gemessen. Bei Benutzung des Wassermanometers Fig. 62 lesen wir sie direkt ab; wenn wir aber bei kleineren Geschwindigkeiten ein Recknagelsches Differentialmanometer mit geneigtem Rohr und Ätherfüllung verwendet hätten, so hätten wir erst die Eichung vornehmen müssen, die auf S. 143 besprochen ist, und die abgelesenen Skalenteile in mm WS umrechnen müssen. In jedem Fall

ergibt sich nun die Geschwindigkeit der Luft zu $w = \sqrt{2 \cdot 9{,}81 \cdot \dfrac{21{,}6}{1{,}184}}$

=18,9 m/sek. — Dieser Rechnungsgang gilt für alle Fälle, immer nur vorausgesetzt, daß man das spezifische Gewicht des Gases nach den im Kap. VII angegebenen Methoden richtig bestimmt hatte.

Auch für Luft ist es ratsam, sich nicht auf den theoretischen Zusammenhang zwischen $h$ und $w$ zu verlassen, sondern durch *Eichung* einen Berichtigungsfaktor zu bestimmen. Die Eichung wird im allgemeinen durch Vergleich mit Anemometern erfolgen müssen, da Schleppversuche oder die Anwendung des Rundlaufapparates nicht leicht zu machen sind: die Schwierigkeit ist, daß das Manometer in der Bewegung nicht abzulesen wäre und also ein Übergang durch bewegliche Stopfbüchsen oder dergleichen von dem bewegten Pitotrohr zu dem feststehenden Manometer nötig wird.

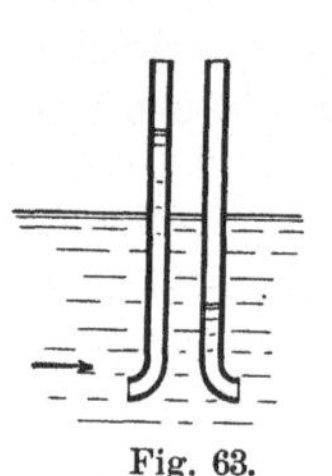

Man hat Pitotrohre nach dem Schema der Fig. 63 ausgeführt: von zwei Öffnungen ist eine dem Strom zu-, die andere ihm abgekehrt; eine mißt daher die Summe aus statischer und dynamischer Druckhöhe $p + \dfrac{w^2}{2g}$, die andere die Differenz der gleichen Größen $p - \dfrac{w^2}{2g}$; der Unterschied beider ist $2 \cdot \dfrac{w^2}{2g}$, und man

Fig. 63.

hätte also die Messung des statischen Druckes umgangen. — Die Senkung an der dem Strom abgekehrten Öffnung pflegt nun aber wesentlich kleiner zu sein als die Geschwindigkeitshöhe.

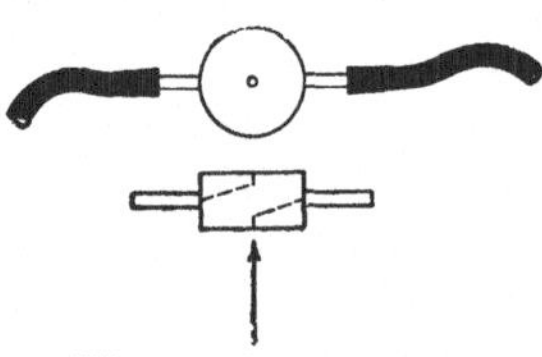
Fig. 64. Stauscheibe.

Die Annahme, daß in dieser Form das Pitotrohr ohne Eichung verwendbar sei, trifft daher nicht zu. Auch hier üben Wirbelbildungen an den Rohren einen theoretisch nicht bestimmbaren Einfluß, den eben erst die Eichung bestimmen soll.

Etwas gleichmäßiger scheinen die Verhältnisse zu liegen, wenn man nach Vorgang von Recknagel eine *Stauscheibe* (Fig. 64) statt des Pitotrohres verwendet. Das ist eine kreisförmige Scheibe von etwa 1 cm Durchmesser. Vor ihr staut sich der Luftstrom und erzeugt Überdruck, an ihrer Rückseite entsteht Unterdruck. Im Wesen ist die Vorrichtung dasselbe wie ein Pitotrohr. Man kann die Druckdifferenz vor und hinter der Scheibe messen, da in der Scheibenmitte feine Bohrungen sind, die zu einem Differentialmanometer führen. Nach Versuchen von Recknagel und Krell ist für Luft die entstehende Druckdifferenz, gemessen in mm WS, nicht $2 \cdot \dfrac{w^2}{2g} \cdot \gamma$, wie sie theoretisch sein sollte, sondern kleiner, und zwar recht gleichmäßig $1{,}37 \cdot \dfrac{w^2}{2g} \cdot \gamma$. In der Lüftungstechnik ist die Stauscheibe in Verbindung mit dem empfindlichen, ebenfalls von Recknagel angegebenen Differentialmanometer (S. 143) recht gebräuchlich.

Bei Anwendung der Stauscheibe mit ihren engen Eintrittsöffnungen und auch bei Anwendung von Pitotrohren mit kleinen Eintrittsöffnungen hat man darauf zu achten, daß die bei Druckänderungen in das messende Manometer *einzufüllenden Volumina* nicht unverhältnismäßig groß sind; sonst tritt die richtige Anzeige erst nach langer Zeit ein, und das Arbeiten wird langwierig. Man muß also auf nicht zu lange Leitung und auf passende Manometer achten; der Durchmesser der Leitung darf nicht allzuweit verkleinert werden, weil sonst die Reibung in der Leitung ihrerseits das Einfüllen verzögert. Daß übrigens Luftblasen in einer wassergefüllten Leitung, Gasreste oder Wassersäcke in einer lufterfüllten Leitung, auch wohl Temperaturunterschiede in senkrecht laufenden Leitungen die Messung stören können, ist klar. —

Im *Vergleich mit umlaufenden Instrumenten* hat das Pitotrohr den Vorzug augenblicklicher Ablesung und den weiteren Vorzug, daß man die Messung mehr an einem bestimmten Punkt macht, während das Anemometer immer den Mittelwert über eine ziemlich große Fläche hin bildet; beispielsweise kann man mittels Pitotrohres die Verteilung der Geschwindigkeit über den Querschnitt eines relativ engen Rohres messen. Hinsichtlich der Genauigkeit ist es schwer, einem von beiden den Vorzug zuzusprechen; insbesondere bei kleinen Geschwindigkeiten macht sich bei umlaufenden Instrumenten der Einfluß der Reibung bemerkbar, während beim Pitotrohr die Tatsache lästig wird, daß die abzulesende Größe dem Quadrat der zu messenden proportional ist, wodurch man (§ 10) bald auf sehr kleine Ausschlage des Manometers kommt.

Zu beachten ist noch, daß eine große Genauigkeit bei Messung der Geschwindigkeit von Flüssigkeiten und Gasen deshalb im allgemeinen unerreichbar ist, weil die Medien sich zugleich in wirbelnder Bewegung befinden, so daß im Freien die Geschwindigkeit der fortschreitenden Bewegung einen eindeutigen Wert überhaupt nicht hat; bei Rohrleitungen kann man die Geschwindigkeit der fortschreitenden Bewegung eindeutig als Quotienten aus Fördermenge und Rohrquerschnitt definieren, aber eben diese Geschwindigkeit nicht sicher messen; als Quotienten der genannten Größen könnte man sie finden, wenn nicht meist gerade die Ermittlung der Menge aus der Geschwindigkeit (§ 49) der Zweck der Messung wäre.

# VII. Messung der Stoffmenge.

**37. Einheiten; Gewicht, Volumen, spezifisches Gewicht.** Die Angabe der Menge eines gemessenen Stoffes, sei er fest, flüssig oder gasförmig, kann nach *Gewicht* oder im *Raummaß* erfolgen.

Die Angabe nach Gewicht geschieht meist in Kilogrammen und dessen Untereinheiten. Das Kilogramm [kg] ist eine der drei Grundeinheiten des technischen Maßsystems. In Deutschland ist auch das Pfund, 1 Pfund $= 500$ g $= 0{,}5$ kg, ein gesetzliches Maß. 100 Pfund $= 50$ kg heißen ein Zentner. Gelegentlich bezeichnet man 100 kg als Doppelzentner, auch wohl als Meterzentner, d. h. Zentner im metrischen System. Das englische Pfund ist beträchtlich kleiner als das deutsche, 1 Pfund engl. $= 453$ g.

Die Angabe nach Volumen erfolgt in Kubikmetern (abgekürzt cbm, Dimension m³) oder den bekannten Untereinheiten desselben.

Für einen und denselben Stoff und unter bestimmten Bedingungen für Druck und Temperatur sind die beiden Angaben voneinander abhängig. Es ist nämlich $G = V \cdot \gamma$, wenn wir mit $G$ das Gewicht und mit $V$ das Volumen bezeichnen; $\gamma$ ist das spezifische Gewicht des Stoffes. Das *spezifische Gewicht* ist im technischen Maßsystem das Gewicht eines Kubikmeters des Stoffes. Aus $\gamma = \dfrac{G \text{ kg}}{V \text{ cbm}}$ folgt, daß die Einheit des spezifischen Gewichts $1 \dfrac{\text{kg}}{\text{cbm}}$ ist. Seine Dimension ist $\dfrac{\text{kg}}{\text{m}^3}$.

In der Physik ist es üblich, das spezifische Gewicht als absolute Zahl zu geben. Diese Zahl gibt an, wievielmal schwerer der Körper ist als das gleiche Volumen Wasser von $4°$ C. Diese Art der Angabe fügt sich dem technischen Maßsystem nicht ein, ist aber sehr bequem. Das spezifische Gewicht Eins der Physik wird in der technischen Mechanik als $1000 \dfrac{\text{kg}}{\text{cbm}}$ wiedergegeben. Übrigens bezeichnet man vielfach jene Zahl nicht als spezifisches Gewicht, sondern als Dichte.

Es wird nützlich sein, besonders darauf hinzuweisen, daß man die Dichte der Flüssigkeiten (und festen Körper), gleichgültig welche Temperatur sie gerade haben, immer auf Wasser von $4°$ als Normalstoff bezieht. Man ist bei der Messung häufig nur in der Lage, das Gewicht einer zu untersuchenden Flüssigkeit mit dem Gewicht des Wassers von gleicher Temperatur zu vergleichen. Dann wird also eine Umrechnung nötig. Ist 0,810 das gemessene Relativgewicht eines Alkohols bei $20°$ C, bezogen auf Wasser von $20°$ C, so entnehmen wir der Fig. 65, daß Wasser von $20°$ C 998,5 kg/cbm wiegt, also ein Relativgewicht 0,9985 hat, bezogen auf Wasser von $4°$; die Dichte des Alkohols bei $20°$ ist also $0{,}9985 \cdot 0{,}810 = 0{,}809$ oder sein spezifisches Gewicht 809 kg/cbm. — Bei Angabe des Relativgewichtes $\delta$ pflegt man wohl durch Hinzufügen von Zahlen anzugeben, auf welche Temperaturen sich die Angabe bezieht; so bedeutet $\delta\,{}_{4}^{15}$, es sei die Flüssigkeit bei $15°$ $\delta$ mal so schwer als Wasser von $4°$.

Hiernach ist es gleichgültig, ob man bei einer Messung das Volumen oder das Gewicht bestimmt; man mißt dasjenige von beiden, welches bequemer oder sicherer zu messen ist, und kann die andere Angabe, braucht man sie, daraus berechnen. Das spezifische Gewicht $\gamma$ kann man dabei Tabellenwerken entnehmen oder durch eine der weiterhin zu besprechenden Methoden bestimmen.

$\gamma$ ist indessen von der *Temperatur* abhängig. (Der Druck hat bei Flüssigkeiten und festen Körpern wenig Einfluß.) Die Längenänderung für 1° Temperaturzunahme, gegeben in Bruchteilen der ursprünglichen Länge, heißt Wärmeausdehnungskoeffizient $\alpha$. Eine Fläche nimmt bei 1° Temperaturzunahme um das Doppelte, der Rauminhalt um das Dreifache von $\alpha$ zu. Der kubische Ausdehnungskoeffizient ist $\sim 3\,\alpha$, nur er kommt bei Flüssigkeiten in Frage. Entnimmt man das spezifische Gewicht $\gamma_0$ einer Flüssigkeit bei einer Normaltemperatur dem Tabellenwerk, so ist das spezifische Gewicht bei einer um $\varDelta t$ höheren Temperatur

$$\gamma = \frac{\gamma_0}{1 + 3\,\alpha \cdot \varDelta t}.$$

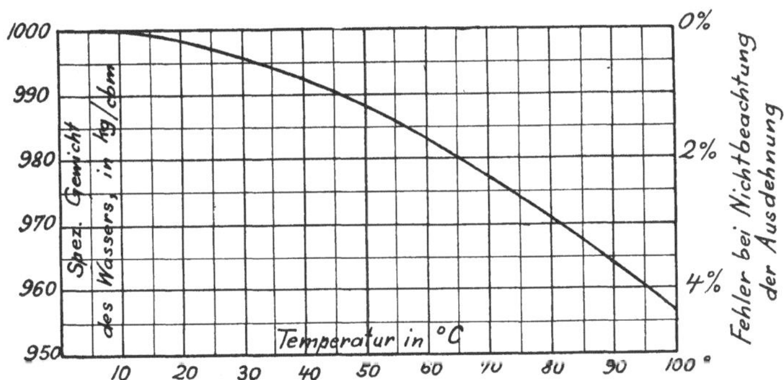


Fig. 65. Spezifisches Gewicht des Wassers bei wechselnder Temperatur.

Weil bei Flüssigkeiten immer der dreifache Ausdehnungskoeffizient in Frage kommt, so gelangt man bald an jene Grenze, wo man die Wärmeausdehnung nicht vernachlässigen darf. Will man etwa beim Abkühlungsversuch an einer Kälteanlage die Solemenge feststellen, die sich in der eisernen Verdampferkufe befindet, so mißt man nach, wie tief die Sole in der Kufe steht. Man tut das zur Sicherheit vor und nach dem Versuch; das zweitemal ist aber die Temperatur niedriger — eine Folge des Arbeitens der Kältemaschine. Die Grundfläche der Kufe sei vor dem Versuch $F$ (laut Werkzeichnung), nachher wegen der Abkühlung nur $f$; die gemessenen Standhöhen der Sole seien $H$ und $h$, das Volumen der Sole sei $V$ und $v$. Dann ist $V = H \cdot F$ und $v = h \cdot f$; weiter ist $F = f \cdot (1 + 2\,\alpha_1)$ und $V = v \cdot (1 + 3\,\alpha_2)$, wobei $2\,\alpha_1 = 2 \cdot 0{,}000012$ der quadratische Ausdehnungskoeffizient des Eisens, $3\,\alpha_2 = 0{,}0004$ der kubische der Sole ist. Dann wird also $\dfrac{H}{h} = \dfrac{V}{v} \cdot \dfrac{f}{F} = \dfrac{1{,}0004}{1{,}000024} = 1{,}00037$; $H = 1{,}00037 \cdot h$. Das gilt für 1° Temperaturdifferenz: die Standhöhen in der Kufe werden bei 20° Temperaturdifferenz zwischen Anfang und Ende des Versuches um $^2/_3\%$ voneinander abweichen. Bei 2 m Tiefe findet man einen Unterschied von 13 mm zwischen beiden Messungen.

Bei warmem Wasser darf man das spezifische Gewicht nicht $\gamma = 1$ oder $\gamma = 1000$ kg/cbm setzen; bei 70° Temperatur wäre der Fehler über 2%! Bei kaltem Wasser hat freilich die Temperatur wenig Einfluß, weil die Änderungen in der Nähe des Maximums bei 4° klein sind. Das zeigt Fig. 65, welche die Abhängigkeit des spezifischen Gewichts von der Temperatur darstellt. Wasser nimmt in dieser Hinsicht bekanntlich eine Ausnahmestellung ein.

**38. Reduziertes und unreduziertes Volumen bei Gasen. Einfluß der Feuchtigkeit.** Bei Gasen pflegt man die Angabe der Menge selten nach Kilogrammen zu machen. Wohl aber reduziert man die Volumenangaben auf die Normalspannung von 760 mm Quecksilbersäule und auf die Normaltemperatur von 0° C. Es ist zweckmäßig, stets anzudeuten, wenn ein Volumen auf Normalverhältnisse reduziert ist, indem man hinter die Volumenangabe den Zusatz $\binom{760\ \text{mm}}{0^\circ}$ setzt, oder einfach $\binom{760}{0}$. Die Angabe des reduzierten Volumens ist einer Gewichtsangabe völlig gleichwertig, denn für trockene Luft ist ja beispielsweise 1 cbm $\binom{760}{0} = 1{,}293$ kg.

Wo man also Wassermengen nach Volumen angibt, muß man Luftmengen unreduziert lassen; wo man Wassermengen nach Gewicht angibt, muß man Luftmengen reduzieren — hierüber noch im nächsten Paragraphen weiteres.

Für die Reduktion selbst gilt die Formel (Gesetz von Mariotte und Gay-Lussac):

$$\text{reduziertes spezif. Gewicht } \gamma_0 = \gamma \cdot \frac{273 + t}{273} \cdot \frac{760}{p} = 2{,}78\,\gamma \cdot \frac{T}{p} \quad . \quad . \quad (4)$$

$$\text{oder reduziertes Volumen } V_0 = V \cdot \frac{273}{273 + t} \cdot \frac{p}{760} = 0{,}359\,V \cdot \frac{p}{T} \quad . \quad (5)$$

worin $\gamma$ und $V$ die nicht reduzierten beobachteten Werte, $t$ die bei der Beobachtung herrschende Temperatur in Celsiusgraden, $T = 273 + t$ die absolute Temperatur (S. 237) und $p$ der dabei herrschende absolute Druck (häufig der Barometerstand) in mm QuS ist.

In neuerer Zeit wird auch wohl die Reduktion auf die Spannung von 1 at = 1 kg/qcm = 735,5 mm QuS (S. 133) und auf die Temperatur von 15° C angewendet; auch diese Angabe ist einer Gewichtsangabe gleichwertig; für trockene Luft ist 1 cbm $\binom{735}{0} = 1{,}186$ kg. Bei Annahme dieses Normalzustandes würde

$$\text{reduziertes spezif. Gewicht } \gamma_1 = \gamma \cdot \frac{273 + t}{273 + 15} \cdot \frac{735{,}5}{p} = 2{,}55 \cdot \gamma \cdot \frac{T}{p} \quad (4\,\text{a})$$

$$\text{oder reduziertes Volumen } V_1 = V \cdot \frac{273 + 15}{273 + t} \cdot \frac{p}{735{,}5} = 0{,}392 \cdot V \cdot \frac{p}{T} \quad (5\,\text{a})$$

Es sei dazu bemerkt, daß es ganz gleichgültig ist, auf welchen Normalzustand man sich bezieht, da durch die Bezugnahme nur die Schwankungen der Temperatur und des Barometerstandes ausgeschaltet und Vergleiche ermöglicht werden sollen. Für die neuere Annahme spricht nur die Tatsache, daß im allgemeinen die Fehler kleiner werden, wenn man die Reduktion vorzunehmen unterläßt in Fällen, wo man sie hätte vornehmen müssen (S. 78). Das ist ein recht äußerlicher Vorteil. Entgegenzuhalten ist, daß nun Verwechslungen bei Zahlenangaben um so leichter entstehen können, da die Einführung des neuen Normalzustandes auch in der Physik aussichtslos ist, da man wegen der Thermometerskala von dem normalen Barometerstand doch nicht ganz loskommt, und da viele Tabellenwerke an Wert verlieren — alles, ohne daß eine sachliche Verbesserung erreicht wird.

Als *Beispiel* einer Reduktion diene folgende Rechnung: An einer Gasmaschine wurde der Leuchtgasverbrauch zu 26,2 cbm/st gemessen, mittels einer Gasuhr, an der man die Gastemperatur mit 19° und den Gasüberdruck mit 42 mm WS ablas; der Barometerstand war 746 mm QuS. — 42 mm WS sind gleich $\dfrac{42}{13,5} = 3$ mm QuS; das Gas hatte also bei der Messung $746 + 3 = 749$ mm QuS Druck und $273 + 19 = 292°$ absolute Temperatur. Also ist das reduzierte Volumen — und dieses ist für die Beurteilung des Brennstoffverbrauches maßgebend —

$$V_0 = 0{,}359 \cdot 26{,}2 \cdot \frac{749}{292} = 24{,}1 \text{ cbm} \left(\begin{smallmatrix} 0 \\ 760 \end{smallmatrix}\right).$$

Nach der anderen Rechnungsweise aber wäre

$$V_1 = 0{,}392 \cdot 26{,}2 \cdot \frac{749}{292} = 26{,}3 \text{ cbm} \left(\begin{smallmatrix} 15 \\ 735 \end{smallmatrix}\right).$$

Im *englischen Maßsystem* reduziert man die Gasmengen auf 30 Zoll QuS $= 761{,}99$ mm QuS und auf 32° Fahrenheit $= 0°$ C.

Einfluß auf das spezifische Gewicht der Gase hat die in ihnen enthaltene *Feuchtigkeit*. Wasserdampf ist nämlich nur reichlich halb so schwer wie Luft. Wie groß der Fehler ist, den man durch Nichtbeachtung der Feuchtigkeit begeht, dafür geben folgende *Beispiele* einen Anhalt.

Temperatur 20°. Barometerstand 750 mm, d. i. Spannung der Luft plus der des in ihr enthaltenen Wasserdampfes. Trockene Luft wiegt $1{,}293 \cdot \dfrac{750}{760} \cdot \dfrac{273}{273 + 20} = 1{,}189 \dfrac{\text{kg}}{\text{cbm}}$. Mit Feuchtigkeit gesättigte enthält bei dieser Temperatur im Kubikmeter (Dampftabellen) 0,017 kg Dampf. Dabei ist die Dampfspannung (Dampftabellen) 17 mm Qu., also bleiben $750 - 17 = 733$ mm QuS Luftspannung. Die in dem Kubikmeter enthaltene Luft wiegt daher $1{,}293 \cdot \dfrac{273}{273 + 20} \cdot \dfrac{733}{760} = 1{,}162$ kg/cbm. Die feuchte Luft als Ganzes wiegt also $1{,}162 + 0{,}017 = 1{,}179$ kg/cbm. Fehler bei Nichtberücksichtigung der Feuchtigkeit 0,85%. Hätte die Luft 50% Feuchtigkeit enthalten, so hätte sie 1,184 kg/cbm gewogen.

Temperatur 50°. Barometerstand 760 mm. Trockene Luft wiegt 1,093 kg/cbm. In ganz feuchter wöge der Dampf 0,083 kg/cbm bei 92 mm

Spannung; die Luft wöge bei 668 mm Spannung 0,961 kg/cbm. Gesättigt feuchte Luft wöge 1,044 kg/cbm, mittelfeuchte 1,068 kg/cbm. Fehler durch Vernachlässigen der Feuchtigkeit $\sim$ 5% bei gesättigter, 2,5% bei mittelfeuchter Luft!

Bei warmer Luft ist eine Vernachlässigung der Feuchtigkeit unzulässig. Man rechne im Notfall mit mittelfeuchter Luft. Eine Tabelle für feuchte Luft findet sich Hütte 1908, I, S. 323.

**39. Wann Gewicht, wann Volumen angeben?** Wir haben gesehen, daß man Gewicht und Volumenangaben leicht ineinander überführen kann. Es fragt sich nun, wann man Angaben nach Gewicht, wann nach Volumen machen sollte. Für Gase ist die Frage die, wann man das Volumen auf Normaldruck und -temperatur reduzieren soll, wann nicht. Eine Umrechnung auf Gewicht und auf reduziertes Volumen ist nicht immer das richtige, wie man vielfach meint.

Bei Untersuchung einer *Pumpe* kommt es darauf an, ob dieselbe das Wasser auf eine gewisse Förderhöhe, in Metern gemessen, hebt oder ob sie es gegen eine gewisse in Atmosphären gemessene Spannung, in einen Akkumulator, in einen Dampfkessel hineinspeist. Im ersten Fall ist das geförderte Gewicht, im zweiten das Volumen für den Arbeitsbedarf der Pumpe maßgebend. Die Dimensionsformel besagt das:

$$1000\,\text{kg} \times 10\,\text{m} = 10000\,\text{m}\cdot\text{kg}; \text{ aber } 1\,\text{cbm} \times 1\,\text{at} = 1\,\text{m}^3 \cdot 10000\,\frac{\text{kg}}{\text{m}^2}$$
$$= 10000\,\frac{\text{m}^3\cdot\text{kg}}{\text{m}^2} = 10000\,\text{m}\cdot\text{kg}.$$

Bei Förderung von Alkohol wird man hier kaum einen Fehler machen, weil man aufmerksam wird; aber bei warmem Wasser können Fehler von 2% und mehr unterlaufen. Untersucht man also die Kesselspeisepumpe auf ihren Arbeitsbedarf, so hat man die gespeiste Wassermenge in Kubikmetern anzugeben, obwohl für die Leistung des Kessels das hineingespeiste Wassergewicht maßgebend ist.

Die Verhältnisse treten noch klarer hervor beim *Ventilator*, einer Maschine also, die Luft in einen Raum gewissen Druckes zu fördern hat und die also ein Analogon zur Pumpe ist. Man hat auch hier, zur Berechnung der erforderlichen Leistung, entweder so zu rechnen, daß ein gewisses Volumen gegen einen gewissen Gegendruck aus dem Ventilator herausgeschoben werden muß, oder aber so, als ob ein gewisses Luftgewicht auf eine in Metern Luftsäule anzugebende Höhe gehoben werde. Beide Rechnungsweisen führen, korrekt durchgeführt, zu genau gleichem Ergebnis, wie folgendes Beispiel zeigt. Ein Ventilator habe ein Luftvolumen von 0,42 kg/sek gegen 182 mm WS $= 182\,\dfrac{\text{kg}}{\text{qm}}$ gefördert; diese beiden Angaben sind direkt gemessen, außerdem sei noch das spezifische Gewicht der Luft, folgend (§ 37) aus Druck, Temperatur und Feuchtigkeit, zu $1{,}20\,\dfrac{\text{kg}}{\text{cbm}}$ festgestellt. Dann ist die theoretisch erforderliche Arbeit entweder so zu berechnen: $0{,}42\,\dfrac{\text{kg}}{\text{sek}} = \dfrac{0{,}42}{1{,}20} = 0{,}35\,\dfrac{\text{cbm}}{\text{sek}}$,

also die Leistung $0{,}35\,\dfrac{\text{cbm}}{\text{sek}} \times 182\,\dfrac{\text{kg}}{\text{qm}} = 63{,}7\,\dfrac{\text{m}\cdot\text{kg}}{\text{sek}} = \dfrac{63{,}7}{75} \sim 0{,}85\,\text{PS};$

oder man rechnet so: Da Wasser (kalt) das spezifische Gewicht $1000 \dfrac{\mathrm{kg}}{\mathrm{cbm}}$ hat und Wasser- und Luftsäule dann einander äquivalent sind, wenn ihre Höhen sich umgekehrt wie die spezifischen Gewichte verhalten (Gesetz der kommunizierenden Röhren), so sind $182\ \mathrm{mm}\ \mathrm{WS} = 182 \cdot \dfrac{1000}{1,20}$ $= 151\,700\ \mathrm{mm}\ \mathrm{LS} = 151,7\ \mathrm{m}\ \mathrm{LS}$; also sind $0,42\ \dfrac{\mathrm{kg}}{\mathrm{sek}}$ um $151,7\ \mathrm{m}$ zu heben, entsprechend einem Arbeitsaufwand von $0,42\ \dfrac{\mathrm{kg}}{\mathrm{sek}} \times 151,7\ \mathrm{m}$ $= 63,7\ \dfrac{\mathrm{m} \cdot \mathrm{kg}}{\mathrm{sek}}$. — Daß die genaue Übereinstimmung beider Ergebnisse nicht nur Zufall ist, wird ein Vergleich beider Wege zeigen: beidemal ist $\dfrac{0,42 \cdot 182}{1,20} = 63,7$.

Ein bestimmtes *Gebläse* saugt immer das gleiche Luftvolumen an, es stehe in der Ebene, wo der Barometerstand 760 mm QuS ist, oder im Gebirge bei 760 mm Barometerstand, es arbeite im Sommer oder im Winter. Für Beurteilung der Zylinderkonstruktion, etwa bei Bestimmung des volumetrischen Wirkungsgrades, kommt es also auf das angesaugte Volumen an, und es wäre falsch, auf Normalverhältnisse zu reduzieren. Das Gebläse würde sonst in der Ebene andere Ergebnisse liefern als im Gebirge; im tiefen Bergwerk arbeitend, oder an Tagen mit ausnahmsweise hohem Barometerstand könnte man selbst volumetrische Wirkungsgrade über Eins errechnen. Handelt es sich aber darum, zu prüfen, ob das Gebläse der vorgeschriebenen Bedingung genügt, die nötige Luft für einen chemischen Prozeß zu liefern, der natürlich ein bestimmtes Luftgewicht erfordert, zu prüfen also, ob der Konstrukteur die Zylinderabmessungen genügend groß wählte, da er ja wußte, der Kompressor würde bei geringem Barometerstand oder bei hoher Temperatur arbeiten und da er ja den erreichbaren volumetrischen Wirkungsgrad kannte — handelt es sich darum, so wird man auf die Normalverhältnisse reduzieren müssen.

Ähnliche Überlegungen wird man, je nach den Verhältnissen, von Fall zu Fall anzustellen haben. Die Stoffmenge selbst, die Masse im Sinne der Physik, ist natürlich immer durch das Gewicht oder durch das reduzierte Volumen gegeben.

**40. Spezifisches Gewicht von Flüssigkeiten.** Bei *festen Körpern* kann man das spezifische Gewicht meist Tabellenwerken entnehmen. Kommt man in die Verlegenheit, es zu bestimmen, so werden Physikbücher Anleitung geben.

Bei *Flüssigkeiten* bestimmt man das spezifische Gewicht mit Hilfe des *Aräometers*. Dieses (Fig. 66) besteht meist aus Glas, der weite Bauch ist hohl, um Schwimmen zu ermöglichen, das Kügelchen unten ist mit Quecksilber oder sonstwie beschwert, um die senkrechte Lage zu sichern. Das Instrument taucht in die Flüssigkeit um so tiefer ein, je leichter die Flüssigkeit, je kleiner also ihr Auftrieb ist. Aus der Eintauchtiefe kann man mittels einer Skala in dem langen Rohrfortsatz

Fig. 66.
Aräometer.

auf das spezifische Gewicht schließen. — Um die Skala nicht zu lang zu erhalten, hat man für Flüssigkeiten von höherem und geringerem Gewicht als Wasser besondere Instrumente, verteilt auch wohl den Meßbereich auf noch mehr als zwei Instrumente.

Jedes Aräometer ist richtig bei einer bestimmten darauf angegebenen Temperatur, meist 15° C. Man darf es nur bei dieser benutzen, denn da sowohl das Instrument als auch die Flüssigkeit sich mit der Temperatur ausdehnt, so ist eine einfache Korrektion für Ablesungen bei anderer Temperatur untunlich, man müßte es besonders dafür eichen. Ein Aräometer mit der Bezeichnung „richtig bei 25° C" darf also in Wasser von 25° C nicht die Dichte 1, das spezifische Gewicht 1000 kg/cbm anzeigen, es muß sich, nach Fig. 65, auf $\gamma = 997$ kg/cbm einstellen. Wollte man es aber in Wasser von 4° bringen, so würde es auch hier nicht 1000 kg/cbm zeigen, denn nun hätte sich das Aräometer selbst im Inhalt verkleinert und zeigt daher das spezifische Gewicht zu gering an.

Viel genauer findet man das spezifische Gewicht einer Flüssigkeit, indem man mittels einer feinen Wage den *Gewichtsverlust* feststellt, den ein Senkkörper, oft aus Glas bestehend, in der Flüssigkeit erfährt und ihn mit dem entsprechenden Gewichtsverlust in Wasser von gleicher Temperatur vergleicht. Bei anderer Temperatur hätte der Senkkörper nicht das gleiche Volumen. Wieviel leichter dieses Wasser dann ist als Wasser von 4°, das weiß man (Fig. 65), und man kann das spezifische Gewicht berechnen. Am besten bringt man ein Thermometer direkt im Senkkörper an.

Die Hauptanwendung der Aräometer ist die Bestimmung der Zusammensetzung von Lösungen, etwa des Wassergehalts von Alkohol, des Salzgehalts einer Kochsalzlösung — wozu dann wieder Umrechnungstabellen passenden Orts zu finden sind.

**41. Spezifisches Gewicht von Gasen.** Auch bei Gasen ist die Bestimmung des spezifischen Gewichts oft nicht Selbstzweck; will man vielmehr aus dem spezifischen Gewicht etwa auf den $CO_2$-Gehalt der Rauchgase, auf den Heizwert von Leuchtgas schließen, weil diese ungefähr aus dem spezifischen Gewicht bestimmbar sind.

Gerne gibt man das spezifische Gewicht, korrekter gesagt, die Dichte der Gase bezogen auf trockene Luft $= 1$ an. Trockene Luft wiegt bei 0° und 760 mm BStd. 1,293 kg/cbm. Ein Gas von der Dichte 0,9 wiegt also $1{,}293 \cdot 0{,}9$ kg/cbm. Die Bezugnahme auf Luft hat den Vorteil, daß die Angabe unabhängig ist von Druck und Temperatur, weil ja alle Gase nach dem gleichen Gesetz, dem Mariotte-Gay Lussacschen, von Druck und Temperatur beeinflußt werden. Da Dämpfe nicht dem gleichen Gesetz folgen, so hat bei ihnen die Bezugnahme auf Luft keinen Vorteil, man muß trotzdem Druck und Temperatur beachten.

Im *Ausflußapparat* (Fig. 67) findet man das spezifische Gewicht eines Gases auf folgende Weise. Der Apparat ist mit Wasser gefüllt, er besteht aus Glas mit Metallfassungen. Das innere Rohr kann man heben und senken, man kann also unter Benutzung der Hähne $c$ und $d$ abwechselnd durch $c$ hindurch Gas ansaugen und durch $d$ ausstoßen, bis die an $c$ angeschlossene Gasleitung voll Gas, frei von Luft ist. Dann füllt man das innere Gefäß mit Gas und schließt beide Hähne. Öffnet man nun Hahn $d$ so, daß das Gas unter dem Druck der Wassersäule durch ein feines Loch ausströmt, welches sich in einem oberhalb $d$ eingelegten Platinblech befindet, so kann man mittels einer Arretieruhr die Zeit feststellen, die zwischen dem Durchgang des Wasserspiegels durch die beiden Marken $a$ und $b$ verfließt. Ein zweites Mal füllt man den Apparat mit Luft, läßt diese ausströmen und beobachtet wieder die Zeit zwischen dem Passieren der beiden Marken. Die beiden spezifischen Gewichte verhalten sich dann wie die Quadrate der Ausströmungszeiten. Das folgt daraus, daß ja bei beiden Versuchen während der Beobachtungszeit die gleiche Arbeit durch Ausgleichen der Wasserspiegel frei wird, daher muß auch die dem Gase erteilte kinetische Energie $\frac{1}{2}\, m\, w^2$ beide Male den gleichen Wert haben. Es ist also $\frac{1}{2}\, m_1\, w_1^2 = \frac{1}{2}\, m_2\, w_2^2$ oder $\dfrac{m_1}{m_2} = \dfrac{w_2^2}{w_1^2}$. Die beschleunigten Massen $m$ sind den spezifischen Gewichten $\gamma$ der Gase direkt, die Geschwindigkeiten $w$ den Beobachtungszeiten $t$ umgekehrt proportional, also ist $\dfrac{\gamma_1}{\gamma_2} = \dfrac{t_1^2}{t_2^2}$.

Der Apparat ist ursprünglich von Bunsen für Quecksilberfüllung angegeben. Durch Temperaturänderungen ändern sich alle Verhältnisse am Apparat, man muß also beide Versuche bei der gleichen Temperatur vornehmen. Auch ist es nicht zulässig, den Versuch mit Luft ein für allemal zu machen, man muß beide Versuche kurz hintereinander machen, da das kleine Loch sich leicht etwas verändert. Man staube es vor den Versuchen ab.

Die Luxsche *Gaswage* (Fig. 68) läßt das spezifische Gewicht ohne Versuch direkt ablesen. Das Gas durchströmt die hohle dünnwandige Glas- oder Metallkugel $A$, durch $b$ ein-, durch $c$ austretend. Der Ballon ist als Teil einer Neigungswage auf Schneiden gelagert, je nach dem spezifischen Gewicht seines Inhaltes hebt oder senkt er sich. Die freie Beweglichkeit ist durch Zuführung des Gases durch Quecksilbernäpfe $Q$ hindurch erreicht. Das bewirkt einen Ausschlag des Zeigers $Z$, die Skala gibt direkt das spezifische Gewicht bezogen auf die umgebende Luft. Werden die Neigungen zu groß, so kann man sich noch des Reiters $R$ bedienen, den man je nach Bedarf in verschiedene Kerbe des Wagebalkens einhängt. Man hat dann die Reiterablesung und die Zeigerablesung zusammenzuzählen, um das spezifische Gewicht des durchströmenden Gases zu erhalten. Läßt man einfach Luft durch den Apparat gehen, so muß, wenn der Reiter auf 1,0 steht, der Zeiger auf

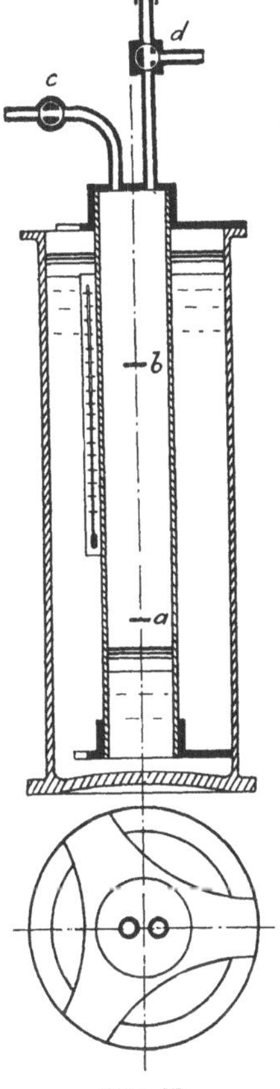

Fig. 67.
Schilling-Bunsenscher Ausflußapparat.

0 weisen: $1,0 + 0 = 1,0$, das ist ja die Dichte der Luft bezogen auf sich selbst. Spielt der Zeiger nicht ein, so ist durch Verschieben des Laufgewichtes $G_2$ im wagerechten Sinne das Einspielen zu erzielen. Setzen

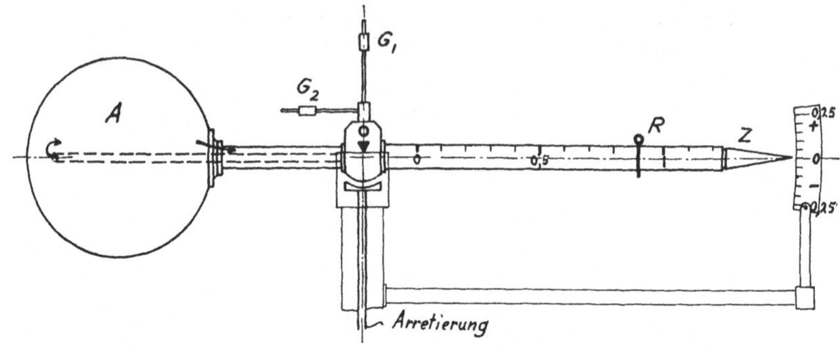


Fig. 68. Gaswage.

wir nun den Reiter auf 0,8, so muß der Zeiger $+ 0,2$ angeben: $0,8 + 0,2 = 1,0$. Zeigt das Instrument nicht so, so muß man mit dem Laufgewicht $G_1$ die Empfindlichkeit der Wage auf das richtige Maß bringen: ist der Ausschlag der Wage kleiner, als er sein sollte, so ist das Gewicht zu heben, um sie mehr dem labilen Zustand zu nähern. Manometer $M$ und Thermometer $T$ lassen Druck und Temperatur des strömenden Gases erkennen. Die Gaswage muß natürlich wagerecht stehen, außerdem lange genug vor ihrer Benutzung aufgestellt sein, so daß sie die Temperatur der Umgebung hat. — Hat die Kugel $A$ $V$ cbm Inhalt, und beträgt das spezifische Gewicht des Inhaltes $\gamma_1$, das der umgebenden Luft $\gamma$ kg/cbm, so erfährt die Kugel einen Auftrieb von $V \cdot (\gamma - \gamma_1)$ kg, vorausgesetzt es sei $\gamma$ größer als $\gamma_1$. Dieser Auftrieb wird durch den Reiter ausgeglichen, beziehungsweise er bewirkt die Neigung des Wagebalkens. Die Gaswage spricht also auf den Unterschied der spezifischen Gewichte an (S. 84). Wenn die Gaswage in einen Kasten eingeschlossen ist, so hat man darauf zu achten, daß nicht etwa Spuren des zu untersuchenden Gases in den Raum um die Gaswage herum treten und das spezifische Gewicht der umgebenden Luft und damit die Angabe der Wage verändern.

Manche andere Form der Wage ist zu gleichem Zweck wie die Luxsche Gaswage verwendet worden; so hat man zwei leichte luftgefüllte Kugeln von großem Volumen — 10 bis 15 cm Durchmesser — in einem Gehäuse an den beiden Armen einer gewöhnlichen Balkenwage aufgehängt, wobei eine Trennungswand, durch die nur der Wagebalken in engem Schlitz hindurchging, das Gehäuse teilte. Saugt man nun in schwachem Strome durch die eine Kammer des Gehäuses Luft, durch die andere das zu untersuchende Gas, so kann man aus der eintretenden Neigung des Balkens oder aus den zum Ausgleich nötigen Gewichten auf den Auftrieb und damit auf die Dichte des Gases schließen.

Besonders zu erwähnen ist aber noch die Messung des spezifischen Gewichtes durch Vergleichen des Gewichtes zweier Säulen aus dem zu untersuchenden Gas und aus Luft. Man bedarf dazu nur eines geteilten senkrecht aufgestellten Rohres nach Fig. 69; meist wird dasselbe aus Glas hergestellt. Oben wird, etwa durch eine Wasserstrahlpumpe oder

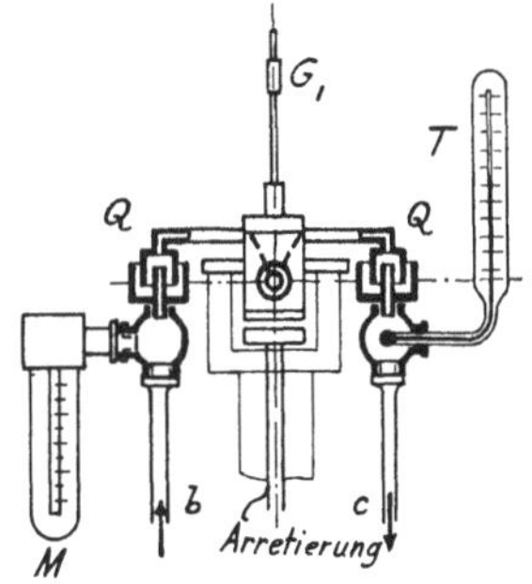


einen Aspirator, oder aber durch den Schornsteinzug — wenn man nämlich Rauchgase untersucht, also in der Nähe des Schornsteins sich befindet — eine saugende Wirkung ausgeübt und daher durch die beiden Rohre einerseits Luft, andererseits das zu untersuchende Gas eingesaugt. Wenn man dann die Abzweigrohre $A$ und $B$, die in gleicher Höhe, und zwar um $h$ m unter der Vereinigung $C$ beider Gasströme ansetzen, mit den beiden Seiten eines Differentialmanometers von genügender Empfindlichkeit in Verbindung bringt, so kann man einen Druckunterschied zwischen den beiden Stellen $A$ und $B$ messen. Es nimmt ganz allgemein in jedem Gase oder jeder Flüssigkeit der Druck nach unten hin zu, und zwar um $\gamma$ kg/qm $= \gamma$ mm WS

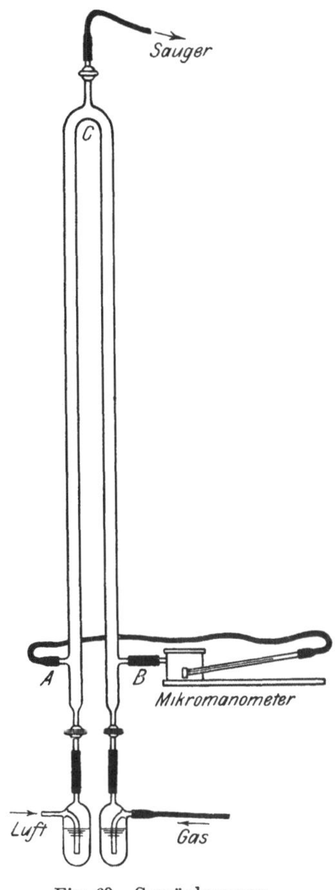


Fig. 69.  Gassäulenwage.
(Rauchgasanalysator von Krell, S. 298).

(S. 133) für jedes Meter Standhöhe, wenn das spezifische Gewicht des Mediums $\gamma$ kg/cbm ist; man erkennt das am einfachsten, wenn man an einen Würfel von 1 m Seitenlänge denkt, dessen untere Grundfläche von 1 qm Größe offenbar mit $\gamma$ kg mehr belastet ist als die obere, nämlich noch mit dem Gewicht $\gamma$ des Würfelinhaltes. Wenn nun in den beiden Rohren $AC$ und $BC$ Säulen vom spezifischen Gewichte $\gamma$ und $\gamma_1$ kg/cbm stehen, so ist der Druck bei $A$ um $\gamma \cdot h$ mm WS und der bei $B$ um $\gamma_1 \cdot h$ mm WS größer als der beiden Rohrzweigen gemeinsame Druck in $C$. Der Druckunterschied $\Delta p = h \cdot (\gamma_1 - \gamma)$ läßt den Unterschied des spezifischen Gewichte berechnen: $\gamma_1 - \gamma = \dfrac{\Delta p}{h}$. Kennt man also $\gamma_1$

der angesaugten Luft, so kennt man auch $\gamma$ des Gases. Als Differentialmanometer kommt der Empfindlichkeit wegen fast nur ein Mikromanometer mit stark geneigtem Rohr in Frage, wie solches in § 61, S. 143, Fig. 121 beschrieben werden wird. — Man kann die ganze Vorrichtung etwa als *Gassäulenwage* bezeichnen. — Da stets in die Zuleitungen von den Zweigpunkten $A$ und $B$ zum Differentialmanometer etwas von den angesaugten Gasen durch Diffusion eintreten wird, so muß man für wagerechten Verlauf dieser Zuleitungen sorgen; sonst bringt das verschiedene spezifische Gewicht des Inhaltes der Zuleitungen Fehler in die Messung. Außerdem müssen die beiden Rohre $AC$ und $BC$ genügend weit sein, damit in ihnen nur eine langsame Bewegung der Gase erfolgt; sonst können durch den dynamischen Widerstand der Leitungen, wenn nämlich beiderseits verschiedene Gasmengen angesaugt werden, und durch Saugwirkung des strömenden Gases an den Abzweigungen $A$ und $B$ Fehler entstehen. Um zu erkennen, ob beide Rohre richtig und gleich stark ansaugen, kann man die Gase durch Wasserverschlüsse leiten, wie Fig. 69 erkennen läßt; Gaswäscher nennt der Chemiker diese Apparate. —

Zu beachten ist bei allen besprochenen Apparaten, daß sie das spezifische Gewicht des zu untersuchenden Gases vergleichen mit dem spezifischen Gewicht der Luft. Da nun aber das spezifische Gewicht beider von Druck, Temperatur und Feuchtigkeitsgehalt abhängt, so wird auch das Meßergebnis durch diese Größen beeinflußt.

Außerdem ist zu beachten, daß manche Meßmethoden den Unterschied, manche aber das Verhältnis der spezifischen Gewichte von Gas und Luft messen. Von den besprochenen Einrichtungen mißt nur der Bunsen-Schillingsche Ausströmapparat das Verhältnis, die übrigen die Differenz.

Wenn wir zunächst von dem nach S. 77 geringen Einfluß der Feuchtigkeit auf das spezifische Gewicht absehen, so ist zu beachten, daß Änderungen des Druckes und der Temperatur auf die beiden zu vergleichenden spezifischen Gewichte relativ gleich stark einwirken, daß also das Verhältnis beider erhalten bleibt, der Unterschied aber sich ändert. Das macht bei den Instrumenten, die auf den Unterschied des spezifischen Gewichtes ansprechen, eine *Umrechnung auf normale Verhältnisse* nötig.

Ist also wie üblich die Teilung der Gaswage oder die Teilung des Differentialmanometers der Gassäulenwage in Relativgewicht für Luft gleich Eins ausgeführt, so gilt die Teilung nur für einen bestimmten Druck und eine bestimmte Temperatur, die beide Gase beim Messen haben müßten. Oft wird 15° C und 760 mm Barometerstand als normal gewählt. Hätte man dann bei einer Temperatur von $t = 20°$ C und bei einem Barometerstand von $b = 710$ mm eine Ablesung $\delta' = 0,461$ (etwa für Leuchtgas) gemacht, so wäre die Berechnung des Relativgewichtes $\delta$ des Leuchtgases etwa wie folgt durchzuführen: Der Zeiger (oder der Faden des Differentialmanometers) ist bei 1 in Ruhe, er hat also einen Ausschlag $1 - \delta'$ gemacht, statt daß er $1 - \delta$ hätte machen sollen; diese beiden Ausschläge verhalten sich zueinander wie der Unterschied

$\gamma_1' - \gamma'$ der spezifischen Gewichte der beiden Gase im tatsächlichen Zustand zu dem Unterschied $\gamma_1 - \gamma$ derselben im Normalzustand; diese Unterschiede verhalten sich ihrerseits wie die spezifischen Gewichte $\gamma_1' : \gamma_1$ der Luft oder auch wie $\gamma' : \gamma$ von Gas in den beiden Zuständen, und diese wiederum folgen den Gesetzen von Mariotte und Gay-Lussac. Also haben wir

$$\frac{1-\delta}{1-\delta'} = \frac{\gamma_1 - \gamma}{\gamma_1' - \gamma'} = \frac{\gamma}{\gamma'} = \frac{273 + t}{273 + 15} \cdot \frac{760}{b} = \frac{\gamma_1}{\gamma_1'} = \frac{273 + 20}{273 + 15} \cdot \frac{760}{710}$$

oder den richtigen Wert der Gasdichte, bezogen auf Luft gleich Eins

$$\delta = 1 - (1 - \delta') \cdot \frac{273 + t}{273 + 15} \cdot \frac{760}{b} \quad \cdot \quad \cdot \quad \cdot \quad (6)$$

$$= 1 - (1 - 0{,}461) \frac{273 + 20}{273 + 15} \cdot \frac{760}{710} = 0{,}414 \,.$$

Der Fehler bei Nichtbeachtung dieser Verhältnisse hätte $\dfrac{0{,}461 - 0{,}414}{0{,}414} \cdot$

$\cdot\, 100 = 11{,}4\%$ betragen! Man darf also eine Korrektion bei größeren Abweichungen vom Sollzustand nicht unterlassen, zumal wenn es sich um sehr leichte oder sehr schwere Gase handelt, bei denen durch das Subtrahieren von Eins der Unterschied groß ausfällt.

Während diese große Korrektion relativ leicht anzusetzen ist, ist eine genaue Berücksichtigung der Feuchtigkeit schwierig. Wasserdampf hat, auf gleiche Temperatur und gleichen Druck bezogen, eine Dichte bezogen auf Luft, die zwischen 0,62 und 0,68 schwankt. Durch Hinzutreten der Feuchtigkeit wird also Luft spezifisch leichter, Leuchtgas hingegen spezifisch schwerer. Es findet also nicht notwendig eine Verminderung des Fehlers dadurch statt, daß beide Gase feucht sind. Meist wird man den Einfluß, der nie solche Werte wie der der vorigen Korrektion annehmen kann, vernachlässigen. Oft wird man, wo man genau arbeiten will und die Bezugnahme auf trockenes Gas für das richtige hält, es vorziehen, gleich mit trockenem Gas und trockener Luft zu arbeiten, indem man beide durch Chlorkalziumrohre hindurchsaugt (vorausgesetzt, daß Chlorkalzium nicht Bestandteile des Gases absorbiert!). Oder endlich, man muß den Feuchtigkeitsgehalt beider Gase messen und eine recht langwierige Umrechnung vornehmen, die man an Hand der Beispiele S. 77 wird machen können, und für die man auch in Slaby, Kalorimetrische Untersuchungen über den Kreisprozeß der Gasmaschine, S. 11, ein Beispiel durchgerechnet findet.

**42. Meßmethoden zur Mengenermittlung.** Zur Messung von festen Körpern, Flüssigkeiten, Gasen und Dampf der Menge nach kommen die in den folgenden Paragraphen zu besprechenden Methoden technisch hauptsächlich in Frage, über die wir zunächst eine zusammenstellende Übersicht geben wollen.

Wir haben zunächst einen Unterschied zu machen, ob es sich um Bestimmung einer bestimmten in sich geschlossenen Menge handelt, oder aber — bei Flüssigkeiten, Gasen und Dampf — um strömende

Mengen, bei denen die in der Zeiteinheit durch einen Apparat oder eine Leitung gehende Menge gemessen werden soll. Im ersten Fall lautet die Benennung kg, cbm oder dergleichen, im letzteren aber $\frac{\text{kg}}{\text{sek}}$ oder $\frac{\text{cbm}}{\text{st}}$.

Die *Messung einer abgeschlossenen Menge* erfolgt bei festen Körpern fast nur durch Wägen auf Wagen verschiedener Konstruktion; bei Flüssigkeiten kommt außer dem Wägen auch noch das Abmessen in geeichten Gefäßen in Frage; Gasmengen endlich werden nur selten durch Wägen, meist volumetrisch bestimmt, und zwar entweder, indem man das Gas bei konstantem Druck einer Glocke mit Wasserverschluß entnimmt, wobei man die Volumenänderung mißt, oder aber indem man das Gas einem Raum bekannten Volumens entnimmt und dessen Druckänderung beobachtet.

Spezifisch technische Methoden kommen bei *Messung dauernd strömender Flüssigkeits-, Gas- oder Dampfmengen* zur Anwendung. In vielen Fällen kann man Wagen oder geeichte Gefäße in zum dauernden Messen geeigneter Anordnung verwenden; den Dampf mißt man dann meist in Gestalt des daraus gebildeten Kondensates oder als Wasser vor dem Verdampfen. — Außerdem kann man für Flüssigkeiten, Gase und Dämpfe Durchflußöffnungen oder Ausflußöffnungen verwenden: man mißt den Druckunterschied, der nötig ist, um die betreffende Menge durch eine bekannte Öffnung zu treiben; für eine bestimmte Öffnung wächst mit der Menge der Druckunterschied, also kann man aus letzterem auf die Menge schließen. Dieses Prinzip läßt sich mehrfach abändern und führt bei Flüssigkeiten auf Verwendung der Wehrmessungen, bei allen Stoffen aber auf Verwendung der Venturi-Einschnürung. — Eine andere Meßmethode, für Flüssigkeiten und Gase in genügend weitem Querschnitt anwendbar, macht von der Tatsache Gebrauch, daß das durch einen Querschnitt gehende Volumen $V$ cbm gegeben ist durch die Fläche $F$ qm des Querschnitts und die mittlere Geschwindigkeit $w$ m/sek in diesem Querschnitt: $V = F \cdot w$. Man hat also, da man den Querschnitt leicht ausmessen kann, nur noch die Geschwindigkeit nach einer der in Kap. VI. besprochenen Methoden zu bestimmen.

Einer besonderen Art der Messung dienen die Wassermesser, Gasmesser und Dampfmesser. Sie sollen im allgemeinen nicht nur eine vorübergehende Messung ausführen, sondern dem praktischen Betrieb dienen, und zwar sollen sie zu jeder Zeit die bis dahin insgesamt durchgegangene Menge erkennen lassen, also gewissermaßen selbsttätig ein Zusammenzählen der einzelnen durchgegangenen Mengen bewirken. Wir werden sehen, daß diese Aufgabe für Wasser- und Gasmesser gelöst ist, daß man indessen bei Dampfmessern ein selbsttätiges Zusammenzählen noch nicht befriedigend erreicht hat, so daß man sich meist darauf beschränkt, den jeweiligen Dampfdurchgang zu registrieren und die Zusammenzählung durch Planimetrieren des Diagramms von Menschenhand zu machen. Dieses Verfahren, das auch für Wasser- und Gasmessung gelegentlich in Frage kommt, hat den Nachteil, Arbeit zu machen, dafür allerdings den Vorteil, daß man nicht nur aus dem Endergebnis die gesamte Menge kennt, sondern durch das Diagramm auch einen Überblick darüber hat, wie sich der Verbrauch über die verschiedenen Zeiten verteilt.

Wo die zu messende Menge durch eine Kolbenmaschine verbraucht oder gefördert wird, bietet auch das Indikatordiagramm der Maschine ein Mittel zur Bestimmung der Menge — freilich eines, das nur für bestimmte Zwecke genügt.

Besondere Schwierigkeiten bietet eine befriedigende Messung namentlich dann, wenn es sich um Feststellung sehr großer Mengen handelt; nicht immer sind so große Meßgeräte verfügbar, auch liegt, wo die Geräte vorhanden sind, eine Schwierigkeit vor, sie zu eichen. Wir wollen zunächst eine allgemein brauchbare Methode kennen lernen, durch die man diese Schwierigkeit gelegentlich umgehen kann.

**43. Mengenermittlung nach der Mischungsregel.** Zur Messung großer Stoffmengen, die unmittelbar besonders schwierig zu messen sind, kann man sich der sogenannten Mischungsregel bedienen, die sich je nach Umständen in der verschiedensten Weise anwenden läßt. Über die Art der Anwendung werden einige Beispiele am einfachsten Auskunft geben.

Bei *Gasmaschinen* hat man oft Gasuhren zur Messung des Gasverbrauches zur Verfügung, selten dagegen ist eine Luftuhr vorhanden, die auch die *zur Verbrennung zugeführte Luftmenge* zu messen gestattet; die Luftuhr fehlt meist, weil man die Luftmenge für die Kontrolle des regelmäßigen Betriebes nicht zu kennen braucht — Luft kostet ja nichts. Wir können mit Hilfe der Mischungsregel finden, das Wievielfache der Gasmenge an Luft zugeführt ist, indem wir irgendeinen indifferenten Bestandteil vor der Mischung von Gas und Luft und nach der Mischung beider Bestandteile zu Hilfe nehmen: die gesamte Menge dieses indifferenten Bestandteiles kann sich bei der Mischung nicht verändert haben. In dem in Rede stehenden Beispiel — Mischung von Gas und Luft — vergleicht man am besten den prozentualen Sauerstoffgehalt $o_1$ des Gases vor mit dem $o_2$ des Gemisches nach der Mischung; den der Luft kennt man, er ist 21%. Haben sich nun $G$ cbm Gas mit $L$ cbm Luft gemischt zu $G + L$ cbm Gemisch — wobei nur $G$ bekannt, $L$ aber zu berechnen ist — so sind im Gas $\frac{o_1}{100} \cdot G$ cbm, im Gemisch $\frac{o_2}{100} \cdot (G + L)$ cbm, in der Luft $\frac{21}{100} \cdot L$ cbm Sauerstoff, und nun muß sein

$$\frac{o_1}{100} \cdot G + \frac{21}{100} \cdot L = \frac{o_2}{100} \cdot (G + L) ,$$

$$(21 - o_2) \cdot L = (o_2 - o_1) \cdot G ,$$

$$L = \frac{o_2 - o_1}{21 - o_2} \cdot G . \quad . \quad . \quad . \quad . \quad . \quad (7)$$

Damit ist die Messung der Luftmenge auf die Messung der (kleineren) Gasmenge und auf die Ermittelung des prozentualen Sauerstoffgehaltes an zwei Stellen zurückgeführt. Letztere Ermittelung ist mit Hilfe des

Orsat-Apparates zu bewirken (S. 281). Wenn übrigens, wie oft, kein Sauerstoff im Gas ist, so vereinfacht sich das Verfahren noch.

Auf dem gleichen Grundgedanken beruht die Ermittelung der Abgasmenge eines Verbrennungsvorganges (S. 291), bei der man weiß, daß das durch den Prozeß hindurchgehende Kohlenstoffgewicht vor und nach der Verbrennung dasselbe ist.

Ein weiteres Beispiel für die Anwendung der Mischungsregel bietet die Bestimmung des *freiwilligen Luftwechsels eines Raumes*. Jeder Raum, namentlich wenn er beheizt ist, tauscht durch Poren der Wände und Zwischendecken, durch Ritzen von Türen und Fenstern Luft mit der Umgebung aus, deren Messung gelegentlich erwünscht sein kann, auf direktem Wege aber fast unmöglich ist. Man hat die Messung so bewerkstelligt, daß man der Raumluft ein Gas beimischt, das indifferent ist, gesundheitlich sowohl als auch was Absorption durch die Wände anlangt, und dessen Beimenge leicht und sicher festzustellen ist. Man beobachtet die zeitliche Abnahme des Gehaltes an diesem Bestandteil; eine einfache Integration ergibt den Luftwechsel, der die Abnahme veranlaßt. Verwendet man Kohlensäure $CO_2$ als indifferentes Gas, so hat man zu beachten, daß die nachrückende Luft schon $0{,}4\%_{00}$ $CO_2$ enthält und hat Einführung von Atemluft ($4\%$ $CO_2$) in den Raum zu vermeiden. Die Feststellung des prozentualen Kohlensäuregehaltes ist durch Absorption mit Barytwasser und Titrieren mit Oxalsäure sehr genau zu machen. (Methode von Pettenkofer, siehe Wolpert, Ventilation und Heizung, Band III.)

In ähnlicher Weise könnte man die *Messung großer Wassermengen bei Turbinenanlagen* dadurch vornehmen, daß man oberhalb der Turbine eine bestimmte Menge einer Salzlösung zusetzt und hinter der als Mischer wirkenden Turbine den Prozentgehalt chemisch bestimmt. Versucht ist diese Art der Messung meines Wissens noch nicht, wohl aber hat man einen Zusatz von Salzen benutzt, um festzustellen, wieviel Donauwasser durch unterirdische Spalten in die Aach versickert.

**44. Wägen.** Zu Gewichtsbestimmungen dient die Wage. Mit ihrer Hilfe sind Mengenbestimmungen selbst bei mäßiger Sorgfalt noch mit einem Grade von Genauigkeit auszuführen, der die Bedürfnisse von Maschinenuntersuchungen bei weitem übertrifft. Da ferner die Gewichtsmessung von der Temperatur unabhängig ist, die Volumenmessung aber ihre Beachtung verlangt, was nicht immer leicht zu machen ist — so können wir geradezu die Regel aussprechen, man solle wägen, wo immer es tunlich ist.

Jeder Körper wird von der Erde verschieden stark angezogen, sein Gewicht ist also bei übrigens gleichen Umständen verschieden, je nachdem er sich im lufterfüllten oder im luftleeren Raum befindet. Im lufterfüllten ist er nach dem Gesetz vom *Auftrieb* um so viel leichter, wie das verdrängte Luftvolumen wiegt. Die Stoffmenge ist nun offenbar durch das Gewicht im luftleeren Raum gegeben, denn sonst wäre die Angabe von dem momentanen Barometerstand und von der Temperatur abhängig. Und in der Tat sind alle Angaben über spezifische Wärmen, spezifische Gewichte und dergleichen so zu verstehen, daß sie sich auf ein Kilogramm im luftleeren Raum beziehen. Insbesondere bei Gasen ist eine andere Angabe ja geradezu widersinnig.

Der Fehler, den man durch Nichtbeachten dieser Verhältnisse macht, ist um so größer, je geringer das spezifische Gewicht des betreffenden Körpers ist, je mehr Luft er also verdrängt. Ein Kubikmeter Wasser wiegt 1000 kg, die von ihm verdrängte Luft 1,3 kg bei 0°, oder nur 1,2 kg bei 20°. Man begeht nur Fehler von 0,13 oder 0,12%, wenn man nicht auf den luftleeren Raum reduziert.

Dieser Fehler wird noch vermindert dadurch, daß ja auch die benutzten Gewichte einen Auftrieb erfahren; er beschränkt sich auf den Unterschied der Volumina von gewogenem Körper und Gewichten. Der Fehler, der durch Vernachlässigung des Auftriebes der Luft bei Wägungen entsteht, ist daher technisch meist belanglos. —

Von den zahlreichen Formen der Wage kommt für unsere Zwecke namentlich die *Brückenwage* in Betracht. Für die seltenen Fälle, wo man eine feinere Balkenwage verwendet — um etwa bei Heizwertbestimmungen, Kap. XIII, die Kohlebriketts zu wägen — kann man sich erforderlichenfalls in Physikwerken Rat holen. Die Federwage dient uns nur als Dynamometer. Für Mengenbestimmungen ist sie wenig genau.

Brückenwagen sind in Fig. 70 bis 72 schematisch dargestellt, eine große Zahl anderer Formen wird ausgeführt. Die Last steht auf der sogenannten Brücke *B*, die auf Hebeln ruht. Die Hebel werden zum Einspielen gebracht, d. h. in ihre Mittelstellung zurückgezogen, entweder indem man Gewichte auf eine Gewichtsschale setzt, oder indem man ein Laufgewicht auf einem Hebel mit Skala verschiebt; beide Anordnungen sind gebräuchlich, die Messung durch Laufgewicht ist viel bequemer und meist genügend genau. Aus der Menge der aufgesetzten Gewichte, aus der Stellung des Laufgewichtes erkennt man die zu messende Last. Wo man mit Gewichtsstücken ausgleicht, sind die Hebelverhältnisse so gewählt, daß die Gewichtsstücke entweder $^1/_{10}$ oder aber bei großen stationären Wagen $^1/_{100}$ der Last betragen: Dezimal- und Zentesimalwage. Laufgewichtswagen haben eine bedeutende Übersetzung in den Hebeln, um das Laufgewicht möglichst klein zu machen.

Die Hebelanordnung muß so sein, daß beim Hin- und Herspielen der Hebel die Brücke stets sich selbst parallel bleibt, so daß die Last sich um gleich viel hebt und senkt, sie stehe an welcher Stelle der Brücke sie wolle. Dann folgt aus dem Gesetz der virtuellen Verrückungen, daß es beim Wägen gleichgültig für das Ergebnis ist, wo auf der Brücke die Last steht — und das muß natürlich gleichgültig sein. Die in den Figuren gegebenen Anordnungen erfüllen diese Bedingung; Fig. 70 nur, wenn die dazugesetzten Hebelverhältnisse innegehalten werden. Außer der Forderung der Parallelführung hat der Konstrukteur einer Wage eine Reihe von Bedingungen zu erfüllen, die für das richtige Arbeiten der Wage maßgebend sind. Last und Gewichte sollen sich nämlich im stabilen Gleichgewicht miteinander befinden, so daß die Wage, durch Anstoßen aus ihrer Mittellage gebracht, stets wieder von selbst in die-

selbe zurückkehrt; die Empfindlichkeit der Wage soll möglichst groß
sein; und das alles soll nicht nur bei einer, sondern bei jeder Last der
Fall sein. Man erreicht es durch die bekannte Bedingung, daß bei den
Hebeln die drei Schneiden in einer Geraden liegen müssen, ferner durch

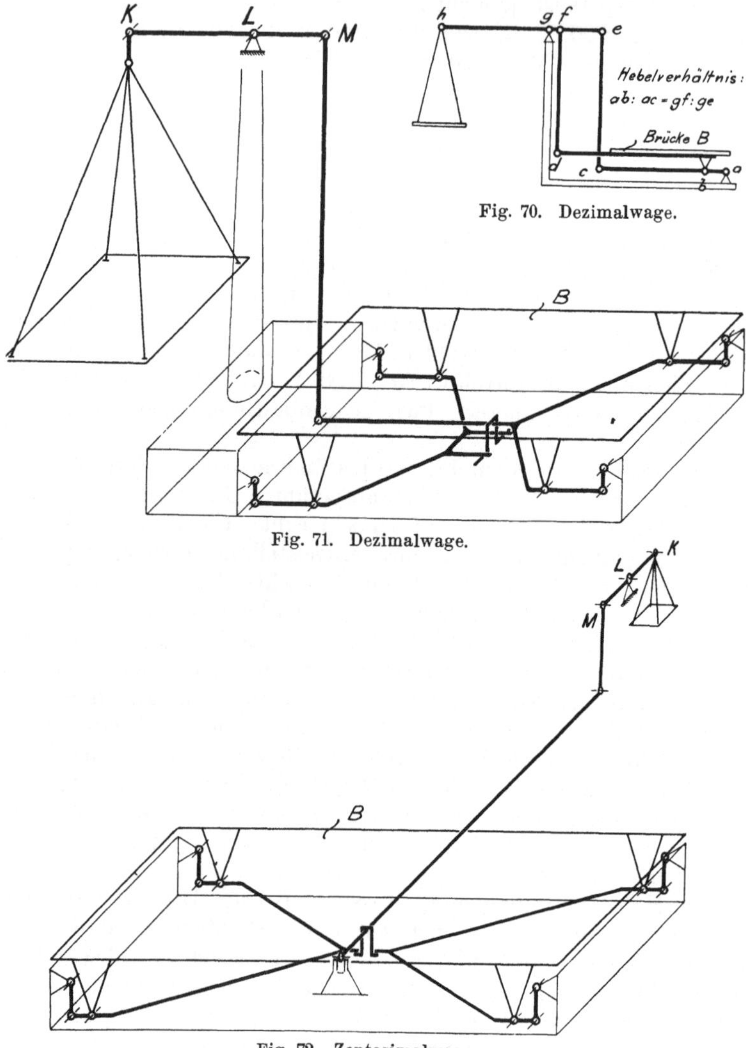


Fig. 70. Dezimalwage.

Fig. 71. Dezimalwage.

Fig. 72. Zentesimalwage.

Geringhalten der beweglichen Massen von Hebel und Brücke, die man
wohl als tote Last bezeichnet, endlich durch passende Verteilung dieser
Massen. Die als Achsen gezeichneten Lagerungen sind sämtlich Schnei-
denlager.

Bessere Brückenwagen haben eine *Entlastung*. Hebt man den
Wägearm $KL$, so daß $M$ sich senkt, so senkt sich auch die Brücke und

kann sich auf zu dem Zwecke vorhandene Auflager stützen. Alle
Schneiden werden dadurch entlastet. Man soll nur in entlastetem Zustand der Wage Lasten auf die Brücke bringen, um die Schneiden zu
schonen. Ein nur einmaliger Verstoß hiergegen mindert die Empfindlichkeit einer Wage sehr.

Um die Wage dann in Wiegezustand zu bringen, ist offenbar ein
Anheben der ganzen Last erforderlich, wenn auch nur um wenige Millimeter. Bei großen Lasten bedingt das eine von Hand oder mechanisch
betätigte Windevorrichtung. Solche und manche andere mechanische
Einrichtung, beispielsweise selbsttätige Registriervorrichtungen für alle
über eine Wage gegangenen Lasten, machen moderne Wagen zu recht
komplizierten Apparaten, für welche die übliche Bezeichnung „Wäge-
maschine" wohl zutrifft.

Da die Wagen vielfach dem öffentlichen Verkehr dienen, so wird
ihre Herstellung und Instandhaltung vom Staate insofern überwacht,
als nur amtlich geeichte Wagen öffentlich benutzt werden dürfen, und
die *Eichung* alle drei Jahre wiederholt werden muß. Daher sind die
käuflichen Wagen im allgemeinen recht verläßlich, auch wenn das
einzelne Exemplar nicht geeicht ist. Geeichte Wagen haben den Stempel
eines Eichamts, der für Brückenwagen erteilt wird, sobald ihr Fehler
bei Höchstlast nicht größer als 0,6 g auf jedes Kilogramm Last ist;
bei $^1/_{10}$ der Höchstlast darf die Wage einen Fehler gleich dem fünften
Teil des bei Höchstlast zulässigen Fehlers haben, der Fehler darf dann
also 1,2 g pro Kilogramm Last ausmachen.

Eine Brückenwage, gleichgültig ob Dezimal-, Zentesimal- oder Lauf-
gewichtswage, von etwa 1000 kg Wiegefähigkeit wird geeicht, indem
man zunächst die Zungen leer zum Einspielen bringt. Man bringt
100 kg, dann 1000 kg auf die Brücke, entlastet wieder auf 100 kg, um
zu sehen, ob die Wage sich bei der Höchstlast nicht verändert hat,
und entlastet wieder ganz. Ihr Fehler darf 600 g bei Höchstlast und
$\frac{1}{5} \cdot 600 = 120$ g bei kleiner Last sein. Bei jeder der Belastungen von
100, 1000 und wieder 100 kg hat man die Genauigkeit und die Empfindlichkeit der Wage zu prüfen: beide müssen sich innerhalb der genannten Fehlergrenze halten. Sollte also eine Dezimalwage nicht ganz
einspielen, wenn man der Höchstlast von 1000 kg 100 kg Gewichte auf
der Gewichtsschale entgegensetzt, so muß man sie doch zum Einspielen
bringen können, indem man höchstens 600 g von der Brücke wegnimmt
oder hinzufügt: dann ist die Genauigkeit ausreichend. Und hat man die
Wage bei der Höchstlast zum genauen Einspielen gebracht, so muß sie
durch Aufsetzen von 600 g auf die Brücke nicht nur aus der Gleichgewichtslage kommen, sondern auch in einer von der Mittelstellung
„deutlich" abweichenden Stellung zur Ruhe kommen: dann ist die
Empfindlichkeit ausreichend. Will man eine Wage eichen, ohne so viel
Gewichte zu haben, wie die Höchstlast beträgt, so muß man mit einer
kleinen, natürlich zuverlässigen Hilfswage Eisenteile oder dergleichen
in kleinen Portionen zuwiegen.

Wageneichungen werden von den Königlichen Eichämtern (in
Preußen) nach diesen Vorschriften und für andere Wagenformen nach

anderen, in der Eichordnung für das Deutsche Reich enthaltenen Bestimmungen geeicht. Die Gebühren sind so mäßig, daß man meist besser daran tun wird, sie amtlich eichen zu lassen, als dies selbst zu besorgen.

Die Eichung der Gewichte ist so wichtig wie die der Wage; durch Schmutz, Rost und Abspringen von Ecken können Gewichte falsch werden. Wir verweisen auf die anderen Orts gemachte Bemerkung, daß gerade bei den einfachsten Messungen, nämlich Längen- und Gewichtsmessungen, am meisten gesündigt wird durch prüfungslose Verwendung schlechter Meßwerkzeuge.

*Flüssigkeiten* und anderes kann man nur unter Benutzung eines auf der Wage stehenden Behälters wiegen. Man nennt das Gewicht

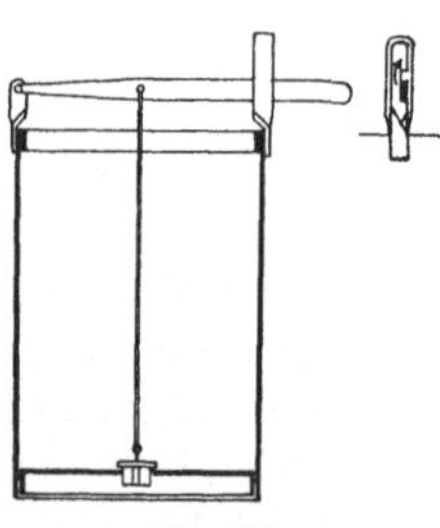

Fig. 73.
Gefäß mit Auslaßventil.

des Behälters die *Tara*, das Gewicht von Flüssigkeit einschließlich Behälter heißt *Brutto-* und das Gewicht der Flüssigkeit allein *Nettogewicht*. Das Nettogewicht will man ermitteln und findet es als Differenz Brutto minus Tara. Das Ausgleichen des Taragewichts heißt Austarieren.

Die Tara soll möglichst klein sein, sonst wird das Wägen zu einer Differenzmethode und die Messung ungenau (S. 26). Das Eigengewicht der Brücke bildet schon gewissermaßen einen Teil der Tara, und da es bei kleiner Belastung relativ mehr ausmacht als bei Höchstlast, so mißt die Wage ohnehin bei der Höchstlast am besten. In den Bestimmungen über Wageneichungen sahen wir dem Rechnung getragen.

Man soll also sowohl die Wage als auch den Behälter nicht größer nehmen als nötig.

Um durch Wägen eine *dauernd fließende Wassermenge* zu messen, bedarf man zweier Gefäße von gleichem oder verschiedenem Inhalt, die auf Wagen stehen, und in die man das Wasser abwechselnd leitet; das Ende der zuführenden Rohrleitung ist dazu beweglich drehbar eingerichtet, um das eine oder das andere Gefäß zu füllen. Unten an den Gefäßen ist ein Ventil oder Hahn angebracht, durch den man das Wasser nach erfolgter Wägung abläßt. Je schneller das Wasser abläuft, für desto größere Wassermengen reicht die Einrichtung aus, man mache also die Ausflußöffnung groß. Ist sie ungenügend, so schafft ein angesetztes Rohrstück, saugend wirkend, Besserung.

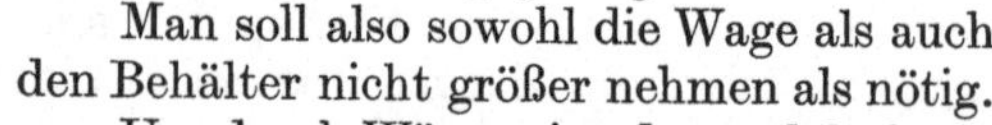

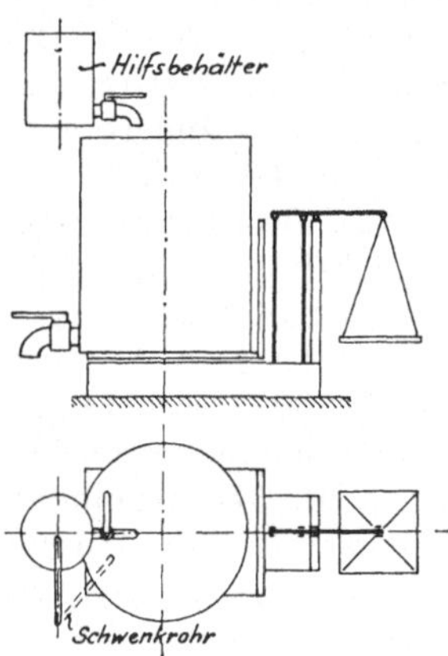


Fig. 74. Einrichtung zum Wägen
von dauernden Flüssigkeiten.

Ein Gefäß nach Fig. 73 ist zweckmäßig, der Verschlußhebel federt und sorgt daher für dichten Abschluß des Ventils.

Hat man ein großes und ein kleines Gefäß zur Verfügung und zwei entsprechende Wagen, so benützt man das große zum Messen, und das kleine fängt das Wasser nur in der Zeit auf, die man zum Wägen des

großen und zum Auslassen des Inhaltes gebraucht. Man braucht auch
nur das große Gefäß auf einer Wage zu haben, das kleine Hilfsgefäß
steht höher und kann nach Bedarf ins Hauptgefäß entleert werden
(Fig. 74). Während der Wägung des großen fängt man das Wasser im
Hilfsgefäß auf; nach Entleerung des Hauptgefäßes läßt man den Inhalt
des Hilfsgefäßes ins Hauptgefäß und verwiegt ihn mit dem nächsten
Quantum. Die umgekehrte Einrichtung findet man für Kesselspeisung
verwendet: von zwei Gefäßen steht das obere auf der Wage, man läßt
die abgewogene Wassermenge in den unteren Vorratsbehälter, aus dem
die Speisepumpe nach Bedarf entnehmen kann. Im Vorratsbehälter
muß das Wasser am Anfang und am Ende des ganzen Versuches gleich
hoch stehen (Wasserstandsglas). Die Einrichtung Fig. 74 ist brauchbar, wenn das Wasser nach, die andere, wenn es vor der Benutzung
gemessen wird.

Hat man nur ein Gefäß zur Verfügung, so hilft man sich, indem
man mittels Stechuhr die Zeit zum Auffüllen eines bestimmten Gewichtes Wasser feststellt.

**45. Geeichte Gefäße.** Flüssigkeiten mißt man oft durch Einfüllen
in geeichte Gefäße. Entweder hat das Gefäß eine Skala, an der man
jede beliebige Flüssigkeitsmenge ablesen kann (Mensuren), oder es hat
eine Marke (Eichstrich), bis zu dem hin es eine gewisse Menge Flüssigkeit enthält, die man durch Versuch feststellt, und die keine runde Zahl
zu sein braucht. Eine Skala am Gefäß gestattet selten befriedigende
Messung, weil meist eine verhältnismäßig große Oberfläche vorhanden
ist, so daß ein geringer Irrtum in der Ablesung großen Einfluß gewinnt.
Bei Gefäßen mit einem Eichstrich — oder mit zwei Eichstrichen, zwischen
denen ein bestimmtes Volumen liegen soll, kann man den Einfluß kleiner
Niveauunterschiede bei der Messung mindern, indem man das Gefäß
in der Gegend des Eichstrichs enger macht. Wo die Messung so geschieht,
daß man das Gefäß zum Rande füllt, entsteht eine Unsicherheit durch
die Ausbildung einer Kuppe (Meniskus), die verschieden hoch sein kann.

Die Messung ist unter allen Umständen abhängig von der *Temperatur*; da sowohl Flüssigkeit als Gefäß sich ausdehnen, so kann man
den Einfluß der Temperatur nur durch Versuch finden. Die Eichung
muß also bei einer Reihe von Temperaturen oder doch bei der Verwen-
dungstemperatur stattfinden.

Die *Eichung* geschieht meist, indem man das Gefäß zur Marke
auffüllt und die Wassermenge wägt. Will man nun eine Eichung
nach Volumen vornehmen, so muß man, mindestens bei warmem
Wasser, die Ausdehnung des Wassers durch die Wärme berücksichtigen.
Man habe etwa ein Gefäß bei 60° C zu kalibrieren und findet durch
Wägung, daß es 734 kg Wasser faßt; dann ist sein Inhalt nach Fig. 65,
S. 75, $\frac{734}{0{,}983} = 746$ l. Man kann das Gefäß also mit der Aufschrift versehen: „0,746 cbm bei 60°" oder auch „734 kg Wasser bei 60°"; falsch
aber wäre die Aufschrift „0,734 cbm".

Benutzt man zum Kalibrieren nicht die Wage, sondern ein kleineres
Hilfsgefäß, das man ins große ausleert, so hat man dieses seinerseits

durch Wägen zu eichen und kann es wieder entweder nach Gewicht oder nach Volumen eichen. Es ist darauf zu achten, wieviel jedesmal durch Netzen im Hilfsgefäß bleibt.

Bei *dauernd fließenden Flüssigkeiten* kann man die Volumenmessung mit Hilfe zweier Gefäße von gleichem oder verschiedenem Inhalt vornehmen; im Notfall braucht auch hier nur eines kalibriert zu sein. Da das Auffüllen bis an eine Marke nur unsicher zu machen ist, so ist ein geteiltes Gefäß nach Fig. 75 zweckmäßig: eine der beiden Hälften füllt sich bis an die niedrigere Scheidewand an, dann läuft der Überschuß in die andere leere Hälfte. Man schwenkt nun das Zuflußrohr herum und entleert die erste Hälfte durch den Hahn. Ist die zweite Hälfte voll, so läuft das Wasser von selbst in die erste. Jede der Hälften ist geeicht. Bei Benutzung solcher Gefäße ist es oft lästig, daß man nicht jede beliebige Menge messen kann, sondern nur Vielfache der Gefäßinhalte.

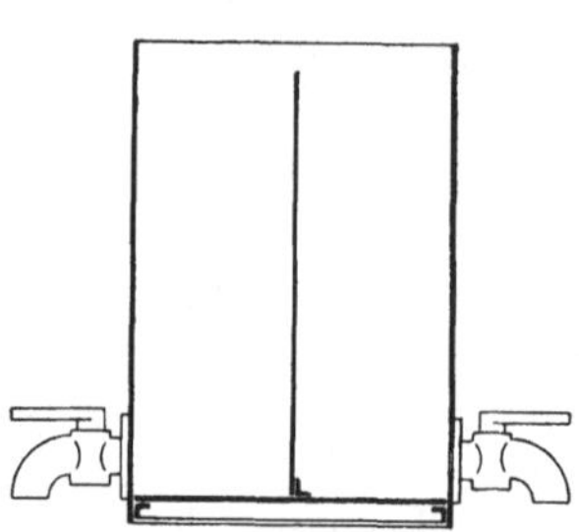

Fig. 75. Gefäß zum dauernden Ausmessen von Flüssigkeiten.

**46. Volumetrische Ermittlung von Gasmengen.** Die Gasmenge kann man entweder feststellen, indem man das Gas einem Behälter bei konstant bleibendem Druck entnimmt oder in ihn einfüllt und die Volumenänderung beobachtet; das tut man in Meßglocken. Oder man kann an einem Behälter konstanten Volumens die Druckänderungen beobachten.

Zur direkten Messung eines Gasvolumens dient die *Meßglocke*, eine unten offene, in Wasser tauchende Blechglocke (Fig. 76); das Gas tritt durch Rohr $a$ ein, dabei hebt sich die Glocke, oder es tritt durch dasselbe Rohr $a$ aus, dann sinkt die Glocke. Da die Glocke genau rund hergestellt ist, so kennt man das Volumen, welches jedem gemessenen Hube der Glocke entspricht. Man kann es auch experimentell feststellen. Die Höhe des Wasserstandes ist dabei gleichgültig. Die Stellung der Glocke kann man an einer, bei großen Glocken an drei Skalen, die über den Umfang verteilt sind, unter Zuhilfenahme einer Visiervorrichtung ablesen.

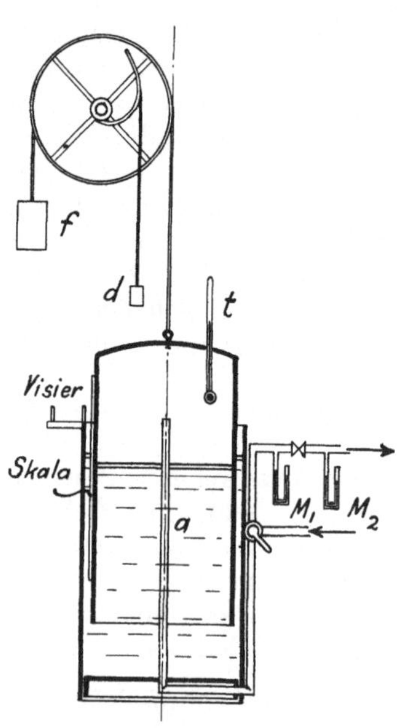


Fig. 76. Meßglocke.

Es ist noch erforderlich, die Spannung des Gases unter der Glocke zu messen. Der Unterschied dieser Gasspannung gegen die Atmosphäre, also der Überdruck des Gases, ist durch den Niveauunterschied des Wassers innerhalb und außerhalb der Glocke gegeben: er gleicht gerade das Eigengewicht der Glocke aus, soweit es nicht durch Ausgleichgewichte $f$ ausgeglichen ist; man kann ihn am Wassermanometer $M_1$ erkennen und durch Auflegen von Gewichten bei $f$ auf die gewünschte Höhe bringen.    Dieser Überdruck des Gases soll bei allen Stellungen der Glocke der gleiche sein, weil sonst gleichen Glockenhüben nicht auch gleiche Gasmengen entsprechen und umständliche Reduktionen nötig werden.    Bei sinkender Glocke wird das Stück der Glocke, welches in Wasser taucht und dem Auftrieb unterworfen ist, immer größer, das Eigengewicht der Glocke also immer kleiner und damit würde die Gasspannung sinken.    Das verhütet Gewicht $d$, das an veränderlichem Hebelarm angreift und die Änderungen des Glockengewichts ausgleicht.

Die Wassertemperatur muß mit der äußeren Lufttemperatur übereinstimmen, sonst wird man nie die Gastemperatur am Thermometer $t$ sicher feststellen können.

Bei kleinem Gasbedarf kann man das Gas direkt einer Glocke entnehmen und dadurch messen.    So kann man eine Gasmaschine erst in Beharrungszustand kommen lassen, ihr dann während einer verhältnismäßig kurzen Zeit Gas aus der Gasglocke zuführen und ihren Gasverbrauch bestimmen.    Hat man zwei Glocken zur Verfügung, so kann man sie abwechselnd benutzen und die Versuche beliebig lange ausdehnen. — Meist aber dienen die Glocken nur dazu, Gasmesser zu eichen, deren Verwendung dann viel bequemer, aber ungenauer ist. Diese Eichstationen für Gasmesser werden unten erwähnt werden.

Eine leidlich sichere Messung von Gasmengen kann man durch Auffüllen eines Behälters von bekanntem Inhalt und Beobachten der Spannungszunahme erzielen.

Diese *Auffüllmethode* ist namentlich zur Bestimmung der Luftlieferung von Kompressoren üblich.    Die Anordnung ist in Fig. 77 dargestellt.    Der Kompressor $C$ komprimiert die Luft auf einen Druck $p_1$, mit dem sie im Betriebe an irgendeinen Verwendungsort geht.    Jetzt aber geht sie in einen Behälter von bekanntem Volumen $V$, an dem man Spannung $p$ und Temperatur $t$ jederzeit ablesen kann.    Ein Drosselventil $d$ sorgt dafür, daß man den Kompressor gegen einen beliebigen konstanten Druck arbeiten lassen kann, während in $V$ der Druck ansteigt; $d$ muß dazu ständig nachgeregelt werden.    Durch Ventil $e$ läßt man vor Beginn und nach Beendigung des Versuches die Luft ins Freie blasen.

Die Berechnung der eingefüllten Menge geschieht nun wie folgt: In einem Raum von $V$ cbm Inhalt befindet sich beim Druck $p$ kg/qm und bei der Temperatur $t°$ C oder absolut $T°$ ein Gewicht von

$$G = \frac{V \cdot p}{29{,}27 \cdot T} \text{ kg},$$

wenn es sich um Luft handelt, für die $R = 29{,}27$ die sogenannte Gaskonstante ist; für ein anderes Gas von der Dichte $\delta$ bezogen auf Luft $= 1$ (S. 80) wäre $G = \dfrac{\delta}{29{,}27} \cdot \dfrac{V \cdot p}{T}$.    Bleiben wir aber bei Luft, so möge am Anfang eines Versuches der Druck $p'$ und am

Ende $p''$ kg/qm beobachtet sein; dann waren anfangs $\dfrac{V \cdot p'}{29{,}27 \cdot T}$ und

nachher $\dfrac{V \cdot p''}{29{,}27 \cdot T}$ kg Luft im Behälter, es sind also $G = \dfrac{V}{29{,}27 \cdot T} \cdot$

$\cdot (p'' - p')$ kg eingefüllt worden. Das eingefüllte reduzierte Volumen

wäre dann $V_0 = \dfrac{G}{1{,}293} = \dfrac{V}{37{,}8 \, T} \cdot (p'' - p')$ cbm $\left(\substack{0 \\ 760}\right)$.

Die Auffüllmethode mißt also das Luftgewicht oder, was damit gleichbedeutend ist, das reduzierte Luftvolumen. Ihre Ergebnisse sind daher nicht ohne weiteres mit den Angaben der Gasuhr vergleichbar.

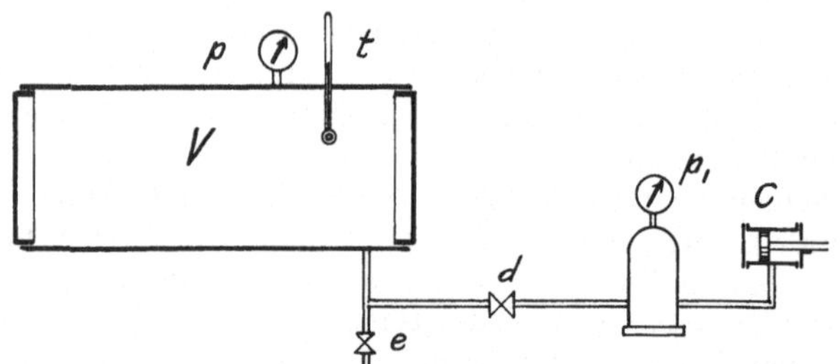


Fig. 77. Bestimmung der Luftlieferung eines Kompressors nach der Auffüllmethode.

Bei der Versuchsausführung tut man gut, zunächst Ventil $e$ zu schließen und nun festzustellen, wann Manometer $p$ durch einen, wann durch einen zweiten beliebigen Teilstrich geht. Sonst ist im Behälter $V$ schon anfangs, trotzdem $e$ offen ist, ein beträchtlicher Überdruck, den das Manometer nicht anzeigt, weil diese Instrumente nahe dem Nullpunkt schlecht zeigen. Bessere Ergebnisse wird oft die Verwendung eines Quecksilbermanometers liefern. — Darauf, daß der Druck wegen der Anwendung der Gaskonstanten in kg/qm anzugeben ist, sei noch besonders hingewiesen.

Der wunde Punkt der Auffüllmethode ist die Temperaturmessung. Die Temperatur im Behälter wird nämlich nicht konstant bleiben: erstens kann die vom Kompressor kommende Luft eine andere Temperatur haben als die im Behälter befindliche, so daß wir nachher die Mischungstemperatur haben müßten; doch lassen sich solche Temperaturdifferenzen vermeiden, auch unschwer berücksichtigen durch Beobachten der Temperatur der ankommenden Luft. Zweitens aber wird ja die im Behälter vorhandene Luft durch die hinzukommende komprimiert und also Kompressionswärme erzeugt. Deren Betrag wäre ja wohl zu berechnen, aber der größte Teil der Wärme wird schon während des Versuches an die Behälterwand abgegeben — nur weiß man nicht, wieviel. Ein Thermometer $t$ gibt schwerlich die mittlere Temperatur im Behälter an, folgt außerdem den Temperaturänderungen zu langsam, wenn seine Kugel nicht direkt von der Luft des Behälters umgeben ist, sondern in einem Stutzen steckt.

Genaue Messungen könnte man erzielen, wenn man dafür sorgte, daß man die Ablesung der Spannung am Ende des Versuches im Temperaturgleichgewicht vornehmen könnte. Ein Wechselhahn statt des Ventils $d$ wäre nötig, um plötzlich den Behälter abzusperren und zugleich den Kompressor irgendwo sonst hin, etwa ins Freie, ausblasen zu lassen. Dann könnte man den Temperaturausgleich mit der Umgebung abwarten und nun Druck und Temperatur ablesen. Dichtheit des Behälters wäre eine — schwer zu erfüllende — Bedingung. Fände man übrigens zwischen Anfang und Ende des Versuches einen Temperaturunterschied, so wäre $G = \dfrac{V}{29,27}\left(\dfrac{p''}{T''} - \dfrac{p'}{T'}\right)$ das eingefüllte Luftgewicht.

In der Praxis begnügt man sich meist mit dem ungenaueren Verfahren. Jedenfalls aber sollte man dafür sorgen, daß die in den Behälter tretende Luft abgekühlt ist, dazu darf die Leitung vom Kompressor zum Behälter nicht zu kurz sein.

Die Auffüllmethode läßt sich umkehren und gibt dann einwandfreiere Resultate: man kann, um irgendeinen Luftverbrauch zu messen, die nötige Luft einem Behälter bekannten Inhalts $V$ entnehmen, der vorher mit Druckluft gefüllt war und dessen Spannungsverminderung man beobachtet. Die Rechnung bleibt die gleiche. Die Temperaturmessung ist jetzt sehr viel sicherer auszuführen, denn man kann das Thermometer in das Entnahmerohr verlegen und bekommt so mit einiger Sicherheit die mittlere Temperatur im Behälter zu den verschiedenen Zeitpunkten.

Diese *Ausblasemethode* teilt mit der Auffüllmethode den Nachteil, daß man sie nicht für Dauerbetrieb verwenden kann.

Als *Beispiel* für die Anwendung der Auffüllmethode sei die Bestimmung der *Luftlieferung* und des *Lieferungsgrades eines Kompressors* vorgeführt. Zum Auffüllen wurde ein gerade unbenutzter Dampfkessel von 16,2 cbm Rauminhalt benutzt; zum Auffüllen vom Überdruck 400 mm QuS bis 900 mm QuS waren 206 sek nötig gewesen, die Temperatur im Kessel war zu $22°\,\mathrm{C} = 295°$ absolut gemessen. Die 500 mm QuS Drucksteigerung waren an einer Quecksilbersäule von $20°$ gemessen; bei $0°$ hätte die gleiche Quecksilbersäule (Fig. 110, S. 139) nur 498 mm Länge gehabt; da bei $0°$ das spezifische Gewicht von Quecksilber 13,60 ist, so sind 498 mm QuS $= 498 \cdot 13,60 = 6770$ mm WS $= 6770$ kg/qm (S. 133). Das ist $p'' - p'$ der Formel ( ); das in der ganzen Versuchszeit eingefüllte reduzierte Volumen wird $V_0 = \dfrac{16,2}{37,8 \cdot 295} \cdot 6770 = 9,84$ cbm $\left(^{0}_{760}\right)$; also förderte der Kompressor $9,84 : 206 = 0,0478$ cbm/sek $\left(^{0}_{760}\right)$. — Nun hatte der Kompressor einen Zylinderdurchmesser von 250 mm und einen Hub von 300 mm; aus beiden berechnet sich das Hubvolumen zu 0,01473 cbm. Der Kompressor war doppeltwirkend und machte 125 Uml/min; also wurde durch den Kolben ein Raum von $\dfrac{2 \cdot 0,01473 \cdot 125}{60} = 0,0614$ cbm sekundlich freigelegt. Danach ist der

*Lieferungsgrad* des Kompressors unter den grade herrschenden Verhältnissen (nämlich bei 4,9 at Gegendruck, 741 mm BSt und 17° C Lufttemperatur), $\eta_l = \dfrac{0{,}0478}{0{,}0614} = 0{,}779$.

Der Lieferungsgrad, der also hiernach der Quotient aus dem tatsächlich angesaugten reduzierten Luftvolumen und dem vom Kolben in der gleichen Zeit freigelegten Volumen ist, ist eine für die Beurteilung des Kompressors wichtige Größe, obwohl zu beachten ist, daß er nicht nur von den Eigenschaften des Kompressors, sondern auch von den äußeren Bedingungen abhängt, unter denen er arbeitet; er will gerade — im Gegensatz zu dem auf S. 99 zu besprechenden volumetrischen Wirkungsgrad, der fast nur vom Kompressor selbst abhängt — das Verhalten des Kompressors unter bestimmten Betriebsbedingungen zum Ausdruck bringen. Darüber, ob im Einzelfall der Lieferungsgrad oder der volumetrische Wirkungsgrad — ob das reduzierte oder das tatsächliche Fördervolumen maßgebend ist — ist schon in § 39 gesprochen worden.

**47. Ermittlung von Dampfmengen durch Kondensatmessung.** Dampfmengen mißt man meist nicht als solche, sondern man mißt das Wasser, aus dem der Dampf entstand oder das bei seiner Kondensation entsteht. Man mißt also, bei einer Dampfmaschine und einer Dampfheizung, entweder die in den Dampfkessel gespeiste oder die von der Kondensationspumpe oder dem Kondenstopf ausgeworfene Wassermenge.

Man kann das Wasser durch Wägen oder mit Wassermessern messen, je nachdem, ob es sich um vorübergehende Versuche oder um dauernd auszuführende Betriebsmessungen handelt. Über die Anordnung im einzelnen ist wenig Besonderes zu sagen, nur sei bemerkt, daß man beim Wägen oder Ausmessen des wieder kondensierten Wassers dafür zu sorgen hat, daß das Wasser nicht so heiß ins Freie kommt, daß erhebliche Mengen durch Verdampfen oder Verdunsten verloren gehen. Wo das Wasser aus dem Mantel von Dampfmaschinenzylindern oder aus Hochdruckkochgefäßen zu messen ist, da kann das Kondensat über 100° Temperatur haben, und es würde notwendig beim Austritt in die Atmosphäre so viel verdampfen, bis der Rest durch Entziehung der Verdampfungswärme auf 100° heruntergebracht ist; man kann die Verdampfung nur vermeiden, indem man das Kondensat vor dem Austritt abkühlt, es also durch Kühlschlangen gehen läßt; oder man müßte es volumetrisch messen, solange es noch unter Druck steht. Wo dagegen das Kondensat unter 100° ist, sei es, weil es sich bei Vakuum niedergeschlagen hat, sei es, weil es sich schon auf dem Wege zum Austritt abgekühlt hat, da handelt es sich nur noch um Verdunsten, und das kann man leicht beseitigen oder einschränken, indem man das Meßgefäß mit einem lose passenden Deckel schließt; das Verdunsten hört dann auf, sobald die Luft über dem Wasser gesättigt ist, denn eine Drucksteigerung zum Austreiben des Dampfes ist, im Gegensatz zum Verdampfen, beim Verdunsten nicht möglich.

Wo man Dampfmengen in dieser Weise mißt, da wird etwa mitgerissenes Wasser ebenso wie Dampf verwogen, man ermittelt also das

Gewicht des feuchten Dampfes. Gegenüber Meßmethoden, die auf das Dampfvolumen ansprechen (Dampfdiagramm, § 48; Dampfmesser, § 56) und daher das Wasser wegen seines praktisch verschwindenden Volumens unbeachtet lassen, werden sich daher Unterschiede ergeben. Zu einem Vergleich hätte man die Dampffeuchtigkeit zu messen (§ 96). — Praktisch wäre fast immer die eigentliche Dampfmenge maßgebend, die ein Maßstab für die mitgeführte Wärmemenge ist; wegen der Schwierigkeit, sie zu messen, wird aber für die Dampferzeugung eines Kessels sowohl wie für den Dampfverbrauch von Maschinen das Gesamtgewicht von Dampf und Feuchtigkeit angegeben — woran man sich denn, um Vergleiche mit entsprechenden anderen Angaben zu ermöglichen, zu halten hat.

**48. Mengenermittlung aus dem Indikatordiagramm.** Die Diagramme von Kolbenmaschinen lassen eine Messung der in ihnen arbeitenden Stoffmenge zu, die zwar keine allgemein brauchbaren Ergebnisse liefert, aber für besondere Zwecke von Wert ist.

In dem Diagramm eines Kompressors, Fig. 78, stellt die Atmosphärenlinie $ab$ den Druck dar, von dem aus das Ansaugen stattfindet. Nun stellt die Strecke $ab$ das gesamte Hubvolumen des

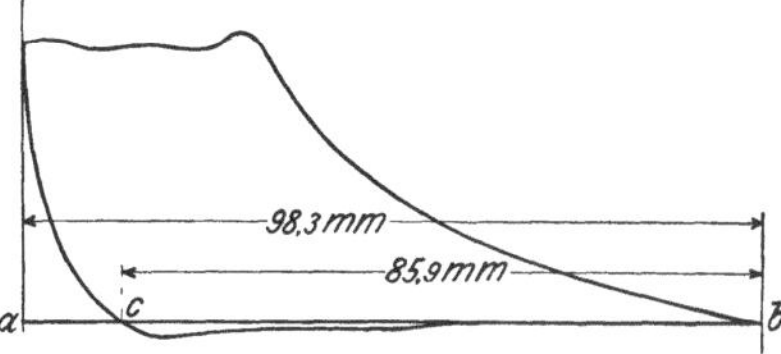


Fig. 78. Kompressordiagramm.

Kompressors dar, das 0,01473 cbm sei wie auf S. 97. Von $a$ bis $c$ findet kein Ansaugen statt, erst nach Unterschreiten des Saugraumdruckes öffnet sich das Saugventil, und $cb$ ist der nutzbare Saughub. Das Verhältnis $cb : ab$ nennt man den *volumetrischen Wirkungsgrad* des Kompressors, den man zu $\dfrac{85,9}{98,3} = 0,874$ aus dem Diagramm ermittelt; dann wäre $0,874 \cdot 0,01473 = 0,01287$ cbm das bei einem Hub angesaugte Volumen.

Der so ermittelte volumetrische Wirkungsgrad — der nicht mit dem auf S. 98 ermittelten Lieferungsgrad zu verwechseln ist — ist eine für die Beurteilung der Maschine wichtige Größe; immerhin ist zu bedenken, daß eine Verminderung der Strecke $ac$ auch von Undichtigkeit des Druckventils herrühren kann, also nicht unbedingt eine Verbesserung bedingt. Was die Messung der Luftmenge anlangt, so ist mit jener Feststellung, wonach 0,01287 cbm von Atmosphärenspannung angesaugt sind, wenig geholfen, da man die Temperatur nicht kennt, bei der das Volumen indiziert worden war. Meist ist der Zylinder so warm, trotz energischer Wasserkühlung, daß auch die Luft schon während des Ansaugens sich erwärmt. Man kann also die Bestimmung der Menge aus dem Kompressordiagramm nur als einen Notbehelf ansehen; die Temperaturen muß man schätzen.

Zuverlässiger wird die Bestimmung der Menge aus dem Diagramm überall da, wo es sich um gesättigten Dampf, oder wo es sich um Flüssigkeit handelt. Bei *Sattdampf* besteht ein fester Zusammenhang zwischen

Druck und Temperatur, so daß also die ebenerwähnte Unsicherheit über die Temperatur fortfällt. So sei das Diagramm Fig. 79 an einer *Dampfmaschine* aufgenommen, und wir messen daran, wie eingetragen ist, aus,

daß die Füllung $\varphi = \dfrac{39,2}{99,4} = 0{,}394 = 39{,}4\%$ des Hubes beträgt und mit

einem Druck von 6,0 at Überdruck endet. Der Kompressionsenddruck hat 3,9 at betragen. Von der Maschine sei das Hubvolumen 16,1 ltr

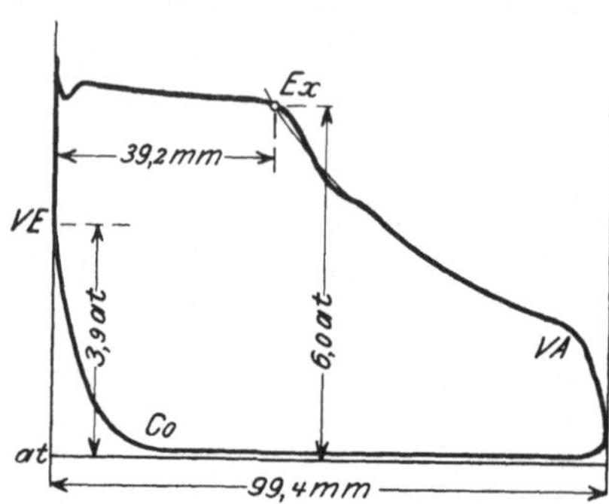


Fig. 79. Dampfmaschinendiagramm.

der Werkzeichnung entnommen, der schädliche Raum, den der Kolben in der Totstellung noch freiläßt, sei auf 7% desselben geschätzt oder auch durch Auffüllen mit Öl zu 1,13 ltr gemessen. Dann wird ein Teil Dampf verwendet, um den schädlichen Raum von 4,9 at absolut auf den Admissionsdruck zu bringen, ein weiterer Teil dient dazu, bei konstantem oder wenig abfallendem Admissionsdruck den vom Kolben freigegebenen Raum zu füllen. Es ist gleichgültig, was diese beiden Teile ausmachen, im ganzen können wir sagen: Zur Zeit des Öffnens waren 1,13 ltr Raum mit Dampf von $\infty$ 4,9 at abs. entsprechend $\gamma = 2{,}57$ kg/cbm (nach den Dampftabellen) angefüllt, es waren also anfangs $0{,}00113 \cdot 2{,}57 = 0{,}00290$ kg Dampf vorhanden. Zur Zeit des Abschlusses waren $0{,}394 \cdot 16{,}1 + 1{,}13 = 7{,}47$ ltr mit Dampf von $\infty$ 7,0 at abs., entsprechend $\gamma = 3{,}59$ kg/cbm gefüllt, es waren dann $0{,}00747 \cdot 3{,}59 = 0{,}0268$ kg Dampf vorhanden. Der Unterschied $0{,}0268 - 0{,}00290 = 0{,}0239$ kg war bei dem Hube eingefüllt worden. Die andere Zylinderseite hat bei einer entsprechenden Auswertung des etwas abweichenden Diagrammes 0,0255 kg ergeben; die bei einem Umlauf eingefüllte Dampfmenge ist dann 0,0494 kg, und bei 70 Uml/min ergibt sich ein Dampfverbrauch von $0{,}0494 \cdot 70 \cdot 60 = 208$ kg/st.

Zu dieser Berechnung ist zu bemerken, daß sie nur den Dampf mißt, der noch am Schluß der Füllungsperiode als Dampf vorhanden ist; Feuchtigkeit mit ihrem geringen Volumen wird nicht gemessen. Insofern stimmen die Ergebnisse mit dem einer Kondensatwägung nicht überein. Insbesondere schlägt sich während der Füllungsperiode Wasser an der Wandung nieder, und insofern wird auch nicht aller in Dampfform eintretende Dampf berücksichtigt. — Bei überhitztem Dampf bestehen wegen Unkenntnis der Temperaturen ähnliche Unsicherheiten wie bei Kompressoren.

Wo man eine andere Meßmethode — Gasuhr, Auffüllmethode, Kondensatwägung — zur Verfügung hat, wird man sie vorziehen. Bei großen Kompressoren aber beispielsweise versagen alle anderen Methoden.

**49. Mengenermittlung aus der mittleren Geschwindigkeit.** Bei sehr großen Kanal- oder Durchflußquerschnitten kann man die

Messung des durchgehenden Volumens auf eine Messung der Durchflußgeschwindigkeit in dem betreffenden Querschnitt zurückführen. Man stellt mittels der in § 34 bis 36 beschriebenen Methoden die mittlere Geschwindigkeit $w_m$ fest. Diese multipliziert mit der Größe $F$ des Querschnitts ergibt das sekundliche Volumen: $V = F \cdot w_m$. Als Nebenarbeit hat man also das Ausmessen des Kanals an der fraglichen Stelle vorzunehmen.

Diese Art der Messung kommt namentlich für die *Wassermenge in Flußläufen und Turbinenkanälen* in Frage: Das Profil wird durch Ausloten aufgenommen, die Geschwindigkeit meist mittels des Woltmannschen Flügels gemessen.

Die Ermittlung der mittleren Wassergeschwindigkeit kann im wesentlichen auf zwei Weisen geschehen: Entweder man teilt das Querprofil (Fig. 80) in eine Reihe von Rechtecken und führt je eine Flügelmessung im Mittelpunkt jedes Rechteckes aus. Die an den Kanten verbleibenden Zwickel schlägt man zu einem der benachbarten Recht-

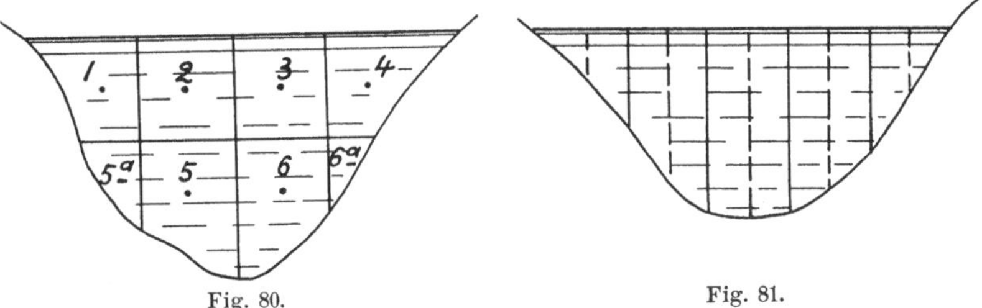

Fig. 80.          Fig. 81.

ecke. Oder man teilt das Querprofil (Fig. 81) in eine Reihe von senkrechten Streifen und bestimmt gleich die mittlere Wassergeschwindigkeit des ganzen Streifens, indem man den Woltmannschen Flügel an einer senkrecht stehenden Stange durch die ganze Tiefe des Streifens langsam und gleichmäßig ab und auf bewegt; hierzu gibt es besondere Kurbelvorrichtungen; zum Schluß liest man den Flügel ab. Flügel mit elektrischen Kontakten eignen sich zu dieser Art der Bestimmung schlechter, weil der Kontakt nicht gerade geschlossen wird, wenn man wieder an der Oberfläche des Wassers anlangt. Einigermaßen korrekt ist die Bestimmung nach der zweiten Methode nur, wenn die Wassergeschwindigkeit groß ist gegenüber der Anlaufgeschwindigkeit des Flügels, weil nur dann die lineare Flügelgleichung brauchbar ist.

Die Verwertung der Meßergebnisse ist einfach.

Bei den regelmäßigen Hochwassermessungen in den großen Strömen ist der stets wechselnden Verhältnisse wegen schnellstes Arbeiten nötig, und so sind großartige maschinelle und feinmechanische Einrichtungen an den Flügelapparaten vorgesehen, um die meisten Arbeiten und Ablesungen mechanisch oder registrierend zu bewerkstelligen. Die Beschreibung solcher Einrichtungen würde hier zu weit führen.

Ein anderes Anwendungsgebiet dieser Meßmethode ist die Messung der großen *Luftmengen* in den Kanälen von *Lüftungs- oder Kühlanlagen*. Der Querschnitt wird regelmäßig zerlegt und für jeden Ausschnitt die Luftgeschwindigkeit mit Anemometer, Pitotrohr oder Stauscheibe (§ 35 u. 36) festgestellt. Daraus läßt sich die Luftmenge berechnen. Man soll durch seinen Körper und durch die Meßeinrichtung die Luftbewegung möglichst wenig stören. Man kann die mittlere Geschwindigkeit auch bestimmen, indem man das Anemometer in dem Querschnitt hin und her bewegt, während es läuft, etwas planmäßig, so daß alle Teile des Querschnittes einigermaßen gleichmäßig zur Geltung kommen.

Wenn man solche Messungen in dem Ein- oder Ausblasrohr eines Zentrifugalventilators oder überhaupt in Luftwegen vornimmt, deren Abmessungen nicht gegenüber denen des messenden Anemometers als sehr groß anzusehen sind, da hat man zwei Fehlerquellen zu beachten. Zunächst ist der Luftdurchgang nach Einführen des Instrumentes nicht mehr derselbe, der er vorher war, weil das Instrument einen gewissen Widerstand darstellt; das hat zur Folge, daß man die Anlage nicht mehr unter den Verhältnissen des praktischen Betriebes untersucht, sondern unter veränderten; ob die Veränderung wesentlich ist, wird von Fall zu Fall zu erwägen sein. Außerdem wird auch die nach Einführung des Instrumentes wirklich durchlaufende Luftmenge insofern nur mit einiger Unsicherheit gemessen, als die auf S. 68 erläuterten Verhältnisse eintreten und die Geschwindigkeit im Instrument kleiner ist als in der übrigen Rohrleitung. Die erstgenannte Fehlerquelle bewirkt eine Verminderung der Luftmenge gegenüber dem praktischen Betriebe, die zweite bewirkt — je nach der Art der Eichung freilich, S. 68 — eine zu geringe Angabe des Instrumentes; beide wirken also unter Umständen in gleichem Sinne. — Übrigens wäre noch darauf aufmerksam zu machen, daß man die Luftgeschwindigkeit im Saugerohr eines Ventilators besser mißt als im Druckrohr, weil in letzterem die Luftbewegung stärker mit Wirbeln durchsetzt ist (S. 73).

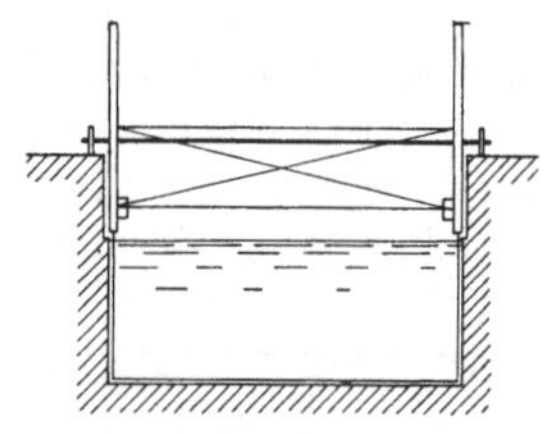

Fig. 82.

Eines sei ferner hervorgehoben, nämlich daß die Geschwindigkeit in der Mitte des Rohres oder Kanales wesentlich größer ist als die mittlere Geschwindigkeit. Die Reibung an der Kanalwand bewirkt, daß in der Nähe der Wand geringere Geschwindigkeiten vorhanden sind als in der Kanalmitte. Mit wechselnder Rauheit und wechselnder Kanalabmessung, auch je nach dem Vorhandensein von Krümmungen im Kanalzug, ändert sich das Verhältnis der mittleren Geschwindigkeit zur Geschwindigkeit in der Mitte. Es ist also nicht möglich, aus einer Messung in der Kanalmitte die Durchflußmenge zu finden. — Jedoch kann man einen fest in den Kanalzug eingebauten Geschwindigkeitsmesser, am besten einen statischen, empirisch so eichen, daß man nach erfolgter Eichung einigermaßen sicher die Menge finden kann.

**50. Wassermessung mittels Schirm.** Die Schirmmessung kommt namentlich für Turbinengerinne in Anwendung. Sie ist erst in den letzten Jahren von Schweden aus bei uns bekannt geworden. Ein

Stück des Turbinengerinnes ist sorgsam auf gleichmäßigen Querschnitt gebracht; in diesem Stück kann sich mit geringem Spiel ein Schirm mit dem strömenden Wasser bewegen, der die Geschwindigkeit des Wassers annimmt und sie messen läßt, indem man die Geschwindigkeit des den Schirm tragenden Wagens mißt. Fig. 82 zeigt die Anordnung. Bei *I* ist der Wagen in Ruhe, der Schirm hochgezogen; nach Lösen einer Sperrung fällt der Schirm in dem führenden U-Eisen herab, und der Wagen setzt sich in Bewegung; bei *II* ist er in Bewegung und durchläuft die Meßstrecke, die dadurch festgelegt ist, daß bei *A* und *B* elektrische Kontakte vom Wagen geschlossen werden.

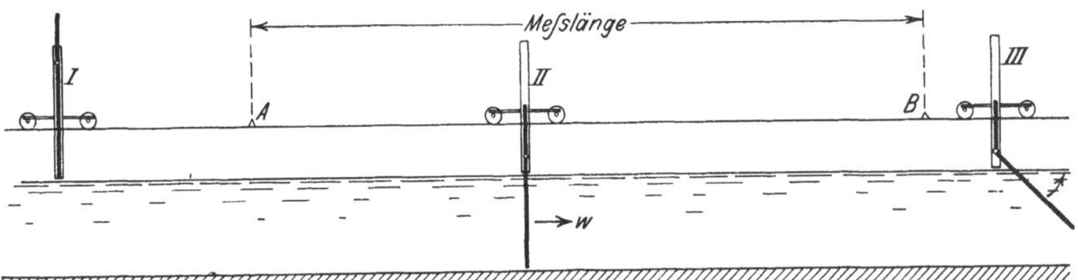

Fig. 82. Wassermessung mit Schirm.

Nachdem der Wagen die Meßstrecke durchlaufen hat, stößt er gegen einen Anschlag, der ihn festhält, zugleich aber die Verbindung zwischen der unteren eintauchenden und der oberen geführten Hälfte des Schirmes löst; der untere Teil schwenkt durch Drehung aus dem Wasser aus. — Der Schirm und Wagen läßt sich unter Verwendung von Aluminium und nahtlosen Stahlrohren so leicht herstellen, daß seine Masse von vielleicht 40 kg gegenüber der Masse des Wassers ganz zurücktritt; das Einsenken hat daher kaum Einfluß auf die Wasserbewegung; auch der Widerstand des rollenden Wagens ist bei sorgsamer Verlegung der Geleise so gering, daß sich ein Stau von nur 1 bis 2 mm vor dem Schirm bildet; der spielt gegenüber der Wassertiefe keine Rolle, die durch den Spalt gehende Wassermenge läßt sich aber auch noch durch eine Korrektion berücksichtigen. Die Wagenbewegung wird durch Schließen der Kontakte *A* und *B*, besser noch durch einige Zwischenkontakte festgelegt, indem diese Kontakte auf einem Papierstreifen Marken aufschreibt; wir kennen aus § 33 diese Art der Geschwindigkeitsmessung und wissen, daß es gut ist, neben die Ortsmarken noch Zeitmarken schreiben zu lassen, statt sich auf die gleichförmige Bewegung des Papierstreifens zu verlassen. Wenn man auf dasselbe Papierband noch eine dritte Markenreihe schreiben läßt, mittels eines Schreibzeuges, das von der Turbine bei jedem Umlauf betätigt wird, so hat man alle Angaben für die Turbinenuntersuchung beieinander, mit Ausnahme der Wasserstände; aber auch diese hat man auf den gleichen Streifen verzeichnen lassen. So vollkommene Einrichtungen wird man freilich nur in Versuchsanstalten zu dauernder Benutzung anordnen können; das Gerinne wird dann aus Stein sauber geputzt hergestellt. Für einzelne Bremsungen bei Abnahmeversuchen begnügt man sich mit einfacheren Einrichtungen; das Gerinne wird aus Holz gezimmert; Schirm und Wagen kann man transportabel herstellen und das Gerinne für sie passend machen. — Man hat die Schirmmessung bis herauf zu 15 cbm/sek verwendet; die Schirme von 6 m Breite bei 3,5 m Wassertiefe konnten dann nicht mehr bei jedem Versuch gehoben werden; vielmehr wurde eine Reihe Klappen in einem Rahmen angebracht, die sich gemeinsam schließen ließen und die zum Schluß gemeinsam selbsttätig geöffnet wurden. Andererseits hat sich durch Vergleich der Schirmmessung mit der Messung durch Ausflußöffnung gezeigt, daß der Schirm selbst bei Wassergeschwindigkeiten von 3 bis 5 mm/sek zuverlässig mißt. Sein Meßbereich ist also sehr groß, dabei erfordert die Schirmmessung keine Koeffizienten und andere Hilfsmittel. Es besteht kein Zweifel, daß die Schirmmessung bei guten Hilfsmitteln die beste Art zur Messung großer Wassermengen ist.

**51. Ausflußöffnungen, Durchflußöffnungen.** Ist in der Wand eines Gefäßes, Fig. 83, eine Öffnung vorhanden, so tritt Wasser aus mit einer Geschwindigkeit $w'$, die von der Standhöhe $h$ des Wassers über der Öffnung abhängt, und zwar nach der Beziehung $w' = \sqrt{2gh}$; hierin ist $g = 9{,}81$ m/sek² die Schwerebeschleunigung; man erhält $w'$ in m/sek, wenn man $h$ in mtr angibt. Hat die Ausflußöffnung einen Querschnitt $F$ qm, so sollte das austretende Wasservolumen $V' = F \cdot \sqrt{2gh}$ cbm/sek sein. Kennt man also den Mündungsquerschnitt $F$, so kann man aus der Standhöhe des Wassers auf die ausfließende Wassermenge schließen. Fließt von oben eine zu messende Wassermenge zu, so wird der Wasserspiegel so lange steigen, bis zu- und abfließende Wassermenge einander gleich sind: dann stellt er sich konstant ein, und man kann ablesen.

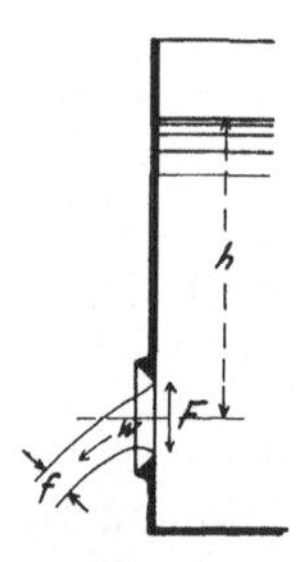

Fig. 83.
Ausflußöffnung
in einem Gefäß.

Man sieht sofort, daß diese Meßmethode zunächst nur da brauchbar ist, wo das Wasser ganz oder annähernd gleichmäßig fließt.

Handelt es sich um eine andere Flüssigkeit als Wasser, so wird diese theoretische Ausflußgeschwindigkeit $w'$ und das theoretische Ausflußvolumen $V'$ ganz nach der gleichen Beziehung folgen: der Ausfluß unter dem Druck entsprechend einer Flüssigkeitssäule der betreffenden Flüssigkeit von $h$ Meter Höhe erfolgt mit der Geschwindigkeit $w' = \sqrt{2gh}$.

Der letzte Satz macht uns bereits darauf aufmerksam, daß an Stelle der Messung in Flüssigkeitssäule auch eine Druckmessung, etwa mittels Manometers, erfolgen kann; nur muß man, wenn der Druck etwa in Atmosphären oder in kg/qm gemessen wurde, eine Umrechnung in Meter Flüssigkeitssäule ausführen. Dazu bedient man sich der auf S. 133 genauer abzuleitenden Beziehung, wonach $h$ Meter Flüssigkeitssäule vom spezifischen Gewicht $\gamma$ kg/cbm einen Druck $h \cdot \gamma$ kg/qm auf ihre Unterlage ausüben; oder es ist

$$h^{\mathrm{m\ Fls.}} = \frac{p^{\mathrm{kg/qm}}}{\gamma^{\mathrm{kg/cbm}}}\,.$$

Man beachte, daß diese Gleichung auch dimensionsrichtig ist.

Und nun gilt das gleiche auch für Gase und selbst für Dampf, bei denen natürlich nur der Druck gemessen werden kann. Strömt ein Gas aus einem Raum in einen anderen, etwa durch die Rohrleitung Fig. 84 hindurch, in die eine Blechscheibe mit sauber ausgedrehtem Loch wie ein Blindflausch eingelegt ist, und herrscht ein Druckunterschied von $p_2 - p_1$ kg/qm $= p_2 - p_1$ mm WS zwischen beiden Räumen, hat dabei das Gas das spezifische Gewicht $\gamma$ kg/cbm, so erfolgt der Ausfluß unter $\dfrac{p_2 - p_1}{\gamma}$ Meter Gas- oder Dampfsäule, und es sollte eine Geschwindigkeit entstehen vom Werte

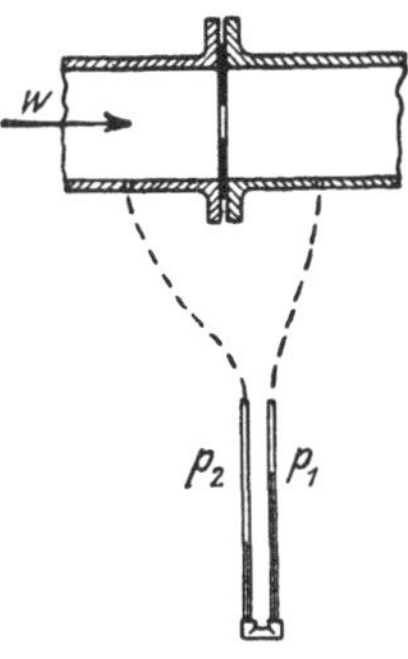
Fig. 84.
Durchflußöffnung in
einer Rohrleitung.

$$w' = \sqrt{2\,g \cdot \frac{p_2 - p_1}{\gamma}} \ \text{m/sek.}$$

Bei $F$ qm Querschnitt der Ausflußöffnung hat man die Ausflußmenge, dem Volumen nach

$$V' = F \cdot \sqrt{2\,g \cdot \frac{p_2 - p_1}{\gamma}} \ \text{cbm/sek} \ \ . \ \ . \ \ . \ \ . \ \ . \ \ (8)$$

zu erwarten. Dem Gewicht nach sollte $G' = V' \cdot \gamma$ oder

$$G' = F \cdot \sqrt{2\,g\,\gamma \cdot p_2 - p_1} \ \text{kg/sek} \ \ . \ \ . \ \ . \ \ . \ \ . \ \ (9)$$

austreten.

Diese letzten Ausdrücke gelten also allgemein, für Gas und Dampf jedoch mit dem Vorbehalt, daß es sich nur um Ausgleich von Druckunterschieden handelt, die klein sind im Verhältnis zum absoluten Druck; sie dürfen etwa 5 bis höchstens 10% desselben ausmachen. Andernfalls wäre zu bedenken, daß der Ausfluß von Gasen und Dämpfen kein rein mechanischer, sondern ein thermodynamischer Vorgang ist. daß mit der Druckabnahme eine Zunahme des Volumens und eine Abnahme der Temperatur, bei Dampf wohl auch eine Abnahme des Wassergehaltes stattfindet, und daß also $\gamma$ keinen bestimmten Wert mehr hat; hieraus allein folgt schon, daß unsere Gleichungen nicht ohne weiteres Geltung behalten können. —

Das durch eine Mündung austretende Volumen sollte also $V' = F \cdot \sqrt{2\,g \cdot \dfrac{p_2 - p_1}{\gamma}}$ oder aber $V' = F \cdot \sqrt{2\,g\,h}$ sein. In Wahrheit ist es kleiner, etwa $V$. Dann bezeichnet man das Verhältnis $\dfrac{V}{V'} = \mu$ als *Ausflußkoeffizienten*. Über die Größe von $\mu$ sprechen wir sogleich: kennt man $\mu$, so ist die wirklich ausfließende Wassermenge

$$V = \mu \cdot F \sqrt{2\,g\,h}$$

oder

$$V = \mu \cdot F \cdot \sqrt{2\,g \cdot \frac{p_2 - p_1}{\gamma}} \ . \ \ . \ \ . \ \ . \ \ . \ \ . \ \ (8a)$$

Der Grund dafür, daß weniger Wasser austritt, als theoretisch zu erwarten wäre, ist ein doppelter: einerseits wird die theoretische Ausflußgeschwindigkeit $w'$ infolge von Widerständen etwas verkleinert und in Wirklichkeit nur $w = \zeta \cdot w'$; dieser Koeffizient $\zeta = \dfrac{w}{w'}$ heißt Geschwindigkeitskoeffizient; andererseits ist der Querschnitt $f$ des austretenden Wasserstrahls kleiner als der Mündungsquerschnitt $F$, man bezeichnet diese Erscheinung als Kontraktion des Wasserstrahls, und das Verhältnis $\dfrac{f}{F} = \varphi$ nennt man den Kontraktionskoeffizienten. Von den drei genannten Koeffizienten braucht man bei Wassermessungen nur den Ausflußkoeffizienten, wir führen die anderen beiden an, um Verwechselungen zu vermeiden. Es ist $\mu = \varphi \cdot \zeta$. Die Kontraktion ist bei gut ausgerundeten Mündungen kaum oder nicht vorhanden, weil sie gewissermaßen durch die Ausrundung vorweggenommen ist; bei ihnen ist daher $\mu$ sehr nahe an Eins. Bei scharfkantigen Mündungen pflegt $\mu$ Werte um 0,6 herum anzunehmen, die unabhängig von Druck und Geschwindigkeit ziemlich konstant zu sein scheinen. Im Mittelfall jedoch, also bei schlecht runden oder schlecht scharfen Öffnungen, liegt $\mu$ zwischen beiden Werten, ist dann aber großen Schwankungen unterworfen. Für Meßzwecke kommen also nur die beiden Formen in Frage,

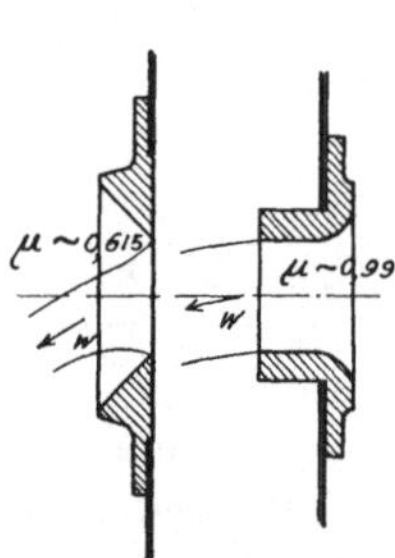


Fig. 85a und b. Scharfkantige und abgerundete Mündung.

die für freien Ausfluß von Wasser in Fig. 85a und b dargestellt sind. Die abgerundete Mündung ist vorzuziehen. Bei der scharfkantigen verändert sich der Ausflußkoeffizient, sobald die Kante nicht ganz scharf ist; die scharfe Kante wird leicht verletzt, so schon beim Messen des Durchmessers. Die abgerundete ist Verletzungen weniger ausgesetzt. Auch spricht folgendes für Verwendung abgerundeter Mündungen: Nicht selten hat man warmes oder unreines Wasser zu messen oder auch andere Flüssigkeiten als Wasser, etwa die Sole in Kälteanlagen, die mehr oder weniger konzentriert sein kann. Man ist selten in der Lage, eine Eichung der Öffnung mit warmem Wasser oder mit Sole vorzunehmen, man überträgt einfach die mit kaltem Wasser gefundenen Werte von $\mu$ auf die anderen Verhältnisse. Bei scharfer Öffnung findet Kontraktion statt, und es ist wohl möglich, daß diese unter anderen Verhältnissen in anderem Betrage stattfindet; bei abgerundeter Mündung findet für kaltes Wasser keine Kontraktion statt, weshalb sollte sie bei anderen Flüssigkeiten plötzlich auftreten? Die Reibung aber kann offenbar nur unbedeutende Schwankungen im Werte von $\mu$ veranlassen. Veränderte Bedingungen werden um so weniger Einfluß auf den Wert von $\mu$ haben, je weniger $\mu$ selbst von der Einheit abweicht. — Versuche liegen meines Wissens über diese Frage nicht vor.

Die Verwendung von Mündungen zum Messen der Ausflußmenge kann nun in doppelter Weise erfolgen: entweder man beobachtet die Standhöhe und mißt außerdem den Öffnungsquerschnitt, bestimmt dabei das spezifische Gewicht entweder durch Versuch oder entnimmt es Tabellen — und berechnet nun die Ausflußmenge unter Verwendung von Ausflußkoeffizienten, die in der Literatur für verschiedene Verhältnisse zu finden sind; oder aber man „eicht" die betreffende Mündung besonders, beobachtet also die Beziehung zwischen Standhöhe und Ausflußmenge möglichst für die Verhältnisse, die man bei späteren Versuchen erwartet, indem man das ausfließende Wasser etwa wägt, die ausströmende Luft einem Druckbehälter entnimmt, den durchströmenden Dampf kondensiert und wägt. Druck und Temperatur werden bei der *Eichung* möglichst genau auf die zu erwartenden Werte gebracht, auch findet die Eichung hinsichtlich der Flüssigkeits- oder Gasmenge in den Grenzen statt, die gerade interessieren. Solch Verfahren scheint auf den ersten Blick umständlich zu sein: warum benutzt man nicht direkt die Wage oder die anderen unmittelbaren Methoden, wenn man ihrer doch nicht entraten kann? Man bedenke aber, daß man eine Mündung nur einmal für eine Reihe von Durchgangsmengen zu eichen braucht und dann Zwischenwerte graphisch interpolieren kann, daß dann aber eine einmalige Eichung für sehr zahlreiche Versuche genügen kann, deren jeder nur eine Momentanablesung erfordert, die viel bequemer zu machen ist als eine Wägung oder dergleichen. Auch kann man eine Mündung nach der Eichung leicht an andere Orte transportieren, leichter als Wagen oder gar Windkessel und Gasuhren. Endlich ist noch die Möglichkeit zu erwähnen, mehrere Mündungen einzeln zu eichen und durch Parallelschalten derselben Mengen von Luft oder Wasser zu bewältigen, für die die verfügbaren Meßmittel sonst nicht ausreichen.

Man sollte möglichst immer eine Eichung der Mündung vornehmen und sich nicht auf die unsicheren Angabe der Ausflußkoeffizienten verlassen, deren Wert im Einzelfall von zu vielen Umständen abhängt. Insbesondere ist recht wenig darüber bekannt, wie weit die für Wasser und Luft vorliegenden Zahlen auf andere Flüssigkeiten und Gase angewendet werden können, wieviel Einfluß Unreinigkeiten des Wassers, Feuchtigkeit der Luft, Abweichungen des Druckes und der Temperatur haben. An scharfkantigen Mündungen haben auch geringe Verletzungen der scharfen Kante großen Einfluß. Die Messung der oft kleinen Durchmesser ist nur schwer genügend genau zu machen und geht doch im Quadrat ins Ergebnis ein.

Daher bleibt jede Benutzung von Ausflußkoeffizienten ein Notbehelf, der nur für weniger wichtige Messung zulässig ist. Trotzdem mögen die folgenden *Werte von* $\mu$ angegeben werden.

Für kaltes Wasser ist nach zuverlässigen und oft bestätigten Messungen von Weisbach

      bei scharfkantigen Mündungen (Fig. 85a) . . . $\mu = 0{,}615$

      bei abgerundeten Mündungen (Fig. 85b) . . . $\mu = 0{,}99$

letzteres je nach der Politur.

    Für Luft ist nach A. O. Müller

      bei scharfkantigen Mündungen . . . . . . . . $\mu = 0{,}60$

    Für Dampf ist nach Bendemann

      bei abgerundeten Mündungen . . . . . . . . $\mu \sim 0{,}93$

ein Wert, der eine Genauigkeit von $\pm 2\%$ gibt, wenn man den Druckabfall höchstens 7% des absoluten Anfangsdruckes werden läßt. Bei Luft und Dampf liegt in diesen Werten zugleich eine empirische Berücksichtigung der vorhin erwähnten thermodynamischen Vorgänge.

Die Zahlen gelten für *vollkommene Kontraktion*, das heißt dann, wenn der Ausfluß aus einem im Verhältnis zum Ausflußquerschnitt großen Behälter ins Freie oder in einen ebenfalls großen Behälter stattfindet. Wo aber eine Drosselscheibe in eine Rohrleitung eingebaut ist, können sie nur gelten, wenn die Öffnung sehr klein gegenüber der Rohrweite ist; muß sich ja doch, wenn die Öffnung sich der Rohrweite mehr und mehr nähert, der Ausflußkoeffizient mehr und mehr dem Werte Eins nähern — glatte Rohrleitung.

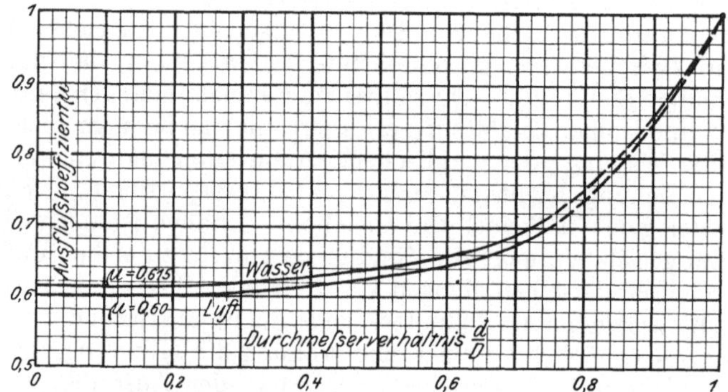


Fig. 86. Ausflußkoeffizienten für Wasser und Luft in scharfkantiger Mündung bei unvollkommener Kontraktion. Nach A. O. Müller.

Drosselflansche werden oft in Rohrleitungen eingebaut, sollen aber meist nicht zu kleine Öffnung haben, um den Druckverlust gering zu halten, und müssen auch oft scharfkantig sein, dann nämlich, wenn man nur ein Blech als Blindflansch einlegen kann. Dann tritt *unvollkommene Kontraktion* ein. Deshalb seien in Fig. 86 die Ausflußkoeffizienten aufgetragen, abhängig von dem Verhältnis $d : D$ des Mündungsdurchmessers zum Rohrdurchmesser.

Ein *Beispiel* möge die Rechnung erläutern: In die Saugleitung eines Gebläses von 200 mm lichter Weite ist ein Blindflansch von 125 mm lichter Weite aus ganz dünnem Blech eingelegt; man mißt einen Druckunterschied von 78 mm Wassersäule am Flansch; der Barometerstand ist 750 mm QuS, die Temperatur 20° C. Mittelfeuchte Luft hat unter diesen Verhältnissen, wie wir auf S. 77 berechneten, ein spezifisches Gewicht $\gamma = 1{,}184$ kg/cbm, also haben wir ein Druckgefälle von

$$\frac{78}{1{,}184} = 65{,}8 \text{ m LS}.$$

Damit wird theoretisch $w' = \sqrt{2 \cdot 9{,}81 \cdot 65{,}8} = 36{,}0$ m/sek. Der Mündungsdurchmesser ist das $\frac{125}{200} = 0{,}625$ fache des Leitungsdurchmessers, so daß man nach Fig. 86 auf einen Ausflußkoeffizienten $\mu = 0,65$ zu rechnen hat. Also wird das angesaugte Luftvolumen

$$V = 0,65 \cdot 0,0123 \cdot 36,0 = 0,288 \text{ cbm/sek} \left(\begin{smallmatrix}20\\750\end{smallmatrix}\right)$$

und das angesaugte Luftgewicht

$$G = 0,288 \cdot 1,184 = 0,342 \text{ kg/sek.}$$

Das angesaugte reduzierte Volumen aber wäre

$$V_0 = \frac{0,342}{1,293} = 0,264 \text{ cbm/sek} \left(\begin{smallmatrix}0\\760\end{smallmatrix}\right).$$

Eine große Druckhöhe ist aus doppeltem Grunde erwünscht: da bei Messung der Druckhöhe immer die gleiche Ungenauigkeit gemacht wird, so ist die Ungenauigkeit bei größerer Druckhöhe relativ kleiner. Außerdem aber ändert sich ja die Druckhöhe mit dem Quadrat der Ausflußmenge: $V = \mu F \sqrt{2gh}$. Daher wird die Änderung der Druckhöhe mit der Ausflußmenge um so bedeutender sein, je größer die Druckhöhe selbst ist. — Daß die gesuchte Größe $V$ vom Wurzelwert der beobachteten, $h$, abhängt, hat zur Folge, daß bei kleinen Geschwindigkeiten die abzulesende Druckhöhe sehr klein und ungenau abzulesen ist. Dafür wird in dem Meßbereich, für den die Druckhöhe bequem abzulesende Werte hat, die Ablesung um so genauer (§ 10).

Wollen wir bei einem längeren Versuch die Druckhöhen regelmäßig ablesen, um daraus die mittlere sekundliche Ausflußmenge zu finden, so ist es nicht ganz korrekt, den Mittelwert aus den Druckhöhen zu bilden und aus ihm die mittlere Ausflußmenge zu berechnen; denn die Wurzel aus dem Mittelwert ist nicht das gleiche wie der Mittelwert aus den Wurzeln. Wir müssen zu jeder einzelnen Druckhöhe die zugehörige Ausflußmenge finden und aus diesen das Mittel bilden. Bleiben die Schwankungen der Druckhöhe gering, etwa unter 10%, so ist der Unterschied zwischen beiden Rechnungsarten gering (§ 16). Oder man rechnet mit dem Wurzelmittelwert (S. 22).

Bei stark *schwankenden Ausflußmengen* kann man sich auch folgender Methode bedienen, die für Wassermessungen von Brauer angegeben ist, aber auch sonst manchmal verwendbar ist: Man läßt die zu messende Ausflußmenge aus mehreren Öffnungen austreten, wobei dafür zu sorgen ist, daß für alle gleiche Verhältnisse, insbesondere hinsichtlich der Druckhöhe, vorliegen. Die einzelnen Ausflußmengen verhalten sich dann wie die Mündungsquerschnitte, oder doch jedenfalls wie die Produkte $\mu \cdot F$, bleiben also bei allen Druckhöhen einander proportional. Die aus einer der Mündungen kommende Menge wird dann irgendwie gemessen, bei Wasser etwa durch Wägen, bei Luft durch eine Luftuhr. Dadurch kann man, ähnlich wie bei Anwendung der Mischungsregel, § 43, große Mengen mit kleinen Meßapparaten bewältigen.

Für Flüssigkeiten insbesondere ist noch folgendes zu bemerken: Die Druckhöhe $h$ der Flüssigkeit über der Mündung hat man bei seitlichem Ausfluß bis Mitte Öffnung zu messen (Fig. 83), bei Ausfluß durch den Boden bis zu der Höhe, wo der Wasserstrahl sich vom Gefäß löst (Fig. 87). Die Druckhöhe soll mindestens so groß sein, daß die Wasser-

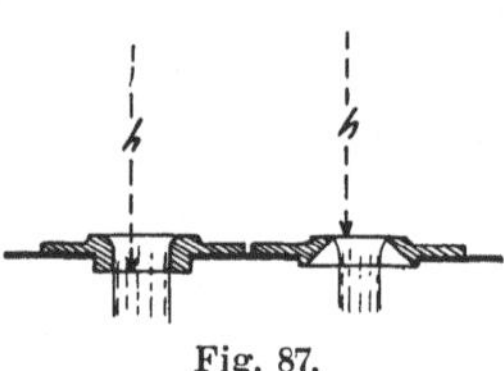
Fig. 87.

oberfläche über dem ausfließenden Strahl nicht irgendwie gestört ist. Zu kleine Druckhöhe verändert bei scharfer Mündung den Ausflußkoeffizienten $\mu$. Man verwendet wohl Ausflußgefäße nach Fig. 88 mit einer Anzahl Öffnungen verschiedener Größe, die man nach Bedarf verschließt, so daß bei jeder Wasser menge die Druckhöhe passend wird. Bei $a$ läuft das Wasser zu, die Scheidewände beruhigen es, so daß über den Mündungen ein völlig glatter Spiegel steht. Die Druckhöhe mißt man

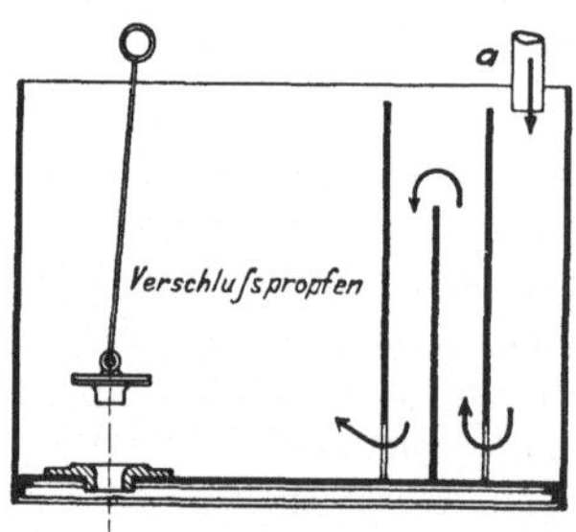

Fig. 88.
Meßgefäß mit Ausflußöffnung.

mit einem einfachen Maßstab, den man eintaucht und auf halbe oder zehntel Zentimeter abliest. Man kann auch den bei den Wehrmessungen zu beschreibenden Hakenmesser verwenden (Fig. 92).

Bei großen Wassermengen benutzt man nicht eine große Mündung, diese wäre schwer zu eichen, sondern mehrere kleine. Die Gesamtausflußmenge ist die Summe der einzelnen Mengen. Die Öffnungen dürfen nicht zu dicht beieinander sein, sonst beeinflussen sie sich, und der Ausflußkoeffizient ändert sich, sie dürfen auch nicht dem Boden oder der Seitenwand des Ausflußbehälters zu nahe sein, sonst tritt das gleiche auf. Jede Mündung muß etwa das Zweifache des eigenen Durchmessers um sich herum frei für sich haben.

**52. Wehrmessungen.** Wenn Wasser über ein Wehr hinwegfließt, wie Fig. 89 dies andeutet, so kann man, ähnlich wie bei Ausflußöffnungen, aus der Standhöhe $h$ des Wassers über der Wehrkante auf die überfließende Wassermenge schließen und letztere messen, indem man die Höhe $h$ beobachtet.

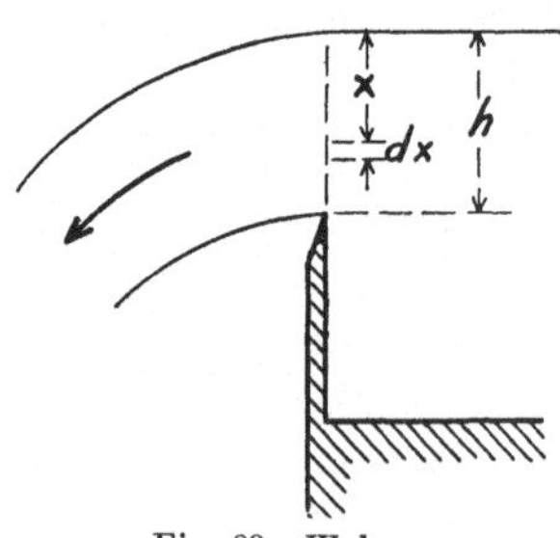
Fig. 89. Wehr.

Einem Wasserteilchen, das in der Tiefe $x$ unter dem Oberwasserspiegel sich befindet, wird theoretisch eine Geschwindigkeit $w = \sqrt{2gx}$ erteilt. Mit dieser Geschwindigkeit fließt das Wasser in dem schmalen Streifen von der Höhe $dx$ und der Länge $b$ ab, wo $b$ die Breite des Wehres, also die Länge der Wehrkante ist. Der Inhalt dieses Streifens ist $dF = b \cdot dx$ und das durch ihn sekundlich gehende Wasservolumen $dV = w \cdot dF = b \cdot dx \cdot \sqrt{2gx}$. Durch Integrieren zwischen den Grenzen $x = 0$ bis $x = h$ erhalten wir das theoretisch über das Wehr gehende Wasservolumen

$$V' = b\sqrt{2g}\int_0^h \sqrt{x}\,dx = b\sqrt{2g}\left[\tfrac{2}{3}x^{\frac{3}{2}}\right]_0^h = \tfrac{2}{3}b\sqrt{2gh^3}. \quad . \quad . \quad (10)$$

Über jedes Meter der Wehrbreite sollte das Wasservolumen $V_1' = \tfrac{2}{3}\sqrt{2\,g\,h^3}$ fließen.

Wenn wir es als besonders günstig für die Messung mit Ausflußmündungen ansahen, daß die zu findende Wassermenge vom Quadrat der beobachteten Druckhöhe abhing, so ist es hier umgekehrt: die Potenz, in der $V$ auftritt, ist diesmal sogar niedriger als die von $h$, bei verschiedenen Wassermengen sind die abzulesenden Druckhöhen also nur wenig voneinander verschieden. Außerdem wird man bei Wehrmessungen meist kleinere Druckhöhen haben. Beides wirkt dahin, kleinen Fehlern im Ablesen der Druckhöhe großen Einfluß zu geben; man muß die Druckhöhe sehr genau ablesen, und wo das nicht genügend genau geschieht, erhält man große Unsicherheiten. Trotzdem kann man Wehrmessungen für Messung großer Wassermengen, in Turbinengerinnen und dergleichen, oft nicht entbehren. —

In Wahrheit ergeben experimentelle Bestimmungen der über ein Wehr gehenden Wassermenge eine gegenüber dem theoretischen Wert zu geringe Wasserlieferung. Es fließt nur etwa $V$ über, statt der theoretischen $V' = \tfrac{2}{3}\,b\,\sqrt{2\,g\,h^3}$. Das Verhältnis beider nennt man, wie bei den Mündungen, den *Ausflußkoeffizien*

*ten*, $\mu = \dfrac{V}{V'}$.

Die Tatsache, daß zu wenig Wasser über ein Wehr geht, erklärt sich wie bei den Mündungen teils durch Geschwindigkeitsverluste infolge von Reibung, teils durch Kontraktionserscheinungen. Wie Fig. 90a erkennen läßt, fängt der Wasserspiegel schon ein beträchtliches Stück vor dem Wehr an sich zu senken, so daß am Wehr die gemessene Tiefe $h$ gar nicht mehr vorhanden ist. Auch von unten her kontrahiert sich der Strahl, wenn man dafür sorgt, daß unter ihn Luft treten kann, so daß er sich nicht am Wehr festsaugt; diese Belüftung des Wehres ist für Meßzwecke immer nötig. Kontraktion tritt auch seitlich auf, wenn die Wehrbreite kleiner ist als die Breite des Zulaufkanales (Grundriß Fig. 90b). Nimmt das Wehr die

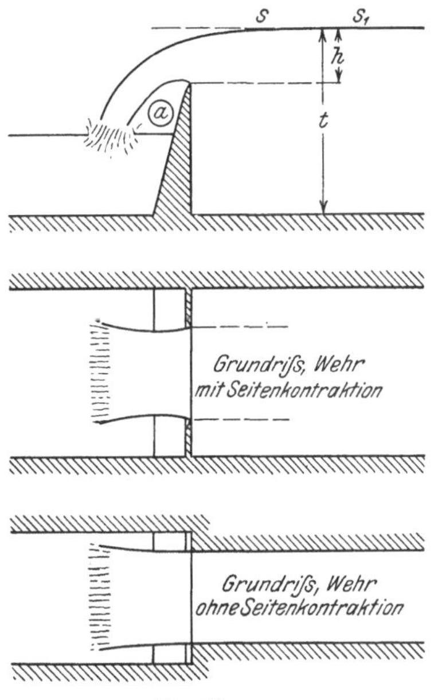



Fig. 90a—c.
Kontraktionsverhältnisse von Wehren.

volle Breite des Zulaufkanales ein (Grundriß Fig. 90c), so tritt keine Seitenkontraktion auf.

Die bei einer bestimmten abgelesenen Druckhöhe $h$ über das Wehr gehende Wassermenge und damit der Ausflußkoeffizient $\mu$ hängt von einer großen Reihe von Umständen ab. Zunächst spielt es eine

Rolle, wo man die Ablesung von $h$ bewerkstelligt, ob dicht hinter dem Wehr bei $s$, ob weiter ab bei $s_1$, Fig. 90a. Die erwähnte Senkung des Wasserspiegels läßt $\mu$ größer erscheinen, wenn man bei $s$ mißt. Verschiedene Werte von $\mu$ ergeben sich auch, je nachdem man keine Seitenkontraktion hat, oder ob diese einerseits oder beiderseits auftritt. $\mu$ ist auch von der Tiefe $t$ des Zuflußgrabens abhängig, oder, genauer gesagt, von dem Verhältnis $t:h$; denn in einem flachen Zuflußgraben läuft das Wasser schnell, schon bevor es an das Wehr kommt und wird daher am Wehr eine größere Endgeschwindigkeit annehmen, als wenn es durch einen tiefen Graben zugeflossen wäre. Bei schmalem Wehr und schmalem Zuflußgraben wird auch der Umstand von merklichem Einfluß sein, daß an den Seitenwänden die Wasserbewegung durch Reibung gehindert ist; $\mu$ wird also mit zunehmender Wehrbreite etwas steigen.

Diese und andere Umstände, die auf das Ergebnis Einfluß haben, erklären es, daß die Angaben verschiedener Experimentatoren über den Wert von $\mu$ ziemlich voneinander abweichen. Die Ergebnisse der Versuche von Castel, Poncelet, Lesbros, Francis und Fteley-Stearns sind von Frese zusammen mit eigenen Versuchen in der Z. V. d. Ing. 1890 kritisch verarbeitet. Neuere Versuche von Hansen, Z. V. d. Ing. 1892, schließen sich den Freseschen Ergebnissen gut an.

Frese gibt für Überfälle ohne Seitenkontraktion den Wert $\mu_0 = 0{,}615 + \dfrac{0{,}0021}{h}$, worin $h$ die Druckhöhe des Oberwasserspiegels über der Wehrkante in Metern bedeutet, gemessen so weit hinter dem Wehr, daß die Krümmung der Oberfläche noch keinen Einfluß hat. Die daraus folgenden Wassermengen sind in Fig. 91, starke Linie, für den Meßbereich, für welchen die Formel gilt, graphisch dargestellt.

Diese Werte $\mu_0$ gelten ohne weiteres, wenn die Geschwindigkeit des Wassers im Zulaufgraben so klein ist, daß sie keinen wesentlichen Einfluß ausübt — sie gelten für einen Zulaufgraben von unendlich großem Querschnitt. Im andern Fall wird mehr Wasser über das Wehr fließen, und wir haben $\mu_0$ noch mit einem Koeffizienten $\varepsilon > 1$ zu multiplizieren, dessen Wert von der Geschwindigkeit des Wassers im Zuflußgraben, also von dem Verhältnis Druckhöhe zu Kanaltiefe $h:t$ abhängt. Frese gibt $\varepsilon = 1 + 0{,}55 \left(\dfrac{h}{t}\right)^2$ an[1]).

Aus den Werten $\varepsilon$ und $\mu_0$ findet man den Ausflußkoeffizienten $\mu = \varepsilon \cdot \mu_0$, und damit die sekundliche Wassermenge $V = \frac{2}{3} \mu b \sqrt{2 g h^3}$ $= 2{,}953 \, \mu b \sqrt{h^3}$. Alle Angaben in diesen Rechnungen sind in Metern zu machen. Daraus folgen Wassermengen, wie sie die schwachen Kurven in Fig. 91 für verschiedene Wehrhöhen darstellen.

Für Überfälle mit Seitenkontraktion werden die Verhältnisse sehr viel verwickelter, weil der Betrag der Seitenkontraktion von der Breite $B$ des Zulaufgrabens und der Wehrbreite $b$ abhängt. Man sollte deshalb von Überfällen mit Seitenkontraktion zu Meßzwecken möglichst keinen

---

[1]) Dieser Koeffizient ist Hütte 1902, I, S. 231, falsch wiedergegeben (wohl nur in einem Teil der Auflage).

Gebrauch machen, oder aber wenigstens dafür sorgen, daß die Abmessungen des Zuflußgrabens so groß sind, daß man die Zulaufgeschwindigkeit und den Einfluß der Wände auf die Kontraktion vernachlässigen kann. Für diesen Fall des sehr weiten Zulaufgrabens gibt Frese

$$\mu = 0{,}576 + \frac{0{,}017}{h + 0{,}18} - \frac{0{,}075}{b + 1{,}2}\,.$$

Man kann jedes Wehr in ein solches ohne Seitenkontraktion verwandeln, indem man oberhalb des Wehrs den Wasserlauf durch einen Bretterbelag auf die Wehrbreite einengt; in Fig. 90b deuten die punktierten Linien das an.

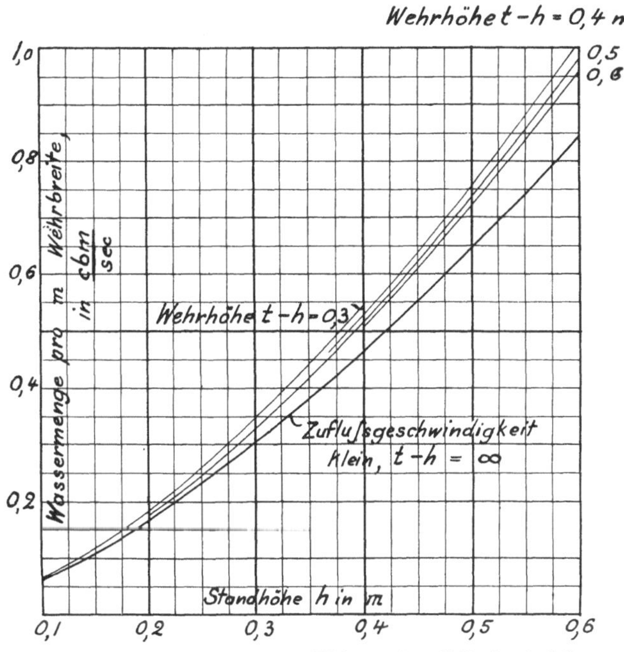


Fig. 91. Wasserlieferung von Wehren ohne Seitenkontraktion.

*Das Wehr* muß (Fig. 90a) auf der Oberwasserseite eine senkrechte Wand bis an die Wehrkante hinan bilden, auf der anderen Seite muß es so steil abfallen, daß die Belüftung, eventuell durch Löcher a hindurch, gesichert ist. Die Wehrkante muß wagerecht und durchaus scharf sein; jede merkliche Abrundung oder Abflachung vergrößert den Wert von $\mu$ in wechselndem Maße. Es scheint wenig Einfluß zu haben, ob bei Wehren ohne Seitenkontraktion der Strahl nach Verlassen des Wehrs noch durch Seitenwände eingeengt wird, oder ob er sich frei ausbreiten kann. Das Wasser braucht hinter der Wehrkante nur so tief herabzufallen, daß die Belüftung gesichert ist: bei breiten Wehren muß man es ziemlich tief fallen lassen, oder durch Rohrleitungen künstlich ventilieren. Kurzum, der Strahl soll hinter der Wehrkante durchaus frei sein. Die Wehrkante befreie man bisweilen von Schmutz durch

Entlangfahren mit einem Stab. Die Wehrkante macht man meist aus behobeltem Eisen, doch dürfte auch ein sauber scharf behobeltes Brett genügen. Genau wagerecht montiert muß sie natürlich sein.

Die *Messung der Standhöhe h* muß so weit aufwärts erfolgen, daß noch kein Absenken der Oberfläche statthat. Ein Meter hinter dem Wehr zu messen, ist nach Hansen ausreichend, Francis maß 1,8 m, Frese 5 m hinter dem Wehr. Die Messung muß sorgfältig geschehen, weil es ungünstig ist, daß $h$ in der Wehrformel in höherer Potenz steht als $v$, und weil es sich um nicht große Höhen handelt. Hansen hat eine Glasscheibe mit Skala in der Seitenwand des Gerinnes; das ist bequem, aber die Seitenwand wird oft nicht frei sein. Francis verwendet den Hakenmesser (Fig. 92): wenn die Spitze eben durch den Wasserspiegel tritt, kann man an der Skala die Druckhöhe ablesen. Statt einer Spitze verwendet Frese deren drei, die in einer Geraden liegen; die beiden unteren müssen den Wasserspiegel von unten, die obere muß ihn von oben berühren. Die Wellenbewegung des Wasserspiegels ist bei der Messung lästig: man beobachtet am besten in einem Meßbrunnen aus Holz, in den das Wasser nur von unten durch ein Loch eintritt. — Nach Francis kann man auch ein Brett $B$ mit einem Loch in die Gerinnesohle stellen, parallel zur Stromrichtung und von dem Loch aus ein Bleirohr $a$ (Fig. 93) irgendwohin führen und in einem Meßbrunnen $M$ von solcher Weite enden lassen, daß die Kapillarität nicht stört. Ist die Bleileitung dicht, so erhält man korrekte Messungen, selbst wenn die Leitung dicht hinter dem Wehr

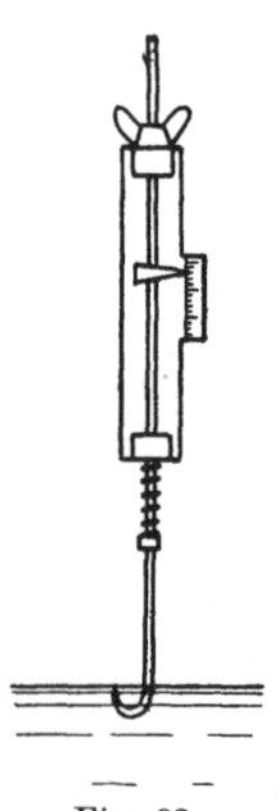

Fig. 92.
Hakenmesser.

mündet: durch die Senkung des Spiegels wird also der Wasserdruck an der Gerinnesohle nicht beeinflußt.

Über die Wahl der *Wehrbreite* ist zu bemerken: Die Druckhöhe $h$ des Wassers soll nicht unter 0,1 m, besser nicht unter 0,2 m sein, sonst geben die Freseschen Formeln $\mu$ nur schlecht wieder. Die Druckhöhe soll sogar möglichst groß sein, damit die Meßfehler relativ klein werden. Man wähle also die Wehrbreite $b$ möglichst klein, doch soll sie bei fehlender Seitenkontraktion nicht kleiner als $h$ sein, sonst wird die Reibung an den Seitenwänden störend. Versuche liegen nur mit Druckhöhen $h$ bis zu 0,5 m vor, doch dürfte die Formel darüber hinaus verwendbar sein, sollte es nötig werden.

Als Höhe des Wehres $t-h$, Fig. 90a, genügt 0,3 m.

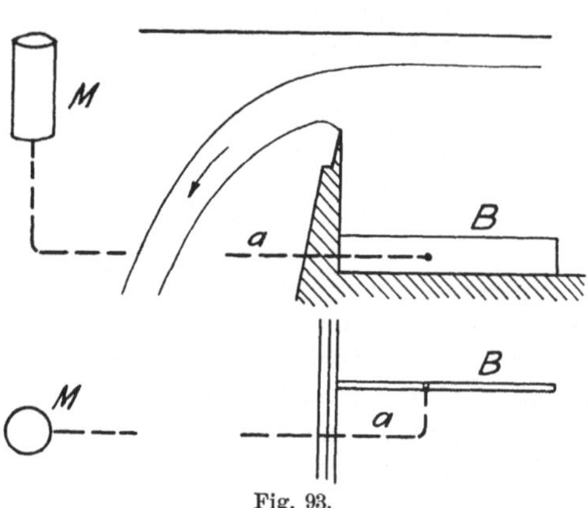



Fig. 93.

**53. Anwendungsbereich der Wassermeßmethoden.** Beim Abwägen von Flüssigkeiten kann man Gefäße bis zu 1 cbm Inhalt verwenden, größere werden unhandlich. Mit zwei solchen Gefäßen kann man dann im besten Fall so schnell arbeiten, daß alle fünf Minuten eines voll ist. Man bewältigt also 3 ltr/sek oder 12 cbm/st.

Nehmen wir als untere Grenze für brauchbare Wehrmessungen solche mit 0,2 m Druckhöhe, bei ebenfalls 0,2 m Wehrbreite, so finden wir (Fig. 91), daß ein Wehr nicht gut weniger als 40 ltr/sek oder 130 cbm/st messen kann.

Zwischen diesen beiden Grenzen kommt für Messung fließender Wassermengen hauptsächlich die Ausflußöffnung in Betracht. Nach unten hin hat deren Benutzung keine bestimmte Grenze; um die obere Grenze von 40 ltr/sek zu erreichen, müßte man etwa zwei abgerundete Öffnungen von je 80 mm Durchmesser bei 1 m Druckhöhe verwenden.

Danach hat man selten die Wahl zwischen mehreren Meßmethoden. Gegebenenfalls aber wird man die Wägung der Ausflußöffnung, und diese wieder dem Wehr vorziehen.

Die Schirmmessung hat einen sehr weiten Meßbereich, wie wir schon besprachen.

**54. Wassermesser.** Wassermesser geben die durch eine Rohrleitung gegangene Wassermenge an einem Zählwerk an. Man unterscheidet zwischen Wassermessern, die auf die Geschwindigkeit, und solchen, die auf die Wassermenge selbst, sei es Volumen, sei es Gewicht, ansprechen; letztere gibt es in offener und in geschlossener Ausführung. Es sollen nur Beispiele für die vielen im Handel befindlichen Formen gegeben werden.

Man verlangt von einem Wassermesser, daß er richtig anzeigt und weiter namentlich, daß die Angabe auch für alle Gangarten die gleiche sei, möge nun die in einer Sekunde durchgehende Wassermenge verschwindend klein, oder möge sie die größte zulässige sein. Die Angabe soll sich auch im Lauf der Zeit und bei wechselndem Druck nicht ändern, womöglich auch noch von der Temperatur unabhängig sein. Weiter soll der durch ihn verursachte Druckverlust klein sein. Endlich sind Unempfindlichkeit gegen Schmutzwasser und schlechte Wartung, sowie billiger Preis oft wichtige Bedingungen.

Einen *Flügelradwassermesser* zeigt Fig. 94. Das Wasser tritt durch die nicht radial, sondern schräg gebohrten Löcher $a$ in den eigentlichen Messer, treibt das Flügelrad $B$ und tritt durch die in entgegengesetztem Sinne schräg gebohrten Löcher $c$ aus. Das Flügelrad bewegt ein Zählwerk. Solch Messer heißt rückmessend: sollte jemals Wasser in rückläufigem Sinne den Messer durchlaufen, wie das bei Pumpenstößen vorkommt, so wirkt dieses Wasser rückwärtsdrehend auf das Meßrad, und die rückgängige Menge wird von der rechtläufigen ohne weiteres abgezogen. Träte das Wasser nicht durch schräge Löcher $c$, sondern einfach etwa in der Richtung des Pfeiles $x$ aus dem Messer, so wird nur das vorwärtsgehende Wasser registriert und das rückläufige nicht abgezogen. Für Messung in Maschinenbetrieben, wo Stöße auftreten, sind rückmessende Messer stets vorzuziehen; für Wasserleitungszwecke genügen die anderen.

8*

Flügelradwassermesser sind die üblichen für Wasserleitungszwecke. Sie sind, wie man erkannt haben wird, kleine leerlaufende Strahlturbinen, deren Umlaufzahl mit der Wassermenge wächst.

Als normaler Höchstdurchgang eines Wassermessers ist nach den Vorschriften des Vereines der Gas- und Wasserfachmänner der Wasserdurchgang bei 10 m Wassersäule Druckverlust im Messer anzugeben — denn es bedarf wohl nur der Erwähnung, daß der *Druckverlust* im Messer mit der durchgehenden *Wassermenge*, und zwar etwa mit der zweiten Potenz derselben, zunimmt.

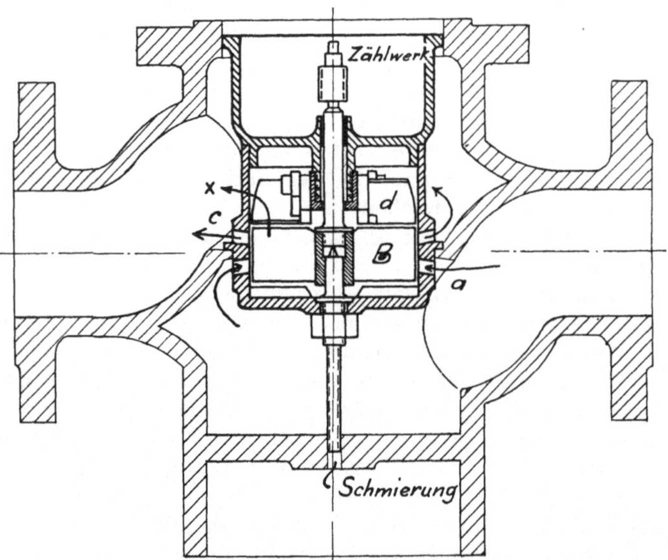


Fig. 94. Flügelradwassermesser von Siemens & Halske.

Hinsichtlich des Verhaltens von Flügelradwassermessern beim Durchgang wechselnder Wassermengen ist sonst für die meisten modernen Konstruktionen kennzeichnend, daß bis zu 2% des normalen Durchganges eine Vermessung überhaupt nicht stattfindet, und daß sie von 2 bis 5% zu gering ausfällt. Darüber hinaus ist mehr oder weniger genaue Proportionalität zwischen durchgehender und angezeigter Wassermenge vorhanden. Dieses Verhalten bedeutet einen Mangel der sonst guten und namentlich billigen und kompendiösen Flügelradmesser, der aber in ihrem Prinzip begründet liegt. Erstrebenswert ist es, für möglichst gute Proportionalität bei den verschiedenen größeren Wassermengen und möglichst tiefe Lage der unteren Grenze richtiger Anzeige zu sorgen. Dem ersteren Zweck dienen bei dem Wassermesser Fig. 94 die Flügel *d*, die mittels Schraubenschlüssels um eine horizontale Achse verstellt werden können. Das bewirkt wechselnde Wirbelbildung im oberen Teil des Messers, und dadurch wird die Proportionalität der Angabe beeinflußt. Jeder Flügelradwassermesser muß irgendwie gestatten, das Verhältnis der Registrierungen bei verschiedenem Wasserfluß einzustellen. Ein anderes Mittel ist es, die Neigung der Bohrung $a$ und $c$ veränderlich zu machen, indem man sie in eingesetzte kleine Buchsen (Düsen) verlegt. Das gleiche würde offenbar eine Erweiterung der Löcher $c$ oder eine Änderung des Zählwerkes nicht leisten: durch solche würde die Registrierung bei kleinem und großem Wasserfluß gleichmäßig stark beeinflußt werden. Um den Fehler zu geringer Anzeige bei kleinem Wasserdurchgang zu bessern, hat man *Wassermesserverbindungen* angeordnet: ein kleiner und ein großer Wassermesser werden parallel geschaltet, so daß die insgesamt durchgegangene Wassermenge durch Zusammenzählen beider Ablesungen zu finden ist. Der kleine Wassermesser dient dem Wasserdurchgang, solange er ausreicht; ein Ventil sperrt ebensolange den großen ab. Mit wachsendem Wasserdurchgang steigt der Druckunterschied zu beiden Seiten des Messers; übersteigt er einen gewissen Wert, so öffnet er selbsttätig das erwähnte Absperrventil und gibt den großen Messer frei, der nun aber schon in den Grenzen genauer Anzeige beansprucht wird. Sinkt der Wasserdurchgang wieder, so wird selbsttätig durch den ebenfalls sinkenden Druckverlust der große Messer gesperrt.

Flügelradmesser werden von ganz kleinen bis zu recht großen Abmessungen ausgeführt; für die größten freilich, wie sie für Messung des Gesamtbedarfes von Wasserwerken in Leitungen von 1 m Durchmesser und dergleichen vorkommen, pflegt man in die glatte Rohrleitung nur einen Flügel nach Art der Woltmannschen einzubauen und deren Umlaufzahl registrieren zu lassen (*Woltmann-Wassermesser*).

Im Gegensatz zu diesen durch die Geschwindigkeit des Wassers betätigten Messern stehen eine Reihe von Formen, die auf die Wassermenge selbst ansprechen.

Einen *Kolbenwassermesser* zeigt Fig. 95. Das Wasser kann über und unter jeden der beiden Kolben treten. Dabei wird der Wasserzutritt und -abfluß zu jedem der Kolben durch den anderen gesteuert. Die Wasserführung ist recht kompliziert, wird indessen mit Hilfe der Pfeile ermittelt werden können, wenn man beachtet, daß jeder der Kolben im oberen Teil zwei parallele und im unteren Teil zwei gekreuzte Kanäle hat; diese Kanäle bewirken die Steuerung; und wenn man weiter beachtet, daß der Kanal $a$ nach dem Raum $A$ über dem Kolben $I$, $b$ nach $B$ unter $I$, und entsprechend $c$ nach $C$ über $II$, $d$ nach $D$ unter $II$ führt; die Wand $x\,y$ ist also nicht senkrecht, wie es in einem Schnitt scheint, sondern schräg gerichtet, wie der Schnitt oben links erkennen läßt. Der Messer ist ein Zwillingswassermotor, seine Umlaufzahl ist ein Maß für die durchgegangene Wassermenge; man liest diese an einem Zählwerk ab. — Der amerikanische Worthington-Messer hat kein Kurbelgetriebe, die einfach hin und her gehenden Kolben steuern sich mit Hilfe besonderer Steuerschieber so, wie dies bei den bekannten Duplexdampfpumpen der Fall ist.

Andere Wassermesser sind Umkehrungen der verschiedenen Formen von Kapselpumpen, so insbesondere der *Scheibenwassermesser*, bei dem eine schräg liegende Scheibe zwischen zwei mit der Spitze gegeneinander gekehrten Kegeln so herumtaumelt, daß sie jeden derselben in einer Mantellinie berührt und daß das Fortschreiten der Berührungslinie ein

Vorwärtsdrängen derjenigen Wassermenge veranlaßt, die zum Auffüllen des frei werdenden Raumes nötig war. Waren die Geschwindigkeitsmesser leer laufende Turbinen, so sind die Volumenmesser leer laufende Kolben- oder andere Verdrängungskraftmaschinen.

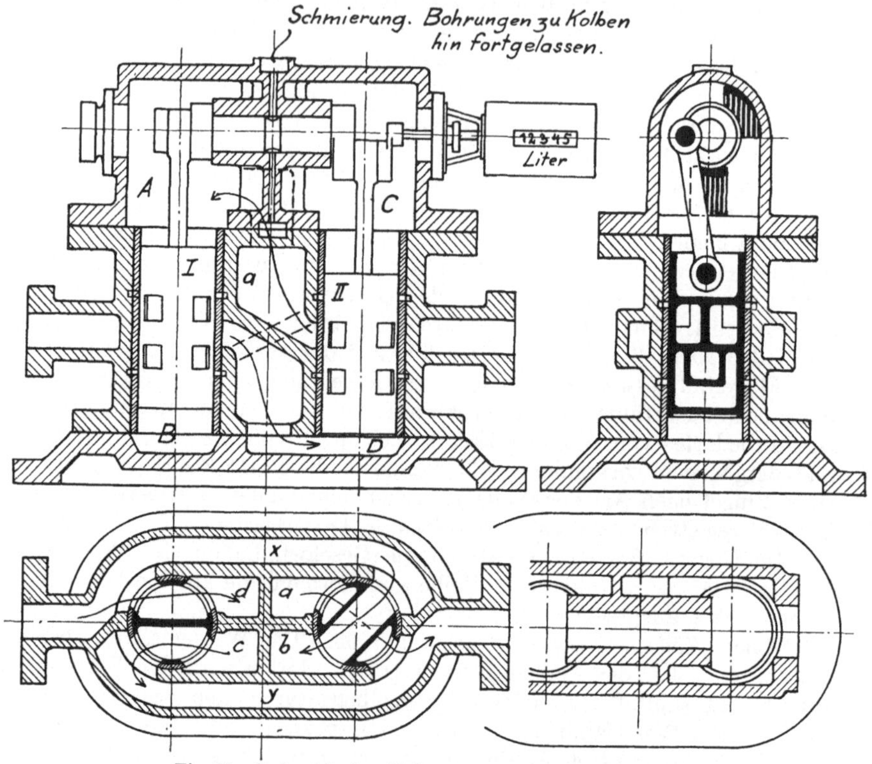


Fig. 95. Schmidscher Kolbenwassermesser von Kegler.

Das Prinzip der Verdrängung ist offenbar das für Meßzwecke geeignetere, und so ist insbesondere der Kolbenwassermesser mit Kurbeltrieb dem Flügelradmesser an Genauigkeit überlegen. Bei jeder Gangart gibt er einen bestimmten Raum frei; ist die Gangart nicht zu schnell, so wird dieser Raum auch mit Wasser ausgefüllt. Dagegen sind als Nachteile der Kolbenwassermesser anzuführen, daß sie höheren Druckverlust geben, mehr Wartung verlangen und viel teurer sind. Ihre gute Eigenschaft, beliebig kleine Mengen zu registrieren, büßen sie ein, wenn sie verschlissen sind; dann geht Wasser durch die Undichtheiten, ohne das Zählwerk zu bewegen; ihre Angabe ändert sich, wenn der Zylinder ausgeweitet ist. Der Scheibenwassermesser hält in allen diesen Hinsichten etwa die Mitte und hat sich eben deshalb in letzter Zeit, von Amerika kommend, auch bei uns sehr eingeführt. Er wird auch in besonderen für die Kesselspeisung geeigneten Formen ausgeführt.

Im Gegensatz zu den bisher besprochenen geschlossenen Wassermessern kann man andere Formen als offene bezeichnen. Die ge-

schlossenen Wassermesser setzten zu ihrer Wirksamkeit voraus, daß
man sie in eine ganz mit Wasser gefüllte und im allgemeinen unter
Druck stehende Rohrleitung einbaute. Offene Wassermesser verlangen
solchen Einbau nicht.

Fig. 96 zeigt den *offenen Wassermesser* von Gebr. Siemens & Co.
Auf einer Achse ist eine kreiszylindrische Trommel angebracht, deren
Inneres durch Scheide-
wände in drei Kammern
geteilt ist. Zurzeit läuft
Wasser in die Kammer $A$,
während $C$ sich entleert
und $B$ außer Tätigkeit ist.
Sobald $A$ voll ist, wird
sich das Wasser im Zulauf
anstauen, bis es durch die
Öffnung $b$ in die Kammer
$B$ zu laufen beginnt. Dann
gewinnt die linke Seite der
Trommel das Übergewicht
in solcher Weise, daß die
Trommel um 120° klappt
und nun $B$ gefüllt wird,
während $A$ sich entleert.
Jede Umdrehung ent-
spricht also dem Inhalt
der drei Kammern. Man
erkennt, daß das Gehäuse
bei diesem Messer nur

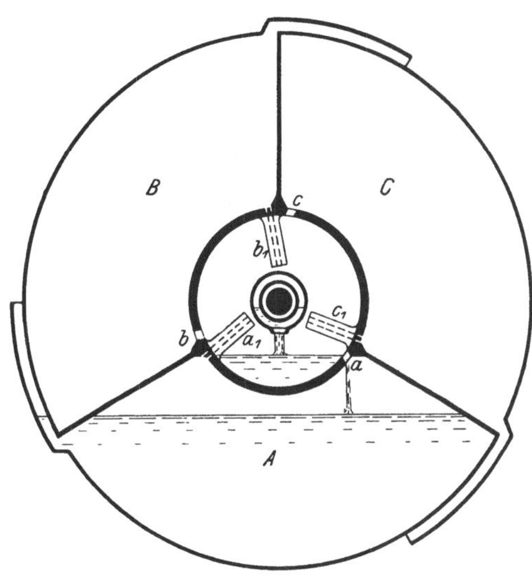


Fig. 96.
Offener Wassermesser von Gebr. Siemens & Co.

zum Schutz gegen äußere Einflüsse vorhanden ist, daß er aber
auch offen arbeiten könnte — daher die Benennung. Die durch-
bohrten Stutzen $a_1$, $b_1$, $c_1$ dienen der Entlüftung der zu füllenden
Kammer.

Andere Formen von offenen Messern haben zwei nebeneinander
stehende Gefäße, die sich abwechselnd füllen, indem beim Überschreiten
eines bestimmten Gewichtes in einem Gefäß eine Umsteuerung betätigt
wird, die die Flüssigkeit ins andere laufen läßt und den Ablaß des
ersten freigibt.

Offene Wassermesser verlangen und gestatten nicht, daß die Leitung,
in die sie eingebaut werden, unter Druck steht und ganz mit Wasser
gefüllt ist. Ihr Verwendungsgebiet ist dadurch beschränkt, doch sind
sie für manche Zwecke unentbehrlich, so für die Messung des Kondensates und damit der Wärmemenge in Dampfheizungen. Wertvoll ist
oft die Tatsache, daß sie einen sehr geringen, nur ihrer Bauhöhe entsprechenden Gefälleverlust geben, der überdies bei allen Beanspruchungen konstant bleibt — im Gegensatz zu geschlossenen. Sie werden
notwendig schon die kleinsten Wassermengen nicht ungemessen durchgehen lassen; ob sie bei allen Beanspruchungen gleich registrieren, wird
insbesondere von der Güte der Arbeit abhängen.

Besonders zu beachten bleibt noch, daß offene Messer nicht immer ohne weiteres unbeaufsichtigt bleiben können. Das kommt davon, daß sie nicht von selbst dem Bedarf entsprechend wechselnde Wassermengen liefern, sondern immer die ihnen gerade zufließende verarbeiten. Das ist nicht immer ebensoviel, wie verbraucht wird. Läuft ihnen etwa bei einer Kesselspeisung das Wasser aus einem Behälter zu und ist selbst, was erwünscht ist, ein zweiter Vorratsbehälter zwischen Messer und Speisepumpe geschaltet, in den der Messer entleert und aus dem die Pumpe saugt, so wird man Obacht geben müssen, damit nicht dieser zweite Behälter überläuft, oder das Wasser im Messer sich anstaut; beides würde die Messung fälschen. Diese Sorge entfällt, wo eine insgesamt beschränkte Wassermenge vorhanden ist, wie bei Rückführung des Heiz- oder Maschinenkondensates. —

Für Versuchszwecke wird man eine besondere *Eichung* des Messers nicht umgehen können, da alle Messer in der Genauigkeit mäßig sind, insbesondere auf die Dauer. Wo man genaue Ergebnisse erwartet, darf man bei einem Versuch den Messer nur mit einer bestimmten Geschwindigkeit laufen lassen und muß seine Angabe bei dieser Geschwindigkeit durch Eichung nachprüfen, indem man das durchgegangene Wasser auffängt und wägt. Bei der Eichung muß auch die Temperatur des Wassers die gleiche sein wie beim Versuch.

Wo Wassermesser für *Kesselspeisung* in dauerndem Betrieb dienen, sollen sie an eine Stelle geschaltet werden, wo das Wasser noch kalt ist, also vor einen Vorwärmer. Bei Injektorspeisung muß der Messer in die Saugleitung geschaltet werden, damit er kaltes Wasser bekommt und damit man nicht den vom Injektor verbrauchten Dampf mitmißt. Offene Wassermesser, die oft für Kesselspeisung verwendet werden, müssen auch in die Saugleitung geschaltet werden und erhalten außerdem zweckmäßig einen Ausgleichbehälter zwischen sich und der Speisepumpe. Geschlossene Wassermesser kommen, abgesehen von Injektorspeisungen, in die Druckleitung, jedoch vor einen etwa vorhandenen Vorwärmer. Für Kesselspeisezwecke werden Kolbenwassermesser den Flügelradwassermessern meist vorgezogen; neuerdings kommen die Scheibenwassermesser sehr in Betracht.

**55. Gasmesser.** Gasmesser messen das Volumen des durch eine Rohrleitung gehenden Gases und registrieren die gesamte durch den Messer gegangene Gasmenge an einem Zeigerwerk. Sie werden hauptsächlich in der städtischen Gasversorgung verwendet, tun aber, wenn in genügender Größe zu beschaffen, für Gas- und Luftmessungen bei Versuchen treffliche Dienste.

Das Schema eines Gasmessers zeigt Fig. 97. Der Messer besteht aus einer Trommel mit vier Kammern $A$ bis $D$, die in einem feststehenden Gehäuse umläuft. Der untere Teil der Trommel taucht in Wasser; dieses verschließt und öffnet die Schlitze $a$ bis $d$, durch die das Gas, von $E$ kommend, in die vier Kammern eintritt, und die Öffnungen $a'$ bis $d'$, durch die das gemessene Gas dem Austrittsrohr $F$ zuströmt. Man sieht, daß Kammer $B$ gerade gefüllt wird und daß die Füllung von $C$ eben begonnen werden soll; Kammer $A$ entleert sich, während die Entleerung von $D$ gerade beendet ist. Man sieht auch, daß bei keiner Lage der Trommel die Schlitze $a$ und $a'$, oder $b$ und $b'$ usw. beide gleichzeitig frei sind, so daß Gas frei hindurchkönnte; solange genügend Wasser im Messer ist, ist das Umlaufen der Trommel und daher die Registrierung der Gasmengen am Zeigerwerk Vorbedingung für den Gasdurchgang. Man sieht endlich, daß die Drehung der Trommel erzeugt wird, indem infolge des Spannungsunterschiedes zwischen Ein- und Auslaß der Wasserspiegel in der rechten Trommelhälfte einige Millimeter höher steht als in der linken, daher sinkt die rechte Hälfte der Trommel herab. Der Gasmesser ist

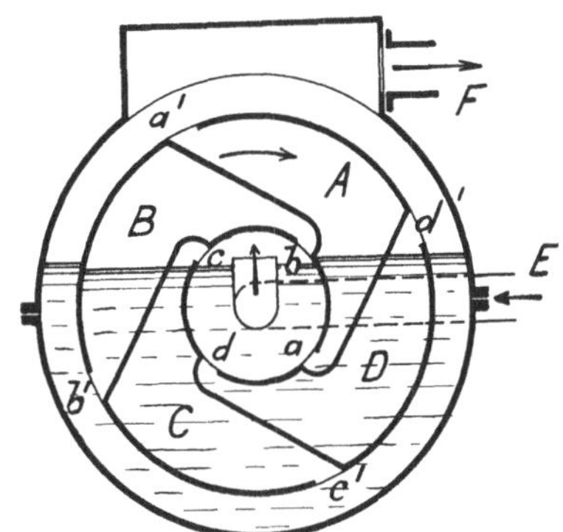

Fig. 97. Schema eines Gasmessers.

also ein Motor eigentümlicher Bauart, der in seiner Meßtätigkeit den Kolbenwassermessern an die Seite zu stellen ist.

Die Anordnung der Gasmessertrommel nach Fig. 97 wäre unpraktisch, weil sich die Schlitzweiten $a$ bis $d$ für den Gaseintritt schwer genügend groß dimensionieren ließen. Statt die Stirnwände der Trommel geschlossen herzustellen und die Schlitze an den inneren und äußeren Umfang zu legen, so daß das Gas radial durch die Trommel geht, verlegt man in praxi die Schlitze in die beiden Stirnwände und macht den Trommelumfang geschlossen. Das Gas tritt an einer Stirnwand ein, an der anderen aus, durchstreicht also den Messer in axialer Richtung. Die Schlitze für Ein- und Austritt laufen fast radial über die Trommelstirnwände hin; dabei müssen Ein- und Austrittsschlitz einer Kammer $A$ um ebensoviel gegeneinander versetzt sein, wie $a$ und $a'$ in Fig. 97 es sind, das heißt um fast 180°.

Solch Messer ist in Fig. 98 in Vorderansicht und im Schnitt dargestellt; der Gasweg ist durch Pfeile kenntlich gemacht. Wie die Trommel in Kammern geteilt ist, ersieht man aus der perspektivischen Ansicht (Fig. 99), bei der die zylindrische Außenhülle und die gewölbte Eintrittskappe fortgelassen sind. Die Kammer $A$ wird durch die Schlitze $a$ und $a'$ bedient. Die Teilung wird durch vier Bleche von der Form Fig. 100 bewirkt, die außen an den Zylindermantel angelötet, innen durch die kleinen sternförmigen Teile an der Achse befestigt sind. Diese Trommel ist ein recht kompliziertes räumliches Gebilde, dessen Wirksamkeit genau mit dem in Fig. 97 gegebenen Schema übereinstimmt. Sie ist aus verhältnismäßig schwachem Weißblech hergestellt.

Soll der Gasmesser genau messen, so darf er nicht zu schnell laufen, damit der Wasserspiegel ruhig bleibt. Kleine Messer machen 120, große nur 80 Umläufe in der Stunde. Daher ist der Gasmesser ein voluminöser und teurer Apparat.

Immer dasselbe Volumen Gas wird nur dann in jeder Kammer abgeteilt, wenn der Wasserspiegel immer dieselbe Höhe hat. Das durchstreichende Gas aber sättigt sich mit Wasserdampf, und so vermindert sich die Wassermenge. Für Hausanschlüsse bei Gasbeleuchtung hat man wohl Messer mit „Rückmessung", bei denen durch eine kom-

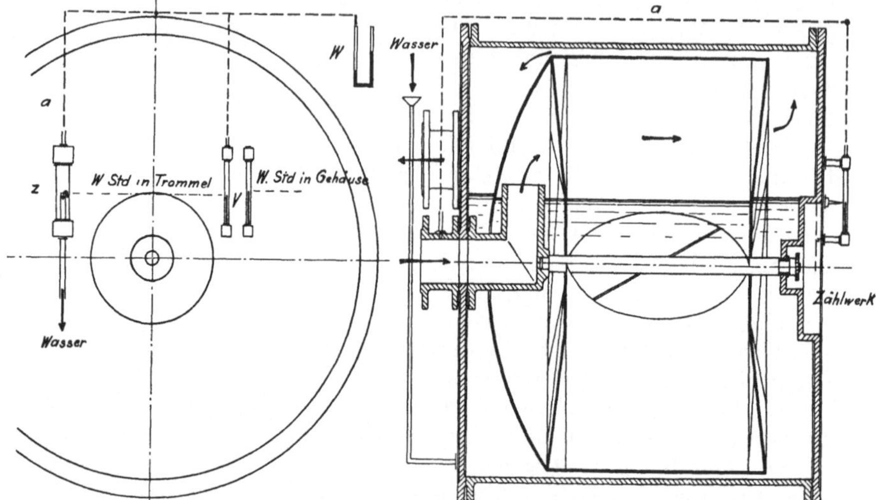


Fig. 98. Stationsgasmesser.

plizierte Kammerteilung der Einfluß des Wasserstandes ziemlich aufgehoben wird. Sinkt der Wasserspiegel zu weit, so schließt ein herabsinkender Schwimmer die Gaswege ganz ab. Diese Einrichtungen inter-

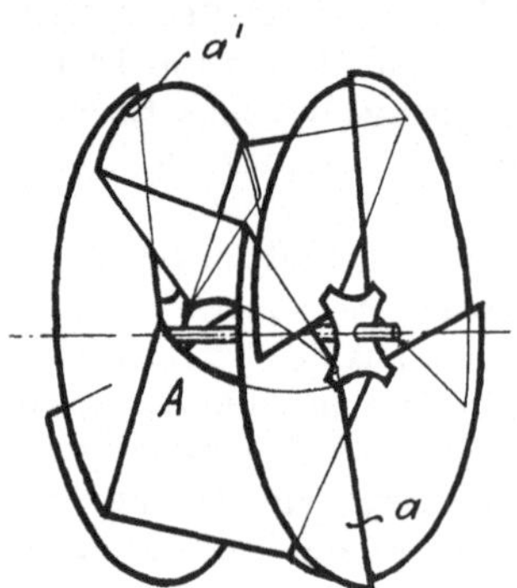


Fig. 99. Trommel eines Gasmessers.
Der zylindrische Mantel fehlt.

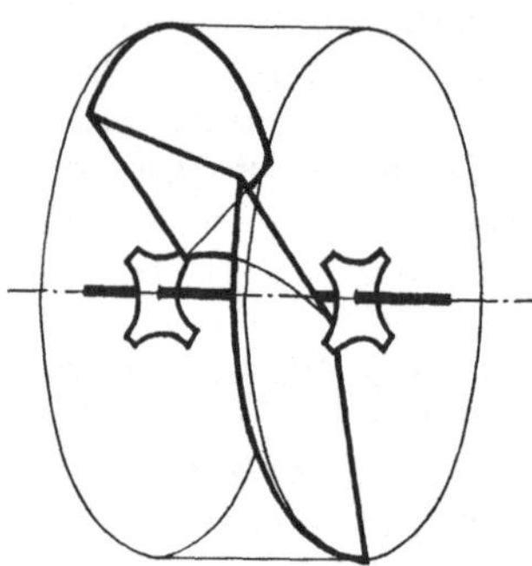

Fig. 100.
Form der Scheidewände.

essieren uns hier nicht. Für unsere Zwecke werden wir stets einfache Messer, *Experimentier- oder Stationsmesser* genannt, verwenden und für richtigen Wasserstand sorgen. Zu dem Zwecke haben die kleinen Experimentiermesser eine Füllöffnung und eine Ablauföffnung; beide schraubt man auf, gießt durch die eine Wasser nach, bis es an der anderen überläuft, läßt ablaufen und verschließt beide Öffnungen wieder. In den großen Stationsmessern, Fig. 98, zirkuliert wohl dauernd Wasser und läuft bei $z$ über einen Überlauf hinweg ab, so daß durch die Höhenlage des Überlaufs der Wasserstand gegeben ist, und zwar der Wasserstand in den sich füllenden Kammern. Dazu ist der Überlauf durch Rohr $a$ mit dem Gaseintritt verbunden. Um wagerechte Aufstellung zu sichern, sind Experimentiermesser mit einer Libelle versehen. Stationsmesser haben Meißelhiebe an verschiedenen Stellen des Gehäuses, die nach der Wage auszurichten sind.

Bei jeder Messung sind *Druck und Temperatur* zu beobachten, und zwar ist der Druck und die Temperatur des Gases in der sich füllenden Kammer am Ende der Füllungsperiode maßgebend; das Wassermanometer $W$, Fig. 98, ist deshalb mit dem Gaseintritt zu verbinden. Die Temperatur aber wird man am Gasaustritt messen, weil das Gas am Ende der Füllungsperiode schon durch Berührung die Temperatur des Messers und des Wassers angenommen hat; beim Eintritt in den Messer kann es irgendeine andere Temperatur haben. Wünschenswert ist es auch, daß die Messer schon lange genug mit dem zu benutzenden Gas gelaufen sind, so daß das Wasser damit gesättigt ist.

Der Doppelwasserstand $V$ gibt den Druckverlust im Messer an, das ist der Unterschied des Wasserstandes in und außerhalb der Trommel. Der Druckverlust pflegt nur 2 bis 3 mm Wassersäule zu betragen.

Wo man mit einer Gasuhr den Verbrauch einer Gasmaschine mißt, stört der intermittierende, hubweise stattfindende Verbrauch der Maschine den Gang des Messers. Wo man dicht hinter den Messer eine Gasflamme schalten will, stört die intermittierende Wirkungsweise des Messers, der Austritt des Gases aus den einzelnen Kammern, das ruhige Brennen der Flamme. In beiden und in ähnlichen Fällen schafft ein Behälter von genügender Größe oder ein Gummiballon Abhilfe.

Die *Eichung* kleinerer Gasmesser geschieht, indem man Luft aus einer Glocke (Fig. 76) oder einem kalibrierten Gefäß durch den Messer schickt. Die Eichung pflegt für Gasanstaltszwecke bei 40 mm Wassersäule Überdruck zu geschehen. Sonst bewirkt man sie möglichst unter den Verhältnissen, die bei dem anzustellenden Versuch herrschen, für einen Sauggasmotor also bei Unterdruck. Es verschlägt nicht viel, wenn die Glocke für den Messer zu klein ist. Man füllt sie wiederholt und schickt eine Füllung nach der anderen durch den Messer. — Glockenapparate, die speziell für schnelle Eichung von Gasmessern in größerer Zahl eingerichtet und teilweise selbsttätig sind, mit dazugehörigen Anschlüssen, heißen Eichstationen oder *Kubizierapparate* und werden von den Verfertigern von Gasmessern listenmäßig hergestellt für die Bedürfnisse der Gasanstalten, die die Hausmesser regelmäßig nachprüfen müssen.

Statt einer Glocke kann man auch die Eicheinrichtung Fig. 101 verwenden. Die Glasbirne hat zwischen den Marken *1* und *2* einen bekannten Inhalt. Durch Heben und Senken einer mit Schlauch angeschlossenen Niveauflasche und Steuern des Dreiweghahnes saugt man eine Füllung nach der andern vom Messer an und entläßt sie ins Freie.

Große Messer eicht man meist mit Hilfe eines kleineren Normalmessers; durch beide Messer hintereinander wird die gleiche beliebige

Luftmenge geschickt, beider Angaben müssen gleich sein. Man eicht
mit der sekundlichen Luftmenge, welche der Normalmesser zuläßt, und
benutzt den größeren dann bis zu der Umlaufzahl, die erfahrungsmäßig
zulässig ist — wie erwähnt, 80 bis 120 in
der Stunde. Besser wäre es offenbar, mehrere parallel geschaltete kleine Normalmesser zu verwenden, deren Gesamtleistung
der Höchstleistung des zu eichenden Messers
gleichkommt.

Beim Eichen müssen alle Apparate
und ihr Wasserinhalt gleiche Temperatur
haben. Unterschiede von 2,73° C entsprechen einem Fehler von 1%. Korrektionen,
durch die man ungleiche Temperaturen berücksichtigen wollte, sind immer unsicher,
weil ja nicht nur das Gas, sondern auch die
Meßapparate mit der Temperatur sich ausdehnen, wenn auch weniger. Eine Gas-
messereichung muß also eigentlich auch noch
bei derselben Temperatur vorgenommen
werden, bei der der Messer später benutzt
werden wird.

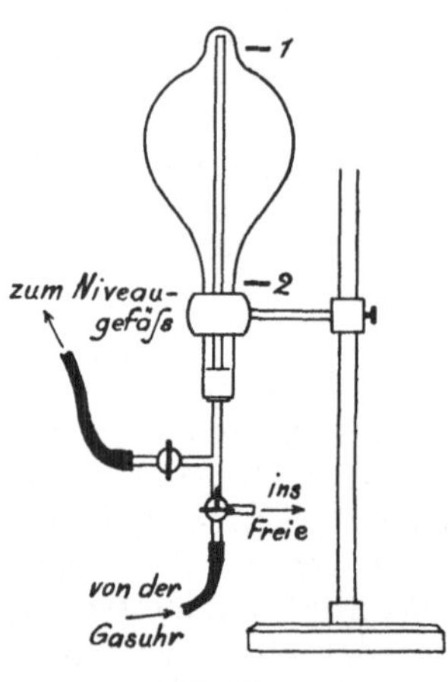


Fig. 101.
Kubizierapparat von Junkers.

Gasmesser kann man (in Preußen) von den Eichämtern eichen
lassen, Normalgasmesser insbesondere auch von der Physikalisch-Technischen Reichsanstalt.

**56. Dampfmesser.** In vielen Betrieben ist es wünschenswert, den
augenblicklichen Dampfverbrauch eines Apparates jederzeit erkennen
zu können, ohne einen besonderen Versuch machen zu müssen, und
weiterhin auch den in längerer Zeit insgesamt verbrauchten Dampf
jederzeit ablesen zu können. Ein solches Bedürfnis nach Dampfmessern,
die den Wasser- und Gasmessern analog arbeiten, liegt namentlich in
chemischen Betrieben vor, wo Dampf zu Kochzwecken benutzt wird
und sich oft mit den zu kochenden Substanzen mischt, so daß man seine
Menge durch Auffangen nicht mehr finden kann; wenn in Städten oder
Gebäuden Dampfzentralen bestehen, die Dampf für Arbeits- und Heiz-
zwecke an Verbraucher abgeben, so wünscht man ebenfalls den Verbrauch jeder Anschlußstelle messen zu können.

Dampfmesser sollten eigentlich auch ein Zusammenzählen der einzelnen Durchgangsmengen vornehmen, so daß man die insgesamt durchgegangene Menge jederzeit ablesen kann. Die Konstruktion solcher
Apparate ist nicht so einfach möglich wie bei Wassermessern und Luftuhren; denn Turbinen- sowohl wie Kolbenmesser kommen kaum in
Frage, weil die Druckverluste, die bei Wasser wenig schaden, bei Dampf
unerwünscht sind; Kammermesser aber nach Art der offenen Wassermesser und der Luftuhren verbieten sich wegen der Größe, die sie annehmen, und die bei Dampf Kondensationsverluste verursacht.

Man begnügt sich daher oft damit, die sekundlich durchströmenden
Dampfmengen an einer Skala ablesen zu können, und läßt sie außerdem

gerne auf einem durch Uhrwerk bewegten Papierblatt in Gestalt eines Diagrammes abhängig von der Zeit aufschreiben. Durch Planimetrieren der unter der Kurve liegenden Fläche erhält man die insgesamt im Verlauf des betreffenden Tages durchgegangene Dampfmenge, vorausgesetzt, daß die Ausschläge des Schreibstiftes den durchgehenden Dampfmengen proportional sind, vorausgesetzt also, daß die Skala der Dampfmengen eine gleichmäßig geteilte ist; sonst sind die Diagramme nicht planimetrierbar, wenigstens erst nach einer zeitraubenden Umzeichnung. — Das Planimetrieren hat vor der einfachen Ablesung eines selbst integrierenden Instrumentes den Nachteil der Umständlichkeit; andererseits ist der Vorteil nicht zu unterschätzen, der für Dampfbetriebe darin liegt, daß man außer dem Gesamtdampfverbrauch auch noch die Verteilung desselben auf die Tageszeiten kennt.

Für die Dampfmessung bleibt hauptsächlich die Tatsache verfügbar, daß das durch eine Querschnittsverengung von der Fläche $F$ qm gehende Dampfvolumen, ein spezifisches Gewicht $\gamma$ kg/cbm und einen Ausflußkoeffizienten $\mu = 0{,}93$ vorausgesetzt (S. 107), aus dem Druckverlust $(p_1 - p_2)$ kg/qm bestimmbar ist nach dem Näherungsausdruck $0{,}93 \cdot F$ $\cdot \sqrt{2\,g\,\gamma\,(p_1 - p_2)}$, solange der Druckverlust klein ist, $p_1 - p_2 < 0{,}07\,p_1$. Meist will man das stündliche Dampfgewicht haben, dann wäre also

$$\left.\begin{aligned} G &\sim 0{,}93 \cdot 3600 \cdot \sqrt{2\,g} \cdot F \cdot \sqrt{\gamma_1}\,\sqrt{p_1 - p_2} \\ &= 14800 \cdot F \cdot \sqrt{\gamma_1} \cdot \sqrt{p_1 - p_2}\ \text{kg/st}\,. \end{aligned}\right\} \quad \cdot \ \cdot \quad (9\,\mathrm{a})$$

Da für gesättigten Dampf das spezifische Gewicht ziemlich dem Druck $p$ proportional ist, so kann man auch das Gewicht dem Ausdruck $F \cdot \sqrt{p_1} \cdot \sqrt{p_1 - p_2}$ proportional setzen. Für überhitzten Dampf muß man auch noch die Temperatur messen.

Solange es sich, etwa im Betriebe eines Kessels, um fast konstanten Druck handelt, so daß man für $\gamma$ ohne weiteres einen aus den Dampftabellen zu entnehmenden Mittelwert einführen kann, ist $F \cdot \sqrt{p_1 - p_2}$ ein Maßstab für die durchgehende Dampfmenge, und man kann entweder den Dampf durch eine in die Rohrleitung eingebaute Mündung von konstantem $F$ gehen lassen und $p_1 - p_2$ messen (Mündungsdampfmesser) oder aber den Druckunterschied $p_1 - p_2$ durch die konstante Belastung eines Durchströmventiles konstant halten lassen und messen, eine wie große Öffnung $F$ sich an dem Ventil einstellt (Schwimmerdampfmesser).

Einen *Schwimmerdampfmesser* zeigt Fig. 102. Der Dampf durchströmt, von unten links kommend, eine Art Wasserabscheider und muß dann durch einen konisch erweiterten Trichter in die untere Kammer des Messers treten, von der aus er wagerecht weiterströmt. Eine kreisrunde Scheibe ist in jenem Trichter senkrecht verschiebbar so angebracht, daß man ihre Stellung von außen an einem Zeiger erkennen kann. Ein Gegengewicht zieht die Scheibe, den Schwimmer, mit konstanter Kraft nach oben. Die Scheibe stellt sich um so tiefer ein, je mehr Dampf durch den Messer geht, eine je größere Öffnung also nötig ist, wenn die Druckdifferenz nicht über die der Belastung des Schwimmers entsprechende steigen soll. Bei Anwendung einer geradlinigen Begrenzung für den Trichter würde keine Proportionalität zwischen Schwimmerstellung und

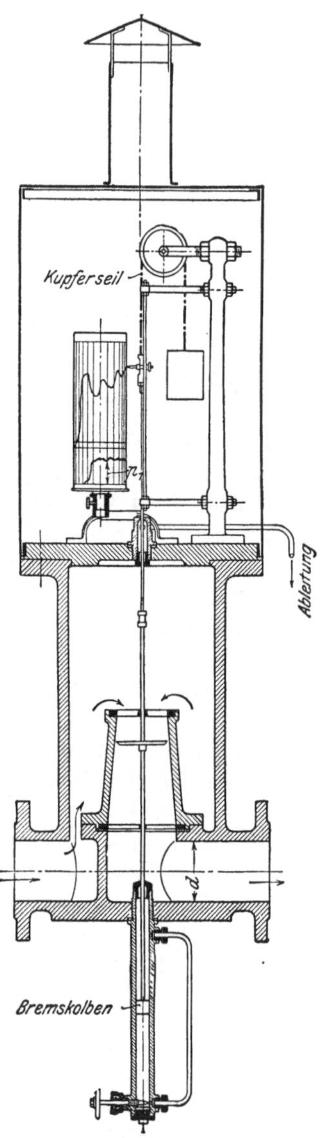



Fig. 102. Schwimmerdampfmesser von Beyer.

Dampfvolumen eintreten; deshalb wird der Trichter, wie ersichtlich, leicht ausgebaucht, nach solchem Gesetz, daß gleichen Wegen des Schwimmers gleiche Vergrößerungen des Durchtrittsquerschnittes entsprechen. Ein Schreibstift aus Silber schreibt Striche auf präpariertem Papier, auf einer Trommel, die sich in 24 oder in 12 Stunden einmal um ihre Achse dreht. So erhält man die durch den Messer gehenden Dampfvolumina abhängig von der Zeit aufgetragen und kann durch Planimetrieren der Fläche das gesamte Dampfvolumen finden.

Hat eine Kesselanlage stets den gleichen Betriebsdruck, so kann die Skala des Papierstreifens auch ohne weiteres nach Kilogramm pro Stunde geteilt werden. Wo aber der Druck wechselt, da ist der Ausschlag des Schreibstiftes, wie wir wissen, noch proportional $\sqrt{\gamma}$, also auch annähernd proportional $\sqrt{p}$. Nun ist noch ein registrierendes Federmanometer gewöhnlicher Bauart so angebaut, daß es auf dem gleichen Papierblatt die Drucke $p_1$ unterhalb der Dampfvolumina aufschreibt. Man kann also, nach Augenmaß oder durch Planimetrieren, den mittleren Druck während des Tages finden und dann das gesamte Dampfgewicht aus einer Tabelle entnehmen, die dem Messer beigegeben wird, und die im wesentlichen die aus Formel (9a) folgenden Werte gleich fertig gebildet enthält. Daß es nicht korrekt ist, erst den mittleren Druck und aus ihm die Wurzel zu bilden — daß man vielmehr erst die Wurzel aus den jeweiligen Werten des Druckes ziehen und aus den Wurzeln den Mittelwert bilden sollte, wissen wir von S. 22. Bei größeren Schwankungen des Druckes kann das Verfahren erhebliche Fehler bringen, und man müßte zu einer umständlicheren Auswertung, etwa stundenweise, schreiten.

Die Notwendigkeit einer Stopfbüchse bei Schwimmermessern ist an sich unerwünscht; allerdings stehen, wegen der erheblichen Fläche des Schwimmers, die ja etwa gleich dem Rohrquerschnitt wird sein

müssen, ziemlich große Kräfte für die Bewegung des Schreibstiftes zur
Verfügung. Soll die Stopfbüchse nicht zu scharf angezogen sein, so
wird sich hindurchtretender Dampf in ihr niederschlagen; dazu das
Ableitungsrohr. Um außerdem nach Bedarf das Pendeln des Schreibstiftes mindern zu können, ist ein Bremskolben — eine Wasserdämpfung
— angebracht.

*Mündungsdampfmesser* beruhen auf der Verwendung einer Drosselscheibe; der Druckunterschied zu ihren beiden Seiten ist ein Maßstab
für die durchgehende Dampfmenge. Man hat also nur ein Differentialmanometer anzuschließen, um die augenblickliche Dampfmenge ablesen
zu können; handelt es sich nur um das Ablesen, so tut es ein U-Rohr
mit Quecksilberfüllung. Zweckmäßig ist es, wie beim Schwimmerdampfmesser so auch beim Mündungsdampfmesser für Entwässerung
des Dampfes vor der Mündung zu sorgen. Außerdem können Wassersäulen, die in den Zuführungen zum Differentialmanometer durch Kon-

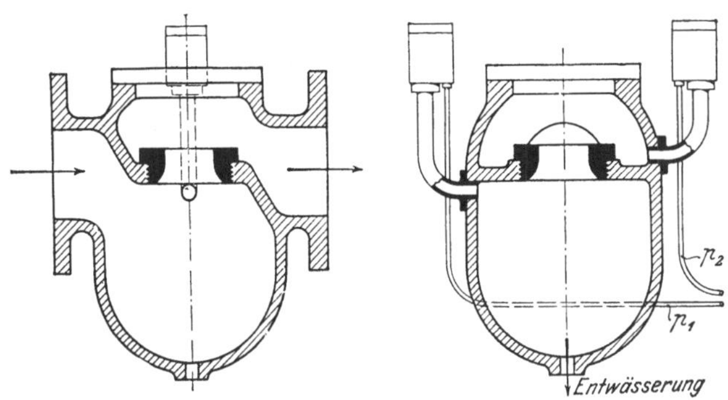


Fig. 103. Einbau der Mündung eines Mündungsdampfmessers
nach Bendemann.

densation sich ausbilden, störend wirken — bei der Messung eines
Druckunterschiedes noch mehr als bei der Messung von Drucken.
Deshalb kann man die Mündung nach Fig. 103 in eine Art Wasserabscheider einbauen und muß die Zuleitungen zunächst nach Wasser-
vorratsbehältern mit Überlauf führen, die in Fig. 103 auch zu erkennen
sind und deren innerer Bau aus Fig. 123, S. 147, hervorgehen wird;
an letzterer Stelle ist die Frage der Wassersäulenbildung, die auch für
Druckmessungen wichtig ist, genauer besprochen.

Bei Mündungsdampfmessern liegt eine Schwierigkeit darin, daß,
wenn man bei großen Dampfmengen nicht auf zu große Druckverluste
kommen will, die Teilung für kleinere Dampfmengen eng und damit
die Ablesung ungenau wird. Das liegt in der Tatsache, daß der Druckverlust mit dem Quadrat der Dampfmenge wächst und ist ein grundsätzlicher Fehler der Mündungsdampfmesser (S. 15). Verbessert werden
die Verhältnisse, wenn man statt einer einfachen Mündung eine Düse
anordnet, die zunächst eine starke Verengung, dann aber eine nach
Art der Lavaldüse bemessene konische Erweiterung anbringt. Der

große Druckabfall bis zur engsten Stelle, der der Geschwindigkeitszunahme entspricht, wird in dem Konus großenteils wieder aufgehoben; man hat also einen insgesamt geringen Spannungsabfall, kann aber doch zur Messung den großen Spannungsverlust an der engsten Stelle verwenden (*Düsendampfmesser* von Eckardt). Der örtliche Druckunterschied wird hier so groß, daß die Messung mittels zweier einfacher schreibender Manometer und durch Ausmessen des Druckunterschiedes geschehen kann, daß also die kostspieligen und empfindlichen Differentialmanometer fortfallen — ein sicher nicht zu unterschätzender Vorteil.

Um bei wechselnden Drucken immer gleich das Dampfgewicht ablesen zu können, hat man eine Reihe von Skalen angeordnet, jede für einen Druck gültig, und bringt dann vor der Ablesung die für den jeweiligen Druck gültige an; die Skalen können etwa auf einer drehbaren Trommel befestigt sein.

Nun sind aber diese Apparate nicht eigentlich Dampfmesser, sondern nur Dampfzeiger; sie geben, wenn mit einem registrierenden Differentialmanometer versehen, nicht einmal planimetrierbare Diagramme, geschweige denn, daß sie selbst die durchgehenden Mengen zusammenzählten. Auch ohnedies können sie schon wertvoll sein; zum Beispiel machen sie es dem Heizer möglich, das Feuer nach der Dampfentnahme zu regeln und daher Druckschwankungen fast zu vermeiden, während er ohne einen Dampfzeiger erst nach dem Eintreten der Druckschwankung seine Maßregeln treffen kann. — Um aber mit Hilfe der einfachen Mündung einen eigentlichen Dampfmesser zu erhalten, ist es nötig, einen Differentialmanometer zu haben, dessen Ausschläge proportional der Wurzel aus dem Druckunterschied und also proportional dem durch die Mündung strömenden Dampfvolumen sind. Erst dann ergibt der Mündungsmesser planimetrierbare Diagramme. Man hat von einer Quecksilbersäule Kontakte schließen lassen, die nicht in gleichmäßigem Abstand, sondern den Wurzelwerten entsprechend in das Glasrohr eingeschmolzen waren. Eine Reihe Stifte schreiben nun auf einem Papierblatt Striche in gleichem Abstand, doch immer nur diejenigen sind angedrückt, deren Elektromagnet durch die ersterwähnten Kontakte erregt ist. So entsteht eine Linienschar, die von weitem den Eindruck einer schraffierten Figur macht; die Umrisse der Figur kann man planimetrieren. Die Anordnung macht zwar einen umständlichen Eindruck, wird aber sehr zuverlässig arbeiten können.

Eine andere Lösung der Aufgabe rührt von Gehre her, der überhaupt als Konstrukteur von Dampfmessern in erster Reihe zu nennen ist. Zugleich möge der Gehresche Dampfmesser als Beispiel dafür angeführt sein, wie man zwei weitere Aufgaben des Dampfmesserbaues zu lösen versuchen kann: erstens die selbsttätige Zusammenzählung der durchgegangenen Dampfmengen, dazu verwendet Gehre gewissermaßen ein selbsttätiges Planimeter; zweitens die selbsttätige Berücksichtigung wechselnden Dampfdruckes, was bei Gehre durch ein Getriebe geschieht, das ohne weiteres die Produkte $\sqrt{p_1} \cdot \sqrt{p_1 - p_2}$ durch eine kinematische Anordnung bildet. Beide Einrichtungen wären auch bei anderen Mündungsmessern und auch bei Schwimmermessern verwendbar, nur wäre bei Schwimmermessern das Produkt $\sqrt{p} \cdot F$ kinematisch zu bilden.

Fig. 104 zeigt den *Gehreschen Mündungsdampfmesser*. Vor und hinter einem Drosselflansch wird der Druck entnommen; die beiden Meßrohre werden zunächst ein Stück wagerecht geführt, um die Störungen durch wechselnde Wassersäulen zu vermeiden (siehe oben und S. 147) und gehen dann zu den Gefäßen $A$ und $C$ eines Quecksilbermanometers eigentümlicher Bauart, das den Druckunterschied mißt. Bei diesem Manometer $ABC$ befindet sich nämlich der eine Quecksilberspiegel in einem festen, der andere in einem beweglichen, mit dem

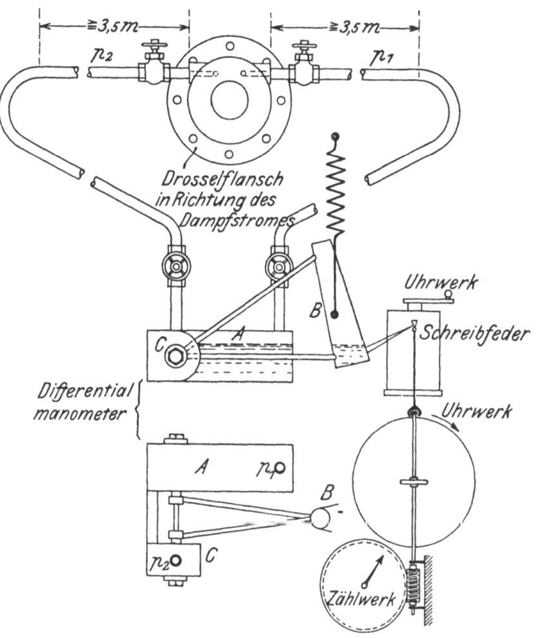


Fig. 104. Mündungsdampfmesser von Gehre.

festen durch eine Drehstopfbüchse verbundenen Gefäß; das bewegliche Gefäß $B$ bildet also einen drehbaren Arm, der an einer Schraubenfeder hängt. Läßt nun der zu messende Druckunterschied Quecksilber in das bewegliche Gefäß treten, so sinkt dies herab; dadurch tritt mehr Quecksilber über, es sinkt weiter, und so fort; durch Bemessung der Feder und ihres Angriffsarmes hat man es in der Hand, ob die Einrichtung überhaupt statisch wird, und wie groß der Ausschlag zu einem relativ kleinen Druckunterschied wird; dabei werden relativ große Kräfte zur Überwindung der Stopfbüchsenreibung frei, und vor allem: man kann durch Verwendung eines wie ersichtlich nicht zylindrischen Gefäßes, dessen Gestalt man nach jedem beliebigen Gesetz bilden kann, jede gewünschte Beziehung zwischen Druckdifferenz und Ausschlag herbeiführen. Soll der Ausschlag in unserem Fall proportional $\sqrt{p_1 - p_2}$

sein, so muß das Gefäß $B$ nach oben verjüngt sein und eine etwas eingezogene Mantellinie erhalten. — Oberhalb des Quecksilbers wird stets Wasser stehen, das sich aus Dampf gebildet hat wegen der Abkühlungsverluste, oder vielmehr um diese Bildung zu vermeiden, füllt man den Raum oberhalb des Quecksilbers gleich mit Wasser. Das obere Ende des beweglichen Gefäßes $B$ muß also durch eine zweite Drehstopfbüchse zu dem Gefäß $C$ zurückgeführt werden. Die Ausschläge des Manometers, die nun bei konstantem Druck direkt Dampfmengen bedeuten, werden auf einer Trommel registriert, und das entstehende Diagramm kann planimetriert werden; daß die Ordinaten Kreisbögen sind, stört hierfür nicht. — Gegen die Drehstopfbüchse, die gegen Quecksilber und noch dazu unter hohem Druck abzudichten hat, werden sich reichlich die Bedenken erheben lassen, wie gegen die Spindelstopfbüchse der Fig. 102.

Um den Messer integrierend zu machen, ist mit dem Gefäß $B$ ein Zählwerk wie folgt verbunden. Eine ebene runde Scheibe wird durch ein Uhrwerk gleichmäßig gedreht; auf ihr rollt ein Rädchen, ähnlich dem eines Planimeters, und dieses wird von dem Manometer verschoben. Bei Nullstellung des Manometers steht das Rädchen auf der Scheibenmitte und rollt also nicht ab; bei jedem Ausschlag erfährt es eine Abrollung, die einerseits proportional der Zeit und andererseits proportional der jeweiligen Dampfmenge ist; insgesamt ist die Abrollung also ein Maß des durchgegangenen Dampfvolumens. Die Abrollung betätigt ein Zählwerk; dieses kann feststehen, da die Schnecke auf ihrer Achse verschiebbar ist.

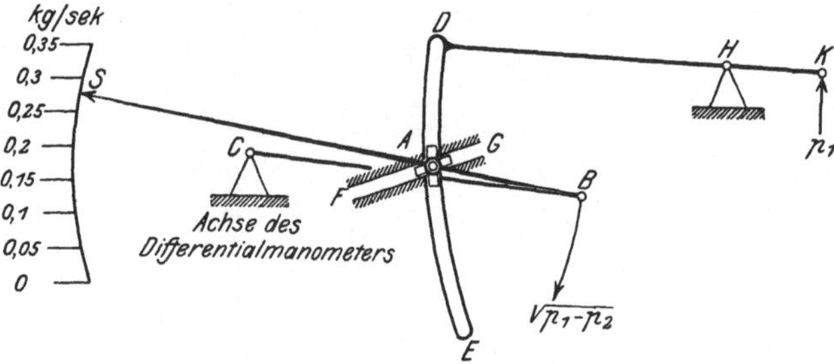


Fig. 105. Multiplikationsgetriebe von Gehre.

Für konstanten Druck ist damit alles Gewünschte erreicht. Soll der Dampfmesser bei wechselnden Drucken gebraucht werden, so verwendet Gehre das in Fig. 105 skizzierte Getriebe. Der Schreibhebel $SAB$ ist bei $A$ drehbar gelagert, während $B$ durch das eben besprochene Manometer, dessen Achse bei $C$ gedacht ist, proportional zu $\sqrt{p_1 - p_2}$ verstellt wird. Der Schreibstift $S$ schreibt das Diagramm. Nun ist aber der Drehpunkt $A$ nicht fest, sondern wird durch eine Kulisse $DE$ in einer Gleitbahn $FG$ verschoben; da bei $K$ eine Art Indikatorkolben die Verstellung proportional $p_1$ bewirkt, so geht die Kulisse bei steigendem Druck abwärts, die Übersetzung des Hebels $SAB$ vergrößert sich, und es wird eine größere Angabe registriert als bei kleinem Druck.

Daß die Angabe gerade mit der Wurzel aus $p_1$ wachse, kann man durch Gestaltung der Kulisse erreichen; damit für $p_1 - p_2 = 0$ auf alle Fälle die Angabe Null eintritt, gleichgültig wie hoch der Druck ist, ist die Gleitbahn $FG$ in die Richtung $H$-Null gelegt. — Das Getriebe arbeitet nicht mathematisch genau; das erkennt man schon daraus, daß der Radius der Bogenordinaten ein wechselnder ist, so daß zeitliche Verschiebungen auftreten müssen; auch wird die Gestalt der Kulisse sich nicht bei allen Werten von $\sqrt{p_1 - p_2}$ gleich ergeben; man muß also vermitteln, was auch innerhalb gewisser Grenzen genügt. Im übrigen ist das Getriebe zweifellos sinnreich und auch praktisch gut: für die Verstellung der Kulisse sind leicht genügende Kräfte frei zu machen; für die Rückwirkung auf die Druckdifferenzangabe, wo geringere Verstellkräfte vorhanden sind, fehlt der Hebelarm. — Die Angabe des Schreibstiftes $S$ kann man natürlich wieder durch eine Vorrichtung nach Fig. 104 selbsttätig integrieren lassen. Bei überhitztem Dampf zeigt solch Multiplikationsgetriebe nicht das Dampfgewicht an, sondern macht eine zu hohe Angabe, weil das spezifische Gewicht des überhitzten Dampfes geringer, also das durchgegangene Volumen größer ist, als gesättigtem Dampf entspricht. Es pflegt den Apparaten eine Tabelle beigegeben zu werden, die die den verschiedenen Überhitzungen entsprechende Berichtigung in Prozenten angibt; bei wechselnden Drucken und wechselnden Temperaturen kann es sich hierbei natürlich nur um eine Annäherung handeln; die Berichtigung selbst beträgt je nach der Überhitzung 10 bis 20% und mehr, darf also nicht vernachlässigt werden. — Jedes Multiplikationsgetriebe gewährt den Vorteil, daß man die aus dem Rechnen mit Mittelwerten herrührenden Fehler vermeidet; ob dieser Vorteil nicht durch die im Getriebe liegenden Fehler, insbesondere Reibung, wett gemacht wird, bleibe dahingestellt.

Der Dampfmesserbau ist erst in der Entwicklung, jedoch in schneller, da ein großer Bedarf vorhanden ist, namentlich wie erwähnt in der chemischen Industrie, aber auch anderwärts. Für die Aussichten der beschriebenen beiden Hauptformen — Schwimmer- und Mündungsmesser — ist noch zu erwähnen, daß bei Schwimmermessern das ganze Messergehäuse an die Rohrleitung anzupassen ist, während die Mündungsmesser nur den Einbau der Mündung in der Leitung erfordern. Die wesentlichen Teile der Mündungsmesser — das Differentialmanometer — sind daher für alle Fälle die gleichen, und können im Großen hergestellt, auch leicht für jede andere Rohrleitung verwendet werden. Dem steht als Nachteil die komplizierte Bauart und die geringe Verstellkraft der Differentialmanometer gegenüber, die nur einen verhältnismäßig geringen Schreibstifthub gestattet und daher weniger genaue Diagramme liefern wird — von der Überwindung der durch ein Zählwerk bedingten Widerstände ganz zu schweigen; außerdem wurde schon die Schwierigkeit erwähnt, kleine Dampfmengen noch befriedigend genau zu messen, wenn man nicht für die Höchstdampfmenge allzu hohe Druckverluste zulassen will. — Trotz mancher noch vorhandener Mängel und Schwierigkeiten ist doch die Einführung von Dampfmessern zur Betriebskontrolle ein gewaltiger Fortschritt.

9*

# VIII. Messung der Spannung.

**57. Einheiten.** Flüssigkeiten geben einen Druck, den sie an einer Stelle empfangen, nach allen Richtungen und durch die ganze Flüssigkeit hindurch weiter. Die Flüssigkeitsteilchen üben daher aufeinander und auf die Gefäßwand Pressungen aus, so zwar, daß auf jede Flächeneinheit dieselbe Kraft kommt, gleichgültig, welche Richtung und Gestalt die Fläche hat. Nur in der Richtung von oben nach unten nimmt die Spannung, entsprechend dem spezifischen Gewicht des Mediums, zu. Den auf die Flächeneinheit kommenden Druck nennt man den *spezifischen Druck* oder die *Spannung* der Flüssigkeit.

Für Gase gilt das gleiche, nur daß sie eine Spannung nicht nur weitergeben, sondern sie durch ihr Expansionsbestreben geradezu erzeugen, ihr Verhalten ist ein mehr aktives.

Auch auf feste Körper ist der Begriff der Spannung anwendbar; bei ihnen kann die Spannung an verschiedenen Punkten verschieden sein, und an ein und demselben Punkt ist sie nach verschiedenen Richtungen hin nicht die gleiche. Die Spannung fester Körper wird bei Materialprüfungen festgestellt. Für uns handelt es sich nur um die Spannung von Flüssigkeiten und Gasen. Diese sind stets Druckspannungen. Bei festen Körpern können auch Zugspannungen vorkommen, die nötigenfalls durch ein negatives Vorzeichen kenntlich gemacht werden.

Die Spannung ist also die auf die Flächeneinheit ausgeübte Kraft. Demnach ist ihre *Einheit* diejenige Spannung, welche auf das Quadratmeter Fläche die Kraft von einem Kilogramm ausübt: 1 kg/qm.

In der Praxis ist als Einheit der Spannung das Kilogramm pro Quadratzentimeter gebräuchlicher, weil man dadurch die Resultate in weniger hohen Zahlen erhält. Es ist $1\,\dfrac{\text{kg}}{\text{qcm}} = \dfrac{1\,\text{kg}}{\frac{1}{10\,000}\,\text{qm}} = 10\,000\,\dfrac{\text{kg}}{\text{qm}}$.

Man bezeichnet diese Einheit auch wohl als metrische Atmosphäre: 1 kg/qcm = 1 at. Diese Benennung rührt daher, daß die durch Barometer meßbare Spannung der uns umgebenden Luftatmosphäre ungefähr 1 kg/qcm beträgt: sie wechselt bekanntlich je nach der Höhenlage des Beobachtungsortes und je nach der Witterung.

Außer diesen vom technischen Maßsystem hergeleiteten sind noch rein empirische Einheiten gebräuchlich. Diese empirischen Einheiten sind das Millimeter Quecksilbersäule oder Wassersäule und die physikalische Atmosphäre von 760 mm Quecksilbersäule. Auch rechnet man wohl mit der in Metern oder Millimetern anzugebenden Säule einer anderen Flüssigkeit, auf deren spezifisches Gewicht $\gamma$ es dann ankommt.

Eine Flüssigkeits- oder Gassäule wird nämlich unter dem Einfluß der Schwerkraft auf die sie unten abschließende Fläche eine Spannung ausüben, die von der Höhe der Säule abhängt, also durch deren Höhe gemessen werden kann. Habe die Säule 1 qm Querschnitt und eine Höhe von $h$ m, so ist das in ihr enthaltene Volumen $h$ cbm; wenn wir das spezifische Gewicht des die Säule bildenden Mediums mit $\gamma$ kg/cbm bezeichnen, so sind $h \cdot \gamma$ kg in der Säule enthalten, die also auf die Grundfläche der Säule von gerade 1 qm die Spannung $h \cdot \gamma \dfrac{\text{kg}}{\text{qm}}$ ausübt. Daher ist

$$h \text{ m FlS} = h \cdot \gamma \, \frac{\text{kg}}{\text{qm}} \, ; \qquad 1 \text{ m FlS} = \gamma \, \frac{\text{kg}}{\text{qm}} \quad \cdot \quad \cdot \quad (11)$$

Für kaltes Wasser insbesondere ist $\gamma = 1000$ kg/cbm, also 1 m WS $= 1000$ kg/qm oder

$$1 \text{ mm WS} = 1 \text{ kg/qm} \quad \cdot \quad \cdot \quad \cdot \quad \cdot \quad \cdot \quad (12)$$

In der Tat, denken wir die Fläche von 1 qm gerade 1 mm hoch mit Wasser bedeckt, so ist 1 ltr $= 1$ kg Wasser auf jenem Quadratmeter vorhanden. — Es ist auch offenbar

$$10 \text{ m WS} = 10\,000 \text{ kg/qm} = 1 \text{ kg/qcm} = 1 \text{ at} \quad \cdot \quad \cdot \quad (13)$$

Für Quecksilber von $0°$ Temperatur ist $\gamma = 13\,560$ kg/cbm zu setzen (13,56 in physikalischer Ausdrucksweise), also 1 m QuS $= 13\,560$ kg/qm $= 1{,}356$ kg/qcm oder

$$1 \text{ kg/qcm} = 735{,}5 \text{ mm QuS} = 1 \text{ at} \quad \cdot \quad \cdot \quad \cdot \quad \cdot \quad (14)$$

Die Spannung von 760 mm QuS $= 1{,}033$ kg/qcm $= 1{,}033$ at $= 10\,333$ kg/qm wird wohl als normaler Barometerstand am Meeresspiegel angesehen und deshalb auch als (physikalische) Atmosphäre bezeichnet. Diese letztere Benennung sollte man auf jeden Fall in technischen Werken vermeiden, weil das Vorhandensein zweier gleichbenannter Einheiten, die noch dazu nur um reichlich 3% voneinander verschieden sind, dauernd zu Irrtümern Anlaß gibt, die größer als zulässig, aber zu klein sind, als daß man sie ohne weiteres bemerkt. Ganz entraten kann man der Annahme von 760 mm QuS als normalen Barometerstandes deshalb nicht, weil man die Gasvolumina (S. 76) und die Siedepunkte auf diesen Normaldruck zu beziehen pflegt, weil die Thermometerskala auf der Annahme dieses Barometerstandes als des normalen beruht (S. 237), und weil daher die Zahlen für das mechanische Wärmeäquivalent, für die spezifischen Gewichte, die Ausdehnungskoeffizienten, kurz viele Tabellenwerke geändert würden, wollte man die technische Atmosphäre allein einführen. Man kann aber Verwechselungen dadurch umgehen, daß man sagt, man beziehe das Gasvolumen auf 760 mm QuS, statt: auf Atmosphärenspannung. Außerdem wird man grundsätzlich nur diesen Normaldruck, nicht aber Vielfache desselben in die Rechnung einführen.

Eine Angabe in Quecksilbersäule meint immer eine Säule von $0°$ C, eine Angabe in Wassersäule meist eine solche bei $+4°$ C, wo das Wasser seine größte Dichte hat. Nichts steht im Wege, Spannungen eines Mediums von beliebiger Temperatur in diesen Einheiten auszudrücken. Auch kann die Messung mittels einer Quecksilber- oder Wassersäule beliebiger Temperatur geschehen, nur wird dann eine Reduktion auf Normaltemperatur der messenden Säule nötig; diese Reduktion ist für Wasser unerheblich, wenn das Wasser kalt ist, bis zu etwa $20°$ (Fig. 65, S. 75);

für Quecksilber ist sie erheblicher und wird unten besprochen werden (S. 139).

Im englischen Maßsystem ist die Einheit der Spannung das Pfund pro Quadratzoll; es ist 1 kg/qcm = 14,22 Pfd/QuZ. Man liest Quecksilbersäulen in Zollen ab und sieht 30 Zoll QuS = 76,199 cm QuS als normalen Barometerstand an.

**58. Absoluter Druck, Überdruck, Vakuum.** Die Instrumente zum Messen der Spannung heißen Manometer; wenn sie Spannungen unter der Atmosphäre, also ein Vakuum angeben, auch wohl Vakuummeter.

Eindringlich ist nun darauf hinzuweisen, daß alle Manometer nicht Spannungen anzeigen, sondern Spannungsunterschiede. Die gewöhnlichen Manometer, deren Einrichtung weiterhin zu besprechen sein wird, geben den Unterschied der Spannung in dem zu untersuchenden Raum gegen die augenblickliche Spannung der umgebenden Atmosphäre; im Arbeitsraum einer Druckluftgründung gäben sie den Unterschied gegen die Spannung in diesem Raum an. Die von einem Manometer gemachte Angabe bezeichnet man deshalb als *Überdruck*, und wenn es sich um ein Vakuum handelt, als *Unterdruck*.

Die *absolute Spannung* in dem zu untersuchenden Raum ist die Summe: Barometerstand plus Überdruck, oder aber die Differenz: Barometerstand minus Unterdruck. Bei jeder Spannungsmessung hat man also auch noch den Barometerstand zu beobachten: das Barometer ist derjenige Spannungsmesser, der absolute Spannungen angibt.

Zeigt also das Manometer an einem Dampfkessel 4,25 at an, und ist, an einem hochgelegenen Ort und bei schlechtem Wetter, der Barometerstand mit 705 mm QuS abgelesen, so ist dieser Barometerstand $\frac{705}{735,5} = 0,96$ at, und der absolute Druck im Kessel ist $4,25 + 0,96 = 5,2$ at; das Wasser im Kessel würde also nach den Dampftabellen bei 152,4° sieden.

Wo eine Vakuumspannung anzugeben ist, insbesondere also bei Kondensationsdampfmaschinen und bei Vakuumkochgefäßen, kann die Angabe auf verschiedene Weise geschehen.

Zunächst kann man die *Vakuumangabe* so lassen, wie man sie abliest, oder aber man kann eine Reduktion der Ablesung auf den normalen Barometerstand von 760 mm QuS vornehmen, indem man zum abgelesenen Vakuum die Differenz $760 - b$, also die Abweichung des Barometerstandes vom normalen, hinzuzählt. Durch diese Reduktion eliminiert man also die Schwankungen des Barometerstandes: die Angabe des reduzierten Vakuums ist gleichwertig mit einer Angabe der absoluten Spannung, indem immer die Summe aus reduziertem Vakuum und absoluter Spannung gleich 760 mm QuS ist.

Außerdem kann man ein Vakuum entweder in Millimetern Quecksilbersäule angeben oder aber in Prozenten; und dabei kann man noch die Prozente verschieden berechnen, indem man entweder den momentanen Barometerstand, oder indem man den normalen Barometerstand von 760 mm QuS gleich 100% setzt. Von den hiernach möglichen Berechnungsweisen für bestimmte Ablesungen an Vakuummeter und

Barometer sind nur zwei berechtigt, und zwar von diesen die eine oder andere je nach Umständen.

Die Dampftemperatur in einem Kochgefäß oder im Niederdruckzylinder und beim Übertritt in den Kondensator ist vom absoluten Druck, also vom reduzierten Vakuum abhängig. Bei Untersuchung der Temperaturverhältnisse wird man also im allgemeinen reduzieren, und wird die Angabe dann in mm QuS oder auch in kg/qcm machen. Die Angabe in Prozenten hat keinen Zweck, hätte sonst aber in Prozenten von 760 mm zu geschehen. Das zweckmäßigste ist übrigens die Angabe der absoluten Spannung statt des Vakuums.

Eine bestimmte Vakuumpumpe kann, je nach der Größe ihres schädlichen Raumes, ein bestimmtes Vakuum erzeugen, so zwar, daß der tiefst erreichbare absolute Druck einen bestimmten Bruchteil der Spannung ausmacht, gegen welche die Pumpe fördert, meist also des augenblicklichen Barometerstandes. Die Luftpumpe wird daher auf einem Berge arbeitend die absolute Spannung weiter herunterziehen können als in der Ebene. Trotzdem wird aber die Ablesung am Vakuummeter auf dem Berge geringer sein als in der Ebene, denn eine Pumpe, die in der Ebene 720 mm QuS Vakuum erzeugen kann, wird auf einem Berge nicht das gleiche erreichen können, wenn der ganze Barometerstand vielleicht nur 700 mm QuS ist. Weder die Angabe des reduzierten noch des unreduzierten Vakuums noch die des absoluten Druckes läßt der Pumpe Gerechtigkeit angedeihen, wenn man sie nach mm QuS oder nach kg/qcm macht. Zweckentsprechend ist nur die Angabe des Vakuums in Prozenten des absoluten Vakuums, und zwar in Prozenten des augenblicklichen Barometerstandes.

Ein *Beispiel* wird den Gang der Rechnung zeigen. Man habe ein Vakuum von 652 mm QuS und einen Barometerstand von 711 mm QuS abgelesen. Die absolute Spannung ist dann $711 - 652 = 59$ mm QuS, das reduzierte Vakuum $760 - 59 = 701$ mm QuS oder auch wohl $\frac{701}{760} \cdot 100 = 92,3\%$, wenn es sich um Dampftemperaturen handelt. Handelt es sich dagegen um die Untersuchung der Luftpumpe, so wird man $\frac{652}{711} \cdot 100 = 91,7\%$ Vakuum anzugeben haben. Wie man sieht, weichen die beiden richtigen Berechnungsweisen nicht sehr voneinander ab, bei schlechterem Vakuum freilich etwas mehr. Das ist gut, denn da in Wahrheit in allen Teilen einer Maschine Dampf und Luft vorhanden sind, so sind die Verhältnisse nicht so einfach, wie wir sie darstellen konnten, weil wir annahmen, der Kondensator enthalte nur Dampf und die Vakuumpumpe komprimiere nur Luft. Große Fehler können durch diese vereinfachende Annahme nicht entstehen.

Ganz falsche Ergebnisse aber erhält man bei Vakuummetern mit Prozentteilung, bei denen also der Skalenbereich von 0 bis 760 mm Vakuum in 100 Teile geteilt und entsprechend beziffert ist. Solch Instrument hätte uns $\dfrac{652}{760} \cdot 100 = 85,8\%$ Vakuum angezeigt, daraus hätten wir vielleicht einen absoluten Druck $760 \cdot \dfrac{100 - 85,8}{100} = 108$ mm QuS errechnet und eine Dampftemperatur von 54°, während dem wirklichen absoluten Druck von 59 mm QuS eine Siedetemperatur von 42° entspricht.

Eine *Einteilung der Vakuummeter* in Prozente ist Unsinn, da sie nur beim normalen Barometerstand richtig sein kann. Die Bezifferung des Skalenbereichs (0 bis 760 mm QuS) von 0 bis 1 gibt zu gleichen Irrtümern Anlaß. Vakuummeter müssen in mm QuS oder in kg/qcm geteilt sein. Die Teilung kann ruhig über 760 mm oder über 1 kg/qcm hinausgeführt sein. Es ist einmal nichts daran zu ändern, daß der Nullpunkt der Vakuumskala stets dem augenblicklichen Barometerstande entspricht, also veränderlich ist. Das Vakuum läßt sich in Prozente umrechnen, aber nicht so messen.

Bei *Kühlanlagen* findet man Manometer, die in ° C geteilt sind entsprechend den Verdampfungstemperaturen des arbeitenden Mediums bei verschiedenen Spannungen. Man wird nach dem Gesagten erkennen, daß auch dies theoretisch unzulässig ist, doch verschwinden die auftretenden Fehler, wenn es sich um größere Spannungen über der atmosphärischen handelt, wo dann die Schwankungen des Barometerstandes unbedeutend sind gegenüber der Gesamtspannung.

**59. Federmanometer.** Die Metall- oder Federmanometer sind Röhrenfeder- oder Plattenfederinstrumente.

In den *Röhrenfedermanometern* ist der wirksame Teil die Bourdonsche Röhrenfeder (Fig. 106 und 107). Diese ist ein gebogenes Rohr, vom flachen Querschnitt, in deren Inneres von unten die zu messende Spannung eintritt. Das andere Ende der Röhrenfeder ist geschlossen. Die Spannung im Federinnern drückt nun gleich stark auf jedes Quadratzentimeter der Innenfläche. Da die Fläche aber, auf welche die Spannung wirkt, an der konvexen Seite der gekrümmten Feder größer ist als an der konkaven, so folgt, daß die Feder bei wachsender Spannung im Innern eine Tendenz erhält, sich gerade zu strecken. Dieser Tendenz wirkt die Elastizität des Federmaterials entgegen. Daher ändert die Feder ihre Krümmung je nach der Spannung im Innern, ihr freies Ende bewegt sich hin und her und betätigt den Zeiger, der vor einer Skala spielt.

Man hat es in der Hand, Manometer bis zu den verschiedensten Spannungen herzustellen, indem man das Material, die Form, den Querschnitt und die Wandstärke der Feder verändert. Für kleine Spannungen macht man die Feder aus nachgiebiger Kupferlegierung, man macht sie möglichst lang gekrümmt, führt sie mit so geringer Wandstärke und so flach aus, daß das Trägheitsmoment ihres Querschnitts klein wird (Fig. 106). Für große Spannungen verwendet man aus massivem Stahl gebohrte Federn, denen man die Form Fig. 107 gibt und deren Querschnitt nach dem Ausbohren nur ein wenig elliptisch gemacht ist. Bei genügender Wandstärke sind solche Federn bis zu 2000 at brauchbar, was ja für hydraulische Zwecke nötig wird.

*Plattenfedermanometer* haben die Einrichtung Fig. 108. Eine dünne gehärtete Stahlblechplatte ist am Umfange eingeklemmt. Tritt höhere Spannung unter die Platte, so wird ihre Mitte aufwärts gedrückt und der Zeiger bewegt. Um die Platte nachgiebiger zu machen, versieht man

sie mit ringförmigen Wellen. Trotzdem bleibt der Ausschlag ein geringer,
1 bis 2 mm, und das ist der Nachteil der Platten-hinter der Röhrenfeder

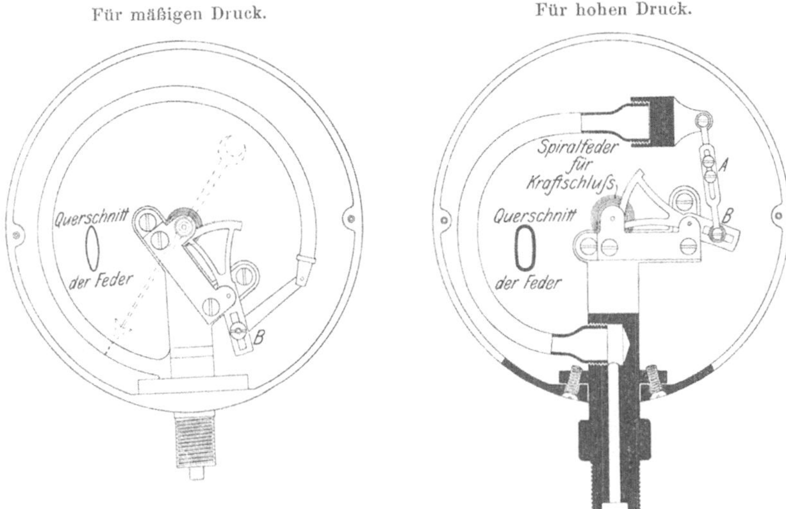


Fig. 106 und 107. Röhrenfedermanometer von Schaeffer & Budenberg.

deren freies Ende 6 bis 10 mm Ausschlag, von Null bis Höchstspannung, ausführt. Denn um eine genügende Zeigerbewegung zu erhalten, muß man beim Plattenfedermanometer stärkere Übersetzung
zum Zeiger hin anwenden, und das
vergrößert auch den toten Gang.
Dafür ist die Plattenfeder, wegen
ihrer geringen Eigenmasse, weniger
empfindlich für Erschütterungen.
Auf Lokomotiven verwendet man
daher gerne Plattenfedermanometer,
sonst zieht man meist Röhrenfedermanometer vor.

Um bei der Herstellung und
später bei einer Instandsetzung eines
Manometers die gewünschte Einstellung des Zeigerwerkes erreichen
zu können, hat das Getriebe jedes
Manometers im allgemeinen zwei
Nachstellmöglichkeiten. Die in Fig.
107 und 108 mit $A$ bezeichnete läßt

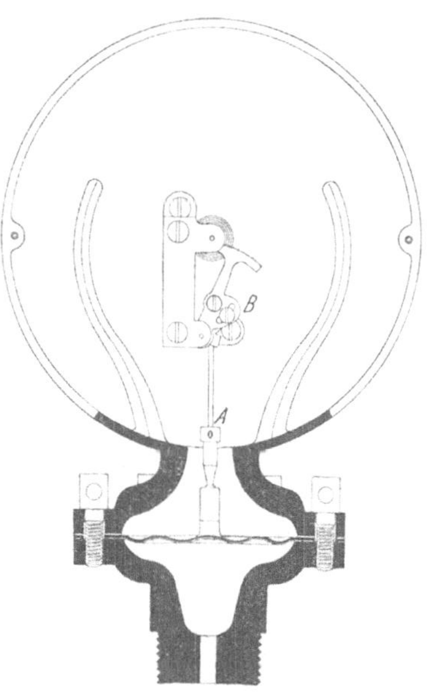


Fig. 108. Plattenfedermanometer von
Schaeffer & Budenberg.

ein Glied kürzen oder verlängern und gestattet dadurch die Einstellung
des Zeigers auf den Nullpunkt; Fig. 106 hat diese Einstellung nicht,

die allerdings entbehrlich ist, weil man entweder den Zeiger auf seiner Achse versetzen, oder den Zahnbogen mit dem Trieb verschieden zum Eingriff bringen kann. Weniger entbehrlich ist die in Fig. 106 bis 108 mit $B$ bezeichnete Einstellung, mittels deren man, nach Festlegung des Nullpunktes, den Abstand der Druckintervalle auf der Skala ändern kann durch Änderung der wirksamen Hebellängen.

Die Federmanometer sind die im praktischen Betriebe meist verwendeten. Bei ihrer Anwendung hat man zu beachten, daß man vor der Ablesung ans Gehäuse klopfen muß, um durch die Erschütterung die Reibung zu beseitigen. Tut man das, so zeigen die Instrumente bei steigender Spannung befriedigend das gleiche an wie bei sinkender, ihre Empfindlichkeit ist dann sehr groß.

Die Federn, und zwar namentlich die Röhrenfedern, ändern ihre Elastizität, wenn sie warm werden; dadurch würde die Skala falsch und eine Neueichung nötig. Sind auch gute Fabrikate nicht sehr empfindlich in diesem Punkt, so soll man doch den Eintritt von Dampf in die Feder vermeiden, indem man eine *Schleife* vor das Manometer setzt (Fig. 109). In ihr sammelt sich Wasser, und nur dieses tritt in die Röhrenfeder ein. Zwischen Manometer und Schleife setzt man meist noch einen *Hahn H*, den man, wenn die zu messende Spannung periodisch schnell schwankt, so weit abdrosselt, daß man den Mittelwert sicher ablesen kann. Der Hahn wirkt als Flüssigkeitsbremse und vergrößert die Dämpfung des Instrumentes. Zu den gleichen Zwecken schaltet man auch kleine Wasserbehälter vor das Manometer, die meist noch eine feine Bohrung haben, um schnelle Spannungsstöße zu mildern, die das Werk schädigen

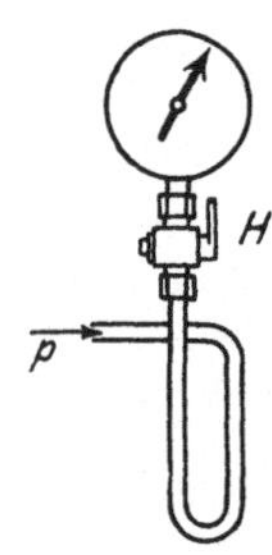

Fig. 109.
Anbau von Feder-
manometern an
Dampfleitungen.

würden. Rosten im Innern ändert natürlich die Elastizität der Feder auch, weil die Wandstärke kleiner wird. Man hindert das Rosten der stählernen Federn von hydraulischen Manometern durch einen Asphaltüberzug, oder besser noch durch ein feines Kupferblech; in die Röhrenfeder führt man ein dünnes Kupferrohr ein und bläht es durch Wasserdruck auf, so daß es sich dem Federrohr von innen anschmiegt.

**60. Flüssigkeitsmanometer.** *Quecksilbermanometer* bestehen aus einem U-förmigen Rohr (Fig. 110). Der eine Schenkel ist offen, der andere mit dem zu untersuchenden Raum verbunden. Die Ablesung geschieht durch Beobachten beider Quecksilberkuppen, denn nur wenn beide Schenkel genau gleich weit sind, könnte man sich mit einer Ablesung begnügen und sie verdoppeln; auch müßte dazu das Quecksilber sehr genau abgemessen sein, so daß es im Stillstand auf Null steht. Die Kapillarität verursacht bei Rohren über 5 mm lichter Weite keinen wesentlichen Fehler, auch hebt sich beim U-Rohr ihre Wirkung in beiden Schenkeln mehr oder weniger auf. Doch ist die Ablesung auf $0°$ C Quecksilbertemperatur zu reduzieren; da nämlich warmes Quecksilber leichter ist, so wird die Ablesung bei gleicher Spannung größer: nur bei 0° C ist 735,6 mm QuS = 1 kg/qcm, nur bei 0° C ist 760 mm QuS die Normalspannung. Entsprechend der Quecksilbertemperatur hat man also die Ablesung um so viel Prozent zu verkleinern, wie Fig. 111 angibt: Diese stellt das Verhältnis der spezifischen Gewichte des Quecksilbers bei $t°$ zu dem bei 0° dar. Die *Temperaturberichtigung* macht also meist $^1/_3\%$ aus. Man ermittelt die Fadentemperatur, indem man ein Thermometer neben das Manometer hängt, die Kugel in halber Höhe der Quecksilbersäule — oder man schätzt sie einfach.

Etwas bequemer zum Ablesen sind einschenklige Quecksilbermanometer: ein Glasrohr taucht unten in ein Gefäß und ist oben offen. Die zu messende Spannung wird in das Gefäß geleitet, so daß sie auf den Quecksilberspiegel drückt und das Quecksilber in die Höhe treibt. Man hat hier nur an einer Skala abzulesen — bei der vorigen Anordnung waren die Ablesungen an zwei Säulen zu addieren. Die Änderungen des Quecksilberstandes im Gefäß sind nämlich gering. Um sie trotzdem zu berücksichtigen, macht man entweder die Skala oder das Gefäß verschiebbar, oder aber man teilt die Skala nicht genau in Zentimeter, sondern etwas enger. Die ersten beiden Anordnungen, bei denen man dann den Nullpunkt der Skala nach dem Quecksilberspiegel im Gefäß einstellt, sind vor-

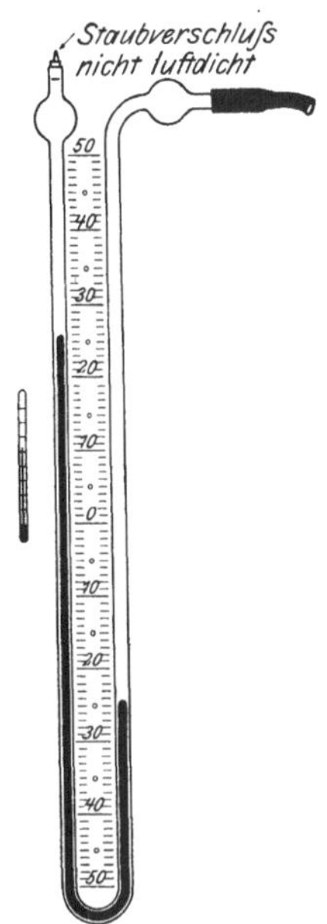


Fig. 110.
Quecksilbermanometer.

zuziehen; bei der letzten nämlich ist das Einstellen des Nullpunktes durch Nachfüllen von Quecksilber sehr lästig. — Fig. 112 zeigt das Gefäßmanometer für Vakuum; das Gefäß ist nachstellbar, die obere Rohrspirale soll Störungen durch eine Wassersäule verhindern, die sich über dem Quecksilber bilden könnte (S. 147). Man hat auch direkt den absoluten Druck in einem Kondensator und dergleichen bestimmt mit Hilfe eines *abgekürzten Barometers* (Fig. 113): der eine Schenkel ist so zugeschmolzen, daß keine Luft über dem Quecksilber bleibt, der andere mit dem Kondensator verbunden. Auskochen wie bei Barometern ist erforderlich, auch ist Eintreten von Luftbläschen zu vermeiden, sonst zeigt das Instrument zu gutes Vakuum; das ist überhaupt sein Fehler.

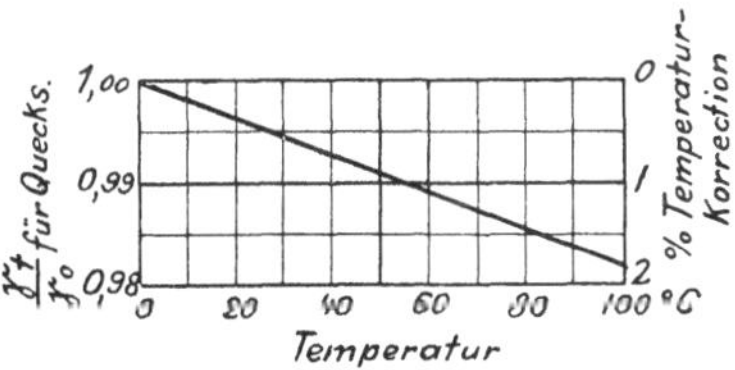


Fig. 111. Temperaturberichtigung bei
Quecksilbermanometern.

Als Normalinstrument zur Eichung von Federmanometern führt man das Quecksilbermanometer bis zu höheren Spannungen nach Fig. 114 aus. Das Gefäß ist aus Eisen, das Steigrohr aus starkwandigem Glasrohr, das in Abständen von etwa 2 m gestoßen wird. Der Stoß ist durch eine Gußeisenmuffe mit Lederstulpstopfbüchsen gedichtet. Zum Ablesen muß man mittels Leiter am Steigrohr auf und ab klettern können. Besser ist die Vorrichtung der Fig. 114 mit 2 Spiegeln $S_1 S_2$ und Fernrohr; Spiegel $S_1$ und mit ihm eine Lampe zum Erhellen der Skala ist senkrecht verschiebbar: so kann man den Stand der Säule im Fernrohr ablesen. Das längste derartige Instrument erstreckt sich über die Höhe des Eiffelturms (300 m, entsprechend 400 at). Die Genauigkeit längerer derartiger Instrumente wird durch die Schwierigkeit beeinträchtigt, die Temperatur des Quecksilberfadens gut zu berücksichtigen.

Zum Messen kleinerer Spannungen füllt man die gleichen Instrumente mit Wasser. Fig. 115 bis 117 zeigen einige Formen von *Wassermanometern*, einschenklig, in einem Stück aus Glas geblasen und die Teilung aufs Glas geätzt.

In Gasanstalten verwendet man wohl statt Wasser Petroleum zur Füllung: Teerteile verschmieren dann das

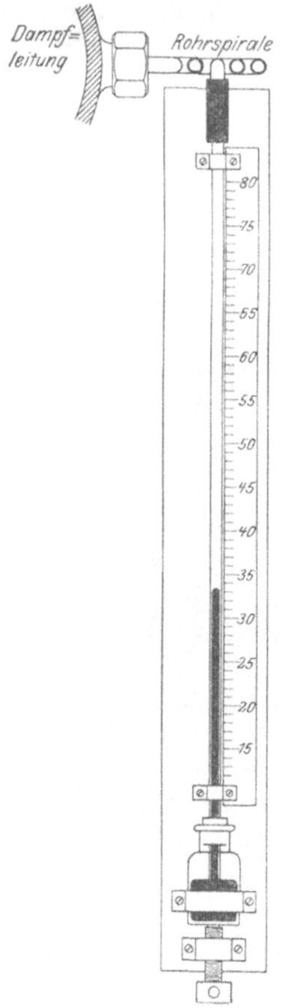

Fig. 112.
Vakuummeter.

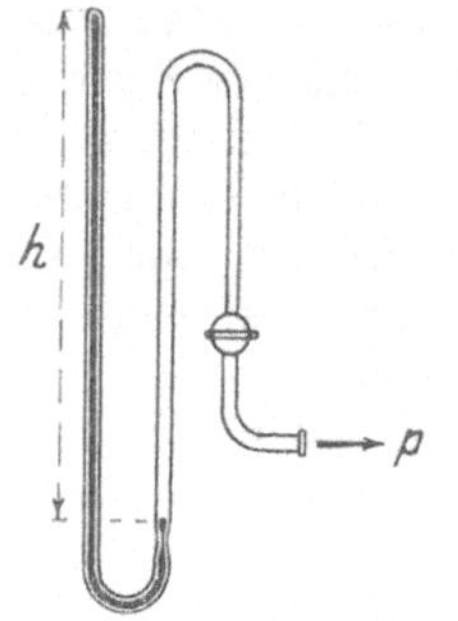

Fig. 113.
Vakuummeter für absoluten Druck.

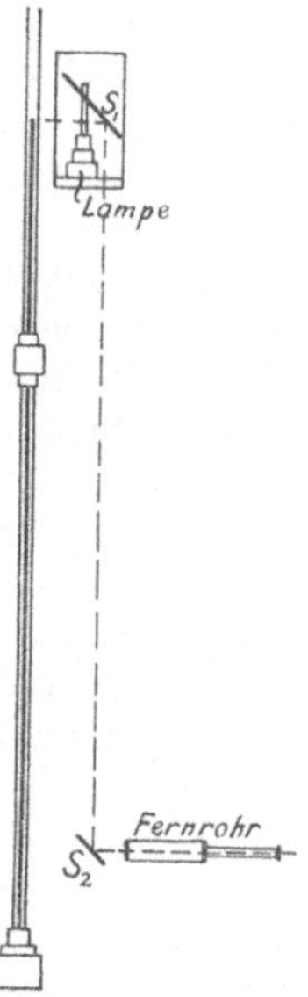

Fig. 114. Quecksilbermanometer
für hohen Druck von
Schaeffer & Budenberg.

Instrument nicht, sondern werden gelöst. Die Teilung wird weiter als bei Wasserfüllung und muß auf Millimeter Wassersäule empirisch oder durch Bestimmung des spezifischen Gewichtes des Petroleums reduziert werden. Zu beachten bleibt, daß die Angabe eines Wassermanometers kaum von der Temperatur abhängt (unterhalb 30°, vgl. Fig. 65), daß aber Petroleum erheblich leichter wird bei wachsender Temperatur (1% Unterschied für 11°).

Gelegentlich wird die Messung mit Quecksilbersäule zu ungenau, die mit Wassersäule unbequem, weil die messende Wassersäule lang wird. Quecksilber ist zu schwer, Wasser zu leicht, dazwischen aber hat man keine Flüssigkeit, etwa vom spezifischen Gewicht 6 oder 8. In solchen Fällen kann man durch *Anwendung zweier Flüssigkeiten* Abhilfe schaffen und etwa das in dieser Form von L u x angegebene Manometer Fig. 118 verwenden. Tritt Spannung in das Gefäß *A* ein, in dem Quecksilber steht, so hebt sich der Quecksilberspiegel im engen Rohr. Gleichzeitig aber wird auch die Wassersäule vergrößert, weil sich das enge Rohr nach oben hin noch einmal zusammenschnürt. Daher wird die zu messende Spannung teils durch Quecksilber, teils durch Wasser ausbalanciert,

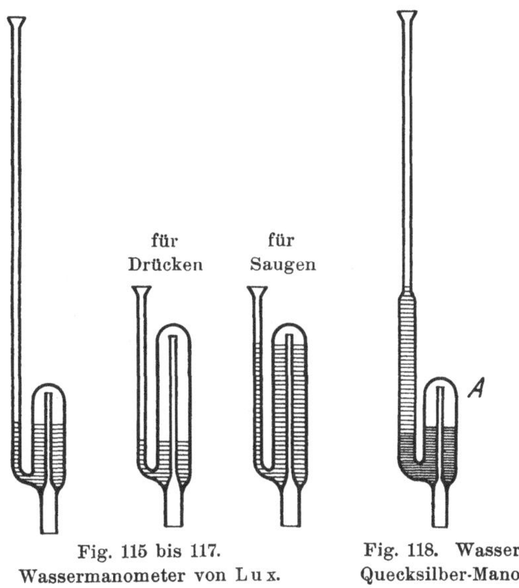


Fig. 115 bis 117.
Wassermanometer von L u x.

Fig. 118. Wasser-
Quecksilber-Mano-
meter.

und die Skala, die den Wasserstand ablesen läßt, wird weiter als bei Quecksilber, enger als bei Wasser allein. Man stellt sie rechnerisch oder besser empirisch, durch Eichen, fest.

**61. Messung kleiner Spannungen und kleiner Spannungsunterschiede.** Um sehr kleine Spannungsunterschiede zu messen, wie sie als Zug bei einer Feuerungsanlage oder bei Lüftungsanlagen vorkommen, reichen gewöhnliche Instrumente nicht aus. Manometer für sehr kleine Spannungen nennt man Zugmesser oder Differentialmanometer.

Man verwendet als *Zugmesser* Plattenfederinstrumente mit sehr dünnen und möglichst großen Platten in verschiedenen Anordnungen; auch Flüssigkeitsmanometer in der Dosenform gewöhnlicher Manometer werden verwendet, bei denen die kleinen Bewegungen der Flüssigkeitsspiegel durch Schwimmer auf einen Zeiger übertragen und dabei stark vergrößert werden. Gewöhnliche Wassermanometer lassen nämlich sehr kleine Spannungsunterschiede von wenigen Millimetern Wassersäule nicht mehr genau messen. Ein anderes Mittel, sie empfindlicher zu machen, ist die Verwendung zweier Flüssigkeiten von wenig verschiedenem spezifischen Gewicht. Eine solche Anordnung hatten wir beim Pitotrohr schon kennen gelernt (Fig. 59), wo wir den oberen Teil des Differentialmanometers mit Petroleum statt Luft auffüllten, so daß nicht mehr das Gewicht einer Wassersäule, sondern der Unterschied in den Gewichten einer Wasser- und einer Petroleumsäule die Messung bewirkte. Dort war eine Wasserspannung zu messen. Wenn es sich um Gasspannungen handelt, erhält man einen Apparat nach Fig. 119:

der obere Teil ist etwa mit Petroleum gefüllt. Beim Füllen hat man die Flüssigkeitsspiegel in den Gefäßen $A$ und $B$ sorgfältig so abzugleichen, daß die Grenze zwischen Petroleum und Wasser beiderseits gleich hoch steht — oder man muß den Anfangsausschlag des Instrumentes als Korrektion berücksichtigen. Außerdem darf man natürlich die kleinen Niveaudifferenzen, die im Betrieb in den Gefäßen $A$ und $B$ entstehen, nicht vernachlässigen, sie sind bei der geringen zu messenden Spannung wohl von Einfluß, außer wenn die Gefäße sehr breit sind. Diese Schwierigkeiten umgeht man durch Verwendung einer Anordnung nach Fig. 120. Die zu messende Spannungsdifferenz wird oben zugeführt, die Zuleitungen der Drucke $p_1$ und $p_2$, deren Unterschied zu messen ist, sind durch die

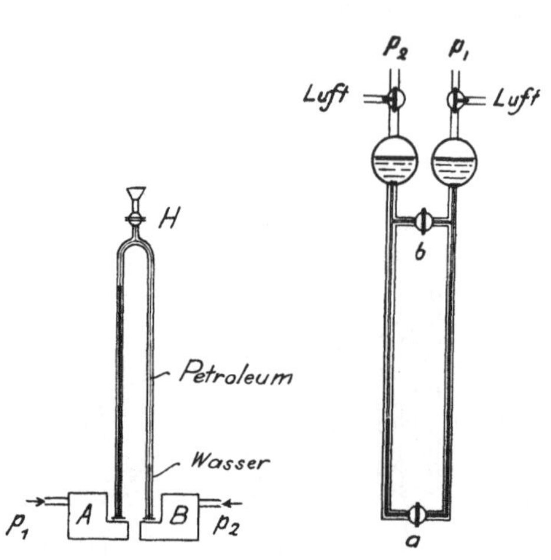


Fig. 119 und 120. Flüssigkeitsmanometer für sehr kleine Spannungsunterschiede.

Dreiwegehähne absperrbar und es ist dafür Anschluß an die Außenluft möglich. Man öffnet zunächst Hahn $a$, schließt ihn, nachdem die zu messende Spannungsdifferenz einen Ausschlag bewirkt hat; verbindet oben mit der Außenluft und öffnet Hahn $b$, schließt ihn wieder, nachdem die Spiegel in den großen Gefäßen sich ausgeglichen haben. Nachdem wieder die Spannungsdifferenz oben angeschlossen ist, öffnet man kurze Zeit Hahn $a$, und so fort, bis man keine Veränderungen mehr wahrnimmt: dann steht in den weiten Gefäßen der Spiegel gleich, während die Scheide zwischen den Flüssigkeiten die Spannung anzeigt. Nie darf Hahn $a$ und $b$ zugleich offen sein. Da es immer angenehm ist, den Vorrat aus Wasser bestehen zu lassen, das wenig verdunstet, so muß der untere Teil mit einer schwereren Flüssigkeit gefüllt sein; sehr geeignet ist Chloroform (Dichte $\delta_0^4 = 1{,}5264$), das sich durch etwas in Wasser ganz unlöslichen Indigo bequem blau färben läßt. Auch Olivenöl Dichte $\delta \sim 0{,}916$) ist zusammen mit Alkohol verwendet worden; des letzteren spezifisches Gewicht ist durch Wasserzusatz einstellbar. Die spezifischen Gewichte sind sorgfältig zu bestimmen. — Diese Methode ist nicht zu verwechseln mit der bei Fig. 118 besprochenen: dort kam das Verhältnis, hier die Differenz der spezifischen Gewichte zur Wirkung.

Ein dritter Weg, die Empfindlichkeit von Flüssigkeitsmanometern zu steigern, ist es, dem Rohr und der Skala eine Neigung zu geben. Gibt man ihm die Neigung 1 zu 5, so bewegt sich der Faden nun um 5 mm für nur 1 mm Druckänderung. In der Neigung weiter zu gehen als bis 1 : 5 oder 1 : 10 ist nicht ohne weiteres richtig: die Unsicherheiten in-

folge mangelhafter Geradheit der Rohre, infolge ungenau wagerechter
Aufstellung der Grundplatte, infolge von Kapillarität und von Hängen
des Wassers an der Wandung, erhalten dann merklichen Einfluß auf
das Resultat. Bei sorgfältiger Beachtung dieser Umstände durch
passende Ausführung und Eichung des Instrumentes kann man jedoch bis zu Neigungen 1 : 100, ja 1 : 1000 gehen, wie bei dem *Recknagelschen Mikromanometer*. Dieses in der Lüftungstechnik viel benutzte Instrument ist in Fig. 121 dargestellt: Ein geschlossenes Gefäß
von genau bekanntem, lichtem Durchmesser schließt an ein Rohr mit
Skala an, dessen Neigung verändert werden kann — bei anderen Aus-
führungen ist sie auch unveränderlich. Als Füllung dient, weil Wasser
in dem engen Glasrohr hängt, am besten Äther, dessen spezifisches
Gewicht bekannt sein muß. Ein Umstellhahn gestattet, die beiden Seiten
des Instrumentes gleichzeitig mit der Atmosphäre zu verbinden, um den
Nullpunkt zu bestimmen, oder beide gleichzeitig mit den Meßstellen
zu verbinden, zwischen denen dann ein Druckunterschied $\varDelta p$ aus der
Bewegung des Flüssigkeitsfadens abgelesen wird. Bei der Benutzung

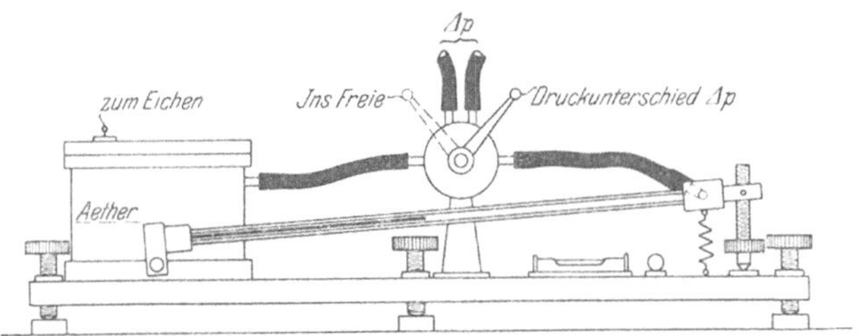


Fig. 121. **Recknagel**sches Differentialmanometer (Mikromanometer).

hat man das Instrument zunächst mittels der beiden Wasserwagen und
der drei Stellschrauben auszurichten, und muß dann, namentlich wenn
man die Neigung des Rohres verändert hatte, den Wert eines Teil-
striches der Skala feststellen — das Instrument eichen. Das geschieht,
indem man eine sorgfältig abgemessene Menge Äther durch die Einfüll-
öffnung in das Gefäß zu dem schon vorhandenen Inhalt hinzutut und
beobachtet, wie weit der Faden im Rohr vorwärtsläuft. Sei etwa der
lichte Durchmesser des Gefäßes 100 mm, entsprechend 7854 qmm
Fläche. Wir fügen 10 ccm = 10 000 cmm Äther hinzu. Der Äther-
faden möge im Rohr um 116 mm vorwärts gelaufen sein. Wenn wir
das geringe Volumen des Fadens vernachlässigen, so stieg der Äther-
spiegel im Gefäß um $\frac{10\,000}{7854} = 1{,}273$ mm. Also sind 116 mm der Skala
gleich 1,273 mm Äthersäule. Wenn das spezifische Gewicht des Äthers
mit 0,74 g/ccm bekannt ist, so daß also 0,74 mm Wassersäule = 1 mm
Äthersäule ist, so haben wir den Wert der Skala aus 116 mm Skala
= 1,273 · 0,74 mm Wassersäule, 100 mm Skala = 0,813 mm WS festgestellt.

Das Arbeiten mit empfindlichen Differentialmanometern erfordert
viel Vorsicht; Empfindlichkeit eines Instrumentes hinsichtlich der Ab-

lesung hat stets auch Empfindlichkeit gegen Störungen im Gefolge. Insbesondere beachte man: das spezifische Gewicht der Füllungen ist von der Temperatur abhängig; ungleiches Gewicht der in den beiden Zuleitungen zum Instrument stehenden Luft bewirkt Störungen, wenn die Zuleitungen senkrecht laufen, man vermeide also senkrechten Verlauf, oder wo er nicht vermieden werden kann, sorge man für gleiche Temperatur beider Rohre, indem man sie dicht zusammenlegt; Gummischläuche vermeide man, weil sie die Wärme schlecht leiten und weil sie, wenn früher zu Leuchtgas oder dergleichen benutzt, die Luft im Innern verändern; Kupferrohr ist besser.

**62. Eichung von Manometern.** Der Eichung bedürfen eigentlich nur die Federmanometer mit ihrer rein empirischen Teilung und ihrer mannigfachen Veränderungen ausgesetzten Feder. Bei Flüssigkeitsmanometern bedarf nur die Längenteilung der Skala einer Nachprüfung, vorausgesetzt, daß man die spezifischen Gewichte kennt, wie es ja namentlich für Quecksilber und Wasser ohne weiteres sehr genau der Fall ist. Bei einschenkligen Instrumenten muß man die Richtigkeit der Skala unter Beachtung der Querschnittsverhältnisse feststellen. Die Eichung der Differentialmanometer mit geneigter Skala besprachen wir schon soeben. Jedenfalls sind die Flüssigkeitsmanometer in sich justierbar, während die Federmanometer des Vergleichs mit einem Normalinstrument bedürfen.

Als Normalinstrumente können Flüssigkeitsmanometer dienen, nachdem dieselben in sich nachgeprüft sind; Zugmesser kann man etwa mit einem Recknagelschen Differentialmanometer vergleichen; für Vakuummeter und für Druckmanometer benutzt man Quecksilbermanometer als Normalinstrument, bei höheren Spannungen etwa in der durch Fig. 114 erläuterten Form mit Fernrohrablesung.

Außerdem hat man als für höhere Spannungen bequemeres Instrument das *Kolbenmanometer* oder die *Kolbenpresse* zur Verfügung (Fig. 122). Ein Kolben von bekanntem Querschnitt wird mit Gewichtsstücken von bekanntem Gewicht belastet; dadurch entsteht in der Flüssigkeit unter dem Kolben — Öl oder Glyzerin — eine Spannung, die durch die beiden bekannten Größen direkt gegeben ist. Hat der Kolben 2 cm Durchmesser, also 3,14 qcm Querschnitt, so muß jedes Gewichtsstück 3,14 kg wiegen, wenn die Abstufung des Druckes von Atmosphäre zu Atmosphäre möglich sein soll. Das Gewicht des Kolbens ist, nötigenfalls unter Beigabe eines Beilagegewichtes, so abgepaßt, daß es die erste Atmosphäre einstellt. Man kann nun einen Indikator, oder bei $M$ ein Manometer aufsetzen und diese eichen. Durch Auflegen der Gewichte wird also die betreffende Spannung sowohl erzeugt als auch gemessen. Um die Reibung des Kolbens in seiner Führung unschädlich

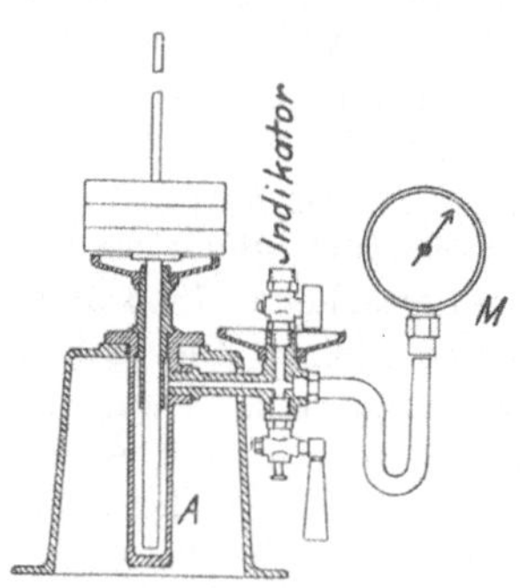

Fig. 122. Kolbenmanometer (Kolbenpresse) von Dreyer, Rosenkranz & Droop.

zu machen, bringt man die Gewichte zur Drehung. Der Kolben hat 2 cm, nur bei hohen Spannungen kleineren Durchmesser; infolgedessen sind bedeutende Gewichte aufzulegen, die dann infolge ihrer Masse längere Zeit in Rotation bleiben. — Die Kolbenpresse ist von Schaeffer & Budenberg dadurch wesentlich verbessert und insbesondere für viel höhere Spannungen brauchbar gemacht, daß ein Differentialkolben verwendet wird, der nach unten durchgeht und mit daran hängenden Gewichten belastet wird. Erwähnt sei, daß man die Kolbenfläche eines Kolbenmanometers am sichersten feststellt, indem man es bei einer möglichst hohen Spannung mit einem Quecksilberinstrument vergleicht.

Mit zunehmender Spannung sinkt der Kolben mehr und mehr ein, weil so viel Flüssigkeit aus dem Zylinder in Indikator und Manometer übertritt, wie nötig ist, um den Raum unter dem Indikatorkolben, den Raum in der sich dehnenden Manometerfeder auszufüllen; auch muß jeder Verlust infolge von Undichtheit ein Herabsinken des Kolbens veranlassen. Dadurch entsteht zunächst ein Fehler in solchem Betrage, wie der Glyzerinsäule von der Höhe des Einsenkens entspricht; dieser Fehler ist indes nur bei ganz kleinen Spannungen von einiger Bedeutung, für die sich das Kolbenmanometer ohnehin nicht eignet. Außerdem aber kommt man an jene Spannung, wo der Kolben unten aufstößt und keine Messung mehr möglich ist. Beides wird behoben, wenn man eine Glyzerinpumpe mit dem Zylinder in Verbindung bringt und nach Bedarf Glyzerin nachpreßt, so daß der Kolben bei allen Spannungen in gleicher Höhe bleibt.

Für kleine Spannungen ist das Kolbenmanometer, außer aus dem schon genannten Grunde, auch wegen der störenden Reibung schlecht zu brauchen; diese stört dann, selbst wenn der Kolben rotiert. Man verwendet es daher nur für große Spannungen, bei denen Quecksilbersäulen ihrer Länge wegen unhandlich werden.

Als Normalinstrument bei der Eichung verwendet man auch wohl *Kontrollmanometer*, das sind selbst Federmanometer bester Bauart, die ihrerseits mit einem Quecksilberinstrument verglichen sind. Die Kontrollmanometer haben zwei völlig voneinander getrennte Werke. Solange die beiden Zeiger übereingehen, hat das Instrument noch nicht Schaden erlitten und ist zuverlässig.

Die einfachste Art und Weise, sich von der Unversehrtheit eines Manometers — auch anderer Instrumente — zu überzeugen, ist übrigens die Nullpunktkontrolle: solange ein Instrument auf Null zurückgeht bei Außerbetriebsetzung, so lange ist es nicht ganz in Unordnung. Der Anschlagstift, den die Manometer meist beim Nullpunkt haben, macht diese Kontrolle unmöglich. Solch Anschlagstift sollte deshalb fehlen, oder er sollte ein Stück jenseits des Nullpunktes sein, nur um große Schwingungen hintanzuhalten.

Beim Eichen sollte das Manometer die Lage haben — stehend, hängend oder dergleichen — wie später bei der Benutzung. Einen Unterschied zwischen warmer und kalter Eichung zu machen, wie wir das bei den Indikatoren nötig finden werden, ist bei Manometern überflüssig, da ja die Manometerfeder nie warm werden soll.

**63. Anbau der Manometer.** Nicht selten hat man an den Ablesungen der Manometer Berichtigungen wegen der Anbringung des Instrumentes zu machen. Das Instrument zeigt natürlich die Spannung, die in seine messenden Teile hineintritt, und es bleibt zu erwägen, ob das diejenige ist, die man zu kennen wünscht.

Zur Beobachtung der *Druckhöhe einer Wasserpumpe* pflegt ein Manometer am Druckwindkessel zu sein. Da nun im Wasser der Druck mit der Höhe abnimmt, und zwar um $^1/_{10}$ at für 1 m Höhe, so wird die Angabe des Manometers von der Höhenlage abhängen, in der es angebracht ist. Es zeigt den Druck in seiner eigenen Höhenlage an, wenn es unterhalb des Wasserspiegels im Windkessel angebracht ist; ist es an den Luftraum des Windkessels angeschlossen, so zeigt es den Wasserdruck in Höhe des Wasserspiegels im Windkessel an. Da man die Druckförderhöhe einer Pumpe vom Druckventil an zu rechnen pflegt, so hat man also zu der Ablesung am Manometer den Höhenunterschied vom Druckventil zum Manometer, gegebenenfalls zum Wasserspiegel, zuzuzählen oder bisweilen auch abzuziehen. — Entsprechendes gilt von der Saughöhe, die man bekanntlich auch bis zum Druckventil zu rechnen pflegt. — Wenn man die gesamte *Förderhöhe einer Pumpe* ablesen will, so wird man das Manometer am Saug- und das am Druckwindkessel beobachten. Es genügt aber nicht, beider Angaben zusammenzuzählen, sondern es ist noch der Unterschied in der Höhenlage beider Manometer, gegebenenfalls aber auch wieder die Höhe bis zum Wasserspiegel, hinzuzuzählen. Diese Berichtigung kann leicht 1,5 m WS betragen und würde also bei 30 m gesamter Förderhöhe 5% ausmachen.

Andererseits ist es doch wieder richtig, die Manometer an den Windkesseln und nicht direkt an der Leitung anzubringen. Wird eine Rohrleitung angebohrt, so tritt leicht Saugen an der Bohrung ein, wenn das Wasser fließt. Wir haben Ähnliches schon S. 70 beim Pitotrohr besprochen. Im Windkessel stagniert das Wasser, und jener Fehler ist unmöglich. — Übrigens ergeben sich ja auch theoretisch verschiedene Werte: in einer Rohrleitung wird, eben weil das Wasser fließt und kinetische Energie enthält, die potentielle Energie, also die Spannung kleiner als in einem Windkessel gemessen. Der Unterschied ist bei den üblichen Wassergeschwindigkeiten von selten mehr als 2,5 m/sek nur klein, nämlich $h = \dfrac{w^2}{2\,g} \leqq \dfrac{6,2}{20} \sim \tfrac{1}{3}$ m WS. Das ist oft zu vernachlässigen, nötigenfalls aber hat man zu überlegen, was man denn messen will, ob die gesamte Energie im Wasser, oder nur die reine Spannung.

Die Spannung eines in der Rohrleitung fließenden Mediums ist immer schwierig zu messen: die Entnahme der Spannung ist die Schwierigkeit, weil an der Entnahmeöffnung Saugen eintritt. So fand Büchner (Z. d. V. D. I. 1904, S. 1101) Unterschiede von $^1/_4$ bis $^1/_3$ at, je nachdem er die Kanten der Entnahmeöffnung abrundete oder nicht; das war allerdings bei den hohen Dampfgeschwindigkeiten (400 m/sek), die in Turbinendüsen auftreten. Die Abrundung wäre also nötig, ist aber meist nicht ausführbar.

Die *Ablesung von Dampfspannungen* wird auch leicht gefälscht durch Wassersäulen, die sich in den zu den Manometern führenden Meßleitungen durch Niederschlagen von Dampf bilden, und die die Ablesung am Manometer zu groß oder zu klein werden lassen, je nachdem die Meßleitung zum Manometer hin fällt oder steigt. Man hat entweder dafür zu sorgen, daß solche Wassersäule nicht vorhanden ist, oder man hat ihr durch eine Korrektion Rechnung zu tragen. Sind die Manometer einer Dampfmaschine am gemeinsamen Manometerbrett vereint, so führen Leitungen aus dünnem Kupferrohr dahin, die wohl um 2 m WS = 0,2 at die Ablesung fälschen können. Das ist selbst bei hohen Spannungen zu viel.

Da die Manometerleitung eine kühlende Oberfläche bildet, so wird sich stets Dampf in ihr niederschlagen. Das Kondensat wird in ihr stehen bleiben, wenn sie zum Manometer hinabfällt; im entgegengesetzten Fall bleibt es zweifelhaft, ob alles oder etwas oder kein Wasser zur Dampfleitung zurückläuft. Einfaches Abfallen des Rohres genügt also, um Klarheit über die Verhältnisse zu schaffen, sobald der Druck längere Zeit konstant war. Eine Druckverminderung hat zur Folge, daß Wasser aus der Meßleitung verdrängt wird, die Leitung bleibt auch dann gefüllt und die Einführung einer Berichtigung möglich. Nach einer Drucksteigerung aber wird ein Teil der Leitung von Wasser entblößt werden. Um doch die Größe der Berichtigung festzulegen, achtet man darauf, daß ein genügend langes Stück der Meßleitung zunächst wagerecht geht; dann hat die Entblößung

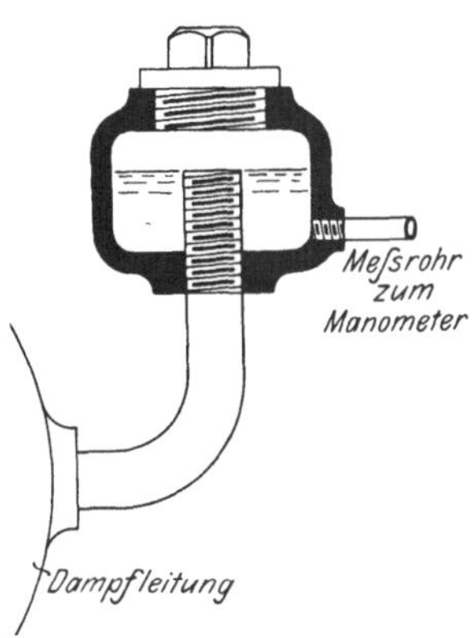


Fig. 123. Wasserbehälter für eine Manometerleitung.

von Wasser keine Bedeutung; man hat auch dieses wagerechte Stück in Spiralform aufgewickelt, wenn die Raumverhältnisse es wünschenswert machten (Fig. 112). Ein anderes Mittel ist es, an den Anfang der Meßleitung einen kleinen Wasserbehälter zu legen, den man durch eine weite, als Überlauf ausgebildete Rohrleitung mit der Dampfleitung verbindet, während die Meßleitung unten abzweigt (Fig. 123). Nach dem Anbau wird der Behälter und die Meßleitung mit Wasser gefüllt; in der weiten Überlaufleitung läuft Wasser sicher ab; wegen der Weite des Behälters ist die Senkung des Wasserspiegels selbst bei einer starken Druckzunahme nur klein. — Man hält diese umständlicheren Einrichtungen nur selten bei Messung der Dampfspannung für nötig; sie sind aber erforderlich, wenn man bei Mündungsdampfmessern kleine Druckunterschiede messen will (S. 127).

**64. Dampfspannung und Temperatur; Barometerstand.** Bei gesättigten Dämpfen kann an die Stelle der Spannungsmessung mit Vorteil die Temperaturmessung treten: bei kleinen Spannungen ist nämlich die Temperaturzunahme groß im Verhältnis zur Spannungszunahme. Auch sind Thermometer besser unveränderlich in ihren Angaben als

Manometer. Zu beachten ist, daß ein Thermometer dann absolute Drucke mißt, die Manometer zeigten Überdruck an.

Spannung und Temperatur sind indes nur dann eindeutig voneinander abhängig, wenn es sich um reinen gesättigten Dampf handelt. Haben wir bei Kondensationsanlagen oder am Auspuff einer Kondensationsdampfmaschine ein Luft-Dampf-Gemisch, so ist der Ersatz der Spannungs- durch eine Temperaturmessung nicht immer zulässig.

Auch die *Feststellung des Barometerstandes*, die zu jeder Maschinenuntersuchung ordnungsmäßig gehört, ist am sichersten durch Beobachtung des Siedepunktes von Wasserdampf zu machen, zumal auf der Reise, da Quecksilberbarometer schlecht transportabel sind, Aneroide aber durch Stöße ihre Angabe verändern. In der Geodäsie benutzt man den *Siedeapparat* nach Fig. 124: über einer Spirituslampe siedet Wasser; die Dämpfe gehen durch ein Sieb, das Tropfen abfängt, umspülen in einem Rohr ein Thermometer und gehen durch einen Mantel wieder abwärts, um ins Freie zu treten. Das Thermometer ist also in Wasserdampf vom gerade herrschenden Luftdruck und zeigt die Siedetemperatur, oder vielmehr meist ist die Skala gleich im mm QuS geteilt. Der das Thermometer haltende Gummiring wird so verschoben, daß der Quecksilberfaden nur eben herausguckt; eine Fadenkorrektion fällt dann fort. Die Flamme darf nur mäßig brennen, damit kein nennenswerter Überdruck im Apparat herrscht; das Thermometer muß, wie jedes feine Thermometer, vor dem Ablesen angeklopft werden.

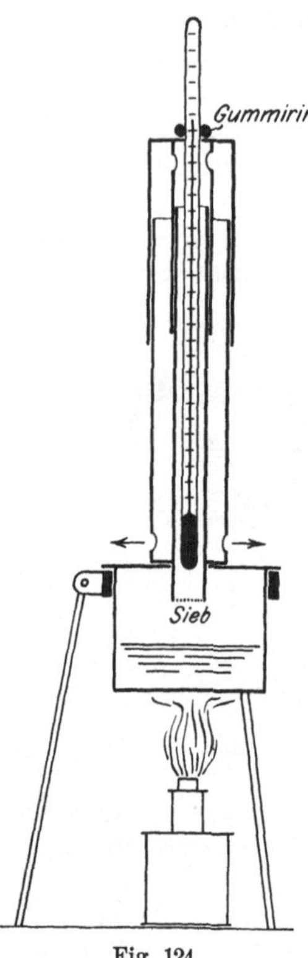


Fig. 124.
Siedeapparat von Fueß.

Wenn man, statt ihn zu messen, den Barometerstand aus den Wetterberichten der Zeitungen entnimmt, so hat man zu beachten, daß diese den Stand auf Meeresspiegel bezogen angeben; uns interessiert aber ausschließlich der tatsächliche Barometerstand. Man hätte also die von dem Meteorologen vorgenommene Reduktion auf den Meeresspiegel rückwärts gehend zu beseitigen. Es genügt dazu oft, die Luftsäule von dem betreffenden Druck und der abgelesenen Temperatur sowie von der Höhe gleich der Höhenlage des Ortes über dem Meer in Quecksilbersäule umzurechnen.

# IX. Messung von Kraft, Drehmoment, Arbeit, Leistung.

**65. Übersicht.** Eine Kraft erkennt und mißt man an den Wirkungen, die sie auf irgendwelchen Körper — Maschinen- oder Bauteil — hervorbringt. Diese Wirkungen können dreierlei Art sein, je nachdem es sich um einen ruhenden Körper handelt (Gleichgewichtszustand), oder ob es sich um einen gleichförmig oder um einen ungleichförmig bewegten Körper handelt (Beharrungszustand beziehungsweise Beschleunigung oder Verzögerung).

Eine Kraft kann dadurch kenntlich werden, daß sie die von einer oder mehreren anderen Kräften erstrebte Bewegung verhindert, sie ist dann mit diesen Kräften im *Gleichgewicht.* Kennt man die andere Kraft, so kann man sie nach den Lehren des Gleichgewichts zur Messung der ersten benutzen. Die Wage, die wir als Mittel zur Mengenmessung besprochen haben, ist eigentlich ein Kraftmesser. Die Schalenwage vergleicht irgendeine Kraft mit der Schwerkraft des ausgleichenden Gewichtsstückes, die man kennt; die Federwage vergleicht eine beliebige Kraft mit der elastischen Kraft der Feder, die man ebenfalls kennt. Ist eine Wage nicht für Mengenmessungen, sondern speziell zur Messung von Kräften eingerichtet, so nennt man sie Dynamometer.

Eine Kraft kann auch dazu dienen, eine vorhandene Bewegung trotz entgegenstehender Widerstände aufrecht zu halten (*Beharrungszustand*). Sie überwindet dann die Widerstände und leistet dadurch eine Arbeit $L$, die durch das Produkt aus der Größe der Kraft $P$ und dem Wege $s$ ihres Angriffspunktes gegeben ist. $L = P \cdot s$. — Die in der Sekunde von einer Maschine gelieferte oder verbrauchte Arbeit nennt man ihre Leistung. Die Leistung ist also Kraft mal Weg in der Sekunde, also auch Kraft mal Geschwindigkeit: $N = \dfrac{P \cdot s}{t} = P \cdot w$.

— Zur Messung einer Kraft können diese Beziehungen insofern dienen, als man aus dem Gesetz von der Erhaltung der Energie weiß, daß Arbeit unverwüstlich, aber in die verschiedensten anderen Energieformen umsetzbar ist; solche Umsetzungen erfolgen nach festen Äquivalenzverhältnissen, darauf eben beruht die Messung. Man kann also die Arbeit nicht nur in mechanischer, sondern auch in elektrischer Form oder als Wärme messen, und dann ruckwarts die Kraft berechnen. In bezug auf die Leistung gelten bei solchen Umsetzungen die gleichen Äquivalenzverhältnisse, man kann also auch sie zur Ermittlung von Kräften verwenden.

Hat man etwa die elektrische Leistung eines Hebezeugmotors und die Hakengeschwindigkeit gemessen, so ergibt sich aus $P = \dfrac{N}{w}$ die gehobene Last, freilich noch ohne Beachtung des Wirkungsgrades. Hat man die indizierte Leistung einer Lokomotive und die Fahrgeschwindigkeit des Zuges gemessen, so gibt die gleiche Formel die am Zughaken ausgeübte Kraft, wieder ohne Beachtung des Wirkungsgrades; doch ist es gleichgültig, ob der Zug bergauf oder bergab fuhr. Häufiger freilich ermittelt man umgekehrt aus der Last und der Hakengeschwindigkeit die Leistung eines Hebezeuges, aus Zugkraft und Fahrgeschwindigkeit die Leistung der Lokomotive. Der Zusammenhang bleibt aber der gleiche.

Wo es sich endlich um *Beschleunigungs- oder Verzögerungszustände* handelt, da kann man die auf einen Körper wirkende Gesamtkraft aus den allgemeinen Beschleunigungsgleichungen ermitteln. Insbesondere läßt sich die auf einen Körper von der Masse $m$ wirkende Gesamtkraft $P$ finden aus der Beschleunigungsgleichung $P = m \cdot \dfrac{d^2 s}{dt^2}$ oder $P = m \cdot \dfrac{d w}{dt}$;

zu ihrer Feststellung ist also die Messung des zurückgelegten Weges $s$ oder der jeweiligen Geschwindigkeit $w$ in ihrer Abhängigkeit von der Zeit $t$ nötig, und dann ist eine ein- oder zweimalige Differentiation auszuführen.

Für die *drehende Bewegung* tritt an die Stelle der Kraft das Drehmoment, das ist ein Kräftepaar, dessen Größe durch das Produkt aus Kraft und Arm gegeben ist: $M_d = P \cdot l$. Geht die eine Kraft des Paares durch die Rotationsachse, wie es meist der Fall ist, so ist das von der anderen ausgeübte Drehmoment gegeben durch das Produkt aus der Kraft und dem Abstand des Angriffspunktes von der Drehachse, also wieder $M_d = P \cdot l$. Man kann das Drehmoment auch als die Kraft reduziert auf den Arm Eins definieren.

Alles, was wir über die Kraft und ihre Messung gesagt haben, gilt wörtlich vom Drehmoment, sobald es sich um eine drehende Bewegung handelt. Nur tritt die Winkelgeschwindigkeit $\omega$ oder die Tourenzahl $n$ pro Minute an die Stelle der fortschreitenden Geschwindigkeit, der durchlaufene Winkel $\varphi$ an die Stelle des Weges und das Trägheitsmoment $J$ an die Stelle der Masse.

Auch bei drehender Bewegung kann es sich um *Gleichgewichtszustände* handeln — die von dem zu messenden Drehmoment erstrebte Bewegung kommt infolge eines entgegenstehenden gleich großen nicht zustande, wie am Balken einer Bremse.

Oder es kann sich um einen *Beharrungszustand* handeln — das Schwungrad der Kraftmaschine läuft trotz des widerstehenden Drehmomentes einer Bremse, einer belastenden Dynamomaschine oder einer belastenden Transmission gleichförmig um und gibt dadurch Arbeit ab, deren Wert durch das Produkt aus der Größe des Drehmomentes $M_d$ und dem zurückgelegten Winkel zu finden ist: $L = M_d \cdot \varphi$. — Die in der Sekunde gelieferte Arbeit ist wieder die Leistung der Maschine, gegeben durch die Beziehung $N = \dfrac{M_d \cdot \varphi}{t} = M_d \cdot \omega$. — Zur Messung des Drehmomentes können diese Beziehungen wieder auf Grund des Gesetzes von der Erhaltung der Energie dienen; schreibt man $M_d = \dfrac{N}{\omega}$, so kann man die Leistung $N$ nicht nur in mechanischer Form, sondern als elektrische Leistung der angetriebenen Dynamomaschine messen, mißt außerdem mittels Tachometers die Winkelgeschwindigkeit und berechnet das zum Antrieb der Dynamomaschine nötige Drehmoment; der Wirkungsgrad der Dynamomaschine ist dabei freilich wieder noch unbeachtet.

Bei *Beschleunigungs- und Verzögerungszuständen* kann man das auf die umlaufenden Massen, deren Trägheitsmoment $J$ sei, wirkende Gesamtmoment aus der Beschleunigungsgleichung finden, die für umlaufende Bewegung die Form hat $M_d = J \cdot \dfrac{d^2\varphi}{dt^2}$ oder $M_d = J \cdot \dfrac{d\omega}{dt}$; man hat das Trägheitsmoment, sowie den durchlaufenen Winkel oder die Geschwindigkeit zu messen und muß dann wieder eine Differentiation ausführen.

**66. Einheiten.** Als Einheit der Kraft haben wir im technischen Maßsystem das Kilogramm [kg], eines der Grundmaße. Die Einheit des Drehmomentes ist offenbar jenes Drehmoment, wo das Kilogramm am Arme von 1 m angreift, das Meterkilogramm [m·kg]. Man benutzt auch die kleinere Einheit: $1\,\text{cm·kg} = \frac{1}{100}\,\text{m·kg}$.

Die Einheit der Arbeit wäre diejenige Arbeit, die man aufwenden muß, um einen Widerstand von 1 kg über 1 m hin zu überwinden, etwa ein Kilogrammgewicht ein Meter hoch zu heben. Die Einheit der Arbeit heißt daher ebenfalls Meterkilogramm [m·kg]. Benutzen wir die drehende Bewegung zur Bestimmung einer Arbeitseinheit, so kommen wir auf die gleiche: es ist diejenige Arbeit, die man aufwenden muß, will man eine Drehung um den Winkel Eins ($57°\ 17\frac{3}{4}'$) entgegen dem widerstehenden Drehmoment von 1 m·kg zustande bringen. Die Einheit ist also $1\,\text{m·kg} \cdot 1 = 1\,[\text{m·kg}]$, denn der Winkel ist eine unbenannte Zahl. Auf gebräuchlichere Arbeitseinheiten kommen wir unten.

Die Einheit der Leistung im technischen Maßsystem wird geliefert, wenn in jeder Sekunde die Arbeit von 1 m·kg geliefert wird. Diese Einheit $1\,\dfrac{\text{m·kg}}{\text{sek}}$ ist nicht die übliche. Man rechnet im Maschinenbau nach Pferdestärken, und zwar wird definiert $1\,\text{PS} = 75\,\dfrac{\text{m·kg}}{\text{sek}}$; die Pferdestärke ist 75 mal so groß wie die Einheit des technischen Maßsystems.

Bei umlaufender Bewegung ergibt sich folgende Beziehung: es werden $75\,\dfrac{\text{m·kg}}{\text{sek}}$ dann geleistet, wenn ein Maschinenteil sich sekundlich um die Einheit des Winkels ($57°\ 17\frac{3}{4}'$) vorandreht und dabei das Drehmoment von 75 m·kg ausübt. Wenn nun meist die Winkelgeschwindigkeit in Form der minutlichen Umlaufzahl gegeben ist, so daß die Winkelgeschwindigkeit $\omega = \dfrac{n}{60} \cdot \dfrac{360°}{57°\ 17\frac{3}{4}'}$ ist, so entspricht einem Drehmoment $M_d$ eine Leistung von $\dfrac{360°}{57°\ 17\frac{3}{4}' \cdot 60} \cdot M_d \cdot n$, gemessen in $\dfrac{\text{m·kg}}{\text{sek}}$, oder es ist in Pferdestärken

$$N^{\text{PS}} = \frac{360}{57{,}3 \cdot 60 \cdot 75} \cdot M_d \cdot n = \frac{M_d^{\text{m·kg}} \cdot n^{\text{Uml/min}}}{716} \qquad \cdot \ \cdot \ (15)$$

Die Elektrotechnik ist, vom physikalischen c. g. s-System ausgehend, auf das Watt als Leistungseinheit gekommen; die einem elektrischen Strom entsprechende Leistung ist nämlich gegeben durch das Produkt aus der Spannung zwischen dem Ein- und Austritt des Stromes in denjenigen Teil, dessen Energieaufnahme man messen will und aus der durch den betreffenden Teil gehenden Stromstärke — die Spannung zu messen in Volt, die Stromstärke in Ampere, wenn man als Produkt die Leistung in Watt erhalten will. Gebräuchlicher noch ist das Kilowatt: 1 KW = 1000 Watt.

Beide Leistungseinheiten, Kilowatt und Pferdestärke, stehen in einem gewissen festen Verhältnis zueinander, das experimentell wie folgt festzustellen ist: Fließt 1 Ampere im Leiter von 1 Ohm Widerstand, also bei 1 Volt Spannungsabfall, so entstehen 0,0002387 Wärmeeinheiten in der Sekunde (kalorimetrische Messung): 1 Watt = 0,0002387 WE/sek. Natürlich darf in diesem Falle in dem Leiterteil keine sonstige Energieentnahme, durch chemische Zersetzung oder Betreiben eines Elektromotors, stattfinden. — Andererseits ist bekanntlich 1 WE = 427 m·kg, also 1 PS = $75 \dfrac{\mathrm{m \cdot kg}}{\mathrm{sek}} = \dfrac{75}{427} \dfrac{\mathrm{WE}}{\mathrm{sek}}$. Daraus folgt 1 PS = $\dfrac{75}{427 \cdot 0{,}0002387} = 735{,}8$ Watt.

$$1 \text{ PS} = 736 \text{ Watt} = 0{,}736 \text{ KW} \quad . \quad . \quad . \quad . \quad . \quad (16)$$

Das Kilowatt ist also um etwa ein Drittel größer als die Pferdestärke, diese um rund ein Viertel kleiner als das Kilowatt.

Rückwärtsgehend hat man aus diesen Leistungseinheiten durch Multiplizieren mit der Zeitdauer, während welcher die Leistung geliefert wurde, Arbeitseinheiten gebildet, die mehr gebraucht werden als das Meterkilogramm. Wird 1 PS eine Stunde lang geleistet, so ist die gelieferte Arbeit 1 PS·st; wird 1 KW eine Stunde lang geleistet, so ist die gelieferte Arbeit 1 KW·st. Es ist offenbar

$$1 \text{ PS·st} = \left(75 \frac{\mathrm{m \cdot kg}}{\mathrm{sek}}\right) \cdot (3600 \text{ sek}) = 75 \cdot 3600 \text{ m·kg} = 270\,000 \text{ m·kg},$$

also

$$1 \text{ KW·st} = \frac{1000}{736} \cdot 270\,000 = 367\,000 \text{ m·kg} \quad . \quad . \quad . \quad (17)$$

Endlich kann man noch die Wärmeeinheit als Arbeitseinheit ansehen, das ist jene Wärmemenge, die 1 kg Wasser um 1° erwärmt (§ 93). Nach den neuesten Forschungen ist 1 WE = 427 m·kg der wahrscheinlichste Wert. Daher ist wieder 1 WE = $427 \cdot \dfrac{1}{270\,000} = \dfrac{1}{632}$ PS·st, oder, wenn wir auf Leistungseinheiten überspringen:

$$1 \text{ PS} = 632 \frac{\mathrm{WE}}{\mathrm{st}} \quad . \quad . \quad . \quad . \quad . \quad . \quad . \quad (18)$$

Im englischen Maßsystem ist die Arbeitseinheit das Fußpfund; es ist 1 m·kg = 7,233 Fußpfund. Die englische Pferdestärke (HP) ist 1 HP = $550 \dfrac{\mathrm{Fs \cdot Pfd}}{\mathrm{sek}}$; es ist 1 PS = 0,986 HP.

**67. Dynamometer für Kraftmessung.** Apparate zur Messung von Kräften oder Drehmomenten heißen Dynamometer. Jede Wage ist ein Dynamometer, sie mißt die Schwerkraft von Körpern. Meist betrachtet man aber die Wage als zum Messen von Stoffmengen dienend. Dann versteht man unter Dynamometern Apparate, deren Wirkung nicht an die senkrechte Richtung der Kraft gebunden ist. Doch werden wir die Brückenwage später beim Pronyschen Zaum richtig als Kraftmesser verwendet finden.

Ein eigentliches Dynamometer ist die *Federwage*, deren Wirksamkeit zu beschreiben wohl überflüssig ist. Bei dem Dynamometer Fig. 125, das in der Landwirtschaft zur Bestimmung der Zugkraft von Pferden dient, sind sanft gebogene Federn der wirksame Teil. Ihre Streckung unter dem Einfluß der Kräfte $P$ wird, durch ein Zahnradgetriebe auf einen Zeiger übertragen und sichtbar gemacht, als Maß der Kräfte verwendet.

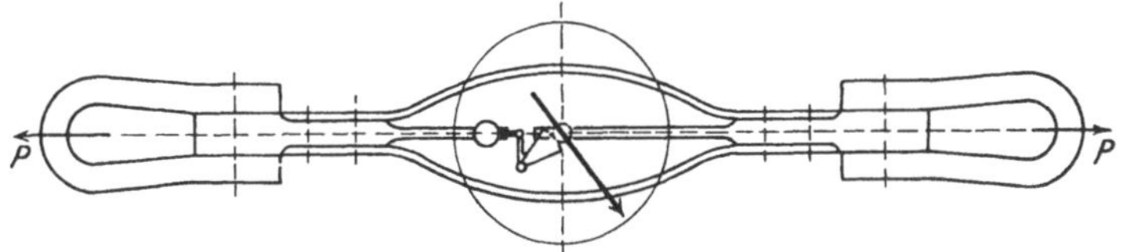

Fig. 125. Zugdynamometer von Schaeffer & Budenberg.

Bei *hydraulischen Dynamometern* wirkt die zu messende Kraft auf einen Kolben und erzeugt in der Flüssigkeit unter dem Kolben eine Spannung, die ein Maß für die Größe der Kraft ist, sobald man die Kolbenfläche kennt. Das Manometer wird direkt in Kilogramm geteilt, nicht erst in Atmosphären. Das Ganze ist eine Umkehrung der Kolbenpresse, bei der man aus der Kolbenfläche und den bekannten Gewichten die erzeugte Spannung berechnete und die insbesondere zum Eichen von Manometern dient (S. 144). Man hat solche hydraulischen Wagen zum Beispiel zum Einhängen in den Kranhaken, so daß man am Manometer, das dann gleich in Kilogramme geteilt wird, nicht in Atmosphären, die gehobene Last ablesen kann.

Höheren Ansprüchen an Genauigkeit entspricht die *Meßdose* (Fig. 126). Auch sie ist ein hydraulischer Kraftmesser. Die Flüssigkeit ist in einen Hohlraum eingeschlossen, der nach oben zu durch eine Membran $a$ aus dünnem Messingblech abgeschlossen ist, die über einen Paßring gelegt und zwischen ihm und dem oberen Gehäuseteil eingeklemmt ist. Ein Manometer läßt die Spannung der Flüssigkeit erkennen. Auf der Membran ruht ein Kolben, der nur wenig kleiner ist als die Ringfläche, in der die Membran eingeklemmt ist; so bleibt nur ein schmaler Ringspalt für die Deformation der Membran bei eintretender Kolbenbewegung frei — genügend schmal, damit die Membran der Flüssigkeitsspannung gewachsen bleibt. Die Führung des Kolbens geschieht durch zwei Stahlblechfedern $b$ und $c$, die außen im Gehäuse, innen zwischen verschiedenen Teilen des Kolbens eingeklemmt sind. Der Kolben darf nur sehr kleine Bewegungen ausführen, soll nicht die Elastizität der Führungsfedern merkliche Störungen in die Messung bringen; er braucht aber auch nur die geringen Bewegungen zu machen, die den geringen Volumänderungen des Inhaltes der Manometerfeder entsprechen; bei den großen Kolbenabmessungen genügt die Bewegung um einen Bruchteil eines Millimeters für Änderungen der Kraft von Null zum Höchstwert. Eine Hubbegrenzung, die selten mehr als 1 mm Hub freiläßt, wird daher genügend Spiel geben, nachdem einmal die richtige Menge Flüssigkeit eingefüllt und sorgfältig alle Luft ausgetrieben ist, die ja sonst größere Volumenänderungen bedingte. Die Hubbegrenzung und ein Staubverschluß $d$ verhüten auch Beschädigungen der Führungsfedern bei unvorsichtiger Behandlung. — Bei kleinem Kolbendurch-

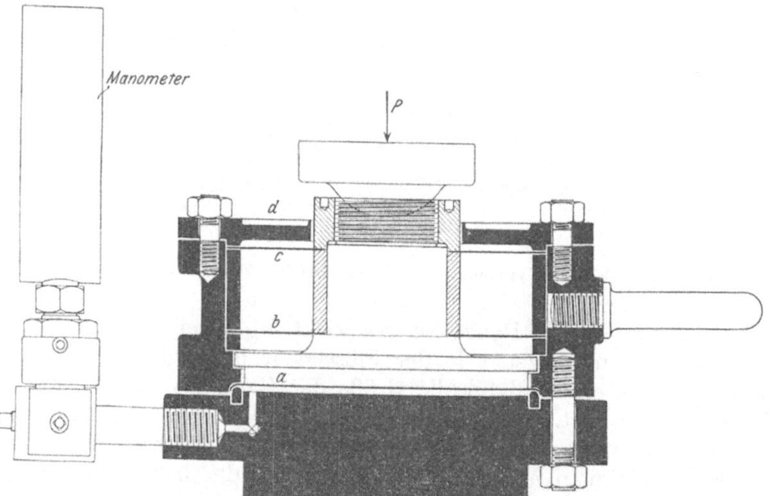


Fig. 126. Meßdose der Maschinenfabrik Augsburg-Nürnberg A.-G.

messer würden größere Hübe nötig sein, um die Manometerfeder zu füllen, während doch die Führungsfedern weniger nachgiebig werden; bei Verkleinerung des Kolbendurchmessers ergeben sich daher ungünstigere Verhältnisse; überdies sind Manometer gerade für größere Spannungen zuverlässiger als für kleine. Deshalb ist die Meßdose hauptsächlich für Messung sehr großer Kräfte geeignet; die abgebildete Meßdose reicht bei rd. 160 mm Kolbendurchmesser für Kräfte von 20 000 kg aus; es entstehen daher Spannungen bis zu 100 at in der Flüssigkeit. — Die Unsicherheit, welche Kolbengröße für die Berechnung der Kraft maßgebend ist, weil der Spalt teilweise in Rechnung zu setzen wäre, wird ebenfalls mit zunehmender Kolbengröße geringer; im übrigen wird sie durch empirische Eichung der Dose beseitigt. — Die Meßdose ist besonders für Kraftmessungen im Materialprüfungswesen in letzter Zeit sehr in Aufnahme gekommen und bewährt sich durch Genauigkeit der Messung, Unempfindlichkeit gegen Erschütterungen und bequeme Handhabung, so daß sie auch andern Ortes zu

empfehlen sein wird. Wegen der mannigfachen Sonderbauarten sei auf
die Literatur über Materialprüfung verwiesen.

Außerhalb des Materialprüfungswesens dienen Dynamometer aller
Art häufig zur Bestimmung der von Lokomotiven ausgeübten Zugkraft,
sie sind in einem besonderen Dynamometerwagen an Stelle des Zug-
hakens gesetzt. Oft sind sie registrierend.

**68. Bremsdynamometer.** Die Messung des von einer im Gang
befindlichen Kraftmaschine gelieferten Drehmomentes kann durch Abbremsen geschehen. Die Bremsdynamometer messen das Drehmoment,
indem sie die ihm entsprechende Energie vernichten, meist in Wärme
umsetzen. — Die Bremsdynamometer haben eine doppelte Aufgabe,
nämlich erstens die Maschine zu belasten, also das ihrem Gang entgegenstehende Drehmoment zu erzeugen, und zweitens das erzeugte Drehmoment zu messen. Beide Funktionen sind unabhängig voneinander;
die Erzeugung des Drehmomentes geschieht meist durch mechanische
Reibung fester Teile, der Bremsbacken oder des Bremsbandes, auf einer

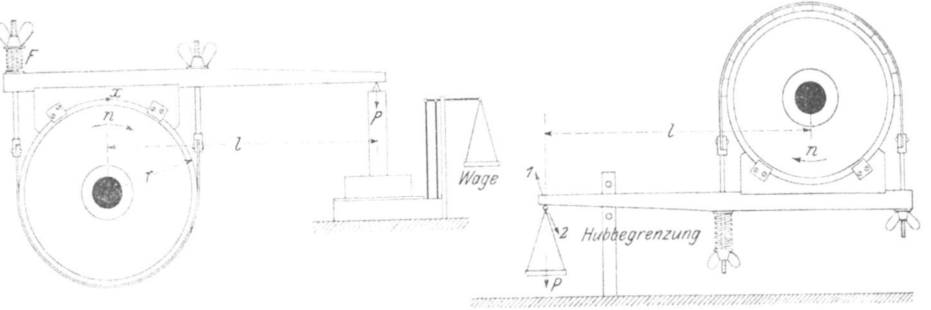


Fig. 127 und 128.  Zwei Formen des Pronyschen Zaumes.

Bremsscheibe; an Stelle davon kann aber auch der hydraulische Widerstand von Flüssigkeiten treten, oder der durch Wirbelströme hervorgerufene Widerstand. Die Messung des Drehmomentes geschieht durch
Feststellen der Kraft, die in gewissem Abstand von der Achse ausgeübt
wird, meist durch Ausgleichen mit Gewichtsstücken, oft auch unter
Verwendung einer Wage, seltener unter Verwendung eines Federdynamo-
meters oder Flüssigkeitsdynamometers. — Will man die Leistung der
Maschine kennen, so muß man außer dem Drehmoment noch die minutliche Umlaufzahl feststellen.

Die einfachste Form eines Bremsdynamometers ist der *Pronysche
Zaum* (Fig. 127 und 128). Auf dem Umfang einer Riemenscheibe oder
eines Schwungrades wird Reibung dadurch erzeugt, daß eine mit einem
Hebelarm verbundene oft hölzerne Backe und ein eisernes Band mit
oder ohne Holzfutter durch Anziehen der Flügelschrauben gegen einander und gegen die Scheibe gezogen werden. Dadurch wird am Umfang der Scheibe Reibung erzeugt und die Maschine belastet. Die Größe
der Belastung wird gemessen, indem man mit Hilfe der Brückenwage
die Kraft feststellt, die der Hebel an seinem Ende ausübt (Fig. 127),

oder indem man an das Hebelende Gewichte anhängt, bis die Bremse im Gleichgewicht ist und frei zwischen den Anschlagstiften spielt (Fig. 128). Ist nun im Einspielen des Hebels am Hebelarm $l$ mtr eine Kraft $P$ kg gemessen, so ist die Maschine mit dem Drehmoment $M_d = P \cdot l$ mkg belastet, und bei $n$ minutlichen Umläufen ist die Leistung der Maschine $N = \dfrac{M_d \cdot n}{716} = \dfrac{l \cdot P \cdot n}{716}$ PS. Die Größe $\dfrac{l}{716}$ ist für einen Zaum, mit dem man eine Reihe von Bremsungen ausführt, stets die gleiche, man ermittelt sie ein für allemal und nennt sie die Bremskonstante $C = \dfrac{l}{716}$. Bei der einzelnen Bremsung ist dann $N = C \cdot P \cdot n$.

Man kann diese Gleichung auch direkt und anschaulicher ableiten: Am Umfang der abgebremsten Riemenscheibe wirken, rundherum, Reibungskräfte, die wir zu einer Umfangskraft $U$ zusammenfassen. $U$ wirkt am Zaum im Sinne der Wellenumdrehung, an der Scheibe umgekehrt. Der Angriffspunkt dieser Kraft $U$, das ist der Scheibenumfang, legt in der Sekunde $2\,\pi\,r \cdot \dfrac{n}{60}$ Meter zurück. Also ist die Leistung $N = \dfrac{U \cdot 2\,\pi\,r\,\dfrac{n}{60}}{75}$. Hierin sind $U$ und $r$ unbekannt, es ist aber $U \cdot r = P \cdot l$ eine Gleichgewichtsbedingung für den Zaum. Also wird $N = \dfrac{P \cdot l \cdot 2\,\pi\,n}{60 \cdot 75} = C \cdot P \cdot n$, wo $C = \dfrac{2\,\pi\,l}{60 \cdot 75}$ dieselbe Bremskonstante ist wie oben.

In $P$ darf das Eigenmoment des Holzhebels nicht enthalten sein. Vor Beginn des Versuchs löst man deshalb die Schrauben ganz, bringt eine Schneide, etwa eine Dreikantfeile bei $x$ zwischen Scheibe und Bremse und tariert, nachdem man so die Reibung beseitigt hat, in Fig. 127 die Wage aus. Die Tara ist dann später abzuziehen. Oder man gleicht durch ein links an den Balken gehängtes Gegengewicht das Moment aus. In Fig. 128 wäre entsprechend zu verfahren.

Um gutes Einspielen zu erzielen, ist freilich zweierlei nötig: eine gewisse Elastizität in der Spannvorrichtung und passende statische Verhältnisse der gesamten Bremsanordnung. Die *Elastizität* muß, wenn nicht das Bremsband selbst und etwa der auf Biegung beanspruchte Hebel genügend nachgiebig ist, durch besondere Federn erreicht werden, die bei Fig. 127 und 128 in Gestalt von auf Druck beanspruchten Schraubenfedern vorhanden sind. Ohne diese Federn würde bei nur geringer Drehung der Spannmuttern die Anspannung des Bremsbandes gleich stark ab- oder zunehmen; Federn lassen eine Vergrößerung der Anspannung nur allmählich zu, in dem Maße, wie sie sich zusammendrücken; nur mit den Federn kann man also eine gewünschte Leistung mit Sicherheit einstellen. Allerdings muß die Feder passende Elastizität haben, nämlich bei der Höchstspannung des Bremsbandes sich genügend zusammengedrückt haben, ohne daß doch schon durch Aufeinanderliegen der Gänge die Elastizität vorzeitig verloren geht. — Was die *statischen Verhältnisse* der Bremsanordnung anlangt, so muß dieselbe in der Einspielstellung im stabilen Gleichgewicht sein. In Fig. 127 ist der Schwerpunkt des Bremszaumes allerdings über dem Wellenmittel, so daß er sich also an sich, auch wenn ausbalanciert, im labilen Gleichgewicht befindet: bei der geringsten Abweichung aus der Mittellage wird er zu gänzlichem Umfallen neigen. Nun sind aber die Brückenwagen stark statisch gebaut, auch wirkt es im Sinne größerer Stabilität, daß der Hebelarm sich vergrößert, wenn die Bremse mitgenommen wird, sich aber verkleinert, wenn sie zurückfällt. Diese Umstände wirken dahin, daß im allgemeinen die Anordnung stabil sein wird; doch kann sie instabil sein, wenn der Oberbalken sehr schwer und die Brückenwage sehr klein ist. Bei Anwendung von Gewichten wird die Bremse nur dann stabil, wenn der Balken unten ist und möglichst auch noch der Hebelarm beim Zurückfallen der Bremse abnimmt; bei oben befindlichem Balken wird die Bremse auch dann nicht stabil, wenn man den Hebel so durchkröpft, daß das Gewicht in Wellenhöhe angehängt werden kann, oder wenn man durch ein Segment wie in Fig. 131 wenigstens die Verringerung des Hebelarmes beim Zurückfallen der Bremse vermeidet. Die Veränderlichkeit des messenden Hebelarmes in Fig. 128, Pfeil 1—2, hat übrigens zur Folge, daß die Messung wesentlich falsch wird, wenn der Hebel nicht mitten zwischen den Hubbegrenzungen einspielt.

Man wird erkennen, daß die Spannfedern für sichere Einstellung einer bestimmten Belastung, die Erreichung stabilen Gleichgewichtes für ihre saubere Messung wesentlich ist. Wir erinnern dabei überhaupt noch einmal an die Tatsache, daß der Zaum zwei Zwecken dient: er soll die zu untersuchende Maschine belasten — das geschieht durch Anziehen der Flügelmuttern — und er soll die Größe der erzeugten Belastung messen — das geschieht durch die Wage oder die Gewichte. Beide Funktionen sind unabhängig voneinander: durch Vermehren der Gewichte ändert man die Belastung nicht; wenn man aber die Maschine nur belasten, nicht die erzeugte Belastung messen will, so kann man die Wage durch ein festes Widerlager ersetzen.

Man kann natürlich auch oben und unten Backen verwenden, die durch Spannbolzen gegen die Scheibe gepreßt werden, und kann durch Verwendung von Gußeisen sehr ruhiges Laufen erzielen, wo es sich um eine dauernd zu benutzende Bremse handelt. — Andererseits kann man Bremsbacken ganz vermeiden und nur ein rund um die Scheibe gehendes Stahlband verwenden, das an einer Stelle durch eine Mutter angespannt wird; auch hier kann man die Messung durch Anhängen von Ausgleichgewichten oder durch Abstützen gegen eine Brückenwage erreichen. Bei geringer Höhe der Scheibe über dem Fußboden muß man das Seil nach Fig. 129 erst über eine Rolle gehen lassen. Falsch wäre die Anbringung des Seils am Bremsband nach Fig. 130; wenn die Gewichte auf und ab pendeln, ändert sich der Hebelarm, an dem sie angreifen. Das Seil soll ein Stück über das Bremsband hin- und dann tangential ablaufen. Der Hebelarm $l$ für die Gewichte $P$ ist Scheibenradius vermehrt um Bremsbanddicke und halbe Seildicke.

Überall wo Gewichte zum Messen verwendet werden, ist für eine *zuverlässige Hubbegrenzung* zu sorgen, die der Bewegung der Bremse so enges Spiel läßt, daß die Gewichte nicht erst größere Energiemengen in sich aufspeichern kön-nen. Überhaupt darf die Herstellung einer Bremse nicht sorglos geschehen; der Bruch eines Teiles führt leicht zum Abschleudern von Gewichten oder an-deren Teilen. Die Abbrem-sung insbesondere größerer Leistungen ist niemals ohne Gefahr. — Gegen seitliches Herabgleiten ist jede Bremse auch zu sichern.

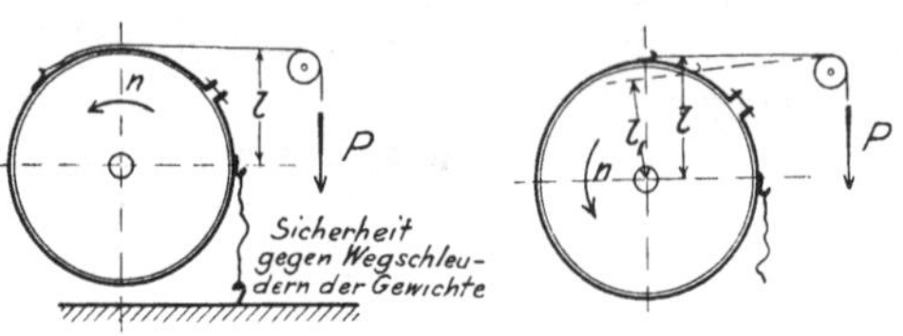


Fig. 129 und 130.   Bandbremse.

Um einen Anhalt für die *Abmessungen einer Bremse* zu haben, berechnet man das abzubremsende Drehmoment, dieses wird

$$M_d^{\mathrm{m\cdot kg}} = 716\,\frac{N^{\mathrm{PS}}}{n^{\mathrm{Uml/min}}}$$

sein. Bei einem Radius $r$ der Bremsscheibe ist dann die aufzuwendende Umfangskraft $U = \dfrac{M_d}{r}$. Die Bremsbacken oder das Bremsband sind etwa mit dem Zehnfachen von $U$ anzupressen, da der Reibungskoeffizient zu 0,1 anzunehmen ist. Man muß also jeden der Bolzen in Fig. 127 und 128 mit 2,5 $U$ anspannen können, auch das Bremsband in Fig. 129 muß bis zu 2,5 $U$ ausreichen. Hiernach werden insbesondere auch die Federn zu wählen sein.

Außerdem darf die Flächenpressung zwischen Scheibe und Bremse möglichst nicht 4 kg auf den Quadratzentimeter übersteigen, um die Schmierung zu sichern. Hier ist man indes meist an die gegebene Scheibe gebunden. Die Flächenpressung ist $\dfrac{10\,U}{f}$, wenn $f$ die ganze an der Scheibe anliegende Bremsbacken- oder Bremsbandfläche ist.

Bei der *Ausführung der Bremsung* hängt man am besten die Ge-wichte entsprechend der gewünschten Belastung an den Bremsarm, oder stellt sie auf die Wage und regelt während der Versuchsdauer die Bandspannung nach, so daß die Bremse immer frei spielt. Man wird nämlich bald bemerken, daß sich die von einem Zaum erzeugte Reibung fortwährend und in ziemlich weiten Grenzen ändert. Wenn man mit Öl gut schmiert, so werden die Schwankungen geringer, weil die Reibung der Ölteilchen an die Stelle der Reibung fester Körper tritt. An sich ist sonst die Schmierung dem Zwecke der Bremse, Reibung zu erzeugen, zuwider; man schmiere also nicht mehr als nötig.

Nicht identisch mit der Schmierung ist die Kühlung, welche die aus der vernichteten Arbeit erzeugte Wärme abführen soll. Sie soll mög-lichst reichlich geschehen, am besten durch Wasser. Danach ist es zweck-mäßig, Schmierung und Kühlung ganz zu trennen, etwa das Kühl-wasser reichlich durchs Innere der hohl ausgeführten Scheibe zu schicken, und das schmierende Öl spärlich zwischen Scheibe und Bremse zu bringen. Solche umständliche Anordnung kann man nur bei festen

Laboratoriumseinrichtungen verwenden. Oft begnügt man sich damit, entweder Öl oder Wasser zwischen Scheibe und Bremse zu bringen. Eine Emulsion von Öl in Seifenwasser, wie man sie beim Bohren verwendet, tut oft gute Dienste.

Wenn man Holzbacken oder doch Holzfutter verwendet, so bringt man zweckmäßig tiefe Nuten darin an, mit einem Einlaßrohr und einem Abflußrohr für den Wasserumlauf. Läßt man das Abflußrohr fort, so kann nur wenig Wasser zutreten — so viel, wie durch schlechtes Anliegen der Bremse ausquillt, und das ist bei gutem Anliegen nicht für die Kühlung ausreichend. --

Weil sich bei nicht ganz gleichmäßiger Schmierung die Reibung beständig ändert, so muß man bei Zaum und Bandbremse die Anspannung der Bremse von Hand nachregulieren, so nämlich, daß das Produkt aus Reibungskoeffizient und Spannung der Bremsbacken konstant bleibt — die Umfangskraft soll konstant bleiben. *Selbsttätige Bremsen* bewirken diese Nachregelung automatisch.

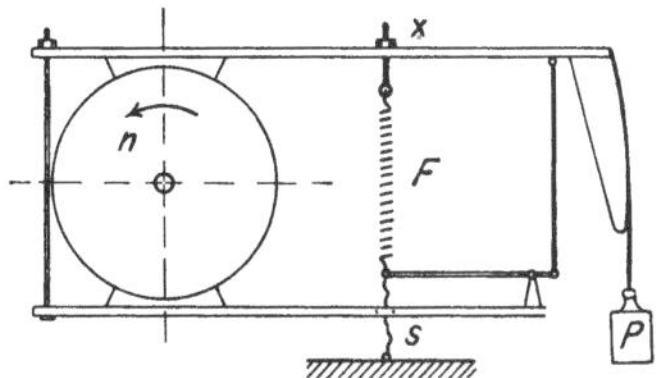

Fig. 131. Selbstregelnde Bremse.

Fig. 131 erklärt das Prinzip der Selbstregelung. Die Maschine soll so belastet sein, wie es dem Gewichte $P$ entspricht. Ist nun etwa die Anspannung der Bremsbacken zu groß, so wird die ganze Bremse in der Drehrichtung mitgenommen. Dadurch wird Schnur $s$ gespannt und löst die Bremse ein wenig. Ist umgekehrt

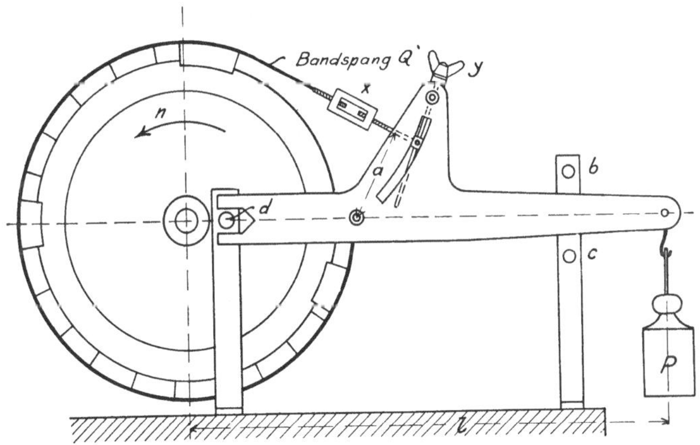

Fig. 132. Selbstregelnde Bremse von Siemens & Halske.

die Reibung der Bremsbacken zu gering, so zieht das Gewicht $P$ die Bremse zurück, und die Feder $F$ spannt die Bremse nach. Beim Beginn des Versuches hängt man das gewünschte Gewicht $P$ an die Bremse und reguliert die Schraube $x$ so ein, daß die Schnur $s$ gerade schlaff bleibt.

Die Bremse, Fig. 132, wird seit Jahren im Prüffelde von Siemens & Halske angewendet und gelobt. Je nachdem, ob die Bremse durch zu große Reibung mitgenommen wird oder ob sie zurückfällt, wird der Hebel durch Anstoßen an Stift $d$ im einen oder anderen Sinn verdreht

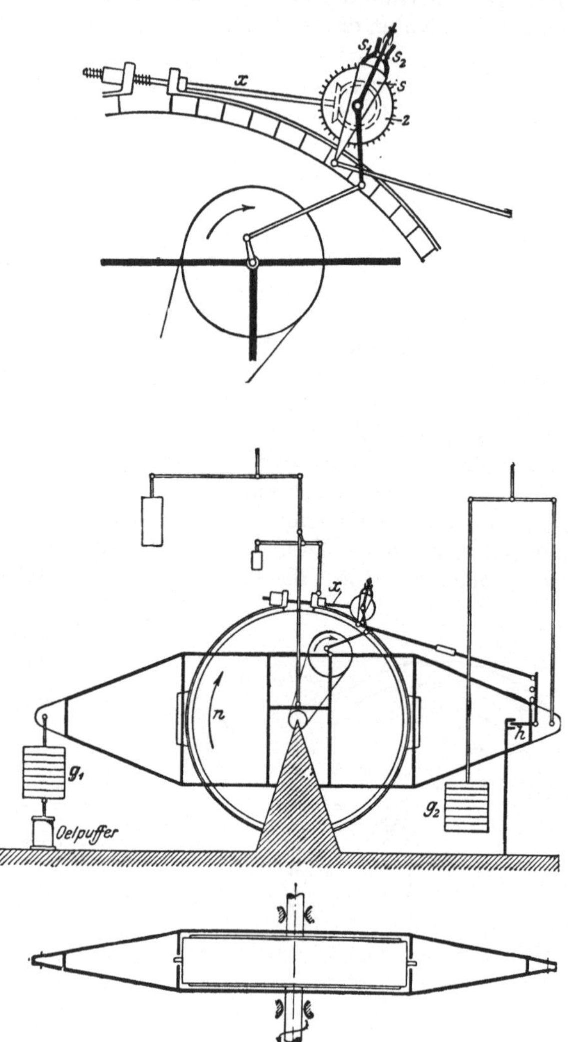


Fig. 133. Selbstregelnde Bremse mit Ausgleich des Eigengewichtes.

und das Bremsband gelöst oder gespannt. Die Stifte $b$ und $c$ dienen nur als Hubgrenzen für den Notfall. Zum Einstellen am Beginn des Versuches dienen die Muttern $x$ und $y$; erstere ändert die Länge des Bremsbandes, letztere den Hebelarm, an dem die Spannung des Bandes angreift. Erstere gibt eine wirksame Grob-, letztere eine gute Fein-

stellung. Die Handhabung im einzelnen ist in Elektrot. Z. 1901, S. 339,
kürzer in Z. d. V. d. Ing. 1901, S. 1078 beschrieben. — Die letzte Bremse
hat sich praktisch durchaus bewährt, doch ist zu erkennen, daß sie,
einmal eingestellt, nicht auf konstante Umfangskraft, sondern auch
bei wechselndem Reibungskoeffizienten auf konstante Bandspannung $Q$
reguliert: es muß ja stets $Q \cdot a = P \cdot l$ sein. Entspricht diese Bandspannung nicht mehr dem angehängten Gewicht $P$, so kann sie sich
nur dadurch ändern, daß der Hebel dauernd am Stift $d$ anliegt. Die
Kraft, mit der diese Berührung statthat, fälscht das Meßergebnis. Um
diese Fälschung möglichst klein zu halten, ist der Stift $d$ dicht an die
Welle der Bremsscheibe gesetzt: das Moment der dort auftretenden
Zusatzkraft wird klein sein. — Ganz ebenso wird das Meßergebnis beim
Zaum, Fig. 131, um so viel gefälscht, wie die Schnur $s$ gespannt ist.
Diese Kraft ist klein, weil sie am langen Ende des zweiarmigen Hilfs-
hebels angreift; ihr Moment ist sehr klein, wenn der Angriffspunkt
möglichst nahe an die Welle gerückt wird.

Soll dieser Fehler vermieden werden, so muß die Nachstelleinrich-
tung selbstsperrend sein, so daß sie ohne Zusatzkraft bei jeder Brems-
bandspannung einspielen kann. Die folgende Bremse (Fig. 133) befindet
sich im Technischen Institut in Boston. Man wird erkennen, wie das
von der Reibung erzeugte Drehmoment durch die Gewichte $G_1$ und $G_2$
ausgeglichen und gemessen wird. Sobald man diese Gewichte ändert,
ändert sich von selbst die Spannung des Bremsbandes. Die Sperrkegel $s_1$ und $s_2$ (in der Nebenfigur) werden nämlich durch die Maschine
dauernd in schwingende Bewegung gesetzt und wollen die Spannung
des Bremsbandes der eine vermehren, der andere vermindern. Beide
werden für gewöhnlich durch Segment $S$ daran gehindert. Dies Segment wird aber vom Hebel $h$ aus verstellt, sobald die Reibung am
Scheibenumfang nicht gerade den aufgelegten Gewichten entspricht und
daher das ganze Gestell der Bremse entweder im einen Sinn der Reibung
oder im anderen Sinn den Gewichten folgt und aus der wagerechten
Lage kommt. Dann kommt einer der Sperrkegel $s_1$ und $s_2$ in Eingriff
mit $z$, und Schraube $X$ ändert die Spannung des Bremsbandes. —
Außerdem ist noch die Einrichtung zur *Ausgleichung des Eigengewichtes*
zu erwähnen. Mit den früher dargestellten Bremsen konnte man nämlich die Belastung nicht bis zum Leerlauf herab vermindern, sondern
die Mindestbelastung wurde, auch bei ganz entspanntem Bremsband,
dadurch bestimmt, daß das Eigengewicht der Bremse auch bei ganz
entspannten Backen auf der Scheibe ruhte. Für Leerlauf muß man
die Bremse abbauen. Bei schwereren Bremsen ist das jedenfalls unerwünscht, auch will man gelegentlich bei sehr kleiner Belastung arbeiten.
Das zu ermöglichen, ist in Fig. 133 die ganze Bremse an der Decke aufgehängt, und zwar unter Anwendung eines Hebels, der eine kleine
senkrechte Bewegung zuläßt, ohne daß je mehr als gerade das Eigengewicht ausgeglichen wird. Das Schaltwerk $X$ ist, weil es unsymme-
trisch angeordnet ist, noch besonders ausgeglichen. —

Bei hohen Umlaufzahlen setzt man zweckmäßig an die Stelle der
Reibung fester Körper die innere Reibung von Flüssigkeiten. Dampf-

turbinen kann man mit einer *Flüssigkeitsbremse* nach dem Schema der Fig. 134 belasten. Eine Reihe von Scheiben läuft mit der zu untersuchenden Welle zwischen anderen im Gehäuse festen Scheiben um. Das Gehäuse wird, je nach der gewünschten Leistung, mehr oder weniger mit Wasser gefüllt, zum Grobregulieren hat man verschiedene Ventile, Feinregulierung erzielt man durch Bedienen des benutzten Ventils. Sobald die Welle sich dreht, erfährt das Gehäuse ein Drehmoment; dessen Messung geschieht wieder durch angehängte Gewichte oder mit einer Brückenwage an dem Arm. Weil der Widerstand in solcher Bremse mit dem Quadrat der Umlaufzahl steigt, so ist die Bremse nur für sehr schnell laufende Maschinen am Platze, etwa für Dampfturbinen. Bei kleinen Umlaufzahlen erzeugen Flüssigkeitsbremsen kaum ein Drehmoment. Bei hohen Umlaufzahlen aber ergeben sie eine besonders gute Kühlung. Für nicht ganz so hohe Umlaufzahlen kann man den Widerstand vergrößern, indem man statt glatter Scheiben solche mit einer Art Turbinenschaufelung verwendet (Froude-Bremse).

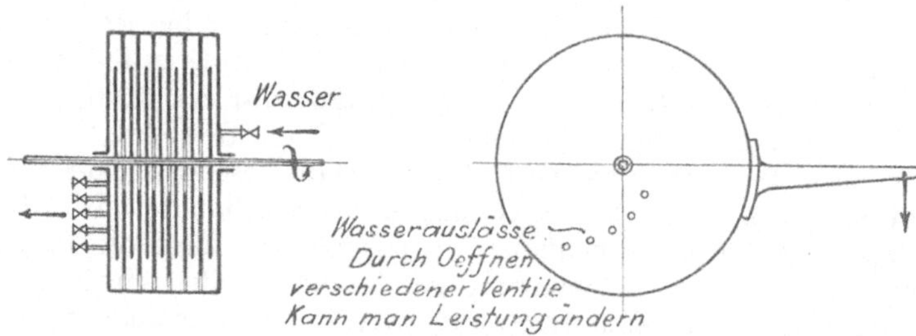


Fig. 134. Flüssigkeitsbremse.

Endlich kann man an Stelle der mechanischen Reibung den durch elektrische Wirbelströme erzeugten Widerstand setzen, den eine massive Metallscheibe, etwa das Schwungrad, erfährt, wenn sie sich an einem kräftigen Elektromagneten vorbeibewegt. Die von diesem erzeugten Kraftlinien müssen sich, aus seinen Polen austretend, durch das Schwungrad hindurch schließen. Eine *Wirbelstrombremse* kann nach Fig. 135 ausgeführt werden. Sie zeichnet sich durch große Einfachheit und dadurch aus, daß man die wesentlichen Teile, die U-Träger und die Elektromagnete, leicht für Schwungräder verschiedener Größe ummontieren kann. So erscheint sie auch für nichtstationäre Zwecke, für die Praxis, brauchbar, wo elektrischer Strom zur Verfügung steht. Verschiedenen Spannungen kann man sich anpassen durch Parallel- und Hintereinanderschalten der beiden Magnete, auch den Luftspalt zwischen Schwungrad und Magnet kann man variieren. Die Belastung regelt man mittels eines Vorschaltwiderstandes, der die Stromstärke, wenige Ampere, ändert. Die erzielte Belastung wird wie beim Zaum gemessen: nur die Erzeugung der Belastung ist eine andere.

Solche Wirbelstrombremse ist sehr bequem zu bedienen und gut brauchbar für mäßige Leistungen oder bei kurz dauernden Versuchen. Für längere Versuche mit größerer Leistung macht die Abführung der erzeugten Wärmemenge Schwierigkeiten: Wasser gegen das Schwungrad gespritzt wird abgeschleudert und verunreinigt das Lokal. Beim einfachen Zaum liegt das Schwungrad nicht so frei. Die Temperatur des Rades steigert sich dann weiter, als mit der Betriebssicherheit gußeiserner Scheiben verträglich ist.

Ist die Scheibe, in der die Wirbelströme entstehen, aus Kupfer oder Messing, so ist die Bremse eine reine Wirbelstrombremse. Ist sie dagegen aus Eisen, so werden die am Magneten vorbeilaufenden Teile selbst magnetisiert werden, und durch die dauernde Ummagnetisierung werden Hysteresisverluste entstehen; die Bremse ist dann teilweise oder überwiegend eine *Hysteresisbremse.* Das macht sich wie folgt kenntlich: der Energieverlust durch Wirbelströme wächst mit dem Quadrat der Umlaufzahl, der durch Hysteresis ist proportional der Zahl der Um-

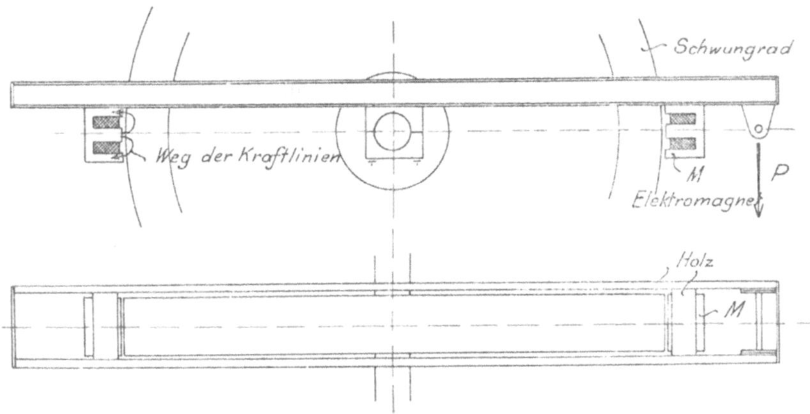



Fig. 135. Wirbelstrom- oder Hysteresisbremse.

magnetisierungen, also proportional der Umlaufzahl. Das bei wechselnder Umlaufzahl erzeugte Drehmoment wird also bei einer reinen Wirbelstrombremse proportional der Umlaufzahl sein, bei einer reinen Hysteresisbremse wird es konstant, unabhängig von der Umlaufzahl sein. Wir werden sogleich (S. 165) sehen, daß letzteres oft unerwünscht ist. Man könnte wohl die Hysteresis vermindern durch Verwendung eines sehr weichen Eisens, auch wohl von Gußeisen, außerdem dadurch, daß man die Pole der Magnete, anders als in Fig. 135, so legt, daß kein Teil des Rades ummagnetisiert wird, sondern daß die Magnetisierung immer nur von neutral bis Nord, an anderen Stellen von neutral bis Süd geht; dazu müßten die Pole der Magnete in axialer Richtung aufeinander folgen. —

Die bisher besprochenen Bremsen waren nur andere Formen des Zaums, auch die Bandbremse kann man dazu rechnen. Bei allen war die Erzeugung ganz von der Messung der Belastung getrennt. Die *Seilbremse* ist prinzipiell anders.

Ein Seil ist an der Decke mittels Federwage aufgehängt, Fig. 136, einmal um die zu belastende Scheibe geschlungen und dann zum Boden fortgeführt. Dort hängt man Gewichte nach Bedarf an. Die Anordnung muß so sein, daß die Gewichte angehoben werden, wenn die Scheibe sich

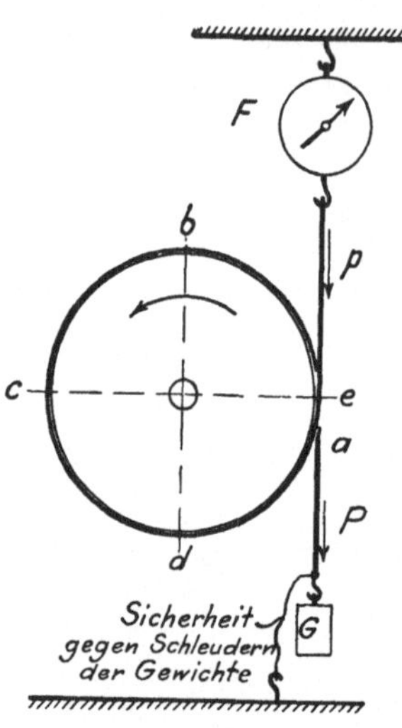


Fig. 136. Seilbremse.

dreht. Hängen etwa 10 kg bei $G$ am Haken, so ist das Seil von $G$ bis $a$ mit $P = 10$ kg gespannt. Am Umfang der Scheibe findet nun aber Reibung statt. Wenn diese Reibung im Quadranten von $a$ bis $b$ gerade 6 kg ausmacht, wenn also auch die Scheibe in diesem Quadranten eine Umfangskraft von 6 kg erfährt, so hat das Seil bei $b$ nur noch eine Spannung von $10 - 6 = 4$ kg; die verschwundenen 6 kg werden vom Umfang der Scheibe getragen. Eine Umfangskraft von im ganzen 3 kg im Quadranten $bc$ vermindert die Seilspannung bei $c$ auf 1 kg, und wenn dies eine Kilogramm noch vom Umfange $cd$ aufgenommen wird, so ist das Seil von $d$ bis $e$ spannungslos, es hängt schlaff herab, die Federwage $F$ zeigt nichts. — Vermindern wir durch gute Schmierung die Reibung, so werden von den drei Quadranten von $a$ bis $d$ vielleicht nur 6 kg getragen, das Seil hat bei $d$ noch 4 kg Spannung, und wenn Quadrant $de$ noch 1 kg wegnimmt, so gehen $p = 3$ kg ins Seilende $eF$ und werden an der Federwage abgelesen.

Im ersten Fall war die am Scheibenumfang wirksame Umfangskraft 10 kg, im zweiten Fall ist sie $10 - 3 = 7$ kg. Im allgemeinen ist sie

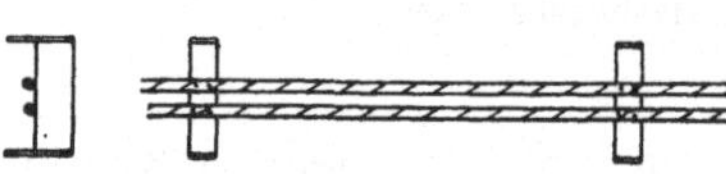

Fig. 137. Seil zur Seilbremse.

gleich dem Unterschied in der Spannung der beiden Seilenden, also gleich anhängenden Gewichten minus Angabe der Federwage. Diese Umfangskraft $P - p$ ist gemessen in der Mitte des Seiles, also an einem Hebelarm $R + r$, wo $R$ den Scheiben- und $r$ den Seilradius bedeutet. Bei $n$ minutlichen Umläufen ergibt sich also die Bremsleistung

$$N = \frac{2\pi \cdot (P - p) \cdot (R + r) \cdot n}{60 \cdot 75} = C \cdot (P - p) \cdot n.$$

Wir haben wieder in der Bremskonstanten $C = \dfrac{2\pi(R + r)}{60 \cdot 75}$ diejenigen Größen zusammengefaßt, die bei mehreren Versuchen die gleichen bleiben. Übrigens hat man noch als Tara das Eigengewicht des Hakens und das Gewicht der Seilenden $Fe$ und $aG$ einzuführen; wenn diese Tara $k$ ist, so wird die Bremsleistung $N = C \cdot (P - p + k) \cdot n$. Diese Korrektion macht meist mehrere Prozent aus.

Eine Seilbremse kann man sich leicht aus Stricken zusammenbauen. Krammen (Fig. 137) sichern die Seile gegen seitliches Herabfallen von der Scheibe. Man nimmt zwei Seile nebeneinander, um sie bei *e*, Fig. 136, symmetrisch durcheinander stecken zu können. Die Krammen müssen einigermaßen symmetrisch auf der Scheibe verteilt sein, damit sie nicht eine zusätzliche Tara liefern.

Die Seilbremse dient wie der Zaum, dem doppelten Zweck, die Maschine zu belasten und die erzeugte Belastung zu messen. Beides ist aber hier nicht so scharf zu trennen wie beim Zaum. Das anhängende Gewicht tut beides.

Die Seilbremse arbeitet namentlich bei hohen Umlaufzahlen ruhiger als der Zaum, weil sich das Schmiermittel in dem als Docht wirkenden Seil sehr gleichmäßig verteilt. Zum Schmieren verwendet man Wasser, das zum Verdampfen kommen kann und dann weitere Erwärmung energisch hindert, oder Öl. Die Seilbremse hat vor dem Zaum den weiteren Vorteil noch größerer Einfachheit der Herstellung, aber man kann die Belastung nicht beliebig weit steigern, weil schließlich beim Vermehren der Gewichte die Angabe der Federwage um ebensoviel zunimmt, man belastet dann die Federwage, nicht mehr die Maschine. Mehrfache Umschlingung der Scheibe schafft, wenn sie ausführbar ist, Abhilfe. Unangenehm ist es aber, daß man nicht, wie beim Zaum durch Anziehen der Schrauben, die Belastung dauernd auf einem Wert halten kann. Jedes Schmieren hat Schwankungen im Gefolge. —

Man kann die Bremsdynamometer in zwei Klassen teilen nach ihrem *Verhalten bei wechselnder Umlaufzahl* der zu bremsenden Kraftmaschine. Die einen erzeugen ein von der Umlaufzahl unabhängiges Drehmoment, es sind das diejenigen, die die Reibung fester Körper benutzen, Zaum, Band und Seilbremse, auch, wie wir schon erwähnten (S. 163), die Hysteresisbremse. Bei den Flüssigkeitsbremsen, bei der Wirbelstrombremse und bei der weiterhin zu besprechenden elektrischen Bremsung mittels Dynamomaschine vermehrt sich mit zunehmender Umlaufzahl auch das Drehmoment, es wächst bei den Flüssigkeitsbremsen sogar etwa mit dem Quadrat der Umlaufzahl.

Ähnliche Unterschiede finden wir, nur im umgekehrten Sinne, bei den Kraftmaschinen. Wenn wir von der Einwirkung des Reglers zunächst absehen, so erzeugen die Dampfmaschinen, auf konstante Füllung eingestellt, bei allen Umlaufzahlen etwa das gleiche Drehmoment, ebenso Gasmaschinen und andere Kolbenmaschinen. Die Folge davon ist, daß eine Dampfmaschine durchgeht, wenn das widerstehende Drehmoment kleiner ist als das von ihr erzeugte, und daß sie im entgegengesetzten Fall stehen bleibt. Danach könnte man nun eine Kolbenmaschine nicht mittels Zaumes oder einer gleichwertigen Bremse bremsen: sind beide Drehmomente, treibendes und widerstehendes, gerade miteinander abgeglichen, so läuft die Maschine ruhig weiter; die kleinste Änderung in der Anspannung des Zaumes läßt sie durchgehen oder bringt sie zum Stehen. Daß diese Verhältnisse nicht so kraß auftreten, liegt daran, daß, hauptsächlich infolge der Drosselung des Dampfes in den Zulaufkanälen, die Dampfmaschine doch ein mit wachsender Umlaufzahl langsam abnehmendes Drehmoment erzeugt. Daher ist der Beharrungszustand einer mit Zaum gebremsten Kolbenmaschine zwar kein ganz labiler, aber doch ein nicht sehr stabiler. Ein guter Regler zwingt überdies die Maschine, gleichmäßig zu laufen.

Bei anderen Kraftmaschinen nimmt das erzeugte Drehmoment mit wachsender Umlaufzahl rasch ab, so bei der Turbine, bei der bekanntlich das Drehmoment Null wird, wenn sie etwa die doppelte normale Umlaufzahl erreicht, noch stärker beim Nebenschlußelektromotor. Hier wird sich stets ein guter Beharrungszustand einstellen bei der Umlaufzahl, die dem vom Zaum erzeugten Drehmoment entspricht.

Flüssigkeits- und Wirbelstrombremsen gestatten die Abbremsung jedes Motors.

Das Gesagte soll die Tatsache erklären, daß die Abbremsung von Kolbenmaschinen mittels Zaumes oder dergleichen oft Schwierigkeiten

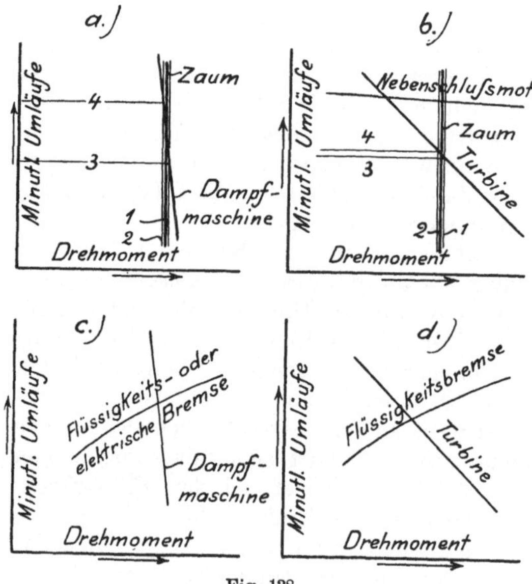


Fig. 138.
Wechselwirkung zwischen Bremse und Kraftmaschine.

macht, dann nämlich, wenn die Maschine nicht mit einem guten Regler versehen ist. Die Umlaufzahl pendelt dann in weiten Grenzen auf und ab.

Wir können diese Beziehungen in den vier Diagrammen, Fig. 138, graphisch darstellen. Man sieht in Fig. a, wie sich die beiden Linienzüge, die die Veränderung der Umlaufzahl mit dem Drehmoment darstellen, bei Dampfmaschine und Zaum unter spitzem Winkel schneiden, so daß kleinen Schwankungen des belastenden Drehmoments zwischen den Linien *1*

und *2* große Schwankungen der Umlaufzahl der Dampfmaschine, von *3* bis *4*, entsprechen. In allen anderen Fällen, Fig. b bis d, liegen die Verhältnisse günstiger.

Trotzdem werden im allgemeinen der einfache Pronysche Zaum, die einfache Bandbremse und vor allem die Seilbremse diejenigen Vorrichtungen bleiben, die man anwendet, wenn man eine Maschine ein einzelnes Mal abbremsen will — also in vielen Fällen der Praxis. Für den stationären Betrieb in Laboratorien und Prüffeldern sind die vollkommeneren Formen vorzuziehen.

**69. Transmissionsdynamometer.** Bremsungen machen erhebliche Schwierigkeiten, sobald es sich um größere Drehmomente handelt, das heißt also sobald größere Leistungen bei verhältnismäßig geringer Umlaufzahl zu bewältigen sind. Mit der Größe des Drehmomentes wachsen die Abmessungen der Bremse und der belastenden Gewichte und damit die Gefahren bei einem Bruch; insbesondere wird auch die Abführung der größer werdenden Wärmemenge schwierig; hängt nun freilich die Wärmemenge von der Leistung ab, so kann man doch bei großen Leistungen und zugleich großer Umlaufzahl Flüssigkeitsbremsen verwenden, bei denen die Wärme leicht abzuführen ist. Mit ihrer Hilfe hat man denn auch große Dampfturbinen abgebremst.

Bei großen Drehmomenten sind Bremsungen schwer ausführbar. Sie haben außerdem immer den Nachteil, daß die abgebremste Energie verloren geht; das ist bei großen Leistungen eine Verschwendung. Auch kann man durch Bremsen nur das durchschnittliche Drehmoment feststellen, nicht aber die Schwankungen desselben während eines Umlaufes verfolgen. Außerdem kann man natürlich nur Kraftmaschinen abbremsen, die Energie erzeugen; der Energieverbrauch von Arbeitsmaschinen indessen muß in einer Weise gemessen werden, die die Energie bestehen läßt, damit sie noch zum Antrieb dieser Maschinen dienen kann.

Transmissionsdynamometer messen das durch sie hindurchgehende Drehmoment, ohne die Energie zu vernichten; einige Formen lassen auch die Schwankungen des Drehmomentes im Verlauf einer Umdrehung erkennen.

Eine Gattung von Transmissionsdynamometern, die wir als *Getriebedynamometer* bezeichnen können, untersuchen die Kräfte in einem Zahnrad- oder Riementrieb und messen dadurch das durch dieses Getriebe übertragene Drehmoment.

Die wichtigsten unter ihnen sind die *Zahndruckdynamometer.* Fig. 139 diene namentlich dazu, ihr Prinzip zu erläutern. Die Zahnräder $I$ und $III$ sind im Gestell, $II$ ist in einem Wagebalken gelagert, im Leerlauf ist der Wagebalken austariert. Geht nun ein Drehmoment von $I$ nach $III$ durch $II$ hindurch, und erfolgt der Umlauf der Räder im Sinn der Pfeile, so entstehen an den Zähnen die Zahndrucke $Z_1$ und $Z_2$, $Z_2'$ und $Z_3$ in der gezeichneten Richtung. Am treibenden Rad $I$ muß ja der Zahndruck $Z_1$ der

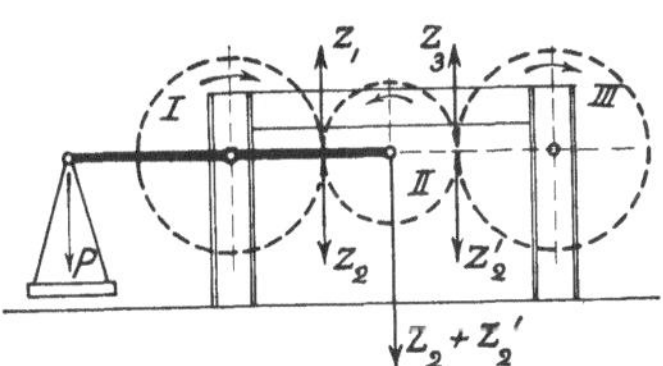

Fig. 139.
Zahndruckdynamometer von K i t t l e r.

Bewegung entgegen wirken, er stellt den Widerstand dar, den das Rad erfährt; am getriebenen Rad $II$ wirkt $Z_2$ in Richtung der Rotation, er treibt ja das Rad an. Beim Räderpaar $II—III$ ist $II$ das treibende, $III$ das getriebene, also muß an $II$, der Bewegung entgegen, $Z_2'$ abwärts wirksam sein. Am Rad $II$ greifen also beide Kräfte, $Z_2$ und $Z_2'$, abwärts an, die Summe $Z_2 + Z_2'$ kann man also bei $P$ messen. Übrigens ist auch noch, wenn wir von dem kleinen Verlust durch Reibung in der Lagerung des Rades $II$ absehen, $Z_2 = Z_2' = Z$; bei $P$ messen wir also $Z_2 + Z_2' = 2\,Z$. Ist $r_3$ der Radius des Rades $III$ und $n_3$ seine Umlaufzahl, so ist die von dem Dynamo-

meter abgegebene Leistung in Pferdestärken: $N = \dfrac{2\,\pi\,r_3\,n_3\,Z}{60 \cdot 75}$. —
Die Teilkreise der Räder $I$—$II$ haben nur die richtige Lage zueinander, wenn der Wagearm ausgeglichen ist. Man muß deshalb Evolventenverzahnung anwenden. Das Dynamometer läuft trotzdem meist klapprig.

Wertvoller ist das *Zahndruckdynamometer von Amsler-Laffon* (Fig. 140). Von Kurbel $K$ oder Riemenscheibe aus wird Zahnrad $I$ angetrieben und das Drehmoment durch $II$ und $III$ hindurch auf Zahnrad $IV$ und damit auf die Abtriebwelle übertragen. Dabei entstehen an den Zahnrädern die Zahndrucke $Z_1$ bis $Z_4$, ähnlich wie im vorigen Fall. Wir haben nun die Zahnräder $II$—$III$ zu betrachten, welche starr verbunden sind. Auf sie wirken die erwähnten Zahndrucke $Z_2$ und $Z_3$. Dem Zahndruck an einem Zahnrade entspricht nun stets ein Achsdruck in gleicher Größe von entgegengesetzter Richtung: Zahn-

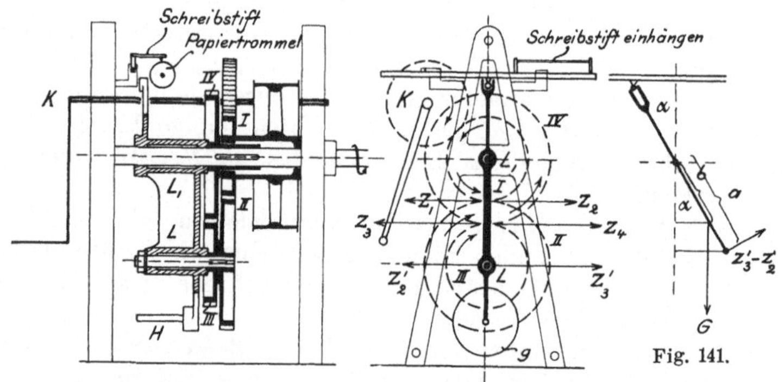


Fig. 140. Zahndruckdynamometer von Amsler-Laffon.

druck und Achsdruck geben ja zusammen das Kräftepaar, das die Drehung bewirkt. Also erfährt das Lager $L$ die Kräfte $Z_2' = Z_2$ und $Z_3' = Z_3$. Nun gilt für das starre Gebilde $II$—$III$ die Momentengleichung $Z_2 \cdot r_2 = Z_3 \cdot r_3$, wo $r$ die betreffenden Teilkreisradien. Da $r_2$ von $r_3$ verschieden, so ist auch $Z_2$ von $Z_3$, daher auch $Z_2'$ von $Z_3'$ verschieden. Da nun Lager $L$ beweglich ist, es befindet sich in einem bei $L_1$ aufgehängten Gehänge, so wird dieses in der rechten Figur schwarze, in der linken schraffierte Gehänge aus seiner Mittellage treten, so lange bis in schräger Lage sein Eigengewicht $G$ der Differenz $Z_3' - Z_2'$ das Gleichgewicht hält. Das tritt ein, wenn in Fig. 141 ist: $G \cdot b \cdot \sin\alpha = (Z_3' - Z_2') \cdot a$. Also ist $\sin\alpha = $ konst. $(Z_3' - Z_2')$: der Sinus des Neigungswinkels ist der Differenz $Z_3' - Z_2'$ proportional. Nun ist noch, wegen $Z_2'r_2 = Z_3'r_3$, auch $Z_3' - Z_2' = \dfrac{r_2 - r_3}{r_2} \cdot Z_3 = $ konst. $\cdot Z_3 = $ konst. $\cdot M_d$.
Also sind auch die übertragenen Drehmomente $M_d$ dem $\sin\alpha$ proportional.

Bei seiner Bewegung verschiebt das Gehänge $LL_1$ ein Lineal mit Skala, die vor einer festen Marke spielt. Man wird übersehen können,

daß bei der gewählten Anordnung auch die Ausschläge der Skala dem
$\sin\alpha$ proportional werden: also sind die Skalenausschläge direkt dem
Drehmoment proportional. Die Skalenteilung kann also gleichmäßig sein.

An demselben Lineal ist auch ein Schreibstift befestigt, der auf
umlaufender Papiertrommel den Verlauf eines wechselnden Drehmomentes aufzeichnet; durch Planimetrieren des entstehenden Diagrammes und Ziehen der Ausgleichlinie kann man das mittlere Moment
finden. Die Papiertrommel wird von einer der Wellen aus angetrieben,
daher ist die ablaufende Papierlänge proportional der Wellengeschwin-
digkeit; daher stellen die Flächen unter dem aufgezeichneten Diagramm
direkt die Arbeit dar; den Maßstab dafür kann man berechnen, wenn
man den Maßstab der Wege und den Maßstab der Drehmomente
empirisch feststellt, etwa zu 1 mkg = 10 mm und 1 Umlauf = 16,2 mm,
worauf sich der Arbeitsmaßstab zu 162 qmm = $2\pi$ mkg oder 100 qmm
= 3,88 mkg ergibt.

Bringt man auf einen Haken $H$ des Gehänges ein Zusatzgewicht $g$,
so ändert sich der Wert eines Skalenteiles. Gehängegewicht und Zusatzgewichte sind so bemessen, daß dem Drehmoment 1, 2 ... mkg an
der Abtriebwelle eine glatte Zahl der Skala entspricht.

Vor Benutzung eines Transmissionsdynamometers muß man seine
Eigenreibung bestimmen oder eliminieren. So mißt man beim Amsler-
Dynamometer nicht das Drehmoment in der Abtriebwelle, das man
doch kennen will, sondern jenes in den Übertragungsrädern $II$—$III$
des Gehänges. Dieses unterscheidet sich vom gesuchten Drehmoment
(abgesehen vom Übersetzungsverhältnis der Zahnräder) um so viel, wie
die Reibung in der Zahnräderübertragung ausmacht. Diese Reibung
schwankt und wirkt immer der Bewegung entgegen, sie kann daher
nicht ein für allemal ausgeglichen werden, weil ihr Sinn mit der Drehrichtung des Dynamometers wechselt. Schon wenn die Abtriebwelle
ganz leer läuft, wird sich daher ein Ausschlag der Skala zeigen. Dieses
Drehmoment der Eigenreibung muß man bestimmen und von jeder
späteren Ablesung als Korrektion abziehen; oder man muß durch
Anbringen passender Gewichte den Leerlaufausschlag ausgleichen, so
daß das leer laufende Dynamometer auf Null einspielt. Daß das durch
Reibung verloren gehende Moment bei allen Lasten das gleiche ist,
ist eine nur annähernd zutreffende Annahme; besser ist es daher, das
Dynamometer durch Abbremsen der Abtriebswelle mit wechselnden
Drehmomenten direkt zu eichen. Bei der Eichung soll das Dynamometer mit der Umlaufzahl der späteren Benutzung laufen. Man hat
sie vor jeder Benutzung zu wiederholen, weil die Reibung veränderlich ist.

*Riemendynamometer* werden kaum praktisch verwendet; in der
Literatur finden sich viele beschrieben.

Getriebedynamometer (unter welchem Namen wir oben Zahndruck-
und Riemendynamometer zusammenfaßten) verbrauchen Arbeit und
sind daher der Abnutzung unterworfen, die nun zu besprechenden
Wiege-Dynamometer verbrauchen nur in den Lagern Arbeit und sind
daher der Abnutzung weniger unterworfen.

Bei *Wiegedynamometern* stellt man das durch einen Wellenzug gehende Drehmoment durch Auswiegen fest: man mißt die in gewissem Abstand von der Drehachse übertragene Kraft nach irgendeiner der für Kräfte verwendbaren Meßmethoden; man kann dazu also Hebelanordnungen, hydraulische Messungen oder Federn verwenden. Die Schwierigkeit besteht nicht in der Konstruktion des messenden Apparates, sondern darin, dessen Angaben trotz der Rotation des ganzen Systems nach außen hin kenntlich zu machen; auch ist es nötig, den Einfluß der Fliehkräfte auf die Meßeinrichtungen bei wechselnder Umlaufzahl zu beseitigen.

Viel verwendet wird das *Fischinger Dynamometer*; es beruht auf dem Prinzip der Hebelwage (Fig. 141 u. 142). Von den beiden Riemenscheiben $S_1$ und $S_2$, Fig. 142, dient eine zum Antrieb, eine zum Abtrieb durch Riemen. Beim Übergang von der einen Scheibe auf die

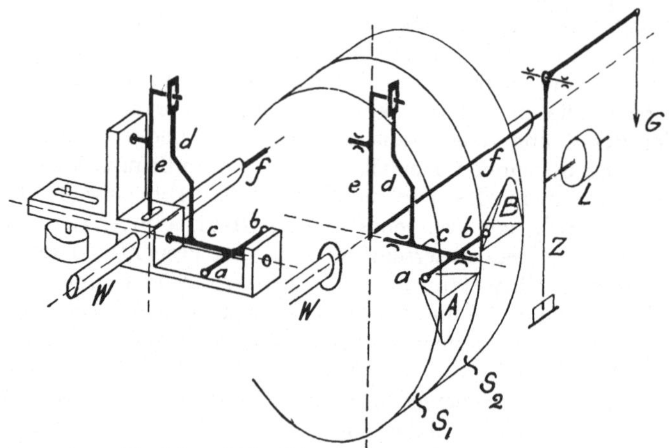

Fig. 141 und 142.  Fischinger-Dynamometer.

andere soll das Drehmoment gemessen werden. Die Übertragung des Drehmomentes geschieht durch den Hebel $ab$, der sich gegen Knaggen $A$ und $B$ in den beiden Riemenscheiben stützt, von der einen mitgenommen wird und seinerseits die andere mitnimmt. Dabei entsteht in der Welle $c$ ein Drehmoment proportional dem zu messenden, und Hebel $d$ macht einen kleinen Ausschlag bis an eine Hubbegrenzung. Dadurch wird unter Vermittlung des zweiarmigen Hebels $e$ die Stange $f$ in der hohlen Welle nach außen gestoßen. Man legt nun Gewichte bei $G$ auf eine Wagschale, bis Stange $f$ wieder einwärts gepreßt wird, und dadurch das ganze Hebelsystem — das übrigens mitsamt den Riemenscheiben um Welle $W$ rotiert — in seine Mittellage zurückkehrt. Dann zeigt Zunge $Z$ wieder auf die Nullmarke. Die aufgelegten Gewichte sind nun ein Maß für das übertragene Drehmoment, und zwar wird durch Ausprobieren die Wagschale so angebracht, daß 1 kg auf der Wagschale einer Umfangskraft etwa von 10 kg an den beiden (gleich großen) Riemenscheiben entspricht: Übersetzung 1 : 10. — Fig. 141

läßt erkennen, wie die Wägehebel *a b c d* einerseits, *e* andererseits in einem Armkreuz gelagert sind. Das Armkreuz ist fest auf der Welle $W$, die beiden Riemenscheiben sind lose darauf.

Mit Laufgewicht $L$ bringt man zunächst im Leerlauf den Zeiger zum Einspielen (Austarieren); das muß bei verschiedenen Umlaufzahlen immer neu gemacht werden, weil die Auswuchtung nie ganz vollkommen zu sein pflegt und auch wohl aus den beim Amsler-Dynamometer genannten Gründen. Neben dieser Justierung ist es nützlich, gelegentlich auch beim Fischinger-Dynamometer eine Eichung auszuführen, indem man die Abtriebwelle abbremst.

Das Fischinger-Dynamometer ist ein Ausgleichinstrument und eignet sich deshalb wie auch wegen seiner großen Trägheit nicht zum Messen wechselnder Momente.

Die Aufgabe, die Kraft trotz der Rotation nach außen sichtbar zu machen, läßt sich übrigens besonders einfach durch eine hydraulische Anordnung lösen; man kann die in einem hydraulischen Kraftmesser entstehende Spannung durch die hohle Welle und eine drehbare Stopfbüchse leicht nach außen übertragen. Doch ist bei solchen Anordnungen schwer genügende Empfindlichkeit der Angabe und genügende Ausschaltung des Einflusses der Fliehkräfte zu erreichen.

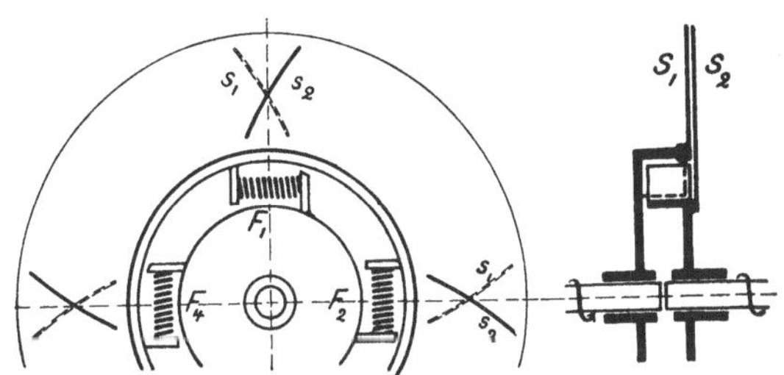


Fig. 143. Feder-Transmissionsdynamometer.

Ein Federdynamometer stellt Fig. 143 dar. Das Drehmoment soll von der einen Welle auf die andere gleichachsige übertragen und dabei gemessen werden. Die Übertragung geschieht durch die Federn $F_1$ bis $F_4$ hindurch; deren Zusammendrückung, also die Verdrehung der Scheiben $S_1$ und $S_2$ gegeneinander, ist ein Maß des übertragenen Drehmomentes. Diese Relativverdrehung wird nach außen kenntlich gemacht durch die Schlitze $s_1$ und $s_2$, durch die hindurch das Auge des Beobachters eine Lampe sieht: der Lichtschein wandert bei steigendem Drehmoment von innen nach außen. Man kann eine feststehende Skala vor dem Instrument anbringen.

Die wichtigste von allen dynamometrischen Meßmethoden ist in letzter Zeit aber zweifellos diejenige, die die Verdrehung der kraftübertragenden Welle selbst zur Messung der Kraft ausnutzt. Man muß dazu den Unterschied in der Bewegung zweier um ein bekanntes Stück voneinander entfernter Wellenquerschnitte miteinander vergleichen. Das kommt entweder auf eine sehr genaue Messung der Ungleichförmigkeit jener beiden Querschnitte hinaus — so genau, daß man die Differenzen noch genügend genau erhält; wir erwähnten die bezüglichen Meßmethoden von Frahm und Klönne schon auf S. 63. Oder aber man kann die Verdrehung der Welle dadurch messen, daß man über die Welle ein Meßrohr streift, das an einem Ende auf der Welle befestigt, am anderen frei ist; da durch das Rohr keine Kräfte übertragen werden, so wird es sich auch nicht verdrehen, sondern in ganzer Länge die Bewegung desjenigen Wellenquerschnittes mitmachen, auf dem es befestigt ist; der mit dem freien Rohrende in einer Ebene liegende Wellenquerschnitt führt also gegenüber dem Rohr Relativbewegungen aus, die ein Maß für die durch die Welle gehenden Drehmomente sind.

Diese kleinen Verdrehungen, die an einem umlaufenden System auftreten, müssen nach außen sichtbar gemacht werden — eine Aufgabe, die verschiedene Lösungen zuläßt. Die praktisch wichtigste ist die im *Föttinger-Dynamometer* verwirklichte. Fig. 144 stellt dasselbe schematisch dar. Auf die Welle ist rechts das Meßrohr angeschraubt,

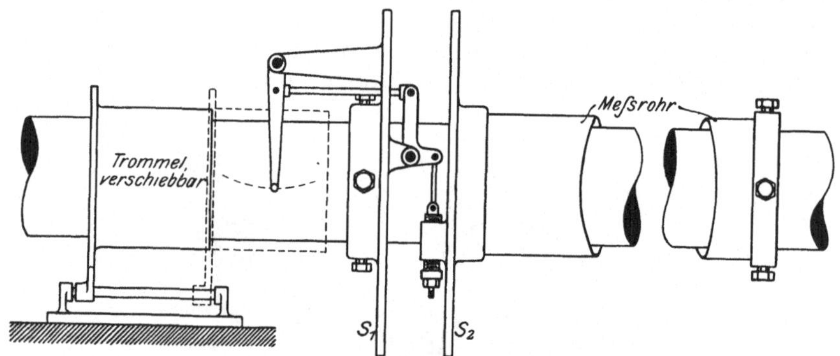


Fig. 144.  Föttinger-Dynamometer.

das über die Welle hinläuft und in die Scheibe $S_2$ endet, dort übrigens noch einmal, jedoch drehbar, auf der Welle gelagert ist. Die Scheibe $S_1$ ist fest auf der Welle. Die Scheiben geben schon an sich die Verdrehung der Welle vergrößert wieder; eine weitere Vergrößerung findet durch einen Winkelhebel und einen Schreibhebel statt; an letzterem sitzt der Schreibstift, der nun parallel zur Wellenachse, allerdings auf einem Kreisbogen gehend, Bewegungen ausführt, die ein Maß für das Drehmoment sind. Der Schreibstift schreibt die Drehmomente auf einer mit Papier bespannten Schreibtrommel auf, die nicht mit umläuft, sondern nur so weit seitlich verschiebbar ist, daß man sie zur Erneuerung des Papierblattes aus dem Bereich der umlaufenden Teile ziehen kann. Als Abszissen werden also ohne weiteres die von der Welle in der Gegend der Scheibe $S_1$ zurückgelegten Wege aufgetragen; die Fläche zwischen der Drehmomentenlinie und einer Nullinie, die ein besonderer Schreibstift jederzeit aufschreibt, wird also ohne weiteres die bei einem Umgang gelieferte Arbeit darstellen. Die schematische Darstellung läßt eine Reihe notwendiger Einrichtungen nicht erkennen; so ist insbesondere eine Vorrichtung anzubringen, die den Schreibstift im Gang der Welle auf die Trommel aufzusetzen und von ihr abzunehmen gestattet; das geschieht durch eine Schraubenspindel, deren Handrad bei jedem Umgang an einen Anschlag stößt und dadurch um einen Zahn geschaltet wird, vorwärts oder rückwärts, je nachdem welcher Anschlag angestellt ist; ähnliche Schaltwerke sind bei Zylinderbohrmaschinen für die Transportbewegung üblich. Die schematische Darstellung läßt auch nicht erkennen, daß zwei Schreibzeuge, ganz symmetrisch zueinander vor und hinter der Welle liegend, vorhanden sind.

Die Fläche unter der Drehmomentenlinie stellt die Arbeit dar, sofern die Ausschläge des Schreibstiftes dem Drehmoment proportional werden, und zwar nicht die Bogenausschläge, sondern deren Projektionen auf die Mantellinie der Schreibtrommel; diese Proportionalität läßt sich durch passende Anordnung der Übertragungshebel erreichen, da die Verdrehung der Scheiben $B$ und $C$ dem Drehmoment leidlich proportional ist. Der Maßstab, in dem die Momente aufgetragen sind, läßt sich bei kleineren Maschinen experimentell finden, indem man einen auf die Welle oder eine Kupplung gesetzten Arm bekannter Länge auf eine Wage drücken läßt — das Admissionsventil der Dampfmaschine wird dazu vorsichtig geöffnet, um das Moment zu erzeugen — und indem man zu gleicher Zeit die Größe des Momentes und den Schreibstiftausschlag feststellt. Bei mehrtausendpferdigen Schiffswellen freilich, für die das Föttinger-Dynamometer besonders gebraucht wird, ist diese Messung nicht gut zu machen, und man pflegt den Maßstab der Ausschläge rechnerisch zu bestimmen. Die Winkelverdrehung eines Wellenstückes von der Länge $l$ und dem Durchmesser $d$ ist nämlich, wenn das Moment $M_d$ tordierend wirkt, $\vartheta = \dfrac{M_d}{G} \cdot \dfrac{32}{\pi\, d^4} \cdot l$; hierin wird man den Gleitmodul $G$ des Materiales besonders bestimmen müssen — eine Aufgabe des Materialprüfungswesens —, wenn man nicht den für Schiffswellenstahl nach mehrfachen Versuchen sehr gleichmäßig zutreffenden Wert $G = 829\,000$ kg/qcm übernehmen will; dieser Wert gilt übrigens, wenn alle Angaben obiger Formel in Zentimetern gegeben sind, auch das Drehmoment in cm · kg. — Die gegenseitige Verschiebung der beiden Scheiben $B$ und $C$ im Abstande $r$ von der Wellenachse ist dann $r \cdot \vartheta$, und diese Verschiebung wird durch das Gestänge entsprechend vergrößert. — Nachdem man den Maßstab der Drehmomente ermittelt hat, und da man den Abszissenmaßstab ohne weiteres kennt — die Diagrammlänge entspricht dem Drehwinkel $2\,\pi$ —, so kann man den Maßstab der Arbeiten wie beim Amsler-Dynamometer angegeben berechnen.

Im Föttinger-Dynamometer wird also die kraftübertragende Welle selbst als Meßfeder benutzt. Diese Meßfeder ist so kräftig, daß ihre Schwingungszahl wohl unter allen Umständen weit über den wesentlichen Schwingungszahlen liegt, die den Schwankungen des Drehmomentes entsprechen. Ihre Dämpfung ist gering und rein molekular. Daher (S. 14) ist die Meßanordnung eine vorzügliche zur graphischen Aufzeichnung der Schwankungen des Drehmomentes. Man kann daher nicht nur die Gesamtleistung der Maschine feststellen, sondern durch Untersuchung der Drehmomentenkurve die Ursache von Schwingungen ausfindig machen, die das Maschinengestell ergreifen und — bei Schiffsmaschinen — zu Schiffsschwingungen führen[1]). So hat es sich gezeigt, daß unter Umständen durch Auftreten von Resonanzerscheinungen das höchste in einer Welle auftretende Drehmoment ein Vielfaches des durchschnittlichen ist, und Wellenbrüche ließen sich daraus erklären, daß man die Wellen nur statisch und oft nur für das durchschnittliche Drehmoment berechnet. Wir verweisen auf die im Literaturverzeichnis angeführten Arbeiten von Frahm und Föttinger.

Die *Bedeutung der Transmissionsdynamometer* war früher eine geringere, als man nach der Literatur annehmen sollte: sie bieten ein besonders gutes Feld für die Erfindertätigkeit, weil sie Gelegenheit zu interessanten, aber selten praktisch brauchbaren Konstruktionen geben. In neuester Zeit erst ist der Bedarf nach einem für große Leistungen brauchbaren Dynamometer aufgetreten und im wesentlichen durch das Föttinger-Dynamometer befriedigt worden. Der Bedarf trat dadurch ein, daß man Dampfturbinen nicht indizieren kann, und daß daher in Fällen, wo eine Dampfturbine nicht zum Antrieb einer Dynamomaschine dient und eine elektrische Leistungsmessung möglich ist, überhaupt kein anderer Weg für die Untersuchung der Maschine im praktischen Betriebe besteht außer der Anwendung des Föttinger-Dynamometers oder ähnlicher Einrichtungen.

**70. Ermittlung von Kraft und Drehmoment aus Beschleunigungsverhältnissen.** Die Ermittlung von Kräften kann unter Benutzung der allgemeinen Beschleunigungsgleichungen geschehen. Wenn man die von einem Körper zu verschiedenen Zeiten $t$ zurückgelegten Wege $s$ beobachtet, so ist durch Ableitung der beobachteten Beziehung die Geschwindigkeit $\dfrac{ds}{dt} = w$ zu ermitteln — die man gelegentlich wohl auch direkt beobachten kann; durch Ableitung der Beziehung zwischen $w$ und $t$ erhält man die Beschleunigung $\dfrac{dw}{dt} = p$, aus der die auf den Körper wirksame Gesamtkraft $P$ durch Multiplizieren mit seiner Masse $m = \dfrac{G}{g} = \dfrac{G}{9,81}$ zu finden ist. Es ist $P = m \cdot p$. So könnte man die von einer Lokomotive ausgeübte Zugkraft im Anfahren ermitteln, hätte allerdings die Zugwiderstände zu berücksichtigen; da gerade letztere unbekannt sein werden, so wird man eher in die Lage kommen, aus der Verzögerung des Zuges in der Ebene nach Abstellen des Dampfes die Widerstände zu finden (Auslaufversuch).

---

[1]) Man hätte dazu die Koeffizienten der Fourierschen Reihe zu ermitteln, durch die man die Drehmomentenkurve darstellen kann; die Ermittlung dieser Koeffizienten kann etwa mit dem (erst während der Drucklegung dieses Buches bekannt gewordenen) *harmonischen Analysator* von Mader geschehen, auf dessen Vorhandensein hier nur aufmerksam gemacht werden soll. (Vgl. Elektrotechn. Z. 1909, Heft 36.)

Häufiger als bei *fortschreitender Bewegung* die Kräfte wird man bei *umlaufender Bewegung* die Drehmomente zu ermitteln haben. Wenn man die zu bestimmten Zeiten $t$ zurückgelegten Umläufe $s$ beobachtet, so ist durch Ableitung der beobachteten Beziehung die Umlaufgeschwindigkeit $\dfrac{ds}{dt} = \omega$ zu finden; man erhält sie in technischen Einheiten, kann sie aber nach S. 50 leicht in minutliche Umläufe umrechnen; gelegentlich kann man sie auch direkt mittels Tachometers beobachten, meist aber wird das ungenauer. Durch Ableitung der Beziehung zwischen $\omega$ und $t$ erhält man die Winkelbeschleunigung $\dfrac{d\omega}{dt}$, aus der das auf die umlaufenden Massen wirkende Gesamtdrehmoment $M_d$ durch Multiplizieren mit dem Trägheitsmoment $J_m$ der Massen in bezug auf die Rotationsachse zu finden ist. Es ist $M_d = J_m \cdot \dfrac{d\omega}{dt}$.

Bei diesen Untersuchungen kommt es also in jedem Fall auf Differentiation von Beziehungen hinaus, die entweder mechanisch aufgezeichnet sind oder zahlenmäßig punktweise vorliegen. Außerdem ist bei fortschreitender Bewegung die Masse des Körpers durch einfaches Wägen, bei umlaufender Bewegung sein Massenträgheitsmoment $J_m = \int dm \cdot r^2$ zu ermitteln, wobei $r$ den Abstand der Massenelemente $dm$ von der Rotationsachse bedeutet. Es sei noch daran erinnert, daß man $J_m$ nicht verwechseln darf mit dem Gewichtsträgheitsmoment $J_g = \int dG \cdot r^2$; wegen $G = g\,m$ ist auch $J_g = g \cdot J_m = 9{,}81\,J_m$.

Die *Ermittlung von Trägheitsmomenten* geschieht entweder durch Zerlegen des umlaufenden Profiles in Lamellen und rechnungsmäßiges Bilden der Produkte $G \cdot r^2$ für jeden der abgeteilten Kreisringe; bei Schwungrädern liefert der Kranz naturgemäß den größten Beitrag. Uns interessiert eher die Möglichkeit der Bestimmung des Trägheitsmomentes durch Versuche, und zwar meist durch Pendelversuche. Die Dauer $t_s$ einer vollen (Doppel-) Schwingung eines physikalischen Pendels vom Trägheitsmoment $J_m$ und vom Gewicht $G$, dessen Schwerpunkt um $e$ von der Drehachse absteht, so daß also bei einer Ablenkung um $90°$ aus der Ruhelage das Moment $M_1 = G \cdot e$ die Rückführung erstrebt, ist nämlich (bei kleinen Ausschlägen):

$$t_s = 2\,\pi \cdot \sqrt{\frac{J_m}{G \cdot e}} = 2\,\pi \cdot \sqrt{\frac{J_m}{M_1}}\,;$$

also ist

$$J_m = \frac{t_s^2}{4\,\pi^2} \cdot G \cdot e = \frac{t_s^2}{4\,\pi^2} \cdot M_1 \quad . \quad . \quad . \quad . \quad . \quad (19)$$

Durch Beobachtung der Schwingungsdauer läßt sich daher das Trägheitsmoment finden, da man auch entweder $G$ und $e$ oder gleich $M_1$ meist messen kann. — Ausgewuchtete Räder muß man erst in ein physikalisches Pendel verwandeln, indem man sie entweder nach Maßgabe von Fig. 145 und 146 auf einem Winkel- oder Rundeisen lagert; dann ist $e$ ohne weiteres bekannt, und $G$ muß ausgewogen werden. Das nach

Formel 1 errechnete Trägheitsmoment ist das in bezug auf die Aufhängungsachse; es ist um $\dfrac{G}{g} \cdot e^2$ zu vermindern, will man das Trägheitsmoment in bezug auf die Radachse erhalten. Oder man bringt nach Fig. 147 eine Zusatzmasse $G_1$ exzentrisch an, worauf man das bei 90° Auslenkung entstehende Moment $M_1$ durch Umschlingen eines Fadens und Ausgleichen mit Hilfe von Gewichten $G_0$ findet (Fig. 148).

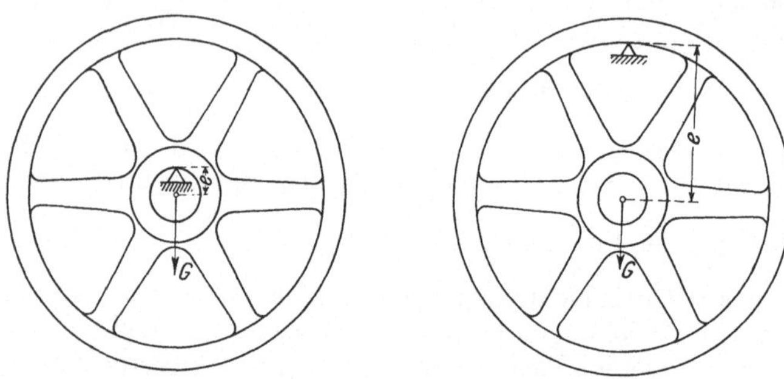

Fig. 145 und 146. Pendelversuch zur Bestimmung von Trägheitsmomenten.

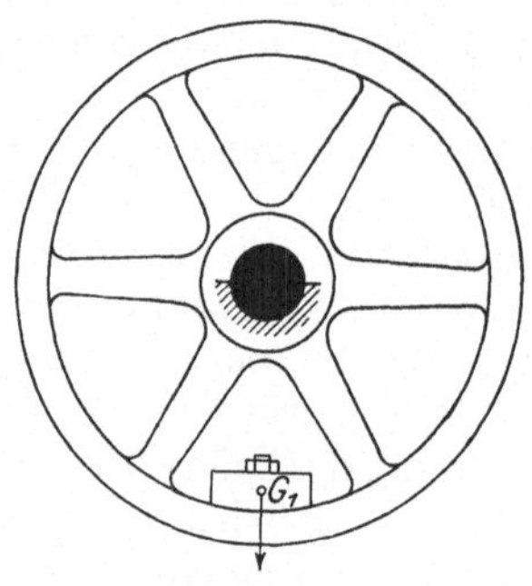

Fig. 147.
Pendelversuch.

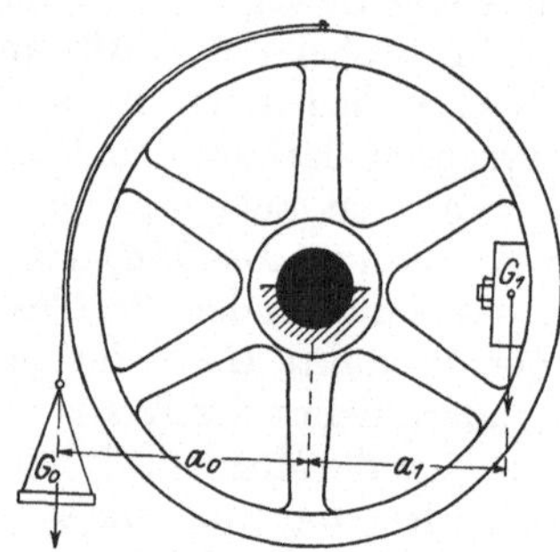

Fig. 148. Bestimmung des Schwerpunktsabstandes der Zusatzmasse.

Das Trägheitsmoment des Zusatzgewichtes in bezug auf die Umlaufachse, annähernd $\dfrac{G_1}{g} \cdot a_1^2$, ist abzuziehen, um das Trägheitsmoment der Scheibe allein zu erhalten. Die in Fig. 147 und 148 dargestellte Methode wird man nur bei Scheiben verwenden können, die beweglich genug gelagert sind, um bei kleinen Schwingungsweiten eine genügende Anzahl von Schwingungen zu geben, die also Kugellagerung oder eine sehr dünne Achse haben. — Manche andere Anordnung zur Ausführung der Schwingungsversuche ist denkbar. Gegenüber irgendwie komplizierten Anordnungen wird aber die Ermittlung durch Rechnung oft das bequemere sein. In beiden Fällen ist genaue Auswuchtung der Scheibe für die Rechnung wesentlich; man muß sie durch Hilfsgewichte zuhächst herstellen, kann aber auch bei der Methode Fig. 146 durch Aufhängung in zwei diametral entgegengesetzten Punkten, bei Fig. 147

durch Anwendung mehrerer Zusatzgewichte die Einflüsse mangelhafter Auswuchtung rechnerisch eliminieren.

Ein nach der zweiten Methode, Fig. 147, ausgeführter Versuch an einer in Kugellagern gelagerten Scheibe (über die auf S. 179 weiter berichtet wird) ergab folgendes: Mit einem Zusatzgewicht von 10,20 kg ergab sich die Dauer von 10 Schwingungen zu 82,0 sek, also $t_2 = 8,20$ sek. Beim Ausgleichen nach Fig. 148 ließ ein Ausgleichgewicht von 6,660 kg das Rad noch gerade zurückfallen, während 6,700 kg es unter Über-

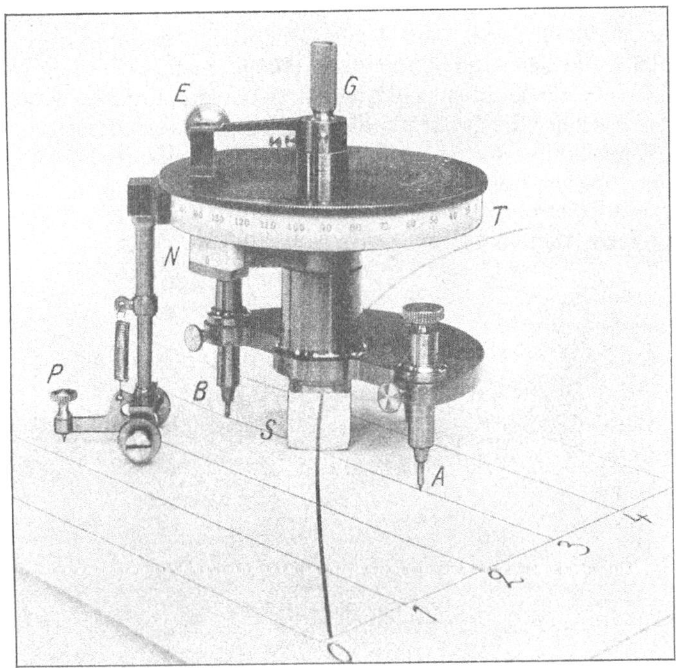

Fig. 149. Spiegelderivator nach Wagener.

windung der Lagerreibung vorwärts zogen; danach ist 6,68 kg das bei reibungsfreier Lagerung notwendige Ausgleichgewicht, das am Arm: Scheibenradius plus halbe Schnurstärke $= 0,500 + 0,0005 \sim 0,500$ m angreift; es ergibt sich $M_1 = 3,34$ m·kg und der Schwerpunktsabstand

des Ausgleichgewichtes $a_1 = \dfrac{3,34}{10,20} = 0,328$ m. Das Trägheitsmoment

der Scheibe einschließlich Zusatzgewicht ist also $J + J' = \dfrac{8,20^2}{4\,\pi^2} \cdot 3,34$

$= 5,71$; für das Zusatzgewicht ist $J' \sim \dfrac{10,2}{9,81} \cdot 0,328^2 = 0,112$; das Träg-

heitsmoment der Scheibe allein ist $J = 5,60$ m·kg·sek²; die Benennung folgt aus der Beachtung der Dimensionen. —

Zum *Ermitteln des Differentialquotienten* einer graphisch vorliegenden Kurve kann man sich des *Spiegelderivators* bedienen, der in Fig. 149

dargestellt ist. Ein kleiner ebener Metallspiegel $S$ steht dann senkrecht auf der Kurve, wenn das Spiegelbild die stetige Fortsetzung der Kurve selbst bildet. Der Apparat hat zwei Spitzenfüße $AB$, die man auf eine Ordinate 3 einstellt, auf der man, vom Schnittpunkt mit der abzuleitenden Kurve aus, den halben Spitzenabstand beiderseits vorher abgestochen hat; ein dritter Fuß ohne Spitze ist im Bilde kaum zu sehen. Der an einem Arm sitzende Nonius $N$ ist nun senkrecht zur Ordinate orientiert. Am Griff $G$ kann man den Spiegel $S$, den Teilkreis $T$ und die Punktiernadel $P$, die alle auf einer Achse sitzen, gemeinsam drehen, bis das Spiegelbild ohne Knick in die Kurve selbst übergeht. Dann kann man am Teilkreis und Nonius die Neigung der Kurve in der Ordinate 3 ablesen und unter Benutzung einer Tafel den Tangens finden, oder man kann durch Niederdrücken der Punktiernadel einen Stich machen, der die Richtung der Normale — bei anderer Justierung die der Tangente — festlegt. Mit Hilfe der Einstellvorrichtung $E$ kann man den Spiegel etwas gegen den Teilkreis verdrehen, auch ist die Punktiernadel etwas seitlich verstellbar, so daß alle drei Teile in die richtige Lage zueinander zu bringen sind.

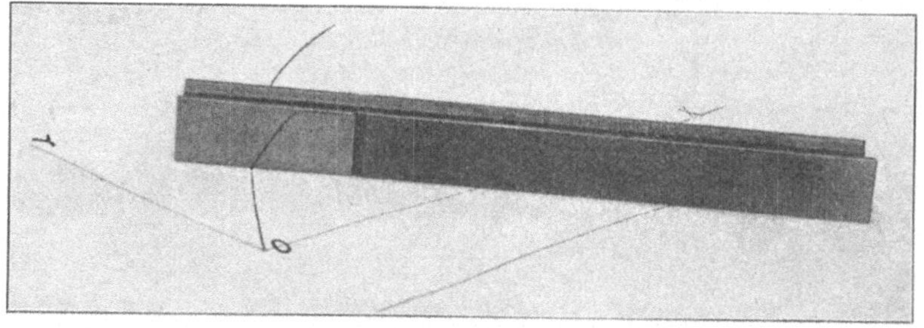

Fig. 150. Spiegellineal.

Ein einfacheres Instrument zu gleichem Zweck ist das *Spiegellineal*, Fig. 150; ein sauber gehobeltes Metallstück ist an einem Ende hochglanzpoliert, dieser Teil dient als Spiegel zum Einstellen in die Normale; das übrige dient als Lineal zum Zeichnen der Normalen. Der Winkel oder sein Tangens muß nun irgendwie ermittelt werden, am einfachsten nach Fig. 151: in bestimmtem Abstand $a$ von der Abszissenachse $XX$ ist eine Parallele $X'$ zu ihr gezogen; wenn in den Punkten $A, A_1 \ldots$ der Kurve die Normalen mittels des Spiegellineals — oder sonstwie — gezeichnet sind, so werden die Neigungswinkel der Kurve in $A, A_1 \ldots$ bei $\varphi, \varphi_1$ erscheinen, und ihre Tangenswerte werden durch $\dfrac{DC}{a}, \dfrac{D_1 C_1}{a} \ldots$ gegeben sein. Durch Ziehen zahlreicher Normalen und Abmessen der starkgezeichneten Subnormalen kann man also die Kurve ableiten. Gegenüber der Anwendung des Spiegelderivators besteht hier die Schwierigkeit, daß man nur schwer die Normale in bestimmten Punkten finden kann. Außerdem entsteht schnell ein Gewirr von

Strichen, deren Ausmessung schwer ist; man muß nämlich zahlreiche
Punkte ableiten, da die Einstellung des Spiegels immerhin unsicher ist
und daher eine graphische Fehlerausgleichung nötig wird; beim Derivator kann man in jedem Punkte erst mehrere Male den Winkel beobachten und nun rechne-
risch die Mittelwerte bilden, die dann ohne wei-
teres eine glatte Kurve
ergeben.

Die Einstellung des
Spiegels ist besser zu machen bei schwach ge-
krümmten als bei Kurven
von kleinem Krümmungs-
radius; bei einem bestimmten in der Ablesung ent-
haltenen Fehler wird der
Fehler im Tangens am ge-
ringsten bei 45° Neigung
der Kurve; er wird jedoch
erheblich bei Neigungen
unter 10° oder über 80°.
Man wird Diagramme, die

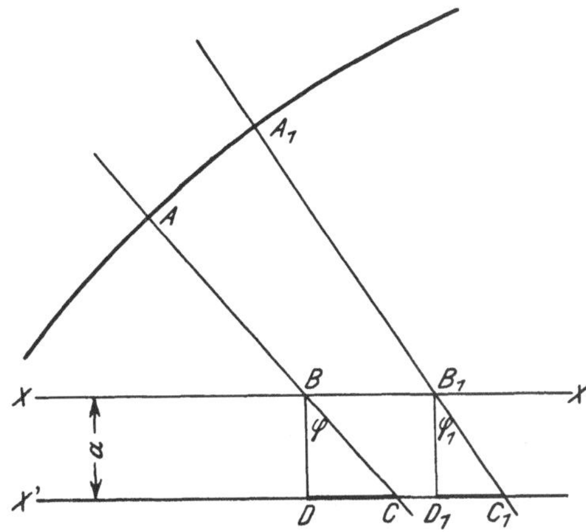


Fig. 151.
Ermittlung des Tangens des Neigungswinkels.

abgeleitet werden sollen, möglichst gleich diesen Tatsachen anpassen.
Bei punktweise aufgezeichneten Kurven ist die Ableitung nicht in den
Punkten, sondern immer mitten zwischen zweien zu machen; weicht
die aufgezeichnete Kurve vom wahren Verlauf der Funktion ab, so wird
sie selbst allerdings in den Punkten am genauesten sein, weil sich
dort die (unbekannte) wahre Kurve und die aufgezeichnete schneiden;
gerade deshalb aber wird der Fehler des Differentialquotienten in den
Punkten am größten, zwischen beiden Punkten am kleinsten.

Als *Beispiel* sei die *Ermittlung der Eigenverluste einer Wirbelstrombremse* gegeben, die ähnlich wie Fig. 135, S. 163, gebaut war, an der jedoch
die Magnete nicht auf das Schwungrad der Maschine wirken, sondern
auf eine besondere und besonders gelagerte Scheibe. Da die Widerstände
der besonderen Lagerung und auch der Widerstand, den die Scheibe
in der umgebenden Luft erfährt, nicht von der Bremse gemessen werden,
so sind sie zu der an der Bremse gemessenen Leistung hinzuzuzählen, um
die Bremsleistung der Kraftmaschine zu erhalten. Es wurde ein Auslaufversuch gemacht: die Scheibe wurde bei abgenommener Bremse
und abgekuppelter Kraftmaschine auf die höchste in Frage kommende
Umlaufzahl gebracht und nun sich selbst überlassen. Da die Scheibe
— deren Trägheitsmoment aus den S. 177 besprochenen Ermittlungen
bekannt ist, $J = 5{,}60$ m·kg·sek² — in Kugellagern liegt, so läuft sie
sehr lange. Ein Zählwerk ist mit ihr verbunden. Als es auf 59 500 stand,
wurde die Stechuhr gedrückt; dann wurden die in der $s$-Kurve der
Fig. 152 durch Kreise angedeuteten Ablesungen gemacht und die
$s$-Kurve aufgezeichnet. Sie wurde immer zwischen zwei Punkten

12*

mittels des Spiegelderivators abgeleitet, z. B. bei $t = 1900$ sek; der Derivator wurde fünfmal eingestellt und abgelesen, die Ablesungen waren 36,9; 37,2; 37,1; 36,9; 36,9°, im Mittel 37,0°; die Tafel liefert

$$\operatorname{tg} 37,0° = 0,7535 = \frac{ds}{dt}.$$ Es fragt sich, welcher Umlaufgeschwindigkeit

diese Neigung entspricht; das hängt ganz von den willkürlich gewählten Maßstäben der Kurvenauftragung ab; diese sind für die $s$-Kurve:

$$60 \text{ sek} = 1 \text{ mm} \quad \text{und} \quad 300 \text{ Uml.} = 1 \text{ mm}.$$

Durch Dividieren beider Seiten erhält man:

$$\frac{300 \text{ Uml}}{60 \text{ sek}} = 1; \quad 5 \text{ Uml/sek} = 1 \quad \text{oder} \quad 300 \text{ Uml/min} = 1.$$

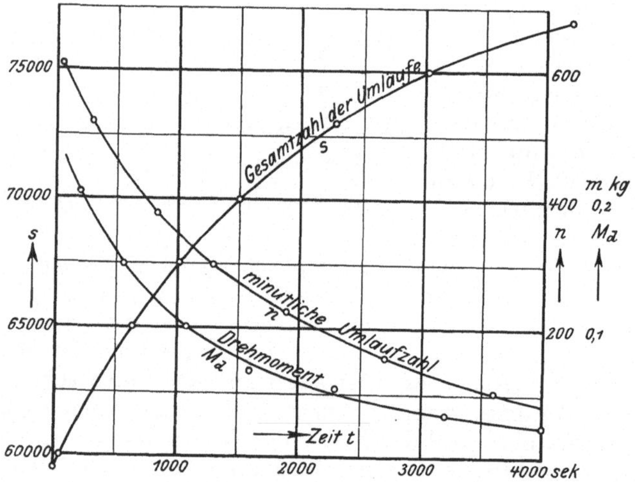


Fig. 152. Ergebnisse eines Auslaufversuches.

Da $\operatorname{tg} 45° = 1$ ist, so entspricht also der Kurvenneigung 45° die Umlaufzahl 300 /min; allgemein aber kann man die Umlaufzahl finden, indem man die Tangente des Neigungswinkels mit 300 multipliziert. Für $t = 1900$ sek ist also $n = 0,7535 \cdot 300 = 226,0$ Uml/min. — Dieser Punkt ergibt nun mit anderen ebenso ermittelten die $n$-Kurve, die die Abnahme der minutlichen Umlaufzahl, der Umlaufgeschwindigkeit, zur Darstellung bringt.

Die Wahl des Maßstabes beim Auftragen der minutlichen Umlaufzahl ist beliebig; man kann also auch die Werte der Differentialquotienten, die man ja in absoluten Zahlen erhält, beliebig auftragen und den Maßstab nachher ermitteln.

Leitet man die $n$-Kurve noch einmal ab, wieder in der Mitte zwischen je zwei Punkten, so erhält man eine dritte Kurve, die die Verzögerungen oder bei passender Wahl des Maßstabes auch gleich die verzögernden Drehmomente geben. Bei der Ermittlung des Maßstabes müssen wir beachten, daß in der Gleichung $M_d = J \cdot \dfrac{d\omega}{dt}$ unter $\omega$ die Winkelgeschwindigkeit in Einheiten des technischen Maßsystems (S. 50) gemeint ist. Die Maßstäbe der $n$-Kurve sind:

$$600 \text{ Uml/min} = 6 \cdot 10{,}47 \text{ techn. Einh.} = 50 \text{ mm} \quad \text{und} \quad 60 \text{ sek} = 1 \text{ mm}.$$

Durch Dividieren beider ergibt sich

$$\frac{6 \cdot 10{,}47 \text{ t. Einh.}}{60 \text{ sek}} = 50; \quad 0{,}0209 \frac{\text{t. Einh.}}{\text{sek}} = 1.$$

Bei einem Trägheitsmoment von $5{,}60 \text{ m} \cdot \text{kg} \cdot \text{sek}^2$, wie es auf S. 177 für diese Scheibe ermittelt ist, entspricht der Beschleunigung von $\dfrac{d\omega}{dt} = 0{,}0209$ Geschwindigkeitseinheiten in der Sekunde ein Drehmoment von $5{,}60 \cdot 0{,}0209 = 0{,}117 \text{ m} \cdot \text{kg}$; dieses Drehmoment entspricht also dem Tangens 1 des Neigungswinkels. Ergab beispielsweise bei $t = 2300$ sek der Spiegelderivator die Ablesung $24{,}48°$, entsprechend $\operatorname{tg} 24{,}48° = 0{,}4553$, so ist zu dieser Zeit das verzögernde Drehmoment $0{,}4553 \cdot 0{,}117 = 0{,}0532 \text{ m} \cdot \text{kg}$. Dieser Punkt zusammen mit anderen, ebenso zu ermittelnden gibt die $M_d$-Kurve der Fig. 152.

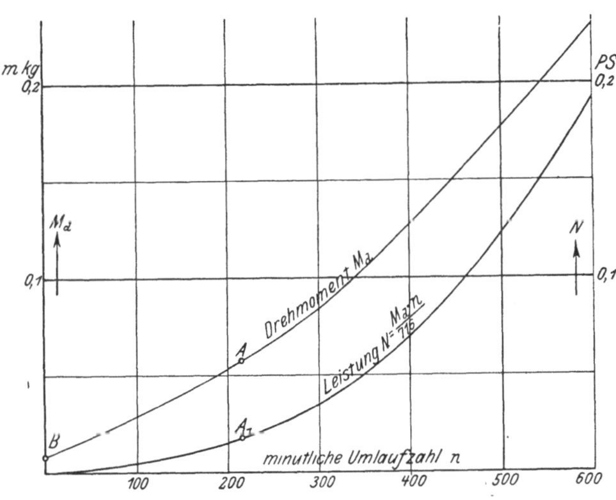


Fig. 153. Ergebnisse eines Auslaufversuches.

Wenn nun im allgemeinen die Abhängigkeit des Drehmomentes und vielleicht auch der Leistung von der Umlaufzahl interessiert, so kann man zueinander gehörige Punkte von $M_d$ und $n$ aus Fig. 152 entnehmen und die Beziehung in Fig. 153 auftragen, auch die Leistung finden. So sind für $t = 2000$ zueinander gehörige Werte: $n = 215$ Uml/min, $M_d = 0{,}058 \text{ m} \cdot \text{kg}$, also $N = \dfrac{0{,}058 \cdot 215}{716} = 0{,}0174 \text{ PS}$ — wie in Fig. 153

als Punkte $A$ und $A_1$ eingetragen. Punkt $B$ ist durch die auf S. 177 besprochene Beobachtung der Reibung der Ruhe gegeben. Die starke Zunahme der Verluste an Leistung und an Drehmoment mit höheren Umlaufzahlen ist wohl hauptsächlich durch die Ventilatorwirkung der Scheibe zu erklären. —

An die Stelle des Differenzierens kann übrigens auch das Bilden von Differenzen treten. So hat man in dem Versuch Fig. 152 beobachtet

$$\text{zur Zeit } t = \qquad 48 \qquad\qquad 633 \qquad\qquad 1021 \qquad\qquad 1504 \qquad \text{sek}$$

$$\text{den Zählerstand } s = \quad 60\,000 \qquad 65\,000 \qquad 67\,500 \qquad 70\,000 \quad \text{Uml.}$$

Also ist zur mittleren Zeit $\Big\}\, t_m = \qquad 340 \qquad\qquad 827 \qquad\qquad 1262 \qquad\qquad \text{sek}$

die Umlaufgeschwindigkeit gewesen $\Big\}\, n = \dfrac{5000 \cdot 60}{585} = 513\,; \qquad \dfrac{2500 \cdot 60}{388} = 387\,; \qquad \dfrac{2500 \cdot 60}{483} = 311\,\text{Uml/min}$

oder $\omega = 0{,}1047 \cdot n = \qquad 53{,}8 \qquad\qquad\qquad 40{,}5 \qquad 32{,}6 \qquad \text{techn. Einh.}$

Weiter war zur mittleren Zeit $\Big\}\, t'_m = \qquad\qquad 583 \qquad\qquad 1045 \qquad\qquad \text{sek}$

die Beschleunigung $\dfrac{d\omega}{dt} = \qquad \dfrac{13{,}3}{487} = 0{,}0273\,; \qquad \dfrac{7{,}9}{435} = 0{,}0182 \qquad \text{techn. Einh.}$

also das Drehmoment $5{,}60 \cdot \dfrac{d\omega}{dt} = \qquad 0{,}153 \qquad\qquad 0{,}102 \qquad\qquad \text{m kg}$

Diese Werte stimmen ziemlich mit den in Fig. 152 dargestellten überein.

Für einzelne Werte und wo ein Differenzierapparat nicht verfügbar ist, kann dieses Verfahren empfohlen werden. Doch führt es im allgemeinen nicht schneller, wohl aber weniger genau zum Ziel, und es versagt, wo unregelmäßige Kurven vorliegen; bei mangelhaften Ablesungen bleibt die vorgängige graphische Ausgleichung unerläßlich, sollen nicht die Differenzen ganz sprunghaft verlaufen.

Im ganzen wird man erkennen, daß die Ermittlung von Kräften aus den Beschleunigungs- oder Verzögerungsverhältnissen nicht eben einfach ist. Der Vorteil ist aber, daß man gleich den ganzen Verlauf der Abhängigkeit der Größen voneinander erhält, den man sonst nur aus einer großen Zahl von Einzelversuchen bekommt.

**71. Elektrische Leistungsmessung.** Wo immer man in der Lage ist, die Leistung in elektrischer Form zu messen, da ist dies die bequemste und meist auch genaueste Methode; sie ist den mechanischen Methoden dann unbedingt vorzuziehen.

Es sind zwei Fälle möglich. Entweder es wird eine Arbeitsmaschine, sagen wir eine Pumpe, elektrisch angetrieben. Man entnimmt den Strom irgendeiner elektrischen Zentrale und mißt mittels Volt- und Amperemeters die Spannung und Stromstärke: beider Produkt ist die dem Elektromotor zugeführte Leistung. Kennen wir noch den Wirkungsgrad $\eta$ des Elektromotors, so haben wir die der Pumpe zugeführte Leistung $N = N_{\mathrm{mot}} \cdot \eta$.

Im anderen Falle wird eine Kraftmaschine, sagen wir eine Dampfturbine, elektrisch belastet. Die von ihr erzeugte Energie wird nicht durch Abbremsen in Wärme verwandelt, sondern durch eine Dynamomaschine in Elektrizität umgesetzt. Der erzeugte Strom wird nach Spannung und Stromstärke festgestellt: beider Produkt ist die elektrische Leistung der Dynamomaschine. Die Effektivleistung der Dampfturbine war etwas größer, sie ist $N = \dfrac{N_{\mathrm{dyn}}}{\eta}$, wenn $\eta$ der Wirkungsgrad der Dynamomaschine. — Die Messung wäre hiermit erledigt; wir haben uns aber noch danach umzusehen, wo denn die in elektrische Form umgesetzte Energie bleibt. Wir können sie gelegentlich nutzbar machen, etwa für Ladung einer Sammlerbatterie oder bei Zentralen für Speisung eines Netzes. Oft müssen wir die elektrische Energie irgendwie nutzlos abführen und sie in Draht- oder Wasserwiderständen „vernichten", das heißt in Wärme verwandeln.

In beiden Fällen hat man die Spannung $E$ in Volt an einem Voltmeter und die Stromstärke $J$ in Ampere an einem Amperemeter abzulesen; das Produkt beider Ablesungen ist die elektrische Leistung in Watt. Teilen wir das Produkt durch 1000, so erhalten wir die elektrische Leistung in Kilowatt, teilen wir es durch 735,8 $\sim$ 736, so erhalten wir die elektrische Leistung in Pferdestärken.

Es ist also

$$N_{\mathrm{el}}^{\mathrm{KW}} = \frac{E \cdot J}{1000}\,; \qquad N_{\mathrm{el}}^{\mathrm{PS}} = \frac{E \cdot J}{736} \quad \cdots \cdots \quad (20)$$

Den Wirkungsgrad der elektrischen Maschinen wird man oft aus Angaben der liefernden Fabrik kennen; wie er andernfalls zu bestimmen ist, soll hier, als in die elektrotechnische Meßkunde gehörig, übergangen werden. Eine Messung der Umlaufzahl ist für die Leistungsbestimmung nicht nötig.

Hinsichtlich der Schaltung der Meßinstrumente und der elektrischen Maschine ist zu beachten, daß sie so zu geschehen hat, wie bei Angabe des Wirkungsgrades vorgesehen war. Bei Elektromotoren hat man daher im allgemeinen das Voltmeter so anzuschließen, daß es nur die dem Motor zukommende Spannung mißt, nicht aber die in einem Vorschaltwiderstand abgedrosselte. Das Amperemeter ist so zu schalten, daß es den Erregerstrom mitmißt. Bei einer Dynamomaschine hat man das Amperemeter auch wieder so anzuschließen, daß es den Erregerstrom mitmißt; kann man das bei fremderregten Dynamomaschinen nicht tun, so muß man die Erregungsenergie besonders messen und in Abzug bringen, bevor man durch den Wirkungsgrad dividiert, der meist einschließlich der Feldverluste angegeben wird.

Die Elektrizität ihrerseits muß nach der Messung vernichtet werden, wenn man sie nicht etwa in eine Sammlerbatterie oder in ein Beleuchtungsnetz hineingeben kann. Aber selbst wenn man solche nützliche Verwendung für sie hat, muß man gelegentlich einen Teil des Stromes vernichten, um dadurch die Möglichkeit zu haben, die Belastung der Maschine einzuregeln und konstant zu halten.

Vernichtung bedeutet Überführung in irgendeine unnütze Energieform, meist in Wärme, und geschieht in Belastungswiderständen. Diese bestehen aus einem Metallwiderstand, einer Glühlampenbatterie oder aus einem Wasserwiderstand.

Einen Metallwiderstand kann man provisorisch aus Eisendrahtspiralen herstellen. Für seine Bemessung ist maßgebend, daß er einen bestimmten Widerstand haben muß, der, in Ohm gemessen, durch den Quotienten aus Spannung und Stromstärke gegeben ist. Außerdem muß die Drahtoberfläche groß genug sein, um die erzeugte Wärme abzugeben, ohne daß die Temperatur allzuweit steigt. Bei Eisendraht ist der Widerstand durch die Formel $W^{\mathrm{Ohm}} = \dfrac{l_{\mathrm{mtr}}}{10\,d^2{}_{\mathrm{mm}}}$ gegeben, bei Manganin ist $W = \dfrac{l}{1,8\,d^2}$; ein Quadratmeter strahlender Oberfläche kann etwa 10 PS bewältigen, bei guter Ventilation viel mehr, bei behinderter Strahlung jedoch weniger. Man schaltet nun so viel Leiter parallel, daß die nötige Stromstärke bewältigt werden kann, und regelt die Belastung durch Ausschalten von Leitern. Die Drähte können, wenn entsprechend montiert, ruhig rotwarm werden. Ganz praktisch ist es, ein wagerechtes Eisenrohr mit Asbest zu umwickeln und darüber die weitgewundene Drahtspirale zu hängen.

Glühlampenwiderstände sind selten zu beschaffen. Eine Glühlampe pflegt 220 Volt zu erfordern, bei 440 Volt Spannung muß man also je zwei in Serie schalten. Im übrigen schaltet man deren so viel parallel, daß die nötige Stromstärke erreicht wird.

Wasserwiderstände sind bequemer als Drahtwiderstände, die bei größeren Leistungen unhandlich werden; sie sind auch leichter herzüstellen. Eisenbleche tauchen in Sodalösung; verdünnte Säure ist durch ihren Geruch lästig. Der Plattenabstand sollte etwa mit der zu vernichtenden Spannung zunehmen. Bei 220 Volt ist 10 cm ein passender Plattenabstand. Man stellt eine Reihe von Platten parallel zueinander in Rillen eines Holztroges oder befestigt sie besser an Winkeleisen, die auf den Rändern des Troges aufliegen, und verbindet die Platten abwechselnd mit den beiden Polen; so werden beide Seiten der Platten ausgenutzt außer bei den äußersten. Mit einem Quadratmeter Plattenfläche bewältigt man 350 bis 400 Ampere. Das ist so gemeint, daß für diese Stromstärke ein Quadratmeter positiver und eines negativer Platte nötig sind, wobei jedoch, sofern beide Seiten einer Platte ausgenutzt werden, auch beide einzeln in Rechnung zu setzen sind: eine Platte von 50 × 100 cm Abmessung kann, wenn beide Seiten ausgenutzt sind, 350 bis 400 Ampere leiten. Die Sodalösung kann ruhig zum Sieden kommen, das Verdampfte ersetzt man; allerdings schwankt die Belastung dann durch Auftreten von Dampfblasen. Bei Spannungen nicht unter 220 Volt kann man auch fließendes Wasser ohne Soda nehmen und so die Dampfentwicklung umgehen. Zum Regulieren der Stromstärke hebt man Platten nach Bedarf aus dem Wasser. Noch energischer reguliert man durch Veränderung der Konzentration der Sodalösung; tut man Soda hinzu, so steigt die Stromstärke.

# X. Der Indikator.

**72. Kolbenwegdiagramm. Indizierte und effektive Leistung.** Der
Indikator ist eines der wichtigsten Instrumente für die verschiedensten
Untersuchungen. Weil er für recht mannigfache Zwecke verwendbar ist,
soll er in einem besonderen Kapitel besprochen werden.

In seiner häufigsten Verwendungsart ist der Indikator ein registrierender Spannungsmesser, der die im Zylinder einer Kolbenmaschine
auftretenden Spannungen graphisch aufzeichnet; fast immer geschieht
die Aufzeichnung dieser Spannungen als Funktion des vom Kolben der
betreffenden Maschine zurückgelegten Weges, weil das in dieser Weise
aufgezeichnete Schaubild oder *Indikatordiagramm* ohne weiteres die
Ermittlung der Maschinenleistung gestattet. Das Diagramm ist nämlich,
entsprechend der Tatsache, daß der Maschinenkolben hin und her geht
und das gleiche Spiel der Spannungen sich immer wiederholt, eine in
sich geschlossene Figur; es hat oft die
in Fig. 154 für ein Dampfdiagramm
als Beispiel angegebene Form. Auf
dem Hinweg des Kolbens, von links
nach rechts, stellt die Linie *a b c*
den Verlauf der Spannung und daher
der auf den Maschinenkolben wirkenden Kolbenkraft dar, auf dem
Rückgange gibt Linie *d e f* ihn wieder. Dann bedeutet die Fläche des

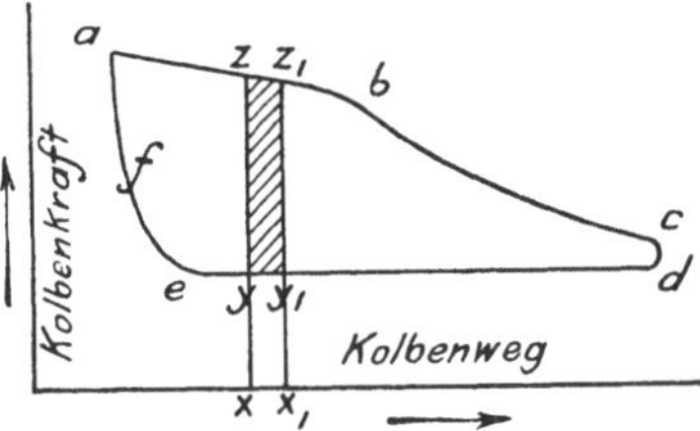


Fig. 154. Indikatordiagramm.

Diagramms, das ist der Inhalt der Figur *abcdef*, die vom Dampf an den
Kolben abgegebene Arbeit. Während nämlich der Kolben sich beim
Hingange von $x$ nach $x_1$ bewegte, lastete eine von $x\,z$ auf $x_1\,z_1$ ab-
nehmende Kraft auf ihm, der Dampf gab also eine Arbeit $\frac{1}{2}(x\,z + x_1\,z_1)$
$\times x\,x_1 = x\,x_1\,z_1\,z$ an ihn ab. Während der Kolben beim Rückgange von
$x_1$ nach $x$ ging, lastete die Kraft $x_1\,y_1 = x\,y$ auf ihm; diesmal aber wirkte
die Kraft der Bewegung entgegen, der Kolben mußte also Arbeit leisten,
nämlich den Dampf in das Auspuffrohr hinausdrängen. Der Kolben gab
jetzt die Arbeit $y\,y_1\,x_1\,x$ wieder her. So stellt Fläche $z\,z_1\,y_1\,y$ diejenige
Arbeit dar, die dem Kolben verblieben ist, die also das arbeitende
Medium an den Kolben während eines Maschinenumganges abgegeben
— bei einer Arbeitsmaschine von ihm aufgenommen — hat. Denkt
man das ganze Diagramm in schmale Streifen zerlegt, so sieht man, daß
auch sein ganzer Flächeninhalt die ganze vom Dampf an den Kolben
abgegebene Arbeit darstellt.

Der Indikator stellt bei der Dampfmaschine die vom Dampf auf
den Kolben übertragene Leistung fest; eine auf das Schwungrad ge-
setzte Bremse würde die an der Welle verfügbare Leistung messen.
Letztere ist um so viel geringer, wie die Reibung und andere Verlust-
quellen ausmachen. Man nennt nun die durch Indikator ermittelte
die *indizierte Leistung*, die an der Welle verfügbare heißt die effektive
oder auch die *Bremsleistung* der Dampfmaschine.

Der Indikator stellt bei einer Kolbenpumpe die vom Kolben auf das Wasser übertragene Leistung fest; der treibenden Welle muß man eine um die Reibungsverluste größere Leistung zuführen, die man mittels Transmissionsdynamometer messen kann. Die erstere heißt wieder die *indizierte Leistung* der Pumpe, für die der Welle zuzuführende Leistung hat man keinen festen Ausdruck: man nennt sie wohl Riemen- oder Wellen- oder *Antriebleistung*. Unter *effektiver Leistung* der Pumpe aber versteht man die in Form von gehobenem Wasser verfügbare Leistung, das ist das Produkt aus sekundlicher Wassermenge in die Förderhöhe (geteilt·durch 75, will man auf PS kommen).

Bei rein rotierenden Maschinen, wie Turbinen und Zentrifugalpumpen, gibt es keine indizierte Leistung. Bei Werkzeugmaschinen kann man nicht von einer effektiven sprechen. Im übrigen aber wird man die an Beispielen erklärten Begriffe leicht auf andere Fälle übertragen können.

**73. Bauarten des Indikators.** Fig. 155 bis 164 stellen einige viel verwendete Formen von Indikatoren dar. Die wesentlichsten Konstruktionseinzelheiten lassen insbesondere Fig. 155 bis 161 erkennen. Der Indikator besteht aus einem kleinen, an die zu untersuchende Maschine anzuschließenden Zylinder, in dem dicht eingeschliffen ein Kolben spielt und durch Vermittlung eines Hebelwerkes einen Schreibstift betätigt; der Schreibstift zeichnet auf einer um ihre Achse drehbaren Trommel das Diagramm auf. Die Spannung des im Maschinenzylinder arbeitenden Mediums gelangt durch eine Bohrung in den Indikatorzylinder und übt auf den Indikatorkolben Kräfte aus, die durch eine doppelgängige Schraubenfeder gemessen werden, indem diese Feder einerseits mit dem Kolben oder der Kolbenstange, andererseits mit dem Deckel des Indikatorzylinders verschraubt ist. In Fig. 156 liegt diese Feder im Innern des Indikatorzylinders und wird daher warm, wenn das arbeitende Medium warm ist; in Fig. 159 ist die Feder so angebracht, daß sie unter allen Umständen kalt bleibt; daher die Bezeichnung der beiden Indikatoren als *Warm-* und *Kaltfederinstrumente*. Die Feder drückt sich, passende Ausführung vorausgesetzt, proportional den unter den Kolben kommenden Spannungen zusammen; die danach den Spannungen proportionalen Kolbenausschläge werden durch das Hebelwerk des *Schreibzeuges* proportional vergrößert, und da dieses Hebelwerk auch so angeordnet ist, daß der Schreibstift geradlinig und parallel zur Achse des Indikatorzylinders geführt wird, so trägt der Schreibstift auf der Trommel im senkrechten Sinne, als Ordinaten, die Spannungen im Indikatorzylinder oder die im Maschinenzylinder auf — genau freilich nur, wenn alle Bewegungen reibungsfrei und so langsam vor sich gehen, daß man von Massenwirkungen absehen kann. — Stände die Trommel still, so würde der Schreibstift auf einer ihrer Mantellinien auf und ab spielen und dabei senkrechte Gerade auf einem Papier schreiben, das man auf die Trommel aufzieht und das durch die beiden Klemmfedern auf der Trommelfläche festgehalten wird. Nun bewegt sich aber die Trommel, und zwar führt sie eine schwingende Drehbewegung aus. In eine um das untere Ende der Trommel gehende Rille ist eine Schnur gelegt, die durch ein Loch ins Trommelinnere geht und durch einen davorgesetzten Knoten am Herausziehen gehindert wird. Das andere freie Ende der Schnur verbindet man mit irgendeinem Maschinenteil, der eine mit der Kolbenbewegung gleichartige Bewegung ausführt, meist mit dem Kreuz-

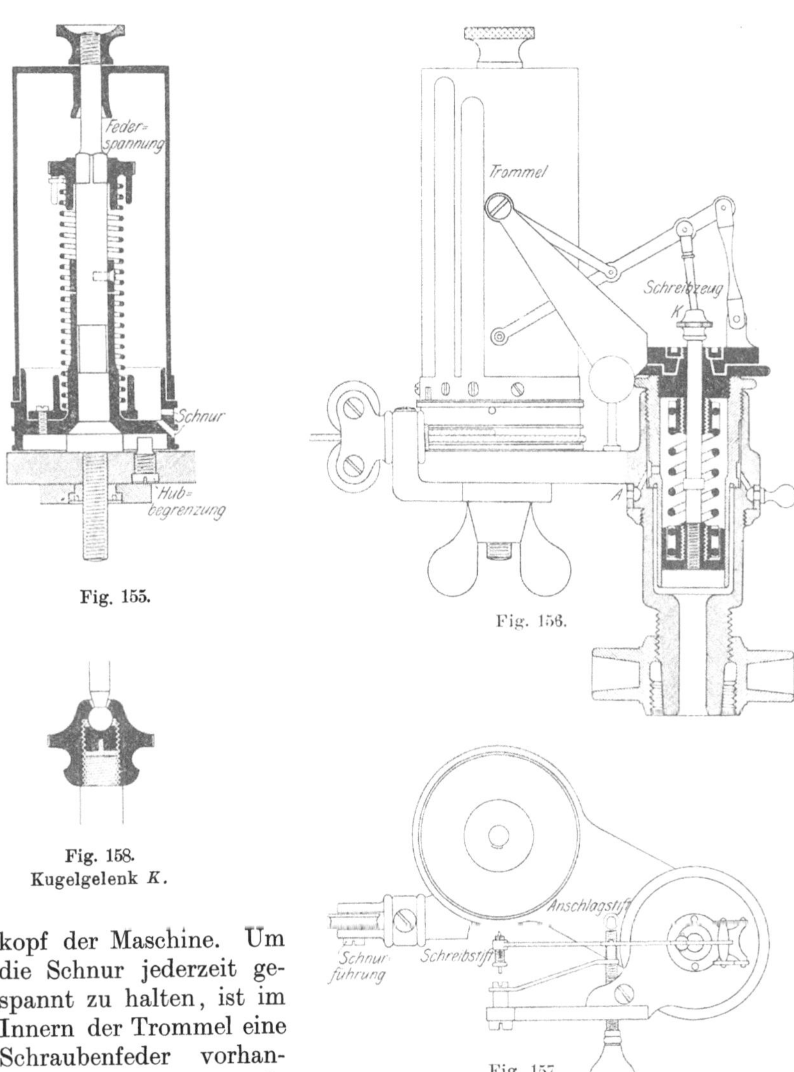


Fig. 155.

Fig. 156.

Fig. 158.
Kugelgelenk $K$.

Fig. 157.

Fig. 155 bis 158. Warmfederindikator von Dreyer, Rosenkranz & Droop.

kopf der Maschine. Um die Schnur jederzeit gespannt zu halten, ist im Innern der Trommel eine Schraubenfeder vorhanden, die im Ruhezustande einen an der Trommel befindlichen Ansatz gegen eine Anschlagschraube laufen läßt. Diese Hubbegrenzung gestattet eine Bewegung von etwas weniger als 360°. Wenn nun die Schnur, entgegen der Federspannung, die Trommel bewegt, so sind die von der Trommel aus-

geführten Winkeldrehungen proportional dem Kolbenhub, und daher
wird der Schreibstift als Abszissen Kolbenwege auftragen. Durch das
Zusammenwirken der beiden Bewegungen des Schreibstiftes und der
Trommel kommt das Diagramm zustande. Die umfahrene Fläche ist,
wie schon bewiesen wurde, ein Maß für die bei einem Maschinenumlauf
von der betreffenden Kolbenseite geleistete Arbeit; sie kann etwa mit
dem Planimeter (§ 24) ermittelt werden.

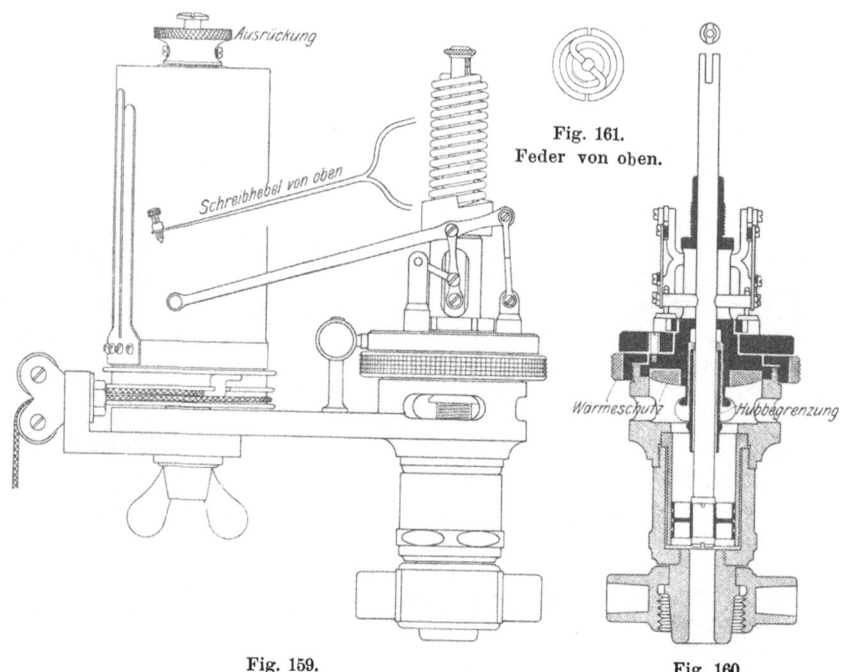


Fig. 159 bis 161. Kaltfederindikator von **Maihak**.

Oft ist nun freilich der Hub der Maschine größer als der freie Umfang der Indikatortrommel; die Diagrammlänge aber ist durch die
zwischen den Aufspannfedern freie Papierlänge begrenzt. Dann hat man
die Kolbenwege nicht in natürlicher Größe, sondern proportional verkürzt aufzutragen. Diese Verkürzung wird durch einen *Hubminderer*
bewirkt, der unmittelbar an den Indikator angebaut sein kann. Fig. 162
zeigt im Bilde den Rosenkranzschen Warmfederindikator mit daran-
gebautem Hubminderer. Man wird erkennen, daß der Hubminderer
zwei Schnurscheiben verschiedenen Durchmessers hat, die auf einer
gemeinsamen Achse sitzen. Die vom Kreuzkopf kommende Schnur
wird auf die große Scheibe geführt und das Ende durch ein Loch hin-
durchgefädelt und durch einen Knoten am Herausfallen gehindert; eine
ebenso an der kleinen Rolle befestigte Schnur führt zur Indikatortrommel und treibt diese. Die Bewegung der Trommel wird dadurch

offenbar im Verhältnis der beiden Scheibendurchmesser vermindert.
Im Innern der größeren Scheibe pflegt eine Spiralfeder zu sein, die zum
Zurückführen dient; doch kann sie auch entbehrt werden, wenn die
Trommelfeder zum Zurückführen auch der Minderungsrollen ausreicht.
An der Minderungsrolle ist übrigens noch, ebenso wie am Indikator
selbst, eine Schnurführung, die es gestattet, die Schnur nach irgendeiner
Richtung des Raumes weglaufen zu lassen. Ein Ring ist so in die Kreuz-
kopfschnur eingeknüpft, daß die Schnüre auf dem Hubminderer niemals
lose werden; sie verwirren sich sonst.

Fig. 162. Indikator und Hubminderer von Dreyer, Rosenkranz & Droop.

*Rollenhubminderer* werden auch, statt zum Unterschrauben unter
die Indikatortrommel, zum getrennten Anbau unter Befestigung an
irgendeinem vorstehenden Maschinenteil, Muttern oder ähnlichem, hergestellt. Der Anbau ist dann stabiler; der in Fig. 162 weitausladende
Hubminderer biegt sich leicht durch, wenn die Schnur nicht geradeaus
zieht; doch ist der mit dem Indikator verbundene Hubminderer hand-
licher; man stütze ihn im Notfall ab. Außerdem verwendet man auch
wohl *Hebelhubminderer*, die an häufig zu indizierenden Maschinen fest
an die Maschine gebaut sind und die Verkürzung des Hubes durch
einen ungleicharmigen Hebel erreichen; der längere Hebelarm wird

vom Kreuzkopf aus getrieben. Es ist darauf zu achten, ob solche Hubminderer auch proportionale Verkürzung des Hubes ergeben.

Der Anbau des Indikators an den Zylinder geschieht unter Zwischenschaltung eines *Indikatorhahnes*, der in einen an jedem Maschinenzylinder vorgesehenen Indikatorstutzen eingeschraubt wird und bei häufiger Benutzung am besten an der Maschine bleibt, während an ihn nach Bedarf der Indikator angeschraubt wird — bei Fig. 156 mittels einfacher Überwurfmutter, bei Fig. 159, 160 mittels einer Differentialverschraubung; zur Abdichtung dient eine konische Fläche. Fig. 162 läßt unten den Hahn erkennen. Der Hahn ist eine Art Dreiweghahn; außer der durchgehenden Bohrung von etwa 10 mm Durchmesser ist eine Seitenbohrung von 1 mm Weite im Küken vorhanden, der eine ebenso weite Seitenbohrung am Hahngehäuse entspricht; letztere kann man in der Figur sehen. Das Küken kann nur um 90° so gedreht werden, daß entweder die durchgehende weite Bohrung den Indikator mit dem zu indizierenden Zylinder verbindet, die kleine Bohrung aber geschlossen ist, oder daß das Indikatorinnere vom Zylinder getrennt und durch die feine Bohrung mit der Atmosphäre verbunden ist. In letzterem Fall steht der Indikatorschreibstift in seiner Ruhelage und man kann auf dem Diagrammpapier eine wagerechte Gerade, die *Atmosphärenlinie*, als Ausgang für Druckmessungen ziehen; man tut das auf jedem Diagramm, obwohl aus der Ableitung des vorigen Paragraphen hervorgeht, daß zur Arbeitsermittlung die Lage des Diagramms zur Atmosphärenlinie belanglos ist, da es nur auf die Fläche ankommt. Belanglos ist es auch, ob bei auftretendem Vakuum die Diagrammfläche ganz oder teilweise unter der Atmosphärenlinie liegt.

Damit über dem Indikatorkolben sicher Atmosphärendruck herrscht, auch wenn der Kolben etwas undicht laufen sollte, muß der Raum über dem Kolben mit der Atmosphäre durch Löcher genügender Größe verbunden sein; beim Rosenkranz-Indikator dient ein drehbarer Ring dazu, den etwa ausblasenden Dampf nach einer Richtung zu lenken, wo er nicht stört (*A* in Fig. 156).

Am Indikator kann man die Meßfeder, am Hubminderer die kleinere Rolle *auswechseln* und es in jedem Fall dahin bringen, daß das Diagramm das ganze Papier nach Länge und Breite ausnutzt — außer wenn man bei höheren Umlaufzahlen der Massenwirkungen wegen mit kleineren Diagrammen vorlieb nehmen muß (S. 222, 226). Um die anzuwendenden Teile erkennen zu können, trägt jede der kleineren Rollen den Maschinenhub aufgestempelt, bis zu dem sie ausreicht; jede der Federn trägt eine Angabe des Höchstdruckes, bis zu dem sie ausreicht, etwa 5 kg — das heißt ausreichend bis zu 5 at — und außerdem trägt sie den sogenannten *Federmaßstab* aufgestempelt; die Angabe 12 mm bedeutet dann, daß für 1 at Druckänderung der Schreibstift einen Weg von 12 mm zurücklegt: 12 mm = 1 at. Die ganze Diagrammhöhe könnte bei dieser Feder $5 \times 12 = 60$ mm betragen von der Ruhelage des Schreibstiftes bei Atmosphärenspannung aufwärts, dazu die 12 mm für etwa eintretendes Vakuum — das ergibt eine gesamte Diagrammhöhe von 72 mm; so hoch ist etwa die Indikatortrommel.

Über die Konstruktion der Indikatoren ist noch folgendes zu bemerken. Die in Fig. 156 und 160 schwarz gezeichneten Teile bilden das sogenannte *Schreibzeug* und lassen sich durch Abschrauben des Deckels vom Indikatorzylinder im ganzen abnehmen. Fig. 163 zeigt das abgenommene Schreibzeug des Rosenkranzindikators Fig. 156 und 162 im Bilde, Fig. 164 zeigt das Schreibzeug eines Kaltfederindikators gleicher Herkunft, allerdings mit einem kleineren Kolben als in Fig. 163; der Deckel ist in letzterem Bild nicht durch Aufschrauben, sondern durch eine Art Bajonettverschluß am Indikator zu befestigen; er gehört zu dem Indikator, der in Fig. 179, S. 213 in der Ausrüstung zum Aufnehmen von Zeit-

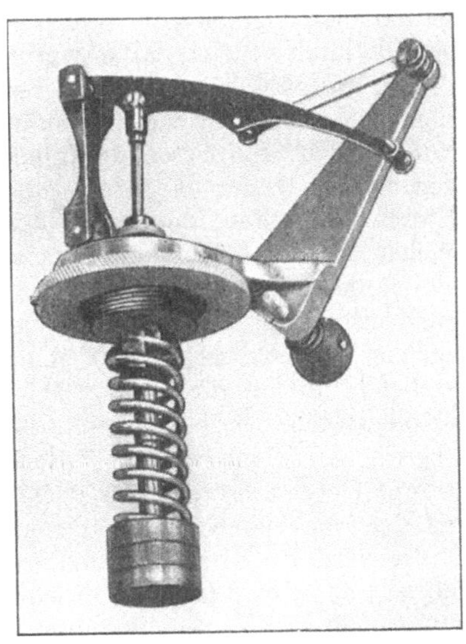

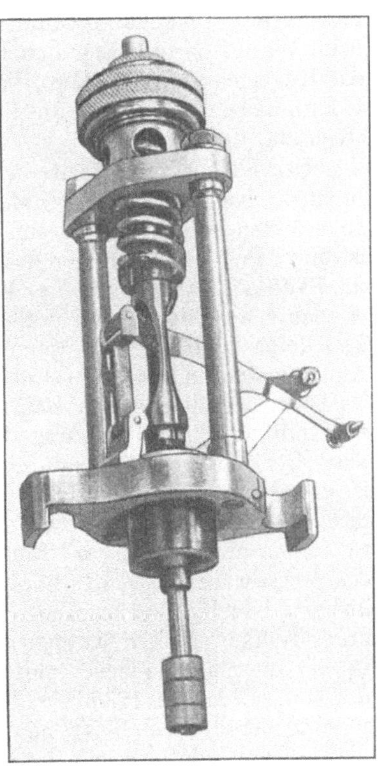

Fig. 163.
Schreibzeug von Fig. 162, herausgenommen.

Fig. 164. Schreibzeug eines Kaltfederindikators von Dreyer, Rosenkranz & Droop, mit 10 mm-Kolben.

diagrammen dargestellt ist. Ist der Deckel aufgeschraubt, so ist gleichwohl ein Teil des Schreibzeuges in gewissen Grenzen drehbar, um den Schreibstift von der Trommel abheben zu können; dazu ist das Hebelwerk nicht unmittelbar am Deckel, sondern an einem auf dem Deckel drehbaren Ring befestigt; beim Rosenkranz-Indikator ist außerdem zwischen Hebelwerk und Kolbenstange, beim Maihak-Indikator zwischen Kolbenstange und Feder eine Kugelbewegung angebracht, um diese Bewegung zu ermöglichen (Fig. 158 und 161). — Die Meßfeder ist beim Rosenkranz-Indikator beiderseits mit Gewinde befestigt, einerseits am Deckel, andererseits am Kolben;

beim Maihak-Indikator ist die Feder am Deckel ebenfalls mit Gewinde befestigt, andererseits aber ist sie an das Ende der Kolbenstange mit der schon erwähnten Kugelbewegung angeschlossen, indem eine an die Feder angeschmiedete Kugel in einem Schlitz der Kolbenstange durch eine Überwurfmutter gehalten wird. Letztere Bauart erspart den Gewindekopf an dem beweglichen Federende und vermindert daher die bewegte Masse — wie wir wissen (§ 7 und 9), ein Vorzug jedes Meßinstrumentes; doch wird die Bauart auf Wunsch auch von Rosenkranz verwendet. Zum Auswechseln der Meßfeder muß man beim Warmfederindikator den Deckel losschrauben und dann zunächst das Kugelgelenk $K$, Fig. 160, von der Kolbenstange lösen; beim Kaltfederindikator kann man die Feder ohne Abnehmen des Deckels auswechseln.

Der Kolben läuft nicht in dem Indikatorzylinder selbst, sondern in einem *auswechselbaren Einsatz*; das hat den Vorteil, daß der Einsatz auch außen von dem arbeitenden Medium, besonders Dampf, umspült ist und daher kein Klemmen des Kolbens dadurch eintritt, daß er warm, die Lauffläche aber kälter ist. Ein weiterer Vorteil dieser Anordnung ist es, daß man Einsatz und Kolben erneuern kann, wenn sie abgenutzt und daher undicht, oder wenn sie durch einen Stoß beschädigt sind. Außerdem kann man den Einsatz gegen einen enger gebohrten auswechseln und dann einen *kleineren Kolben* verwenden; dadurch reicht der Indikator bei Benutzung der gleichen Federn für höhere Drucke aus. Der normale Kolbendurchmesser ist beim Rosenkranz-Indikator 20 mm, beim Maihak-Indikator, dessen Konstruktion aus dem amerikanischen Crosby-Indikator hervorgegangen ist, $^3/_4{}''$ englisch $= 19,05$ mm; es werden nun Kolben und Einsätze geliefert, für die die Kolbenfläche ein gewisser Bruchteil der normalen Kolbenfläche ist, bei Rosenkranz insbesondere $^1/_4$, $^1/_{25}$, bei Maihak $^1/_2$, $^1/_5$, $^1/_{10} \ldots$; wenn wir am Rosenkranz-Indikator einen Kolben von 10 mm Durchmesser, entsprechend $^1/_4$ der normalen Fläche, mit der Feder verwenden, deren Federmaßstab eigentlich 12 mm $= 1$ at ist, so wird bei dieser Zusammenstellung der Federmaßstab mit 12 mm $= 4$ at, also 3 mm $= 1$ at einzuführen sein; dafür reicht die Feder nun nicht nur bis 5 at Spannung, sondern bis $5 \times 4 = 20$ at — eine Spannung, für die Federn sonst schwer befriedigend herstellbar sind. Bei Verwendung der kleinen Kolben treten, zumal bei schnellem Gang, leicht unangenehme Massenwirkungen auf, auf die wir noch zu sprechen kommen (S. 221); das Verhältnis zwischen wirksamer Kraft und Trägheit, auf das es nach den Darlegungen des § 7 ankommt, wird ungünstiger. Zweifellos ist der Einbau des Einsatzzylinders in Fig. 156 viel glücklicher als in Fig. 160, da man in letzterer zum Auswechseln, wenn der Indikator an der Maschine sitzt, den oberen Teil mit der Trommel losschrauben muß; bei Fig. 156 bleibt Trommel, Hubminderer und Schnurführung unangetastet. — Einen Indikator, der umgekehrt die Verwendung *größerer als der normalen Kolben*, nämlich solcher von vierfacher Fläche gestattet, werden wir in Fig. 178 kennen lernen; dort ist kein auswechselbarer Einsatz vorhanden, sondern es sind Bohrungen von 40, 20 und auch 10 mm vorhanden; der 40 mm-Kolben wird für kleine Drucke verwendet, wie sie namentlich an Gebläsen zu indizieren sind.

Das *Schreibgestänge* hat, wie erwähnt, die Aufgabe, die Kolbenbewegung proportional, meist auf das Sechsfache, zu vergrößern und außerdem den Schreibstift auf einer Geraden parallel zur Zylinder- und Trommelachse zu führen. Das Getriebe des Rosenkranz-Indikators ist in Fig. 165a, das des Maihak-Indikators in Fig. 165b dargestellt; doch führen auch hier beide Firmen das jeweils andere Getriebe auf Wunsch aus. Das von Rosenkranz verwendete Thompson-Getriebe beruht auf folgender aus der Kinematik bekannten Tatsache: Wird der eine Endpunkt $S$ eines Stabes auf der senkrechten Geraden, der andere Endpunkt $D$ auf einer wagerechten Geraden geführt, so macht der Halbierungspunkt $E$ der Strecke $SD$ Kreisbögen um $F$, den Schnittpunkt der führenden Wagerechten und Senkrechten. Wenn man nun umgekehrt den Halbierungspunkt $E$ mittels des Gegenlenkers $EF$ auf einem Kreise um $F$ herumführt, und den Endpunkt $D$ auf einer angenäherten Wagerechten führt — angenähert durch einen vom Punkte $D$ des Evans-

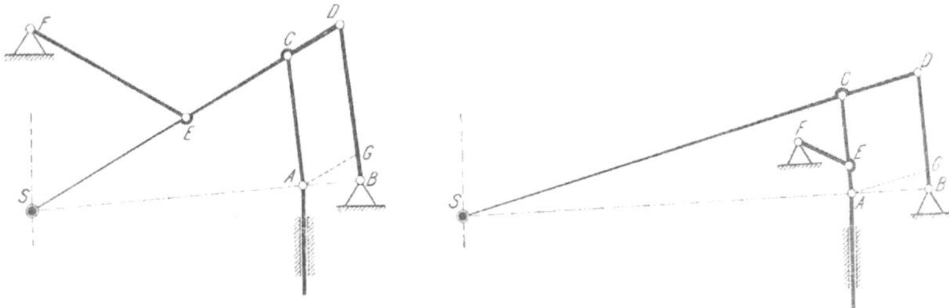

Fig. 165a.  Thompson-Gradführung.          Fig. 165b.  Crosby-Geradführung.

schen Lenkers $DB$ beschriebenen Kreisbogen — dann macht der Schreibstift $S$ eine Senkrechte, die erst dann wesentlich von der Geraden abweicht, wenn bei großen Ausschlägen die Bewegung von $D$ weit von der Wagerechten abweicht; durch Verlängern des Evansschen Lenkers kann man jede beliebige Annäherung an die genaue *Geradführung* erreichen. — Das von Maihak verwendete Crosby-Getriebe enthält den gleichen Evansschen Lenker, sowie den gleichen Schreibhebel $SD$; der Gegenlenker $FE$ ist anders angebracht. Man kann offenbar die Bewegung eines beliebigen Punktes der Kuppelstange $CA$, deren Punkt $A$ durch Kolben und Kolbenstange sicher senkrecht geführt ist, zeichnerisch oder rechnerisch für den Fall ermitteln, daß der Schreibstift genau senkrecht geht; die von $E$ beschriebene Kurve kann man nun durch einen Kreis annähern, dessen Mittelpunkt $F$ zu finden ist; damit ist Mittelpunkt und Länge des Gegenlenkers gegeben; innerhalb gewisser Grenzen wird auch hier die Annäherung befriedigen.

Außer der Forderung der Geradführung ist noch die der *Proportionalität* vom Schreibzeug zu erfüllen; Bedingung hierfür ist, daß die Punkte $S$, $A$ und $B$ auf einer Geraden liegen, und daß $SA : AB$

$= SC : CD$ sich verhalte. Ist das für eine Stellung des Getriebes erfüllt, so wird es auch für jede andere zutreffen, solange $S$ gerade geführt ist, also solange $A$ und $S$ einander parallel gehen. Man kann dann immer das Storchschnabelgetriebe einzeichnen, das durch Einziehen des Gliedes $AG$ statt der Gegenlenker entstehen und ein vorzügliches Getriebe für den Indikator abgeben würde, wenn nicht die Punkte $G$ und $B$ zu dicht aufeinander rücken würden, so daß kleine Ungenauigkeiten der Arbeit große Fehler in der Schreibstiftbewegung zur Folge hätten. Auch gegen das Crosby-Getriebe kann man gegenüber dem Thompsonschen den Einwand erheben, $A$ und $E$ kämen zu dicht zusammen; andererseits ist freilich das Gelenk $E$ des Thompson-Getriebes ein konstruktiv schwieriger Punkt, auch ist die Masse des Thompson-Getriebes größer.

Die *Trommel* des Indikators soll, um die Massenwirkungen gering zu halten und dadurch den Indikator für höhere Umlaufzahlen geeignet zu machen, möglichst leicht sein; sie ist daher aus dünnem Messingblech, auch wohl aus Aluminium gemacht. Die große Rolle des Hubminderers, für die der gleiche Gesichtspunkt gilt, ist wohl auch aus Aluminium. Die zum Zurückführen der Trommel dienende Schraubenfeder ist unten in den Trommelfuß eingehakt, oben in einen Kopf, der auf der Trommelachse mittels Vierkants gegen Drehung gesichert ist, aber nur etwas gehoben zu werden braucht, um die Feder spannen oder entspannen zu können (Fig. 155). — Um das Diagrammpapier gegen neues auswechseln zu können, muß die Trommel angehalten, das heißt die Schnurverbindung mit dem Kreuzkopf gelöst werden. Man kann die Schnur am Kreuzkopf losnehmen und nachher wieder auflegen; letzteres aber macht bei höheren Umlaufzahlen einige Schwierigkeiten; man verwendet wohl einen Einschnapphaken. Man hat aber auch Indikatortrommeln mit *Anhaltevorrichtung*; bei diesen wird der obere Teil der Trommel, der das Papier trägt, mit dem unteren, den Schnurrillen, nur bei Bedarf gekuppelt, zum Anhalten aber gelöst; im letzten Fall laufen dann die Schnüre weiter, die eigentliche Trommel aber steht still. In Fig. 159 kann man die oben auf der Trommel sitzende Schraube nach links drehen, dann hebt sie die Trommel hoch und löst eine Konuskupplung mit der Schnurrille; Rechtsdrehen drückt sie wieder herab und stellt die Kupplung wieder her; ein Stift sichert noch die richtige Stellung der Trommel, damit nicht der Schreibstift über die Papierklemmen läuft. Der Druck der Konuskupplung wird durch Kugeln aufgenommen, die man unter der Ausrückschraube etwas herausschauen sieht. Anhaltevorrichtungen geben leicht zu Anständen Anlaß und vergrößern die Trommelmasse und damit die von ihr herrührenden Fehler (§ 82); bei einiger Übung kommt man mit der einfachen Trommel besser aus.

Das *Diagrammpapier* ist präpariert, so daß weiche Metalle, wie Silber und Messing, auf ihm schreiben; der *Schreibstift* ist bei Rosenkranz ein Silberstift in einem kleinen Klemmfutter, bei Maihak ein Messingstift mit Gewinde; solche Metallstifte nutzen sich weniger schnell ab, als Bleistifte es täten, die man gelegentlich auch verwendet. Die *Schnur* zum Antrieb der Trommel ist geflochten, nicht gedreht, damit sie sich möglichst wenig unter der beim Hin- und Hergehen wechselnden Spannung der Trommelfeder dehnt; sie ist gewachst, um die Längenänderungen durch Feuchtigkeitseinflüsse zu vermindern.

Die Indikatoren der verschiedenen Bauarten werden in *mehreren Größen* gefertigt, die sich nicht nur durch die Hauptabmessungen unterscheiden — die normale Kolbenfläche ist freilich bei allen 20 mm bzw. $^3/_4$ Zoll —, sondern auch dadurch, daß bei den kleineren das Gewicht der bewegten Massen am Schreibgestänge durch tunliche Verschwächung aller Teile möglichst vermindert ist. Die Verringerung der zurückgelegten Wege und der Massen macht die Indikatoren für hohe Umlaufzahlen geeigneter, sowie für das Indizieren solcher Maschinengattungen, in denen besonders schnell verlaufende Druckänderungen vorkommen. Wie wir aus § 7 wissen und in § 80 genauer verfolgen werden, werden durch jede Druckänderung Schwingungen des Schreibzeuges ausgelöst, die sich über die Kurve des wahren Druckverlaufes lagern und deren Verlauf fast verdecken, wenn sie zu stark werden, das heißt wenn die Eigenschwingungszahl des Instrumentes zu klein ist im Vergleich zu den zu verfolgenden Änderungen. Eben die Eigenschwingungszahl legt man höher, indem man die bewegten Massen verkleinert; der Einbau einer stärkeren Feder wirkt sehr energisch im gleichen Sinne.

**74. Handhabung des Indikators.** Um eine Maschine zu indizieren, hat man zunächst den Indikator unter Zwischenschaltung des Hahnes an den Indikatorstutzen zu schrauben, gegebenenfalls den Hubminderer am Indikator oder der Maschine zu befestigen und dann den Schnurantrieb der Trommel instand zu setzen; da die Schnurdehnung Fehler ins Diagramm bringen kann, hat man zu vermeiden, was zu starker Schnurdehnung führt, insbesondere Reibung; die kleinen Führungsrollen am Minderer und am Indikator sind nicht zu starken Richtungsänderungen zu benutzen; die Schnur soll kurz sein, namentlich die vom Minderer zur Trommel, deren Dehnung unverkürzt ins Diagramm kommt. Wesentlich ist auch, daß die Schnur da, wo sie an den Kreuzkopf gehängt wird, zunächst parallel zur Kreuzkopfbewegung ist; sonst ändert sich der Winkel, mit dem sie abgeht, beim Hin- und Hergang, und die Trommelbewegung wird nicht proportional der Kreuzkopfbewegung. Späterhin kann die Schnur durch Rollen abgelenkt werden, doch soll das nicht ohne Not geschehen.

Wo man beide Seiten eines Zylinders indizieren will, führt man wohl gebogene Rohre zu einem Umschalthahn in der Zylindermitte und baut an diesen den Indikator an; so kann man beide Seiten mit einem Indikator indizieren. Diese Anordnung ist nur für langsam laufende Maschinen zulässig; der Widerstand im Rohr läßt die Druckänderungen im Zylinder nicht richtig in den Indikator kommen, auch können stehende Wellen im Rohr zu den sonderbarsten Erscheinungen Anlaß geben. In jedem Fall ist die Verwendung zweier Indikatoren besser; auch dann soll die Bohrung des Hahnes und des Maschinenstutzens nicht zu eng sein, zumal bei Pumpen, wo noch die erhebliche Massenwirkung des Wassers hinzukommt, das in den Indikator ein- und austreten muß und in der Bohrung hohe Geschwindigkeiten annehmen kann (S. 222).

Meist treibt man den Indikator eines Zylinderendes vom Hubminderer, den des anderen Zylinderendes von der Trommel des ersten Indikators aus an. Noch mehr Indikatoren schalte man nicht in dieser Weise hintereinander, die Schnüre werden zu stark gespannt und reißen oft ab. Man mache sich zur Regel, erst die Minderungsrolle, dann den ersten Indikator, endlich den anderen korrekt in Gang zu bringen, in der Reihenfolge also, wie der Antrieb erfolgt. Die Bewegung der letzten Trommel stört man ja wieder, wenn man an der Minderungsrolle etwas ändert.

Nach dem Anbauen und öfter während des Betriebes überzeuge man sich durch Anlegen des Fingers, ob Trommeln und Minderungsrolle nicht gegen eine ihrer Hubbegrenzungen stoßen. Die Bewegungsumkehr am Hubende muß sanft und ohne Stoß erfolgen. Im Diagramm macht sich das Anstoßen kenntlich, wie Fig. 166 zeigt.

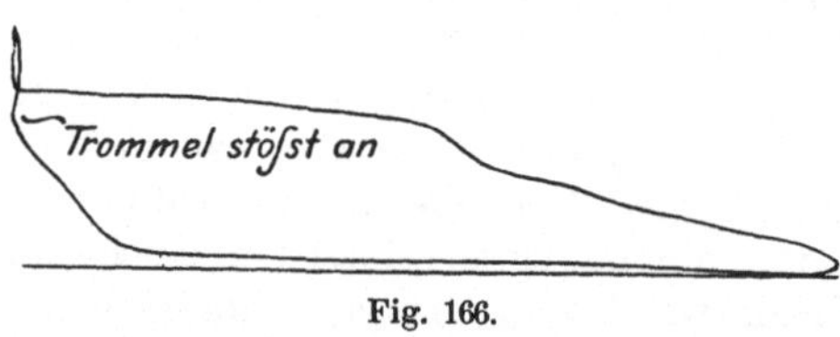

Fig. 166.

Nach Fertigstellung des Schnurantriebs wird das mit der richtigen Feder versehene Schreibzeug eingeschraubt.

Der Indikatorkolben wird vor dem Einsetzen geölt. Nach der Benutzung ist selbstverständlich der ganze Indikator zu säubern und die Stahlteile, Feder und Kolbenstange, sind leicht zu ölen, um Rosten zu verhüten.

Um nun ein *Diagramm aufzunehmen*, wird Papier aufgespannt, die Schnur eingehängt oder die Anhaltevorrichtung gekuppelt, und dann bei noch geschlossenem Indikatorhahn die Atmosphärenlinie geschrieben. Hierbei stellt man zugleich die Anschlagschraube so ein, daß der Schreibstift nur feine Linien schreibt, damit das Diagramm sicherer auszumessen ist und namentlich weil die Reibung des Schreibstiftes recht störend werden kann. Man zieht den Schreibstift wieder von der Trommel, öffnet den Indikatorhahn und schreibt nun das eigentliche Diagramm — im allgemeinen nur eines, je nach Umständen aber, namentlich bei Gasmaschinen, auch mehrere, deshalb nämlich, weil bei Gasmaschinen die einzelnen Diagramme so sehr voneinander verschieden sind, daß ein einzelnes Diagramm weit vom Durchschnitt abweichen könnte. Man nimmt so viel Diagramme, daß der Durchschnitt gesichert zu sein scheint, also um so mehr, je mehr die Diagramme zerstreut sind, meist nicht über fünf auf ein Blatt, weil man sonst die einzelnen nicht mehr gut verfolgen kann. Nach Fertigstellung des Diagramms vermerkt man auf ihm jedenfalls die Zeit der Aufnahme, die sicherer als Nummern die zusammengehörigen Diagramme kennzeichnet; ferner notiert man auf dem ersten Diagramm nach eingetretener Änderung oder auch auf jedem Diagramm Federmaßstab, Umlaufzahl, Belastung der Maschine oder was sonst wissenswert erscheint. Außerdem überzeuge

man sich, ob nicht etwa der Kolben festhängt; jede wagerechte Gerade ist
in dieser Hinsicht verdächtig, da das Diagramm eines leicht gehenden Indikators überall feine Wellen, Knicke oder sonstige Änderungen aufweist.

**75. Auswertung des Diagramms.** Das von einem Indikator verzeichnete Diagramm habe die Gestalt der Fig. 167. Sein Inhalt ist ein
Maß für die Arbeit, das heißt ein doppelt so großes Diagramm bedeutet
eine doppelt so große Arbeit. Wie aber der Betrag der Arbeit oder besser
gleich, wie unter Zuhilfenahme der minutlichen Umlaufzahl die Leistung
der Maschine berechnet wird, das ist nun zu erörtern.

Der Quotient aus Fläche $J$ des Diagramms und seiner Länge $l$
heißt die mittlere Höhe desselben: $h_m^{\text{mm}} = \dfrac{J^{\text{qmm}}}{l^{\text{mm}}}$. Wollte man das Diagramm durch ein flächengleiches Rechteck von derselben Länge ersetzen,
welches ja die gleiche Arbeit darstellte, so müßte das Rechteck diese
Höhe $h_m$ haben. Man mißt die Fläche mit dem Planimeter oder nach
der Simpsonschen Regel und bestimmt den Abstand der beiden Lote,
die man auf der Atmosphärenlinie so errichtet, daß sie das Diagramm
berühren (Fig. 167).

Dividieren wir nun die mittlere Höhe des Diagramms durch den
Federmaßstab $m$, so erhalten wir den *mittleren indizierten Druck* im Zy-
linder: $p_m^{\text{at}} = \dfrac{h_m^{\text{mm}}}{m^{\text{mm/at}}}$. Diese Größe gibt uns an, um wieviel beim
Kolbenhingang die Spannung im Zylinder durchschnittlich größer war
als beim Kolbenrückgang.

Nachdem wir $p_m$ ermittelt haben, ist die Bestimmung der Maschinenleistung einfach: Bezeichnen wir mit $F$ die wirksame Kolbenfläche der
Maschine, mit $s$ ihren Hub, mit $n$ ihre minutliche Umlaufzahl, so ist
$F \cdot p_m$ die mittlere Kolbenkraft und $F \cdot p_m \cdot s$ die bei einer Umdrehung
— Hin- und Rückgang, weil ja $p_m$ die Spannungsdifferenz aus Hin- und
Rückgang ist — frei werdende Arbeit. Diese Arbeit wird in der Sekunde
$\dfrac{n}{60}$ mal geliefert. Daher ist die *indizierte Leistung* für die eine Zylinderseite, der das Diagramm entstammt,

$$N_i^{\text{PS}} = \frac{F^{\text{qcm}} \cdot p_m^{\text{at}} \cdot s^{\text{mtr}} \cdot n^{\text{Uml/min}}}{60 \cdot 75} \qquad \ldots \quad \ldots \quad (21)$$

Diese Formel gibt direkt die Maschinenleistung bei einfachwirken-
den und einzylindrigen Maschinen. Bei doppeltwirkenden und bei mehr-
zylindrigen Maschinen hat man die Leistung jeder Zylinderseite und
jedes Zylinders zu bilden und die einzelnen Leistungen zusammenzuzählen. Bei Verbrennungsmotoren mit Viertaktbetrieb dagegen hat man
zu beachten, daß nur bei jedem zweiten Hingang des Kolbens eine
Zündung erfolgt, nur ein Viertel der Hübe liefert Arbeit, daher hat man
$\frac{1}{2} n$ statt $n$ in jene Formel einzuführen; wir sprechen sogleich besonders
über die Auswertung der Viertaktdiagramme.

*Beispiel*: So sind für eine Dreifachexpansionsmaschine das vordere
und hintere Diagramm des Hochdruckzylinders gegeben; die Zylinder-

abmessungen sind: Zylinderdurchmesser 320 mm, Kolbenstangendm. (nur vorn) 80 mm, Hub 650 mm. Die auf den Diagrammen gemachten

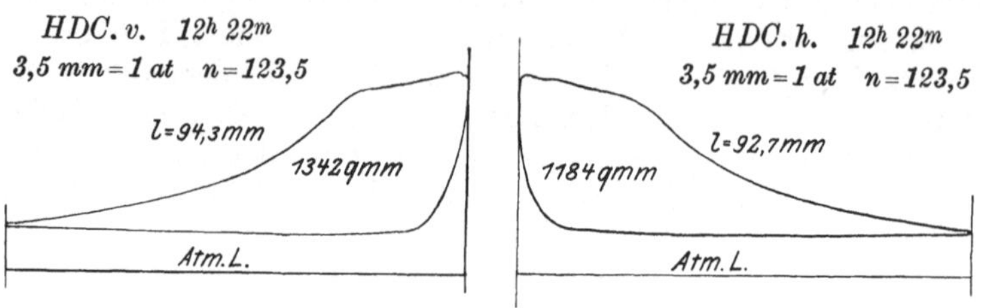


Fig. 167. Diagramme beider Seiten des Hochdruckzylinders einer Verbund-Dampfmaschine[1]).

Notizen und Ausmessungsergebnisse führen auf folgende Zusammenstellung:

| | | vorn (Kurbelseite) | hinten (Deckelseite) |
|---|---|---|---|
| Mittlere Diagramm-höhe | $h_m$ | $\dfrac{1342}{94,3} = 14{,}24$ mm | $\dfrac{1184}{92,7} = 12{,}78$ mm |
| Mittlerer ind. Über-druck | $p_m$ | $\dfrac{14,24}{3,5} = 4{,}07$ at | $\dfrac{12,78}{3,5} = 3{,}65$ at |
| Wirksame Kolben-fläche | $F$ | $804{,}2 - \dfrac{8,0^2 \cdot \pi}{4} = 753{,}9$ qcm | $\dfrac{32,0^2 \cdot \pi}{4} = 804{,}2$ qcm |
| Min. Umlaufzahl . | $n$ | 123,5 | 123,5 |
| Maschinenhub . . . | $s$ | 0,650 m | 0,650 m |
| Indizierte Leistung | $N_i$ | $\dfrac{753,9 \cdot 4,07 \cdot 0,650 \cdot 123,5}{60 \cdot 75} =$ <br> $= 54{,}8$ PS | $\dfrac{804,2 \cdot 3,65 \cdot 0,650 \cdot 123,5}{60 \cdot 75} =$ <br> $= 52{,}4$ PS |

zusammen:    $N_h = 107{,}2$ PS_i.

Da die entsprechende Auswertung beim Mitteldruckzylinder $N_m = 81{,}6$ PS_i und beim Niederdruckzylinder $N_n = 110{,}3$ PS_i ergeben hatte, ist die Gesamtleistung der Maschine $N = 107{,}2 + 81{,}6 + 110{,}3 = 299{,}1$ PS_i.

Wir haben oben mit $F$ die *wirksame Kolbenfläche* bezeichnet. Für ihre Berechnung ist die Gestaltung des Kolbens, etwa das Vorhandensein einer Kolbenmutter (Fig. 168 links) ohne Einfluß. Die wirksame Kolbenfläche ist $\dfrac{D^2 \pi}{4}$, wo $D$ den Zylinderdurchmesser bedeutet, nicht den Kolbendurchmesser, der meist kleiner ist. Wenn aber eine Kolbenstange durch eine Stopfbüchse hindurch nach außen geht (Fig. 168 rechts), so ist die Fläche der Kolbenstange abzuziehen, auf sie wirkt

---

[1]) Die Diagramme haben, wie im folgenden alle, halbe Originalgröße, also $^1/_4$ Flächeninhalt des Originals; an Sauberkeit der Zeichnung haben alle Diagramme durch das Nachziehen mit der Hand eingebüßt.

$p_m$ nicht ein, es ist hier $^1/_4 D^2 \pi - {}^1/_4 d^2 \pi$ die wirksame Kolbenfläche. Die Kolbenfläche ist also vorn und hinten verschieden. Der Zylinderdurchmesser ist bei alten Maschinen, der Abnutzung wegen, stets größer, als in der Zeichnung angegeben. Er ist in warmem Zustande größer als im kalten und daher warm zu messen. — Bei Plungerkolben ist $^1/_4 D^2 \pi$ die wirksame Kolbenfläche, wo $D$ der Plungerdurchmesser.

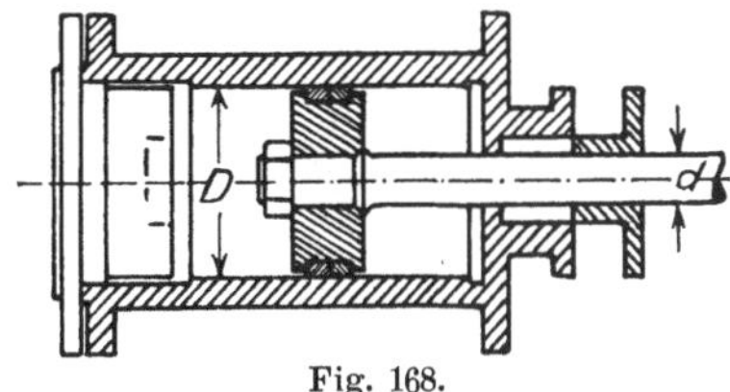

Fig. 168.

Der *Maschinenhub* ist gleich dem doppelten Kurbelradius nur dann, wenn kein Spiel in Kreuzkopf- und Kurbellager vorhanden ist. Unterschiede von einigen Millimetern zwischen dem wirklichen Hub und dem der Zeichnung entnommenen kommen vor. — Bei schwungradlosen Maschinen, Duplexpumpen und dergleichen, ist der Hub wechselnd, zumal abhängig von der Tourenzahl. Man bestimmt am besten das Verhältnis der Diagrammlänge zur Hublänge durch Ausmessen, nicht aus den Abmessungen der Reduktionstrommeln. Dies Verhältnis ändert sich aber der Schnurdehnung wegen bei verschiedenen Tourenzahlen.

Geht eine Maschine sehr gleichmäßig, so genügt es, jedesmal einzelne Diagramme zu nehmen. Wo aber die einzelnen Diagramme nicht identisch sind, da muß man immer ein *Bündel* von etwa fünf Diagrammen auf ein Blatt nehmen, um einen brauchbaren Mittelwert der Diagrammfläche zu bekommen. Das ist der Fall bei *Verbrennungsmaschinen*. Fig. 169 zeigt ein Gasmaschinendiagramm mit fünf Einzeldiagrammen. Man ermittelt die Diagrammfläche, indem man alle fünf Diagramme in einem Zug planimetriert und daher zum Schluß die Gesamtfläche abliest; diese durch die fünffache Länge geteilt ergibt die mittlere Diagrammfläche des Bündels.

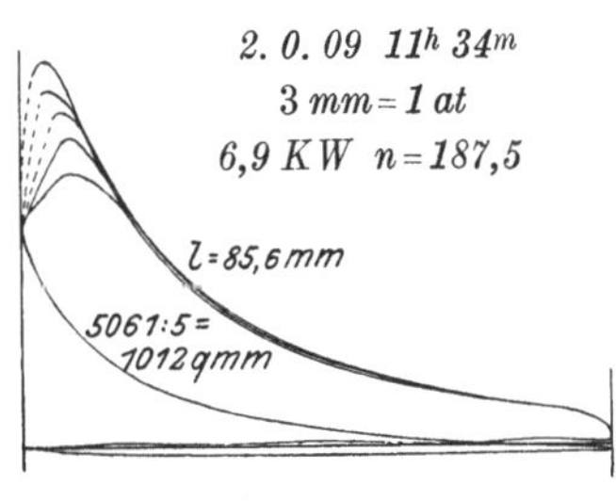


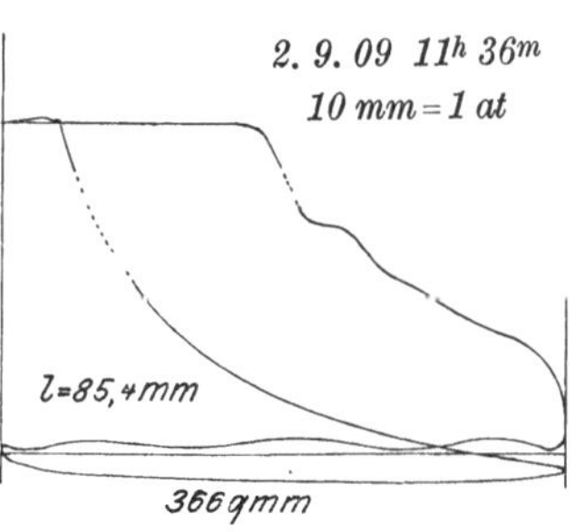


Fig. 169. Diagrammbündel        Fig. 170. Schwachfederdiagramm

beide von einer Viertakt-Gasmaschine.

Nun ist freilich bei den Diagrammen von Viertaktgasmaschinen noch eines zu bedenken. Man erkennt nämlich in Fig. 169, daß das Diagramm eigentlich aus zwei Flächen besteht; die untere schmale liegt zu beiden Seiten der Atmosphärenlinie und ist im umgekehrten Sinne wie die obere vom Schreibstift umfahren, so daß das ganze Diagramm eine verzerrte 8 darstellt. Der umgekehrte Umfahrungssinn deutet an, daß in dieser Fläche nicht eine Arbeitsleistung, sondern ein Arbeitsverbrauch zu erblicken ist; in der Tat entsprechen die Linien zu beiden Seiten der Atmosphärenlinie dem Ausstoßen des verbrannten und dem Ansaugen frischen Gemisches, Vorgänge, die natürlich Arbeit erfordern. Als indizierte Leistung der Maschine ist nun der Unterschied der in der Hauptfläche erzeugten und der in der schmalen Fläche verbrauchten Arbeit anzusehen[1]). — Zur Auswertung braucht man nur das Diagramm Fig. 169 mit dem Planimeterfahrstift so zu umfahren, wie der Indikatorstift es tat, eine 8 beschreibend; dann bildet das Planimeter von selbst den Unterschied der Arbeits- und der Verlustfläche, und man kann mit ihr die Leistung wie bei Dampfmaschinen berechnen, mit der Maßgabe, daß nur bei jedem zweiten Umlauf diese Arbeit frei wird, so daß man mit $\frac{1}{2} n$ statt mit $n$ zu rechnen hat. Nun ist aber das fünfmalige Umfahren der kleinen Fläche langwierig; auch ist das Planimetrieren so schmaler Flächen unsicher, da die Ungenauigkeit des Umfahrens leicht größer wird als der Flächeninhalt; auch sind die einzelnen Linien gar nicht immer so sauber zu erkennen wie in Fig. 169. Man nimmt deshalb gerne außer dem Hauptdiagramm, das man nur zur Bestimmung der Arbeitsfläche benutzt, noch ein *Schwachfederdiagramm*, Fig. 170, auf, das die Verlustfläche deutlicher zeigt und sicher auswerten läßt. Das Schwachfederdiagramm wird mit einer Feder von so großem Federmaßstab aufgenommen, daß nur der untere Teil des Diagramms aufs Papier kommt, der obere aber durch Anstoßen des Indikatorkolbens an den Deckel unterdrückt wird; man muß darauf bedacht sein, daß das Anstoßen an den Deckel während der allmählich verlaufenden Kompression stattfindet, nicht nach der Zündung, wo die schnelle Drucksteigerung zu starken Schlägen führt. Nötigenfalls begrenzt man den Kolbenhub beim Rosenkranz-Indikator Fig. 156 durch auf die Kolbenstange geschobene kleine Hülsen; der Maihak-Indikator Fig. 160 hat dazu eine besondere verstellbare Hubbegrenzung.

*Beispiel*: Die Auswertung solchen Diagrammpaares geht nun folgendermaßen vor sich: In Fig. 169 ergab fünfmaliges Umfahren der Arbeitsfläche die Ablesung 5061 qmm; die Diagrammlänge ist 85,6 mm, die mit dem 20 mm-Kolben (beim kleinen Rosenkranz-Indikator) verwendete Feder hat den Federmaßstab 3 mm = 1 at; also wird

$$h_{m_1} = \frac{1012}{85,6} = 11,83 \text{ mm} \quad \text{und} \quad p_{m_1} = \frac{11,83}{3} = 3,94 \text{ at}.$$

In Fig. 170 ergab einmaliges Umfahren der Verlustfläche 366 qmm; die Diagrammlänge ist 85,4 mm, es wurde eine Feder 10 mm = 1 at verwendet; also wird

$$h_{m_2} = \frac{366}{85,4} = 4,29 \text{ mm} \quad \text{und} \quad p_{m_2} = \frac{4,29}{10} = 0,429 \text{ at}.$$

Aus beiden Diagrammen zusammen haben wir $p_m = 3,94 - 0,429 = 3,52$ at wirk-

---

[1]) Man vergleiche über diese Frage die Diskussion Z. d. V. D. Ing., 1905, S. 331, 517, 814, 1044. Seitdem ist dieses Abzugsverfahren durch die Normen für Leistungsversuche an Gasmaschinen als allein gültig festgestellt.

samen Überdruck für zwei Umläufe; Zylinderdurchmesser 250 mm, also $F = 490{,}9$ qcm; Hub 450 mm, also $s = 0{,}450$ m; Umlaufzahl $n = 188{,}3$ Uml/min damit wird

$$N = \frac{\frac{1}{2} \cdot 490{,}9 \cdot 3{,}52 \cdot 0{,}450 \cdot 188{,}3}{60 \cdot 75} = 16{,}3 \ \mathrm{PS_i}.$$

**76. Auswertung bei Dauerversuchen.** Es könnte einfacher scheinen, statt erst $h_m$ und den mittleren Druck $p_m$ zu berechnen, und nun die Formel $N_i = \dfrac{F \cdot p_m \cdot s \cdot n}{60 \cdot 75}$ anzuwenden, die ganze Rechnung durch eine einzige Formel zu erledigen, die unmittelbar die gemessenen Größen: Federmaßstab, Diagrammfläche und -länge, enthalten würde.

Der angegebene Rechnungsgang ist aber allgemein üblich und sehr zweckmäßig. $p_m$ ist eine zur Beurteilung der Maschine wertvolle Größe, die man gerne kennt. Besonders aber spart die Berechnungsweise viel Arbeit, sobald es sich um Auswertung einer großen Anzahl von Diagrammen handelt, die fortlaufend, etwa von 5 zu 5 Minuten, aufgenommen wurden und aus denen man für eine längere Versuchsdauer die durchschnittlich indizierte Leistung finden will.

Da weder die Diagrammlänge, noch der Inhalt, noch selbst die Umlaufzahl der Maschine konstant bleibt, so müßte man korrekterweise aus jedem Diagramm das jeweilige $p_m$ ermitteln, und unter Benutzung der jeweiligen Umlaufzahl die jeweilige Leistung finden. Aus allen diesen Leistungen hätte man dann den Durchschnittswert zu bilden. Das wäre sehr zeitraubend. Statt dessen rechnet man bequemer mit dem Durchschnittswert aller $p_m$ und mit der durchschnittlichen Umlaufzahl und hat nur eine Rechnung auszuführen statt vieler. Daß solche Rechnungsweise ungenaue Ergebnisse liefert, ist auf S. 22 besprochen worden. Aber die Einzelwerte von $p_m$ und von $n$ pflegen so wenig zu schwanken, daß man ruhig das Produkt der Mittelwerte mit dem Mittelwert der Produkte verwechseln kann.

Man kann die Rechnung oft noch weiter vereinfachen: Man kann gleich den Durchschnittswert der Diagrammflächen und den der Längen bilden, und den Durchschnittswert aller $p_m$ durch einmaliges Bilden des Quotienten erhalten, statt $p_m$ für jedes Diagramm zu berechnen; das ist nicht ganz so oft zulässig. Auch die Kolbenflächen eines doppeltwirkenden Zylinders sind bei größeren Maschinen so wenig voneinander verschieden, daß man eine mittlere Kolbenfläche $F_m$, Mittel aus vorn und hinten, einführen und so gleich die Gesamtleistung des Zylinders finden kann; man verwendet dann die Formel $N_i = 2 \cdot \dfrac{F_m \cdot p_m \cdot s \cdot n}{60 \cdot 75}$, wo die 2 die doppelte Wirkung des Zylinders in Rechnung zieht.

Zweckmäßig ist es, alle diejenigen Größen zur sogenannten *Zylinderkonstanten* zusammenzufassen, die von den Abmessungen und der Eigenart der Maschine abhängen. Es ist dann $N_i = C \cdot p_m \cdot n$. Dabei ist $C = 2 \cdot \dfrac{F_m \cdot s}{60 \cdot 75} = \dfrac{(F_v + F_h) \cdot s}{60 \cdot 75}$ für doppeltwirkende, $C = \dfrac{F \cdot s}{60 \cdot 75}$

für einfachwirkende Maschinen; $C = \dfrac{1}{2} \cdot \dfrac{F \cdot s}{60 \cdot 75}$ für einfachwirkende Viertaktmaschinen.

All dieses wird durch das *Beispiel eines Dampfverbrauchsversuches* am besten veranschaulicht werden.

Doppeltwirkende Einzylinderdampfmaschine ohne Kondensation, Durchmesser des Zylinders 300 mm, der Kolbenstange (nur vorn) 35 mm, Hub 400 mm. Zylinderkonstante vorn 0,0620; hinten 0,0628. Federmaßstab vorn 8,1 mm/at, hinten 7,8 mm/at. Belastung durch Bremse, konstant gehalten, $1,0 \text{ m} \times 97,5 \text{ kg} = 97,5 \text{ mkg}$. Versuchsdauer $4^\mathrm{h}0$ bis $5^\mathrm{h}0$, Ablesung alle 10 Minuten.

| Zeit | Zählwerk | | Wage | | Diagrammfl. | | Diagrammlge. | | Mittl. Höhe | |
|---|---|---|---|---|---|---|---|---|---|---|
| | Stand | Diff. | Stand | Diff. | vorn | hinten | vorn | hinten | vorn | hinten |
| | | | kg | | qmm | | mm | | mm | |
| $4^\mathrm{h}$ 0 | 6341 | | 63,1 | | | | | | | |
| | | 752 | | 21,2 | 1130 | 1200 | 102,5 | 100,1 | 11,02 | 11,99 |
| 10 | 7093 | | 84,3 | | | | | | | |
| | | 755 | | 21,4 | 1170 | 1210 | 103,1 | 101,0 | 11,33 | 11,98 |
| 20 | 7848 | | 105,7 | | | | | | | |
| | | 751 | | 21,2 | 1140 | 1200 | 102,9 | 100,9 | 11,08 | 11,90 |
| 30 | 8599 | | 126,9 | | | | | | | |
| | | 747 | | 21,1 | 1120 | 1170 | 103,2 | 101,0 | 10,83 | 11,58 |
| 40 | 9346 | | 148,0 | | | | | | | |
| | | 745 | | 21,1 | 1110 | 1160 | 103,2 | 101,2 | 10,75 | 11,46 |
| 50 | 0091 | | 169,1 | | | | | | | |
| | | 750 | | 21,2 | 1120 | 1180 | 103,5 | 101,3 | 10,81 | 11,63 |
| $5^\mathrm{h}$ 0 | 0841 | | 190,3 | | | | | | | |
| Mittelwert | 4500 : 60 | | 127,2 kg/st | | | | | | 10,95 | 11,74 |

$= 75,0$ Uml/min.

Man berechnet nun die indizierte Leistung wie folgt: Mit Hilfe der Federmaßstäbe berechnet man den mittleren Überdruck[1]) der Diagramme vorne $p_m = \dfrac{10,95}{8,1} = 1,35$ at und hinten $p_m = \dfrac{11,74}{7,8} = 1,51$ at. Mit Hilfe der Zylinderkonstanten ergibt sich die mittlere Leistung vorne $N_v = 0,0620 \cdot 1,35 \cdot 75,0 = 6,30$ PSi und hinten $N_h = 0,0628 \cdot 1,51 \cdot 75,0 = 7,08$ PS$_\mathrm{i}$; gesamte mittlere indizierte Leistung $N_i = 13,38$ PS.

Da weiterhin der stündliche Dampfverbrauch 127,2 kg ist, so berechnet sich derselbe für die Leistungseinheit, den wir als *spezifischen Dampfverbrauch* bezeichnen können, zu $\dfrac{127,2}{13,38} = 9,53 \dfrac{\text{kg}}{\text{PS}_\mathrm{i} \cdot \text{st}}$. Und da die effektive oder Bremsleistung sich zu $N_e = \dfrac{97,5 \cdot 75,0}{716} = 10,2$ PS berechnen läßt, so ergibt sich der spezifische Dampfverbrauch, bezogen auf die Nutzleistung, zu $\dfrac{127,2}{10,2} = 12,5 \dfrac{\text{kg}}{\text{PS}_\mathrm{e} \cdot \text{st}}$. Auch läßt sich noch der mechanische Wirkungsgrad mit $\eta_\mathrm{mech} = \dfrac{10,2}{13,38} = 0,76$ angeben.

---

[1]) Es handelt sich eigentlich um den mittleren Wert von $p_m$, also um den mittleren Überdruck (eine Art Doppelintegral).

Die Auswertung der indizierten Leistung kann nun mit fast immer genügender Genauigkeit, wenn auch theoretisch nicht genau, in viel einfacherer Weise als oben angegeben geschehen. Man erspart sich das langwierige Ausrechnen der beiden letzten Spalten unserer Tabelle, wenn man so vorgeht: Diagrammfläche, Mittel aus allen Diagrammen vorn und hinten 1160 qmm; Diagrammlänge ebenso 102,0 mm; also im Mittel $h_m = 11,38$ mm. Federmaßstab, Mittel aus vorn und hinten 7,95 mm $= 1$ at, also im Mittel $p_m = 1,43$ at. Zylinderkonstante, Summe aus vorn und hinten, $C = 0,1248$. Also wird $N = 0,1248 \cdot 1,43 \cdot 75,0 = 13,39$ PSi. Diese vereinfachte und viel Zeit sparende Methode darf man nur dann anwenden, wenn die Größen, aus denen man die Mittel nimmt, nicht allzusehr voneinander abweichen (S. 22). Nie dürfte man beispielsweise auf den Gedanken kommen, bei Berechnung der Leistung einer Verbundmaschine eine mittlere Zylinderkonstante für Hoch- und Niederdruckzylinder zu bilden; hier ist unbedingt die Leistung jedes einzelnen Zylinders zu bilden.

Zu der Tabelle S. 202 wäre noch zu bemerken, daß es recht zweckmäßig ist, so wie dort geschehen, die Diagrammaufnahme immer mitten zwischen zwei Ablesungen des Zählwerks und der Wage zu machen, also um 4h 5, 4h 15...; denn das Diagramm soll den Mittelwert über die Zeit von 4h 0 bis 4h 10... darstellen. Im allgemeinen ist die Ablesung der Instrumente, die Momentanwerte angeben, gegen die Ablesung der integrierenden Instrumente (§ 12) um die halbe Ablesungsdauer zu versetzen; man umgeht dann insbesondere auch Unstimmigkeiten, die sonst auftreten, wenn man bei langdauernden Versuchen Stundenabschlüsse macht; die zur vollen Stunde abgelesenen Momentanwerte gehören weder zur vergangenen noch zur kommenden Stunde. Die Nachregelung der Bremse hat am besten zugleich mit der Ablesung der integrierenden Instrumente zu erfolgen, also um 4h 10, 4h 20..., oder aber, wenn das zu selten ist, um 4h $2\frac{1}{2}$, 4h $7\frac{1}{2}$... Durch planmäßiges Vorgehen in diesen Hinsichten läßt sich die Meßgenauigkeit sehr steigern. Die Ablesung der integrierenden Instrumente, Zählwerk und Wage, ist allerdings eigentlich nur am Anfang und Ende des ganzen Versuches nötig; die Zwischenablesungen geben aber durch die Möglichkeit der Differenzbildung eine Kontrolle über die Gleichmäßigkeit des Ganges und über die Genauigkeit der Ablesung, und retten, wenn gegen Ende der beabsichtigten Versuchsdauer eine Störung eintritt, wenigstens einen Teil des Versuches.

**77. Federmaßstab, Eichung.** Auf der Indikatorfeder ist ein Federmaßstab angegeben. Diese Angabe ist eine glatte Zahl und für genauere Versuche nicht ausreichend, zumal der Federmaßstab sich im Lauf der Zeit ändert. Man muß vielmehr die Feder eichen und den Federmaßstab durch Versuch feststellen. Die Eichung kann auf zweifache Art geschehen.

Bei der *Spannungseichung* bringt man, von der atmosphärischen ausgehend, verschiedene Spannungen etwa in Stufen von 1 zu 1 Atmosphäre unter den Indikatorkolben und verzeichnet auf der Papiertrommel wagerechte Linien, deren Abstand man auf $^1/_{10}$ mm genau ausmißt.

Daraus hat man direkt den Federmaßstab. Man führt eine Reihe Versuche bei steigendem, eine bei fallendem Druck aus; zwischen beiden Ergebnissen wird infolge der Reibung ein Unterschied bestehen, der nicht zu groß sein darf. Man nimmt aus beiden das Mittel. Man kann die Kolbenpresse, S. 144, benutzen.

Bei der *Gewichtseichung* belastet man mit Gewichtsstücken. Dazu kann etwa die Vorrichtung Fig. 171 dienen, bei der die Gewichte an ein Gehänge gehängt werden, das um den umgekehrt aufgehängten Indikator herumführt. Wieder zieht man wagerechte Striche auf dem Indikatorpapier; zweckmäßig klopft man vorher mit einem Holzhammer gegen den Indikator, um die Reibung zu vermindern; im Betriebe ist sie ja auch nur klein, der fortdauernden Erschütterungen wegen, und weil die der Bewegung in Frage kommt.

Andere Apparate zur Ausführung der Eichung findet man in Forschungsarbeiten, Heft 46—47, und Z. d. V. D. Ing. 1902, S. 1575, zusammengestellt.

Bei der Gewichtseichung muß man die Fläche des Indikatorkolbens messen, um die der Gewichtsbelastung entsprechende Spannung ausrechnen zu können. Die Spannungseichung bedarf der subtilen Messung des Kolbendurchmessers nicht. Bei beiden Arten der Eichung ist aber zu beachten, daß die Kolbenfläche zunimmt, wenn der Kolben warm wird, und zwar um etwa 0,4% für 100° Temperaturzunahme. Ein Indikator, für den man kalt den Federmaßstab 8,20 mm/at fand, wird

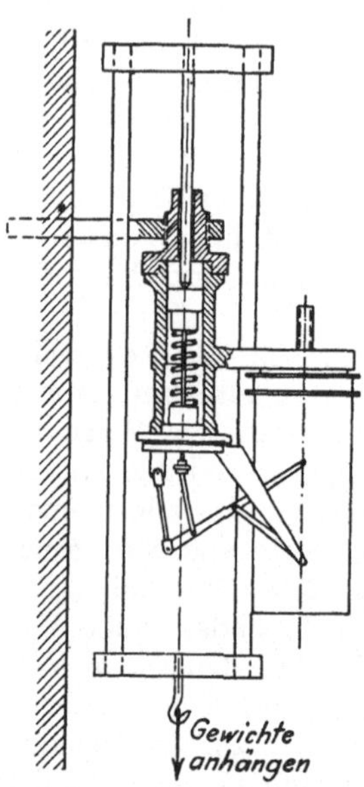


Fig. 171. Einrichtung für Gewichtseichung der Indikatorfedern von **Bollinck**.

bei einer geschätzten Temperatur des Kolbens von 120° (statt früher 20°) den Federmaßstab $8,20 \cdot \left(1 + \dfrac{0,4}{100}\right) = 8,24 \dfrac{\text{mm}}{\text{at}}$ haben. Diese geringe und leidlich zuverlässige Korrektion ist bei Gewichtseichungen auf jeden Fall nötig, und bei Spannungseichung nur dann nicht, wenn man den Kolben bei der Eichung auf die Temperatur der späteren Benutzung gebracht hat; man darf sie nicht verwechseln mit jenen größeren Berichtigungen, die man wohl zur Berücksichtigung der Federerwärmung angegeben findet, und die nur auf recht unsicheren Grundlagen ruhen.

Die Temperaturwechsel haben nämlich noch einen zweiten Einfluß auf den Federmaßstab: Steigen der Temperatur macht die Feder nachgiebiger und vergrößert daher den Federmaßstab. Eine hierauf bezügliche Berichtigung läßt sich dadurch umgehen, daß man Kaltfederinstrumente verwendet; die Erkenntnis, daß bei Änderungen der Temperatur um 100° Änderungen des Federmaßstabes um etwa 4% einzutreten pflegen, ist für die in den letzten Jahren erfolgte Einführung der

Kaltfederinstrumente maßgebend gewesen; man erkannte nämlich, daß es unmöglich ist, diesem Einfluß durch eine Korrektion gerecht zu werden, weil ja die Temperatur der Feder eines Warmfederindikators sehr von den Umständen und der Behandlung des Indikators abhängt, die beim Eichen nicht leicht dieselben sein werden wie im späteren Gebrauch. Beim Eichen unter Dampfdruck steht der Dampfdruck und damit die Temperatur dauernd auf dem Indikator, beim Indizieren nur während eines Teiles des Maschinenumganges. — Wo man Warmfederinstrumente zum Indizieren warmer Medien benutzen will, da soll man — nach den vom Verein Deutscher Ingenieure aufgestellten Normen — eine kalte Eichung und eine zweite bei einer wohlbekannten Temperatur vornehmen, am einfachsten bei 100°, denn diese Temperatur läßt sich durch Umspülen der Feder mit Wasserdampf bei Atmosphärendruck am leichtesten herstellen. Ein der Diagrammauswertung zugrunde zu legender Federmaßstab ist dann durch Interpolieren oder Extrapolieren unter Schätzung der Federtemperatur zu finden.

Wir erinnern noch daran, daß die Korrektion wegen der Kolbenerwärmung für Kalt- und Warmfederinstrumente gilt und nur bei warmer Spannungseichung überflüssig wird; daß aber die Korrektion wegen der Federerwärmung nur für Warmfederinstrumente nötig ist.

Ob *Spannungs- oder Gewichtseichung besser* sei, darüber ist viel gestritten worden. Legt man auf die Vorzüge der einen oder der anderen Art zu großes Gewicht, so schätzt man wohl die Genauigkeit des Indikators zu hoch ein. Der Unterschied zwischen beiden verschwindet bei nicht sehr sorgfältiger Behandlung des Indikators hinter anderen Fehlerquellen. Gegen die Spannungseichung, an sich die näherliegende, wendet man ein, daß sie die Reibung im Indikator übertrieben groß erscheinen lasse und daß dadurch das Ergebnis getrübt werde. Beim Eichen nämlich komme die Reibung der Ruhe, im Betriebe aber die der Bewegung in Betracht, und letztere ist bekanntlich kleiner. Im Betrieb ist der Indikator dauernd Erschütterungen ausgesetzt, welche die Reibung vermindern, und diese Erschütterungen werden durch die auf und ab gehenden Schwingungen bei der Gewichtseichung nachgeahmt. — Der Gewichtseichung wiederum wirft man namentlich die Unsicherheit vor, die bei der Messung des Kolbendurchmessers auftritt. Ein Irrtum von $^1/_{10}$ mm bedeutet einen Fehler von $^1/_2\%$ des Durchmessers, also 1% der Fläche. Freilich braucht solch großer Irrtum bei einer Mikrometermessung nicht unterzulaufen. Ferner ändert sich die Kolbenfläche mit der Temperatur, um 0,4% bei 100° Temperaturänderung; auch die Temperatur ist aber nur ungenau bekannt. Endlich soll der Kolben im Indikatorzylinder lieber zu leicht gehen und Dampf entweichen lassen, als große Reibung haben. Dann ist also der Zylinderdurchmesser größer als der des Kolbens, und der enge Ringraum zwischen Kolben und Zylinder wäre wohl teilweise zum Kolben zu zählen. Jede einzelne dieser Unsicherheiten ist nicht gerade bedeutend, zusammen sind sie immerhin zu beachten.

Verfasser persönlich neigt mehr dazu, die Spannungseichung wenigstens für nicht ganz kleine Spannungen vorzuziehen, weil sie doch die Umstände des praktischen Betriebes besser annähert; im allgemeinen ist man neuerdings anderer Ansicht.

Insbesondere ist durch die vom Verein Deutscher Ingenieure aufgestellten *Bestimmungen*[1]) *über die Feststellung der Maßstäbe von Indikatorfedern* die Gewichtseichung als für die Praxis vorzuziehen festgelegt. Da diese Regeln in manchem nicht unserer Darstellung der Verhältnisse entsprechen, so mögen sie hier wiedergegeben werden:

1. Jeder Indikator, dessen Federn geprüft werden sollen, ist vorher auf seinen Zustand, insbesondere hinsichtlich Kolbenreibung, Dichtheit und auf toten Gang des Schreibzeuges zu untersuchen.
2. Die Indikatorfedern sind durch Gewichtsbelastung zu prüfen.
3. Die Federn sind in Verbindung mit dem Schreibzeug zu prüfen.
4. Jede Feder, die beim Gebrauch des Indikators höhere Temperaturen annimmt, ist im allgemeinen kalt und warm bei etwa 20° C (Zimmertemperatur) und bei 100° C zu prüfen.
5. Die Federn sind mit mehrstufiger Belastung zu prüfen, und zwar in mindestens fünf Stufen oberhalb der atmosphärischen Linie und in wenigstens drei Stufen unterhalb derselben. In den Prüfschein sind alle Einzelwerte der Untersuchung aufzunehmen.
6. Der Durchmesser des Indikatorkolbens wird bei Zimmertemperatur gemessen.

Es ist zu bedenken, daß solche Regeln insbesondere Einheitlichkeit schaffen und leicht ausführbare Formen der Prüfung vorschreiben sollen. Man wird sich für praktische Versuche an sie halten und auf sie berufen können, wird aber für wissenschaftliche Zwecke, entsprechend unseren Darlegungen, nach Befund von ihnen abweichen dürfen.

Es scheint auch nicht überflüssig zu sein, gelegentlich beide Eichungen anzuwenden: Man prüft durch Gewichtseichung die *Gleichmäßigkeit der Feder*; bei dieser Prüfung spielen Kolbendurchmesser und die anderen Unsicherheiten keine Rolle; und man stellt durch Spannungseichung den Federmaßstab fest; dabei braucht man nur einige weit voneinander liegende Spannungen anzuwenden. Mit anderen Worten: Für Ermittlung des mittleren Federmaßstabes scheint die Spannungseichung die bessere

| at | mm (aufwärts) | mm (abwärts) | Mittelwerte | Diff. |
|---|---|---|---|---|
| 12 | 72,8 | 73,4 | 73,1 | |
| 11 | 67,1 | 67,5 | 67,3 | 5,8 |
| 10 | 61,3 | 61,7 | 61,5 | 5,8 |
| 9 | 55,4 | 55,8 | 55,6 | 5,9 |
| 8 | 49,4 | 49,7 | 49,55 | 6,05 |
| 7 | 43,2 | 43,6 | 43,4 | 6,15 |
| 6 | 37,3 | 37,5 | 37,4 | 6,0 |
| 5 | 31,1 | 31,3 | 31,2 | 6,2 |
| 4 | 24,9 | 25,2 | 25,05 | 6,15 |
| 3 | 18,7 | 18,9 | 18,8 | 6,25 |
| 2 | 12,4 | 12,6 | 12,5 | 6,3 |
| 1 | 6,3 | 6,4 | 6,35 | 6,15 |
| 0 | 0 | 0,1 | 0,05 | 6,3 |

Fig. 172.
Eichdiagramm einer Indikatorfeder.

zu sein, den Verlauf des wahren Federmaßstabes läßt die Gewichtseichung besser erkennen.

Der Federmaßstab ist nämlich nicht immer für alle Drucke derselbe. Bei der Eichung entsteht auf dem Papier ein Bild wie Fig. 172, das wir als Eichdiagramm bezeichnen können. Wenn wir die Abstände

---

[1]) Nebst Erläuterungen veröffentlicht Z. d. V. D. Ing., 1906, S. 709.

jeder Linie von der Nullinie messen, durch Bildung der Mittelwerte zwischen Aufwärts- und Abwärtsgang den Einfluß der Reibung eliminieren und dann die Unterschiede bilden, so erkennen wir, neben kleinen Unstetigkeiten, die wir wechselnder Reibung zuschreiben, eine deutliche Abhängigkeit des Federmaßstabes vom Druck; in Fig. 172 nimmt der Federmaßstab mit wachsendem Druck ab.

Berechnet man nun den Federmaßstab so, daß man den Abstand etwa der 1 at-Linie von der 11 at-Linie ausmißt und durch $11 - 1 = 10$ teilt, so nennt man das Ergebnis den *mittleren Federmaßstab* zwischen 1 und 11 at. In Fig. 172 wäre das $\frac{1}{10} \cdot (67,3 - 6,35) = 6,09$ mm/at.

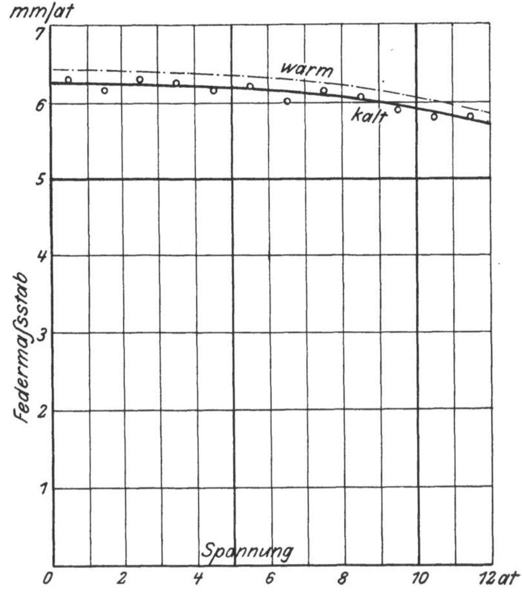


Fig. 173. Verlauf des wahren Federmaßstabes in Fig. 172.

Diese Angabe läßt nicht erkennen, ob die Feder sich gleichmäßig zusammendrückte, so daß gleichen Druckintervallen überall gleiche Schreibstiftwege entsprachen. Etwas genauer wird die Angabe schon, wenn wir den Federmaßstab zwischen 1 und 6, zwischen 6 und 11 at je getrennt angeben. Das ergäbe 6,19 und 5,98 mm/at, und wir erkennen deutlich, daß der Federmaßstab abnimmt. Das ist ein Fehler, der Federmaßstab soll konstant sein. Je enger wir die Intervalle ziehen, desto besseren Aufschluß erhalten wir über die Gleichmäßigkeit der Feder. Den Federmaßstab, den wir aus einer unendlich kleinen Spannungszunahme $dp$ und dem zugehörigen unendlich kleinen Schreibstiftweg $ds$ als Quotient beider errechnen, bezeichnet man als *wahren Federmaßstab* bei der betreffenden Spannung: $m = \dfrac{ds}{dp}$. In praxi muß man sich damit begnügen, den Federmaßstab für kleine, aber endliche

Intervalle zu bestimmen und sieht diesen dann als wahren Federmaßstab an: eine 12 kg-Feder untersucht man etwa von Atmosphäre zu Atmosphäre und bezeichnet den Abstand zwischen der 3 at- und der 4 at-Linie als wahren Federmaßstab bei $3^{1}/_{2}$ at — was annähernd zutrifft. Eine 2 kg-Feder untersucht man etwa von Viertel zu Viertel Atmosphäre. In Fig. 173 ist der Verlauf des wahren Federmaßstabes, wie er sich aus dem Eichdiagramm Fig. 172 ergibt, unter „kalt" dargestellt.

Bei der Ermittlung der indizierten Leistung rechnet man häufig einfach mit dem mittleren Federmaßstab. Kommen im Diagramm eines Hochdruckzylinders, Fig. 174, Spannungen von 11 bis hinab zu 1 at vor, so benutzt man zur Auswertung den mittleren Federmaßstab von 1 bis 11 at. Das ist korrekt bei Pumpendiagrammen, die überall die gleiche Breite haben; wenn jedoch Diagramme wie das in Fig. 174 gezeichnete Dampfdiagramm oben schmaler sind als unten, so müßte man die den einzelnen Druckstufen entsprechenden Flächen einzeln ermitteln und könnte für Fig. 174 etwa folgende Rechnung anstellen:

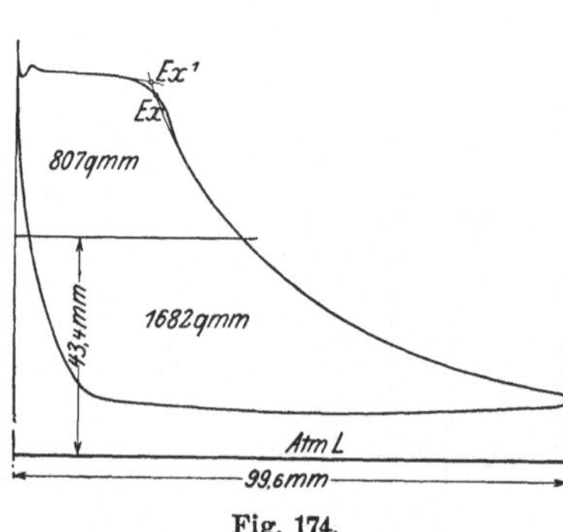

Fig. 174.

Das Diagramm ist durch eine Wagerechte, die nach dem Eichdiagramm Fig. 172 dem Druck 7 at entspricht, in zwei Flächen zerlegt; für die obere Fläche findet sich (mit der früheren Bezeichnung)

$$J = 807 \text{ qmm}; \quad h_m = \frac{807}{99,6} = 8,11 \text{ mm}; \quad p_m = \frac{8,11}{5,98} = 1,355 \text{ at};$$

für die untere Fläche ist

$$J = 1682 \text{ qmm}; \quad h_m = \frac{1682}{99,6} = 16,9 \text{ mm}; \quad p_m = \frac{16,9}{6,19} = 2,73 \text{ at}.$$

Also haben wir die Leistungsermittlung so wie üblich, jedoch unter Zugrundelegung eines wirksamen Überdruckes $p_m = 1,355 + 2,73 = 4,08$ at durchzuführen. Die Auswertung der Gesamtfläche in eins hätte $p_m = 4,11$ at ergeben, also um fast $1\%$ zuviel.

Man wird einwenden, die Zerlegung der Gesamtfläche in nur zwei Teile sei nicht ausreichend, da innerhalb der Druckstufen wieder noch ein ungleichmäßiger Federmaßstab und ungleiche Flächeninhalte vorliegen. Darauf ist zu entgegnen, daß die weitere Unterteilung verhältnismäßig kleine Änderungen im Ergebnis liefert, weil die Unterschiede sowohl des Federmaßstabes als auch der Flächen kleiner sind; andererseits wächst mit der weiteren Unterteilung die Arbeit der Auswertung. Aber selbst wenn man die Erzielung größtmöglicher Genauigkeit obenan stellt, so ist noch zu bedenken, daß die Genauigkeit der Planimetrierung abnimmt, wenn man sehr schmale Streifen umfährt. Man mag also statt in zwei vielleicht lieber in drei oder vier Teile einteilen, aber die Einteilung in 10 Teile, entsprechend dem Eichdiagramm, läßt nicht die größte Genauigkeit erwarten; zeigt doch auch das Eichdiagramm für so kleine Unterteilung Unregelmäßigkeiten.

Bei Auswertung von Dauerversuchen mit ihrer oft großen Anzahl von Diagrammen wird man die eben beschriebene Auswertungsart, selbst wenn man sich auf Zweiteilung des Diagramms beschränkt, für zu zeitraubend halten. Man kann *Ungleichmäßigkeiten* des Federmaß-stabes dann recht einfach *berücksichtigen*, wenn die verschiedenen Dia-gramme einer Zylinderseite einander sehr ähnlich bleiben, wie das bei Dauerversuchen meist der Fall ist. Man wertet jedes Diagramm als Ganzes aus, jedoch unter Zugrundelegung eines mittleren Federmaß-stabes, der so gebildet ist, daß die Maßstäbe in den einzelnen Höhen-lagen entsprechend der Diagrammfläche in der betreffenden Höhen-lage zur Geltung kommen. Man würde daher, wieder bei Fig. 174 und 172, folgende Überlegung machen: Die Maßstäbe 5,98 und 6,19 mm/at sollen einen Einfluß proportional den Diagrammflächen 807 und 1682 qmm auf das Ergebnis haben; es ist

$$5,98 \times 807 = 4820$$
$$6,19 \times 1682 = 10410$$
$$\overline{\text{Summe } 2489 \quad 15230}$$

der Mittelwert für die Gesamtfläche muß also 15 230 : 2489 = 6,13 mm/at sein. Man findet nun diesen Mittelwert aus einem oder einigen der aufgenommenen Diagramme, und berechnet mit dem so gewonnenen Mittelwert sämtliche Diagramme, ohne sie zu unterteilen. Man kann natürlich auch hier das herausgegriffene Diagramm öfter unterteilen als nur einmal; der mittlere Maßstab $m_m$ ist zu finden nach der Regel

$$m_m = \frac{\Sigma J \cdot m}{\Sigma J};$$ im Nenner ist als Summe der durch Einzelplanimetrie-

rung erhaltenen Flächen nicht etwa das — vermutlich etwas abweichende — Ergebnis der Gesamtplanimetrierung einzuführen; auch hier bringt weitergehende Unterteilung nicht sicher größere Genauigkeit.

Das beschriebene Verfahren zur Ermittlung eines mittleren Feder-maßstabes ist von Eberle angegeben. Eine Zusammenstellung solcher Verfahren findet man Z. d. V. d. Ing. 1902, S. 1583. Wo man nicht die Arbeit ermitteln, sondern etwa den Verlauf einer Expansionslinie studieren will, da hilft natürlich solch mittlerer Federmaßstab nichts, man muß dann auf Grund des Eichdiagramms das Diagramm auf gleich-mäßigen Federmaßstab umzeichnen. Das ist einfach zu machen, man kann sich aber auch des von Schröter-Koob angegebenen und Z. d. V. d. Ing. 1902, S. 1584 beschriebenen Verfahrens bedienen. Besser ist es immer, eine gut gleichmäßige Feder zu verwenden und dann diese um-ständlichen Verfahren zu lassen.

Die größten Unregelmäßigkeiten geben schwache Federn. Die 2 at-Federn für normalen Kolben vermeidet man am besten ganz und begnügt sich entweder mit geringer Diagrammhöhe oder verwendet Indikatoren vierfacher Kolbenfläche. Namentlich findet man Unter-schiede im Federmaßstab über und unter der Atmosphärenlinie.

**78. Versetzte Diagramme; Zeit- und Kurbelwegdiagramme.** Bisweilen nimmt man Diagramme auf, bei denen die Trommelbewegung nicht von dem Kreuzkopf abgeleitet wird, der zu dem betreffenden Zylinder gehört, sondern zu einer um 90° versetzten Kurbel. Bei Verbundmaschinen leitet man die Trommelbewegung einfach vom anderen Kreuzkopf aus ab. Der Totpunkt liegt dann in der Mitte des Diagramms. Solche *versetzten Diagramme* lassen den Diagrammverlauf in der Nähe des Totpunktes besser erkennen als das gewöhnliche, das nahe dem Totpunkt stark verkürzt ist, weil die Trommel sich da langsam bewegt.

So ist in Fig. 175 und 176 das gewöhnliche Kolbenwegdiagramm einer Gasmaschine neben ein mit versetzter Kurbel aufgenommenes gezeichnet. Jedes der Diagramme besteht aus einem Bündel von Einzeldiagrammen. Nach Fig. 176 scheint es, als ob die Zündung im Totpunkt einsetze. Fig. 175 zeigt, indem es die Vorgänge in der Gegend des Totpunktes auseinanderzieht, daß die Verbrennung erheblich vor dem Totpunkt merkbar wird — das Überspringen des Zündfunkens muß noch früher erfolgt sein — und daß das Anwachsen des Druckes mit wechselnder Geschwindigkeit erfolgt. — Die Totpunkte sind eingezeichnet; sie liegen wegen der endlichen Schubstangenlänge nicht genau in der Diagrammmitte. Daß beim Hin- und Rückgang verschiedene Lagen gemessen sind, rührt von Ungenauigkeiten her.

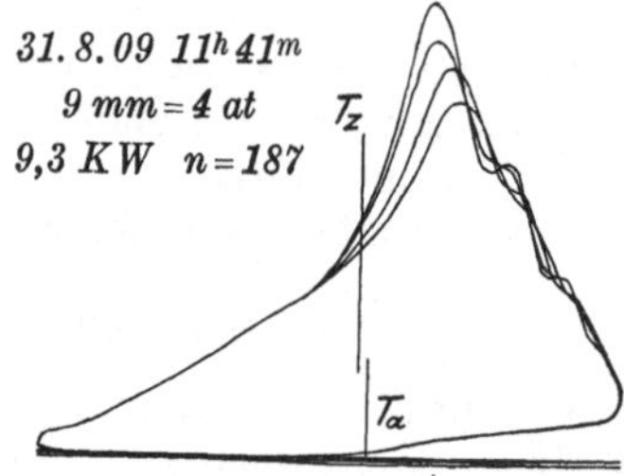


Fig. 175. Versetztes Diagramm.

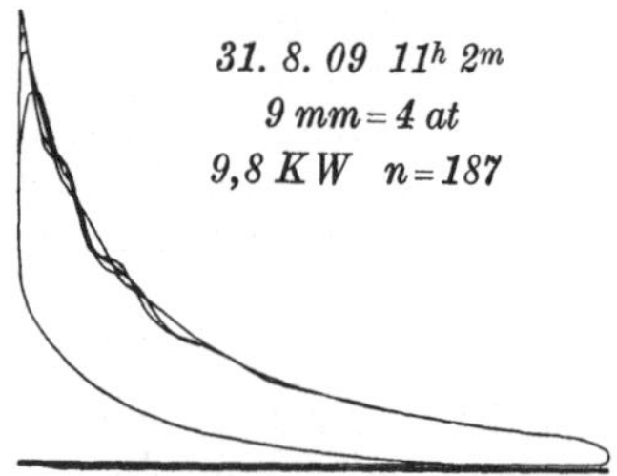


Fig. 176. Kolbenwegdiagramm.

Das versetzte Diagramm verzerrt die Verhältnisse und gibt erst mit dem gewöhnlichen Diagramm zusammen ein Bild der gesamten Verhältnisse. Sein Vorzug ist, daß man es ohne weiteres mit dem gewöhnlichen Indikator aufnehmen kann, und daß die verschiedenen Diagramme eines Bündels so übereinander gezeichnet werden, daß man sie ohne weiteres vergleichen kann; letzteres ist für manche Zwecke ein Vorzug gegenüber den nun zu besprechenden Zeitdiagrammen.

Bei diesen wird nicht der Kolbenweg oder das Volumen, sondern es wird die Zeit als Abszisse aufgetragen; dadurch erreicht man, daß weder die Vorgänge im Totpunkt noch die in der Hubmitte verkürzt wiedergegeben werden, wie das eine beim gewöhnlichen, das andere beim versetzten Diagramm der Fall ist. Es werden alle Teile des Diagrammes gleichmäßig berücksichtigt. Die endliche Diagrammlänge, die der hin und her gehenden Bewegung des Kolbens entsprach, ist beim *Zeitdiagramm* nicht mehr vorhanden; die Zeit schreitet stetig fort, und so ist das Zeitdiagramm an sich ohne Ende. Man braucht also, um es aufzunehmen, eine endlose Schreibfläche, die man entweder in Form eines langen — nicht endlosen — Bandes oder in Form einer in sich geschlossenen Trommelfläche an dem Schreibstift vorbeiführt. Wird diese Fläche durch einen gleichmäßig umlaufenden Motor bewegt, so erhält man die eigentlichen Zeitdiagramme. Wird sie indessen von der Kurbelwelle der indizierten Maschine aus angetrieben, die nur annähernd gleichförmig umläuft, tatsächlich aber einen gewissen Ungleichförmigkeitsgrad aufweisen wird, so erhält man die den Zeitdiagrammen sehr ähnlichen *Kurbelwegdiagramme*. Nur bei sehr großen Ungleichförmigkeitsgraden, wie sie bei langsam laufenden Pumpen vorkommen, oder auch bei besonders genauen Untersuchungen wird man auf den Unterschied dieser beiden Diagrammarten achten müssen. Sonst aber gilt für beide folgendes:

Zum Aufnehmen von Zeitdiagrammen (wie wir immer kurz sagen wollen) sind besondere Indikatoren oder mit besonderen Einrichtungen versehene gewöhnliche Indikatoren erforderlich. Diese sind insbesondere von Prof. Wagener wie folgt angegeben worden[1]).

Man kann die Trommel des gewöhnlichen Indikators nach Entfernung der zum Aufspannen des Papieres dienenden Klemmfedern, der Hubbegrenzung und der rückführenden Federn in einfach rotierende Bewegung versetzen, durch Antrieb von der Maschinenwelle aus oder von einem besonderen Motor aus mittels endloser Schnur; man kann statt der gewöhnlichen Trommel mit Vorteil eine solche von größerem Durchmesser verwenden, die dem Zweck besonders angepaßt ist. Da der Schreibstift über den ganzen Trommelumfang geht, so kann man das Papier nicht mehr mit Klemmfedern halten; man verwendet ein Papier von solcher Länge, daß es sich beim Herumlegen etwas überlappt, und klebt die Enden mit Stärkekleister (in Tuben käuflich) zusammen; ein auf die Papierrückseite gesetzter Kleisterpunkt klebt das Papier auf der blanken Trommel so fest, daß es nicht gleitet, läßt aber doch, solange er nicht trocken ist, den ganzen Papierring wieder abziehen, den man dann mit der Schere an passender Stelle aufschneidet.

Einen so hergerichteten *Indikator mit umlaufender Trommel* zeigt Fig. 177. Der Indikator selbst ist der gewöhnliche, und zwar ein solcher ohne Zylindereinsatz, für Kolben bis zu 40 mm Durchmesser (Fig. 178). Die Trommel hat größeren Durchmesser als gewöhnlich; sie braucht auch nicht so leicht zu sein wie sonst, da sie keine Geschwindigkeitsänderungen erleidet. Auf der Trommel schreibt nicht nur der Schreibstift des Indikators, sondern noch ein *Markenschreibzeug*, dessen Aufgabe es ist, die Totpunkte der Maschine aufzuzeichnen, da dieselben nicht mehr, wie im Kolbenwegdiagramm, ohne weiteres gegeben sind. Ein Glockenelektromagnet zieht einen Anker an und verursacht dadurch einen Sprung in der Linie, die der Schreibstift um die Trommel herum zieht. Die Erregung erfolgt von einem Kontakt aus, den die Maschine in jedem oder in jedem zweiten Totpunkt schließt, unter Verwendung

---

[1]) Indizieren und Auswerten von Kurbelweg- und Zeitdiagrammen. Berlin 1906. — Neuerungen an Indikatoren, Z. d. V. D. Ing., 1907, S. 1365.

einer Batterie von Sammlern oder Leclanché-Elementen. — Das Aufzeichnen nur der Totpunkte ist an sich ausreichend; da man die Umlaufzahl der Maschine messen kann, so läßt sich der Zeitmaßstab berechnen. Bequemer ist es aber, auch noch die Zeit aufzuschreiben, um
so die Umlaufzahl der Maschine aus dem Diagramm selbst finden zu
können. Das zu tun, dient die Federsperrung am Kopf der Trommel.
Der obere Griff ist in der Trommel drehbar, er sitzt auf der Achse auf,
um die die Trommel herumläuft. Nach Aufbringen der Trommel bringt
man nun die an der Trommel befindlichen Blattfedern zum Einfallen in die
Kerben des Griffes; dadurch wird die Trommel hochgehalten und kann

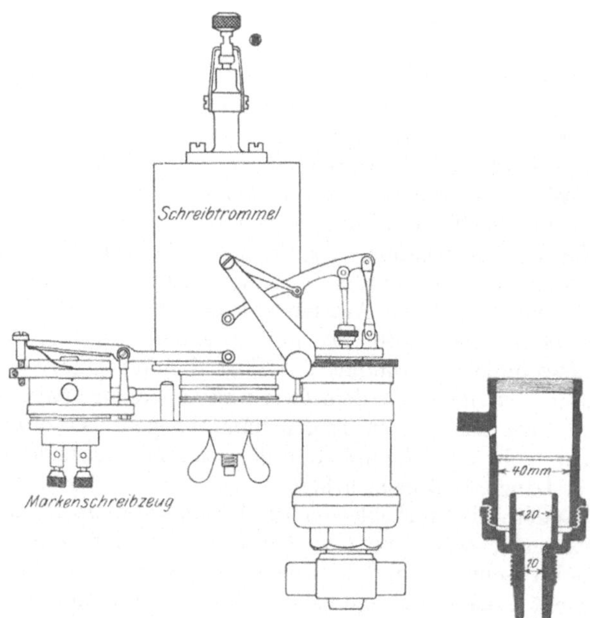


Fig. 177. Indikator mit umlaufender Trommel          Fig. 178.
        für Zeitdiagramme.                          Schnitt durch
                                                    den Zylinder.

nicht  ganz bis auf den Schnurkranz herabfallen; sobald man aber den
gerauhten Griff, während die Trommel läuft, einen Augenblick festhält,
löst sich die Sperrung und die Trommel sinkt herab. Man kann daher
erst die Totpunktmarken zusammen mit dem Druckdiagramm und
dann sehr schnell darauf Zeitmarken über den Totpunktmarken aufschreiben, die etwa von einem Halbsekundenpendel erregt werden. Die
beiden Markenreihen sehen dann so aus wie die früher in Fig. 52 auf
S. 63 dargestellten und ergeben, wie dort besprochen, die Geschwindigkeit, das heißt die minutliche Umlaufzahl der Maschine.

Einen Zeitindikator, der die Diagramme auf ein Band aufschreibt,
zeigt Fig. 179 im Bilde. Als Indikator ist ein Kaltfederindikator $J$ von
gewöhnlicher Bauart verwendet; dessen Schreibzeug fanden wir schon

in Fig. 164 abgebildet. Das Papierband läuft von einer Vorratsrolle $R_1$, die nur wenig durch das Gestänge hindurchschaut, durch ein Walzenpaar $W$, von denen man nur die vordere und auch diese nur bedeckt mit dem Papierstreifen sieht, auf eine Sammelrolle $R_2$. Der Antrieb geschieht durch die Schnurscheiben $S$, die Fest- und Losrolle darstellen; diese sitzen mit der hinteren der Walzen $W$ auf einer Achse, so daß das Band durch die Walzen, zwischen denen es durch einen Feder-

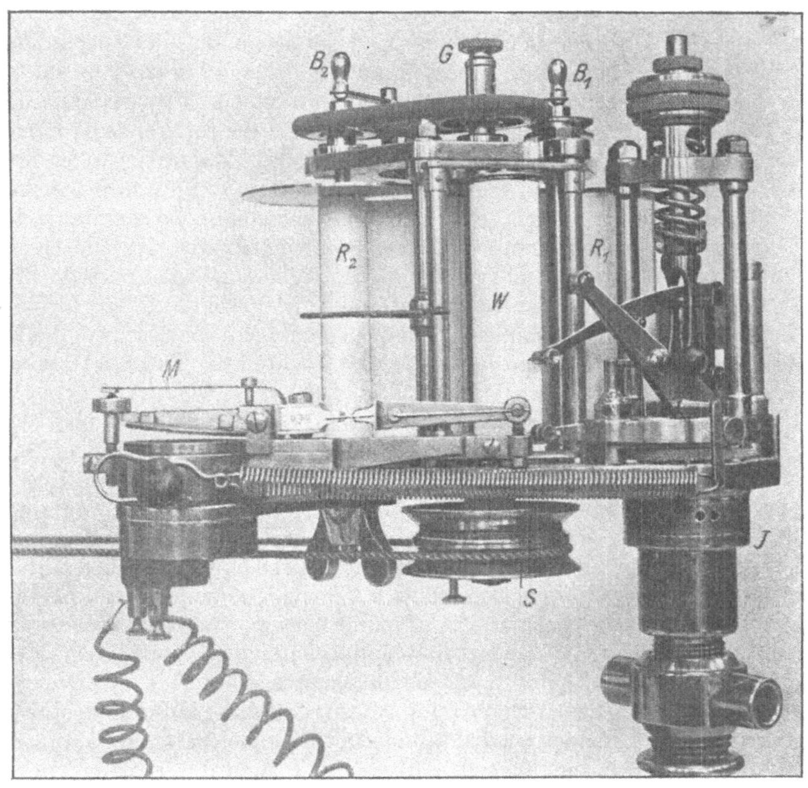

Fig. 170. Bandindikator für Zeitdiagramme.
Bauart **Wagener**, Ausführung **Dreyer, Rosenkranz & Droop**.

bügel (unter dem Buchstaben $R_2$) eingeklemmt ist, vorgeschoben wird. Auf der gleichen, unten von der Scheibe $S$ angetriebenen Achse sitzt oben eine Scheibe $G$, die von der Achse durch eine Gleitkupplung mitgenommen wird und die ihrerseits durch Gummischnur die Rolle $R_2$ antreibt. Die Übersetzung von $G$ auf $R_2$ ist so bemessen, daß $R_2$ das Papier schneller aufwickeln will, als die Walzen $W$ es vorschieben; den Unterschied, der namentlich erheblich ist, wenn Rolle $R_2$ fast vollgewickelt ist, gleicht die erwähnte Gleitkupplung durch Gleiten aus. — Wenn man die federnden Griffe $B_1$ und $B_2$ herumdreht, kann man die Rollen $R_1$ und $R_2$ herausnehmen, um ein anderes Papierband einzuziehen. — Gerade unter dem Indikatorschreibstift sieht man noch einen Schreibstift, der einfach einen Strich auf das ablaufende Band schreibt; die Atmosphärenlinie des Diagrammes, die man beim Bandindikator sonst nicht erhält, liegt in einem Abstande über diesem Strich, den man feststellen kann, wenn der Indikatorhahn geschlossen ist.

Auch beim Bandindikator müssen die Totpunkte angezeichnet werden; dazu dient das Markenschreibzeug $M$, das wieder aus einem Elektromagneten und seinem Anker besteht; letzterer bewegt einen Schreibstift, der unter dem Schreibstift des Indikators seine Marken aufschreibt. Wollte man auch hier noch die Zeit außer den Totpunkten auftragen, so müßte man zwei Markenschreibzeuge verwenden, die indessen kaum unterzubringen wären; deshalb ist ein *Markenschreibzeug mit schwingender Feder* verwendet, das auch für die rotierende Trommel brauchbar, aber dort weniger unentbehrlich ist. Zwischen Anker und Schreibstift ist eine feine Blattfeder eingeschaltet; wenn nun der Anker kräftig angezogen wird, so wird er in Schwingungen geraten, die bald zum Erlöschen kommen; deren Schwingungszeit ist eine Konstante des betreffenden Schreibzeuges; so legt man, wenn man die Erregung des Elektromagneten im Totpunkt der Maschine bewirken läßt, nicht nur dessen Lage, sondern auch die augenblickliche Geschwindigkeit des Papierbandes fest und kann aus dem Abstand der Totpunktmarken auf die Umlaufzahl der Maschine schließen.

Der Bandindikator hat vor dem mit umlaufender Trommel das voraus, daß man auf das etwa 45 m lange Papierband sehr viele Diagramme ohne Unterbrechung aufschreiben und so beispielsweise Regelvorgänge an einer Maschine verfolgen kann, bei denen jedes Diagramm vom vorhergehenden abzuweichen pflegt; bei umlaufender Trommel kann man immer nur wenige Diagramme schreiben, da es sonst schwer zu finden ist, wie die Diagramme am aufgeschnittenen Papierring aneinanderschließen; insbesondere die Totpunktmarken sind dann nicht mehr auseinanderzufinden. Dagegen hat die umlaufende Trommel vor allen Dingen den Vorteil, daß man sie ohne große Unkosten an dem gewöhnlichen Kolbenwegindikator anbringen, und daß man dann wechselweise Zeit- und Kolbenwegdiagramme mit dem gleichen Indikator aufnehmen kann; sie hat auch den Vorteil, daß man die Trommel ruhig längere Zeit laufen lassen kann, um dann beim Eintritt einer Unregelmäßigkeit an der Maschine schnell das Diagramm zu schreiben; beim Bandindikator würde bei solchem Abwarten Papier verschwendet werden, und im entscheidenden Augenblick wäre das Band vielleicht zu Ende. —

Nun ist aus den Totpunktmarken ohne weiteres auf die Papier- und Maschinengeschwindigkeit zu schließen; zur Ermittlung der Totpunktlage aber ist noch die *Nacheilung des Markenschreibzeuges* zu berücksichtigen. Dessen Hebel wird nämlich nicht zu der Zeit, in der durch den Kontakt der erregende Strom geschlossen wird, bewegt, sondern mit einer gewissen Nacheilung, die davon rührt, daß das Anwachsen des Magnetismus bis zu der zur Überwindung der Gegenfeder nötigen Größe eine gewisse Zeit erfordert, und daß weiterhin die Masse

des Schreibhebels nur allmählich in Bewegung gerät; bei dem federnden
Schreibhebel wird auch die Deformation der Feder in Frage kommen.
Die Größe der Nacheilung hängt namentlich von der Einstellung der
Gegenfeder, von der Masse des Hebels und von der Spannung der
erregenden Stromquelle ab; da letztere veränderlich ist, so muß die
Nacheilung auf experimentellem Wege jeweilig bestimmt werden. Diese
Bestimmung ist bei der umlaufenden Trommel leicht zu machen, indem
man den Kontakt von der Trommel selbst schließen läßt und die Trommel
einmal ganz langsam mit der Hand bewegt, einmal mit der später zu
benutzenden Geschwindigkeit umlaufen läßt. Man kann ein Papierblatt
mit Ausschnitten auf die Trommel spannen; eine Kontaktfeder, die auf
dem Papier schleift, schließt den Strom, wenn sie in die Ausschnitte
fällt. Besser ist ein auf die Trommel zu setzender, teils isolierender, teils
leitender Ring; das Markenschreibzeug schreibt auf einem schmalen
unter dem Ring aufgespannten Papierstreifen. Man erhält beim schwingenden Schreibzeug ein Bild wie in Fig. 180 gezeichnet und ausgewertet.
Im langsamen Gang macht das Schreibzeug einen Kreisbogen, im
schnellen Gang, das heißt bei 142 Umläufen der Papiertrommel (mit
Handtachometer gemessen) beschreibt es die gedämpfte Wellenlinie.

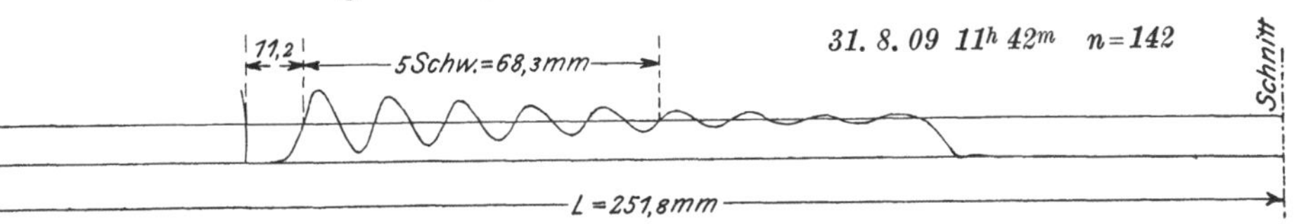


Fig. 180.  Ermittlung der Nacheilung des Markenschreibzeuges mit schwingender Feder.

Außerdem ließ man einmal bei unerregtem, einmal bei dauernd erregtem
Schreibzeug die Trommel umlaufen, um die durchgehenden Parallelen
zu erhalten. Nun ist die Länge von 5 Wellen $5\,t_s = 68{,}3$ mm, die der
Nacheilung $\varrho = 11{,}2$ mm; also wird die Nacheilung $\dfrac{\varrho}{t_s} = \dfrac{5 \cdot 11{,}2}{68{,}3} = 0{,}82$
Bruchteile der Wellenlänge. Außerdem war die Länge des auseinander-
geschnittenen Papierbandes 251,8 mm, also die Schwingungszeit der
Feder $t_s = \dfrac{68{,}3 \cdot 60}{5 \cdot 251{,}8 \cdot 142} = 0{,}0229$ sek oder ihre Schwingungszahl
$\dfrac{1}{t_s} = \dfrac{43{,}6}{\text{sek}}$. Die Nacheilung ist in Bruchteilen der Wellenlänge angegeben, weil offenbar, und wie auch Versuche bestätigen, diese Angabe
auch für wechselnde Papiergeschwindigkeiten gültig bleibt: Wellenlänge und Nacheilung nehmen mit zunehmender Papiergeschwindigkeit
gleich stark zu. Diese bequeme Beziehung hat man bei nichtschwingen-
dem Schreibzeug nicht; sonst geschieht die Bestimmung der Nacheilung
ähnlich. — Wenn, wie in Fig. 179, Indikator- und Markenschreib-
stift nicht ganz übereinanderstehen, vielleicht weil sie sonst beim
Arbeiten zusammenstoßen, dann muß man den Unterschied auch
noch berücksichtigen; er ist für alle Papiergeschwindigkeiten der
gleiche.

Das *Zeitdiagramm* einer Gasmaschine ist in Fig. 182 gegeben, daneben zeigt Fig. 181 gewöhnliche Kolbenwegdiagramme; die beiden Diagrammpaare sind genau gleichzeitig aufgenommen, es handelt sich also um die gleichen Hübe der Maschine. Das Zeitdiagramm ist mit umlaufender Trommel und mit schwingendem Markenschreibzeug aufgenommen; man erkennt, wie der ganze Linienzug fast dreimal über die Trommel gegangen ist; links setzt sich immer der rechts beendete Zug fort, weil der Papierring aufgeschnitten war. Das gleiche gilt von den Totpunktmarken. — Es waren zunächst die Totpunkte einzutragen;

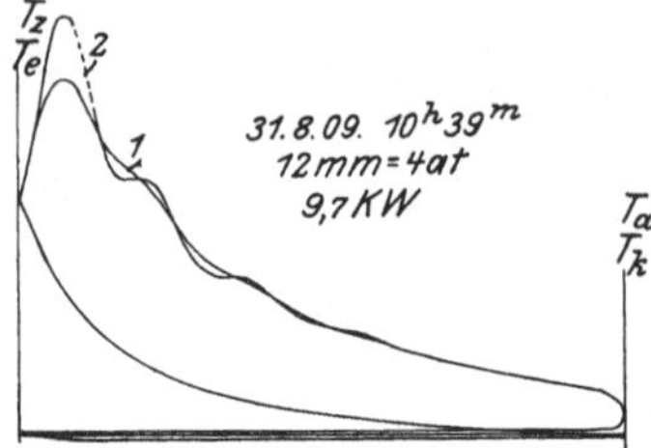


Fig. 181. Kolbenwegdiagramm einer Gasmaschine.

dieselben sind in der Figur mit den Indizes $e$, $k$, $z$, $a$ bezeichnet, um anzudeuten, daß bei diesem Totpunkt das Einsaugen, Komprimieren, Zünden und Ausstoßen der Gase beginnt; der Zahlenindex deutet an, ob der Totpunkt zum ersten oder zweiten Arbeitsspiel gehört. Es war das Markenschreibzeug verwendet worden, für welches wir die relative Nacheilung $\varrho/t_s = 0{,}82$ eben ermittelt haben. 5 Schwingungen sind in unserem Diagramm $5\,t_s = 70{,}8$ mm; daher die Nacheilung $\varrho = 11{,}6$ mm. Durch Betätigen der beiden Schreibstifte bei stillstehender Trommel war eine Ordinatendifferenz von 7,1 mm entgegen der Nacheilung ermittelt; also liegt der Totpunkt immer $11{,}6 - 7{,}1 = 4{,}5$ mm vor dem Schnittpunkt der ersten Schwingung mit der Schwingungsmittellinie. So sind die Totpunkte $T_{e_1}$, $T_{z_1}$, $T_{e_2}$, $T_{z_2}$, $T_{e_3}$ eingetragen; waltet irgendein Zweifel ob, um welchen Totpunkt es sich in einem bestimmten Fall handelte, so konnte man entscheiden an Hand der Tatsache, daß die Totpunkte in der Reihenfolge, wie sie aufgezählt sind, immer gleichen Abstand (über das Papierende hinweg gemessen) haben müssen; in der Tat waren diese Abstände in unserem Diagramm 187,6; 187,5; 187,3; 187,3 mm, also sehr befriedigend gleich. — Da wir soeben die Schwingungszeit unserer Schreibzeugfeder zu 0,0229 sek bestimmt hatten, so ist nun auch die Umlaufzahl der Maschine zu berechnen; es sind

$$5 \text{ Schw.} = 70{,}8 \text{ mm},$$

$$1\,\text{Uml.} = 187{,}4\,\text{mm} = \frac{187{,}4 \cdot 5}{70{,}8} = 13{,}23\,\text{Schw.} = 13{,}23 \cdot 0{,}0229 = 0{,}303\,\text{sek.}$$

$$1 \text{ min} = 60 \text{ sek} = \frac{60}{0{,}303} = 197{,}7 \text{ Uml.}$$

Über die Form der Diagramme sei nur erwähnt, daß in der Gegend der Zündung ein fast wagerechter Verlauf eintritt, der im Kolbenwegdiagramm nicht vorhanden ist; man wird seine Ursache darin erkennen, daß in der Nähe des Totpunktes des Kolben fast stillsteht, das Papier aber weiterläuft. Der Druckanstieg infolge der Zündung beginnt erst kurz nach dem Totpunkt, im Gegensatz zu den Diagrammen Fig. 175 und 176; im letzteren Fall war also die Zündung früher gestellt. Das hätte man durch Vergleich der Kolbenwegdiagramme Fig. 176 und 181 weniger gut erkennen können. —

Die unter einem Zeitdiagramm liegende Fläche kann nicht ohne

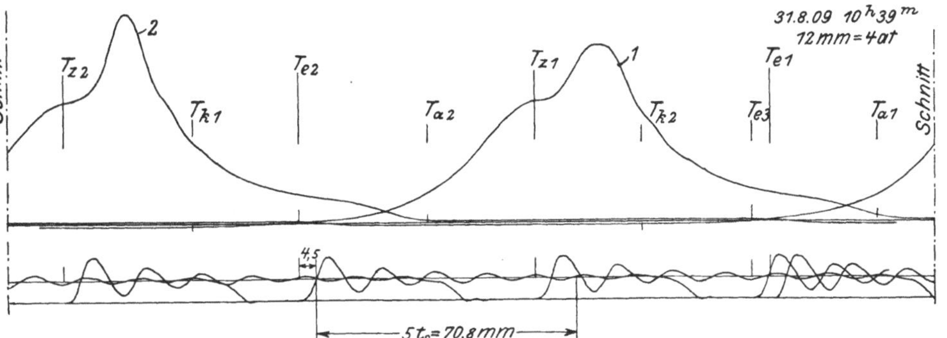


Fig. 182. Zeitdiagramm der gleichen Kolbenhübe wie in Fig. 181, aufgenommen mit um-laufender Trommel und schwingendem Markenschreibzeug.

weiteres zur Leistungsermittlung verwendet werden. Die Diagramm-fläche stellt nur dann die Arbeit dar, wenn die Kolbenkräfte als Funktion der Kolbenwege aufgetragen sind. Man kann deshalb in die Lage kommen, Zeitdiagramme *in Kolbenwegdiagramme umzuzeichnen*, um die Leistung zu finden, und hat dann den Vorteil, die von der Schnur-dehnung herrührenden Fehler des Kolbenwegdiagrammes zu vermeiden.

In Fig. 183 stellt der Halbkreis die obere Hälfte des Kurbelkreises dar, die von der Kurbel mit gleichförmiger Geschwindigkeit durchlaufen wird; die Teilpunkte *1* bis *9*, die den Umfang vom inne-ren Totpunkt $T_i$ bis zum äußeren $T_a$ in 10 gleiche Teile teilen, begrenzen also einander gleiche Zeitab-schnitte. Während die Kur-bel den Halbkreis durch-läuft, bewegt sich der Kol-ben auf einer Geraden von der Länge gleich dem Ab-stand $T_i T_a$; zur Kurbelstellung *4* gehört zwischen $T_i$ und $T_a$ der-

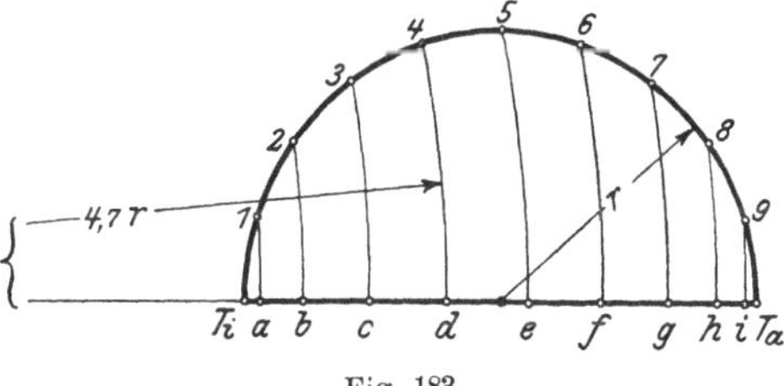


Fig. 183.
Beziehung zwischen Kolbenweg und Kurbelweg.

jenige Punkt *d*, der durch einen Kreisbogen bestimmt ist mit der Pleuelstange als Radius; da es sich bei unseren Zeitdiagrammen um eine Gasmaschine von 470 mm Hub, also $R = 235$ mm bei 1100 mm Pleuelstangenlänge handelte, so muß der Radius der projizierenden Kreisbögen das $\frac{1100}{235} = 4{,}7$fache des Kurbelkreisradius $r$ sein. Indem man mit diesem Radius jeden der Punkte *1* bis *9* auf den Durchmesser herabprojiziert, erhält man die Punkte *a* bis *i*, die die in gleichen Zeit-räumen vom Kolben durchmessenen Strecken begrenzen.

Daraus ergibt sich der in Fig. 184 und 185 gezogene *Vergleich eines Zeit- mit einem Kolbenwegdiagramm*; in ersterem finden sich die Punkte *1* bis *9*, in letzterem die Punkte *a* bis *i* wieder. Allerdings ist das Kurbelwegdiagramm nicht aus dem anderen hergeleitet, sondern es sind zwei gleichzeitig aufgenommene Diagramme (die Diagramme *1* der Fig. 181 und 182) gezeichnet. Die bei *a* und *1*, bei *b* und *2*... indizierten Drucke sollten nun miteinander übereinstimmen; das trifft auch bei der Kompressionslinie recht gut und bei der Expansionslinie von *c — 3* ab zu. Der Höchstdruck indessen scheint bei dem Zeitdiagramm später einzu

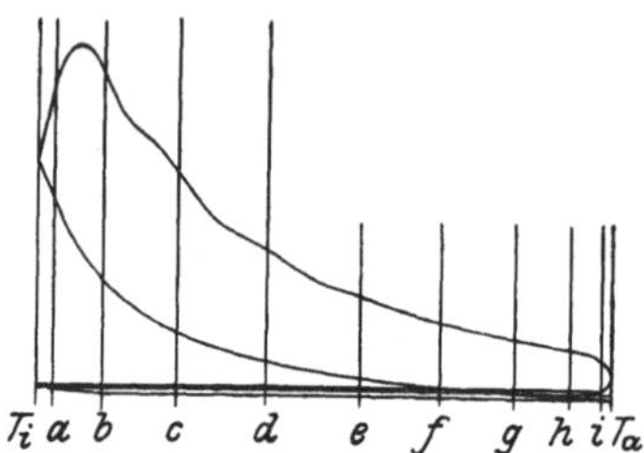

Fig. 184. Kolbenwegdiagramm.

treten und kleiner zu sein; die dem Kolbenwegdiagramm entsprechende Kurve ist zum Vergleich einpunktiert. Es handelt sich um genau die gleichen Arbeitstakte; so werden wir die Unterschiede auf Ungleichheiten der beiden verwendeten äußerlich gleichartigen Indikatoren schieben müssen; beim Zeitindikator scheint die Dämpfung größer gewesen zu sein. Es sollte das besonders hervorgehoben werden, um zu belegen, wie vorsichtig man beim Entnehmen spitzer Höchstwerte aus einem Indikatordiagramm (und nicht nur bei diesem) sein muß, solange man nicht die Massenwirkungen nach § 83 berücksichtigt. Vermutlich gibt keiner der beiden Höchstwerte den Druck richtig an.

Das Umgekehrte, nämlich Kolbenwegdiagramme in Zeitdiagramme umzuzeichnen, ist nur mangelhaft möglich, weil die Vorgänge in der Nähe des Totpunktes nicht deutlich genug im Kolbenwegdiagramm zu erkennen sind.

**79. Maßstab der Diagramme.** Die folgenden Überlegungen sind dann nützlich, wenn es sich darum handelt, Kolbenwegdiagramme auf anderen Maßstab umzuzeichnen, etwa die Diagramme der Zylinder einer Mehrfachexpansionsmaschine auf einen gemeinsamen Maßstab zu bringen, wie das beim Rankinisieren nötig ist.

Die gewöhnlichen Indikatordiagramme verzeichnen die im Zylinder herrschenden Spannungen als Ordinaten und die vom Kolben zurückgelegten Wege als Abszissen. So pflegt man zu sagen. Korrekter ist es, den Zusammenhang so auszudrücken, daß man beide Größen auf den Kolben bezieht und sagt: man habe die auf den Kolben wirkenden Kräfte als abhängig vom Kolbenweg dargestellt: so erhält man, wenn man als Einheiten Kilogramm beziehungsweise Meter wählt, als Fläche die Arbeit in Meterkilogrammen. Man kann auch beide Größen auf den Zylinderinhalt beziehen und sagen: man habe die im Zylinderraum herrschenden Spannungen als abhängig von dem jederzeit verfügbaren Zylindervolumen dargestellt: wählt man als Einheiten das Kubikmeter beziehungsweise das Kilogramm pro Quadratmeter, so erhält man als Fläche (S. 3) wieder die Arbeit in Meterkilogramm.

Diese beiden Darstellungsweisen sind ohne weiteres ineinander überzuführen, indem man die Einheit der Abszisse beziehungsweise der Ordinate mit der wirksamen Kolbenfläche vervielfacht oder teilt. Sei

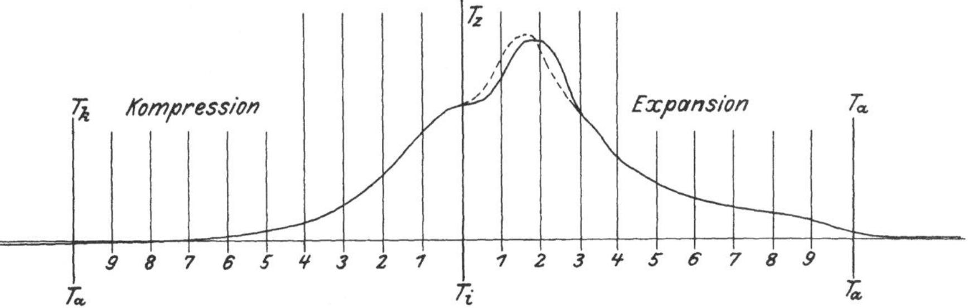


Fig. 185. Zeitdiagramm.

etwa ein Diagramm aufgenommen an einer Maschine mit 200 mm Zylinderdurchmesser entsprechend 314,2 qcm wirksamer Kolbenfläche und 400 mm Hub; die Diagrammlänge sei 90 mm und die verwendete Feder habe den Maßstab 8 mm/at. Dann sind die Maßstäbe, bezogen auf den Kolben:

Abszissen: $\qquad$ 90 mm $= 0,4$ m Kolbenweg,

$$1 \text{ cm Abszisse} = \frac{0,4}{9} = 0,0444 \text{ m Kolbenweg};$$

Ordinaten: $\qquad$ 8 mm $= 314,2$ kg Kolbenkraft,

$$1 \text{ cm Ordinate} = \frac{314,2}{0,8} = 393 \text{ kg Kolbenkraft},$$

daher die Flächen

1 qcm Fläche $= 0,0444$ m $\times$ 393 kg $= 17,44$ mkg Arbeit pro Hub.

Die gleiche Rechnung kann man durchführen bezogen auf den Zylinderinhalt:

Abszissen:　90 mm $= 314,2 \cdot 40 = 12568$ ccm $= 0,01257$ cbm,

$$1 \text{ cm Abszisse} = \frac{0,01257}{9} = 0,001397 \text{ cbm } (= 1,40 \text{ ltr}).$$

Ordinaten:　8 mm $= 1 \dfrac{\text{kg}}{\text{qcm}} = 10000 \dfrac{\text{kg}}{\text{qm}}$ ,

$$1 \text{ cm Ordinate} = \frac{10000}{0,8} = 12500 \frac{\text{kg}}{\text{qm}} (= 1,25 \text{ at});$$

daher die Flächen:

1 qcm Fläche $= 0,001397$ cbm $\times 12500 \dfrac{\text{kg}}{\text{qm}} = 17,46$ mkg Arbeit p. Hub.

In beiden Fällen ergibt sich natürlich — bis auf die kleine Unstimmigkeit durch Abrundung — der gleiche Wert der Flächeneinheit. Im einen

Fall betrachtet man die von dem Zylinderinhalt, Dampf oder Gas, hergegebene Arbeit, im anderen Fall die vom Kolben aufgenommene (bei Kraftmaschinen) Arbeit, und beide müssen identisch sein.

Einige bisweilen übliche Benennungen der Diagrammarten werden im Anschluß hieran verständlich sein; man nennt das Kolbenwegdiagramm wohl Druck-Volumen-Diagramm — $pv$-Diagramm —, das Zeitdiagramm dann Druck-Zeit-Diagramm — $pt$-Diagramm. Dürfte man bei sehr ungleichförmiger Bewegung der Maschinenkurbel den Kurbelweg $S$ nicht proportional der Zeit setzen, so hätte man noch das $pS$-Diagramm.

**80. Fehler der Schreibstiftbewegung.** Die Annahme, das Indikatordiagramm gebe die im Zylinder der Maschine herrschenden Spannungen abhängig von dem vom Maschinenkolben zurückgelegten Wege, trifft bei genauerer Betrachtung nur näherungsweise zu. Weder entspricht die Höhenlage des Schreibstiftes zu allen Zeiten und genau der Sollstellung, die der Spannung im Zylinderinnern entspräche, noch ist die Trommelbewegung ganz der Kolbenbewegung proportional, auch wenn wir eine genau proportionale Feder verwenden und die Schnurführung korrekt anordnen.

Was zunächst die Schreibstiftbewegung anlangt, so ist der Indikator seinem Wesen nach ein aufzeichnendes Manometer; es gilt für ihn, was wir in § 7 bis 9 über das Verhalten von Instrumenten im allgemeinen und von Manometern im besonderen gesagt und an Fig. 3 bis 5 erläutert haben. Wo immer die Kurve, welche die Abhängigkeit der Spannung $p$ von der Zeit $t$ zur Darstellung bringt, eine plötzliche Richtungsänderung erleidet — was im allgemeinen dann auch einer Richtungsänderung im Kolbenwegdiagramm entspricht — da macht das mit Masse begabte Schreibzeug die ihm auferlegte Geschwindigkeitsänderung nicht sofort mit; es wird dann, indem die von unten auf den Kolben wirkende Spannung nicht mehr der Federkraft entspricht, eine Kraft frei, die zur Beschleunigung dient; die dieser freien Kraft entsprechende Arbeit aber — oder die dem Schreibzeug erteilte Geschwindigkeitsenergie — bewirkt Schwingungen des Schreibstiftes um seine jeweilige Sollstellung, die allmählich durch Dämpfung oder Reibung verschwinden. Diese *Federschwingungen* stören das Diagramm, insofern die Ordinaten nicht mehr genau Spannungen darstellen. Auf die Diagrammfläche haben sie, solange es sich um mäßige Umlaufzahlen bei normalen Verhältnissen handelt, nicht allzu großen Einfluß und können oft unbeachtet bleiben; Ermittlungen über den Verlauf einer Expansionslinie und alle feineren Messungen werden indessen durch die Federschwingungen unmöglich gemacht. So hätte es bei der Ermittelung der im Zylinder einer Dampfmaschine arbeitenden Dampfmenge aus dem Indikatordiagramm, wie wir sie auf S. 100, Fig. 79, besprachen, wenig ausgemacht, wenn wir statt des Punktes $Ex$ einen anderen Punkt der schwach eingezeichneten Ausgleichlinie verwendet hätten; ganz falsche Ergebnisse aber hätten diejenigen Punkte des Diagrammes gegeben, die gerade dem Maximum oder Minimum einer Schwingung entsprachen. In Fig. 174, S. 208, hätte die Tatsache, daß nur e i n e leicht zu übersehende Schwingung auftritt, dahin führen können, nicht $Ex$ oder $Ex^1$ als Expansionspunkt anzusehen, sondern ihn weiter nach rechts zu verlegen.

Man kann nun entweder die Schwingungen durch geeignete Maßnahmen beim Indizieren auf ein erträgliches Maß zurückführen, oder man muß sie bestehen lassen und später schätzungsweise oder durch ein rechnerisch-graphisches Verfahren aus dem Diagramm eliminieren. Letzteres ist nur bei Zeitdiagrammen möglich und des Zeitaufwandes wegen selten durchführbar; wir kommen in § 83 auf das Verfahren zu sprechen. Jetzt handelt es sich darum, wie man die Federschwingungen als solche erkennt und in mäßigen Grenzen hält.

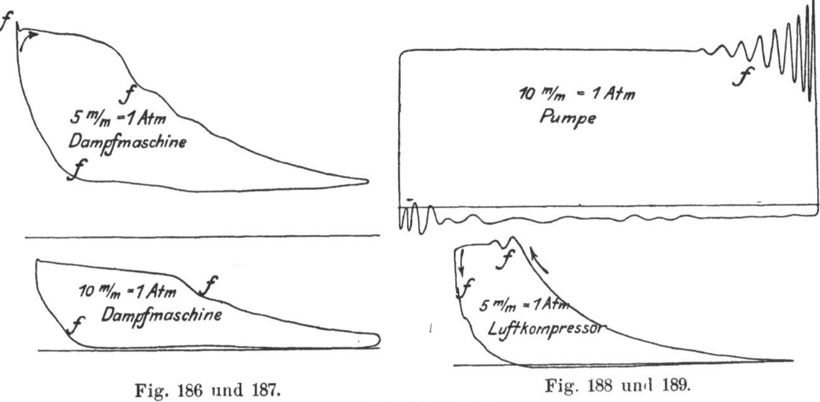


Fig. 186 und 187.                   Fig. 188 und 189.

Diagramme mit Federschwingungen.

In Fig. 186—189 sind einige Diagramme mit mehr oder weniger ausgeprägten Federschwingungen dargestellt, die überall durch ein danebengesetztes $f$ angedeutet sind; man wird sehen, daß sie in der Tat überall nach einem Richtungswechsel auftreten. Die Auswertung der Diagrammfläche mit einem Planimeter könnte man an diesen Diagrammen ruhig vornehmen, an dem Pumpendiagramm würde man die Schwingungen unbeachtet lassen und in halber Höhe durch sie hindurchfahren. In einem Diagramm nach Fig. 190 pflegt man auch wohl die beiden Kurven $cd$ und $ce$ so zu ziehen, daß sie überall die durch Federschwingungen erzeugten Wellen berühren; die wahre Spannungskurve war dann die Kurve $cb$, die Mittelkurve aus $cd$ und $ce$. Oder

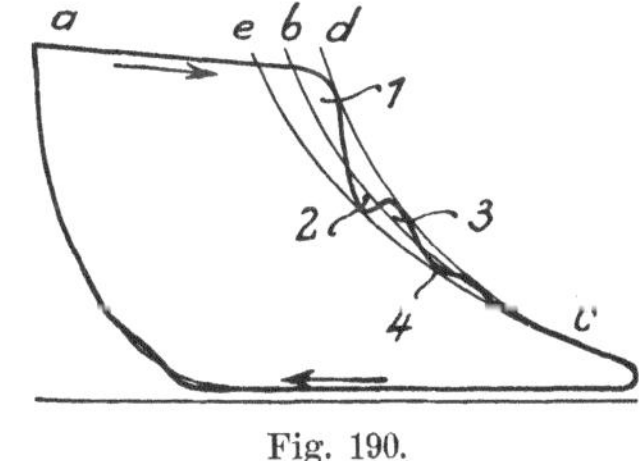


Fig. 190.

aber man zieht, von $c$ beginnend, freihändig mit meist ausreichender Genauigkeit eine Kurve $cb$ von möglichst stetiger Krümmung durch die Federschwingungen so hindurch, daß die zu beiden Seiten der neugezogenen Kurve liegenden Flächenteilchen gleichmäßig größer und größer werden. Der Punkt $b$ wäre als Expansionspunkt des Diagramms anzusprechen. Die Anwendung der Simpsonschen Regel wäre ohne solches Ausgleichen ganz unzulässig: man könnte lauter zu große Ordinaten fassen. Da übrigens im allgemeinen die kleine Fläche *1* größer als 2, *3* größer als *4* ist, so sieht man auch sofort, daß — in diesem Fall — die Schwingungen die Diagrammfläche zu groß erscheinen lassen.

Bei dem Gasmaschinendiagramm Fig. 176 würde die Auswertung bereits auf praktische Schwierigkeiten stoßen, weil man die einzelnen Diagramme kaum voneinander unterscheiden kann. Wenn diese Schwierigkeiten auftreten und gar größer werden, so wird man die Indikatorschwingungen vermindern durch Anwendung eines Indikators mit geringer bewegter Masse, durch Anwendung eines größeren Kolbens unter entsprechender Verstärkung der Meßfeder, so daß die Diagrammhöhe erhalten bleibt, oder endlich durch Anwendung einer stärkeren Feder, vielleicht auch unter Anwendung eines kleineren Kolbens, um die Diagrammhöhe zu verkleinern. Alle diese Maßnahmen zielen darauf hin, die Eigenschwingungszahl des Schreibzeuges zu vergrößern — worauf es nach § 9 ankommt.

Die Verkleinerung der Diagrammhöhe ist das bequemste und zugleich wirksamste Mittel. Gegen dasselbe ist einzuwenden, daß man die kleinere Diagrammfläche nicht mit gleicher Genauigkeit planimetrieren kann wie eine größere; wenn man die Verkleinerung der Diagrammhöhe durch Anwendung eines kleineren Kolbens erreichen will, so ist zu bedenken, daß hierbei die Reibung unverändert bleibt, die verstellende Kraft aber vermindert wird; der Einfluß der Reibung wird also größer. Man wird also zur Anwendung eines kleineren Kolbens nur greifen, wenn man stärkere Federn nicht hat. — Die Anwendung eines größeren Kolbens unter gleichzeitiger Verstärkung der Feder verringert im allgemeinen die Eigenschwingungszahl des Schreibzeuges, weil der größere Kolben die bewegte Masse nur unerheblich zu vergrößern pflegt. Innerhalb der Grenzen, wo man es tun kann, ist dies das beste Mittel zur Verminderung der Schwingungen, weil der Einfluß der Reibung vermindert wird infolge der größeren verstellenden Kraft; so sollte man Gebläse und Niederdruckzylinder von Dampfmaschinen möglichst nur mit Kolben von 40 mm Durchmesser indizieren statt mit 20 mm-Kolben und schwacher Feder. — Das dritte Mittel zur Verminderung der Federschwingungen ist die Anwendung von Indikatoren, die besonders für Verwendung bei hohen Umlaufzahlen und bei Explosionsmotoren — die wegen der plötzlich auftretenden Drucksteigerung schwierige Verhältnisse bieten — gebaut sind; sie haben besonders geringe bewegte Masse bei normalem Kolbendurchmesser. Es ist naheliegend, daß sie ihrer leichteren Bauart wegen empfindlicher in der Behandlung sind.

Beim *Indizieren flüssiger Medien*, so bei Pumpen, führt die Anwendung größerer Kolben meist zu keiner Verminderung, sondern zu einer Verstärkung der Federschwingungen aus folgendem Grunde. Um die Bewegungen des Indikatorkolbens zu ermöglichen, muß die dem freigelegten oder verdrängten Raum entsprechende Stoffmenge, durch den Indikatorstutzen hindurch, abwechselnd in der Richtung vom und zum Indikator gehen. Ihre Masse kommt also in jedem Fall zur Masse des

Schreibzeuges hinzu; bei Gasen und Dämpfen ist sie unbedeutend, bei
Flüssigkeiten aber nicht; eine Vergrößerung des Kolbens hat nun eine
Vergrößerung dieser zusätzlichen Masse zur Folge. Und noch mehr:
diese Masse ist nicht nur einfach in Rechnung zu setzen wie die Kolbenmasse; wenn der Indikatorstutzen 10 mm Bohrung hat und der Kolben
20 mm Durchmesser, so wird das Wasser im Indikatorstutzen die vier-
fache Kolbengeschwindigkeit annehmen, also das 16fache an Energie
aufnehmen müssen wie die gleiche Kolbenmasse; allgemein: die im
Indikatorstutzen befindliche Masse ist nicht einfach, sondern so vielfach zur Indikatormasse hinzuzuzählen, wie die vierte Potenz des
Durchmesserverhältnisses besagt. Daher die starken Federschwingungen
im Pumpendiagramm Fig. 188, obwohl dasselbe bei nur 60 Uml/min
aufgenommen ist. Bei Pumpen wird eine Verminderung der Federschwingungen hauptsächlich durch Erweiterung des Indikatorstutzens
und der unteren Indikatorbohrung zu erreichen sein, nötigenfalls auch —
auf Kosten der Reibungsverhältnisse — durch Verkleinerung des
Indikatorkolbens.

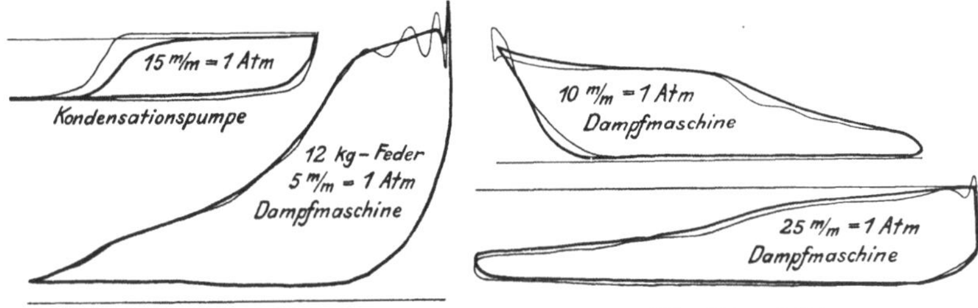


Fig. 191 und 192.                    Fig. 193 und 194.
Einfluß der Schreibstifttreibung auf das Indikatordiagramm.

Die Schwingungen lassen sich natürlich auch durch Dämpfung beseitigen, sei es durch Vergrößerung der molekularen Dämpfung, sei es
durch Vergrößerung der Reibung. Wir wissen aus § 9, daß Instrumente, die den Schwankungen folgen sollen, nicht gedämpft sein dürfen,
insbesondere nicht durch Reibung. Es ist ja auch klar: eine starke
Dämpfung verhindert zwar die Schwingungen, aber läßt auch die Schreibstiftbewegung nachhinken. Immerhin ist eine mäßige molekulare
Dämpfung, wie sie die Diagramme Fig. 186 bis 189 zeigen, ganz angenehm und auf die Angabe von geringem Einfluß, übrigens ja auch
unvermeidlich. Unbedingt zu vermeiden ist aber die Reibung. Wie
sehr allein die Reibung des Schreibstiftes auf dem Papier die Ergebnisse
beeinflußt, namentlich bei Verwendung kleiner Kolben und schwacher
Federn, das zeigt Fig. 191 bis 194: jedes der Diagramme ist unmittelbar nacheinander zweimal geschrieben, einmal wurde der Schreibstift
stark, einmal schwach angedrückt; es ergeben sich teilweise unerwartete
Unterschiede.
Die Schwingungen freilich sind fortgefallen. Deshalb kann man
geradezu den Satz aufstellen, einige Federschwingungen sind als Zeichen
eines guten Zustandes des Indikators anzusehen und unbedingt zu ver-

langen; seien sie auch nur so schwach wie in Fig. 174, wo nur das geübte Auge sie erkennt.

*Außer den Massenschwingungen*, die sich, wie schon erwähnt, im Notfall rechnerisch ausmerzen lassen, sind an anderen Ursachen für die Abweichung der Schreibstiftangabe von der Spannung im Maschinenzylinder die folgenden zu nennen. Wir sahen soeben, wie verschieden Diagramme ausfallen, wenn man den Schreibstift verschieden stark andrückt; ähnliches wird die Kolbenreibung bewirken können. Daher die Regel, daß der Kolben lieber etwas leicht gehen und ausblasen, als sich klemmen sollte. — Die Bohrung des Indikatorstutzens bewirkt — abgesehen von den schon besprochenen, nur von der Weite abhängigen Massenwirkungen — eine Dämpfung, hervorgerufen durch die Widerstände der Zuleitung; die Druckschwankungen treten nicht in voller Größe in den Indikatorzylinder ein. Deshalb sollen die Zuleitungen nicht zu eng — wie schon der Massenwirkungen wegen — aber auch nicht zu lang sein; Knicke in ihnen sind zu vermeiden. Ungünstige Verhältnisse ergeben sich immer, wenn beide Zylinderenden mit einem Indikator indiziert werden sollen — besonders bei höheren Umlaufzahlen. — Außerdem können natürlich durch toten Gang in den Gelenken und Verbiegung des Gestänges Fehler in die Schreibstiftbewegung kommen, die ganz unkontrollierbar sind und durch sorgsame Instandhaltung des Indikators in erträglichen Grenzen gehalten werden müssen.

**81. Störung des Maschinenganges durch den Indikator.** Bei kleinen Maschinen und bei solchen, deren schädlicher Raum sehr klein ist (Kompressoren, Corlißdampfmaschinen) wird der Maschinengang durch den Anbau des Indikators wesentlich geändert. Die Diagramme geben dann nicht praktische Betriebsverhältnisse wieder, und man muß in allen Folgerungen vorsichtig sein.

Der Maschinengang ändert sich zunächst dadurch, daß der Raum unter dem Indikatorkolben zum schädlichen Raum kommt; eine Maschine mit sonst 1% schädlichem Raum hat nun etwa $1\tfrac{1}{4}\%$. Das Diagramm stellt daher, wenn auch nicht genau die Betriebsverhältnisse der untersuchten Maschine, so doch wenigstens mögliche Verhältnisse dar.

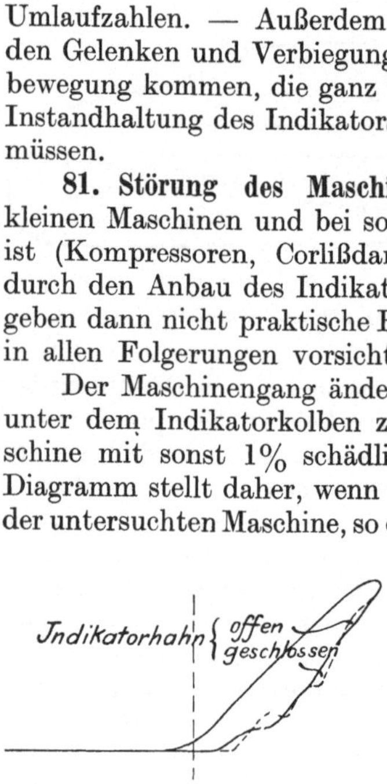

Fig. 195. Versetztes Ventilerhebungsdiagramm einer Pumpe, nach Berg.

Außerdem aber gibt der sich bewegende Indikatorkolben durch seine Bewegung zu verschiedenen Zeiten mehr oder weniger Raum frei: dieser Raum muß mit dem arbeitenden Medium, mit Wasser bei einer Pumpe, angefüllt werden. Daher wird gewissermaßen der schädliche Raum veränderlich: er ist abhängig von der Spannung im Zylinder. Das sind Verhältnisse, die sonst praktisch unmöglich sind; höchstens mit dem Atmen eines Pumpenkörpers läßt die Erscheinung sich vergleichen.

Wie sehr die Betriebsverhältnisse einer Pumpe durch den Indikator geändert werden können, zeigen die versetzten Ventilerhebungsdiagramme

Fig. 195, deren eines bei offenem, deren anderes bei geschlossenem Indikatorhahn aufgenommen ist.  Bei offenem Indikatorhahn hebt sich das Ventil später vom Sitz, weil das Wasser erst den vom Indikatorkolben freigegebenen Raum ausfüllen muß; der Pumpengang wird also durch den Indikator verschlechtert.  Auch der volumetrische Wirkungsgrad wird verschlechtert.

**82. Fehler der Trommelbewegung.**  Die Bewegung der Papiertrommel kann — abgesehen von etwa vorhandenen geometrischen Unrichtigkeiten im Antrieb — fehlerhaft werden durch wechselnde *Schnurdehnung*.  Bei der Beurteilung der Verhältnisse ist zu beachten, daß wechselnde Schnurdehnung, auch wenn sie Änderungen der Diagrammlänge zur Folge hat, nicht notwendig Fehler ins Diagramm bringt; nur soweit die Dehnungen nicht dem Hube proportional sind, entstehen Fehler nach Maßgabe der Abweichungen von der Proportionalität.

Ursache zu wechselnder Schnurdehnung geben die im Hin- und Hergehen wechselnde Spannung der Trommelfeder und andererseits die Massenwirkungen der Trommel; erstere bewirken eine Verkürzung, letztere eine Verlängerung des Diagrammes; erstere sind unabhängig von der Umlaufzahl der Maschine, letztere nehmen mit der Umlaufzahl zu.  Davon, daß die Schnurdehnungen merkliche Beträge annehmen können, überzeugt man sich durch die Beobachtung, daß im langsamen Gang das Diagramm kürzer ist, als es nach dem Übersetzungsverhältnis des Hubminderers sein sollte; insbesondere ist, wo zwei Indikatoren hintereinander geschaltet sind, der Hub der zweiten Trommel um die Dehnung der zwischenliegenden Schnur kürzer als der der ersten.  Je schneller aber die Maschine läuft, desto länger wird das Diagramm; es kann dabei die aus dem Übersetzungsverhältnis folgende theoretische Länge erreichen und übersteigen.  Es handelt sich bei allem diesen um Längenunterschiede von 1 bis 5 mm.

Maßgebend sind, wie erwähnt, nur die Abweichungen von der Proportionalität; hierüber ist nun folgendes zu sagen.  Die durch die wechselnde Federspannung hervorgerufenen Dehnungen werden dann keine Fehler ins Diagramm bringen, wenn die Federspannungen dem jeweiligen Trommelhube proportional sind und wenn die Schnur Proportionalität zwischen Dehnung und Spannung aufweist, also dem Hookeschen Gesetz folgt.  Die Massenwirkungen würden dann keine Fehler ins Diagramm bringen, wenn die Bewegung der Trommel von der Zeit nach einer reinen Sinusfunktion abhängig verliefe.  Es seien nämlich $x$ die Ausschläge des Kreuzkopfes, $y$ die der Trommel, im Maßstab der erstere im Übersetzungsverhältnis des Hubminderers reduziert, und beide von der Stellung in Diagrammitte aus gerechnet, das positive Zeichen für die Richtung wachsender Spannung der Trommelfeder verwendet; es sei $m$ die Masse der Trommel, $P_1$ die Zunahme der Federspannung für $y = 1$ und $P_0$ die Vorspannung der Feder in der Mittelstellung der Trommel, alle drei bezogen auf den Abstand der Schnurachse von der Trommelachse, und es sei $\alpha$ die Schnurdehnung für 1 kg Belastung, $t$ die Zeit; dann ist

$$\text{die Federspannung} \qquad P_0 + P_1 y,$$

$$\text{die Schnurspannung} \qquad P_0 + P_1 y - m \frac{d^2 y}{d t^2};$$

$$\text{die Schnurdehnung} \qquad \alpha \left( P_0 + P_1 y - m \frac{d^2 y}{d t^2} \right).$$

Nun wird der Trommelausschlag von der Mitte aus gleich dem des Kreuzkopfes vermindert um die Schnurdehnung

$$y = x - \alpha \left( P_0 + P_1 y - m \frac{d^2 y}{d t^2} \right).$$

Nur wenn wir, unter $l$ die Diagrammlänge und unter $c$ eine Konstante verstanden, $y = \dfrac{l}{2} \cdot \sin c\, t$, also $\dfrac{d^2 y}{d t^2} = -\dfrac{l}{2} \cdot c^2 \cdot \sin c\, t = -c^2 y$ setzen können, ergibt sich in

$$y = x - \alpha \left( P_0 + P_1 y + m c^2 y \right) \quad . \quad . \quad . \quad . \quad (22)$$

eine lineare Beziehung zwischen den Bewegungen der Trommel und des Kreuzkopfes.

Diese Beziehung wird gestört, wenn die obengenannten Voraussetzungen nicht zutreffen; unvermeidlich sind die Einflüsse endlicher Schubstangenlänge, die zu dem von der Massenwirkung herrührenden letzten Glied ein weiteres hinzufügen, und die insbesondere dann Störungen in die Proportionalität bringt, wenn mit wachsender Umlaufzahl die Massenkräfte zunehmen. Da $c$ mit wachsender Umlaufzahl zunimmt, so kann es überdies dahin kommen, daß für negative Werte von $y$ der Klammerwert negativ wird: in der Gegend des Totpunktes schwächerer Federspannung tritt dann Schlaffwerden der Schnur ein, die Trommel schleudert. Man muß deshalb bei höheren Umlaufzahlen die Vorspannung $P_0$ der Feder vergrößern, jedenfalls bis das Schleudern verschwindet, besser noch darüber hinaus, damit das letzte Glied in seinem Einfluß zurücktritt, der, wie erwähnt, bei endlicher Schubstangenlänge ungünstig ist. Auch bei großer Ungleichförmigkeit des Maschinenganges wäre er ungünstig, doch ist diese gerade bei hohen Umlaufzahlen nicht zu befürchten. — Verkürzung des Trommelhubes vermindert natürlich auch die Massenwirkungen, doch ist das kleinere Diagramm ungenauer zu planimetrieren.

Eine Größe, die auf alle Fälle Fehler ins Diagramm bringt, ist die Reibung der Trommel in ihrer Achse. Zwar würde sie in unserer Gleichung (22) ein konstantes Glied liefern, aber dessen Vorzeichen würde in den Totpunkten wechseln. Die Trommel wird hinter dem Totpunkt eine Zeitlang ganz stehen bleiben, bis die Reibung überwunden ist und der Rückgang eintritt; die beim Hin- und beim Rückgang gezeichneten Diagrammteile wären gegeneinander verschoben; von Proportionalität kann also keine Rede sein; eine zeichnerische Ergänzung der unterdrückten Diagrammenden, unter Beseitigung der Verschiebung, würde von zweifelhaftem Wert sein. Man muß also auf Verminderung der Reibung bedacht sein, deren Einfluß übrigens bei gut instand gehaltenen Indikatoren gering zu sein scheint.

Im ganzen wird man daher folgern dürfen, daß die Unrichtigkeiten der Trommelbewegung, sekundären Ursachen entspringend, sich in mäßigen Grenzen halten werden. Immerhin ist es eine wichtige Regel, auf möglichst geringe Schnurdehnung zu sehen. Die besonders hergestellte Indikatorschnur ist bedeutend weniger dehnbar als gewöhnlicher Bindfaden. Außerdem achte man darauf, daß die Schnur vom Hubminderer zur Trommel möglichst kurz ausfällt, denn ihre Dehnung kommt unverkürzt ins Diagramm. Die übliche Methode, je zwei Indikatoren von einem Hubminderer aus anzutreiben, wobei die erste Trommel die zweite antreibt, ist bei langhubigen Maschinen anfechtbar: die Bewegung der zweiten Trommel wird falsch.

**83. Zeichnerische Eliminierung der Massenschwingungen[1]).** Die Bewegung des Schreibstiftes stellt nicht den Verlauf der Spannung dar, sondern weicht um so viel davon ab, wie der Einfluß der Dämpfung, der Reibung und der Massenkräfte ausmacht. Man kann, jedoch nur im Zeitdiagramm, aus der vom Schreibstift aufgezeichneten Kurve der tatsächlichen Kolbenwege $s$ (des Indikatorkolbens) den Verlauf der Spannung $p$, der uns interessiert, ableiten, indem man den Einfluß der genannten Größen eliminiert. So könnte man in Fig. 5, an der wir das allgemeine Verhalten der Instrumente darlegten, aus der vom Instrument gegebenen Kurve den Verlauf der zu messenden Größe, der dort durch die starke Kurve $XY$ dargestellt war, abzuleiten unternehmen.

Auf den Indikatorkolben wirken zu jeder Zeit $t$ die folgenden Kräfte: Die zu messende Spannung $p$ wirkt aufwärts auf die Kolbenfläche $f$; bezeichnen wir die aufwärtsgehenden Kräfte als positiv, so ist die der Spannung entsprechende Kraft $+ p \cdot f$. Die Feder drückt den Kolben abwärts mit einer Kraft, die von dem Federmaßstab $c$ und der Abweichung $s$ des Kolbens von der Ruhelage abhängt; die Kraft ist $- c \cdot s$. Die Reibung pflegt man in solchen Untersuchungen als konstant einzuführen, doch wechselt sie ihr Vorzeichen mit der Bewegungsrichtung; sie übe die Kraft $+ w$ auf den Kolben aus. Die durch molekulare Dämpfung vernichtete Energie pflegt man dem Quadrat der Geschwindigkeit proportional zu setzen; die von ihr ausgeübte Kraft wäre dann der Geschwindigkeit $\dfrac{ds}{dt}$ der gedämpften Teile proportional; sie würde unter Einführung eines Proportionalitätsfaktors $\varepsilon$, des Dämpfungsfaktors, $- \varepsilon \cdot \dfrac{ds}{dt}$ zu schreiben sein, nur mit negativem Vorzeichen, da sie zwar der Bewegung entgegenwirkt, da aber hier der Zeichenwechsel automatisch mit dem Richtungswechsel erfolgt.

Fügen wir zu diesen äußeren Kräften die Massenkraft hinzu, die durch die Masse $m$ und die Beschleunigung $\dfrac{d^2 s}{dt^2}$ des Kolbens gegeben ist und die, als der Geschwindigkeitszunahme entgegengesetzt, mit $- m \cdot \dfrac{d^2 s}{dt^2}$ anzusetzen ist, so können wir den Kolben als im Gleich-

---

[1]) Wagener, a. a. O.; Borth, Forschungsarbeiten Heft 55.

gewicht befindlich betrachten und die Gleichgewichtsbedingung anschreiben:

$$p \cdot f - c \cdot s - \varepsilon \cdot \frac{ds}{dt} \pm w - m \cdot \frac{d^2 s}{dt^2} = 0$$

oder

$$p \cdot f = c \cdot s + \varepsilon \cdot \frac{ds}{dt} \pm w + m \cdot \frac{d^2 s}{dt^2} \cdot \quad \ldots \quad (23)$$

Es fragt sich, ob außer den im Indikatordiagramm gegebenen Werten von $s$ alle übrigen Glieder der rechten Seite bestimmbar sind. Das ist nun in der Tat der Fall. Bei $s$ selbst ist freilich schon zu beachten, daß es die Kolbenwege vergrößert darstellt, meist in sechsfachem Maßstab; außerdem ist der Kolbenweg in Metern zu entnehmen, da man sich bei den nun zu besprechenden komplizierten Ermittlungen am besten streng an das Maßsystem hält; die Ermittlung der Maßstäbe ist ohnehin oft schwierig. Weiter ist der Federmaßstab $c$ ohne weiteres bekannt; hier ist er allerdings nicht in mm/at, sondern, da alle Glieder unserer Gleichung in Kilogramm gegeben sein sollen, in kg/m anzugeben und nicht auf den Schreibstift-, sondern auf den Kolbenweg zu beziehen; eine Feder, die bei einer Spannungseichung 1,972 mm/at ergeben hat, die mit einem Kolben von 9,985 mm Durchmesser, entsprechend 0,7830 qcm Fläche arbeitet und ein Schreibzeug von sechsfacher Übersetzung betätigt, erfährt durch 0,7830 kg Kraft die Durchbiegung $\frac{1,972}{6}$ mm = 0,000329 m; es ist $c = \frac{0,7830}{0,000329} = 2380 \frac{\text{kg}}{\text{m}}$. Es ist dies die Federkonstante der Feder. — Ferner sind nun $\frac{ds}{dt}$ und $\frac{d^2 s}{dt^2}$ durch zweimaliges Differenzieren der als Funktion von $t$ aufgezeichneten $s$-Kurven, also der Zeitdiagramme, zu finden; dazu dient der Spiegelderivator (S. 177); um die wünschenswerte Genauigkeit beim Differenzieren zu erreichen, muß man durch Wahl der Ablaufgeschwindigkeit des Diagrammpapiers für passende (S. 179) Neigung der Kurven sorgen.

Es bleiben durch besondere Versuche zu finden: $\varepsilon$, $w$ und $m$. — Man kann zunächst den Wert der *Reibung* ermitteln, indem man den Indikatorschreibstift einmal hochdrückt und langsam in die Ruhelage kommen läßt, das andere Mal das gleiche von abwärts kommend tut. Der Unterschied dieser beiden Ruhelagen entspricht der doppelten Reibung. Der Maßstab ergibt sich ohne weiteres; wäre bei obengenannter Feder der Unterschied 0,2 mm, so macht die Reibung linear im Diagramm $\pm 0,1$ mm aus; dem entspricht $w = \dfrac{2380 \cdot 0,0001}{6} = 0,04$ kg.

Die *Masse m* durch Wägung zu finden ist nicht angängig, da es sich nicht um die Masse des Kolbens allein handelt, sondern auch um die der Schreibstiftführung und der Feder; beide aber haben in ihren verschiedenen Teilen verschiedene, von der des Kolbens abweichende Geschwindigkeiten, und eine Reduktion aller auf die Kolbengeschwindigkeit ist bei der komplizierten Konfiguration der Teile schwierig. Die Masse $m$ und der Dämpfungsfaktor $\varepsilon$ lassen sich aber aus den allgemeinen

Schwingungsgesetzen bestimmen. Insbesondere läßt sich verwenden der Ausdruck für die Dauer einer vollen (Doppel-)Schwingung

$$t_s = \frac{4\,\pi\,m}{\sqrt{4\,c\,m - \varepsilon^2}} \quad \dots \dots \dots \quad (24)$$

und für das Verhältnis zweier aufeinanderfolgender Amplituden, die wir mit $x'$ und $x''$ bezeichnen wollen; wenn wir unter diesen beiden Werten nicht das Verhältnis zweier aufeinanderfolgender positiver, sondern zweier aufeinanderfolgender Amplituden ungleichen Vorzeichens verstehen, die also nur um $\frac{1}{2}\,t_s$ auseinanderliegen, so ist

$$\ln\frac{x'}{x''} = \frac{\varepsilon \cdot \frac{1}{2}\,t_s}{2\,m} = \frac{\varepsilon \cdot t_s}{4\,m}. \quad \dots \dots \quad (25)$$

Wir schreiben

$$\ln\delta = \frac{\varepsilon \cdot t_s}{4\,m}. \quad \dots \dots \dots \quad (25\,\text{a})$$

In Gleichung (24) und (25 a) können wir $t_s$ und $\delta = x' : x''$ durch Ausmessung an einem Diagramm entnehmen und daher die beiden dann verbleibenden Unbekannten $m$ und $\varepsilon$ berechnen. Setzen wir zunächst $\varepsilon = \dfrac{4\,m \cdot \ln\delta}{t_s}$ in (24) ein und lösen nach $m$ auf, so ergibt sich

$$m = \frac{c \cdot t_s^2}{4\,(\pi^2 + [\ln\delta]^2)} \quad \dots \dots \dots \quad (26)$$

Hieraus können wir die Masse der bewegten Teile ein für allemal berechnen. Da man verschiedene Kolbenmassen und auch wohl nach Bedarf wechselnde Zusatzmassen verwendet, um den Schwingungen eine für die Auswertung bequeme Größe zu geben und die Berechnung der Dämpfung wegen ihrer wechselnden Größe nicht ein für allemal gemacht werden kann, so ist es bequem, für Berechnung von $\varepsilon$ die Schwingungszeit zu eliminieren; man setzt den Wert von $t_s$ aus (24) in (25 a) ein und erhält

$$\varepsilon = \sqrt{\frac{4\,c\,m \cdot (\ln\delta)^2}{\pi^2 + (\ln\delta)^2}}. \quad \dots \dots \dots \quad (27)$$

Man schreibt nun ein besonderes Schwingungsdiagramm mit Hilfe des zu benutzenden Indikators, indem man den Kolben zunächst hochhebt, etwa durch Unterklemmen einer kleinen Gabel unter das Kugelgelenk $K$ der Fig. 156, und dies Hindernis plötzlich entfernt. Die Federspannung löst Schwingungen aus, deren Verlauf man auf umlaufender Trommel abhängig von der Zeit aufschreibt. Fig. 196 gibt ein Schema des entstehenden Diagrammes. Wenn wir die Papiergeschwindigkeit gemessen haben, so ist die Schwingungszeit ohne weiteres in Gestalt der Strecke $t_s$ abzumessen, nachdem man die Stelle größten Ausschlages durch Halbieren einer Sehne $k\,k$ gefunden hat. Nicht so einfach ist die Entnahme von $\delta$. Hierunter ist das Verhältnis der aufeinanderfolgenden Amplituden rein gedämpfter Schwingungen zu verstehen; die mit dem Indikator aufgezeichneten Schwingungen enthalten aber auch den Einfluß der Reibung, deren Größe in schon besprochener Weise durch den Abstand der Linien $R_1R_2$ zu beiden Seiten der reibungslosen Ruhelage $M$ gegeben ist. Nun wirkt die Reibung in konstanter Größe der Bewegung entgegen und wird daher durch den gebrochenen Zug $BDFHK\ldots$ dargestellt, wobei der Sprung immer an der Stelle größter Amplitude der Schwingung eintritt. Von $A$ bis $C$ kann man die Schwingung als um das Mittel $B$ erfolgend, von $C$ bis $E$ als um $D$ herum erfolgend betrachten, und so fort. Dann hat man als $\delta$ das Verhältnis $x_1 : x_2$, oder auch $x_3 : x_4 \ldots$ anzusehen. Man hat also, die Größe der Reibung wieder mit $w$ und die von $M$ aus gemessenen Amplituden mit $x'$, $x''\ldots$ bezeichnet, zu entnehmen $\delta = \dfrac{x' - w}{x'' + w} = \dfrac{x'' - w}{x''' + w} = \ldots$ . Man kann aber auch die Benutzung von $w$ umgehen. Es läßt sich nämlich daraus,

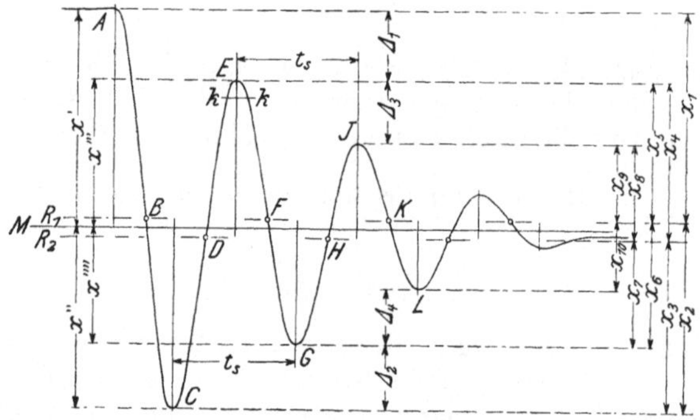

Fig. 196.

daß $\dfrac{x_1}{x_2} = \dfrac{x_3}{x_4} = \ldots$ und auch $\dfrac{x_1}{x_5} = \dfrac{x_5}{x_9} = \ldots$ ist — weil das die Amplituden der rein gedämpften Schwingungen sind — beweisen, daß $\delta = \dfrac{(x_1 - x_5) + (x_2 - x_6)}{(x_5 - x_9) + (x_6 - x_{10})} = \dfrac{\varDelta_1 + \varDelta_2}{\varDelta_3 + \varDelta_4}$ ist; und diese Größen sind im Diagramm ohne weiteres abzugreifen.

Als *Beispiel* ist in Fig. 197 ein Diagramm gegeben, das zur Bestimmung der Masse, und in Fig. 198 eines, das zur Bestimmung der Dämpfung gedient hat, und zwar an demselben Indikator, dessen Federkonstante wir schon gaben. Nach Fig. 197 sind 3 Schwingungen $= 81,0$ mm $= 81,0 \cdot 0,001675 = 0,1357$ sek, also ist $t_s = 0,0452$ sek. Für die Dämpfung dieses Diagrammes ist zu entnehmen $\delta = \dfrac{6,8 + 5,8}{5,6 + 4,4} = \dfrac{12,6}{10,0} = 1,26$. Nach (26) wird die schwingende Masse $m = \dfrac{2380 \cdot 0,002043}{4(9,870 + 0,053)} = 0,1220$ Einheiten. Bei dem Versuch war, um die Schwingungen zu vergrößern und langsamer zu machen, eine Zusatzmasse eingebaut, die die Kolbenstange umgab; sie kann sonst auch an

der unten durchzuführenden Kolbenstange befestigt werden; diese
Zusatzmasse war mit dem Kolben zusammen gewogen, sie wog 1,0933 kg
entsprechend $\dfrac{1,0933}{9,81} = 0,1114$ Masseneinheiten. Also ist die auf den
Kolben reduzierte Masse des Schreibzeuggestänges einschließlich der
Feder (für deren jede der Versuch besonders zu machen wäre)
$0,1220 - 0,1114 = 0,0106$ Einheiten.

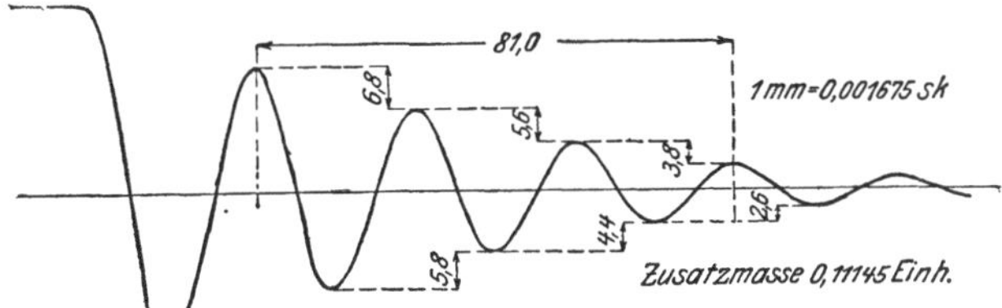


Fig. 197. Ermittlung der schwingenden Masse eines Indikators.

Die Dämpfung wird, ihrer Veränderlichkeit wegen, vor jedem Versuch
nochmals bestimmt. Zu diesen Bestimmungen benutzt man, um die Verhältnisse der Benutzung möglichst anzunähern, gewöhnliche Indikatordiagramme, in denen genügende Schwingungen vorhanden sind; man
kann etwa bei einer Gasmaschine durch Einführung reicheren Gemisches den Explosionsstoß verstärken. Solchem Diagramm entstammt
Fig. 198, ein Teil der Expansionskurve. Um bei dieser Aufnahme und bei

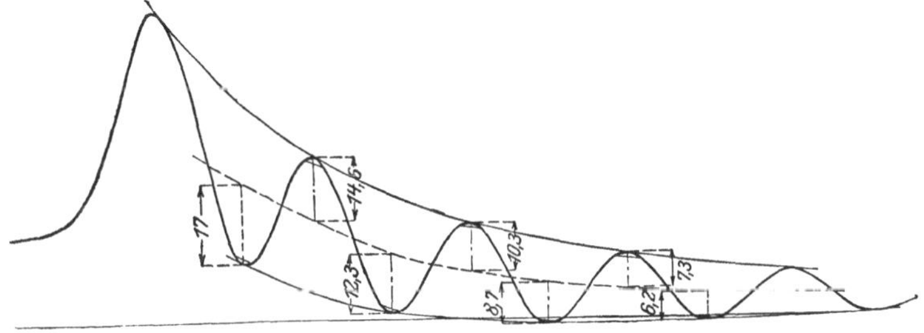


Fig. 198. Ermittlung der Dämpfung eines Indikators.

den späteren Diagrammen, Fig. 199, gute Schwingungen zu erhalten, war
eine Zusatzmasse verwendet, die mit Kolben 0,276 kg wog, entsprechend
0,0282 Masseneinheiten; einschließlich der schon bestimmten Masse von
Schreibzeug und Feder wird $m = 0,0282 + 0,0106 = 0,0388$ Einheiten.
Es sind zwei Kurven gezogen, die die Schwingungen einhüllen; durch
Halbieren der Ordinaten ist die Mittelkurve erhalten worden, die den
Druckverlauf darstellen wird, weil an dieser Stelle die Druckänderung
gleichmäßig vor sich geht. Man ermittelt durch Halbieren der zur
Mittelkurve parallelen Sehnen die Höchstpunkte und entnimmt die
Amplituden; diese sind eingetragen; die Reibung von $w = 0,1$ mm ist

abzuziehen oder zuzuzählen; so ergibt sich $\delta = \dfrac{17,0 - 0,1}{14,6 + 0,1} = 1,150$; und nach Gleichung (27) wird

$$\varepsilon = \sqrt{\frac{4 \cdot 2380 \cdot 0,0388 \cdot 0,01952}{9,870 + 0,01952}} = 0,86 \, \frac{\text{kg} \cdot \text{sek}}{\text{m}} \, .$$

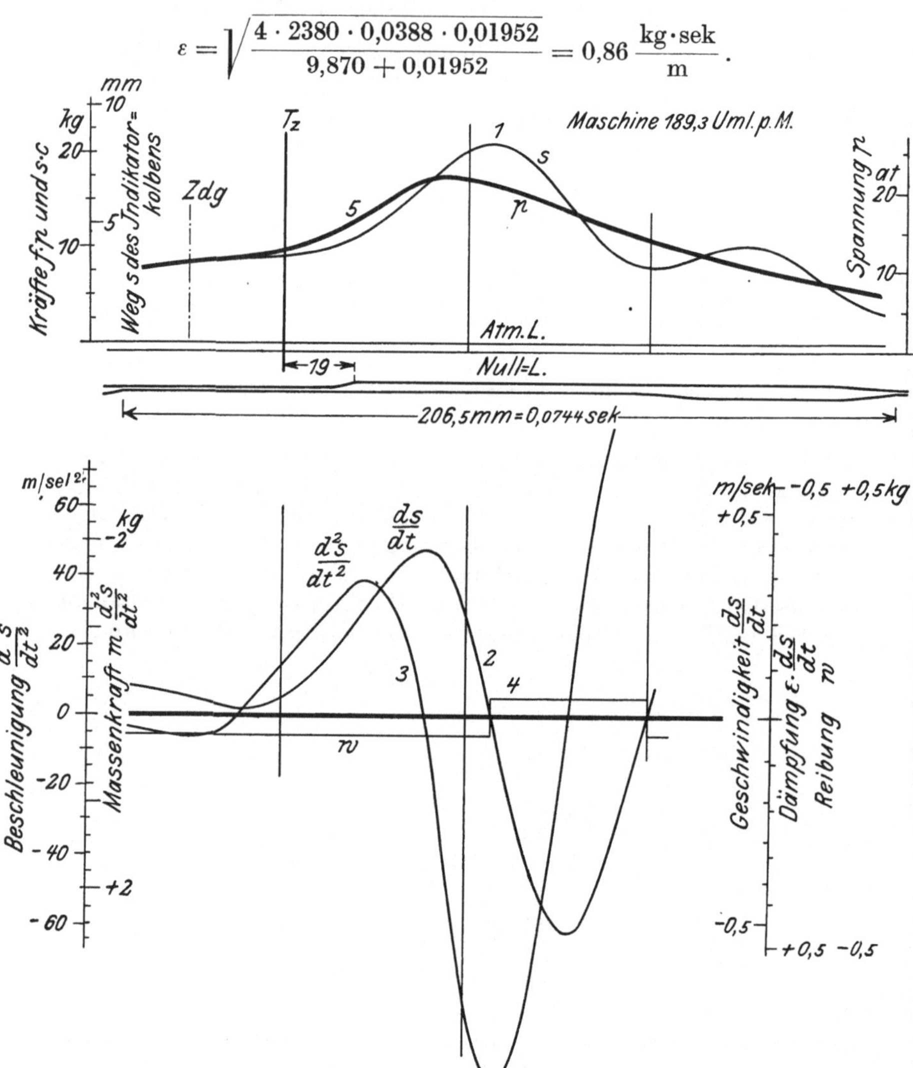


Fig. 199. Eliminierung der Massenschwingungen aus einem Gasmaschinendiagramm (nach B o r t h).

Fig. 199 gibt nun ein nach diesen Daten *berichtigtes Diagramm einer Gasmaschine* in der Nähe des Zündungstotpunktes. Die Kurve 1 ist mit dem Indikator indiziert worden; die Ableitung dieser Wegkurve ergab die Geschwindigkeitskurve 2, die Ableitung dieser die Beschleunigungskurve 3. Diese Kurven sind in abweichendem Maßstab unter das Hauptbild gezeichnet. Unter Beachtung der vorher ermittelten

Werte des Dämpfungsfaktors und der Masse ergeben sich die angeschriebenen Maßstäbe als Wert der Dämpfung und der Massenkraft; die Reibung ist so eingetragen, daß man sie ohne weiteres zur Dämpfung hinzuzählen kann. Wenn wir nun die Kurven 2, 3 und 4 unter Beachtung der Maßstäbe und Vorzeichen zu 1 hinzufügen, so erhalten wir in Gestalt der Kurve 5 den Druckverlauf im Indikatorzylinder. Man sieht, wie auch hier (wie auf S. 216) der Höchstdruck ein ganz anderer ist, als nach dem Diagramm unmittelbar zu entnehmen gewesen wäre; allerdings war ja, um auswertbare Schwingungen zu erhalten, die Indikatormasse vergrößert. Man sieht auch, wie gut der Ausgleich der Schwingungen vor sich geht, und wie glatt die wahre Druckkurve verläuft. Man sieht endlich, daß für die gleichmäßig verlaufende Expansionslinie die richtige Druckkurve recht gut als Mittelkurve der beiden einhüllenden zu finden ist, so daß für das umständliche Auswertungsverfahren nur dann Bedarf vorhanden ist, wenn man den Höchstdruck und die Vorgänge bis zur Erreichung desselben studieren will.

Die *Ermittlung der Maßstäbe* sei kurz erläutert. Wegen der Schreibstiftübersetzung ist $s$ sechsfach vergrößert aufgetragen; die Federkonstante ist 2830 kg/m, also der Kräftemaßstab in der oberen Figur[1]) 6000 mm = 2380 kg; 1 mm = 0,397 kg oder 1 kg = 2,52 mm. — Der Maßstab der Beschleunigungen folgt aus den Einzelmaßstäben:

$$s : 0,01\ \mathrm{m}\quad = \quad 60\ \ \mathrm{mm}\quad \mathrm{oder}\quad 1\ \mathrm{mm} = 0,000167\ \mathrm{m}$$
$$t : 0,0744\ \mathrm{sek} = 206,5\ \mathrm{mm}\quad \mathrm{oder}\quad 1\ \mathrm{mm} = 0,000360\ \mathrm{sek}$$
$$\mathrm{also}\quad 1 = \frac{0,000167}{0,000360} = 0,464\ \frac{\mathrm{m}}{\mathrm{sek}}.$$

Diese Geschwindigkeit entspricht der Kurvenneigung 45°, dessen Tangens 1 ist. Wir können den Maßstab für diese Größe wählen, wie wir wollen; es ist 48 mm als Einheit angenommen; dann ist 48 mm = 0,464 m/sek; 1 mm = 0,00965 m/sek oder 1 m/sek = 103,6 mm; mit dem Dämpfungsfaktor $\varepsilon = 0,86$ wird der Maßstab der Dämpfung:

$$1\ \mathrm{mm} = 0,00965 \cdot 0,86 = 0,00830\ \mathrm{kg}\quad \mathrm{oder}\quad 1\ \mathrm{kg} = \frac{103,6}{0,86} = 120,5\ \mathrm{mm}.$$

Entsprechend ist dann der Maßstab der Beschleunigungen und Massendrucke zu berechnen. —

Will man ähnliche Ermittlungen an Pumpen machen, so hat man das auf S. 223 Gesagte zu beachten, nämlich daß die dem Hubvolumen des Indikators entsprechende Wassermasse mitschwingen muß, um die Bewegungen des Kolbens zu ermöglichen; dieselbe ist sogar nicht nur einfach, sondern wegen des meist geringeren Bohrungsdurchmessers und der dem entsprechenden größeren Geschwindigkeit vielfach in Rechnung zu setzen. Ohne Berücksichtigung dieser Masse erhielte man nur die Spannungsänderungen im Indikator, während man doch die im Maschinenzylinder kennen will.

---

1) Das heißt im Original. Fig. 199 gibt das Original auf die Hälfte verkleinert wieder.

**84. Besondere Anwendungen des Indikators.** Der Indikator ist ein registrierender Spannungsmesser, oder wenn er zur Aufzeichnung von Kolbenwegdiagrammen benutzt wird, ein Arbeitsmesser. Er läßt aber auch manche andere Verwendung zu, bei denen das Vorhandensein einer guten Schreibstiftführung und einer eichbaren und auswechselbaren Meßfeder angenehm ist.

Insbesondere kann man den Indikator als *Kraftmesser* benutzen, indem man eine zu messende Kraft, etwa die vom Arm einer Bremse ausgeübte, durch eine Druckstange auf den Indikatorkolben wirken läßt; will man dabei den Indikatorkolben schonen, so ersetzt man ihn durch eine Führungsstange, die an die Feder und an die Kugelgelenkmutter paßt. Man wird die Diagramme bei dieser Verwendung des Indikators auf die umlaufende Trommel oder auf ein Papierband schreiben; läßt man das Papier mit gleichbleibender Geschwindigkeit laufen, so erhält man $P$-$t$-Diagramme; durch Ausmessen der unter der entstehenden Kurve enthaltenen Flächen $\int P \cdot dt$ erhält man die der bewegten Masse $m$ erteilten oder entzogenen Geschwindigkeiten $w$: es ist $\int dw = \dfrac{1}{m} \cdot \int P \cdot dt$ (Satz vom Antrieb). — Wenn man dagegen das Papier von der Maschinenwelle aus antreibt, so daß es sich nicht gleichförmig, sondern mit einer Geschwindigkeit bewegt, die der Geschwindigkeit der bewegten Masse proportional ist, so erhält man ein $P$-$s$-Diagramm; durch Ausmessen der unter der entstehenden Kurve enthaltenen Flächen $\int P \cdot ds$ erhält man die der bewegten Masse $m$ erteilte oder entzogene Arbeit $L$: es ist

$$\int dL = \int P \cdot ds = \frac{m}{2} \cdot (w_2^2 - w_1^2)$$ (Satz von der Arbeit). Man wird natürlich im allgemeinen Zeit und Weg auf dem ablaufenden Papierstreifen durch ein schwingendes oder durch zwei Markenschreibzeuge aufschreiben lassen. — Die gebräuchlichen Indikatorfedern genügen zur Messung von bis zu 60 kg. Sind größere Kräfte zu registrieren, oder will man die Registrierung von Kräften durch Verwendung weicher Federn in größerem Maßstab erhalten, so muß man einen Teil der Kraft durch Gewichte ausgleichen; dann wird der Überschuß über das Ausgeglichene aufgeschrieben.

Man kann ferner den Indikator benutzen, um die Bewegung irgendwelcher zwangläufig bewegter oder selbsttätig arbeitender Maschinenteile aufschreiben zu lassen; es handelt sich namentlich um die Bewegung der Steuerungsorgane von Kolbenmaschinen, also von Ventilen, Schiebern oder Hähnen. Man überträgt dazu die Bewegung des zu untersuchenden Organes auf den Kolben des Indikators mittels einer Druckstange, und stellt den Kraftschluß her durch Einbauen einer schwachen Indikatorfeder, die sonst zu dieser Aufnahme gar nicht nötig wäre und deren Federmaßstab gleichgültig ist. Man kann diese *Ventilerhebungsdiagramme* als Kolbenweg- oder als Zeitdiagramme aufschreiben, indem man entweder die vom Kreuzkopf aus angetriebene schwingende Trommel oder aber eine rotierende Trommel oder ein Papierband verwendet. Kolbenwegdiagramme einer Schiebermaschine liefern die sogenannte Schieberellipse; bei Ventilen und Hähnen ergeben sich entsprechende Kurven. Da aber hauptsächlich die Eröffnung und der Abschluß zu interessieren pflegen, und diese oft in der Nähe des Totpunktes liegen und dann verkürzt wiedergegeben werden, so muß man zur Ermittlung der dort eintretenden Vorgänge Zeitdiagramme aufnehmen; an diesen kann man dann auch durch zweimaliges Ableiten die auf das Steuerorgan wirkenden Kräfte bestimmen, in ähnlicher Weise, wie es bei den Bewegungen des Indikatorkolbens möglich war. Auch versetzte Ventilerhebungsdiagramme kann man natürlich aufnehmen; ein solches findet sich in Fig. 195 dargestellt. Kann man die sechsfache Übersetzung nicht brauchen, so bringt man den Schreibstift selbst mit dem Ventil in Verbindung.

**85. Besondere Bauarten des Indikators.** An besonderen Bauarten des Indikators mögen noch die folgenden nur erwähnt werden.

Zum Indizieren der *Kältekompressoren*, die mit Ammoniak arbeiten, hat man Spezialinstrumente, die ganz unter Ausschluß von Bronze aus Eisen und Stahl hergestellt sind. Ammoniak nämlich und auch Schwefeldioxyd greifen Kupferlegierungen an.

Man hat Indikatoren für *fortlaufende Diagrammaufnahme*. Um die Anlaufverhältnisse von Maschinen zu untersuchen — in Frage kommen namentlich Fördermaschinen, eventuell Lokomotiven — wünscht man Diagramme dauernd während der ganzen Anlaufperiode aufzunehmen, da jedes folgende Diagramm anders ausfällt als das vorhergehende. Nimmt man mittels einfachen Indikators ein Dauerdiagramm, so überdecken sich die Diagramme, so daß man sie nicht mehr auseinanderfinden, insbesondere nicht ihre Reihenfolge erkennen kann. Bei den in Rede stehenden Indikatoren wird nun das Dauerdiagramm auf einen mäßig langen Papierstreifen aufgenommen, welcher in der entsprechend veränderten Papiertrommel untergebracht ist. Die Papiertrommel erfährt eine hin und her gehende Bewegung wie immer. Außerdem aber wird am einen Hubende immer der Papierstreifen einige Millimeter fortgeschoben, so daß die einzelnen Diagramme genügend auseinanderfallen. Wegen der Einzelheiten dieser Konstruktion verweisen wir auf die Prospekte.

Man hat versucht, den *Indikator* mit seiner lästigen Planimetrierung zu *ersetzen*. Man hat beispielsweise ein Differentialmanometer statt seiner verwendet, welches mit Hilfe eines Umschalthahnes an die Zylinderenden angeschlossen war. Der Umschalthahn wurde vom Kreuzkopf in beiden Hubenden so betätigt, daß die eine Seite des Differentialmanometers immer mit der auspuffenden, die andere immer mit der arbeitenden Zylinderhälfte in Verbindung stand. Das Manometer zeigte dann, bei genügender Abdrosselung, einfach den mittleren Spannungsunterschied zwischen beiden Kolbenseiten an und konnte daher, so folgerte man, wie ein Indikator zur Leistungsermittlung benutzt werden. Die Folgerung ist falsch: das Manometer zeigt nicht das an, was wir mit $p_m$ bezeichneten. Das Manometer gibt den zeitlichen Mittelwert der Spannungen; der Indikator bezieht den Mittelwert $p_m$ auf den vom Kolben zurückgelegten Weg $s$, nicht auf die Zeit $t$. Das Manometer bildet das Integral $\int P \cdot dt$, der Indikator dasjenige $\int P \cdot ds$, und nur das letztere ist geleistete Arbeit.

Kein einfacheres Instrument ersetzt bisher den Indikator auch nur für die einfache Leistungsermittlung, wo man auf die Form des Diagramms gar keinen Wert legt. Versuche, das Indikatorschreibzeug gleich mit dem Planimeter mechanisch zu verbinden, haben auf zwar theoretisch richtige, aber wegen ihrer Schwerfälligkeit praktisch unbrauchbare Konstruktionen geführt. —

Als ganz abweichend in der Konstruktion sei der *optische Indikator* angeführt. Ein kleiner Spiegel wird, um einen festen Drehpunkt, in einer Richtung durch die Bewegungen des Indikatorkolbens oder auch einer Plattenfeder, in der dazu senkrechten Richtung durch den Kreuzkopfantrieb verdreht. Ein von einer festen punktartigen Lichtquelle kommender Strahl wird daher nach der Reflexion im Raume einen Kegelmantel beschreiben, dessen Leitlinie in jeder zur Kegelachse senkrechten Ebene die Form eines Indikatordiagrammes hat; man kann das Diagramm auf einer Mattscheibe nachzeichnen, oder es auf einer photographischen Platte festhalten. — Es lassen sich auf diesem Wege, ähnlich wie bei der Spiegelablesung bei Skaleninstrumenten, sehr starke Vergrößerungen erreichen; der Spiegel braucht also nur kleine Bewegungen auszuführen, und die Massenwirkungen werden sehr eingeschränkt. Deshalb versprach man sich Großes von den optischen Indikatoren für die Untersuchung sehr schnell veränderlicher Vorgänge — bei Automobilmotoren oder bei Explosionsvorgängen. Die optischen Indikatoren scheinen jedoch bis jetzt zu allgemeiner Benutzung noch nicht geeignet zu sein. Die starke Vergrößerung hat ein Verwischen der Linien zur Folge, außer wenn die Lichtquelle wirklich fast punktförmig ist; man muß also entweder das Gesamtlicht einer Lampe in einem Punkt konzentrieren — das bietet optische Schwierigkeiten — oder von dem Gesamtlicht alles bis auf einen annähernden Punkt abblenden — das bedingt sehr starke Lichtquellen. Wenn man aber mit mangelhaft punktförmigen Lichtquellen arbeitet, so wird die Strichbreite so groß, daß die Ausmessungen der Diagramme nicht genauer möglich ist als die von gewöhnlichen Diagrammen. Auch die mechanische Ausführung der Instrumente scheint noch zu wünschen zu lassen.

—

# XI. Messung der Temperatur.

**86. Einheit.** Der Begriff der Temperatur ist unmittelbar durch die Anschauung gegeben: das Gefühl lehrt uns warm und kalt zu unterscheiden. Die Temperatur ist jene Größe der Wärmeenergie, auf deren Differenzierung — Vorhandensein von Temperaturunterschieden — die Möglichkeit beruht, die Wärme technisch nutzbar zu machen, und auch, sie von einem Körper auf einen anderen zu übertragen.

Man mißt die Temperatur nach *Graden.* Die Größe des Grades wird festgelegt, indem man als 100° den Temperaturunterschied vom Gefrierpunkt des Wassers bis zu seinem Siedepunkt bei 760 mm

Barometerstand bezeichnet. Diese Größe des Grades ist der *Celsiusskala* und der *absoluten Temperaturskala* gemeinsam. Doch beginnt die Celsiusskala vom Frierpunkt des Wassers als Nullpunkt an zu zählen, so daß also der normale Siedepunkt bei 100° C liegt; Temperaturen unter dem Frierpunkt des Wassers werden als negativ gekennzeichnet. Die absolute Temperaturskala hat ihren Nullpunkt bei −273° C, der Frierpunkt des Wassers liegt also bei 273° abs. und der normale Siedepunkt bei 373° abs. Negative Werte der absoluten Temperatur kommen nicht in Frage, da bei −273° C die theoretische untere Grenze der gesamten Temperaturskala liegt. Man pflegt die in Celsiusgraden ausgedrückte Temperatur mit $t$, die in absoluten Graden ausgedrückte mit $T$ zu bezeichnen; dann ist also $T = 273 + t$.

Nun ist aber noch nicht der Grad selbst definiert, sondern nur sein Hundertfaches. Es fragt sich, wie man die Unterteilung in 100 Teile bewirken will.

Wir dürfen das gewöhnliche und auch das Luftthermometer als bekannt voraussetzen. Bei letzterem dient die Ausdehnung der Luft als Maß für die Temperaturerhöhung. Markieren wir an einem Quecksilber- und einem Luftthermometer den Gefrier- und den Siedepunkt und teilen jedesmal den Abstand in 100 gleiche Teile, so gehen beide Instrumente bei den genannten Festpunkten überein; aber bei Zwischentemperaturen machen sie voneinander abweichende Angaben. Alle Substanzen nämlich dehnen sich nicht genau proportional der Temperaturänderung aus; das Gesetz, nach dem die Ausdehnung sich vollzieht, ist bei verschiedenen Substanzen ein verschiedenes. So zeigt denn ein Quecksilberthermometer aus Jenaer Normalglas (Nr. 16[III]) auf 50,11°, wenn das Luftthermometer 50° angibt. Für andere Temperaturen ergeben sich folgende Unterschiede[1]) bei

$$t_{16\mathrm{III}} -\quad 0\quad 20\quad\quad 40\quad\quad 60\quad\quad 80\quad 100\quad 150\quad\quad 200\quad\quad 250\quad\quad 300°\,\mathrm{C}$$

$$t_{16\mathrm{III}} - t_{\mathrm{Luft}} = 0\ +0{,}083\ +0{,}110\ +0{,}096\ +0{,}054\ 0\ -0{,}098\ +0{,}038\ +0{,}632\ +1{,}91°$$

Der Verlauf von 0° bis 100° ist in Fig. 200 dargestellt. Das für hochgradige Thermometer benutzte schwer schmelzbare Jenaer Borosilikatglas Nr. 59[III] gibt zwischen 0° und 100° nur etwa ½ bis ¼ so große Abweichungen wie das Normalglas, doch werden bei hohen Temperaturen gerade für dieses Glas die Unterschiede gegen das Luftthermometer bedeutend; der Unterschied ist nämlich

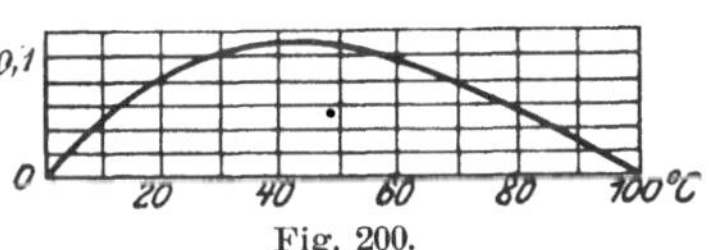


Fig. 200.

Unterschiede $t_{16\mathrm{III}} - t_{\mathrm{Luft}}$ des Quecksilberthermometers gegen das Luftthermometer.

$$t_{\mathrm{Luft}}\quad 0°\quad 100°\quad 200°\quad\quad 300°\quad\quad 400°\quad\quad 500°\,\mathrm{C}$$

$$t_{59\mathrm{III}} - t_{\mathrm{Luft}}\quad 0°\quad 0°\quad +0{,}4°\quad +4{,}1°\quad +12{,}3°\quad +27{,}8°.$$

Ein gleichmäßig geteiltes Quecksilberthermometer zeigt also auf 527,8° wo ein Luftthermometer nur 500° anzeigt. Doch sind die Quecksilberthermometer meist nicht gleichförmig geteilt.

---

1) Winkelmann, Handbuch der Physik, 2. Aufl., Bd. III, S. 141.

Ursprünglich wurde das Quecksilberthermometer der Celsiusskala zugrunde gelegt. Als man auf die besprochenen Unterschiede stieß, bedachte man, daß kein Grund vorliege, gerade die Ausdehnung des Quecksilbers als normal anzusehen, zumal ja auch noch die Ausdehnung des Glases mit ihren Zufälligkeiten Einfluß übt. Eine bessere Grundlage schien die Ausdehnung der Gase zu bilden; dehnen sich doch alle Gase etwa gleich viel, um $^1/_{273}$ ihres Volumens bei 0°, aus. Und wo die allerfeinsten Unterschiede zu beachten waren, da schien der Wasserstoff, der sich nach den Lehren der Wärmetheorie am meisten einem idealen vollkommenen Gase nähert, diejenige Gasart zu sein, deren Ausdehnung nicht zufällig ist, sondern ein Gesetz verkörpert.

Von der Physikalisch-Technischen Reichsanstalt werden Thermometer meist nach der *Wasserstoffskala* geeicht. Tabellenwerke legen gelegentlich das Quecksilberthermometer zugrunde. Die Unterschiede brauchen bei mäßigen Temperaturen technisch selten beachtet zu werden, wohl aber bei hohen. Der krasseste Fall bei niederen Temperaturen wäre folgender: An einem Kondensator fließe Wasser mit 8° zu und mit 20° ab; Temperaturzunahme 12°; diese sei mit einem nach der Wasserstoffskala geteilten Instrument ermittelt. Mit einem einfachen Quecksilberthermometer hätte man (Fig. 200) 8,04° und 20,08° abgelesen, also eine Temperaturzunahme um 12,04° gefunden. Der Unterschied von 0,04° ist $^1/_3\%$ der Temperaturzunahme. Man begeht einen Fehler von $^1/_3\%$, wenn man nach der Wasserstoffskala abliest, aber für die weitere Auswertung Tabellen für die spezifische Wärme oder dergleichen benutzt, denen die Quecksilberskala zugrunde liegt.

Durch Einführung der Wasserstoffskala als Normalie ist auch eine Schwierigkeit beseitigt: die Celsiusskala ist zunächst nur für die Temperaturen von 0° bis 100° gemacht. Man setzt aber die Teilung nach beiden Seiten gleichmäßig fort. Beim Quecksilber ist das nur möglich abwärts bis nahe zum Gefrierpunkt des Quecksilbers, aufwärts bis zu seinem Siedepunkt oder bei den sogleich zu besprechenden Instrumenten mit Stickstoffüllung bis 550° C. Über diese Grenzen hinaus hätte dann die Celsiusskala gar keinen Sinn mehr. Für das Wasserstoffthermometer gibt es nach oben hin keine theoretische Grenze, nach unten hin liegt sie beim Siedepunkt des Wasserstoffs, also so tief, daß sie praktisch nicht in Betracht kommt.

Praktisch kommt natürlich nie die Verwendung des Wasserstoffthermometers selbst in Frage, aber die benutzten Instrumente können nach der Wasserstoffskala geteilt oder geeicht sein.

**87. Ausdehnungsthermometer.** Das *Quecksilberthermometer*, bestehend aus der Kugel und dem Faden, neben letzterem die Skala, ist bekannt. Thermometer bestehen heute meist aus Jenenser Glas, kenntlich an einem eingeschmolzenen roten Streifen, und zwar meist aus Normalglas 16$^{\mathrm{III}}$, das sich durch geringe thermische Nachwirkungen auszeichnet. Das den Faden enthaltende flache Glasrohr pflegt oben noch eine Erweiterung zu haben, in die das Quecksilber beim Überschreiten der Höchsttemperatur eintritt, sonst müßte das Instrument zerspringen. Nicht selten bleibt in dieser Erweiterung etwas Quecksilber zurück; da das die Ablesung fälscht, so achte man darauf, daß kein Quecksilber in der Erweiterung steht; ist das Quecksilber unrein, so hängt es leicht auch in der Röhre selbst, der Faden teilt sich. Man schwenke das Thermometer, die Kugel nach außen, im Kreise, so daß die Schwungkraft das abgerissene Quecksilber zum übrigen treibt, oder schlage die Hand mit dem Thermometer darin auf den Tisch. Besser ist vorsichtiges Erwärmen der oberen Erweiterung des Thermometers, so daß das Quecksilber in die Röhre getrieben wird. Wenn später das Abreißen wieder und wieder an gleicher Stelle erfolgt, so kühle man das Thermometer mit Eis oder Ätherwatte so weit ab, daß der Faden ganz in die Kugel hineintritt; dann vereinigt sich alles Quecksilber.

Thermometer werden mit verschiedenem Skalenbereich geliefert; oft gehen sie von $-10°$ bis $+110°$ oder noch weiter hinauf, andererseits gibt es aneinanderschließende Sätze: $0°$ bis $40°$, $35°$ bis $75°$, $70°$ bis $110°$. Je enger der Meßbereich, desto weiter wird die Skala und desto genauer, freilich nur in geübter Hand, die Ablesung, aber desto weniger verwendbar ist das Instrument. Will man übrigens ein Thermometer für höhere Temperaturen verwenden, als ihm zukommen, so kann man durch Schwenken etwas Quecksilber in die eben besprochene Erweiterung bringen und das Instrument so benützen, muß aber durch Vergleich mit einem anderen Thermometer feststellen, wieviel Grade man jeder Ablesung zuzuzählen hat.

Das gewöhnliche Quecksilberthermometer bleibt bis etwa $330°$ anwendbar, passende Skala vorausgesetzt. Bei $360°$ siedet das Quecksilber. Das zu hindern, füllt man den Raum über dem Quecksilber, der gewöhnlich luftleer ist, mit Stickstoff oder Kohlensäure von etwa 10 at Spannung. Das Instrument ist nun bis $500°$, spezielle Instrumente sogar bis $575°$, verwendbar, das heißt bis das Glas erweicht, das übrigens genügend starkwandig sein muß. Der oft zu hörende Name *Stickstoffthermometer* ist selbst dann nicht sehr charakteristisch, wenn der obere Raum wirklich mit Stickstoff gefüllt ist: das Wirksame ist immer noch das Quecksilber.

*Weingeistthermometer* sind insofern schlechter als Quecksilberinstrumente, als der Weingeist das Glasrohr innen benetzt, daher etwas daran hängen bleibt. Für *niedrige Temperaturen*, unter $-10°$, sind sie aber vorzuziehen, weil Quecksilber zähe zu werden beginnt; mit leicht siedendem Petroläther hat man bis $-180°$ messen können.

In Wechselstromfeldern geben Quecksilberinstrumente der Wirbelströme wegen falsche Werte. Außerdem sind alle Thermometer gegen Strahlung geschützt zu verwenden[1]), da sie sonst eine höhere Temperatur anzeigen als die ihrer Umgebung.

Thermometer sind so geeicht, daß sie richtig zeigen, wenn auch der ganze Faden die zu messende Temperatur hat. Taucht nur die Kugel in den Raum ein, und hat der Faden eine andere Temperatur, so hat man eine Korrektion anzubringen, die man *Fadenkorrektion* nennt.

---

1) Nusselt, Z. d. V. d. Ing. 1909, S. 1752.

Es könnte einfacher scheinen, gleich beim Eichen den Faden herausschauen zu lassen, um die Korrektion zu umgehen. Da aber die Temperatur der umgebenden Luft, die ja die Fadentemperatur zu sein pflegt,
wechselt, so ist diese Vereinfachung nicht angängig. Nur Thermometer
für hohe Temperaturen, über 200° etwa, sind bisweilen „mit heraus-
ragendem Faden" geeicht und dann so bezeichnet. Gegenüber den
hohen Temperaturen spielen die kleinen Schwankungen der Lufttemperatur keine Rolle. Nun muß aber der ganze Faden herausschauen,
und das ist auch oft unbequem.

Bezeichnen wir mit $\lambda$ den Ausdehnungskoeffizienten des Quecksilbers, so dehnt sich also ein Faden von 1 cm Länge um $\lambda$ cm, wenn
wir ihn um 1° erwärmen. Statt des Zentimeters können wir auch die
Länge eines Grades der Thermometerskala zugrunde legen und sagen,
der Faden von 1° Länge dehne sich um $\lambda°$. Nur müssen wir jetzt, weil
ja die Gradteilung selbst sich ausdehnt, unter $\lambda$ den scheinbaren Ausdehnungskoeffizienten des Quecksilbers in Glas verstehen; für das
übliche Jenenser Glas ist $\lambda = \dfrac{1}{6300}$. Machen wir nun die Ablesung $t_0$
am Thermometer, während der um $n$ Grade herausragende Faden die
Temperatur $t_f$ hat, so ist offenbar die wahre Temperatur der Thermo-
meterkugel $t = t_0 + \dfrac{n \cdot (t - t_f)}{6300}$, oder auch, weil $t$ und $t_0$ nicht viel voneinander verschieden sind

$$t = t_0 + \frac{n \cdot (t_0 - t_f)}{6300} \quad . \quad . \quad . \quad . \quad . \quad . \quad (28)$$

Der zweite Summand dieser Formel ist die Fadenkorrektion. Man mißt
die Fadentemperatur durch ein Hilfsthermometer, dessen Kugel in
halber Höhe des Fadens hängt — oder schätzt sie.

Um welche Beträge es sich bei der Fadenkorrektion handelt, geht
aus folgenden beiden Beispielen hervor: Sei die Temperatur von Essen-
gasen zu messen; wir haben 324° abgelesen, dabei schaute der Faden
von 150° an heraus und seine Temperatur sei mit 32° gemessen oder
geschätzt. Die Fadenkorrektion beträgt also $\dfrac{(324 - 150) \cdot (324 - 32)}{6300}$
$= 8{,}06 \sim 8°$; die wahre Temperatur ist 332° statt 324°. Wollten wir
die Wärmeverluste feststellen, die daher rühren, daß die Essengase mit
mehr als 20° C abgehen, so hätten wir durch Unterlassung der Korrektion einen Fehler von $\dfrac{8}{332 - 20} \cdot 100 = 2{,}6\%$ erhalten. — Selbst
bei geringen Temperaturen sind die Fehler nicht belanglos. An einem
Oberflächenkondensator oder Vorwärmer lasen wir die Zulauftemperatur
des Wassers 10,6°, die Ablauftemperatur 39,7° ab, würden also eine
Temperaturzunahme von 29,1° feststellen. Im Raum herrscht aber die
Temperatur 27°, und das sei auch die Temperatur der Fäden, die beide
von $-10°$ an herausragen. Die Fadenkorrektionen sind: für den Zulauf
$-0{,}053°$ (negativ!) und für den Ablauf $+0{,}091°$. Beachten wir sie,
so wird die Temperaturzunahme des Wassers um $0{,}053 + 0{,}099$ oder

um fast 0,15° größer; der Fehler durch ihre Nichtbeachtung ist $\frac{0{,}15}{29{,}1} \cdot 100 \sim 0{,}5\%$. Wenn man solche Korrektionen vorzunehmen als zu umständlich erachtet, darf man wenigstens nicht das Resultat auf sehr viele Stellen angeben. — Das einfachste ist, darauf zu achten, daß beide Quecksilberfäden um gleich viele Grade herausragen und gleiche Temperatur haben, dann wird der Unterschied der Temperaturen richtig.

Außer der Fadenkorrektion wäre noch eine *Skalenkorrektion* zu machen, wenn die Skala aus anderem Material ist als das Thermometergefäß, und wenn Faden und Skala eine andere Temperatur haben als bei der Eichung. Bei Temperaturen bis zu 100° beträgt (für Messingskala) diese Korrektion nicht über $^1/_{40}$°. Für genaue Messungen und für höhere Temperaturen wird man sie am besten umgehen durch Verwendung von *Stabthermometern*, die die Skala auf dem dicken Thermometerrohr aufgeätzt tragen.

**88. Elektrische Temperaturmessung.** *Widerstandsthermometer* benutzen zur Temperaturmessung die Tatsache, daß der elektrische Widerstand der meisten Metalle mit der Temperatur zunimmt. Wenn daher in einer Wheatstoneschen Brücke die vier Widerstände so abgeglichen sind, daß in kaltem Zustande die Brücke stromlos bleibt, so wird Strom durch die Brücke gehen, sobald einer der Zweige auf eine abweichende — zu messende — Temperatur gebracht wird. Die Ablesung der Temperatur kann nun entweder durch Beobachtung des durch die Brücke gehenden Stromes an einem Galvanometer geschehen, oder aber man kann einen anderen der Zweigwiderstände so lange ändern, bis die Brücke wieder stromlos ist, worauf man aus der Größe des eingeschalteten Widerstandes auf die Temperatur schließt; in beiden Fällen wird natürlich das Galvanometer oder der Widerstand unmittelbar mit einer Temperaturskala versehen. Bei der ersten Art der Ablesung ist auch die Stärke der Stromquelle von Einfluß, bei der zweiten nicht; dagegen ist die Bedienung des Widerstandshebels zeitraubend; verwendet man im zweiten Falle statt eines Galvanometers ein in die Brücke geschaltetes Telephon, so wird man auf Änderungen der Temperatur nicht ohne weiteres aufmerksam.

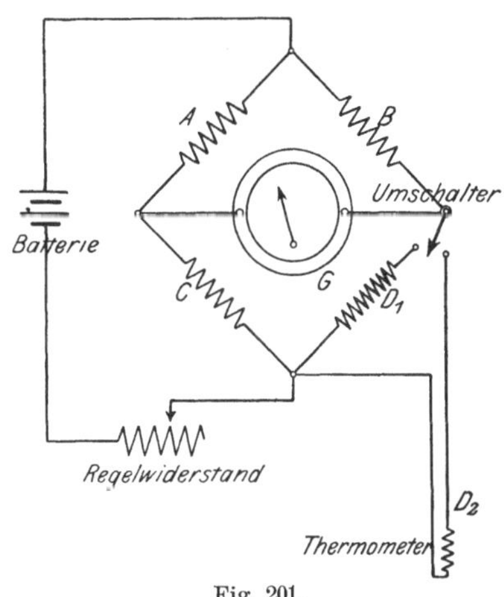


Fig. 201.
Schaltung für Widerstandsthermometer.

Fig. 201 zeigt eine für Widerstandsthermometer mit direkter Galvanometerablesung brauchbare Schaltung. Um zunächst dem Strom die richtige Stärke zu geben, kann man mittels eines Umschalters den

Hilfswiderstand $D_1$ in den vierten Zweig der Brückenanordnung schalten; der Regelwiderstand ist dann so nachzustellen, daß das Galvanometer seinen größten Ausschlag macht. Nachdem so die Spannung eingestellt ist, wird durch Bedienung des Umschalters das Thermometer mit der Spule $D_2$ an Stelle von $D_1$ eingeschaltet, und nun kann man die Temperatur am Galvanometer ablesen; der Regelwiderstand darf natürlich nicht mehr verstellt werden. Als Stromquelle dient eine Batterie von zwei Akkumulatoren, man kann aber auch an ein Beleuchtungsnetz anschließen, wozu noch ein besonderer Abzweigwiderstand nötig ist. Auch wird die Einrichtung so geliefert, daß der Umschalter einen weiteren Kontakt für einen anderen Meßbereich hat, etwa so, daß eine Skala des Galvanometers von 0° bis 300°, eine andere von 300° bis 600° reicht; der Umschalter müßte dann, wenn die niedere Skala gelten soll, einen Vorschaltwiderstand vor das Thermometer legen. Sämtliche Teile sind bei stationären Anlagen an einem Schaltbrett, meist noch mit Umschaltvorrichtung für mehrere Meßstellen, oder in einem Kästchen leicht transportabel, montiert; in letzterem Fall ist das Thermometer selbst an einer Leitungsschnur hängend herausnehmbar. Das Thermometer (Fig. 202) besteht aus einer Spule aus reinem Platin, als dem unveränderlichsten Metall, in einer Hülle aus Quarzglas, das heißt geblasenem Quarz, der sich vor Glas durch Unempfindlichkeit gegen Temperaturstöße auszeichnet: man kann das glühende Thermometer in kaltes Wasser tun, ohne daß es springt. Das Quarz ist eng auf die Spule aufgeschmolzen, um die Wärmeübertragung zu sichern, also die Trägheit zu vermindern. Das Thermometer wird nach Bedarf mit einer langen Eisenfassung versehen.

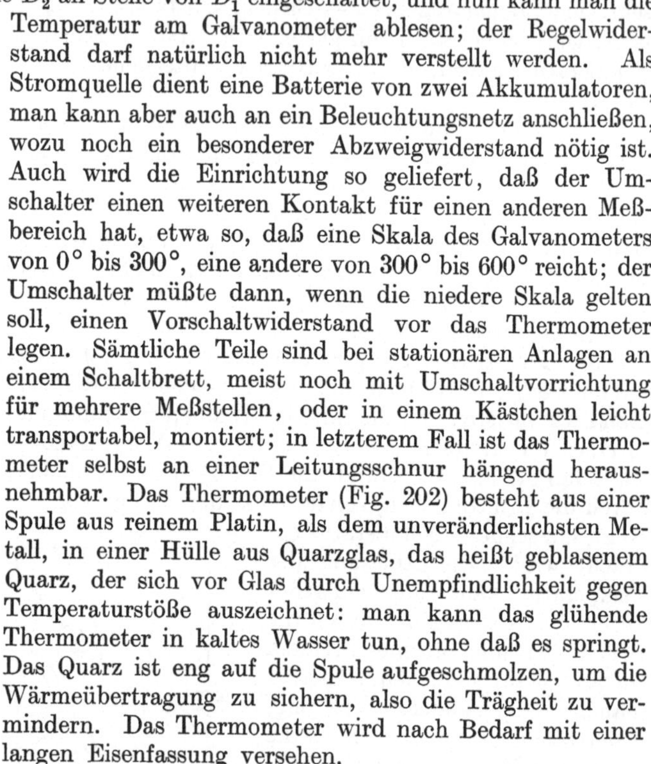

Fig. 202.
Widerstands-
thermometer.

Quecksilberthermometer sind, wie erwähnt, bis zu 575° anwendbar, Widerstandsthermometer lassen sich bis zu etwa 900° benutzen. Darüber hinaus treten die *thermoelektrischen* Thermometer in ihr Recht, die man, weil sie namentlich für die höchsten Temperaturen geeignet sind, so wie alle Einrichtungen zur Messung höchster Temperaturen, als *Pyrometer* bezeichnet.

Für Untersuchungszwecke technischer Art ist das Pyrometer von *Le Chatelier* das weitaus gebräuchlichste. Sein wirksamer Teil ist ein Thermoelement, gebildet aus zwei dünnen Drähten, die miteinander in einer Kugel verschmolzen sind, der eine aus Platin, der andere aus einer Platinrhodiumlegierung mit 10% Rhodium. Statt Platinrhodium wird wohl auch Platiniridium oder ähnliches verwendet. Leider ist es nicht angängig, das Thermoelement direkt der zu messenden Temperatur auszusetzen. Es muß mit einer Porzellanhülle versehen werden, weil Kohlenoxyd, das ja meist in den zu untersuchenden Gasen ist oder doch zeitweise darin sein kann, die Platinrhodiumlegierung und damit die elektromotorische Kraft verändert. Die Notwendigkeit der Umhüllung ist deshalb oft bedauernswert, weil ohne sie die Trägheit viel geringer wäre. Das Pyrometer ist also (Fig. 203) ein stabförmiger Körper mit zwei Polklemmen, in ihm laufen die beiden Drähte entlang; einer der Drähte ist behufs Isolation mit einem engen Porzellanrohr umhüllt; beide sind dann in ein weiteres Porzellanrohr gesteckt, das vorne geschlossen ist und 1600° aushält. Will man nun das Ganze gegen Stöße sichern, so versieht man es mit einem äußeren Eisenmantel, dann ist es nur bis etwa 1000° brauchbar. — Im Gebrauch schmilzt gelegentlich die Schweißstelle der beiden Drähte fort; man kann die Enden einfach wieder umeinander wickeln. Nur wird dadurch das Pyrometer allmählich kürzer. Fig. 204 zeigt, daß die von

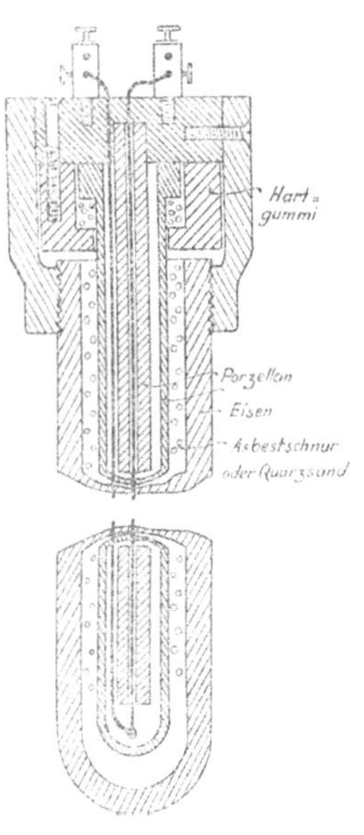


Fig. 203.
Le Chatelier-Pyrometer von
Keiser & Schmidt.

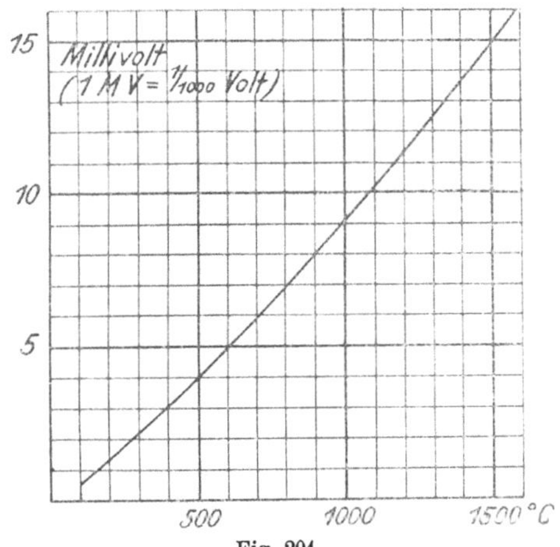


Fig. 204.
EMK des Le Chatelier-Elementes, abhängig von
der Temperaturdifferenz.

solchem Element entwickelte elektromotorische Kraft einigermaßen proportional der an der Lötstelle vorhandenen Temperatur ist. Ein zugehöriges Galvanometer läßt direkt Grade ablesen. Dabei ist vorausgesetzt, daß die Enden der wirksamen Platindrähte, das heißt die Stellen, wo sie in Kupfer übergehen, auf 0° C gehalten werden. Statt dessen genügt es, die Fig. 204 einfach auf die Temperaturdifferenz der beiden Lötstellen zu beziehen: dazu ist die Skala des Galvanometers verstellbar, und man stellt sie vor Beginn des Versuches so ein, daß sie Raumtemperatur zeigt, wenn das Thermoelement einfach im Raume liegt.

Le Chatelier-Instrumente werden von der Physikalisch-Technischen Reichsanstalt geprüft und beglaubigt. Nach Versuchen, die genanntes Institut mit diesen Pyrometern vornahm, ist die Angabe verschiedener Instrumente gut miteinander vergleichbar; bei einer Temperatur von 1000° C beträgt die Unsicherheit etwa ±5°. Eines beachte man indessen: Die Angaben der Reichsanstalt, die jedem Instrument beizuliegen pflegen, geben die elektromotorische Kraft des Elementes. Ein angeschlossenes Millivoltmeter indessen mißt die Klemmenspannung, die um den Spannungsabfall im Element geringer ist als erstere. Der Spannungsabfall hat die Größe $J \cdot W$, worin $J$ die Stromstärke und $W$ der innere Widerstand des Elementes ist; da nun $J$ vom äußeren Widerstand, das heißt dem des Galvanometers abhängt, so wird auch die Klemmenspannung des Elementes eine verschiedene sein, je nach dem angewendeten Galvanometer. Deshalb kann die Reichsanstalt ihre Angabe nur in der erwähnten Form machen, und man hat je nach dem angewendeten Galvanometer eine Umrechnung vorzunehmen, die eine einfache Anwendung des Ohmschen Gesetzes ist. Kennt man die Widerstände von Element und Galvanometer, so ermittelt man am besten ein für allemal die für diese Kombination charakteristische Beziehung zwischen Galvanometerangabe und Temperatur. Meist hat das Galvanometer schon die entsprechende Temperaturskala, oder die liefernde Firma gibt sie an. Wechselt man aber das Galvanometer aus oder hat man sehr lange Leitungen zwischen Element und Galvanometer, so kann man durch Nichtbeachtung des Gesagten Fehler begehen.

Für Messung geringerer Temperaturen sind die Le Chatelier-Instrumente weniger geeignet, weil die Messung der schwachen Ströme allzu empfindliche Galvanometer verlangt; hier ist also die Verwendung der Widerstandsthermometer vorzuziehen. Für geringere Temperaturen werden auch andere Thermoelemente, so Silber-Konstantan- und Kupfer-Konstantan-Elemente, benutzt; diese sind billiger und bei niedrigen Temperaturen empfindlicher, jedoch nach der Natur der Materialien weniger unveränderlich in ihren Angaben als die mit Platinmetallen arbeitenden. Man kann sie nach Bedarf leicht selbst herstellen und eichen.

Bei Anwendung der elektrischen Meßmethoden zu *feineren Temperaturmessungen* ist zu beachten, daß der Widerstand der Kupferleitungen von ihrer Temperatur abhängt, und daß an jeder Stelle, wo verschiedene Metalle in der Leitung aneinandergrenzen, eine thermoelektrische Kraft wach wird, die nur dann unschädlich ist, wenn sie durch eine gleiche umgekehrten Vorzeichens aufgehoben wird. Man muß also insbesondere für gleiche und für bekannte Temperatur der Verbindungsstelle des Elementes mit der Leitung sorgen, hat diese Stelle deshalb wohl in einen Wassermantel gelegt; auch Bestrahlung derselben ist zu vermeiden. Aber selbst die Ungleichmäßigkeiten verschiedener Kupfersorten können noch zu Störungen führen. Für Feinmessungen ist also auch die elektrische Messung nur bei genügender Umsicht zu gebrauchen.

Vor den eigentlichen Thermometern haben die elektrischen Methoden der Temperaturmessung den Fortfall der Fadenkorrektion und das voraus, daß man die Ablesung in einiger, ja beliebiger Entfernung vom Orte, dessen Temperatur festzustellen ist, erfolgen kann. Man kann also die Ablesungen mehrerer Temperaturen an einer Stelle machen und erspart die Wege, etwa zu schwer zugänglichen Rohrleitungen. Auch Registrierung der Galvanometerangaben ist möglich.

**89. Betriebsinstrumente.** Während die bisher besprochenen Instrumente hohen Anforderungen an Genauigkeit entsprechen, aber den Nachteil haben, zu sehr von sorgsamer Behandlung abhängig oder zu zerbrechlich zu sein, sollen die folgenden Instrumente für Betriebe verwendet werden, wo sie roher Behandlung ausgesetzt sind, wo dafür aber eine nur mäßige Genauigkeit ganz ausreichend ist.

*Graphitpyrometer* (Fig. 205) bestehen aus einem Graphitstab, der in eine Eisenhülle eingeschlossen und nur an einem Ende mit ihr verbunden ist. Unter dem Einfluß höherer Temperaturen dehnt sich die Eisenhülle in der Länge aus, während Graphit die Eigenschaft hat, kaum mit der Temperatur die Länge zu ändern. Daher entsteht eine Relativbewegung der beiden freien Enden gegeneinander, die man für eine Zeigerbewegung ausnutzen kann: ein Gehäuse mit Skala sitzt auf dem Eisenrohr, während der Zeiger mit dem Graphitstab in Verbindung steht. — *Metallthermometer* nutzen die verschiedene Ausdehnung zweier Metalle zur Messung aus. — Es ist natürlich, daß bei solchen Instrumenten die ganze Länge der messenden Stäbe der Temperatur ausgesetzt sein muß. Auch muß die Masse der Stäbe erst durchwärmt werden, daher zeigen sie erst nach längerer Zeit an: sie sind sehr träge.

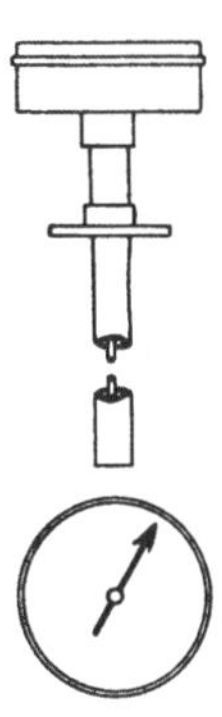

Fig. 205.
Graphit- oder Matallthermometer.

*Thalpotasimeter* nutzen die Tatsache, daß bei siedenden Flüssigkeiten eine eindeutige Beziehung zwischen Spannung und Temperatur besteht, zur Temperaturmessung aus. Wenn ein eisernes Thermometergefäß teilweise mit Äther gefüllt ist, so wird ein Manometer, das man durch Kapillarrohr damit verbindet, direkt in Grade Celsius geteilt werden können. Dabei wird das Kapillarrohr und das Federrohr des Manometers mit flüssigem Äther sich anfüllen, welcher dorthin als nach dem kälteren Teil destilliert. Es muß dann so viel Äther im Gefäß zurückgeblieben sein, daß bei allen Temperaturen noch Flüssigkeit vorhanden ist und die Dämpfe gesättigt sind. — Das Thalpotasimeter ist theoretisch inkorrekt, weil es vom äußeren Luftdruck abhängig ist und bei wechselndem Barometerstand verschiedene Angaben macht. Die zu messende Temperatur legt ja die absolute Spannung im Thermometergefäß fest, das Manometer aber zeigt nicht absoluten, sondern Überdruck an. Das kann gelegentlich selbst bei roheren Messungen merkliche Fehler ergeben. Instrumente mit Ätherfüllung können etwa von 50° (nicht weniger) bis 180° benutzt werden. Von 360° bis zur Rotglut (650°) hat man entsprechende Instrumente mit Quecksilberfüllung, in denen der Quecksilberdampf die gleiche Rolle spielt wie sonst der Ätherdampf.

In den *Quecksilberdruckthermometern* ist Quecksilber so in einen genügend widerstandsfähigen Behälter eingeschlossen, daß es denselben ganz ausfüllt unter Vermeidung jedes Luftraumes. Da also bei einer Erwärmung das Quecksilber an freier Ausdehnung gehindert wird, so entsteht eine Spannung, die als Maß für die Temperatur an einem Manometer abgelesen wird; das Manometer ist empirisch in Grade

Celsius geteilt. Den stählernen Quecksilberbehälter kann man mit dem Manometer durch ein längeres Kapillarrohr verbinden und so die Vorrichtung zum Übertragen des Ergebnisses bis auf etwa 50 m Entfernung benutzen. Doch ist zu beachten, daß dann Verhältnisse auftreten ähnlich denen, die beim gewöhnlichen Quecksilberthermometer die Notwendigkeit einer Fadenkorrektion ergeben. Das Quecksilber in Kapillarrohr und Manometerfeder, dessen Menge man freilich möglichst klein hält, stört, indem seine Temperatur — die Temperatur der Umgebung — die Messung beeinflußt. Eine Korrektion ist aber nicht so leicht zu machen wie beim gewöhnlichen Thermometer. — Diese Thermometer sind von $-20°$ bis $+350°$ brauchbar, so weit etwa, wie das Quecksilber flüssig ist.

Äußerlich stellen sich Thalpotasimeter und Quecksilberdruckthermometer als ein einhüllendes Eisenrohr dar, das in einen Flansch oder dergleichen endet; auf der anderen Seite des Flansches ist ein Manometer (ähnlich wie Fig. 205).

Einige andere, namentlich pyrometrische, Methoden gestatten nicht eine dauernde Kontrolle der Temperaturschwankungen und -änderungen, sondern geben nur einen einmaligen Wert der Temperatur an.

Bei der *kalorimetrischen Methode* wirft man eine Eisen- oder Platinkugel bekannten Gewichts, die in dem zu untersuchenden Raum dessen Temperatur angenommen hatte, in eine bekannte Menge Wasser und mißt dessen Temperaturerhöhung mittels einfachen Thermometers. Der Wasserwert des Gefäßes ist zu beachten. Abkühlung der Kugel, bevor sie ins Wasser kommt, ist schwer zu vermeiden, auch ist die spezifische Wärme der Metalle bei höheren Temperaturen veränderlich. Nimmt man stets die gleiche Wassermenge und die gleiche Kugel, so kann man das Thermometer mit einer beweglichen Skala versehen, deren Nullpunkt man auf den Thermometerstand vor Einwerfen der Kugel einstellt, und an welcher man direkt die Temperatur der Kugel nachher ablesen kann. — Die Methode gibt nur annähernde Werte.

Die in der Tonindustrie üblichen *Segerschen Kegel*, dreiseitige abgestumpfte Pyramiden aus Tonerdesilikaten, die je nach ihrer Zusammensetzung bei verschiedenen Temperaturen zu schmelzen beginnen, lassen erkennen, ob ihre Schmelztemperatur erreicht ist oder ob nicht. Sie werden in 58 Nummern hergestellt.

**90. Strahlungspyrometer.** Einige Wichtigkeit haben die *Strahlungs-Pyrometer*. Diese nutzen die Tatsache aus, daß von einem Körper um so mehr Wärme ausstrahlt, je höher seine Temperatur ist. Im allgemeinen allerdings hängt die Strahlung auch noch von den Eigenschaften des Körpers ab; für den sogenannten absolut schwarzen Körper indessen ist die Gesamtstrahlung der vierten Potenz der absoluten Temperatur proportional. Nun kann man allseits umschlossene Hohlräume als absolut schwarze Körper betrachten, und daher aus der von einem Feuerraum ausgesandten Strahlung auf die absolute Temperatur des Feuers schließen; diese zu bestimmen ist denn auch die Aufgabe der Strahlungspyrometer, und sie sind hierfür um so unersetzlicher, als ja die Temperaturen leicht noch über das hinausgehen,

was das Le Chatelier-Instrument mißt (1600°), und weil sie nicht das
Einbringen eines Instrumentes in den Feuerraum erfordern, in dem es
leicht Stößen durch Kohlen oder durch das zu erwärmende Gut ausgesetzt sind.

Ein Fernrohr wird auf die Stelle des Feuerraumes gerichtet, deren
Temperatur man messen will, und die Helligkeit des Gesichtsfeldes mit
der Helligkeit einer Glühlampe oder einer durch Glühlampe beleuchteten
Fläche in Übereinstimmung gebracht, indem entweder die Helligkeit
der Glühlampe durch Vorschaltwiderstände, oder die Helligkeit
des Gesichtsfeldes durch Vorschieben abgestimmter Gläser geändert
wird; aus der Stellung des Widerstandes oder der Gläser kann man die
Temperatur erkennen; die Glühlampe muß natürlich mit bestimmter
Helligkeit brennen. In dieser Weise findet die Messung bei den *optischen
Pyrometern* von Holborn-Kahlbaum und Wanner statt. Während
also diese Instrumente auf die helle (optische) Strahlung ansprechen,
gegebenenfalls auch nur auf bestimmte durch ein farbiges Glas aus-
gewählte Strahlenarten, so reagieren andere Instrumente auf die Gesamtstrahlung. Die von dem Feuerraum ausgesandten Wärme- (und Licht-)
strahlen werden durch einen Hohlspiegel auf eine Stelle konzentriert,
und die dort entstehende Temperatur wird durch ein Thermoelement
oder durch ein Widerstandsthermometer gemessen (Pyrometer von
Féry). — Die optischen Pyrometer sind nach oben hin bis zu beliebigen
Temperaturen verwendbar; nur die Möglichkeit der Eichung wird der
Messung eine Grenze setzen. Auch ist es ja einigermaßen die Frage, wie
weit man die Temperatur des Inneren oder der Hülle des Feuers mißt.

**91. Eichung und Anbringung der Thermometer.** Gewöhnliche Thermometer haben, hauptsächlich wegen der ungleichen Weite der Glas-
röhre, ungleichmäßige Teilung, oder vielmehr die gleichmäßig hergestellte Teilung bedarf einer Korrektion. Man muß die Thermometer
eichen durch Vergleich mit einem guten Normalthermometer. — Solche
Normalthermometer pflegen mit einem Prüfungsschein der Physikalisch-
Technischen Reichsanstalt versehen zu sein; da aber jedes Thermometer sich ändern kann, so muß man von Zeit zu Zeit die Fixpunkte
(0° und 100°) solcher Normalthermometer kontrollieren — oder sie von
genanntem Institut von Zeit zu Zeit nachprüfen lassen.

Das Eichen der Gebrauchsthermometer geschieht einfach, indem
man ein Wasserbad auf verschiedene, beliebige Temperaturen bringt
und die beiden zu vergleichenden Instrumente hineinhält. Das ist für
feine Instrumente weniger einfach, als es klingt: es sind Strömungen
von verschiedener Temperatur in jedem Wasserbade. Man muß gut
umrühren, beide Kugeln hart aneinander und namentlich in gleicher
Höhe halten, und mehrere Ablesungspaare machen, um das Mittel
nehmen zu können. Bei Temperaturen über 100° muß man Öl, weiterhin
geschmolzenen Salpeter, schließlich geschmolzenes Blei nehmen, bei
Temperaturen unter 0° bereitet man Kältemischungen aus Eis und
Kochsalz oder Rhodanammonium. Eichungen unter 0° erfordern die
meiste Übung. Die Kugeln müssen in Flüssigkeit tauchen, nicht in
Luft zwischen den Eisstücken sich befinden.

Das Nachprüfen der Fixpunkte ist für den Frierpunkt sehr einfach, man bringt das Instrument in das Schmelzwasser von reinem Eis. Schnee ist selten rein. Zum Nachprüfen des Siedepunktes bringt man das Thermometer in den Dampf siedenden Wassers, nicht etwa in das Wasser selbst. Dazu kann man den Siedeapparat benutzen, den wir auf S. 148, Fig. 124, als Mittel zur Bestimmung des Barometerstandes besprachen. Die Fixpunkte pflegen durch Marken auf dem Rohr selbst festgelegt zu sein, für den Fall, daß die Skala sich verschiebt und um nötigenfalls die Skalenkorrektion (S, 241) empirisch finden zu können. Auch wo die Skala gar nicht bis zu dem betreffenden Fixpunkt reicht, sind diese Marken oft dennoch vorhanden. Dazu ist das Rohr erweitert und nachher, an der Stelle des Fixpunktes, wieder verengt (Fig. 206).

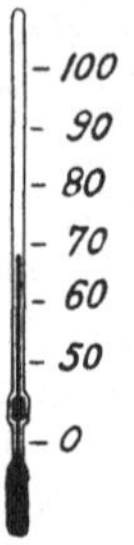

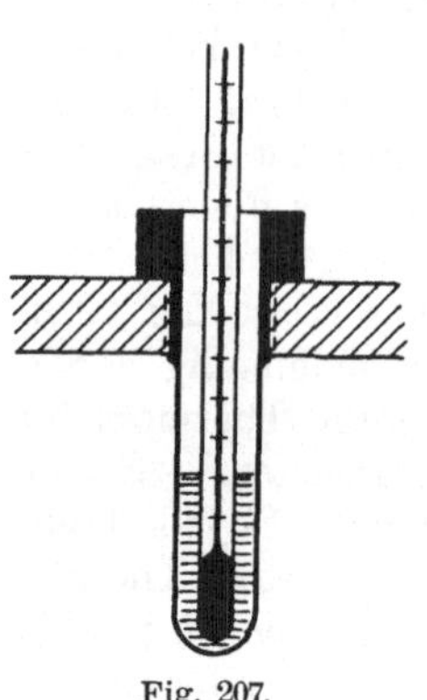

Fig. 206.

Talpotasimeter und dergleichen Instrumente vergleicht man ebenfalls von Zeit zu Zeit mit geprüften Glasthermometern. Ihr Zeiger pflegt nachstellbar zu sein, so daß man ihn etwa bei siedendem Wasser zum richtigen Anzeigen bringen kann. —

Wo man die Temperatur von Flüssigkeiten, Gasen oder Dämpfen in Rohrleitungen zu messen hat, kann man oft das Thermometer nicht ohne weiteres einführen. Es bleibt dann ein Notbehelf gegenüber der direkten Einführung, die stets besser ist, wenn man einen Stutzen nach Fig. 207 in das Rohr einsetzt (in senkrechte Rohre schräg), in den Stutzen Öl füllt und nun das Thermometer ins Öl taucht. Man nimmt auch Quecksilber statt Öl, das ist sogar vorzuziehen, doch darf der Stutzen dann nicht aus Messing sein; bei höheren Temperaturen bedeckt man das Quecksilber mit einer Schicht Öl, um Verdunsten zu verhüten. Es geht aber bei dieser ganzen Methode Wärme aus dem Stutzen an die Rohrwand über, so daß bei höheren Temperaturen nicht die volle Temperatur an das Thermometer kommt.

Fig. 207.

Man sollte das ganze Rohr in der Nähe des Stutzens gut isolieren. Noch weniger gut ist bloßes Anlegen des Thermometers, unter Umwickeln mit Kupferdraht zwecks besserer Leitung, und Isolieren des ganzen. Man kann wohl so ermitteln, wann das betreffende Rohr wärmer oder kälter wird; eine Messung der Temperatur findet nur mangelhaft statt (3 bis 5° zu wenig bei 100°).

Das beste bleibt, wie gesagt, direktes Einführen der Kugel. Wenn man das Thermometer, etwas mit Öl bestrichen, durch einen Gummistopfen steckt, so haftet es nach einigen Tagen so fest darin, daß man es nur noch unter Preisgabe des Stopfens losbekäme. Stopfen mit Thermometer kann man nun in ein Loch der Rohrleitung stecken und durch Festbinden vor Herausschleudern sichern. Das geht selbst bei ziemlich hohen Spannungen. Man kann auch das Thermometer in besondere Fassungen bringen, die es durch eine Stopfbüchse hindurchgehen lassen und gegen Herausschleudern sichern. Nur platzt das Glas bei plötzlichen Temperatursprüngen; in dieser Hinsicht sind, wie schon erwähnt, die Quarzglas-Widerstandsthermometer vorzüglich.

Durch Anwendung eines Ölstutzens wird auch die Trägheit des Thermometers erhöht, es folgt Temperaturschwankungen langsamer; das ist selten erwünscht, oft freilich gleichgültig.

Um die Temperatur fester Körper zu messen — etwa die Erwärmung eines Lagers, eines Elektromotors nach längerem Laufen — ist es das beste, Quecksilber in ein besonders gebohrtes Loch zu füllen und das Thermometer hineinzusenken. Sonst umwickelt man auch wohl die Thermometerkugel mit Stanniol, legt sie an die zu untersuchende Stelle und bedeckt sie gut mit Watte.

---

## XII. Messung der Wärmemenge.

**92. Ermittlung der Wärmemenge aus der Temperaturerhöhung.** Wärmemengen mißt man an der Temperaturerhöhung, die sie einem Körper erteilen oder aus der Temperaturerniedrigung, die er bei Entziehung der Wärmemenge erfährt. Hat sich der Wärmeträger vom Gewicht $G$ und der spezifischen Wärme $c$ von $t_1$ auf $t_2$ erwärmt, so ist die ihm zugeführte Wärmemenge $Q = G \cdot c \cdot (t_2 - t_1)$; und die gleiche Wärmemenge hat er bei der Abkühlung von $t_2$ auf $t_1$ abgegeben. Bequem ist es oft, mit dem Wärmeinhalt eines Körpers zu rechnen; als Wärmeinhalt bei $t°$ bezeichnet man die Wärmemenge, die man dem Körper zur Erwärmung von der Normaltemperatur $0°$ C auf $t°$ zuzuführen hat. Da bei $t_1$ der Wärmeinhalt $G \cdot c \cdot t_1$, bei $t_2$ aber $G \cdot c \cdot t_2$ wäre, so kann man sagen: die einem Körper zur Erwärmung von $t_1$ auf $t_2$ zugeführte Wärmemenge ist gleich dem Unterschied der Wärmeinhalte bei diesen beiden Temperaturen.

Voraussetzung ist, daß keine Änderung des Aggregatzustandes statthat, sonst treten die in § 95 zu besprechenden Verhältnisse ein. Auch ist Konstanz der spezifischen Wärme anzunehmen oder sonst mit einer mittleren spezifischen Wärme zu rechnen.

Die spezifische Wärme, soeben mit $c$ bezeichnet, ist eine Eigenschaft des betreffenden Materials, die man Tabellenwerken entnimmt. Man kann sie bestimmen, indem man einer bekannten Gewichtsmenge des Materials eine bekannte Energiemenge am einfachsten in Form elektrischen Stromes zuführt, die Temperaturerhöhung von $t_1$ auf $t_2$ beobachtet und von der Beziehung (S. 152) Gebrauch macht, daß 1 Watt $= 0{,}000\,2387$ WE/sek ist. So erhielte man die *mittlere spezifische Wärme* zwischen den Temperaturen $t_1$ und $t_2$; man könnte nicht erkennen, ob von $t_1$ bis $t_2$ Proportionalität zwischen zugeführten Wärmemengen und Temperaturerhöhungen statthat. Ginge man schrittweise vor, indem man mehrere kleinere Wärmemengen zuführt und nach der Anfangstemperatur $t_1$ die weiteren $t'$, $t''$, endlich wieder $t_2$ beobachtet, so könnte man schon mehrere mittlere spezifische Wärmen, nämlich zwischen

$t_1$ und $t'$, $t'$ und $t''$, $t''$ und $t_2$, berechnen und etwa konstatieren, daß die spezifische Wärme mit wachsender Temperatur etwas zunimmt. Je kleiner man die Beobachtungsintervalle nimmt, desto klarer tritt solche Veränderlichkeit hervor: als *wahre spezifische Wärme* bei der Temperatur $t$ bezeichnet man den Quotienten aus einer unendlich kleinen Wärmemenge und der durch sie bewirkten Temperaturzunahme: $c_t = \dfrac{dQ}{dt}$.

Mit genügender Annäherung pflegt man als wahre spezifische Wärme die Wärmemenge einzuführen, die eine Temperaturerhöhung um $1°$, von $t$ auf $t + 1$, bewirkt.

Kennt man nur den Verlauf der wahren spezifischen Wärme, so hat man zur Berechnung der einer Temperaturerhöhung von $t_1$ auf $t_2$ entsprechenden Wärmemenge die mittlere spezifische Wärme

$$c_m = \frac{1}{t_2 - t_1} \int_{t_1}^{t_2} c_t \cdot dt$$ zu bilden; das geschieht am einfachsten graphisch

durch Auftragen der Beziehung zwischen $c_t$ und $t$ und durch Planimetrieren der entstehenden Fläche; solange die spezifische Wärme linear von der Temperatur abhängt, ist die mittlere spezifische Wärme von $t_1$ bis $t_2$ gleich der wahren spezifischen Wärme bei der mittleren Temperatur $\frac{1}{2} \cdot (t_1 + t_2)$ .

**93. Wärmeeinheit. Spezifische Wärme des Wassers.** Die Einheit der Wärmemenge ist die Kalorie, das ist die Wärmemenge, die 1 kg Wasser um $1°$ C erwärmt. Man nennt sie auch kurzweg Wärmeeinheit (WE), was ja allerdings eigentlich keine Benennung, sondern ein Gattungsbegriff ist. Bezieht man die Rechnung nicht auf 1 kg, sondern auf 1 g, so erhält man das Resultat in kleinen Wärmeeinheiten oder Grammkalorien. Es ist offenbar 1 WE = 1000 gr cal.

Man erhält verschiedene Wärmeeinheiten, je nachdem man die Erwärmung von $0°$ auf $1°$ (Nullpunktskalorie) oder von $14^1/_2°$ auf $15^1/_2°$ ($15°$-Kalorie) als maßgebend ansieht oder aber ob man als Wärmeeinheit den hundertsten Teil der zur Erwärmung von $0°$ auf $100°$ nötigen Wärmemenge bezeichnet (mittlere Kalorie). Wäre die spezifische Wärme des Wassers die gleiche bei allen Temperaturen, so bestände kein Unterschied zwischen den verschiedenen Wärmeeinheiten. Die spezifische Wärme des Wassers ist aber von der Temperatur abhängig, also sind die Wärmeeinheiten voneinander verschieden. Da das Gesetz, nach dem die Änderung der spezifischen Wärme vor sich geht, nicht sehr genau bekannt ist, so ist das Verhältnis der verschiedenen Wärmeeinheiten zueinander entsprechend unsicher.

Die wahre spezifische Wärme des Wassers — deren Verlauf dadurch eindeutig bestimmt ist, daß gleichen Wärmemengen gleiche Mengen mechanischer und elektrischer Energie entsprechen müssen — fällt von $0°$ an zunächst etwas und erreicht bei etwa $30°$ einen Mindestwert, der um etwa $1\%$ kleiner ist als der bei $0°$; über $30°$ nimmt sie wieder zu, und scheint bei $60°$ so groß wie bei $0°$ und bei $100°$ zwischen 2 und $4\%$ größer zu sein.

Liegt nun auch der Verlauf im einzelnen nicht sehr sicher fest, so scheint doch festzustehen, daß die mittlere spezifische Wärme von 0° bis 100° ziemlich genau so groß ist wie die wahre bei 15°, während die wahre spezifische Wärme bei 0° um etwa 1% größer ist als jene beiden.  Daraus würde folgen

$$1 \, WE_{15} : 1 \, WE_{0,100} : 1 \, WE_0 = 1{,}0 : 1{,}0 : 1{,}01 \,.$$

Diese Zahlen werden deshalb gegeben, weil in Tabellenwerken gelegentlich jede dieser Einheiten zu finden ist: die 15°-Kalorie bei Angaben, die bei Zimmertemperatur erhalten wurden (Mischungskalorimeter), die mittlere Kalorie bei Angaben nach dem Bunsenschen Eiskalorimeter; endlich sind ältere Angaben oft in Nullpunktskalorien umgerechnet (allerdings mit wechselndem Umrechnungsverhältnis).

Es wird gut sein, bei dieser Gelegenheit zu bemerken, daß die heute üblichste Angabe des mechanischen Wärmeäquivalents, nämlich

$$1 \, WE_{15} = 427 \, \text{m} \cdot \text{kg}$$

sich auf die 15°-Kalorie bezieht.  Sein Wert ist übrigens von der Erdbeschleunigung abhängig; so ist der wahrscheinlichste Wert ($\pm 0{,}2\%$ Genauigkeit)

$$\text{in Berlin} \quad (g = 9{,}813 \, \text{m/sek}^2) : 1 \, WE_{15} = 426{,}9 \, \text{m} \cdot \text{kg},$$
$$\text{in München} \; (g = 9{,}806 \, \text{m/sek}^2) : 1 \, WE_{15} = 427{,}2 \, \text{m} \cdot \text{kg}.$$

Alle diese Angaben[1]) beziehen sich überdies noch auf die Wasserstoffskala (S. 238).

Mit Rücksicht auf die Unsicherheit, die in bezug auf die spezifische Wärme des Wassers oberhalb 30° noch besteht, ist es freilich berechtigt, kurzerhand die spezifische Wärme des Wassers bei Messungen der Wärmemenge als konstant anzusehen und gleich Eins zu setzen.  Doch muß man im Gedächtnis behalten, daß alle Ergebnisse mit einer Unsicherheit von etwa 1% behaftet sind — und dies zu zeigen war der Zweck der vorhergehenden Zeilen.

Wenn man kalorimetrische Messungen so ausführt, daß bei mehreren Versuchen die Kalorimeterflüssigkeit etwa dieselben Anfangs- und Endtemperaturen hat, wird die relative Genauigkeit eine größere.

Nebenbei sei bemerkt, daß man der spezifischen Wärme, die meist einfach als Zahl angegeben wird, die Benennung $\dfrac{WE}{°C \cdot kg}$ oder $\dfrac{WE}{°C \cdot cbm}$ im technischen Maßsystem geben sollte.

Im englischen Maßsystem ist die Einheit der Wärmemenge (British Thermal Unit, abgekürzt BTU) diejenige, die 1 engl. Pfund Wasser um 1° Fahrenheit erwärmt.  Es ist 1 BTU = 0,253 WE = 253 gr cal.

**94. Ausführung der Messung.**  Es sind nun zwei Arten der Messung denkbar.  Man kann sie an einem ruhenden oder doch nur durch Umrühren bewegten Wärmeträger vornehmen, der dann mehr und mehr erwärmt beziehungsweise abgekühlt wird; man bezeichnet solche

---

[1]) Scheel und Luther, Referat für den Ausschuß für Einheiten und Formelgrößen, abgedruckt in: Verhandl. d. Dtsch. Physik. Ges., 1908, S. 584.

Messung als Anwärmungs- oder Abkühlungsversuch. Man kann aber auch im Beharrungszustand arbeiten, indem man die Wärme auf einen fließenden Wärmeträger überträgt, dessen sekundlich ausgewechselte Menge man mißt und für den man den Temperaturunterschied zwischen Zu- und Ablauf mißt. Für die erste Art ist das Bombenkalorimeter (S. 264), für die zweite das Junkers-Kalorimeter (S. 273) ein Beispiel; als Beispiel für die zweite ist auch anzuführen, daß man die Verluste mit den Auspuffgasen einer Gasmaschine bestimmt hat, indem man deren Wärme in einem Röhrensystem nach Art des Oberflächenkondensators kontinuierlich auf Wasser übertrug; jeder Oberflächenkondensator einer Dampfmaschine ist ein Kalorimeter im großen. Beide Arten der Messung werden endlich an Kältemaschinen verwendet, wie das bald an Beispielen besprochen werden soll.

Beide Arten der Messung erfordern eine Reihe von Berichtigungen. In jedem Fall kann der Wärmeaustausch mit der Umgebung Einfluß haben; ob er freilich zu einer Berichtigung Anlaß geben soll, hängt vom Zweck des Versuches ab; ist zum Beispiel zu prüfen, ob eine Heizvorrichtung imstande ist, einer bestimmten Flüssigkeitsmenge in vorgeschriebener Zeit eine gewisse Wärmemenge zuzuführen, so wird sie das im allgemeinen trotz der äußeren Verluste tun müssen. Außerdem ist bei Erwärmungs- und Abkühlungsversuchen zu bedenken, daß die umgebende Gefäßwand an der Temperaturveränderung ganz oder teilweise teilnimmt, und daß ihre Wärmeaufnahme oder -abgabe zu berücksichtigen ist. Dabei darf man für Metallwände im allgemeinen annehmen, daß sie jede Temperaturänderung sehr schnell mitmachen; anders freilich bei Isolierungen, bei denen nur die nächstliegenden Schichten das tun werden, während es lange dauert, bis auch die ferner liegenden es tun.

*Beispiel*: An einer Kühlanlage wurde ein *Abkühlungsversuch* gemacht. Während die Sole nicht umlief, sondern nur mittels Rührwerkes bewegt wurde, wurde das Abfallen der Temperatur beobachtet; nach Feststellung gleichmäßigen Abfalles durch Auftragen der Temperatur als Funktion der Zeit wurde graphisch der Teil der Abfallkurve herausgeschnitten, der gerade Interesse bot: Zum Herunterdrücken von $-2{,}0$ auf $-6{,}0°$ waren 61 min nötig gewesen; dem entspricht ein Temperaturabfall von $3{,}93°$ pro Stunde. Durch Ausmessen des Verdampfers wurde das Solevolumen bei $-5°$ zu 3,18 cbm bestimmt; das spezifische Gewicht der Magnesiumchloridlösung wurde zu 1,092 bei $+15°$ C mittels Aräometers gemessen, das sind also 1092 kg/cbm; die Tabellen von Landolt und Börnstein geben hiernach einen Salzgehalt von 10,7% der Lösung, und hierfür eine spezifische Wärme 0,845 WE/kg. Der Temperaturunterschied von $+15°$ gegen $-5°$ bedingt einen Unterschied der spezifischen Gewichte von 0,3% (es ist $\gamma_{15} : \gamma_{-5} = 1{,}003$), also wird das Solegewicht zu $3{,}18 \cdot 1{,}003 \cdot 1092 = 3490$ kg anzusetzen sein. — Außer dieser Sole wurde auch das Eisen des Behälters, soweit es unterhalb des Solespiegels lag, und es wurden auch die kupfernen Kühlschlangen abgekühlt. Aus der Werkzeichnung ergibt sich das Gewicht der Eisenteile zu rund 800 kg, das der Kupferteile zu rund 160 kg, die spezifischen Wärmen sind zu 0,114 und 0,093 anzunehmen.

Man berechnet nun zweckmäßig zunächst den *Wasserwert* der abgekühlten Teile, das heißt dasjenige Wassergewicht, das bei der Abkühlung um 1° ebensoviel Wärme hergibt wie die in Rede stehenden. Der Wasserwert läßt sich unter Benutzung der angegebenen Zahlen wie folgt berechnen:

$$
\begin{aligned}
\text{Sole} &\ldots\ldots\ldots\ldots & 3490 \text{ kg} \cdot 0{,}845 &= 2948 \text{ kg} \\
\text{Eisenteile} &\ldots\ldots\ldots & 800 \text{ kg} \cdot 0{,}114 &= 91 \text{ kg} \\
\text{Kupferteile} &\ldots\ldots\ldots & 160 \text{ kg} \cdot 0{,}093 &= \underline{15 \text{ kg}}
\end{aligned}
$$

Gesamter Wasserwert der gekühlten Teile    3054 kg

Da, wie erwähnt, diese Teile um stündlich 3,93° gekühlt wurden, so war die Leistung der Kälteanlage $3054 \cdot 3{,}93 = 12\,000$ WE/st.

Von einer Berücksichtigung dessen, was die Isolierung des Behälters und manche andere Teile an Wärme hergegeben hatten, wurde abgesehen, weil die Bestimmung schwierig ist; jedenfalls wird also die Kälteleistung etwas zu niedrig bestimmt sein. Die Strahlungseinflüsse blieben unbeachtet, weil es sich um die Erledigung der Frage handelte, ob die Anlage die Höchstleistung hergebe, und weil im praktischen Betrieb der Anlage die Strahlung in gleicher Größe auftreten wird.

An einer anderen Kühlanlage wurde ein *Versuch im Beharrungszustand* gemacht. Die kalte Sole wurde, so wie es ihre Bestimmung ist, in die zu kühlenden Räume geschickt; sie kam etwas erwärmt aus ihnen zurück. Dabei wurde die Leistung der Anlage durch Beeinflussung der Umlaufzahl des Kompressors so eingeregelt, daß gerade der Kältebedarf der Kühlräume gedeckt wurde, so daß also die abgehende Sole wieder auf die gleiche niedrigere Temperatur kam: es wurde der Beharrungszustand der Anlage erstrebt. Während der dreistündigen Versuchsdauer floß im Mittel die Sole mit $-7{,}21°$ zu den Kühlräumen und kam mit $-5{,}17°$ aus ihnen zurück; sie kühlte sich also um 2,04° ab. Mittels Ausflußöffnungen (S. 104) wurde die Solemenge zu 5,19 ltr/sek $= 18\,680$ ltr/st gemessen. Spezifisches Gewicht der Kochsalzlösung 1,133 bei 18°, entsprechend 1,143 bei $-5°$ und entsprechend einer spezifischen Wärme von 0,824 WE/kg. Die Kälteleistung ist $18\,680 \cdot 1{,}143 \cdot 0{,}824 \cdot 2{,}04 = 35\,830$ WE/st. — Nun war aber noch eine Berichtigung für mangelhaften Beharrungszustand anzubringen; die Temperatur des Soleinhaltes war nämlich am Schluß des Versuches 0,2° höher gewesen als anfangs. Die Korrektion ist so zu berechnen wie der Abkühlungsversuch; der Wasserwert des Soleinhaltes einschließlich der Eisen- und Kupferteile war 8600 kg, also waren $8600 \cdot 0{,}2 = 1720$ WE Kälte dadurch hergegeben worden, jedoch in drei Stunden. Die Kälteleistung der Anlage war also um $1720 : 3 = 570$ WE/st geringer gewesen und hatte 35 260 WE/st betragen. — Eine weitere Berichtigung war in diesem Fall für den Wärmeaustausch mit der Umgebung zu machen; es handelte sich nämlich um eine Untersuchung nicht der ganzen Anlage, sondern eines neuen Kompressors, der natürlich für die vielleicht schlechte Isolierung des Verdampfers nicht verantwortlich gemacht werden durfte. Man ließ nach Abstellen des Kompressors und des Sole-umlaufs in den zu kühlenden Räumen nur das Rührwerk weiterlaufen, um gleichmäßige Temperatur im Verdampfer zu haben, und beobachtete im Verlauf von 10 st einen Temperaturabfall $-7,3$ auf $-4,9°$, also um stündlich $0,24°$ bei $-\frac{1}{2} \cdot (7,3 + 4,9) = -6,1°$ Temperatur. Raum-temperatur etwa $+10°$, so daß bei $-7,3°$ auf $0,24 \cdot \dfrac{17,3}{16,1} = 0,26°$ zu rechnen ist. Wegen des Wasserwertes von 8600 kg ergibt sich eine Korrektion von $8600 \cdot 0,26 = 2240$ WE/st, und die endgültige Kälte-leistung ist $35\,260 + 2240 = 37\,500$ WE/st.

Da bei dem Versuch im Beharrungszustand die Unsicherheiten wegen des Einflusses der Isolierung nur in eine Korrektion eingehen, so ist solch Versuch im allgemeinen vorzuziehen — nicht nur bei Kühl-anlagen. Wo man die Kälte nicht in Kühlräumen verwenden kann, muß man sie durch Dampf vernichten; wenn man diesen in Schlangen kondensiert, so hat man aus seinem Gewicht eine nochmalige Bestim-mung der Kälteleistung (§ 95).

**95. Ermittlung der Wärmemenge aus Dampfmengen.** Wenn der Träger der zu messenden Wärmemengen ein Dampf ist, so ist bei Be-stimmung des Wärmeinhaltes die latente Wärme des Dampfes zu berück-sichtigen, ja sie macht meist den überwiegenden Anteil des gesamten Wärmeinhaltes aus. Die Wärmemenge, die beispielsweise dem Speise-wasser eines Dampfkessels zuzuführen ist, um es in Dampf von dem Zustand zu verwandeln, in dem es den Kessel verläßt, setzt sich im allgemeinen aus drei Teilen zusammen. Zunächst ist das Speisewasser auf die Siedetemperatur $t_s$ des Wassers zu erwärmen, entsprechend dem im Kessel herrschenden Druck $p$; hierfür kommt die spezifische Wärme des Wassers in Frage; den Wärmeinhalt des Wassers über den bei $0°$ hin-aus bezeichnet man als seine *Flüssigkeitswärme*. Weiter ist das Wasser in Dampf von gleichem Druck $p$ und gleicher Temperatur $t_s$ zu ver-wandeln; hierfür kommt die sogenannte *Verdampfungswärme* des Wassers in Betracht, die ebenso wie die spezifische Wärme auf 1 kg bezogen zu werden pflegt und die Tabellen zu entnehmen ist; wo das Wasser nicht restlos in Dampf verwandelt wird, sondern ein Teil als Feuchtigkeit des Dampfes mitgerissen wird, ist die Verdampfungswärme nur für den wirklich verdampften Teil anzusetzen; der Feuchtigkeitsgehalt ist also zu bestimmen. Als dritter Posten ist bei der Erzeugung überhitzten Dampfes die *Überhitzungswärme* einzuführen: im Überhitzer wird der Dampf unter unverändertem Druck auf eine höhere als die Sättigungs- oder Siedetemperatur erhitzt; hierbei ist die spezifische Wärme des Wasserdampfes in Rechnung zu setzen; da vor der Überhitzung zu-nächst eine Verdampfung der mitgerissenen Feuchtigkeit eintritt, so kann die Bestimmung der Dampffeuchtigkeit unterbleiben, wenn man nur die Leistung des Kessels und Überhitzers zusammen kennen will.

Für die Auswertung ist es am einfachsten, den *Wärmeinhalt des Dampfes*, wie er den Kessel verläßt, und den des zum Kessel kommenden Speisewassers zu ermitteln und beide voneinander abzuziehen. Diese Wärmeinhalte, das heißt die Mehrgehalte an Wärme gegenüber dem

Wärmeinhalt von Wasser von $0°$ C, sind nämlich den Dampf-
tabellen zu entnehmen, die sich beispielsweise im Taschenbuch der
Hütte finden. Den Wärmeinhalt von Wasser kann man, nach den
Darlegungen S. 251 befriedigend genau, numerisch gleich der Wasser-
temperatur setzen; den Wärmeinhalt gesättigten Dampfes gibt die
Formel

$$i_s = 594,7 + 0,518\, t_s - 0,00068\, t_s^2 \quad \ldots \quad (29)$$

befriedigend wieder, die den Angaben Molliers[1]) entspricht; der
Wärmeinhalt überhitzten Dampfes kann nach Mollier

$$i = 594,7 + 0,477 \cdot t - \left[7,61 \cdot \left(\frac{273}{T}\right)^{10/3} - 0,023\right] \cdot p \quad . \quad (30)$$

gesetzt werden; es bedeutet $t$ die Temperatur des Dampfes in Celsiusgraden, $T$ die absolute Temperatur und $p$ den Druck des Dampfes in
Atmosphären (1 at = 1 kg/qcm). Man kann die aus dieser Formel
folgenden Werte auch aus den von Mollier herausgegebenen graphischen
Darstellungen[2]) entnehmen.

Eine ältere Rechnungsweise setzt nach Regnault den Wärmeinhalt
gesättigten Dampfes $\lambda = 606,5 + 0,305\, t_s$, wo $t_s$ die Sättigungstemperatur ist, die man zu jedem Druck $p$ aus den Dampftabellen entnehmen kann; mit einer als konstant angenommenen spezifischen
Wärme $c_p = 0,48$ wird die Überhitzungswärme $0,48 \cdot (t - t_s)$, so daß
der Wärmeinhalt überhitzten Dampfes durch

$$i = 606,5 + 0,305\, t_s + 0,48\, (t - t_s) \quad . \quad . \quad . \quad . \quad (31)$$

gegeben wäre; diese Formel ist auch in den noch gültigen Normen für
Dampfkesselversuche angegeben, sie ist aber als veraltet anzusehen,
nachdem durch Lorenz sowie durch Knoblauch, Linde und Klebe
nachgewiesen ist, daß $c_p$ durchaus nicht konstant ist, sondern in den
weiten Grenzen von 0,45 bis 0,6 von Druck und Temperatur abhängt.
Dieser Veränderlichkeit wird Formel (30) gerecht. Für Atmosphärenspannung und mäßige Überhitzung trifft indessen der alte Wert $c_p = 0,48$
leidlich zu.

*Beispiel*: So sei ein Dampfkessel 8 Stunden lang durchschnittlich mit Wasser von $52°$ gespeist worden und habe Dampf von
10,25 at absolutem Druck und $303°$ Temperatur erzeugt. Dann ist

$$i = 594,7 + 0,477 \cdot 303 - \left[7,61 \cdot \left(\frac{273}{576}\right)^{10/3} - 0,023\right] \cdot 10,25 = 594 + 144,7$$

$-6,3 = 732$ WE pro kg Dampf. Die ältere Rechnungsweise hätte
ergeben: die Sättigungstemperatur zu 10,25 at ist $180°$, also wird der
Wärmeinhalt gesättigten Dampfes $\lambda = 606,5 + 0,305 \cdot 180 = 661,3$ WE;

---

[1]) Neue Tabellen und Diagramme für Wasserdampf, Berlin 1906. Auch
Hütte, 19. oder 20. Aufl. Die neuen Messungen von Henning, Z. d. V d.
Ing. 1909, S. 1769, ergeben bei Temperaturen über $70°$ etwas kleinere Werte;
die Differenzen sind

| bei | $100°$ | $130°$ | $150°$ | $180°$ |
|---|---|---|---|---|
| | $-1,0$ | $-2,6$ | $-3,1$ (Maximum) | $-2,1$ WE/kg. |

[2]) Beilage zu: Neue Tabellen und Diagramme für Wasserdampf.

die Überhitzung beträgt $303 - 180 = 123°$, entsprechend einer Überhitzungswärme $0{,}48 \cdot 123 = 59{,}1$ WE; der Wärmeinhalt des überhitzten Dampfes wäre danach $i = 661{,}3 + 59{,}1 = 720$ WE, also um $1{,}8\%$ niedriger. — Wie man aber auch den Wärmeinhalt des überhitzten Dampfes berechnen möge, jedenfalls wird jetzt die Flüssigkeitswärme des Speisewassers mit 52 WE abzuziehen sein; also waren $732 - 52 = 680$ WE jedem verdampften Kilogramm zuzuführen. Waren also in den 8 st Versuchsdauer 17 160 kg Wasser gespeist worden, und hatte man dafür gesorgt, daß der Wasserstand im Kessel anfangs und am Ende der gleiche war (um die Unsicherheit in dieser Hinsicht unschädlich zu machen, dazu die lange Versuchsdauer), so wären stündlich $17\,160 : 8 = 2145$ kg verdampft worden und hätten $2145 \cdot 681 = 1\,461\,000$ WE/st nutzbar werden lassen.

Auch wo nicht der Wärmeinhalt des Dampfes selbst interessiert, sondern die Wärmeaufnahme eines Mediums gemessen werden soll, kann man die Messung auf eine Messung der Dampfmenge zurückführen. So bestimmt man die *Wärmeabgabe von Heizkörpern* einer Dampfheizung, indem man das niedergeschlagene Kondensat wägt und mit dem Unterschied des Wärmeinhaltes des ankommenden Dampfes und des abgehenden Kondensats multipliziert; diesen Unterschied führt man in weniger genauen Messungen oft einfach mit 600 WE/kg ein — so bei den Heizwertbestimmungen, S. 269 und 275, wo es sich nur um eine Art Korrektion handelt. — Auch die *Kälteleistung einer Kühlmaschine* kann man ermitteln, indem man eine Dampfschlange in die Sole legt und Dampf gerade in der Menge zuführt, daß die Wärmezufuhr durch Dampf der Wärmeentziehung durch die Maschine die Wage hält, so daß also die Temperatur der Sole weder steigt noch fällt. Die Kondensatmenge wird gemessen. Ratsam ist es in allen Fällen, wo genau gemessen werden soll, den zutretenden Dampf schwach zu überhitzen, da anderenfalls keine Gewißheit darüber besteht, wieviel Wasser der Dampf etwa mit sich führte.

Überall nämlich, wo die Dampftemperatur die dem Druck entsprechende Sättigungstemperatur nicht überschritten hat, kann der Dampf sowohl trocken gesättigt sein als auch beliebige Feuchtigkeitsmengen enthalten. Da der Wärmeinhalt des Wassers nur $1/4$ bis $1/6$ desjenigen von Dampf ausmacht, so bedingt ein Feuchtigkeitsgehalt einen wesentlichen Mindergehalt des Dampfes an Wärme. Bei Erzeugung gesättigten Dampfes im Kessel sowohl als auch bei Verwendung gesättigten Dampfes zur Messung der Wärmemenge, wie im Heizkörper und der Kältemaschine, wäre also eine Bestimmung des Feuchtigkeitsgehaltes unerläßlich.

**96. Ermittlung der Dampffeuchtigkeit.** Die Messung des Feuchtigkeitsgehaltes geschieht fast allgemein mit Hilfe des *Drosselkalorimeters*. Dieses besteht (Fig. 208) aus einem einfachen Hohlgefäß, dessen Wände gegen Wärmeausstrahlung durch Isolation geschützt sind; die Isolation ist nicht gezeichnet. In ihn tritt der feuchte Dampf, dessen Spannung $p_1$ oder Temperatur $t_1$ man festgestellt hat (beide hängen ja voneinander ab), durch ein Ventil $A$ ein; in diesem wird er auf eine geringe Spannung gedrosselt. Da gesättigter Dampf von geringer Spannung weniger latente Wärme als solcher von hoher Spannung enthält, so wird die frei gewordene Wärme eine Überhitzung des Dampfes bewirken, aber erst nachdem sie den Dampf getrocknet hat. Je feuchter also der Dampf war, desto weniger wird er beim Drosseln überhitzt. Messen wir die Dampfspannung und die Dampftemperatur im Kalorimeter, bei $p_2$ und $t_2$, so können wir aus der Überhitzung auf die frühere Feuchtigkeit schließen. Der Dampf fließt unten ins Freie. Bei der Messung muß der Apparat im Beharrungszustand, insbesondere die Isolierung gut durchgewärmt sein.

Besteht 1 kg feuchten Dampfes aus $x$ kg Dampf und $(1 - x)$ kg Wasser, und bezeichnet $q_1$ die Flüssigkeitswärme von 1 kg Wasser,

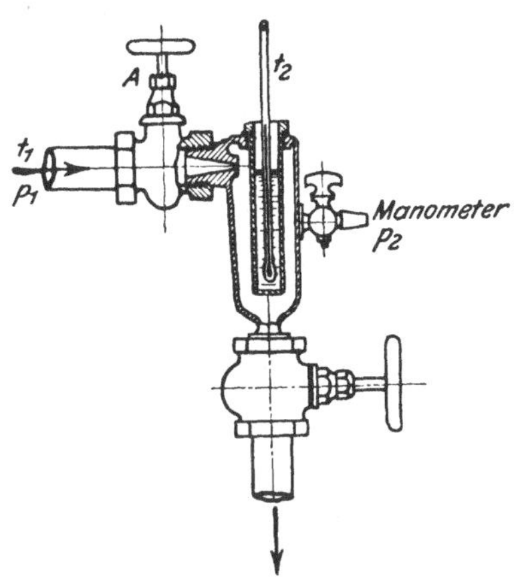


Fig. 208. Drosselkalorimeter von Schaeffer & Budenberg.

$\lambda_1$ den Wärmeinhalt von 1 kg gesättigten Dampfes, beide bei der Anfangsspannung $p_1$ beziehungsweise der entsprechenden Temperatur $t_{s1}$, so ist also in den $x$ kg Dampf die Wärmemenge $x \cdot \lambda_1$, und in den $(1 - x)$ kg Wasser die Wärmemenge $(1 - x) \cdot q_1$ enthalten; vor dem Drosseln war also in dem Kilogramm feuchten Dampfes die Wärmemenge $x \cdot \lambda_1 + (1 - x) \cdot q_1$ vorhanden. Bezeichnet weiterhin $\lambda_2$ die Gesamtwärme von 1 kg gesättigtem Dampf bei der Spannung $p_2$ im Drosselkalorimeter, bezeichnet $t_2 - t_{s2}$ die Anzahl von Graden, um welche Überhitzung eingetreten ist, und $c_p$ die spezifische Wärme des Dampfes bei der Überhitzung, so ist der Wärmeinhalt von 1 kg Dampf, wie er im Kalorimeter vorliegt, $\lambda_2 + c_p \cdot (t_2 - t_{s2})$. Da Wärme nicht in erheblichem Maße zu- oder abgeführt ist, wegen der guten Isolierung des Ganzen, so muß sein

$$x \cdot \lambda_1 + (1 - x) \cdot q_1 = \lambda_2 + c_p \cdot (t_2 - t_{s2}),$$

woraus folgt:

$$x = \frac{\lambda_2 + c_p \cdot (t_2 - t_{s2}) - q_1}{\lambda_1 - q_1} \quad . \quad . \quad . \quad . \quad . \quad . \quad (32)$$

Sämtliche Größen hierin lassen sich den Dampftabellen entnehmen, wie ein Beispiel zeigen wird. $c_p$ pflegt man zu 0,48 anzunehmen.

Dampf von 10,7 at Überdruck sei kalorimetriert worden, und man habe im Drosselkalorimeter bei einem Überdruck von 350 mm QuS $= 0,476$ at eine Temperatur von 136,2° C abgelesen. Barometerstand 740 mm QuS $= 1,01$ at. — Bei Dampf von $10,7 + 1,01 = 11,7$ at absolutem Druck entnehmen wir den Dampftabellen; $\lambda_1 = 667,8$; $q_1 = 188,6$. Bei dem gedrosselten Dampf von $0,476 + 1,01 = 1,49$ at absolutem Druck ist $\lambda_2 = 643,9$ und die Sättigungstemperatur 109,5° C.

Die Überhitzung ist also $t_2 - t_{s2} = 136{,}2 - 109{,}5 = 26{,}7°$. Damit wird $x = 0{,}978$; der Dampf enthielt rund $2\%$ Feuchtigkeit.

Da die äußere Form des Drosselkalorimeters unwesentlich ist, so kann man sich eins aus Gasrohrenden leicht selbst zurechtbauen. Man achte auf gute Einhüllung. Das Ventil $A$ der Fig. 208 soll stets ganz geöffnet sein, zum Drosseln genügt die Düse. Je größer nämlich die arbeitende Dampfmenge, desto weniger Einfluß haben die Strahlungsverluste.

Wir haben dieser Rechnung die ältere Annahme einer unveränderlichen spezifischen Wärme des Wasserdampfes zugrunde gelegt. Es machte keine bedeutende Schwierigkeit, die Rechnung auch unter Benutzung der neueren Angaben (S. 255) für den Wärmeinhalt von gesättigtem und überhitztem Dampf oder unter Benutzung der Mollierschen Dampfdiagramme durchzuführen. Doch scheint gerade für die Auswertung am Drosselkalorimeter die ältere Rechnungsweise ausreichend zu sein[1]). Man darf sich aber von der einen wie der anderen Rechnungsweise keine große Genauigkeit versprechen, solange man die Untersuchung an einer Dampfprobe macht.

Man erkennt leicht, oder kann sich durch Nachrechnen davon überzeugen, daß das Drosselkalorimeter nur für mäßige Feuchtigkeitsgrade, 2 bis $4\%$, brauchbar ist. Sehr feuchter Dampf wird zwar im Kalorimeter etwas getrocknet, aber doch nicht ganz oder gar überhitzt. Da indes vor jeder Maschine ein Wasserabscheider in die Dampfleitung eingeschaltet ist, so pflegt der zu untersuchende Dampf auch nicht sehr feucht zu sein. Will man jedoch untersuchen, wie feucht der von einem Kessel erzeugte Dampf ist, so reicht gelegentlich das Drosselkalorimeter nicht aus — man erkennt das daran, daß man am Kalorimeter die Sättigungstemperatur des Dampfes abliest, und muß dann alle Schlüsse unterlassen.

Für solche Fälle kann gelegentlich das von Carpenter angegebene *Abscheidekalorimeter* dienen (Fig. 209). In ihm wird der Dampf mechanisch von Feuchtigkeit befreit und diese gemessen. Der Dampf tritt oben ins Instrument ein, muß innerhalb des aus dünnem Messingblech gestanzten Korbes seine Richtung plötzlich ändern, durch einen schmalen Spalt zwischen dem Korb und dem Deckel des Instruments hindurchgehen und entweicht endlich durch eine Düse. Die Menge des entweichenden Dampfes mißt man mittels des Manometers, indem nämlich die Düse als Ausflußöffnung geeicht ist; man hat durch Kondensieren ein für allemal festgestellt, wieviel Dampf bei verschiedenen Spannungen sekundlich durch die Düse geht. Nun wurde aber das im Dampf enthaltene Wasser bei der Richtungsänderung an die Korbwände geschleudert und fällt hinab in den inneren Raum. Am Wasserstandsglas mißt man, wieviel Wasser in einer gewissen Zeit abgeschieden wurde. Ist nun $D$ das sekundliche Gewicht des trockenen Dampfes und $W$ das gleiche vom Wasser, so ging $W + D$ sekundlich an feuchtem Dampf in den Apparat; der spezifische Dampfgehalt ist $x = \dfrac{D}{W + D}$.

---

[1]) Grießmann, Forschungsarbeiten, Heft 13, S. 54.

Zwar wird behauptet, daß das Abscheidekalorimeter den Dampf sehr sicher trockne; immerhin wird man gut tun, noch ein Drosselkalorimeter dahinter zu schalten. Diese beiden Instrumente ergänzen sich ja trefflich: Das Drosselkalorimeter kann nur mäßig feuchten Dampf verarbeiten, trocknet ihn aber ganz sicher; das Abscheidekalorimeter verarbeitet beliebig nassen Dampf, trocknet ihn aber nicht so sicher. — Daß man den Dampf bei dieser Kombination nicht mehr mit Hilfe einer Ausströmdüse messen kann, ist klar. Man muß ihn etwa zum Schluß kondensieren.

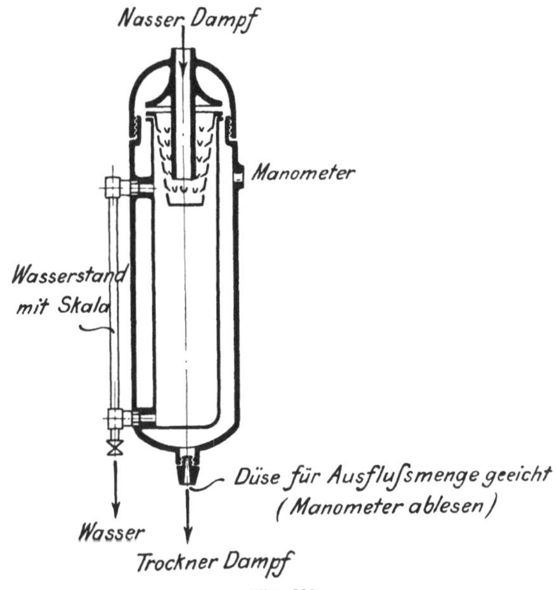


Fig. 209.
Carpenters Abscheidekalorimeter (Schaeffer & Budenberg).

*Andere Methoden* beruhen etwa darauf, daß man dem nassen Dampf mittels elektrischer Widerstände so viel Wärme zuführt, daß er eben überhitzt wird; die erforderliche Energiezufuhr mißt man elektrisch. Es ist 1 KW = 859 WE/st. Man kann auch die Wärmezufuhr durch Dampf von höherer Spannung bewirken, der sie durch Kupferspiralen überträgt. Man kann auch den Dampf kondensieren und dabei kalorimetrisch seinen Wärmeinhalt feststellen. Und noch manche andere Methode ist vorgeschlagen. Für jede Methode aber gilt das Folgende.

Man ist nur selten in der Lage, den Dampf als Ganzes einer Feuchtigkeitsuntersuchung zu unterwerfen. Man leitet vielmehr einen kleinen Zweigstrom in das Kalorimeter und prüft diesen. Da kann nun das Kalorimeter im besten Fall die Probe richtig untersuchen; stellt diese Probe keinen Durchschnitt des Dampfes dar, so trifft die Schuld für ein falsches Resultat nicht das Kalorimeter, sondern die Art der *Probenahme*. Man entnimmt die Probe nach Fig. 210: Das Entnahmeröhrchen wird noch quer durch das Dampfrohr hindurchgeführt und ist mit Löchern versehen; es ist am Ende zu oder offen. Man hofft so, wenn der Dampf im Rohr nach konzentrischen Schichten gleichmäßig verteilt ist, von jeder Schicht gleich viel zu bekommen. Da in wagerechten Rohren Wasser am Boden entlang läuft, so soll man den Entnahmestutzen in ein senkrechtes Rohr legen, in dem überdies noch der Dampf aufwärts gehen soll. Außerdem muß man das Röhrchen bis zum Kalorimeter hin gut verpacken, sonst verliert der Dampf noch Wärme.

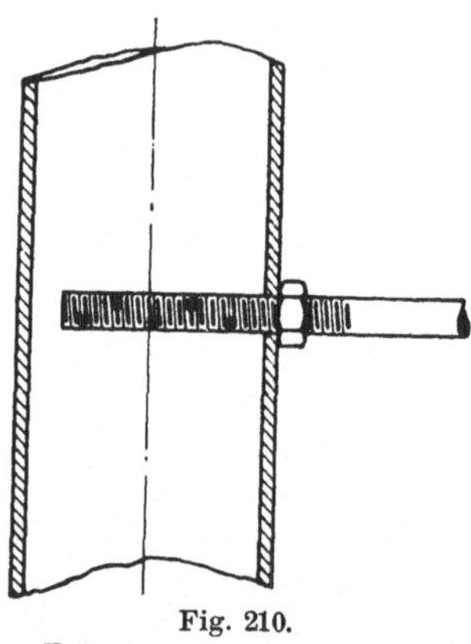

Fig. 210.
Entnahme der Dampfprobe.

Aber trotz dieser Vorsichtsmaßregeln dürfte die Probe selten den Durchschnitt darstellen. Das schwerere Wasser wird im allgemeinen mehr als der Dampf das Bestreben haben, geradeaus zu gehen, und es wird zu trockener Dampf in das Kalorimeter kommen. Jede Untersuchung der Dampfgüte ist daher von zweifelhaftem Wert: in der Tat werden bei uns solche Bestimmungen selten gemacht, während sie in Nordamerika recht gebräuchlich sind. Welche Art von Kalorimeter man verwendet, ist hierfür gleichgültig. Das Drosselkalorimeter ist das bequemste und ist an sich durchaus einwandfrei. Ebenso einwandfrei ist die angeführte Kombination aus Abscheide- und Drosselkalorimeter.

In den seltenen Fällen, wo man den ganzen Dampf untersuchen kann, fallen diese Einwände fort. Das ist etwa der Fall, wenn man die Spannung (in Heizanlagen) durch ein Druckminderventil reduzieren kann; dieses ist dann direkt als Drosselkalorimeter zu benutzen.

---

# XIII. Messung des Heizwertes von Brennstoffen.

**97. Einheiten.** Das Hauptanwendungsgebiet kalorimetrischer Methoden im Maschinenbau ist die Bestimmung des Heizwertes von Brennmaterialien. Für feste Brennstoffe — Kohle — geschieht das heute allgemein mit Hilfe der Bombe, für flüssige und gasförmige — Benzin oder Petroleum, Leucht- oder Generatorgas und andere — ebenso allgemein mit Hilfe des Junkers-Kalorimeters.

Unter Heizwert versteht man diejenige Wärmemenge, die die Mengeneinheit des betreffenden Brennstoffes bei vollkommener Verbrennung der Bestandteile und darauffolgender Abkühlung auf die Temperatur der Umgebung an diese abgibt. Der Heizwert ist unabhängig davon, ob die Verbrennung in Luft oder in reinem Sauerstoff erfolgt, und ob der vorhandene Sauerstoff zur Verbrennung gerade ausreicht oder im Überschuß vorhanden ist, ist auch unabhängig von der Spannung, bei der sie erfolgt, sofern nur nicht die Bildung von CO und anderen selbst noch brennbaren Bestandteilen oder das Unverbranntbleiben schwerer Kohlenwasserstoffe die Folge ungünstiger Bedingungen ist. Die genannten Verhältnisse beeinflussen nur die bei der Verbrennung eintretende Temperatursteigerung.

Als Mengeneinheit, auf die der Heizwert bezogen wird, dient bei festen und flüssigen Körpern das Kilogramm, wenn man nach Kilogrammkalorien, oder das Gramm, wenn man nach Grammkalorien rechnet; bei gasförmigen Brennstoffen bezieht man den Heizwert auf das Kubikmeter, wobei natürlich das auf 0° und 760 mm QuS reduzierte Volumen einzuführen ist, und zwar pflegt man bei gasförmigen Brennstoffen nach Grammkalorien zu rechnen. Heizwertangaben haben also die Benennungen: $\dfrac{WE}{kg} = \dfrac{gr\,cal}{gr}$; $\dfrac{gr\,cal}{cbm\left(\begin{smallmatrix}0\\760\end{smallmatrix}\right)}$. In physikalisch-chemischen Werken geschieht die Angabe des Heizwertes oft bezogen auf Gramm-Moleküle, das heißt auf die Anzahl von Gramm, die dem Molekulargewicht des Stoffes entspricht. So wird man für Methan $CH_4$ den (oberen) Heizwert 213,5 gr cal/gr mol angegeben finden; da das Molekulargewicht des Methans $12 + 4 \cdot 1 = 16$ (genauer 16,03) ist, so ist sein Heizwert, nach technischer Ausdrucksweise, $\dfrac{213,5}{16,03} \cdot 1000 = 13\,320$ WE/kg; oder bei einem spezifischen Gewicht des Methans von 0,716 kg/cbm $\left(\begin{smallmatrix}0\\760\end{smallmatrix}\right)$ ist der Heizwert $13\,320 \cdot 0,716 = 9540$ WE/cbm $\left(\begin{smallmatrix}0\\760\end{smallmatrix}\right)$.

**98. Oberer und unterer Heizwert.** Die maschinentechnisch in Frage kommenden Brennstoffe bestehen durchweg aus Kohlenstoff C, Wasserstoff H, Sauerstoff O und aus Verbindungen dieser drei; die meisten enthalten auch noch 1 bis 2% Schwefel S. Außerdem enthalten sie fast immer Wasser, das bei festen oder flüssigen Brennstoffen in kondensierter Form in den Prozeß eintritt, bei gasförmigen Brennstoffen als Feuchtigkeit dampfförmig vorhanden ist. Ferner enthält auch die zur Verbrennung zugeführte Luft eine gewisse Wassermenge als Luftfeuchtigkeit und nimmt sie fast immer in Dampfform in den Prozeß hinein. Bei vollkommener Verbrennung entsteht Kohlensäure $CO_2$ und Wasser $H_2O$. Während die Kohlensäure immer gasförmig abgeht, kann das Wasser entweder als Wasserdampf oder in flüssiger Form den Verbrennungsraum verlassen; das wird namentlich von der Endtemperatur der Abgase abhängen.

Je nachdem nun das teils schon im Brennstoff vorhandene, teils bei der Verbrennung entstandene Wasser Dampf bleibt oder verflüssigt wird, wird der Heizwert verschieden hoch ausfallen. Entweichender Wasserdampf entführt ja in latenter Form große Wärmemengen — rund 600 WE pro kg Dampf —, die dann als fühlbare Wärme in die Erscheinung treten und nutzbar werden, wenn der Wasserdampf sich niederschlägt. Der kalorimetrisch gemessene, wie auch der in einer Feuerung nutzbar werdende Heizwert ist also kleiner, wenn das Wasser als Dampf abgeht, größer, wenn es sich zu verflüssigen Gelegenheit hat.

Man pflegt den auf Wasserdampf als Verbrennungsprodukt bezogenen den *unteren Heizwert*, den anderen den *oberen Heizwert* zu nennen. Beide unterscheiden sich um den mit 600 multiplizierten Wassergehalt der Verbrennungsprodukte.

Es ist nun die Frage, ob der untere oder der obere Heizwert bei der Bewertung des Brennstoffes in Betracht zu ziehen ist. Entsprechend den Vorschriften der Normen des Vereins Deutscher Ingenieure pflegt man in Deutschland den unteren als maßgebend in die Rechnung einzuführen, in Amerika dagegen gilt der obere — woraus allein schon folgt, daß sich für jeden etwas sagen läßt.

Die Frage ist auch nicht belanglos insofern, als der Unterschied zwischen beiden Heizwerten recht bedeutend ist: beide verhalten sich bei Steinkohle etwa wie 7500 zu 7200 WE, bei Braunkohle wie 4500 zu 4200, bei Petroleum wie 10 500 zu 9750, bei Leuchtgas wie 5600 zu 5000 WE. Der Unterschied wird um so größer, je mehr Wasser und namentlich je mehr Wasserstoff der Brennstoff prozentual enthält.

Wenn man mit dem unteren Heizwert rechnet, so errechnet man den Wirkungsgrad der mit dem betreffenden Brennstoff versorgten Feuerung oder der mit ihm betriebenen Maschine höher, als wenn man den höheren Wert als in den Prozeß eingeführt in Rechnung setzt. Es fragt sich, ob man die Tatsache, daß der Unterschied zwischen oberem und unterem Heizwert praktisch nicht ausnutzt, dem Brennstoff oder der Maschine beziehungsweise Feuerung zur Last legen solle.

Zunächst für die Ausnutzung von Brennstoffen zur *unmittelbaren Arbeitserzeugung* in Verbrennungsmotoren wird man die Annahme des unteren Heizwertes als berechtigt anerkennen müssen. Nach dem zweiten Hauptsatz der Wärmelehre kann Wärme niemals ganz, sondern immer nur zu einem Bruchteil in Arbeit umgesetzt werden, und dieser Bruchteil ist um so kleiner, bei je geringerer Temperatur die betreffende Wärmemenge frei geworden ist. Während nun im Verbrennungsmotor der Verbrennungsvorgang bei Temperaturen von über 1000° erfolgt, und die durch den Verbrennungsvorgang frei werdende Wärme bei diesen hohen Temperaturen frei wird, so wird die durch Kondensation des Wasserdampfes zu erhaltende Wärme, wenn überhaupt, so doch jedenfalls nur bei niedrigen Temperaturen in Freiheit gesetzt werden. Die Arbeitsfähigkeit der Wärmemenge, die dem Unterschiede zwischen oberem und unterem Heizwert entspricht, ist also wesentlich geringer als die dem unteren Heizwert entsprechende; sie ist eine minderwertige Wärmemenge.

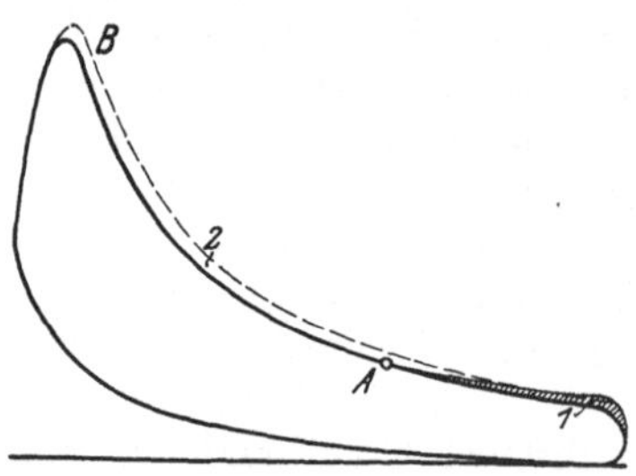

Fig 211. Veranschaulichung der Minderwertigkeit der latenten Wärme (nach E. Meyer).

Im Diagramm des Gasmotors macht sich das so kenntlich, wie Fig. 211 es andeutet. Das Diagramm sei so gestaltet, und der Heizwert des Gases sei ein solcher gewesen, daß von $A$ an Temperaturen und Dampfteildrucke solche Werte annehmen, daß das Wasser sich verflüssigt. Nun erkennt man ohne weiteres, wie gering der Zuwachs an Diagrammfläche ist, der durch das Freiwerden der latenten Wärme noch zu erwarten ist, zumal sie erst allmählich von $A$ ab frei wird; es ist nur die kleine Fläche 1 zu gewinnen, während ein gleich großer Wärmezuwachs, der bei $B$ bei höherer Temperatur eingetreten wäre infolge höheren unteren Heizwertes, den Zuwachs um die punktierte Fläche 2 geliefert hätte: seine Arbeitsfähigkeit ist eine größere.

Wo es sich also um Ausnutzung der Wärme zur Arbeitserzeugung handelt, wird der Wert des Brennstoffes durch den unteren Heizwert besser ausgedrückt als durch den oberen. Diese theoretischen Erwägungen ergänzen die praktischen, die da besagen, daß man ja tatsächlich niemals bis an die Grenze herankommt, wo die Verflüssigung beginnt.

Bei der Ausnutzung der Wärme zu *Heizzwecken* müssen wir von anderen Gesichtspunkten ausgehen. Bei solcher Verwendung ist alle Wärme gleichwertig, sie sei bei hoher oder bei niederer Temperatur frei geworden — immerhin noch mit einem Vorbehalt insofern, als nach demselben zweiten Hauptsatz der Wärmelehre und nach der Erfahrung die Wärme nur vom wärmeren zum kälteren Körper geht, nicht umgekehrt. Zur Beheizung eines Dampfkessels, dessen Inhalt sich auf $180°$ befindet, ist also der Unterschied zwischen oberem und unterem Heizwert, der diesmal erst unter $100°$ frei wird, wieder nicht verwendbar, wenigstens nicht unmittelbar: man könnte aber mit seiner Hilfe das kalte Kesselspeisewasser vorwärmen und so ihn für den Dampfkessel nutzbar machen. Deshalb wird man sagen können, es sei nicht Schuld des Brennstoffes, wenn nicht durch Anordnung von Vorwärmeeinrichtungen dafür Sorge getragen wird, daß er die Wärme vollständig abgeben kann, die er abzugeben bereit ist.

Es erhebt sich aber die Frage, ob denn der Brennstoff überhaupt zur Hergabe des Unterschiedes zwischen oberem und unterem Heizwert bereit ist, wenn man seine Verbrennungsgase genügend weit, das heißt also auf die Temperatur der Umgebung, abkühlt. Die Antwort hierauf ist die, daß er zur Hergabe dieses Unterschiedes nur dann bereit ist, wenn die zur Verbrennung zugeführte Luft mit Feuchtigkeit gesättigt war; bei gasförmigen Brennstoffen ist auch die Sättigung des Gases selbst mit Feuchtigkeit erforderlich. In jedem anderen Fall kann der Unterschied entweder gar nicht oder nur unvollständig hergegeben werden. Feuchtigkeit kann sich nämlich immer erst dann aus den Rauchgasen, auch bei vollständiger Abkühlung derselben, niederschlagen, wenn die Sättigung des Gasvolumens mit Wasserdampf erreicht worden ist. Das Volumen der Abgase ist nun bei Kohle wenig von dem der zugeführten Luft verschieden, bei Leuchtgas unterscheidet es sich kaum von der Summe der Volumina, die Gas und Luft zusammen vorher einnahmen. Wir werden das noch teilweise in § 106 zu besprechen haben, wollen es hier aber als bekannt voraussetzen. Wenn nun die Verbrennungsgase mit der Zuführungstemperatur der Luft beziehungsweise von Gas und Luft abgingen, so bedürften sie zur Sättigung gerade so viel Feuchtigkeit wie diese; waren diese gesättigt zugeführt worden, so muß alles durch Verbrennung gebildete Wasser herausfallen. Im anderen Falle wird Verbrennungswasser als Dampf abgehen — ein wie großer Teil des gesamten, das hängt vom Wasserstoffgehalt des Brennstoffes und von der zugeführten Luftmenge ab, die in weiten Grenzen variieren kann. Praktisch liegen die Verhältnisse so, daß bei Stein- und Braunkohle etwa die Hälfte des Verbrennungswassers herausfiele, wenn man die Luft trocken zuführte, Luftüberschuß vermiede und die Ausnutzung bis 20° herabtriebe.

Es ließe sich also eine volle Ausnutzung des oberen Heizwertes erreichen, wenn man für Zuführung der Luft in gesättigtem Zustande und für eine so große Heizfläche sorgte, daß die Heizgase bis auf Umgebungstemperatur abgekühlt würden: zwei Forderungen, denen nur praktische Bedenken, aber keine theoretische Unmöglichkeit entgegenstehen. Es ist daher nicht folgerichtig, als Abgasverlust eines Verbrennungsvorganges nur das anzusehen, was der spezifischen Wärme der Rauchgase entspricht; die latente Wärme des Wasserdampfes steht genau auf gleicher Stufe mit jener, sobald es sich nicht um direkte Arbeitserzeugung handelt. Man sollte in diesem Fall den oberen Heizwert als maßgebend ansehen, dessen Verwendung den Wert des Brennstoffes höher, den Wirkungsgrad der Feuerung entsprechend geringer erscheinen läßt.

Nach diesen Darlegungen wäre der obere Heizwert maßgebend, wo es sich um den eigentlichen Heizwert handelt; der untere wäre zu verwenden, wo es auf die Arbeitsfähigkeit des Brennstoffes ankommt. Solcher Unterscheidung steht im Wege, daß in den Normen des Vereins Deutscher Ingenieure ganz allgemein die Verwendung des unteren Heizwertes vorgeschrieben ist — im Gegensatz zu Amerika, wo ganz allgemein der obere verwendet wird. Wie irreführend unser Gebrauch sein kann, erhellt daraus, das in den bekannten Gasbadeöfen der obere Heizwert des Gases fast ganz ausgenutzt wird; man kann also an ihnen nach unseren Normen rechnend, leicht Wirkungsgrade über Eins erhalten.

**99. Feste Brennstoffe.** Den Heizwert fester Brennstoffe bestimmt man mit Hilfe des *Bombenkalorimeters*. Zweckmäßig ist eine Form der Bombe, die die nachfolgende Untersuchung der Verbrennungsprodukte gestattet, wie die in Fig. 212 dargestellte. Dieselbe besteht aus einem innen emaillierten Stahlbehälter mit abschraubbarem Deckel. Der Deckel hat zwei Bohrungen. Diese sind durch kleine Ventile verschließbar, sie münden bei $a$ und $b$, und man kann dort Röhrchen anschrauben, um den Verbrennungssauerstoff einzuführen, und um später das Verbrennungswasser zu entnehmen. Sonst setzt man kleine Verschlußschrauben auf $a$ und $b$, um Staub abzuhalten. Das Platinrohr $c$ sorgt dafür, daß der Sauerstoff durch die ganze Bombe streichen muß. Es bildet gleichzeitig den einen Pol für die elektrische Zündung; der andere, $d$, geht isoliert durch den Deckel. Bei $+$ und $-$ wird die Stromquelle angeschlossen. Ein in die abgewogene Kohle gebetteter Eisendraht wird mit den Enden um die beiden Pole geschlungen. Sein Erglühen bewirkt die Zündung der Kohle, nachdem man sie in der Bombe in eine Sauerstoffatmosphäre von etwa 20 at gebracht hat. Sauerstoff ist, auf 100 at komprimiert, im Handel zu haben.

Bei der Zündung steht die Bombe in einem Kalorimeter (Fig. 213). Dies ist ein mit abgewogenem Wasser gefülltes Metallgefäß, zum Schutz gegen Wärmestrahlung mit einem Wassermantel und Deckel versehen. Ein Rührwerk sorgt für gleiche Temperatur des ganzen Wasserinhaltes; ein fein geteiltes Thermometer läßt sie ablesen. Nachdem man die gefüllte Bombe eingesetzt hat, wartet man den Temperaturausgleich des ganzen Systems ab. Dann beobachtet man einige Minuten lang die kleinen Änderungen, die noch infolge von Strahlung vor sich gehen, indem man alle Minuten das Thermometer abliest; mit diesen Ablesungen fährt man fort, nachdem man gezündet hat, bis die Temperatur nicht mehr

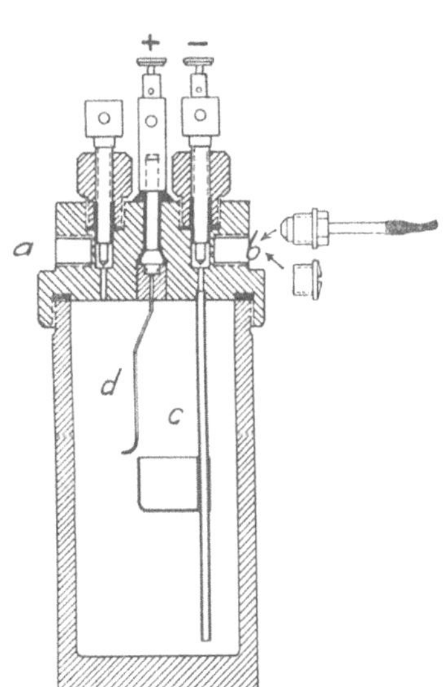

Fig. 212.
Krökerbombe von Julius Peters.

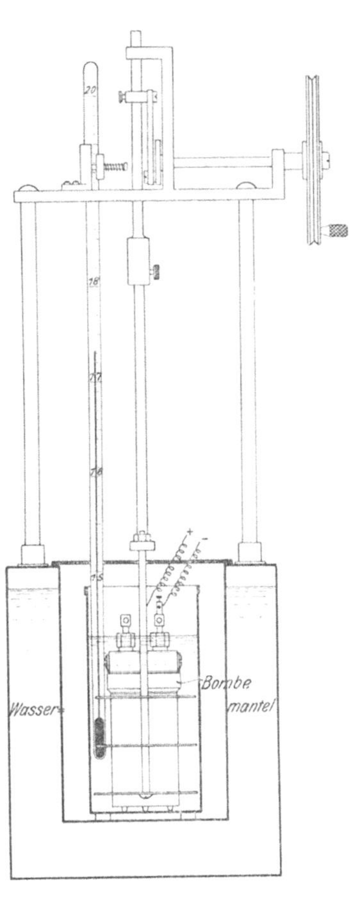



Fig. 213.
Bombenkalorimeter von Peters.

steigt, und noch einige Minuten länger. Wenn man nun das Kohlengewicht $G$, die Temperaturzunahme $\Delta t$ und das Gewicht erwärmten Wassers $W$ nennt, so wird der Heizwert, und zwar der obere $\mathfrak{H}_o$, aus der Überlegung zu ermitteln sein, daß die erzeugte Wärmemenge einerseits durch das Produkt $G \cdot \mathfrak{H}_o$, andererseits durch $W \cdot \Delta t$ gegeben ist; so ist

$$\mathfrak{H}_o = \frac{W \cdot \Delta t}{G} \quad\ldots\ldots\ldots\ldots\quad (33)$$

Wollen wir den oberen Heizwert kennen, so ist der Versuch zu Ende. Anderenfalls beginnt die langwierigere Arbeit der Messung des gebildeten Wassers. Zu dem Zweck schraubt man bei $b$, Fig. 212, ein kurzes Rohrende auf und schließt mittels Gummischlauches eine abgewogene Chlorkalziumvorlage an (Fig. 214). Man öffnet vorsichtig das Ventil, die Spannung entweicht durch die Vorlage, die Feuchtigkeit wird durch das Chlorkalzium absorbiert. Weiterhin saugt man Luft durch die Bombe und die Vorlage und erwärmt gleichzeitig die Bombe längere Zeit in einem Ölbade auf etwas über 100°; dann wird alles Wasser abdestillieren und vom Chlorkalzium absorbiert werden. Zum Schluß stellt man die Gewichtszunahme des Chlorkalziumrohres fest[1]). Das Ansaugen geschieht mit Aspirator, Gummigebläse oder Wasserstrahlluftpumpe. Damit die angesaugte Luft trocken in die Bombe hineinkommt, wird eine zweite Chlorkalziumvorlage auf der anderen Seite der Bombe angebracht. Ist nun $w_1$ das aus 1 kg Kohle entstandene Wassergewicht, so ist der untere Heizwert

$$\mathfrak{H}_u = \mathfrak{H}_o - 600 \cdot w_1 \quad\quad\quad\quad (34)$$

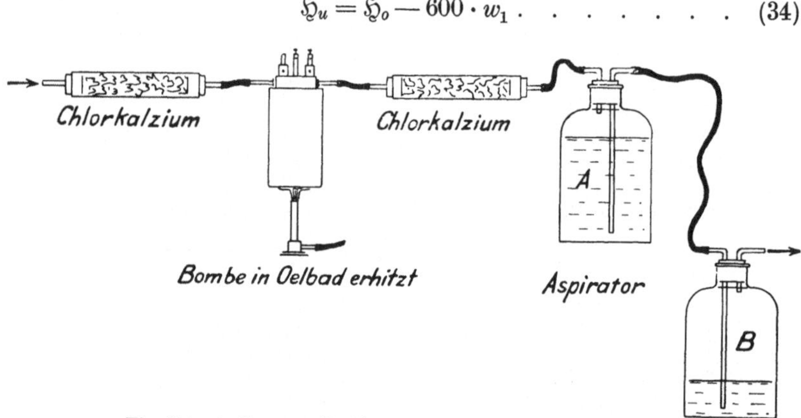


Fig. 214. Aufbau zur Bestimmung des Verbrennungswassers.

Ein *Aspirator*, wie er eben erwähnt wurde, dient zum Ansaugen von Gas und ist häufiger zu benutzen. Man kann ihn aus zwei Glasflaschen herstellen, in deren doppelt durchbohrte Stopfen (am besten Gummi) je ein kurzes und ein langes Glasrohr luftdicht eingesetzt sind. Die beiden langen Rohre werden durch einen wassergefüllten Schlauch verbunden, nachdem man eine Flasche ganz und die andere so weit mit Wasser gefüllt hatte, daß das lange Rohr eintaucht (Fig. 214). Stellt man die volle Flasche $A$ hoch, so wirkt der Schlauch als Heber und das übertretende Wasser saugt Gas in die Flasche $A$; ist $B$ voll, so wechselt man die Flaschen schnell aus. Zum Absperren der Schläuche dienen bei

---

[1]) Diese Bestimmung des Verbrennungswassers durch Abdestillieren ist nach Langbein, Z. f. angewandte Chemie 1900, S. 1227, unzuverlässig; mir sind grobe Unstimmigkeiten dabei nicht aufgefallen, auch wird sie viel verwendet. Der zitierte Aufsatz sei übrigens zum Studium empfohlen, so wegen der hier nicht besprochenen Fehler aus Schwefelsäure- und Salpetersäurebildung.

Bedarf Quetschhähne. — Beim Überschieben von Gummischläuchen über Röhren mache man die Röhren naß.

Die *Handhabung der Bombe* können wir in folgende kurze Anweisung zusammenfassen: Brikett mit eingelegtem eisernen Zünddraht herstellen (siehe später) und wägen, nötigenfalls Eisendraht vorher wägen. Bombe aus Chlorkalziumglocke nehmen, worin sie aufbewahrt wird, Brikett mittels Zünddraht anbinden, ein kleiner Tiegel wird unter ihn gehängt. Deckel zuschrauben, sanft, aber kräftig; ein Schlüssel liegt der Bombe bei. Sauerstoffflasche bei *a* anschließen, beide Ventile (Fig. 212) öffnen, Sauerstoffflasche öffnen, Sauerstoff durchblasen lassen. Ventil bei *b* schließen, Manometer beobachten; sind 20 at erreicht, Sauerstoffflasche schließen, Ventil bei *a* schließen. Bombe losnehmen, Löcher bei *a* und *b* durch kleine Schrauben verschließen; elektrische Leitung anschließen, Bombe ins Kalorimeter, in dem so viel Wasser abgewogen ist, daß Bombe bedeckt ist; Blasen dürfen nicht aufsteigen, sonst ist die Bombe undicht. Rührwerk in Gang gesetzt; mechanisch oder von Hand. Thermometer von Minute zu Minute ablesen, bis Beharrung vorhanden; dann Zündung; weiter ablesen, bis Temperaturmaximum erreicht und 7 bis 10 Minuten länger. Bombe aus dem Kalorimeter in Ölbad setzen, Ansatzrohre bei *a* und *b* anschrauben, Chlorkalziumvorlagen beiderseits anschließen, die bei *a* sei gewogen. Druck vorsichtig durch Ventil bei *a* aus Bombe auslassen, Bombe wieder schließen. Aspirator auf der Seite von *a* anschließen, Ventil bei *a* öffnen, dann Ventil bei *b* öffnen. Die Reihenfolge ist wesentlich, damit nicht Gase an der falschen Seite der Bombe austreten. Aspirator muß etwa $^{1}/_{2}$ Stunde lang langsam saugen; während der letzten Minuten Ölbad auf 105° bis 110° erwärmen. Zum Schluß die eine Vorlage wieder wägen. Bei sehr nasser Kohle (Braunkohle) muß man mehrere Chlorkalziumvorlagen hintereinanderschalten, um sicher alles Wasser aufzufangen, die letzte darf keine Gewichtszunahme zeigen.

Über die *Auswertung* ist folgendes zu bemerken. Zunächst wird die bei der Verbrennung entstehende Wärme nicht nur auf das Wasser des Kalorimeters, sondern zum Teil auf das Metall der Bombe und des Kalorimeters übertragen, dieses wird mit erwärmt. Wenn zum Erwärmen der Metallteile um 1° eine Wärmemenge von 350 Kalorien nötig ist, so nennt man diese Zahl 350 den *Wasserwert* des Kalorimeters: die Bombe absorbiert ebensoviel Wärme, wie 350 g Wasser täten. Man hat bei der Berechnung die abgewogene Wassermenge um den Wasserwert des Kalorimeters zu vermehren und mit dieser fingierten Wassermenge zu rechnen. — Man ermittelt den Wasserwert nicht rechnerisch aus den Gewichten der Metallteile und ihrer spezifischen Wärme, sondern viel besser experimentell, indem man einen Stoff in der Bombe verbrennt, dessen Heizwert bekannt ist, und zusieht, welchen Wasserwert man annehmen muß, um richtige Ergebnisse zu erhalten. Es ist selbstverständlich, daß man solche Fundamentalversuche, die allen späteren als Grundlage dienen sollen, besonders sorgfältig und zur Kontrolle mehrfach ausführt. — Als Probebrennstoffe dienen chemisch reine

Benzoesäure $C_7H_6O_2$ mit 6330 WE oberem Heizwert, Kampher $C_{10}H_{16}O$ mit 9305 WE, oder andere.

Weiterhin wird man beachten müssen, daß nicht nur die Kohle, sondern auch der zur Zündung eingebettete *Eisendraht* Wärme erzeugt. Man hat erstens das Gewicht des Eisendrahtes vom Kohlegewicht abzuziehen, um zu finden, wieviel Kohle verbrannt ist; man hat zweitens die vom Eisen erzeugte von der gesamten Wärmemenge abzuziehen, um die von der Kohle erzeugte Wärmemenge zu bekommen. 1 g Eisen gibt bei vollkommener Verbrennung 1600 gr cal.

Einen sehr kleinen Fehler macht der Umstand, daß der zur Verbrennung benutzte Sauerstoff etwas feucht ist: diese Feuchtigkeit mißt man nachher, als wenn sie der Kohle entstammte.

Bedeutender ist aber meist die *Strahlungsberichtigung*, die wir vorhin schon erwähnten. Der Temperaturunterschied $t_2 - t_1$ kann nicht unmittelbar abgelesen werden. Infolge des fortwährenden Wärmeaustausches zwischen dem eigentlichen Kalorimeter und dem Wassermantel (Ein- oder Ausstrahlung) ändert sich die Temperatur des Kalorimeters schon vor und auch noch nach der Verbrennung; doch findet auch während der eigentlichen Temperatursteigerung des Kalorimeters, die etwa 8 bis 10 min zu dauern pflegt, eine Strahlung statt, der man durch Anbringung der Strahlungsberichtigung an der abgelesenen Temperaturerhöhung Rechnung trägt. Für Berechnung der Strahlungskorrektion nimmt man meist die Gültigkeit des Newtonschen Strahlungsgesetzes an, wonach die aus- oder eingestrahlte Wärmemenge dem Temperaturunterschied zwischen Kalorimeter und Umgebung und außerdem natürlich der Zeit proportional ist. Diesen beiden Größen ist daher auch, weil es sich um eine unveränderte Menge des Kalorimeterinhaltes mit unveränderlich gesetzter spezifischer Wärme handelt, der Temperaturverlust oder -gewinn des Kalorimeters infolge der Strahlung proportional.

Wenn wir nun in Fig. 215 in der Kurve $ABCDEFG$ den beobachteten Verlauf der Kalorimetertemperatur und in $A_1 G_1$ den Verlauf der Manteltemperatur abhängig von der Zeit auftragen, so geben die Abstände beider Kurven den Temperaturunterschied und daher die durch sie und zwei Zeitordinaten, etwa $A_1 A$ und $B_1 B$, begrenzten Flächen, die in der betreffenden Zeit, 11h 50 bis 11h 51, vom Kalorimeter in den Mantel gegangene Wärmemenge oder den Temperaturverlust des Kalorimeters; bei $FG$ ist dieser Verlust größer, im Verhältnis wie die dort schraffierte Fläche größer ist. Hieraus folgt übrigens, daß die Kurven $AC$ und $EG$ Hyperbelbögen sind, wenn die Manteltemperatur geradlinig verläuft.

Bei verschieden gestalteten Kurven des Temperaturanstieges ist die Strahlung die gleiche, wofern nur die unter der Anstiegkurve liegende Fläche die gleiche ist. Daher kann man einen idealen Verbrennungsvorgang mit plötzlichem Wärmeübergang und gleichwertigen Strahlungsverhältnissen konstruieren. Man verlängert die beiden Kurven $AC$ und $GE$ nach der Mitte zu und zieht eine Senkrechte $x\,y$ so, daß die beiden unter- und oberhalb der Temperaturkurve abgeteilten dreieckigen Zwickel flächengleich werden. Die auf dieser Senkrechten abgeteilte Strecke $xy$ stellt die berichtigte Temperatursteigerung dar, weil dieser momentane Temperaturanstieg für Strahlungseinflüsse keine Zeit gelassen hätte. Dabei zieht man die Senkrechte $xy$ ausreichend genau nach dem Augenmaß. Man benutzt Millimeterpapier und wählt den Maßstab etwa: wagerecht 1 min = 1 cm, senkrecht 1° C = 2 cm. Liest man dann die Temperaturen bei $x$ und bei $y$ auf Fünftel-Millimeter ab, was sicher geht, so erhält man noch Hundertstel-Grade für die Differenz, also bei 3° Temperaturanstieg nur eine Unsicherheit von 0,3%. Bei geringerem Temperaturanstieg wäre der Maßstab der Temperaturen entsprechend größer zu wählen. Eine Beobachtung der Umgebungstemperatur ist bei dieser Art der Auswertung überflüssig. Trotzdem findet sich natürlich die Manteltemperatur im Endergebnis berücksichtigt.

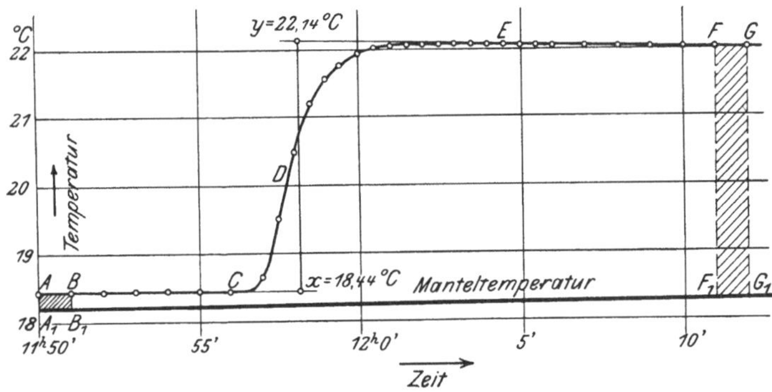


Fig. 215. Diagramm zur Ermittlung der berichtigten Temperatursteigerung.

Als *Beispiel* für den gesamten Gang der Auswertung möge das Folgende dienen. Das Steinkohlenbrikett wog 1,228 g; das Gewicht des Zünddrahtes betrug 0,030 g, woraus sich das Nettokohlegewicht zu 1,198 g ergibt. Die Temperaturbeobachtungen wurden alle Minute und nach der Zündung alle halbe Minute gemacht, es ergab sich das in Fig. 215 dargestellte schon besprochene Schaubild und eine berichtigte Temperatursteigerung von $22{,}14 - 18{,}44 = 3{,}70°$. Es waren 2 kg Wasser ins Kalorimeter gefüllt, dessen Wasserwert mit 0,350 kg bekannt war; also wurden 2,350 kg Wasserwert erwärmt. Die entwickelte Wärmemenge berechnet sich zu $2{,}350 \cdot 3{,}70 = 8{,}70$ WE. Von dieser Wärmemenge entstammten dem Eisendraht $0{,}03 \cdot 1{,}6 = 0{,}05$ WE, also entstammten der Kohle 8,65 WE. Der obere Heizwert ist nun

$$\frac{8{,}65}{1{,}198} - 7{,}220 \,\frac{\text{WE}}{\text{g}} = 7220 \,\frac{\text{WE}}{\text{kg}}.$$

Zur Bestimmung des unteren Heizwertes wurde das Wasser gewogen. Die Vorlage wog nach dem Versuch 61,886 g, vor dem Versuch 61,254 g, nahm also um 0,632 g Wasser zu. Es entwickelt sich

also $\dfrac{0{,}632}{1{,}198} = 0{,}528 \,\dfrac{\text{g Wasser}}{\text{g Kohle}} = 0{,}528 \,\dfrac{\text{kg Wasser}}{\text{kg Kohle}}.$ Dem entspricht

$0{,}528 \cdot 600 = 317$ WE pro kg Kohle; der untere Heizwert ist $7220 - 317 \sim 6900$ WE/kg.

Es wurde schon darauf hingewiesen, daß die *Entnahme und Behandlung der Probe* mit das Wichtigste an der ganzen Untersuchung ist. Das bezieht sich einerseits darauf, daß die entnommene Probe den Durchschnitt der zu untersuchenden Kohle darstellen muß, andererseits darauf, daß die Probe nach der Entnahme sich nicht irgendwie verändert haben darf; besonders darf sie nicht Wasser verloren haben, ohne daß dies besonders gemessen wäre.

Man entnimmt die Probe meist so, daß man bei einem längeren Versuch von jedem der herbeigeschafften Kohlenkarren eine Schaufel zurücklegt; am Schluß des Versuches wird dieser ganze Probehaufen grob zerkleinert, gut durchgemischt, dann flach ausgebreitet und etwa ein Viertel abgeteilt, so jedoch, daß nicht der zu diesem Viertel gehörige Grus zurückbleibt. Dieses Viertel wird weiter zerkleinert, gemischt, ein Bruchteil abgeteilt, und so fort, bis man 5 oder 10 kg ins Laboratorium schickt.

Was die Veränderlichkeit anbetrifft, so ist Steinkohle wenig empfindlich; immerhin verwahre man die von den einzelnen Karren genommenen Mengen in einer bedeckten Kiste, bis man die Mischung vornimmt, und löte die endgültige Probe zur Versendung oder Aufbewahrung in Blechbüchsen oder tue sie in Glasflaschen. Sehr veränderlich ist stark wasserhaltige Braunkohle, Torf, Holz. Man beobachte einmal, wie es nicht möglich ist, manche Braunkohlensorte an der Luft zu wägen, weil sie von Minute zu Minute leichter wird. Hier muß man das Mischen und Zerkleinern unterlassen und sich mit dem Aussuchen von Stücken begnügen, die man sofort luftdicht aufhebt.

Da so *nasse Kohle* gar nicht oder schlecht in der Bombe verbrennt, so läßt man sie erst an der Luft trocknen, ermittelt aber den prozentualen Gewichtsverlust beim Trocknen. Das Wasser, welches die Kohle in dieser Weise verloren hat, wird für die Berechnung des unteren Heizwertes ebenso in Betracht zu ziehen sein, wie das später aus der Bombe herauskommende. Diese Berücksichtigung geschieht etwa wie folgt: 13,52 kg Braunkohle trockneten an der Luft in 2 bis 3 Tagen auf 8,91 kg aus; Gewichtsverlust 4,61 kg $= 51{,}7\%$ der verbliebenen Kohle. Aus der trockenen Kohle wird nun 1,021 g verbrannt, liefert einen oberen Heizwert von 3041 WE/kg, und insgesamt 0,670 g Wasser. Hätten wir die Kohle nicht getrocknet gehabt, so wäre die gleiche Kohlenmenge $51{,}7\%$ schwerer gewesen, hätte also 0,528 g mehr gewogen, aber auch 0,528 g mehr Wasser gegeben. Der obere Heizwert der ursprünglichen Kohle war $3041 \cdot \dfrac{100}{151{,}7} = 2005 \ \dfrac{\text{WE}}{\text{kg}}$. 1 g Kohle hätte dann $\dfrac{0{,}670 + 0{,}528}{1{,}021 + 0{,}528} = 0{,}774$ g Wasser gegeben; deren latente Wärme ist 464 gr cal, und der untere Heizwert der ursprünglichen Kohle ist $2005 - 464 = 1541$ WE/kg.

Zur Einführung in die Bombe umwickelt man Braunkohle mit Eisendraht, den man an den Polen befestigt. Steinkohle stößt man ganz fein und drückt in einer zur Bombe gehörigen Presse ein Brikett daraus, in dem der Eisendraht eingebettet wird. Dieser dient dann, wie erwähnt, auch zur Zündung. Koks oder Anthrazit, die nicht zusammenhaften, kann man am besten in Form von Körnern von 1 bis 2 mm Durchmesser im Platintiegel verbrennen, oder man formt ein Brikett unter Zuhilfenahme von Sirup oder Teer. Ganz arme Schlacken, die nicht für sich brennen, muß man mit besser brennbaren Stoffen mischen. In beiden Fällen muß man natürlich die Wärmeerzeugung der Beimischung berücksichtigen, dazu also deren Heizwert und das Mengenverhältnis der Mischung kennen.

Nur bei sorgsamster Beobachtung aller Vorsichtsmaßregeln wird man mit der Bombe einigermaßen zufriedenstellende Ergebnisse erzielen. Man wird bald bemerken, daß die Arbeit mit der Bombe schwierig ist und viel Übung erfordert. Ihrer ganzen Art nach gehört sie mehr ins physikalisch-chemische als ins technische Gebiet. Oft wird man deshalb vorziehen, die Kohlenprobe an eine Stelle zu schicken, die speziell auf Heizwertbestimmungen eingerichtet ist — das sind die chemisch-technischen Institute der Hochschulen, die Dampfkesselüberwachungsvereine und Privatinstitute.

Statt in der Bombe mit komprimiertem Sauerstoff hat man auch versucht, die *Verbrennung in einem Strome Sauerstoffs von Atmosphärenspannung* vor sich gehen zu lassen. Es gibt zahlreiche Apparate, die für solches Arbeiten eingerichtet sind, und für leicht verbrennliche Brennstoffe mögen sie auch gute Dienste tun; für Kohle indessen, die schwere Kohlenwasserstoffe enthält, scheinen sie nicht brauchbar zu sein: es tritt Rußbildung ein, und dann wird nicht der ganze Heizwert frei. — Eine andere Umgehung der unbequemen Bombe ist das *Parr-Kalorimeter*; in ein bombenähnliches Gefäß wird die Kohle in inniger Mischung mit einem sauerstoffreichen Salz, besonders Natriumperoxyd, gebracht; die Verbrennung geschieht, indem jenes Salz seinen Sauerstoff hergibt, bei Atmosphärenspannung, die Zündung durch Einwerfen eines glühenden Kupferspanes durch ein Rückschlagventil; die freiwerdende Wärmemenge wird wie bei der Bombe in einem Kalorimeter gemessen. Diese freiwerdende Wärmemenge ist aber nicht der Heizwert des Brennstoffes, da nicht $CO_2$ und $H_2O$ freibleiben, sondern Verbindungen entstehen, deren Bildungswärme man nun mißt. Dies durch Einführung eines Koeffizienten zu berücksichtigen, ist ein unsicherer Notbehelf, da es von vielen Umständen abhängt, welche Verbindungen bei der komplizierten Reaktion entstehen.

**100. Zusammensetzung der Kohle.** Im Anschluß an die Heizwertbestimmung pflegt man oft noch eine Untersuchung der Kohle auf ihre wesentliche Zusammensetzung zu machen; besprochen werde kurz die Bestimmung des Wassergehaltes, ferner des Gehaltes an brennbarer Substanz, an Asche, an Kohlenstoff.

Bei Bestimmung des Wassergehaltes kann man schrittweise vorgehen, indem man die Kohle zunächst etwa 14 Tage unbedeckt und ausgebreitet im warmen Zimmer stehen läßt und dann den eingetretenen Gewichtsverlust feststellt. Die Kohle ist nach dieser Zeit als lufttrocken zu betrachten. Den Gewichtsverlust bezeichnet man wohl als die *grobe Feuchtigkeit* der Kohle.

Die so behandelte Kohle enthält immerhin noch Wasser, auch abgesehen davon, daß in ihren festen Bestandteilen Wasserstoff und Sauerstoff vorhanden sind, die man als zu Wasser vereinigt sich vorstellen kann. Wenn man nun eine kleinere Menge der lufttrockenen Kohle in einem Porzellantiegel eine Stunde lang sehr vorsichtig im Vakuum erhitzt, so entweicht das noch vorhandene Wasser. Der Rest heißt *trockene Substanz*. Unter *hygroskopischem Wasser* versteht man den gesamten bisher eingetretenen Gewichtsverlust, also einschließlich der schon vorher bestimmten groben Feuchtigkeit. Wenn man ohne Anwendung von Vakuum erhitzt, so kann man sich leicht durch den Geruch überzeugen, daß nicht nur Wasser, sondern auch andere Substanz selbst bei vorsichtigem Erhitzen auf nur 110° entweicht.

Beim Erhitzen in einem dicht verschlossenen Tiegel, einige Minuten über dem Bunsenbrenner zur Rotglut und dann gleich weiter und ebensolange vor dem Lötrohr zur Weißglut, entweicht nun die *flüchtige Substanz* und zurück bleibt eine Art *Koks*, verschieden nach der Kohlenart. Doch sei ausdrücklich bemerkt, daß der Rückstand nicht mehr allen Kohlenstoff der Kohle enthält, weil ja die entweichenden Gase zumeist Kohlenwasserstoffe sind. Diese Bestimmung wird für uns meist wenig Wert haben. Wir können sie daher nach Bedarf auslassen und direkt den Aschengehalt bestimmen.

Den *Aschengehalt* bestimmt man, indem man den Rückstand, das ist also entweder die trockene Substanz oder den Koks, in offenem Tiegel unter Umrühren so lange stark erhitzt, bis keine Gewichtsverminderung mehr stattfindet; der Rest ist Asche, das heißt unverbrennlich.

Wie man sieht, erhält man bei dieser Folge von Untersuchungen den gesamten *Kohlenstoffgehalt* der Kohle nicht. Man wünscht ihn gelegentlich zu kennen, weil man mit seiner Hilfe die Menge der Rauchgase und daher die Essenverluste bestimmen kann (S. 291). — Man ermittelt den Gesamtkohlenstoff am einfachsten gleichzeitig mit dem unteren Heizwert. Die Verbrennungsprodukte der Bombe sollen ein Chlorkalziumrohr durchlaufen, um das Verbrennungswasser zu bestimmen (S. 266, Fig. 214). Das so getrocknete Gas läßt man nun noch durch einen Kaliapparat, dann nochmal durch ein Chlorkalziumrohr gehen und nun erst in den saugenden Aspirator treten. Der Kaliapparat enthält Kalilauge, durch die die aus der Bombe austretenden Verbrennungsprodukte hindurchperlen müssen; passende Apparate sind billig fertig zu haben. Im Kaliapparat wird die in der Bombe gebildete Kohlensäure absorbiert; dadurch nimmt er an Gewicht zu. Gleichzeitig aber entführt ihm das durchströmende Gas Feuchtigkeit, diese zurückzuhalten ist das zweite Chlorkalziumrohr nötig. Die Gewichtszunahme der vorher schon gewogenen Kombination aus Kali- und zweitem Chlorkalziumrohr ist also die aus dem Kohlebrikett entwickelte $CO_2$. Wegen der Atomgewichte sind je 44 Teile $CO_2$ entstanden aus 12 Teilen C; daher kann man berechnen, wieviel C im Kohlebrikett enthalten war.

So war bei der Heizwertbestimmung, deren Ergebnisse auf S. 269 mitgeteilt wurden, auch noch die Kohlenstoffbestimmung gemacht worden. Die Kalivorlage wog 81,83 g nach dem Durchtreiben des Gases, vorher wog sie 78,62 g. Der Unterschied von 3,21 g entspricht $3,21 \cdot \dfrac{12}{44} = 0,876$ g C, die in 1,198 g Kohle enthalten war; die Kohle enthielt $\dfrac{0,876}{1,198} \cdot 100 = 73,1\%$ Kohlenstoff.

Auch der *Wasserstoffgehalt* des Brennstoffes ist verhältnismäßig einfach zu berechnen. Das Wasser nämlich, welches aus der Krökerschen Bombe bei Bestimmung des unteren Heizwertes entwich, war zum Teil schon hygroskopisch im Brennstoff enthalten — diesen Prozentsatz zu bestimmen ist nach dem soeben Gesagten ausführbar — zum Teil ist es erst aus dem Wasserstoff entstanden. Dieser letztere Teil ist die Differenz zwischen dem gesamten Verbrennungswasser und dem hygroskopischen Wasser des Brennstoffes. Daraus folgt der Wasserstoffgehalt der Kohle, er ist ein Neuntel jener Differenz.

Zu bemerken bleibt wieder, daß sich der Techniker bei solchen Untersuchungen auf chemisches Gebiet begibt, auf dem er voraussichtlich zunächst Lehrgeld wird zahlen müssen. Oft wird man vorziehen, die Kohle von einem chemischen Institut untersuchen zu lassen.

Die Zusammensetzung des Brennstoffes drückt man in Prozenten entweder der ursprünglichen oder der lufttrockenen Kohle aus. Es erfordert Aufmerksamkeit, will man nicht beim Berechnen Verwirrung anrichten, indem man bald diesen, bald jenen Wert als $100\%$ einführt.

**101. Gasförmige Brennstoffe.** Das *Junkerssche Kalorimeter* für gasförmige Brennstoffe ist in Fig. 216 dargestellt. Im Innern des Kalorimeters verbrennt das zu untersuchende Gas, seine Menge $G$ mißt man mittels einer Gasuhr. Die Verbrennungsgase gehen aufwärts, dann durch ein Bündel von Rohren wieder abwärts und entweichen bei $A$, wo man ihre Temperatur $t_r$ messen kann. Sie haben inzwischen die erzeugte Wärme an Wasser abgegeben, welches das genannte Rohrbündel außen umspült. Dieses Kühlwasser durchläuft in gleichmäßigem Strome den Apparat, man mißt mit Hilfe der Thermometer $t_e$ und $t_a$ seine Ein- und Austrittstemperatur. Man beobachtet durch Wägen oder mit Mensur die Wassermenge $W$, die durch das Kalorimeter fließt, während eine bestimmte Gasmenge, meist 3 l oder 10 l, verbrennt. Ist $G_o$ das aus $G$ zu berechnende reduzierte Gasvolumen, so ist der obere Heizwert

$$\mathfrak{H}_o = \frac{W \cdot (t_a - t_e)}{G_o} \quad \ldots \ldots \ldots \quad (33\,\mathrm{a})$$

Die Verbrennungsgase sollen bei $A$ mit Zimmertemperatur entweichen.

Im einzelnen ist über das Kalorimeter zu bemerken: Der gleichmäßige Wasserstrom wird dadurch ermöglicht, daß das Wasser unter dem konstanten Druck von der Höhe $h$ steht; bei $x$ nämlich steht das ablaufende Wasser stets bis zur Kante des Trichters; bei $y$ steht das zulaufende bis an die Kante $s$ des inneren Ringes, wenn man dafür sorgt, daß etwas Wasser im Überschuß durch $z$ zufließt, der Überschuß läuft über die Kante $s$ fort. Steht also das Wasser unter konstantem Druck, so kann man mit dem Hahne $H$ die Durchflußmenge regeln,

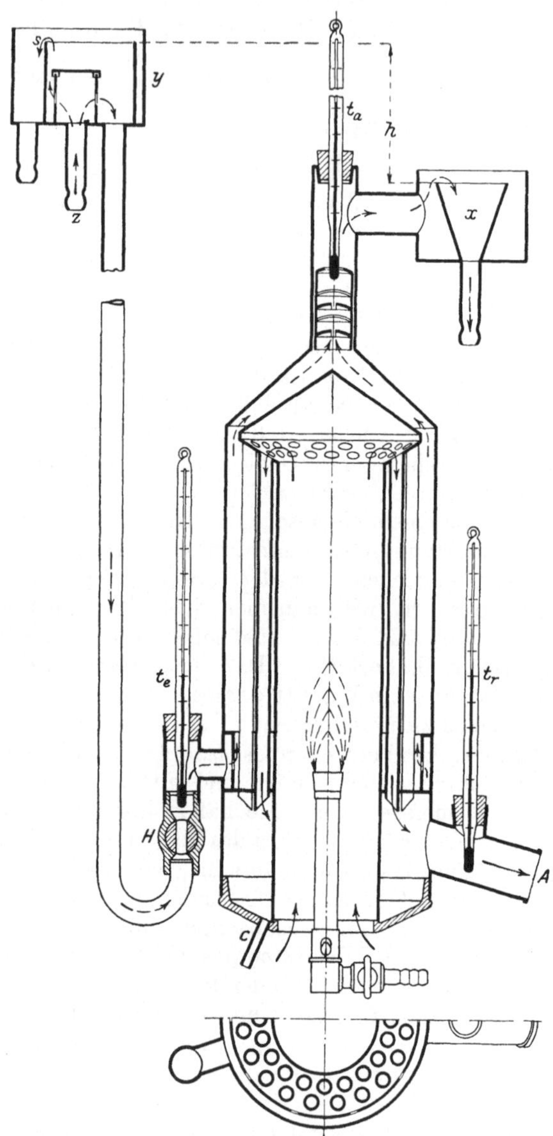

Fig. 216. Junkers-Kalorimeter.

und sie wird unabhängig von Schwankungen des Leitungsdruckes sein. — Bevor das Wasser an das Thermometer $t_a$ kommt, wird es gründlich durchgemischt durch eine Anzahl flacher Kappen, die mit kreuzweise versetzten Schlitzen versehen sind. — Der Brenner ist ein Bunsenbrenner, dessen Luftschlitze man durch einen Stellring mehr oder weniger schließen kann. Auf die Wärmeerzeugung ist es allerdings ohne Einfluß, ob die Verbrennung mit leuchtender Flamme erfolgt, sofern nur nicht Rußbildung stattfindet. An den kalten Flächen des Kalorimeters läßt sich aber Rußbildung nur bei blauer Flamme vermeiden.

Es wird wohl angegeben, man solle den Rumfordschen Kunstgriff anwenden, der darin besteht, so einzuregulieren, daß die Zimmertemperatur gerade mitten zwischen Zu- und Abflußtemperatur des Kühlwassers liegt. Dann vermiede man am besten Strahlungsverluste. Doch gehen bei diesem Verfahren stets die Gase zu kalt ab, sie pflegen die Temperatur des zufließenden Kühlwassers anzunehmen. Besser ist es, das Kühlwasser mit Zimmertemperatur zufließen zu lassen. Gegen Strahlung ist das Kalorimeter durch einen umgebenden ruhenden Luftmantel möglichst geschützt, der in der Figur fortgelassen ist; auch die Nickelpolitur des Mantels dient der Verminderung der Strahlung und sollte gut blank gehalten werden. — Der Strahlung wegen arbeitet man besser mit großer Wassermenge und geringer Temperaturzunahme desselben als umgekehrt.

Die bisherige Messung ergab uns den oberen Heizwert. Um den unteren zu finden, ist bei $c$ ein Stutzen angebracht, aus dem man das Kondenswasser abziehen kann, das sich in dem Rohrbündel aus den abgekühlten Gasen niederschlägt. Wir haben dieses Kondenswasser für die gleiche Zeit zu messen wie Kühlwasser und Gas und die aus 1 cbm $\left(\begin{smallmatrix}0\\760\end{smallmatrix}\right)$ Gas gebildete Kondenswassermenge $w_1$ auszurechnen. Das Produkt $600 \cdot w_1$ stellt die beim Kondensieren frei gewordene Wärme dar, die in Abzug zu bringen ist. Der untere Heizwert ist

$$\mathfrak{H}_u = \mathfrak{H}_o - 600 \cdot w_1 \ . \ . \ . \ . \ . \ . \ . \ (34\,\mathrm{a})$$

Da indessen die Menge des Kondenswassers aus 3 l Gas nur wenige Gramm beträgt, so wäre die Kondensatmessung unzuverlässig. Es bleiben Tropfen im Kalorimeter hängen und das hat schon wesentlichen Einfluß. Man kann sich für die eigentliche Kalorimetrierung gut mit 3 l begnügen, muß aber die Kondenswassermessung auf mehr, etwa 15 l Gas ausdehnen und umrechnen.

Ein *Beispiel* einer Auswertung der Beobachtungsergebnisse lautet etwa wie folgt: Während durch die Gasuhr 10 l Gas gingen, wurden 4,96 kg Wasser aufgefangen (gewogen). Als Mittelwert aus Ablesungen, die immer nach Durchgang von 1 l durch die Gasuhr gemacht wurden, ergab sich die Eintrittstemperatur des Kühlwassers 15,17° und die Austrittstemperatur 25,33°. Also sind $4,96 \cdot 10,16 = 50,4$ WE erzeugt worden. Diese Wärmemenge ist erzeugt worden von 10 l Gas, die aber bei ihrer Messung 17,5° C hatten und unter 14 mm WS Überdruck standen. BStd 741 mm QuS, also hatte das Gas 742 mm QuS absolute Spannung. Sein reduziertes Volumen war $10 \cdot \dfrac{273}{273 + 17,5} \cdot \dfrac{742}{760} = 9,18\,\mathrm{l}\left(\begin{smallmatrix}0\\760\end{smallmatrix}\right)$.

Daher hat das Gas einen oberen Heizwert von $\dfrac{50,4}{9,18} = 5,49\,\dfrac{\mathrm{WE}}{\mathrm{ltr}}$ $= 5490$ WE/cbm $\left(\begin{smallmatrix}0\\760\end{smallmatrix}\right)$.

Zur Bestimmung des unteren Heizwertes wurde das Kondenswasser aufgefangen, bis 30 l durch die Gasuhr gegangen waren; dann wurden 29,6 g gewogen. Die 30 l Gas bedeuten $3 \cdot 9{,}18 = 27{,}54$ l im reduzierten Zustande, also entstehen aus dem Kubikmeter Gas $\dfrac{29{,}6 \cdot 1000}{27{,}54}$ $= 1075$ g $= 1{,}075$ kg Wasser, die beim Kondensieren $1{,}075 \cdot 600$ $= 646$ WE haben frei werden lassen. Unterer Heizwert $5490 - 646$ $\sim 4840$ WE/cbm $\left(\genfrac{}{}{0pt}{}{0}{760}\right)$.

Die Physikalisch-Technische Reichsanstalt hat die *Genauigkeit des Junkers-Kalorimeters* geprüft, indem sie mit seiner Hilfe den Heizwert von Wasserstoff feststellte, der auch anderweit bekannt ist. Das Junkers-Kalorimeter ergab den Heizwert um 0,4% zu hoch. Mag auch bei den mit nur üblicher Sorgfalt angestellten Versuchen die Genauigkeit nicht ganz so groß sein, so ist sie jedenfalls für technische Zwecke ausreichend. Daß man aber auf dichte Verbindungen sieht, um Gasverluste zu vermeiden, daß man ferner eine richtig gehende Gasuhr verwenden muß, dies und ähnliches ist selbstverständlich. Die Gasuhr sei noch besonderer Aufmerksamkeit empfohlen. Außerdem erwähnen wir wiederholt, daß der Heizwert von dem reduzierten Gasvolumen abhängt: Druck und Temperatur sind also zu messen.

Man hört wohl anführen, eine *Fehlerquelle* liege darin, daß die Abgase gesättigt mit Feuchtigkeit aus dem Kalorimeter gehen, während die Verbrennungsluft nicht damit gesättigt war; daher werde die gemessene Menge Verbrennungswasser zu klein sein. Das letztere ist richtig, ein Fehler bei der Bestimmung des unteren Heizwertes tritt aber nicht auf. Der obere Heizwert wird um so viel (1—2%) zu niedrig gefunden, wie dem Mehrgehalt an Feuchtigkeit entspricht. Dieser Fehler gleicht sich wieder aus, weil man eben zu wenig Verbrennungswasser mißt. Sieht man also den unteren Heizwert als maßgebend an, so tritt kein Fehler auf.

Ein Fehler entsteht indes stets dadurch, daß das Gas beim Messen und beim Verbrennen mit Feuchtigkeit gesättigt ist. Daher hat man, wenn man 3 l an der Gasuhr ablas, zwar auch 3 l dem Brenner zugeführt, aber diese 3 l waren teils Wasserdampf und nur zum anderen Teil Leuchtgas. Bei 20° C hat der Wasserdampf eine Spannung von 17 mm QuS. Bei 760 mm Gesamtspannung des feuchten Gases würden also 2,2% des Gasvolumens aus Feuchtigkeit bestehen, und nur die verbleibenden 97,8% sind Gas und erzeugen wirklich Wärme. Der Heizwert des Gases selbst ist also größer, als er erscheint. — Ob man nun durch eine Umrechnung den Heizwert auf trockenes Gas bezieht, kommt auf den Zweck der Untersuchung an; auch im praktischen Getriebe hat ja das Gas die Gasuhr passiert und enthält Feuchtigkeit, und gelegentlich wird man das bei der Kalorimetrierung nachahmen wollen. Nur muß man dafür sorgen, daß das Gas beide Male den gleichen Feuchtigkeitsgehalt, also beide Male gleiche Temperatur hat, wenn es die Gasuhr passiert. Jedenfalls sieht man aber, daß Kalorimetrierungen verschiedene Ergebnisse haben werden, je nach der Temperatur des Gases

in der Gasuhr.  Die einfache Reduktion des Gasvolumens auf $0°$ und
760 mm, nach dem Gesetz von Mariotte - Gay - Lussac, schafft
diese Unterschiede nicht fort.  Dazu müßte man auf trockenes Gas
von $0°$ und 760 mm reduzieren, und das ist stets das wissenschaft-
lich Korrekte.

An *Sonderausrüstungen* des Junkers-Kalorimeters seien folgende
erwähnt: Um das unter Vakuum stehende *Kraftgas* einer Sauggas-
anlage zu kalorimetrieren, das natürlich nicht freiwillig in den Brenner
eintritt, kann man mittels eines aus zwei großen Flaschen (Säureballons)
hergestellten Aspirators (S. 266) eine größere Menge ansaugen, und dann
durch Umstellen der Flaschen den nötigen Druck erzeugen.  Diese
Methode hat noch den Vorteil, daß man bei langsamem und langem
Ansaugen eine Mischung aus Gas der verschiedenen Zeiten erhält, die
Kalorimetrierung ergibt gleich den durchschnittlichen Heizwert; bei
der wechselnden Zusammensetzung von Hochofengasen ist das wertvoll.
Die Veränderung, die das Gas durch Absorption einzelner Bestandteile
im Aspiratorwasser erfährt, dürfte stets gering sein und verschwindet
bei mehrfacher Benutzung des gleichen Wassers. — Es werden auch
besondere Einrichtungen zur kontinuierlichen Unterdrucksetzung von
Sauggas geliefert.

Wo die Spannung des zu untersuchenden Gases schwankt, wie das
bei Kraftgasanlagen und bei Gichtgas der Fall ist, da muß man zur
Kalorimetrierung und auch zur Messung die Spannung des verbrennenden
Gases konstant halten.  Sonst ist ein Beharrungszustand nicht zu erreichen.  Dem Zweck dient ein *Druckregler*, in dem ein Drosselventil
unter dem Einfluß einer Schwimmerglocke steht, so daß auf konstante
Spannung hinter dem Regler gedrosselt wird; die Höhe dieser Spannung
ändert sich mit der Belastung der Schwimmerglocke.

**102. Flüssige Brennstoffe; Verbandsformel.**  Für flüssige Brennstoffe hat man das Junkers-Kalorimeter nutzbar gemacht, indem man
einen Brenner besonderer Bauart, die durch vorgängige Vergasung rußfreie Verbrennung sichern soll und dem der Brennstoff durch Druckluft zugeführt wird, an einer Seite einer Wage aufhängt.  Man
führt nun die Flamme ins Junkers-Kalorimeter ein, reguliert das
Kalorimeter nach Bedarf und wartet den Beharrungszustand ab.
Beim Verbrennen der Flüssigkeit wird die Seite der Wage, an welcher
der Brenner hängt, allmählich leichter; hatte man den gefüllten
Brenner nicht ganz austariert, so wird zu einem gewissen Zeitpunkt
die Brennerseite die leichtere werden und der Wagebalken herüber-
schlagen.  Wenn dabei die Zunge der Wage durch den Nullpunkt geht,
beginnt man die Wassermessung sowie die Temperaturablesungen.  Man
entfernt nun eine bestimmte Anzahl von Grammen von der Wage: die
Wage wird abermals durch den Nullpunkt gehen, sobald die gleiche
Anzahl von Grammen auf der Brennerseite verbrannt ist; in diesem
Moment schließt man die Wassermessung ab. — Mit Hilfe der so ermittelten Brennstoffmenge berechnet man den Heizwert genau wie
früher aus der Gasmenge.  Auch die Messung des Kondenswassers und
die Berechnung des unteren Heizwertes ist die gleiche. — Doch ist das

Arbeiten mit dem erwähnten Brenner nicht sehr bequem, wenigstens bei schwer vergasbaren Brennstoffen.

Man kann flüssige Brennstoffe auch in der Bombe kalorimetrieren, indem man sie von Watte aufsaugen läßt und in die Watte den Zünddraht bettet. Um rußfreie, überhaupt vollkommene Verbrennung zu erzielen, wird man erst je nach dem Brennstoff die richtigen Verhältnisse ausproben müssen. Der Heizwert der Watte ist zu berücksichtigen.

Die Kalorimetrierung gewisser flüssiger Brennstoffe bietet große Schwierigkeiten, und man wird daher bei ihnen eher als bei festen und gasförmigen dazu kommen, gelegentlich den Heizwert lieber aus der Zusammensetzung des Brennstoffes rechnerisch zu bestimmen.

Für chemisch definierte Brennstoffe, wie Spiritus oder Benzol, kann man den Heizwert Tabellen entnehmen, nachdem man (für Spiritus) den Wassergehalt durch Messen des spezifischen Gewichtes und auch unter Zuhilfenahme von Tabellen bestimmt hat. Die durchzuführen den Rechnungen sind nicht immer ganz einfach, auch sind für viele Fälle die Zahlengrundlagen nur unvollständig vorhanden. So müßte man bei Spiritus bedenken, daß nur der Alkoholgehalt Wärme liefert, der Wassergehalt aber nicht nur keinen Anteil an der Wärmelieferung nimmt, sondern sogar — bei Berechnung des unteren Heizwertes — Wärme latent entführt; auch wäre noch zu berücksichtigen, daß bei der Verdünnung von absolutem Alkohol mit Wasser bereits eine Verdünnungswärme frei wird, die beim Verbrennen nicht nochmals in die Erscheinung tritt; endlich wäre festzustellen, ob Äthyl- oder ob Methylalkohol vorliegt, die beide die Formel $C_2H_6O$ haben, deren Heizwerte in absolutem Zustande jedoch verschieden sind (14980 bzw. 15830 WE/kg).

Für chemisch nicht definierte Stoffe, wie Benzin oder Petroleum, wird man auf die *Verbandsformel* zurückgreifen müssen, die auch für feste Brennstoffe benutzt werden kann. Nach ihr soll der Heizwert eines Brennstoffes, dessen Gehalt an Kohlenstoff, Wasserstoff, Sauerstoff, Schwefel und Wasser durch eine Elementaranalyse bestimmt und durch die Zahlen $c$, $h$, $o$, $s$ und $w$ gegeben sei, bezogen auf 1 kg Brennstoff, wie folgt zu berechnen sein. Es ist

$$\mathfrak{H}_o = 8100\,c + 34000\,(h - \tfrac{1}{8} \cdot o) + 2500\,s \;\text{WE/kg} \;.\quad . \quad (35\,\text{a})$$

Hierin sind die Zahlen 8100, 34000 und 2500 die Heizwerte der betreffenden Elemente; $\tfrac{1}{8}\,o$ ist die Wasserstoffmenge, die zur Bindung des im Brennstoff enthaltenen Sauerstoffes nötig ist und deren Verbrennungswärme daher nicht nochmals frei wird. — Der untere Heizwert ist

$$\mathfrak{H}_u = 8100 \cdot c + 29000 \cdot (h - \tfrac{1}{8} \cdot o) + 2500 \cdot s - 600\,w \;;\quad . \quad (35)$$

es ist hier nur das hygroskopische Wasser $w$ und nicht etwa das gesamte in den Verbrennungsgasen enthaltene Wasser $W = w + 9\,h$ in Ansatz zu bringen, weil 29000 WE/kg bereits der untere Heizwert des Wasserstoffes ist.

Die Verbandsformel (35) behandelt den Verbrennungsvorgang so, als wenn die im Brennstoff vorhandenen Elemente als solche darin wären, und als ob nur der Sauerstoffgehalt bereits an Wasserstoff gebunden wäre. Das trifft nicht zu; die Elemente pflegen in Form komplizierter Verbindungen, insbesondere als Kohlenwasserstoffe verschiedenster Art, darin enthalten zu sein, und deren Heizwert ist nicht gleich der Summe der Heizwerte der Elemente, sondern um die eigene Bildungswärme davon verschieden. Daher kann die Verbandsformel keine richtigen Werte liefern; immerhin sind ihre Ergebnisse meist nicht allzusehr von dem kalorimetrisch ermittelten Heizwert verschieden; die Abweichung beträgt selten mehr als 3 bis 4%.

In den für Untersuchungen an Dampfkesseln und an Verbrennungsmaschinen und Gasgeneratoren aufgestellten Normen des Vereines deutscher Ingenieure findet sich deshalb die Bestimmung: „Der Heizwert des Brennstoffes ist kalorimetrisch zu ermitteln"; die Verwendung der Verbandsformel ist zur „angenäherten" Berechnung zugelassen. Eine gute Elementaranalyse eines Brennstoffes zu machen ist übrigens auch nicht stets eine einfache Aufgabe, selbst für den Chemiker.

<hr>

# XIV. Gasanalyse.

**103. Allgemeines.** *Aufgabe* der maschinentechnischen Gasanalyse ist die Untersuchung der Verbrennungsprodukte einer Feuerungsanlage oder eines Verbrennungsmotors auf ihren Gehalt an Kohlensäure $CO_2$, Kohlenoxyd CO und Sauerstoff O; oder aber die Untersuchung von Nutzgasen, die meist zum Betrieb von Gasmaschinen (Kraftgas), gelegentlich zum Feuern dienen sollen, auf Wasserstoff H, Kohlenoxyd CO, Methan $CH_4$, schwere Kohlenwasserstoffe und auf die in diesem Fall unerwünschten Beimengungen von $CO_2$ und O.

*Zweck* der Gasanalyse ist die Kontrolle der Verbrennung oder Gaserzeugung, auch wohl die Feststellung der durch die Essengase bewirkten Verluste.

Das *Verfahren* bei der Analyse der Rauchgase oder der Abgase einer Gasmaschine ist das folgende: Man sperrt ein bestimmtes Volumen der Rauchgase ab — häufig sind es 100 ccm. Diese Gasmenge bringt man mit einem Absorptionsmittel für Kohlensäure, meist mit Kalilauge, in Berührung und stellt dann fest, um wieviel sich die Gasmenge verringert hat: der Minderbetrag war $CO_2$. Die verbleibende Gasmenge bringt man nun mit einem Absorptionsmittel für Sauerstoff in Berührung, meist mit Pyrogallussäure, und mißt dann wieder den Volumenverlust: dieser zweite Volumenverlust war O. Häufig begnügt man sich mit diesen beiden Feststellungen und sieht den Rest dann einfach als Stickstoff an. Sonst aber bringt man das noch verbliebene Gas mit Kupferchlorürlösung in Berührung, der Volumenverlust hierbei ist Kohlenoxyd — und man betrachtet den Rest als Stickstoff. Kohlenoxyd ist meist wenig oder gar nicht vorhanden.

Wenn in Nutzgasen andere Bestandteile vorhanden sind, so muß man entsprechend weitere Absorptionsmittel oder Verbrennungsmethoden anwenden.

Bei allen Volumenmessungen muß das Gas unter der gleichen Spannung stehen und die gleiche Temperatur haben — welche, ist gleichgültig, da es nur auf den prozentualen Gehalt ankommt und da alle Gase gleich stark durch Temperatur und Spannung beeinflußt werden. Die abgelesenen Kubikzentimeter sind zugleich Prozente des ursprünglichen Gasvolumens, wenn man 100 ccm abgesperrt hatte.

**104. Luftüberschußkoeffizient.** Die wichtigste Anwendung der Rauchgasanalyse ist die Berechnung des Luftüberschusses. Wenn die Verbrennung genau mit der erforderlichen Luftmenge durchgeführt wäre, so enthielten die Rauchgase keinen Sauerstoff. Ein Gehalt an Sauerstoff deutet also darauf, daß die zugeführte Luftmenge größer war als notwendig. Die Kenntnis des Luftüberschusses ist deshalb nützlich, weil die durch den Fuchs einer Feuerung in die Esse entweichende, verlorene Wärmemenge von ihm abhängt; sie wird bei bestimmter Fuchstemperatur um so größer sein, je größer die Gasmenge ist; auch wird durch den Luftüberschuß der Schornstein nutzlos in Anspruch genommen und reicht unter Umständen nicht aus, wo er bei guten Verbrennungsverhältnissen ausreichen würde.

Der *Luftüberschußkoeffizient l* gibt an, wievielmal mehr Luft zur Verbrennung zugeführt worden war, als notwendig gewesen wäre: es ist $l = \dfrac{L}{L_o}$, wenn wir unter $L$ die tatsächlich zugeführte, unter $L_o$ aber die nach der chemischen Zusammensetzung des Brennstoffes erforderliche Luftmenge bedeutet.

Die Berechnung der Luftüberschußziffer $l$ ergibt sich aus folgender Betrachtung. Zu dem vorhandenen Sauerstoffgehalt der Rauchgase, der den überschüssigen Sauerstoff darstellt und den wir mit $o$ bezeichnen wollen, gehört eine Stickstoffmenge $\frac{79}{21} o$, weil beide Gase im Verhältnis 79 zu 21 in der Luft gemischt sind. $\frac{79}{21} o$ ist also der überflüssigerweise vorhandene Stickstoff. Außerdem kennen wir den insgesamt vorhanden Stickstoff, er war der Restbetrag der Analyse, den wir $n$ nennen. Der nach der Zusammensetzung der Luft notwendige Stickstoff ist also

$n - \frac{79}{21} o$, der praktisch verwendete ist $n$, also ist $l = \dfrac{n}{n - \frac{79}{21} o}$, denn für das Verhältnis der Luftmengen können wir auch das Verhältnis der Stickstoffmengen setzen. Hierbei sind unter $n$ und $o$, da es ja nur auf den verhältnismäßigen Anteil beider ankommt, die Prozentsätze der betreffenden Gase im Rauchgas verstanden.

Diese Berechnungsweise für $l$ ist nur richtig, wenn kein Kohlenoxyd in den Rauchgasen vorhanden ist. Sonst ist zu bedenken, daß bei vollkommener Verbrennung noch ein Teil des jetzt übriggebliebenen Sauerstoffes verbraucht worden wäre. Dieser Teil war also nicht überschüssig. Da 1 Raumteil Kohlenoxyd zur Verbrennung $\frac{1}{2}$ Raumteil Sauerstoff erfordert, so haben wir die gemessene Sauerstoffmenge $o$ um die halbe Menge des gemessenen Kohlenoxydes $\frac{1}{2} c$ zu vermindern, und erhalten den Luftüberschußkoeffizienten

$$l = \frac{n}{n - \frac{79}{21} \cdot (o - \frac{1}{2} c)} \quad \cdots \quad \cdots \quad (36)$$

Diese Ableitung des Luftüberschußkoeffizienten ist korrekt. Einige Näherungsformeln werden wir auf S. 289 kennen lernen.

Ergibt sich beispielsweise aus einer Analyse die Zusammensetzung der Rauchgase zu 6,8% $CO_2$, 12,8% O, 80,4% N, so wird der Luftüberschußkoeffizient $l = \dfrac{80,4}{80,4 - 48,1} = 2,48$. — Aus der Analyse 11,9% $CO_2$, 5,8% O, 1,0% CO, also 81,3% N folgt $l = 1,32$.

**105. Rauchgasanalyse.** Um das Gas bequem messen und die Berührung mit den Absorptionsmitteln bequem veranlassen zu können, hat man eine große Reihe von Apparaten erdacht. Der *Orsat-Apparat* (Fig. 217) ist darunter derjenige, der in der Maschinentechnik am meisten Eingang gefunden hat. $M$ ist das in Kubikzentimeter geteilte Meßgefäß, $ABC$ sind die Absorptionsgefäße, gefüllt mit Kalilauge, Pyrogallussäure und Kupferchlorürlösung. Sie sind durch Hähne

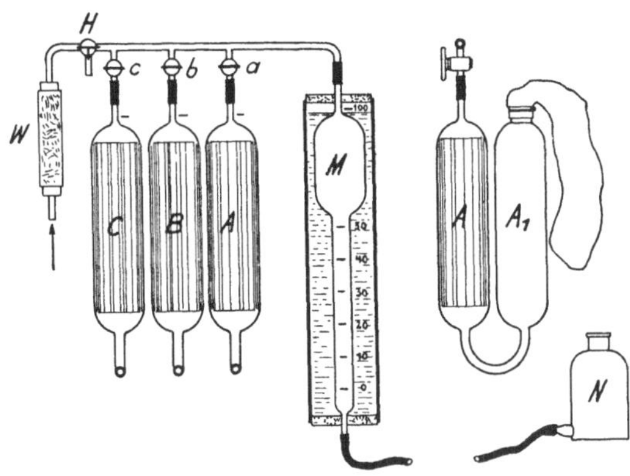

Fig. 217.   Orsat-Apparat.

$a$, $b$, $c$ absperrbar; treibt man das Gas in eines von ihnen hinüber, so entweicht die Flüssigkeit in kommunizierende Gefäße $A_1\,B_1\,C_1$, deren eines der Querschnitt erkennen läßt. Gummibeutel auf $A_1\,B_1\,C_1$ verhüten, daß sich z. B. die Pyrogallussäure von der Außenluft aus mit Sauerstoff sättige. Glasröhrenbündel in $ABC$ bleiben beim Zurücktreten der Flüssigkeit benetzt und erzielen eine große absorbierende Oberfläche. Die Niveauflasche $N$, mit dem Meßgefäß $M$ durch Gummischlauch verbunden, kann man heben und senken: bei tiefer Stellung der Niveauflasche saugt das darin befindliche Wasser Gas ins Meßgefäß hinein; steht die Niveauflasche hoch, so wird das Gas aus dem Meßgefäß in dasjenige der Absorptionsgefäße gedrückt, dessen Hahn offen ist. Man kann also durch Senken und Heben der Niveauflasche zunächst Gas in den Apparat hineinsaugen und dieses dann abwechselnd in Berührung mit den Reagentien und zur Messung bringen. Die Verbindungsrohre zwischen den Gefäßen sind kapillar, damit ihr Volumen vernachlässigt werden kann. Das Ganze ist meist in einen Holzrahmen mit Schiebedeckeln und mit Handgriff eingebaut und bequem transportfähig.

Das erste Ansaugen geschieht bei passender Stellung des Dreiweghahns $H$. Da die Leitung, die von der Entnahmestelle zum Apparat führt, zunächst voll Luft ist, so entläßt man einige angesaugte Füllungen des Meßzylinders ins Freie — dazu der Dreiweghahn — bis man eine benutzt. Zum Reinigen der angesaugten Gase von Ruß und Staub ist Watte im Rohr $W$. Für gleiche Temperatur bei allen Messungen sorgt ein Wassermantel um den Meßzylinder; gleiche Spannung bei allen Messungen hat man, wenn man bei der Ablesung die Niveauflasche so hält, daß ihr Wasserspiegel mit dem im Meßgefäß gleich hoch steht. Vor dem Ablesen muß man das an der Wand des Meßgefäßes hängende Wasser etwas zusammenlaufen lassen. — Es gibt auch Orsat-Apparate mit nur zwei Absorptionsgefäßen, dann wird CO nicht bestimmt.

Nach dieser Beschreibung wird folgende Anweisung für die *Handhabung* des Apparates verständlich sein.

Zunächst ist der Apparat in Ordnung zu bringen. $ABC$ müssen ganz voll Reagens sein. Ein nur halbgefülltes verbindet man mit $M$ und saugt das Reagens bis zu einer Marke an (Niveauflasche tief). Ferner muß $M$ ganz voll Wasser sein: man drückt die Luft durch $H$ ins Freie (Niveauflasche hoch). Die engen Verbindungsrohre bleiben voll Luft.

Weiterhin: $N$ senken, $H$ so öffnen, daß Rauchgas angesaugt wird („Saugstellung"), dann $N$ heben und gleichzeitig $H$ in „Druckstellung", so daß Angesaugtes ins Freie gedrückt wird. $N$ wieder senken, zugleich $H$ in Saugstellung, und so fort, bis Leitung luftfrei. (Man achte darauf, daß niemals $H$ die Leitung mit der Außenluft verbindet, sonst tritt immer neue Luft in diese, die ja meist unter der Saugspannung des Fuchses steht.) Schließlich endgültige Probe nehmen, indem $M$ von oberer Marke bis Null und noch etwas weiter mit Gas gefüllt wird. Zuleitung mit Quetschhahn schließen, $H$ schließen. Ablesung muß Null sein, wenn Spiegel in $M$ und $N$ gleich ist; einen Überschuß an Gas entfernt man, indem man erst bei geschlossenem Dreiweghahn die Niveauflasche $N$ hebt, bis die Drucksteigerung die Gase bis auf Null komprimiert hat, dann den Schlauch zwischen $N$ und $M$ zukneift, und nun den Überdruck aus $M$ durch Öffnen von $H$ ins Freie entweichen läßt. $N$ heben, $a$ öffnen, Gas tritt nach $A$; wieder zurücksaugen, wieder nach $A$ drücken, und so mehrfach „durchspülen", dabei stets aufsteigende Flüssigkeitssäule ansehen, damit sie nicht zu hoch steigt und übertritt. Schließlich Reagens in $A$ zur Marke ansaugen, $M$ ablesen, wobei Spiegel in $M$ und $N$ gleich hoch ist. Dann mit $B$ verfahren, wie eben mit $A$. Die Feststellung der Gase hat in der Reihenfolge $CO_2$, O, CO zu geschehen, denn $CO_2$ wird in allen drei Reagentien absorbiert, von der Kalilauge indessen wird nur $CO_2$ absorbiert. Vor jeder Ablesung tut man gut, das am Glas haftende Wasser 1 bis 2 Minuten sammeln zu lassen.

Da $CO_2$ sehr schnell, O etwas träger, CO sehr träge absorbiert wird, so hat man entsprechend verschieden oft durchzuspülen, etwa fünfmal für $CO_2$, zehnmal für O und zwölfmal für CO. Um zu prüfen, ob die Absorption beendet ist, kann man nach erfolgter Ablesung nochmal durchspülen und wieder ablesen; ist die Ablesung geblieben, so war die Absorption beendet, vorausgesetzt, daß die Lösungen nicht ganz erschöpft waren. Die Geschwindigkeit der Absorption hat man zu vergrößern gesucht, indem man an Stelle der einfachen Gefäße der Fig. 217, die nur durch ihr Glasröhrenbündel dem Gas eine große Oberfläche bieten, solche Absorptionsgefäße verwendete, bei denen das zu untersuchende Gas durch das Absorptionsmittel hindurchperlen muß. In Fig. 218 kann in der rechts gezeichneten Hahnstellung Gas ins Absorptionsgefäß eintreten; es durchläuft das mittlere gerade Rohr $d$, das nun, wie die linke Figur unten erkennen läßt, im Innern eines beiderseits offenen Spiralrohres in eine Spitze mündet. Die aus der Spitze austretenden Gasblasen werden im Spiralrohr aufwärts steigen und dabei in demselben zugleich ein Aufsteigen der Flüssigkeit bewirken; so kommen sie lange Zeit und immer mit frischer Flüssigkeit in Berührung. Das Zurücksaugen der Gase ins Meßgefäß wäre allerdings nicht möglich, wenn der Hahn einen einfachen Durchgang hätte; er ist deshalb so gebohrt, daß er nach Drehung um 180° das Rücksaugen gestattet (linke Figur oben). Die Abschlußstellung ist bei 90° Hahndrehung. Bei Anwendung solcher oder ähnlicher Gefäße soll die Absorption von CO nach zweimaligem, die von O nach dreimaligem Durchspülen sehr sicher beendet sein; für $CO_2$ ist ihre Verwendung zwecklos.

Die *Lösungen* zum Füllen des Apparates kann man aus Apparatehandlungen fertig beziehen. Doch sei auch noch die Anweisung zur Herstellung gegeben[1]):

1. Für $CO_2$: Kalilauge; 1 Gwt. Ätzkali (käuflich, jedoch nicht mit Alkohol gereinigt) auf 2 Gwt. Wasser. 1 ccm der Lösung kann 160 ccm $CO_2$ absorbieren, doch sollte man

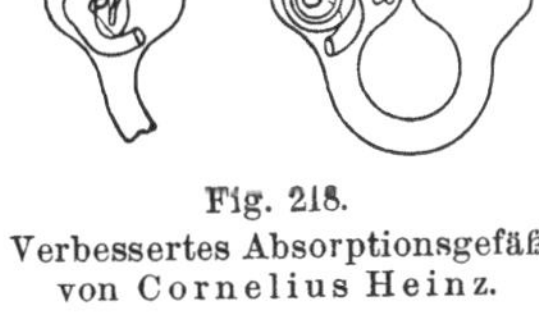

Fig. 218.
Verbessertes Absorptionsgefäß
von Cornelius Heinz.

sie nur ein Viertel ausnutzen, um die völlige Absorption sicherzustellen (zulässiger Absorptionswert 40 ccm $CO_2$).

2. Für $O_2$: 5 g Pyrogallussäure heiß gelöst in 15 ccm Wasser; dazu gemischt 120 g Ätzkali, gelöst in 80 ccm Wasser. Zulässiger Absorptionswert nur $2^1/_4$ ccm O. — Wegen des geringen Absorptionswertes ist die Verwendung von Phosphorstengelchen bequemer, die unter destilliertem Wasser an Stelle der Glasrohre im Orsat-Apparat eingefüllt sind, und die den Sauerstoff begierig absorbieren; Absorptionswert sehr groß; Absorption ist beendet, wenn Leuchten aufhört, oder wenn gebildeter Nebel verschwindet.

3. Für CO: Salzsaure Kupferchlorürlösung: 86 g Kupferasche mit 17 g Kupferpulver (aus Kupferoxyd mit Wasserstoff reduziert) unter Schütteln in 1086 g Salzsäure, spezifisches Gewicht 1,124, einstreuen. In der Lösung muß eine vom Boden bis zur Oberfläche gehende Spirale

---

[1]) Hempel, Gasanalytische Methoden, 1900, S. 133, 181, 183. — Winkler, Lehrbuch der technischen Gasanalyse, 1901, S. 85.

aus Kupferdraht aufbewahrt werden; sie ist anfangs dunkel, entfärbt sich beim Stehen, wird aber durch Berührung mit Luft wieder dunkelbraun. Zulässiger Absorptionswert 4 ccm CO. — Empfehlenswerter: Ammoniakalische Kupferchlorürlösung: 250 g Ammoniumchlorid gelöst in 750 ccm Wasser, dazu (in Flasche mit dichtschließendem Gummistopfen) 200 g Kupferchlorür; diese Vorratslösung ist lange haltbar, wenn man wieder die Kupferspirale hineintut. Um sie gebrauchsfertig zu machen, ist $^1/_3$ des Volumens Ammoniakflüssigkeit, spez. Gew. 0,91, hinzuzufügen. Zulässiger Absorptionswert 4 ccm CO.

*Fehler beim Analysieren* entstehen insbesondere durch undichte Hähne — dieselben sind mit Paraffin zu schmieren, nicht mit Vaselin, das verseift — oder durch undichte Gummiverbindungen; beides macht sich durch Volumenänderungen bei ganz abgesperrtem Gefäß kenntlich. Knappe Füllung der Absorptionsgefäße hat leicht zur Folge, daß zum Schluß Blasen von $A$ nach $A_1$ (Fig. 217) treten, zumal wenn das Rohrbündel unten aufsteht; es soll von einer Metallspirale hochgehalten werden, so daß unten ein freier Raum entsteht; sonst füllen sich die verschiedenen Rohre des Bündels nicht gleichmäßig mit Gas; es ist dies eine für schnelles Arbeiten sehr wichtige Konstruktionsregel. — Zu Fehlern neigt in jedem Fall die CO-Bestimmung mit Kupferchlorür; man wird oft finden, daß nach Anwendung der Lösung das Gasvolumen sich nicht vermindert, sondern etwas vermehrt hat. Dafür kommen mehrere Ursachen in Frage[1]). Die Bindung des CO an die Lösung ist so wenig innig, daß beim Schütteln CO abgegeben wird; es kann nun vorkommen, daß infolge einer unbeabsichtigten Erschütterung mehr CO abgegeben als absorbiert wird. Ferner bindet die Kupferchlorürlösung nicht nur CO, sondern auch Äthylen $C_2H_4$, der auch oft infolge unvollkommener Verbrennung in den Rauchgasen ist; diesen bindet die Lösung aber noch weniger fest, es kann also kommen, daß bei einer CO-Absorption das Äthylen ausgeschieden wird, das bei einer früheren Analyse absorbiert worden war: das Kohlenoxyd treibt gewissermaßen das Äthylen aus. Endlich kann, namentlich bei Temperaturänderungen der Lösung, Ammoniak- oder Salzsäuregas abgegeben werden und die Volumenvermehrung der Gase bewirken; bei genauer Zubereitung der Lösungen ist letzterer Fehler aber gering. Abhilfe gegen die Schwierigkeiten ist zu schaffen durch erschütterungsfreies Analysieren und Verwendung frischer Lösung, oder durch Anwendung eines weiteren Absorptionsgefäßes mit rauchender Schwefelsäure, die Äthylen und Ammoniak absorbiert; deren Anwendung wird noch auf S. 299 besprochen werden, da sie fast nur zur Kraftgasanalyse verwendet wird. Salzsäuregas und Ammoniak werden übrigens auch schon durch das Sperrwasser in einiger Zeit entfernt.

Ist es durch Unachtsamkeit passiert, daß ein Reagens ins Meßgefäß übergetreten ist, so wird man übersehen können, daß dadurch die eben im Gange befindliche Analyse nicht gefälscht wird, man kann sie ruhig beenden. Vor der nächsten aber muß man den Apparat reinigen und das Wasser in Meßgefäß und Niveauflasche erneuern. Hierbei

---

[1]) Hempel, Gasanalytische Methoden, 1900, S. 185 ff.

kommt es leicht vor, daß das neueingefüllte Wasser andere Temperatur hat als das im Wassermantel des Meßgefäßes befindliche. Das ist unzulässig. Durch Wärmeaustausch ändert sich dann die Temperatur des Wassermantels von einer Gasablesung zur anderen und damit die des Gases bei der Messung; 3° Temperaturunterschied macht aber mehr als 1% Volumenunterschied aus! Der Apparat muß ganz auf Zimmertemperatur sein, wenn man damit arbeitet. Muß man neues Wasser einfüllen, so temperiere man es.

Es gilt natürlich für die Gasanalyse dasselbe, was wir schon anderwärts anführten; die Analyse kann nur die Bestandteile der Probe angeben, die in den Meßzylinder eingesaugt wurde, und man hat dafür zu sorgen, daß bei der *Probeentnahme* eine Durchschnittsprobe der zu untersuchenden Gase eingenommen wird. Allerdings sind Unterschiede der Zusammensetzung über den Querschnitt des Rauchzuges hin wenig zu befürchten; die Rauchgase sind wohl stets so innig gemischt, daß die Entnahme irgendwie durch ein einfaches Rohr erfolgen kann. Entnimmt man dicht am Rauchschieber, neben dem stets Luft eingesaugt wird, so sind dadurch Fehler möglich.

Ist die Bleileitung zum Orsat undicht, so saugt man natürlich teilweise Luft ein. Wenn man durch eines der Schaulöcher, die in den Zügen zu sein pflegen, die Probe entnimmt, so muß man ein eisernes Rohr bis in den Feuerzug hineinführen; endet das Rohr noch innerhalb des Mauerwerkes, so erhält man stets lufthaltiges Rauchgas, weil infolge des Unterdruckes in den Feuerzügen und der Porosität des Mauerwerkes Luft durch das Mauerwerk hindurchgesaugt wird, also das Mauerwerk lufthaltig ist; andererseits darf das Entnahmerohr nicht so weit in die Züge hineinragen, daß es glühend wird. Sonst wird leicht $CO_2$ durch den am Eisen sitzenden glühenden Ruß reduziert, und die Analyse stellt einen Gehalt von CO fest, der in den Rauchgasen gar nicht vorhanden war. Man verschmiert das Schauloch dann mit Ton oder Schamottemörtel, um volle Abdichtung zu erzielen.

Wenn man mit dem Orsat-Apparat eine Probe von 100 ccm den Zügen entnimmt, so erhält man die augenblickliche Zusammensetzung der Rauchgase zur Zeit der Entnahme. Will man die durchschnittliche Zusammensetzung während einer längeren Periode haben, so muß man möglichst häufig Proben entnehmen und den Durchschnittswert der Analyse berechnen. Statt dessen kann man aber auch einen Aspirator während einer längeren — beliebig langen — Zeit sich mit den Rauchgasen füllen lassen. Der Aspiratorinhalt hat dann die durchschnittliche Zusammensetzung der Rauchgase, und man macht eine oder besser zwei Analysen seines Inhaltes. Letztere Methode ist viel bequemer und gibt wohl auch bessere Durchschnittswerte, aber man will gewöhnlich schon während des Versuches die Zusammensetzung der Gase kennen, um den Betrieb danach anordnen zu können; dann muß man also Einzelanalysen machen und auch noch den Aspirator füllen. — Einen Aspirator für solche Zwecke, aus zwei einfachen Glasflaschen zusammengebaut, lernten wir auf S. 266 kennen. Man muß darauf achten, daß während der Periode des Ansaugens der Niveauunterschied in den Flaschen etwa

konstant bleibt, muß also die Flaschen ab und zu verstellen. Sonst
erhält man nicht Gasmengen in den Aspirator, die den Zeiten proportional
sind, und der Durchschnittswert wird falsch.

Es ist nicht gleichgültig, an welcher Stelle der Züge man die
Probe entnimmt: die Rauchgase nehmen durch das Mauerwerk der
Züge hindurch fortwährend Luft auf. So ergaben an einem Flamm-
rohrkessel gleichzeitig genommene Rauchgasproben

am Ende des Flammrohres: 16,9% $CO_2$, 2,0% O, also 81,1% N,

Luftüberschußkoeffizient $l = 1,1$;

am Fuchs: 11,0% $CO_2$, 8,8% O, also 80,2% N,

Luftüberschußkoeffizient $l = 1,7$.

Es ist also noch halb so viel Luft nachträglich hinzugekommen, wie
durch den Rost zur Verbrennung zugeführt worden war; es handelte
sich dabei nicht um einen schlecht unterhaltenen Kessel, sondern die Undichtheit des Mauerwerkes hat meist solche Beträge. Nach der Analyse
am Fuchs könnte man meinen, es sei zweckmäßig, den Luftzutritt zum
Rost noch zu vermindern, was aber offenbar zu Kohlenoxydbildung
führen müßte: es wird nicht möglich sein, bei diesem Kessel unter
1,7fachen Luftüberschuß am Fuchs herunterzukommen. — Hierin liegt
bereits die Antwort auf die Frage nach der richtigen *Stelle der Probenahme*. Soll die Analyse dazu dienen, die gute Bedienung des Feuers
zu überwachen, so sind die Gase am Ende des Flammrohres oder — bei
anderen als Flammrohrkesseln — möglichst dicht hinter dem Feuerraum
zu entnehmen, wo eben die Flammenentwicklung aufgehört hat; die
Analyse am Fuchs führt hier zu Irrtümern. Etwas anderes ist es, wenn
man aus der Rauchgasanalyse auf die durch den Schornstein entweichende
Wärmemenge schließen will (Essenverluste, S. 291); hierfür ist die Zusammensetzung am Fuchs maßgebend, wo die Wärmeabgabe der Rauchgase beendet ist. Es kommt also wohl die Entnahme von Proben an
beiden Stellen in Frage — beispielsweise um den Zustand der Kessel-
einmauerung zu prüfen, für den die Zunahme des Luftüberschusses
in den Zügen ein Maßstab ist.

Der Orsat-Apparat arbeitet bei geschickter Handhabung sehr
zufriedenstellend. Für besonders genaue Arbeiten mag man immerhin
die in der Chemie üblichen Einrichtungen verwenden, die aber meist
weniger gut transportfähig sind. In Frage kommen namentlich die
*Hempelschen Apparate*; Meßgefäß (Bürette) und Absorptionsgefäß
(Pipetten) sind voneinander getrennt, jedes für sich auf einem Stativ.
Der Vorteil ist, daß man die Fehler vermeidet, die beim Orsat aus der
Vernachlässigung der allerdings kapillaren Verbindungsleitung entstehen: die Leitungen werden sehr kurz und können bei Bedarf überdies noch mit Wasser ausgefüllt werden. Es sei auf die im Literaturverzeichnis genannten Werke verwiesen.

**106. Was mißt die Analyse? Kontrolle des Ergebnisses.** Die
Analyse gibt die Bestandteile in Raumprozenten. Das sind aber Raum-
prozente des *trocken gedachten Gases*, wenn das Gas, wie meist, bei der
Analyse mit Feuchtigkeit gesättigt ist. Wenn sich nämlich durch Ab-

sorption eines der Bestandteile das Gasvolumen verkleinert, so muß sich ein verhältnismäßiger Teil des in dem Gase vorhanden gewesenen Wasserdampfes niederschlagen; in jedem Kubikzentimeter kann ja, bei bestimmter Temperatur, nur eine ganz bestimmte Menge Wasserdampf vorhanden sein. Ein prozentual gleicher Teil des Wasserdampfes wird also gewissermaßen auch absorbiert. Daher analysiert man trockenes Gas. — Ein Rauchgas also, welches bei der Analyse 12% $CO_2$, 7,5% O, kein CO und als Rest 80,5% N ergab, kann bei der hohen Temperatur der Rauchgase noch eine beliebige Menge Wasserdampf enthalten haben, sagen wir 6%. Dann haben wir die gesamten Rauchgase mit 106% bezeichnet. — Die Voraussetzung, daß bei der Analyse der Sättigungszustand vorhanden ist, wird im allgemeinen zutreffen, weil die meisten Brennstoffe so viel Wasser und Wasserstoff enthalten, um das Rauchgasvolumen im abgekühlten Zustande zu sättigen; auch wird ja das die Sperrflüssigkeit bildende Wasser für Sättigung sorgen, wenn man ihm etwas Zeit zum Verdunsten läßt. Wo freilich die Sättigung nicht vorhanden ist — was bei wasserstoffarmem Brennstoff und bei großem Luftüberschuß vielleicht vorkommen kann — da würde man so lange Prozente des feuchten Gases ablesen, bis durch die Volumenverminderung Sättigung eingetreten ist, und erst weiterhin Prozente des trockenen Gases. Man wird das möglichst vermeiden, auch weil allmähliches Verdunsten des Sperrwassers Fehler bringen würde. Der Unterschied im Volumen des feuchten und des trockenen Gases im Sättigungszustand ist etwa 3% bei 20° C.

In dem Verschwinden des Wassers für die Analyse liegt die Erklärung dafür, daß der Stickstoffgehalt der Rauchgase meist größer als 79% ist; die Rauchgase enthalten mehr Stickstoff als die Luft, aus denen sie durch Hinzutritt der Bestandteile der Kohle entstanden sind. Das ist natürlich scheinbar. Die meisten Brennstoffe enthalten Wasserstoff, namentlich in Form von Kohlenwasserstoffen; bei der Verbrennung entsteht aus Wasserstoff Wasser unter Bindung eines Teiles des Sauerstoffes der Verbrennungsluft. Da nach den Atomgewichten auf 1 kg verbrannten Wasserstoffes 8 kg Sauerstoff kommen, so sind die verbrauchten Sauerstoffmengen selbst bei nur geringem Wasserstoffgehalt des Brennstoffes nicht unerheblich. Das gebildete Wasser aber fällt bei der Analyse heraus, daher ist das Volumen der Rauchgase kleiner als das der zugeführten Luft; der unverändert durchgegangene Stickstoff hat sich also prozentual vermehrt.

Voraussetzung für die Richtigkeit dieser Erklärung ist allerdings noch, daß sonst keine Volumenänderungen bei der Verbrennung eintreten; das ist nun bei vollkommener Verbrennung in der Tat nicht der Fall. Wir wollen das im Zusammenhang mit einigen anderen, aus den allgemeinen chemischen Gesetzen folgenden Beziehungen erörtern, deren Kenntnis oft zur Kontrolle der Analyse nützlich ist. Diese Beziehungen bedingen nämlich, daß die prozentualen Anteile von $CO_2$, O und N in den Rauchgasen voneinander abhängig sind.

Aus der Formel $C + 2O = CO_2$ folgt unter Benutzung der Atomgewichte $C = 12$ und $O = 16$, sowie der spezifischen Gewichte des Sauerstoffes $\gamma = 1{,}43$ kg/cbm $\left(\begin{smallmatrix}0\\760\end{smallmatrix}\right)$ und der Kohlensäure $\gamma = 1{,}98$ kg/cbm $\left(\begin{smallmatrix}0\\760\end{smallmatrix}\right)$, daß folgende Gleichung für die vollkommene Verbrennung von Kohlenstoff richtig ist:

$$1 \text{ kg C} + \frac{2 \cdot 16}{12 \cdot 1{,}43} \text{ cbm O} = \frac{12 + 2 \cdot 16}{12 \cdot 1{,}98} \text{ cbm CO}_2 \, ,$$

$$1 \text{ kg C} + 1{,}86 \text{ cbm} \left(\begin{smallmatrix}0\\760\end{smallmatrix}\right) \text{O} = 1{,}86 \text{ cbm} \left(\begin{smallmatrix}0\\760\end{smallmatrix}\right) \text{CO}_2 \quad . \quad . \quad . \quad (37)$$

Für ganz unvollkommene Verbrennung ergibt sich entsprechend:

$$1 \text{ kg C} + 0{,}93 \text{ cbm} \left(\begin{smallmatrix}0\\760\end{smallmatrix}\right) \text{O} = 1{,}86 \text{ cbm} \left(\begin{smallmatrix}0\\760\end{smallmatrix}\right) \text{CO} \quad . \quad . \quad . \quad (37\,\text{a})$$

Wir sehen also, daß bei der Bildung von $CO_2$ oder von CO das gleiche Volumen Gas entsteht, obwohl bei unvollkommener Verbrennung nur halb so viel Sauerstoff verbraucht ist. Außerdem ergibt sich, daß bei der vollkommenen Verbrennung das gleiche Volumen $CO_2$ entsteht, wie Sauerstoff verbraucht worden ist; das Volumen der Kohle als eines festen Körpers ist verhältnismäßig sehr klein; es findet also keine Volumenänderung statt; bei der Bildung von CO indessen nimmt das entstehende Verbrennungsprodukt doppelt soviel Raum ein, wie der verschwundene Sauerstoff ausmachte. Das sind Konsequenzen der Regel von Avogadro.

Wenn daher ein Brennstoff ohne Wasserstoffgehalt ohne Luftüberschuß vollkommen verbrennt, so ergeben sich Rauchgase von der Zusammensetzung: $21\%$ $CO_2$ und $79\%$ N; der Sauerstoff der Luft ist einfach durch Kohlensäure ersetzt. Verbrennt ein wasserstofffreier Brennstoff mit Luftüberschuß, so ist ein Teil des Sauerstoffes durch Kohlensäure ersetzt; der Kohlensäuregehalt wird also unter $21\%$ sein, aber Sauerstoff und Kohlensäure werden zusammen $21\%$ ausmachen, während der Rest $79\%$ Stickstoff ist. Der größtmögliche $CO_2$ - Gehalt der Rauchgase $k_{\mathrm{max}} = 21\%$ tritt ein für $l = 1$.

Wenn dagegen ein wasserstoffhaltiger Brennstoff verbrennt, so wird $k_{\mathrm{max}} < 21$ sein, weil, wie schon besprochen, der Wasserstoffgehalt einen Teil des Sauerstoffes zum Verschwinden bringt. Enthält etwa ein Brennstoff dem Gewicht nach $3\%$ H und $75\%$ C, so wird sich wegen der Atomgewichte der Sauerstoff im Verhältnis $3 \cdot \frac{16}{2}$ zu $75 \cdot \frac{32}{12}$ oder im Verhältnis $24 : 200$ auf die beiden Bestandteile verteilen; von den $21\%$ Sauerstoff werden also $21 \cdot \frac{24}{200} \sim 2^1/_2\%$ für die Analyse verschwunden sein; bei vollkommener Verbrennung ohne Luftüberschuß ergibt sich ein Wert $k_{\mathrm{max}} = 18{,}5$. — Koks ist annähernd wasserstofffrei und liefert daher Kohlensäuregehalte bis zu $21\%$. Für Steinkohle kann man die genannten Zahlen als Durchschnittswerte einführen und $k_{\mathrm{max}} = 18{,}5$ setzen; für Leuchtgas mit seinem größeren Wasserstoffgehalt ist $k_{\mathrm{max}}$ um 11 herum — beides natürlich abhängig von der Zusammensetzung.

Über die Verhältnisse bei einer Verbrennung mit Luftüberschuß, die jedoch vollkommen sein soll, gibt Fig. 219 Aufschluß. Als Abszisse ist der Luftüberschußkoeffizient $l$ aufgetragen. Für $l = 1$ wird ein Teil der zugeführten Luftmenge, die mit $L_o$ bezeichnet ist und durch die

Strecke $AB$ dargestellt wird, zur Bildung von $H_2O$ verbraucht und ist für die Analyse verschwunden; der Rest bildet die Rauchgasmenge $R_o$, bestehend aus $CO_2$ und N. Für $l > 1$ tritt zu der Rauchgasmenge $R_o$ der Luftüberschuß hinzu. Für beliebige Werte von $l$ wird die Luftmenge $L = L_o \cdot (l - 1)$ durch die ansteigende Gerade $BD$ begrenzt werden. Dabei behalten, wenn wir die Betrachtung stets auf 1 kg Brennstoff beziehen, die gebildete Kohlensäure und das verschwundene Wasser absolut genommen ihren Wert bei; zwei wagerechte Gerade $E$ und $F$ begrenzen daher diese Bestandteile. Der Luftüberschuß oberhalb der Wagerechten $G$ besteht jederzeit aus 79 Teilen N, die zu dem bei überschußloser Verbrennung vorhandenen N hinzutreten, und aus 21 Teilen O, die oben abgeteilt sind. Die Rauchgasmenge $R$ ist etwas kleiner als die zugeführte Luftmenge $L$.

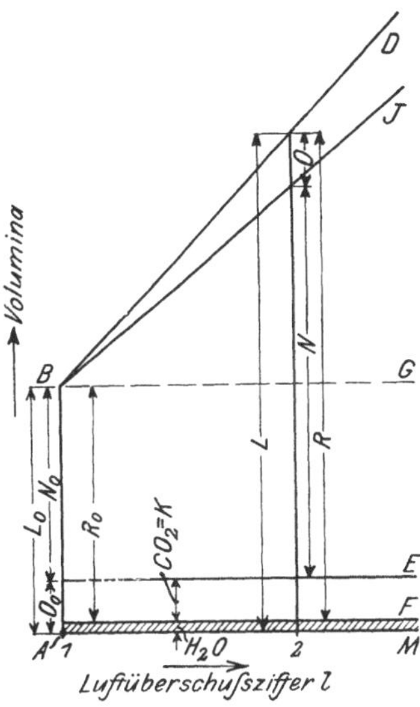


Fig. 219.
Zusammensetzung der Rauchgase bei verschiedenem Luftüberschuß.

Wenn wir nun mit $K$, $N$ und $O$ den Bestand an Kohlensäure, Stickstoff und Sauerstoff in Kubikmetern, wenn wir aber mit $k$, $n$ und $o$ den prozentualen Anteil derselben in den Rauchgasen bezeichnen, so ist zunächst für $l = 1$: $k_{\max} = \dfrac{100\,K}{K + N_o} = \dfrac{100\,K}{R_o}$. Allgemein aber ist

$$\begin{cases} k = \dfrac{100 \cdot K}{R} = \dfrac{100\,K}{R_o + L_o \cdot (l - 1)} \cdot \\[2mm] o = \dfrac{100 \cdot O}{R} = \dfrac{100 \cdot \frac{21}{79} N_o \cdot (l - 1)}{R_o + L_o \cdot (l - 1)} \cdot \end{cases}$$

Beide Gleichungen lassen sich schreiben wie folgt:

$$\begin{cases} (l - 1) \cdot \dfrac{L_o}{R_o} = \dfrac{100\,K}{R_o \cdot k} - 1 = \dfrac{k_{\max}}{k} - 1, \\[2mm] (l - 1) \cdot \dfrac{L_o}{R_o} = \dfrac{o}{21 - o}, \end{cases}$$

oder endlich

$$l = \left( \dfrac{k_{\max}}{k} - 1 \right) \cdot \dfrac{R_o}{L_o} + 1, \quad \dots \dots \quad (38)$$

$$l = \dfrac{o}{21 - o} \cdot \dfrac{R_o}{L_o} + 1 \dots \dots \dots \quad (38\,\mathrm{a})$$

Aus beiden folgt durch Division und Auflösen

$$21 \cdot k + k_{\max} \cdot o = 21 \cdot k_{\max} \dots \dots \dots \quad (39)$$

Diese Gleichungen geben die Abhängigkeit der Größen $k$ und $o$ von der Luftüberschußziffer $l$ und voneinander. Die Beziehung zwischen $k$ und $o$ läßt sich (Fig. 220) durch eine Gerade darstellen, die die $o$-Achse bei 21% und die $k$-Achse bei $k_{\mathrm{max}}$ schneidet, deren Neigung also vom Brennstoff abhängt und auf dessen Gehalt an nicht ausgeglichenem Wasserstoff schließen läßt. Hat man $k$ und $o$ bestimmt, so hat man also aus dem Einspringen verschiedener Analysen in eine Gerade ein gutes Kennzeichen entweder für die Genauigkeit der Analysen oder für die Vollkommenheit der Verbrennung. Glaubt man dagegen in diesen beiden Punkten einer Kontrolle nicht zu bedürfen, so braucht man, nachdem man die Lage der Geraden für den betreffenden Brennstoff kennt, nur entweder die Kohlensäure oder den Sauerstoff zu bestimmen.

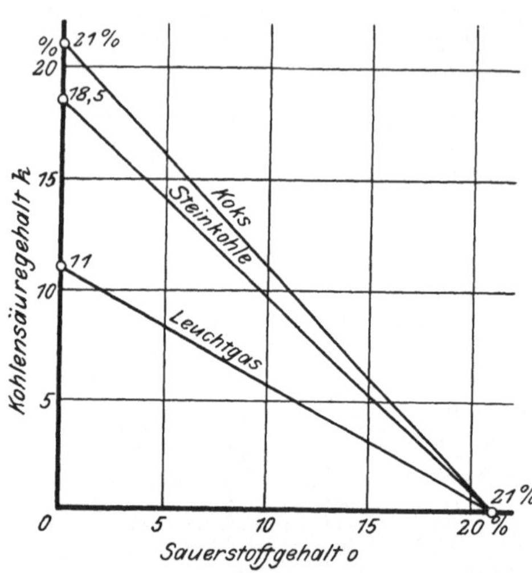


Fig. 220. Zusammenhang zwischen Kohlensäure- und Sauerstoffgehalt der Rauchgase; Verbrennung vollkommen (nach Borth).

— In Fig. 221 ist gezeigt, wie für Steinkohle, $k_{\mathrm{max}} = 18,5\%$, der Kohlensäure- und Sauerstoffgehalt vom Luftüberschuß abhängt; die Kurven sind nach Gleichung (38) und (38a) Hyperbelbögen, mit Asymptoten, wie sie angedeutet sind; durch Zusammenzählen der Ordinatenwerte erhält man einen Überblick über die scheinbare Vermehrung des Stickstoffgehaltes $o + k = 100 - n$.

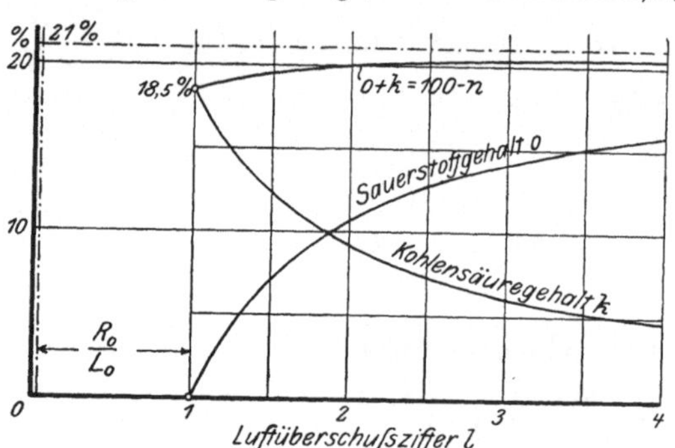


Fig. 221. Zusammensetzung der Rauchgase bei verschiedenem Luftüberschuß; Verbrennung vollkommen; Steinkohle.

Für wasserstofffreie Brennstoffe ist $\dfrac{R_0}{L_0} = 1$. Damit würde aus (38) und (38a) werden

$$l = \frac{k_{\mathrm{max}}}{k} = \frac{21}{21 - o} \quad\cdot\quad\cdot\quad\cdot\quad\cdot\quad\cdot\quad\cdot\quad (40)$$

Diese gelegentlich verwendeten Ausdrücke für den Luftüberschußkoeffizienten sind also nur für wasserstofffreien Brennstoff zutreffend, etwa für Koks. Für Steinkohle bilden sie gute Näherungswerte, wenn es sich um etwas größeren Luftüberschuß handelt; für Leuchtgas wären sie unbrauchbar.

Beim Auftreten von CO sind die Ableitungen entsprechend abzuändern. Die in Fig. 220 dargestellte Beziehung zwischen dem $CO_2$- und O-Gehalt wird dergestalt abgeändert, daß die für den betreffenden Brennstoff gültige Gerade um so weiter nach unten rückt, je mehr CO in den Rauchgasen enthalten war. Man könnte also aus der Kenntnis des $CO_2$- und O-Gehaltes schon auf den CO-Gehalt schließen, auch ohne die langwierige Absorption mit Kupferchlorür durchzuführen.

Wenn man übrigens den linearen Verlauf der Beziehung zwischen $k$ und $o$, Fig. 220, zur Kontrolle der Analyse benutzen will, so darf man nicht aus dem Auge lassen, daß das Einspringen der einzelnen Analysenpunkte in eine genaue Gerade nur dann zu erwarten ist, wenn der Brennstoff eine dauernd gleichmäßige Zusammensetzung hat. Wenn aber bei periodischer Beschickung einer Steinkohlenfeuerung kurz nach dem Beschicken das wasserstoffreiche Schwelgas, später aber überwiegend der zurückbleibende Koks verbrennt, so werden die Punkte je nach der Zeit der Probenahme etwas von der Geraden differieren dürfen; nicht so bei kontinuierlicher Beschickung des Rostes.

**107. Essenverluste.** Aus der Rauchgasanalyse kann man auf die *Rauchgasmenge* schließen, die den Fuchs passiert. Mißt man auch die Temperatur der Rauchgase, so kann man weiterhin die Wärmeverluste berechnen, die die Feuerung dadurch erleidet, daß man die Rauchgase warm abgehen läßt, also nicht ganz ausnutzt. Da man diese Rechnung sehr oft im Anschluß an die Rauchgasanalyse durchführt, so sei sie wiedergegeben.

Man muß den Kohlenstoffgehalt der verbrannten Kohle kennen. Man kann ihn zugleich mit dem Heizwert bestimmen, wie auf S. 273 besprochen wurde. Man kann ihn aber auch bei Steinkohle mit ziemlicher Zuverlässigkeit auf 80 bis 70%, für gute bis schlechte Kohle, schätzen. Es sei im folgenden an die Kohle gedacht, deren C-Gehalt auf S. 273 zu 73,1% bestimmt worden war.

Dann kann man von der Tatsache Gebrauch machen, die wir auf S. 288 besprachen, daß aus 1 kg Kohlenstoff das gleiche Gasvolumen von 1,86 cbm $\left(\begin{smallmatrix}0\\760\end{smallmatrix}\right)$ entsteht, gleichgültig ob er zu Kohlensäure $CO_2$ oder zu Kohlenoxyd CO verbrennt — also auch wenn teils das eine, teils das andere Verbrennungsprodukt entsteht. Daher entstehen aus 1 kg unserer Kohle $0,731 \cdot 1,86 = 1,36$ cbm $\left(\begin{smallmatrix}0\\760\end{smallmatrix}\right)$ $[CO_2 + CO]$. Diese 1,36 cbm stellen nun prozentual denjenigen Bruchteil der gesamten Rauchgasmenge dar, den die Analyse festgestellt hat. Also folgt die Gesamtmenge aus einem einfachen Regeldetriansatz. Im Grunde genommen handelt es sich bei dieser Bestimmung der Rauchgasmenge um eine Anwendung der Mischungsregel, die wir in § 43 eingehend besprochen haben: der Kohlenstoffgehalt ist der indifferente Teil, mit dessen Hilfe man die Messung durchführt.

Habe eine Analyse etwa ergeben 6,8% $CO_2$, 12,8% O, kein CO, also 80,4% N, so folgt das aus 1 kg Kohle entstandene Rauchgasvolumen $V_1$ aus $V_1 : 1{,}36 = 100 : 6{,}8 = \dfrac{100 \cdot 1{,}36}{6{,}8} = 20{,}0$ cbm $\left(\begin{smallmatrix}0\\760\end{smallmatrix}\right)$.

— Habe eine andere Analyse ergeben $11{,}9\% \, CO_2$, $5{,}8\% \, O$, $1{,}0\% \, CO$, also $81{,}3\% \, N$, so wird $V_1 = \dfrac{100 \cdot 1{,}36}{11{,}9 + 1{,}0} = 10{,}5$ cbm $\left(\begin{smallmatrix}0\\760\end{smallmatrix}\right)$.

Dies sind indes nur die Volumina des wasserfrei gedachten Rauchgases. Die Analyse gibt ja die Bestandteile des getrockneten Gases an (S. 286). Diese Tatsache zu berücksichtigen ist nicht üblich, dann aber erhält man das Rauchgasvolumen und mit ihm die Essenverluste um etwa 10%, bei Braunkohle noch mehr, zu klein. Für die Beurteilung der Verbrennungsvorgänge ist das nicht sehr von Belang, die Essenverluste indessen erhält man zu niedrig. Genau ist der Wasserdampfgehalt auch schwer zu bestimmen, leicht aber annähernd auf folgende Weise.

Aus der Bestimmung des unteren Heizwertes der Kohle in der Bombe weiß man, wieviel Wasser, hygroskopisch und durch Verbrennung entstanden, aus jedem Kilogramm verbrannter Kohle erzeugt wird; es ist meist etwa das halbe Kohlengewicht. Wir hatten (S. 269) mit der Bombe ermittelt, daß 0,528 kg Wasser aus 1 kg Kohle entstehen, so können wir unser Beispiel von oben fortführen. Dampf ist, bei gleichem Druck und gleicher Temperatur, etwa 0,62 mal so schwer wie Luft; er wöge also, wenn wir ihn, ohne daß er kondensiert, auf die normalen Verhältnisse bringen könnten, $0{,}62 \cdot 1{,}293 = 0{,}80$ kg/cbm. Darin, daß wir diese Zahl für einen fingierten Normalzustand annehmen und weiter den Dampf behandeln, als folgten seine Druck- und Volumenänderungen dem Mariotte-Gay-Lussacschen Gesetz — darin liegt es, daß unsere Rechnung nur angenähert ist. Wir hätten danach $\dfrac{0{,}528}{0{,}80} = 0{,}66$ cbm $\left(\begin{smallmatrix}0\\760\end{smallmatrix}\right)$ Wasserdampf aus jedem Kilogramm unserer Kohle erzeugt. Die oben aus den beiden Analysen errechneten Rauchgasvolumina sind also noch auf $V_1 = 20{,}7$ cbm $\left(\begin{smallmatrix}0\\760\end{smallmatrix}\right)$ und auf $V_1 = 11{,}2$ cbm $\left(\begin{smallmatrix}0\\760\end{smallmatrix}\right)$ zu erhöhen. Die Nichtbeachtung des Dampfgehaltes hätte Fehler von 3,4% und von 6,2% im Gefolge gehabt.

Da übrigens für dieselben beiden Analysen der Luftüberschußkoeffizient auf S. 281 zu $l = 2{,}48$ beziehungsweise $l = 1{,}32$ berechnet war, so ergibt sich annähernd die für den betreffenden Brennstoff zur vollkommenen Verbrennung *notwendige Luftmenge* $L_o = \dfrac{L}{l}$ einmal zu $\dfrac{20{,}7}{2{,}48} = 8{,}35$, das zweitemal zu $\dfrac{11{,}2}{1{,}32} = 8{,}49 \, \dfrac{\text{cbm} \left(\begin{smallmatrix}0\\760\end{smallmatrix}\right)}{\text{kg Kohle}}$; der Unterschied beider Zahlen hat seine Ursache darin, daß wir für $L$ die Rauchgasmenge eingesetzt haben, die von der Luftmenge um die bei der Bildung des Wasserdampfes und des Kohlenoxydes eintretenden Volumenänderungen verschieden ist; außerdem mögen auch Ungenauigkeiten der Analyse mitsprechen.

Die ganze Berechnung bezog sich auf 1 kg verbrannter Kohle. Man hat das hierauf bezogene Rauchgasvolumen $R$ mit der stündlich verbrannten Kohlenmenge $K$ zu vervielfachen, um das stündlich durch den Fuchs gehende Volumen zu erhalten.

Wollten wir endlich nicht das auf $0°$ und 760 mm BStd reduzierte Rauchgasvolumen haben, sondern wollten wir, etwa um die Rauchgasgeschwindigkeit im Fuchs zu finden, das wirkliche Rauchgasvolumen kennen, so hätten wir Druck und Temperatur im Fuchs zu messen und eine entsprechende Umrechnung zu machen. Hierbei würden wir einfachheitshalber den Wasserdampf wie ein Gas behandeln. —

Die Essenverluste $V$ selbst, die wir zunächst wieder auf 1 kg Brennstoff beziehen, sind nun offenbar gleich dem Produkt aus der Rauchgasmenge $R$, der spezifischen Wärme $c_p$ der Rauchgase und ihrer Temperatur $t_r$ über jene der Umgebung $t$ hinaus.

$$V = R \cdot c_p \cdot (t_r - t). \quad \ldots \ldots \ldots \quad (41)$$

Die spezifische Wärme der Rauchgase bleibt zu bestimmen, und zwar kommt die mittlere spezifische Wärme, bezogen auf konstanten Druck, zwischen den Grenzen $t$ und $t_r$ in Frage. Die wahre spezifische Wärme und daher auch die mittlere nimmt mit der Temperatur, bei den zweiatomigen Gasen — $O_2$, $N_2$, CO — jedoch so wenig, daß es sicher genügt, bei den mäßigen Temperaturen, um die es sich bei Rauchgasen handelt, mit einem Mittelwert zu rechnen. Die spezifische Wärme der zweiatomigen Gase ist überdies ziemlich die gleiche, wenn man sie auf 1 cbm $\left({0 \atop 760}\right)$ bezieht. Da sie zwischen $0°$ und $100°$ : $(c_p)_0^{100} = 0{,}297$ und zwischen $0°$ und $300°$ : $(c_p)_0^{300} = 0{,}302$ anzunehmen ist, so wird $0{,}30$ WE/cbm $\left({0 \atop 760}\right)$ ein passender Mittelwert sein. Für mehratomige Gase pflegen die Werte an sich höher zu liegen als bei zweiatomigen. Es soll nach neueren Bestimmungen[1]) sein

$$\text{für} \quad CO_2 : (c_p)_0^t = 0{,}396 + 0{,}000\,146\ t - 0{,}000\,000\,035\, t^2 , \quad . \quad (42)$$

$$\text{für} \quad H_2O : (c_p)_0^t = 0{,}378 - 0{,}000\,0136\, t + 0{,}000\,000\,036\, t^2 . \quad . \quad (42\,a)$$

Danach wäre für Wasserdampf bei geringem Druck die Abhängigkeit von der Temperatur eine sehr geringe und 0,38 WE/cbm $\left({0 \atop 760}\right)$ ein brauchbarer Mittelwert. Für $CO_2$ ist allerdings von 0 bis $100°$; $200°$; $300°$ die mittlere spezifische Wärme $(c_p)_0^t = 0{,}410; 0{,}424; 0{,}437$ WE/cbm $\left({0 \atop 760}\right)$, also merklich mit der Temperatur steigend. Da indessen bei Rauchgasen der $CO_2$ - Gehalt immer nur klein ist, so ist auch hier die Benutzung eines konstanten Wertes von etwa 0,42 WE/cbm $\left({0 \atop 760}\right)$ gerechtfertigt — zumal die Frage nach den richtigen Werten der spezifischen Wärmen noch nicht abgeschlossen ist.

Wenn wir also die folgenden Werte annehmen:

$$O_2, N_2, CO : c_p = 0{,}30; \quad CO_2 : c_p = 0{,}42; \quad H_2O : c_p = 0{,}38 \,\text{WE/cbm} \left({0 \atop 760}\right),$$

---

[1]) Holborn und Henning. Die Zahlen sind umgerechnet auf 1 cbm $\left({0 \atop 760}\right)$.

so wird ein Rauchgas, das 11,9% $CO_2$ enthält und noch aus 88,1% O, CO und N besteht, eine spezifische Wärme haben, folgend aus $11,9 \cdot 0,42 + 88,1 \cdot 0,30 = 100 \cdot c_p$. Es wäre also $c_p = 0,314$.

Hiernach lassen sich die Essenverluste berechnen, die stattfänden, wenn das Gas keinen Wasserdampf enthielte. Wir haben aber gesehen, daß der Wasserdampf einen recht wesentlichen Bestandteil des Rauchgases ausmacht, selbst bei Steinkohle. Man wird also gut tun, den Wärmeverlust durch Wasserdampf nicht zu vernachlässigen. Allerdings ist die latente Wärme des Wasserdampfes schon insofern berücksichtigt, als ja ihretwegen nur der untere Heizwert für den Brennstoff angesetzt ist. Nur der Mehrinhalt an Wärme über etwa 600 WE pro Kilogramm Dampf hinaus, nur der Verlust aus spezifischer Wärme des Dampfes bleibt noch zu berücksichtigen.

Hätte daher, wie im vorigen Paragraphen besprochen, das Rauchgas außer den 11,9% $CO_2$ und 88,1% O, CO und N, zusammen 100%, noch 6,2% Wasserdampf enthalten, so folgt seine spezifische Wärme aus $11,9 \cdot 0,42 + 88,1 \cdot 0,30 + 6,2 \cdot 0,38 = (100 + 6,2) \cdot c_p$, also wäre diesmal $c_p = 0,318$.

Nun wollen wir auch noch die Essenverluste selbst unter Annahme einer Fuchstemperatur von 300° ermitteln, und zwar, des Vergleichs wegen, ohne und mit Berücksichtigung des Wasserdampfgehaltes. Im ersten Fall hatten wir nach S. 292 10,5 cbm $\binom{0}{760}$, im anderen 11,2 cbm $\binom{0}{760}$ aus dem Kilogramm Kohle erhalten. Als Temperatur der Umgebung soll 20° eingeführt werden, so daß also 280° Temperaturüberschuß in Rechnung zu setzen ist. Dann werden die Essenverluste

ohne Beachtung des Wasserdampfgehaltes: $10,5 \cdot 0,314 \cdot 280 = 925$ WE,

mit Beachtung des Wasserdampfgehaltes: $11,2 \cdot 0,318 \cdot 280 = 1000$ WE.

Bei der anderen Analyse der S. 292 mit 6,8% $CO_2$ hätten wir die Essenverluste erhalten

ohne Beachtung des Wasserdampfgehaltes: $20,0 \cdot 0,308 \cdot 280 = 1720$ WE,

mit Beachtung des Wasserdampfgehaltes: $20,7 \cdot 0,310 \cdot 280 = 1800$ WE.

Der Unterschied von rund 80 WE zwischen beiden Rechnungsarten macht also immerhin 1,2% des Heizwertes aus, den wir auf S. 270 für diese Kohle zu 6900 WE/kg ermittelt hatten.

Mit Beachtung des Wasserdampfgehaltes gibt die erste Analyse einen Verlust von 14,5%, die zweite einen solchen von 26,1% des Heizwertes als mit den Rauchgasen in den Schornstein gehend. Man sieht also, wie stark die Essenverluste ansteigen bei größerem Luftüberschuß; allerdings pflegt mit dessen Vergrößerung die Temperatur etwas abzufallen.

Man wird bemerkt haben, daß es seine Vorteile hat, den Rechnungen das reduzierte Volumen der Gase zugrunde zu legen, weil nämlich die spezifischen Wärmen einer Anzahl von Gasen bezogen auf Volumen die gleichen sind, nicht aber bezogen auf Gewicht. Auch die Tatsache war bequem, daß aus einer gegebenen Menge Kohlenstoff immer das gleiche Volumen Verbrennungsprodukt sich ergibt, möge nun $CO_2$ oder $CO$ entstehen. Überhaupt gehorchen die chemischen Reaktionen der Gase glatten Raumverhältnissen — eine Folge der Regel von Avogadro.

Wollte man einwenden, die Wärmeverluste seien in unserer Rechnung auf zu viele Stellen angegeben (S. 23), so ist das an sich wohl richtig. Die einzelnen Angaben werden, wegen der Ungenauigkeit der spezifischen Wärmen, nur mäßige Genauigkeit haben; wo es sich aber um Vergleichsrechnungen handelt, wird man die Ergebnisse, um den Vergleich zu ermöglichen, genauer angeben dürfen, und der Vergleich wird genauer zutreffen, als die Einzelwerte es taten.

**108. Selbsttätige Apparate.** Um eine laufende Kontrolle des Feuerungsbetriebes zu ermöglichen, hat man Apparate erdacht, die die Angabe des Kohlensäuregehaltes der Rauchgase selbsttätig bewirken. Wünschenswert ist es, daß solche Apparate den augenblicklichen Gehalt der Rauchgase an $CO_2$ und damit den Luftüberschuß erkennen lassen, damit der Heizer sich in seinen Maßnahmen danach richten und gute Verhältnisse herbeiführen kann; außerdem ist es erwünscht, daß der Gehalt der Rauchgase an $CO_2$ registriert wird, damit der Betriebsleiter die Wirtschaftlichkeit des Betriebes überwachen kann und damit auch wohl Prämien an die Heizer gezahlt werden können.

Die Apparate, die diese Aufgabe lösen, arbeiten entweder so, daß sie den $CO_2$-Gehalt der Rauchgase in Kalilauge absorbieren lassen und den Verlust an Volumen feststellen; oder aber sie nutzen die Tatsache aus, daß $CO_2$ rund 1,5 mal so schwer ist als die anderen, untereinander etwa gleich schweren Bestandteile der Rauchgase, diese Apparate messen dann das spezifische Gewicht der Rauchgase.

Von den Absorptionsapparaten möge der *Ados-Apparat* genannt werden; seine neueste Form stellt Fig. 222 dar; die einzelnen Teile sind maßstäblich richtig, jedoch der Übersichtlichkeit wegen in anderer Anordnung wiedergegeben, als sie mit Rücksicht auf Raumersparnis im Apparat haben. Der Leitung entnommenes Wasser gibt die Kraft her, um einerseits die Rauchgase aus den unter Saugspannung stehenden Zügen anzusaugen, andererseits sie mit dem Absorptionsmittel in Berührung und zur Messung zu bringen. In den Überlaufkasten fließt dauernd Wasser zu; ein Teil davon fällt durch eine Lochreihe in das Saugrohr und reißt die darin enthaltene Luft mit. Dadurch entsteht eine Saugwirkung, die das Gas aus den Zügen durch das oben rechts endende Rohr über $A$, durch das Meßgefäß hindurch und über $B$ ansaugt. Zu Zeiten, wo der Weg durchs Meßgefäß durch Flüssigkeit gesperrt ist, perlt das Gas durch das Sperrgefäß hindurch von $A$ nach $B$. — Ein anderer Teil des in den Überlaufkasten kommenden Wassers geht durch einen Hahn abwärts in den Kraftwerkbehälter. Es bleibt durch einen Schwimmer von dem destillierten Wasser getrennt, das diesen Behälter halb füllt. Der Kraftwerkbehälter ist geschlossen, daher entsteht beim Eintreten von Wasser Druck, der ein Anstauen des Leitungswassers im Trichterrohr und im Heberrohr und ein Übertreten des destillierten Wassers in das Meßgefäß zur Folge hat. Es wird schließlich dahin kommen, daß der Heber bis zur oberen Biegung $a$ voll ist, daß Wasser in seinen linken Arm tritt und daß damit seine Wirksamkeit als Heber einsetzt; er entleert das Leitungswasser aus dem Kraftwerkbehälter, weil die Heberwirkung stärker ist als der Wasserzulauf; dadurch fällt auch das destillierte Wasser aus dem Meßgefäß in den Kraftwerkbehälter zurück. Es findet also periodisch ein Ansteigen und Fallen der Flüssigkeit im Meßgefäß statt.

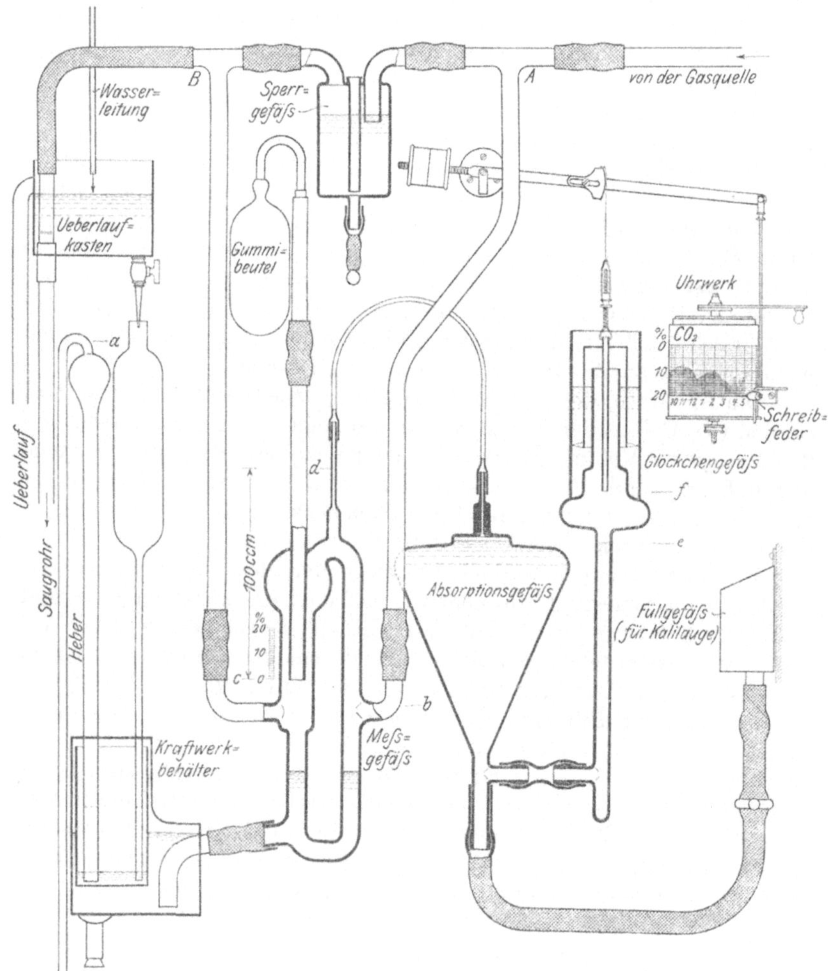


Fig. 222. Ados-Apparat zur selbsttätigen Rauchgasanalyse.

Hierbei geschieht nun folgendes: Kommt beim Ansteigen der Wasserspiegel im Meßgefäß in die Höhenlage $b$, so hört der Gasdurchgang hier auf und geht nun durchs Sperrgefäß. Bei weiterem Steigen wird Gas in den Gummibeutel verdrängt, bis der Wasserspiegel die

Höhenlage c erreicht; von diesem Augenblick an kann nur noch das, was gerade in dem zum Gummibeutel führenden Rohr ist, in ihn treten, der Inhalt des eigentlichen Meßgefäßes aber wird durch einen kapillaren Gummischlauch ins Absorptionsgefäß gedrückt. Nun sind aber vom Trennungspunkt c bis zu einer auf das Kapillarrohr geätzten Marke d gerade 100 ccm Raum im Meßgefäß, die zur Zeit der Abtrennung Atmosphärenspannung haben, wenn nicht etwa die Gummiblase schon gespannt war, was aber nicht sein soll. Die Wasserfüllung des Kraftwerkbehälters ist so abgepaßt, daß der Heber gerade dann mit der Entleerung beginnt, wenn das Wasser im Meßgefäß die Marke d erreicht hat; daher werden also 100 ccm Gas ins Absorptionsgefäß gedrängt und verdrängen ihrerseits Kalilauge ins Glöckchengefäß, in dem nun der Spiegel steigt. Die Luft unter dem Glöckchen entweicht zunächst durch das beiderseits offene Röhrchen ins Freie; erst wenn die Kalilauge die Höhenlage f erreicht hat, wird der Luft der Ausweg versperrt und das Glöckchen, dessen Inneres durch einen Glyzerinverschluß abgeschlossen ist, hebt sich und bewegt einen Schreibstift, der auf der Papiertrommel einen Strich zieht. Der Inhalt des Glöckchengefäßes von der Marke e, bis zu der die Kalilauge in der Ruhe steht, bis zur Höhenlage f ist nun so bemessen, daß die aus dem Meßgefäß ins Absorptionsgefäß kommenden ersten 80 ccm die Kalilauge gerade von e bis f treiben; von e bis f sind also etwas weniger als 80 ccm Raum vorhanden, wegen der Kompression der Gase im Absorptionsgefäß entsprechend dem Unterschied der Kalilaugenstände. Der zylindrische Teil des Glöckchengefäßes oberhalb f ist so bemessen, daß weitere 20 ccm, die aus dem Meßgefäß kommen und nicht etwa von der Kalilauge absorbiert werden, die Schreibfeder gerade die ganze Skala des Papierstreifens durch einen senkrechten Strich füllen lassen. Ist nun $CO_2$ in den Rauchgasen, so wird sie von der Kalilauge alsbald absorbiert, und der Schreibstift hebt sich nur noch um den Betrag, der an Rauchgasvolumen über 80 ccm hinaus nach dieser Absorption noch geblieben war: bei 17% $CO_2$ in den Rauchgasen wird der Strich nur noch 3 Teile lang statt 20. — Der Strich ist beendet in dem Augenblick, wo der Heber den Kraftwerkbehälter zu entleeren beginnt; die Schreibfeder sinkt, wenn das destillierte Wasser im Meßgefäß sinkt, und nach Freigabe des Weges durchs Meßgefäß werden die Rückstände durch neues Rauchgas fortgeblasen.

In älteren Formen des Ados-Apparates wird das Steigen und Fallen der Flüssigkeit durch mechanisches Heben und Senken einer Niveauflasche wie beim Orsat-Apparat bewirkt; das Ansaugen der Gase geschieht durch eine kleine Pumpe mit Wasserverschlüssen als Dichtung und an Stelle der Ventile. Die Kraft zur Bewegung beider kann einem durch den Schornsteinzug betätigten Kraftwerk übertragen werden, aber auch durch Elektromotor oder sonstwie erfolgen. Vor diesen älteren Formen hat die beschriebene den Vorzug, viel weniger Raum einzunehmen und billiger in der Anschaffung zu sein; dafür verursacht freilich das Wasser Betriebskosten. Trotz ihres zunächst umständlich scheinenden Baues arbeiten diese Apparate in jahrelangem Betriebe ausgezeichnet und auch sehr befriedigend genau. Wegen der Handhabung im einzelnen sei auf die Prospekte verwiesen. Ähnliche Apparate werden auch von der Feuertechnischen Gesellschaft, Berlin, unter dem Namen Ökonograph und von der Firma Eckardt in Cannstadt in den Handel gebracht.

Die Feststellung des spezifischen Gewichtes der Rauchgase gestattet, wie erwähnt, auch einen Schluß auf den Gehalt an Kohlensäure. Man kann also jeden der in § 41 beschriebenen Apparate auch zur Feuerungskontrolle verwenden. So hat man die Gaswage und ähnliche Einrichtungen zu verwenden gesucht, doch wie es scheint ohne dauernden Erfolg; die feinen Apparate versagen im Staub des Kesselhauses leicht ihren Dienst, und es ist zu bedenken, daß die Kohlensäure höchstens $1/5$ der Rauchgase ausmacht, während ihr Relativgewicht gegen Luft 1,52 ist; also handelt es sich um Messungen des Relativgewichtes zwischen den engen Grenzen von 1,0 und 1,1. Bewährt hat sich indessen der Apparat, den wir in Fig. 69, S. 83, darstellten, wo der Unterschied des Gewichtes zweier Gassäulen durch ein Mikromanometer gemessen. Diese Gassäulenwage ist als *Krellscher Rauchgasanalysator* so ausgebildet, daß die Stellung der Äthersäule des Mikromanometers photographisch registriert werden kann; auch wird eine Art Fernablesung so ausgeführt, daß der Heizer den jeweiligen Stand der Äthersäule von der Vorderseite des Kessels aus erkennt, während doch der Apparat hinten am Fuchs zu stehen pflegt.

Wenn man Wert darauf legt, daß der Heizer sich vom augenblicklichen Stand des Feuers jederzeit überzeugen kann, so ist jeder Apparat, der so das spezifische Gewicht feststellt, offenbar im Vorteil gegenüber den Absorptionsapparaten, die zu der Analyse eine Zeit von immerhin einigen Minuten gebrauchen. Diese *Nacheilung* ist, soweit sie in der Dauer der Analyse begründet ist, ein dem Ados-Apparat anhaftender Nachteil. Oft entsteht freilich eine viel größere Nacheilung bei Apparaten aller Art dadurch, daß der Rauminhalt der von der Entnahmestelle zum Apparat führenden Leitung zu groß ist. Die Gasprobe kommt offenbar immer erst zum Apparat nach der Zeit, wo dieser Inhalt einmal ausgewechselt ist. Man sorge also für kurze und nicht allzu weite Zuleitung und für energische Saugwirkung, die auch das in die Zuleitung meist eingebaute Holzwollfilter zum Abhalten von Ruß gut überwindet. — Als *Entnahmestelle* wird nach dem auf S. 286 Gesagten für die selbsttätigen Analysatoren nur das Flammrohrende oder das Ende der Feuerung, nie aber der Fuchs zu empfehlen sein.

**109. Analyse anderer Gase; Bestimmung von Kohlenwasserstoffen und H.** Kraftgase enthalten im allgemeinen Kohlenoxyd CO und Wasserstoff H als Hauptbestandteile, ferner Methan $CH_4$ und schwere Kohlenwasserstoffe in kleineren Mengen, endlich $CO_2$, O und N als nutzlosen Ballast. Es handelt sich darum, diese Bestandteile zu bestimmen.

Für $CO_2$, O und CO kann man die schon auf S. 281 besprochenen Absorptionsmittel verwenden, für CO jedoch, wenn H vorhanden ist, nur die ammoniakalische Kupferchlorürlösung. Zur Absorption von schweren Kohlenwasserstoffen, die zu vereinzeln schwierig ist, dient rauchende Schwefelsäure; es ist also, bei Anwendung eines dem Orsat-Apparat nachgebildeten Apparates, ein viertes Absorptionsgefäß nötig. Die Reihenfolge der Absorptionen ist $CO_2$, schwere Kohlenwasserstoffe, O, CO. Der Gasrest enthält, wenn nicht noch besondere Bestandteile in Frage kommen, H und $CH_4$, die durch Verbrennung bestimmt werden; den Rest sieht man als N an.

Die Bestimmung des Gehaltes an H und $CH_4$ erfolgt aus der bei der Verbrennung eintretenden Volumenverminderung $\Delta$ und nach Bedarf auch durch Messen der bei der Verbrennung neuerdings entstandenen $CO_2$ (die ursprünglich vorhandene war vorher absorbiert). Die Verbrennung geschieht nach bestimmten wieder aus der Avogadroschen Regel folgenden Volumenverhältnissen, wobei man das Volumen des entstehenden Wassers immer Null setzen kann, da es sich niederschlagen wird, weil der Raum schon vorher mit Wasserdampf gesättigt war (S. 287). — Es gilt:

$$2 \text{ Rt. H} \quad + 1 \text{ Rt. O} = 0 \text{ Rt. } H_2O; \quad \text{also war H} = \tfrac{2}{3}\Delta \; ; \quad \Big\}$$
$$2 \text{ Rt. } CH_4 + 4 \text{ Rt. O} = 2 \text{ Rt. } CO_2 + 0 \text{ Rt. } H_2O \; ; \qquad (43)$$
$$\text{also war } CH_4 = \tfrac{1}{2}\Delta, \quad \text{oder auch } CH_4 = CO_2 \; .$$

Sind beide Gase zugleich vorhanden, so kann man, wenn man sie zugleich und nicht etwa nacheinander verbrennt, aus der Volumenverminderung noch keine Schlüsse ziehen; wohl aber kann man dann erst durch Absorption der gebildeten $CO_2$ den Methangehalt $CH_4$ feststellen; von der gesamten Kontraktion $\Delta$ ist dann $2\,CH_4 = 2\,CO_2$ auf Rechnung des Methans zu setzen, und der Wasserstoffgehalt muß $H = {}^2/_3\,(\Delta - 2\,CO_2)$ sein.

Die Verbrennung der beiden Gase kann gemeinsam oder getrennt erfolgen. Bei Berührung mit Palladiumschwamm oder Palladiumdraht, die durch elektrischen Strom oder mittels Flamme auf 400 bis 500° C erhitzt sind, verbrennt H (und eventuell CO), jedoch nicht $CH_4$. Bei Berührung mit hellrot glühendem Platin (Palladium ist hierfür wenig dauerhaft) verbrennt $CH_4$ und natürlich auch H, wenn es nicht vorher entfernt war. Man kann das Platin in Gestalt einer in ein Glasgefäß ähnlich den Absorptionsgefäßen eingeschmolzenen Drahtspirale verwenden, die elektrisch zum Glühen gebracht wird. Der Draht ist für gewöhnlich unter Wasser, das Wasser wird durch die Rauchgase in ein kommunizierendes Gefäß verdrängt, so wie die Absorptionsflüssigkeiten es werden. Man kann aber auch ein kapillares Platinrohr verwenden, das die Verbindung zu einem mit Wasser gefüllten Gefäß von der Gestalt der Absorptionsgefäße bildet und das mittels Bunsenbrenners erhitzt wird; diese Drehschmidtsche Platinkapillare hat den Vorteil, daß bei ihrer Verwendung immer nur das vorwärtsströmende Gas erhitzt wird, so daß selbst bei brisanteren Mischungen eine Explosion unwahrscheinlich ist; die Enden der Kapillare werden zu dem Zweck auch noch mit Wasser gekühlt.

Fig. 223 stellt schematisch einen für die Untersuchung von Kraftgasen eingerichteten *erweiterten Orsat-Apparat* dar. *M* ist der Meßzylinder, er ist, im Gegensatz zu Fig. 217, überall gleichweit, da hier nicht wie bei Rauchgasen die Absorption von höchstens $\frac{20}{100}$ in Frage kommt. Die Gefäße $a$, $b$, $c$ und $d$ sind Absorptionsgefäße, gefüllt mit Kalilauge, rauchender Schwefelsäure, Pyrogallussäure und ammoniakalischer Kupferchlorürlösung. $h$ ist ein Dreiwegehahn. $i$ ist die Kapillare, die durch einen Wasserkasten $m$ geht, insbesondere möglichst lange auf der Seite nach $h$ zu, von wo das brisante Gemisch kommt; denn beim Übertritt in das Wassergefäß $e$ ist ja schon der meiste Brennstoff verbrannt.

Die Handhabung des Apparates wäre folgende: Man saugt von links her an und stellt 100 ccm von Atmosphärenspannung her wie

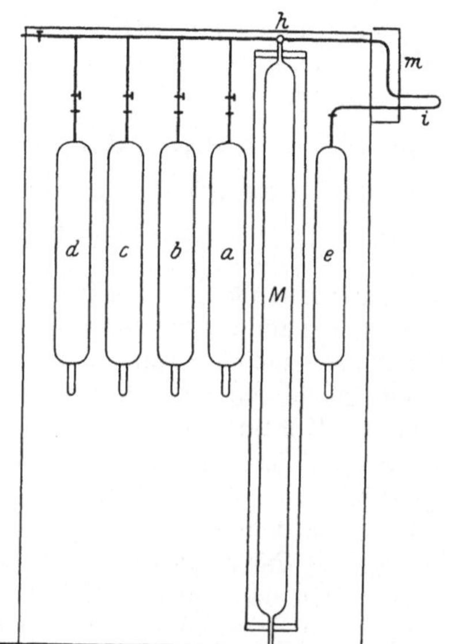

Fig. 223. Schema des erweiterten Orsat-
Apparates nach Hahn.

beim Orsat. Man läßt erst $CO_2$ absorbieren, dann schwere Kohlenwasserstoffe; vor Messung der letzteren ist es gut, noch einmal ins Kalilaugegefäß zu gehen, um etwa mitgenommenen Rauch der rauchenden Schwefelsäure zu beseitigen. Dann wird O und CO absorbiert, vor Messung des letzteren aber zweckmäßig, zur Beseitigung von Ammoniakdämpfen (S. 284), noch einmal ins Schwefelsäuregefäß und darauf, um den Rauch zu beseitigen, wieder ins Kalilaugegefäß gegangen. Vom Gasrest wird der größte Teil ins Pyrogallusgefäß gedrückt, nur ein abgemessener Bruchteil bleibt im Meßzylinder und wird mit dem reichlich doppelten Quantum O, also mit etwa der 10fachen Luftmenge gemischt, die man von außen ansaugt; Gase mit großem Stickstoffgehalt kann man auch mit Sauerstoff mischen, ohne eine Explosion befürchten zu müssen. Die abgemessene Mischung wird nun durch die an der Spitze erhitzte Kapillare nach $e$ gedrückt, zurückgesaugt und nochmal hingedrückt, worauf die Verbrennung vollkommen zu sein pflegt. Die eingetretene Kontraktion wird gemessen und dann durch Überführen in das Kalilaugegefäß auch die gebildete $CO_2$ bestimmt. Zur Kontrolle kann man die Verbrennung unter Verwendung dessen, was man ins Pyrogallusgefäß gedrückt hatte, wiederholen.

Die Rechnung möge am Beispiel einer Leuchtgasanalyse gezeigt werden[1]).

Anfangs angesaugt 100 ccm.

Stand nach der $CO_2$ - Absorption . . . . bis   1,5; also 1,5% $CO_2$
Stand nach Absorption der schweren Kohlen-
    wasserstoffe . . . . . . . . . . . . . bis   5,3     3,8% SKW
Stand nach Absorption von O . . . . . bis   5,9     0,6% O
Stand nach Absorption von CO . . . . bis 13,3     7,4% CO
Gasrest 86,7 ccm; hiervon verwendet
    12,2 ccm, also Gas. . . . . . . . . . bis 87,8
Stand nach Luftzuführung . . . . . . . bis   0,8
    also Inhalt: 12,2 ccm Gas + 87,0 ccm Luft
Stand nach der Verbrennung von $CH_4$ u. H bis 20,4
    also Kontraktion 19,6
Stand nach der Absorption von $CO_2$ . . bis 24,4
    absorbiert 4,0 ccm, also 4,0 ccm $CH_4$
      von 12,2 ccm

$$\text{Methangehalt} \qquad 4,0 \cdot \frac{86,7}{12,2} = \qquad 28,4\% \ CH_4$$

$$\text{Wasserstoffgehalt} \left[\frac{2}{3} \cdot (19,6 - 2 \cdot 4,0)\right] \cdot \frac{86,7}{12,2} = \qquad 55,0\% \ H$$

$$\text{Rest Stickstoff} \dots\dots\dots\dots\dots \qquad \underline{3,3\% \ N}$$

$$100,0\%$$

Statt des erweiterten Orsat-Apparates kann man auch die Hempelschen Apparate verwenden, die mit Verbrennungsröhren verschiedenster Art zu benutzen sind. Mit wachsender Zahl der Gefäße nimmt natürlich die Handlichkeit des Orsat-Apparates im Vergleich mit den Hempelschen ab.

Es ist selbstverständlich, daß der Ingenieur erst Lehrgeld zahlen muß, wenn es sich auf die hier nur kurz angedeuteten umständlicheren Analysen einläßt. Bereitet doch schon die Handhabung des einfachen Orsat-Apparates dem Anfänger manche Schwierigkeit.

Über die Berücksichtigung des Wasserdampfgehaltes gilt hier Ähnliches wie für die Rauchgasanalyse (S. 286).

---

[1]) Nach Hahn, Z. d. V. d. Ing., 1906, S. 214.

# Literaturverzeichnis.

---

## Allgemeines.



Carpenter, Experimental Engineering, 5. Aufl., New York 1901, 694 Seiten, bringt das ganze im vorstehenden behandelte Gebiet, ferner Materialprüfungen und die Ausführung von Maschinenuntersuchungen zur Darstellung.

Pullen, Experimental Engineering, London 1906, ist ähnlich.

Brand, Technische Untersuchungsmethoden, insbesondere zur Kontrolle des Dampfbetriebes.

Kohlrausch, Praktische Physik, ist ein klassisches Werk über physikalische Messungen; vieles daraus wird auch für technische Zwecke brauchbar sein. Eine kleinere Ausgabe führt den Namen „Leitfaden der praktischen Physik".

Zahlreiche einzelne Instrumente findet man namentlich nach der theoretischen Seite hin besprochen in: Grashof, Theoretische Maschinenlehre, und Weisbach, Ingenieurmechanik.

Niethammer, Elektrotechnisches Praktikum, behandelt auch einiges über Maschinenmessungen.

Landolt und Börnstein, Physikalisch - chemische Tabellen, ein umfangreiches Sammelwerk von Zahlenwerten, tut gute Dienste bei der Auswertung, wo das bekannte „Taschenbuch der Hütte" seinen Dienst versagt.

Größere Versuchseinrichtungen, bei denen naturgemäß eine große Reihe von Einzelmessungen und Instrumenten beschrieben sind, findet man besprochen in den verschiedenen Heften der Mitteilungen über Forschungsarbeiten aus dem Gebiete des Ingenieurwesens, herausgegeben vom Verein deutscher Ingenieure seit 1902; ferner unter anderen in

Slaby, Kalorimetrische Untersuchungen über den Kreisprozeß der Gasmaschine, Verhlg. d. Vereins z. Beförd. d. Gewerbfl. 1891 ff., auch als Buch erschienen.

E. Meyers Untersuchungen über Explosionsmotoren, Z. d. V. d. Ing. 1895—1905.

Frese, Ingenieurlaboratorium Hannover, Z. d. V. d. Ing. 1900.

Gasmaschinenlaboratorium Darmstadt, Z. d. V. d. Ing. 1908, S. 1869.

Mechanisch-technische Laboratorien Dresden, Z. d. V. d. Ing. 1905, S. 839.

Martens und Guth, Die Materialprüfungsanstalten der Technischen Hochschule Berlin.

Haack, Schiffswiderstand und Schiffsbetrieb, Versuche am Dortmund-Ems-Kanal, Z. d. V. d. Ing. 1900.

Lindley, Versuche an einer Dampfturbine (Elberfeld), Z. d. V. d. Ing. 1900.

Leistungsversuche an Schnellzuglokomotiven, Engineering 4. 11. 1898.

Recknagel, Fernmeß- ... Vorrichtungen in Heizungs- und Lüftungsanlagen. Gesundh. Ing. 8. 2. 1908.

Steam engine testing apparatus, Manchester School of Techn. Engineering Record 15. 11. 1902.

Stanton, Tests on centrifugal pumps, Engineering 1903.

Burstall, Versuche an Gasmotoren, Engineering 1898 ff.

Heller, Messungen an Motorwagen, Z. d. V. d. Ing. 1907, S. 1583.

Glazenbrook, The National Physical and Engineering Laboratory, Engineering 1903.

Farwell, Tests of a... fan and engine, Engineering News 1903.

Beschreibungen von Dynamometerwagen (Prüfwagen für Eisenbahnen), Z. d. V. d. Ing. 1902, S. 1444; Elektrotechn. Z. 1904, S. 65; Engineering News 15. 5. 1902; 6. 6. 1907; Trans. American Inst. Electr. Eng. Mai 1902 (Arnold), Am. Machinist 15. 6. 1907.

### Zu Kapitel IV. Längenmessung.

Berücksichtigung der Temperatur bei Längenmessung, Z. d. V. d. Ing. 1902, S. 329.

Reuleaux, Amerikanische Feinmeßvorrichtungen. Verhandlg. Gewerbfl. 1894, Heft 3, S. 142.

Prégel, Feinmessungen im Maschinenwesen. Dingler 1894, Bd. 292, S. 1, 35, 79.

Schlesinger, Messen in der Werkstatt und Herstellung austauschbarer Teile, Z. d. V. d. Ing. 1903, S. 1379.

Galassini, Instruments de mesure de haute précision pour les ateliers mécaniques. Revue de méc. Juli 1903.

Feinmeßmaschine von Cooke & Sons, York, für van der Kerchove. Engineering 30. 11. 1894.

Spangberg, Universal-Normalmaße mit abgestufter Toleranz, Z. d. V. d. Ing. 1908, S. 2068.

Stadthagen, Sicherung richtigen Längenmaßes, Z. d. V. d. Ing. 1908, S. 2070.

### Zu Kapitel V. Flächenmessung.

Theorie des Planimeters, von Kirsch. Z. d. V. d. Ing. 1890, S. 1053; von Land. Z. d. V. d. Ing. 1899, S. 1064.

Patch, Some observations on the use of polar planimeters. Engineering News 13. 4. 1899.

Lorber, Über Coradis Kugelrollplanimeter. Z. f. Vermessungswesen 1888, S. 161.

Prytz Stangenplanimeter. Engineering 1896, S. 205, 255, 347.

Über Integraphen. Dingler 1890, Bd. 275, S. 17; Zeitschr. f. Instrumentenkunde 1904, S. 213.

Abdank-Abakamowicz, Die Integraphen (Buch).

### Zu Kapitel VI. Zeit- und Geschwindigkeitsmessung.

Neuerungen an Vorrichtungen z. Anzeigen der Fahrgeschwindigkeit. Dingler 22. 2. 1895.

Lux, Frahms Frequenz- u. Geschwindigkeitsmesser, Z. d. V. d. Ing. 1907, S. 952.

Pflug, Geschwindigkeitsmesser f. Motorfahrzeuge u. Lokomotiven (Buch).

Bautze, Entwicklg. d. elektr. Fahrgeschwindigkeitsmessg., Elektrot. Z. 15. 10. 1908.

Versuche der Physik. Technischen Reichsanstalt mit Brauns Gyrometer, Z. d. V. d. Ing. 1896, S. 186; vgl. dies. 1894, S. 475.

Grays, Elektrisches Schiffslog., Z. d. V. d. Ing. 1901, S. 933.

Wagener, Über Geschwindigkeitsmesser und deren Prüfung, Z. d. V d. Ing. 1909, S. 483.

Hoffmann, Untersuchungen an Geschwindigkeitsmessern (Dissertation). Wird erscheinen in Z. d. V. d. Ing. und in Forschungsarbeiten.

Benischke, Elektrische Geschwindigkeitsmeßapparate, Elektrot. Z. 1903.

Die Ottschen Flügel d. eidgenössischen hydrom. Büros. Schweiz. Bztg., 6. 10. 1906.

Schmidt, Beschreibung der Prüfstation München. Gleichung der Woltmannschen Flügel, graphische Bestimmung der Flügelgleichung, Z. d. V. d. Ing. 1895, S. 917; 1903, S. 1698.

Williams, Experiments at Detroit on the flow of water in curved pipes. Proc. Amer. Soc. Civ. Eng. 10. 11. 1901 (Pitotrohr).

Ellon, Messung der Wassergeschwindigkeit mit der Pitotschen Röhre, Z. d. V. d. Ing. 1909, S. 989. Dazu Bemerkungen von Ott, S. 1207.

Burnham, Experiments with Pitot tubes in measuring the velocity of gases in pipes. Engg. News 21. 12. 1905.

Vambera und Schraml, Direkte Messung der Geschwindigkeit heißer Gasströme. Stahl u. E. 6. 3. 1907.

Recknagel, Verteilung der Luftgeschwindigkeit über den Querschnitt des Rohres (Stauscheibe), Z. f. Kälteindustrie 1899, S. 172.

Recknagel, Pneumometer. Gesundheitsingenieur 1899, S. 255, Z. f. Berg-, Hütten- u. Salinenwesen 1899, S. 22.

Krell, Über die Messung des statischen und dynamischen Druckes bewegter Luft. München 1902 (Buch).

Pitotrohr mit Mikromanometer von Fueß, erwähnt in Fürstenau, Z. d. V. d. Ing. 1907, S. 1131.

## Zu Kapitel VII.  Messung der Stoffmenge.

**Messung des spezifischen Gewichts:** von Gasen in Slaby, Kalorimetrische Untersuchungen (s. o.).

Krells Rauchgasanalysator, Z. d. V. d. Ing. 1900, S. 157.

Pfeiffer, Zur Bestimmung des spezifischen Gewichtes von Leuchtgas. Journ. Gasbel. Wasserversorg. 1903, S. 451.

Brauer, Konstruktion der Wage, erschienen 1883, theoretisch. Der Atlas enthält gute Abbildungen älterer Formen.

Lawaczek, Beitrag z. Theorie u. Konstruktion d. Wage. Dingler, 20. 10. 1906.

Grubeck, Neuerungen im Bau der Wagen für Fahrzeuge, Z. d. V. d. Ing. 1896, S. 206.

Wagen von C. Schenck: Glasers Annalen 1. 7. 1900.

Selbsttätige Kohlenwage von Schenck, Z. d. V. d. Ing. 1903, S. 113.

Neuerungen an Wägehebel und Entlastungsvorrichtung, Organ für Fortschritte des Eisenbahnwesens 1895, Heft 2, S. 31.

**Wassermessung:** Wassermeßgefäße im Ingenieurlaboratorium Stuttgart, Z. d. V. d. Ing. 1901, S. 1338.

Undeutsch, Absolutes und relatives Messen der Undichtheit von Gefäßwandungen. Österr. Zeitschr. f. Berg-, Hütten- u. Salinenwesen 1890, S. 235.

Brauer, Neues Verfahren zur Wassermessung, Z. d. V. d. Ing. 1892, S. 1493.

Francis, Lowell hydraulic experiments (Buch, klassische Wehrmessungen).

Frese, Überfallmessungen, Z. d. V. d. Ing. 1890, S. 1285.

Hansen, Überfallmessungen, Z. d. V. d. Ing. 1892, S. 1057.

Schmidthenner, Neues Wassermeßverfahren (Schirmmessung), Z. d. V. d. Ing. 1907, S. 627.

Reichel, Wassermessungen i. d. Versuchsanstalt f. Wassermotoren a. d. Kgl. Techn. Hochschule Berlin (Schirmmessung), Z. d. V. d. Ing. 1908, S. 1835.

Wassermessungen bei der Firma J. M. Voith, in Oesterlen, Z. d. V. d. Ing. 1909, S. 1875.

Berndt, Gieseler, Benutzung von Pitotrohr oder Flügel zur Wassermessung, Z. d. V. d. Ing. 1885, S. 700, 982.

Dicharge measurement on the Niagara River, verschiedene Geschwindigkeitsmesser, Engineering News 28. 12. 1899.

Flüssigkeitsmesser (Kippmesser) 600 l/st, von Steinmüller, abgebildet bei Berndt, Z. d. V. d. Ing. 1908, S. 1875.

Schönheyder, Water meters, Zusammenstellung von Konstruktionen, Engineering 1900.

Wassermesser-Normalien, Journ. Gasbel. Wasservers., 22. 7. 1899.

Strubler, Erfahrungen mit Wassermessern beim Dampfkesselbetrieb, Schweiz. Bauztg. 1890, Bd. 16, S. 74.

Hot water meters in boiler practice. Iron Age 19. 11. 1903.

Lux, Wassermesserverbindungen, Z. d. V. d. Ing. 1896, S. 923.

Woldt, Über Woltmann-Wassermesser, Journ. Gasbel., Wasserversorg. 23. 5. 1908, S. 448; 7. 11. 1908, S. 1058.

Dyes, Graphischer Wassermesser. Dingler 7. 3. 1908, S. 154.

Lux, Wassermesserprobierstation, J. Gasbel., Wasservers. 1894, S. 322.

Venturi-Meter, Journal o. t. Franklin Inst. 1899, S. 108.

Coleman, Flow of fluids in a Venturi-tube (Wasser-, Gas-, Dampfmessung), Proc. Am. Soc. Mech. Eng. Nov. 1906.


**Gasmessung:** Lebrecht, Versuche mit raschlaufenden Kompressoren, worin sehr lehrreiche Vergleiche zwischen verschiedenen Luftmeßmethoden gezogen werden, Z. d. V. d. Ing. 1905, S. 151.

E. Meyer, Bestimmung des Gasverbrauchs mittels Glocke, Z. d. V. d. Ing. 1899, S. 483.

A. O. Müller, Messg. v. Gasmengen m. d. Drosselscheibe, Z. d. V. d. Ing. 1908, S. 285; Forschgsarb. H. 49.

Stach, Messung großer Gasmengen mittels Differenzdruckes, Stahl u. E. 1. 5. 1907, S. 618.

Normaleichungs-Kommission, Bildliche Darstellung der eichfähigen Gasmesser, großes Figurenwerk mit Text.

Homann, Eichfähige Gasmesserkonstruktionen, J. Gasbel., Wasservers. 1893.

Poplawsky, Kubizierapparat für Gasmesser; Der Eichkolben zur Prüfung der Kubizierapparate (Bücher).


**Dampfmessung:** Bendemann, Dampfmesser, Z. d. V. d. Ing. 1909, S. 13, 142; Forschgsarb. H. 37.

Peabody & Kuhnhardt, Flow of steam through orifices, Engineering Bd. 49, S. 64.

Schreibfeder für Dauerschreiber mit selbsttätigem Farbnachfluß, Z. d. V. d. Ing. 1907, S. 800.


## Zu Kapitel VIII. Messung der Spannung.

Rosenkranz, Neuerungen an Federmanometern, Z. d. V. d. Ing. 1896, S. 495.

Stromeyor, Remarks on pressure ganges (and indikators), Engineering 30. 8. 1907, S. 316.

Manometer der Physikalisch-Technischen Reichsanstalt, Z. d. V. d. Ing. 1900, S. 261.

Jacobus, Messung von Drucken von 700 at und mehr, Engineering New 1897, S. 327.

Martens, Apparate zur Messung hoher Flüssigkeitsdrucke, Z. d. V. d. Ing. 1909, S. 747.

The estimation of high pressures, Engineering 9. 1. 1903.

Quecksilbermanometer mit Verdränger, Z. d. V. d. Ing. 1900, S. 245.

Der Langen-Luxsche einschenklige Druckmesser, J. Gasbel., Wasservers. 1890, S. 217.

Zugmesser für Dampfkesselfeuerung, verschiedene Konstruktionen kritisiert. Dingler 1903, Bd. 318, S. 225.

Krell, Hydrostatische Meßinstrumente (Buch).


## Zu Kapitel IX. Messung von Kraft, Drehmoment, Arbeit, Leistung.

Martens, Die Meßdose als Kraftmesser, Z. d. V. d. Ing. 1906, S. 1311, und Forschungsarbeiten, Heft 38.

Dynamomètre á pression hydraulique, mißt Reaktion der Schiffswelle. Génie civil 18. 2. 1899.

Kalep, Methoden der experimentellen Bestimmung des Trägheitsmomentes von Maschinenteilen. Zivilingenieur 1892, S. 381.

**Bremsen:** Brauer, Bremsdynamometer u. verwandte Kraftmesser, Z. d. V. d. Ing. 1888. S. 56.

Brauer, 300 PS-Bremse auf Zahnrad laufend, Z. d. V. d. Ing. 1903, S. 1604.

Frese, Die selbsttätige Bremse, D. R. P. Degn Nr. 94718, hat sich bewährt, Z. d. V. d. Ing. 1900, S. 244.

Goß, Neue Formen von Reibungsbremsen. Industries and Iron, 5. 7. 1895.

Quick, Brake tests of hydraulic turbines. Engg. News 8. 10. 1908, S. 384. (Alden-Bremse, siehe auch S. 125 der 1. Aufl. dieses Buches.)

Brotherhood, Absorption Dynamometer (Flüssigkeitsbr.), Engg. 31. 5. 1907, S. 723.

Weighton, Froude-Bremse des Durham-College, Engineer 22. 1. 1897, auch 20. 6. 1902.

Froude-Bremse, Transactions o. t. Inst. of Mechan., Engineers 1877.

Feußner, Wirbelstrombremsen (kleine Modelle), Elektrot. Zeitschr. 1901, S. 608.

Rieter, Elektrisches Präzisionsdynamometer, Elektrot. Zeitschr. 1901, S. 195.

Verschiedene Bremsen (f. Automobilmotoren) bei Heller, Z. d. V. d. Ing. 1907, S. 1583; (f. Wasserturbinen) bei Oesterlen, Z. d. V. d. Ing. 1909, S. 1876.

Wirbelstrombremse, beschrieben bei Nägel, Z. d. V. d. Ing. 1907, S. 1407, und Forschungsarbeiten, Heft 54, S. 52. Neumann, Forschungsarbeiten (noch nicht erschienen).

**Transmissions-Dynamometer:** Kovarik, Über Absorptions- und Transmissionsdynamometer, zusammenstellende Beschreibung. Wochenschrift d. österr. Ingen.-Vereins 1891, S. 301.

Fischingers Arbeitsmesser, Zeitschr. f. Elektrotechnik 1891, S. 537.

Maihak, Registrierendes Transmissionswellendynamometer von Amsler-Laffon, Z. d. V. d. Ing. 1892, S. 1510.

Kohn, Riemendynamometer, Zeitschr. d. Österr. Ingen.- u. Archit.-Vereins 20. 12. 1895.

Frahm, Untersuchungen über dynamische Vorgänge in Wellen, Z. d. V. d. Ing. 1902, S. 797.

Föttinger, Effektive Maschinenleistung und effektives Drehmoment, Forschungsarb. Heft 25.

Neuere Torsionsmesser, Z. d. V. d. Ing. 1908, S. 679. Dazu Föttinger, S. 937.

Edgecombe, Torsion meters, Engineer 27. 11. 1908, S. 559; 11. 12. 1908, S. 614; 22. 1. 1909, S. 77; 19. 2. 1909, S. 186.

Hopkinson & Thring, A new torsion meter ($\sim$ Föttinger, Spiegelablesg.), Engg. 14. 6. 1907, S. 768.

Hydraulisches Dynamometer von Amsler-Laffon, Z. d. V. d. Ing. 1905, S. 845.

**Elektrische Leistungsmessung:** Lindley, Schröter und Weber, Versuche an einer Dampfturbine mit Wechselstrommaschine, Z. d. V. d. Ing. 1900, S. 829.

Marek, Messung mit Präzisionsinstrumenten, Elektrot. Zeitschr. 1902, S. 447.

Wasserwiderstände bei Oesterlen, Z. d. V. d. Ing. 1909, S. 1878.

Über elektrische Messungen im allgemeinen kann man sich in Niethammer, Elektrotechnisches Praktikum, Stuttgart 1902, Rat holen.

## Zu Kapitel X. Der Indikator.

Rosenkranz, Der Indikator, ein vielbenutztes Werk; Pichler, Der Indikator; aus diesen beiden Werken und den Katalogen der Firmen kann man sich über die Einrichtung der Indikatoren und der Zubehörteile informieren.

Indikator von Wayne, mit auf Drehung beanspruchter Feder, wird für Präzisionszwecke sehr gelobt in Burstall, Engineering 1898; vgl. Chevillard, Revue industrielle 1895, S. 201.

Rosenkranz, Neuerungen an Indikatoren, Z. d. V. d. Ing. 1902, S. 1003.

Maihak, Forschritte im Bau von Indikatoren (zahlreiche schematische Abbildungen von Kaltfederinstrumenten), Z. d. V. d. Ing. 1907, S. 1908.

Wagener, Neuerungen an Indikatoren, Z. d. V. d. Ing. 1907, S. 1365.

Wagener, Indizieren und Auswerten von Zeit- und Kurbelwegdiagrammen (Buch).

Lichtstrahlindikator v. Hospitalier, Z. d. V. d. Ing. 1902, S. 365, 1904, S. 1311.

Hopkinsons optischer Indikator, Z. d. V. d. Ing. 1907, S. 2040, nach Engg. 25. 10. 1907.

Optischer Indikator von Nägel, Z. d. V. d. Ing. 1908, S. 246; Forschgsarb. Heft 54, S. 4.

Kirner, Optischer Interferenzindikator, Z. d. V. d. Ing. 1909, S. 1675; Forschgsarb. (noch nicht erschienen)..

Burstall, Indicating gas engines (Vergleich von mechanischen und optischen Indikatoren), Engg. 6. 8. 1909, S. 193; Engr. 10. 9. 1909, S. 259.

Roser, Prüfung von Indikatorfedern, Z. d. V. d. Ing. 1902, S. 1575. Forschungsarb. Heft 26.

Förster, Beitrag zur Bestimmung der Federmaßstäbe, Z. d. V. d. Ing. 1903, S. 319.

Eberle, Prüfung von Indikatorfedern, Zeitschr. des bayer. Dampfkessel-Revisions-Vereine, August 1901.

Wiebe und Schwirkus, Beiträge zur Prüfung von Indikatorfedern, Z. d. V. d. Ing. 1903, S. 55.

Wiebe, Temperaturkoeffizient bei Indikatorfedern, Forschgsarb. Heft 33.

Wiebe und Leman, Untersuchungen ü. d. Proportionalität des Schreibzeuges bei Indikatoren, Forschgsarb. Heft 34.

Staus, Einfluß der Wärme auf die Indikatorfeder, Forschgsarb. Heft 26/27.

Schwirkus, Über die Prüfung von Indikatorfedern. Auf Zug beanspruchte Indikatorfedern, Forschgsarb. Heft 26/27.

Fliegner, Dynamische Theorie des Indikators (mathematische Entwicklungen über Massenschwingungen), Schweiz. Bauzeitung Bd. 18, S. 27.

Frese, Einfluß der Massenwirkung der Trommel, Z. d. V. d. Ing. 1900, S. 245.

Frese, Beeinflussung des Indikatordiagramms der Dampfmaschine durch die Art der Anbringung des Indikators; sehr lehrreicher Experimentalaufsatz, Z. d. V. d. Ing. 1885, S. 769.

Goß, Einfluß langer Rohrleitung, Z. d. V. d. Ing. 1896, S. 743.

Leitzmann, Versuche an Lokomotiven, zwangläufige Bewegung der Papiertrommel, Z. d. V. d. Ing. 1898.

## Zu Kapitel XI.   Messung der Temperatur.

Bücher: Manches über das Gebiet von Kapitel XI bis XIV findet sich besprochen in Fuchs, Generator-, Kraftgas- und Dampfkesselbetrieb, Berlin 1905, sowie in G. A. Schultze, Theorie und Praxis der Feuerungs-Kontrolle, Berlin 1905 (letzteres unter besonderer Berücksichtigung der von der Firma G. A. Schultze gebauten Apparate).

Holborn, Messungen am Le Chatelier Element, Z. d. V. d. Ing. 1897, S. 226.

Messung hoher Temperaturen, Zusammenstellung der Methoden; Dingler, Bd. 286, S. 43; Proceedings Instit. Civil Engineers Bd. 110, S. 152.

Schütz, Neue Methoden für Messung hoher Temperaturen, Z. d. V. d. Ing. 1904, S. 155.

Thermoelement mit Wasserkühlung, bei Nägel, Z. d. V. d. Ing, 1907, S. 1411.

Pneumatisches Pyrometer für Hochöfen. Stahl und Eisen 1. 5. 1899.

Fery, Optical pyrometry, Engg. 18. 10. 1901, S. 539; spiral pyrometer, Engg. 14. 5. 1909.

Optisches Pyrometer Wanner, Z. f. Dpfkess. u. Dpfm.-Betr. 8. 2. 1905.

Thermometers and pyrometers, industrial application, Engg. 17. 2. 1905. S. 226.

Wanner Pyrometer, Z. d. V. d. Ing. 1902, S. 616; 1904, S. 161; 1908, S. 156, Journ. Gasbel., Wasservers. 2. 11. 1907.

Krukowsky, Temperaturmessungen im Feuerraum e. Lokomotive währ. d. Fahrt, Z. d. V. d. Ing. 1909, S. 345.

## Zu Kapitel XII. Messung der Wärmemengen.

Staus, Abgaskalorimeter für einen Gasmotor, Z. d. V. d. Ing. 1902, S. 649.
Testing electric generators by air calorimetry, Engineering 4. 12. 1903.
Möller, Bestimmung des Wassergehaltes im Kesseldampf (Zusammenstellung der Verfahren). Z. d. V. d. Ing. 1895, S. 1059; dasselbe von Lüders, Z. d. V. d. Ing. 1893, S. 566.
Rosset, Détermination de l'eau liquide ... dans la vapeur. Génie civil 21. 12. 1907, S. 123.
Rademacher, Begriff des trocknen Dampfes, Z. d. V. d. Ing. 1893, S. 80.

## Zu Kapitel XIII. Messung des Heizwertes von Brennstoffen.

Bujard, Bombe und Neuerungen daran. Dingler 5. 11. 1897.
Wolff, Kalorimetrische Untersuchungen, Z. d. V. d. Ing. 1897, S. 763; 1899, S. 331.
Flugblätter Nr. 1 und 6 des Magdeburger Vereins für Dampfkesselbetrieb; zu beziehen von diesem.
Bunte, Zur Wertbestimmung der Kohle, J. Gasbel., Wasservers. 1891, S. 41.
Langbein, Chemische und kalorimetrische Untersuchung von Brennstoffen (festen). Z. f. angew. Chemie 1900, S. 1227. Derselbe, Über das ... Parr-Kalorimeter. Ebenda, 1903, S. 1075.
Hempelsches Kalorimeter, J. Gasbel., Wasservers. 12. 9. 1903; Zeitschrift für angew. Chemie 1901, S. 713; für teerhaltige Gase bei Wendt, Forschgsarb. Heft 31, S. 70.
E. Meyer, Festlegung des Begriffes Heizwert, Z. d. V. d. Ing. 1899, S. 282.
Heizwertbestimmung von Leuchtgas, J. Gasbel., Wasservers. 14. 9. 1901.
Kalorimeter zur Bestimmung des Heizwertes kleiner Gasmengen, Journ. Gasbel., Wasservers. 15. 2. 1908, S. 121.
Immenkötter, Üb. d. Junkers-Kalorimeter, Eigenschaften und Fehlerquellen, Journ. Gasbel., Wasservers. 19. 8. 1905.
Pleyer, Üb. Heizwertbestimmung von Gasen (billiger Apparat von Gräfe), Journ. Gasbel., Wasservers. 7. 9. 1907.

## Zu Kapitel XIV. Gasanalyse.

Bücher: Winkler, Technische Gasanalyse; Hempel, Gasanalytische Methoden; kleiner: Neumann, Gasanalyse und Gasvolumetrie; Franzen, Gasanalytische Übungen.
E. Meyer, Untersuchung der Abgase am Gasmotor, Z. d. V. d. Ing. 1902, S. 948.
Bunte, Selbsttätige Rauchgasanalyse, Z. d. V. d. Ing. 1903, S. 1087.
Dosch, Wert und Bestimmung des $CO_2$-Gehalt der Heizgase; Zusammenstellung der Apparate. Dingler 6. 12. 1902.
Baumgärtner, Ados-Apparat, Z. d. V. d. Ing. 1902, S. 320.
Verbesserter Orsat-Apparat, Stahl und Eisen 15. 2. 1903.
Wencelius, Analyse der Hochofen- und Generatorgase, Stahl und Eisen 15. 6. 1902.
Stribeck, Prüfung von Feuerungen, Rußmessung, Z. d. V. d. Ing. 1895, S. 184.
Fritzsche, Bestimmung der Rußmenge, Z. d. V. d. Ing. 1897, S. 885.
Borth, Üb. Rauchgasanalyse, Z. d. bayr. Rev.-Vereins 28. 2. 1907.
Hahn, Neue Orsat-Apparate, Z. d. V. d. Ing. 1906, S. 212.
Strache, Selbsttätige Gasanalyse an Wassergasanlagen, Z. d. V. d. Ing. 1908, S. 1041.